EUROPA-FACHBUCHREIHE
für Metallberufe

AF899146

Technisches Zeichnen
Technische Kommunikation

Grund- und Fachbildung Metall

Informationsband

11. Auflage

Europa-Nr.: 12814
VERLAG EUROPA-LEHRMITTEL . Nourney, Vollmer GmbH & Co. KG
Düsselberger Straße 23 . 42781 Haan-Gruiten

Bearbeiter der technischen Kommunikation, Grund- und Fachbildung:

Schellmann, Bernhard	Wangen i. A.
Stephan, Andreas	Marktoberdorf
Trapp, Norbert	Gierschnach

Leiter des Arbeitskreises:
Bernhard Schellmann — Wangen i. A.

Bildbearbeitung:
Zeichenbüro des Verlages Europa-Lehrmittel, 73760 Ostfildern

Weitere Bildbearbeitung:
Grafische Produktionen Jürgen Neumann, 97222 Rimpar

Diesem Zeichenlehrgang wurden die neuesten Ausgaben der Normen zugrunde gelegt. Verbindlich sind jedoch nur die Normblätter selbst. Sie können von Beuth-Verlag GmbH, Burggrafenstraße 6, 10787 Berlin, bezogen werden.

11. Auflage 2023, korrigierter Nachdruck 2025
Druck 5 4 3 2

Alle Drucke derselben Auflage sind parallel einsetzbar, da sie bis auf die Korrektur von Druckfehlern identisch sind.

ISBN 978-3-7585-1301-5

Bei Fragen zur Produktsicherheit wenden Sie sich bitte an produktsicherheit@europa-lehrmittel.de.

Satz: Grafische Produktionen Jürgen Neumann, 97222 Rimpar
Umschlag: Grafische Produktionen Jürgen Neumann, 97222 Rimpar
Druck: mediaprint solutions GmbH, 33100 Paderborn

Vorwort

Die Zeichnung ist das ursprünglichste und zugleich einfachste Informations- und Verständigungsmittel der Welt. Gerade in der Technik können mit der Zeichnung komplexe Sachverhalte übersichtlich dargestellt werden. Ergänzt wird die technische Zeichnung durch Arbeitspläne, Betriebsanleitungen, Montagepläne und Schaltungsunterlagen. Die Verknüpfung der technischen Unterlagen ist die Basis für die Herstellung und Nutzung von Bauteilen.

Richtiges Verständnis für die verschiedenen technischen Kommunikationsmittel entsteht, wenn wir diese in der Praxis anwenden können und ihren Einsatz und Nutzen dann verstehen. Viele Hinweise in diesem Theorieband werden für den Lernenden nicht gleichzeitig auftreten. Jeder praktische Anwendungsfall bringt neue zeichentechnische und arbeitsplanerische Herausforderungen hervor und der Lernende entwickelt sich und sein Verständnis mit der Verschiedenartigkeit der technischen Probleme.

Die technische Entwicklung im Maschinenbau und die immer umfangreichere nationale und internationale Normung bewirken, dass die Anforderungen an den Metallfacharbeiter bezüglich Lesen und Verstehen technischer Kommunikationsmittel ständig zunimmt.

Neben der Darstellung von Einzelheiten sind z. B. das Verständnis des Zusammenwirkens mehrerer Bauteile und Kenntnisse über deren Herstellung und ihre Verarbeitung von zunehmender Bedeutung. Die vorliegende Grund- und Fachbildung des Lehrganges Technisches Zeichnen / Technische Kommunikation enthält daher als wesentliche Gesamtziele einerseits die normgerechte Ausführung technischer Zeichnungen, andererseits das Erkennen des technischen Gehalts genormter Darstellungen sowie das Erfassen von Zusammenhängen dargestellter Baugruppen.

Der Lehrgang Technisches Zeichnen / Technische Kommunikation wurde für den Gebrauch an beruflichen Schulen im Berufsfeld Metalltechnik einschließlich Produktdesigner entwickelt. Der Lehrgang eignet sich darüber hinaus für die Grundausbildung im Technischen Zeichnen an Fachschulen, Technischen Gymnasien, Fachoberschulen, in der betrieblichen und überbetrieblichen Aus- und Weiterbildung, sowie zum Selbststudium.

Die zahlreichen Zeichnungsausschnitte und Zeichnungen in diesem Lehrgang dienen der Veranschaulichung der jeweiligen textlichen Ausführungen. Deshalb wird zum besseren Verständnis und zur besseren Lesbarkeit weitgehend auf eine vollständige Bemaßung und Spezifikation verzichtet.

Der Inhalt des Lehrganges berücksichtigt die derzeit gültigen deutschen und internationalen Normen und ist weitgehend auf den Rahmenlehrplänen der KMK aufgebaut. In dieser **11. Auflage** werden Normänderungen speziell bei den Maßeintragungen, Maßtoleranzen, Schnittdarstellungen, Angaben von Löchern sowie CAD/CAM auf den neuesten Stand gebracht. Im Kapitel 8 wurde das Thema Geometrische Produktspezifikation neu überarbeitet. Darüber hinaus finden Sie im Anhang wieder ein aktualisiertes Normenverzeichnis.

Die dazu passenden Arbeitsblätter Grundstufe (Europa-Nr. 12911) und Fachstufe (Europa-Nr. 13519) enthalten eine große Auswahl an Übungsaufgaben, die nach Schwierigkeitsgrad und Lernfeldern in der Metalltechnik geordnet sind. Sie ergänzen die Testaufgaben und fördern die Beherrschung zeichnerischer Fähigkeiten und das Verständnis für technische Dokumentationen, wie z. B. Arbeits- und Montagepläne. Abgerundet werden die Einzelaufgaben durch Projektaufgaben, welche gleichzeitig den Prüfungscharakter der Lernfeldprüfungen in der Metalltechnik abdecken. Zu den Arbeitsblättern kann jeweils ein Lösungsband bestellt werden.

Verbesserungsvorschläge können dem Verlag und damit den Autoren unter der Verlagsadresse oder per E-Mail (lektorat@europa-lehrmittel.de) gerne mitgeteilt werden.

Wangen, 2023 Die Autoren

Inhaltsverzeichnis

1 Grundlagen der technischen Kommunikation

Informationen über technische Sachverhalte können wegen ihrer Komplexität in den wenigsten Fällen allein durch Sprache oder Schrift übermittelt werden. Zum besseren Verständnis verwendet man technische Zeichnungen, die den Gegenstand i. d. R. flächig darstellen. Weitere Kommunikationsmittel neben der technischen Zeichnung sind Skizzen, Projektionsdarstellungen, Explosionsdarstellungen, Arbeitspläne, Stücklisten, Normblätter sowie beispielsweise gerenderte Darstellungen mit Oberflächentexturen aus einem 3D-Konstruktionsprogramm. Diagramme, Schaltpläne, Tabellen und technische Dokumentationen ergänzen die vielfältige Palette der Kommunikationsmittel.

1.1 Technische Zeichnungen

Technische Zeichnungen stellen von einem Werkstück, einer Baugruppe oder einer komplexen Anlage die Form, Maße sowie Größenverhältnisse, Aufbau und Funktion dar. Nach dem Inhalt der Zeichnung unterscheidet man die Skizze, Teilzeichnung, Sammelzeichnung, Baugruppen- und Gesamtzeichnung, Projektionsdarstellung und Explosionszeichnung.

1.1.1 Skizze

Skizzen (**Bild 1**) sind meist freihändig und nicht maßstabsgetreu gefertigte Zeichnungen. Sie werden für einfache Einzel- und Reparaturaufträge, zur Unterstützung mündlicher Erläuterungen sowie zum Dokumentieren von technischen Sachverhalten benötigt.

1.1.2 Teilzeichnungen

Teilzeichnungen dienen als Grundlage für die Fertigung von Werkstücken (**Bild 2**). Sie beinhalten die Informationen zur Form des Bauteils, Maße, Toleranzen, Oberflächenangaben, Bearbeitungsvorschriften und den Werkstoff. Die Darstellung des Bauteils erfolgt nach Möglichkeit in der **Fertigungslage**. Für **Normteile** werden keine Teilzeichnungen erstellt. Die Angaben für die Herstellung und Anwendung der Normteile gehen aus den Normblättern hervor.

Um eine getrennte Fertigung verschiedener Teile zu ermöglichen, wird für jedes Teil ein eigenes Zeichenblatt verwendet. Dieses System der getrennten Zeichenblätter wird als **Teilblattsystem** bezeichnet.

Ausnahmen bilden beispielsweise die Schweißzeichnungen (**Bild 3**), bei denen auf einem Zeichenblatt mehrere Bauteile in zusammengeschweißtem Zustand dargestellt und bemaßt werden.

Teilzeichnungen sind auch die Grundlage für die Erstellung von Arbeitsplänen und der Kalkulation.

1.1.3 Sammelzeichnungen

Sammelzeichnungen (**Bild 4**) enthalten alle Teile einer Baugruppe ohne Berücksichtigung ihrer räumlichen Lage zueinander.

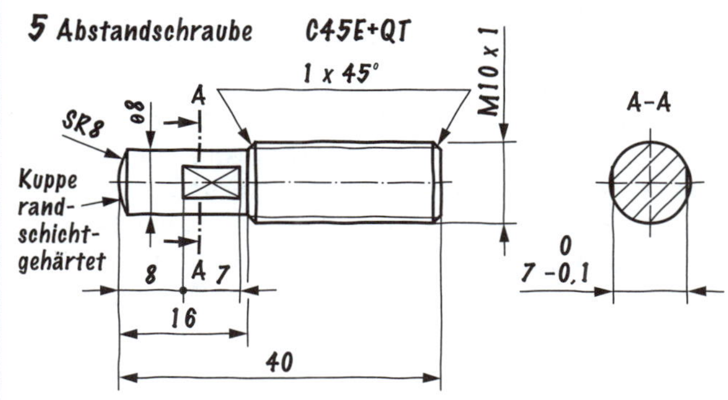

Bild 1

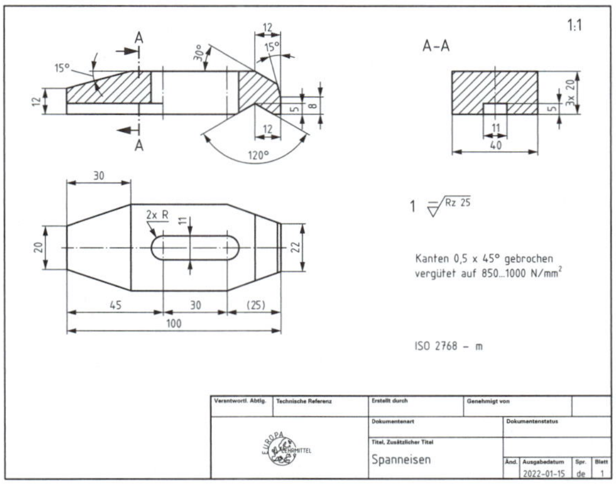

Bild 2

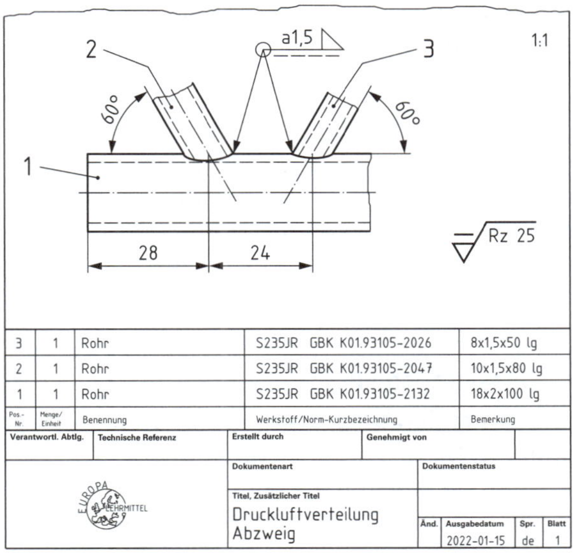

Bild 3

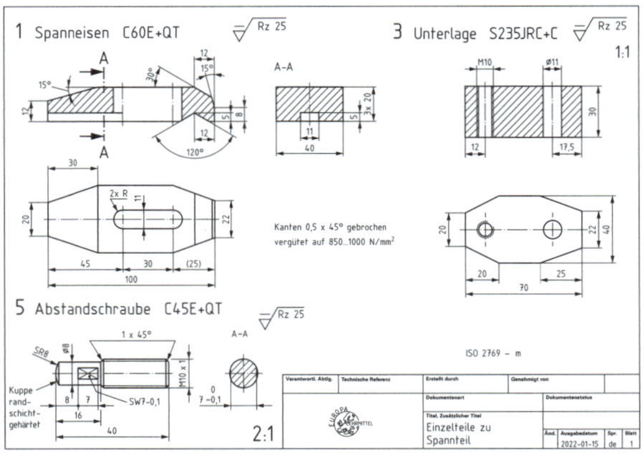

Bild 4

1.1.4 Baugruppenzeichnung

In einer Baugruppenzeichnung werden mehrere Bauteile und Normteile in zusammengebautem Zustand abgebildet. Neben der Darstellung in einer oder mehreren Ansichten besteht die Baugruppenzeichnung (**Bild 1**) aus dem Schriftfeld und der Stückliste. Alle Einzelteile werden mit Positionsnummern versehen, um sie in der Stückliste der entsprechenden Benennung und Bezeichnung zuzuordnen.

Bei der Darstellung der zu einer Baugruppe zusammengefassten Bauteile kommt es besonders auf die räumliche Anordnung und das Zusammenwirken an. Baugruppenzeichnungen entstehen aus Entwürfen der Konstruktion. Sie werden zum Herauszeichnen von Einzelheiten (Teilzeichnungen), als Vorlage für den Zusammenbau (Montage) und als Informationsmittel für Wartung und Instandsetzung verwendet.

Die Darstellung der Einzelteile in Baugruppenzeichnungen ist meist maßstabsgetreu. Durch Kopieren oder durch die Wiedergabe gespeicherter Daten treten vielfach Maßabweichungen auf. Deshalb ist das Abmessen von Maßen aus der Baugruppenzeichnung zum Erstellen von Einzelteilzeichnungen nicht empfehlenswert. Schon geringe Maßabweichungen führen bei tolerierten Maßen zu erheblichen Fehlern und zu Ausschuss in der Fertigung.

Baugruppenzeichnungen werden auch als Gruppenzeichnungen oder als Zusammenbauzeichnungen bezeichnet. Sie werden häufig in Ersatzteilkatalogen und Bedienungsanleitungen verwendet.

1.1.5 Gesamtzeichnung

Als Gesamtzeichnung bezeichnet man die Darstellung vollständiger Anlagen, Maschinen, Geräte in zusammengebautem Zustand. Nach DIN 199 sind auch Baugruppen als Gesamtzeichnung anzusehen. Das Winkelgetriebe (**Bild 2**) bildet eine in sich abgeschlossene Baugruppe einer Antriebseinheit, die Darstellung ist gleichzeitig die Gesamtzeichnung des Getriebes. Die Baugruppe wird dann beispielsweise durch die Baugruppenzeichnung „Kegelradritzel" herausgestellt (**Bild 3**).

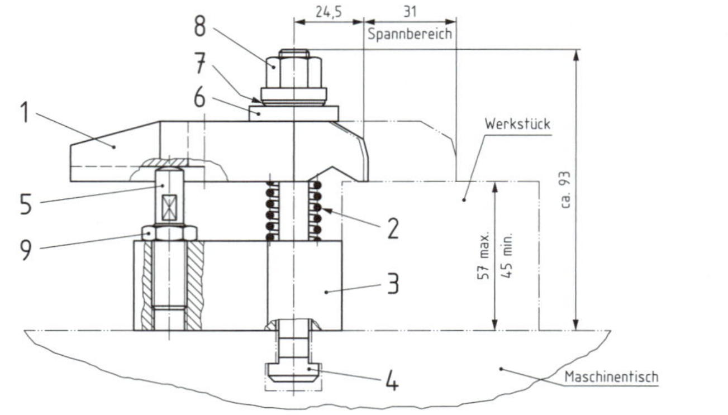

9	1	Sechskantmutter	ISO 8675-M10 x 1 -04	
8	1	Sechskantmutter	DIN 6331-M10 -10	
7	1	Kugelscheibe	DIN 6319-C10,5	
6	1	Kegelpfanne	DIN 6319-G12	
5	1	Abstandschraube	46Cr2+QT	Rd 12 x 45
4	1	Schraube	DIN 787-M10 x 10 x 100 -8.8	
3	1	Unterlage	S235JRC+C	Bl 32 x 75
2	1	Druckfeder	DIN 2098-2 x 16 x 30 -LH	
1	1	Spanneisen	C60E+QT	Fl 45 x 25
Pos.-Nr.	Menge/Einheit	Benennung	Werkstoff/Norm-Kurzbezeichnung	Bemerkung

Verantwortl. Abtlg. | Technische Referenz | Erstellt durch | Genehmigt von

Dokumentenart | Dokumentenstatus

EUROPA LEHRMITTEL

Titel, Zusätzlicher Titel: Fräsmaschine Spannteil

Änd. | Ausgabedatum 2022-01-15 | Spr. de | Blatt 1

Bild 1

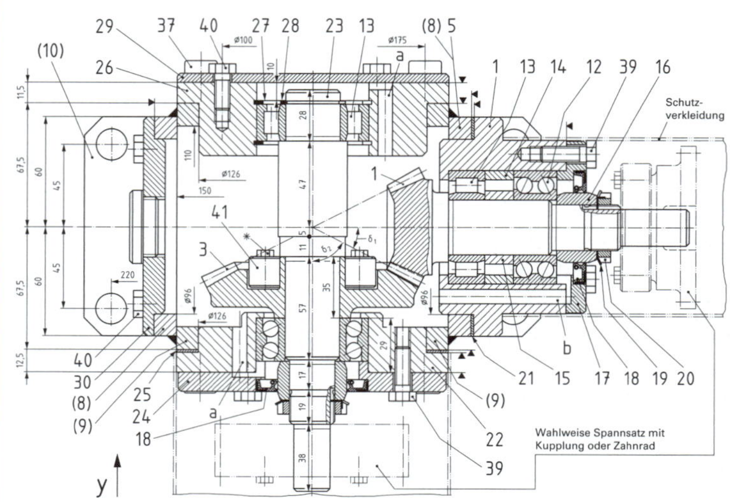

Bild 2

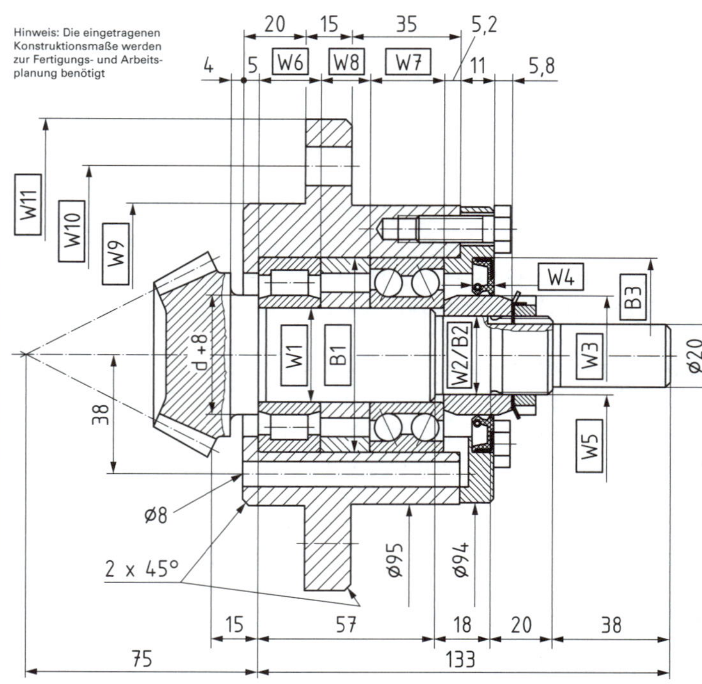

Bild 3

1.1.6 Explosionszeichnung

Die Explosionsdarstellung ist eine besondere Form einer Gesamtzeichnung. Sie zeigt die Teile einer Baugruppe räumlich so angeordnet, dass ihre Zusammengehörigkeit und Ordnungsstruktur besonders veranschaulicht wird (**Bild 1**).

Aufgrund ihrer großen Übersichtlichkeit eignet sie sich zur Darstellung komplexer technischer Sachverhalte (**Bild 3**). Explosionszeichnungen werden vielfach als Medium im Kundengespräch eingesetzt, aber auch als Überblicksdarstellungen in Bedienungsanleitungen und Ersatzteilkatalogen.

Auf der Basis von Explosionszeichnungen lassen sich Montage- und Demontagevorgänge besser planen und die Abfolgeschritte sicherer beschreiben.

Die Explosionsdarstellung wird in CAD-Programmen aus der Baugruppendatei als Explosionsansicht in einer Projektion zusammengestellt. Eine Weiterentwicklung der Explosionsdarstellung bildet die gerenderte Darstellung der zusammengebauten Baugruppe mit nachempfundenen Oberflächenmerkmalen (**Bild 2**). Um Details besser kenntlich zu machen, werden die Abbildungen an verschiedenen Stellen geschnitten bzw. ohne Gehäuse dargestellt.

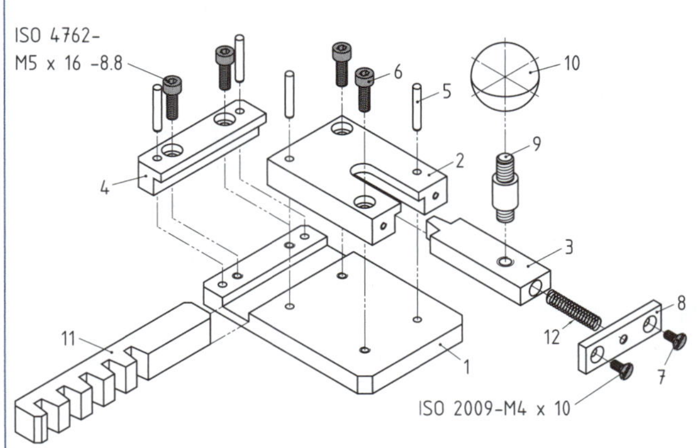

Bild 1

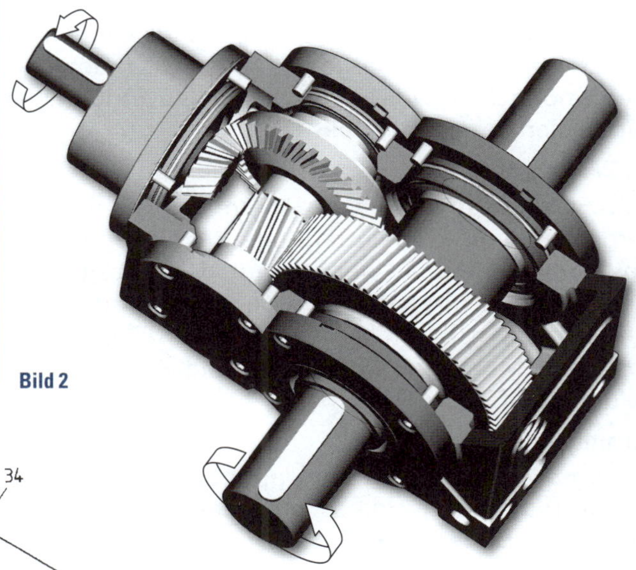

Bild 2

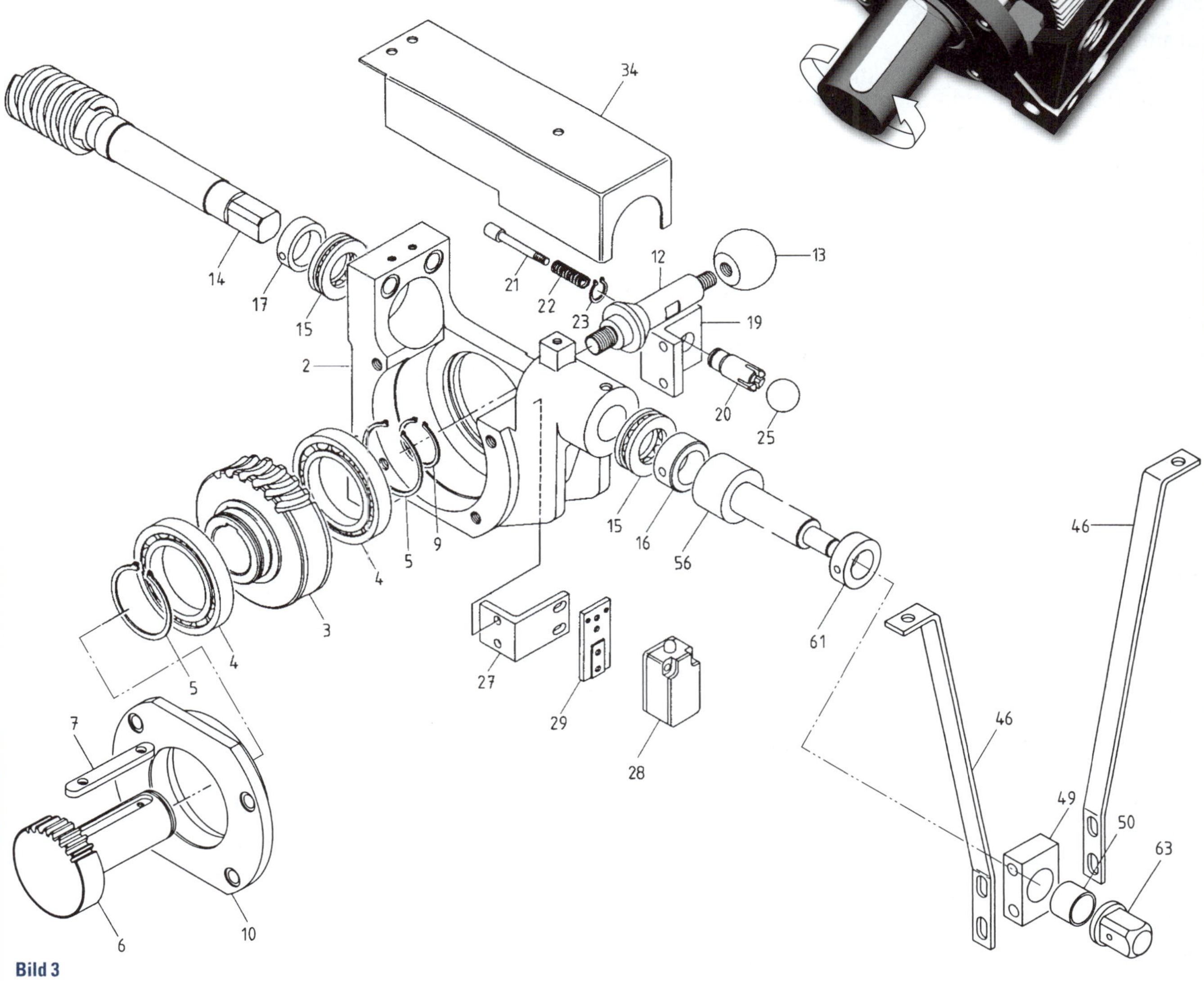

Bild 3

1.2 Allgemeine Darstellungsregeln für technische Zeichnungen

Gebrauchslage

Bei Gesamt- und Baugruppenzeichnungen kommt es darauf an, die Funktion und das Zusammenwirken der einzelnen Teile zu erkennen. Damit das Erkennen keine Schwierigkeiten bereitet, werden sie in der Gebrauchslage gezeichnet (**Bild 1**).

Fertigungslage

Bauteile werden in einer Teilzeichnung so dargestellt, wie sie gefertigt werden (**Bild 2**). Bei Drehteilen ist die Werkstücksymmetrieachse in Richtung der Spindelachse gelegt, bei Frästeilen entspricht die Draufsicht dem Blick auf den Maschinentisch.

Angrenzende Teile

Zur Verdeutlichung des Zusammenhangs können angrenzende Teile mit dargestellt werden. Solche angrenzenden Teile werden mit schmalen Strich-Zweipunktlinien gezeichnet (**Bild 1**).

Maßeintragungen

Alle Fertigungsmaße werden in Teilzeichnungen vorgenommen. Maßeintragungen in Gruppen- und Gesamtzeichnungen werden nur dann vorgenommen, wenn sie für den Zusammenbau oder die Funktion der Baugruppen wesentlich sind. Das betrifft vor allem Montage-, Funktions- und Kontrollmaße (**Bilder 1 und 3**).

Schnittdarstellung

Vorzugsweise werden Baugruppenzeichnungen im Schnitt (Vollschnitt, Halbschnitt oder lokaler Schnitt) dargestellt (**Bilder 1 und 3**).

Für jedes Teil ist eine andere Schraffurrichtung (rechts- oder linkssteigend) oder ein anderer Schraffurabstand zu wählen (**Bilder 1 und 3**).

Positionsnummern

Jedes Einzelteil erhält eine Positionsnummer (laufende Nummer). Die Positionsnummern der Baugruppenzeichnung müssen mit den Positionsnummern der Stückliste und der zugehörigen Teilzeichnungen übereinstimmen (**Bild 1**).

Positionsnummern müssen von anderen Angaben auf der Zeichnung deutlich unterscheidbar sein. Dies wird durch entsprechend große Schriftzeichen (z. B. doppelt so groß wie die Maßeintragung, **Bild 1**) oder durch Umkreisung mit schmalen Volllinien erreicht (**Bild 3**).

Positionsnummern werden außerhalb der Umrisslinien der entsprechenden Teile nebeneinander oder senkrecht übereinander eingetragen (**Bilder 1 und 3**).

Hinweislinien

Eine Hinweislinie verbindet die Positionsnummer mit dem zugehörigen Teil (**Bilder 1 und 3**). Sie wird schräg (teilweise auch geknickt) aus der Darstellung herausgezogen.

Hinweislinien sollen enden

- mit einem Punkt innerhalb einer Werkstückfläche
- mit einem Pfeil an einer Körperkante
- ohne besondere Kennzeichnung an anderen Linien (**Bild 3**).

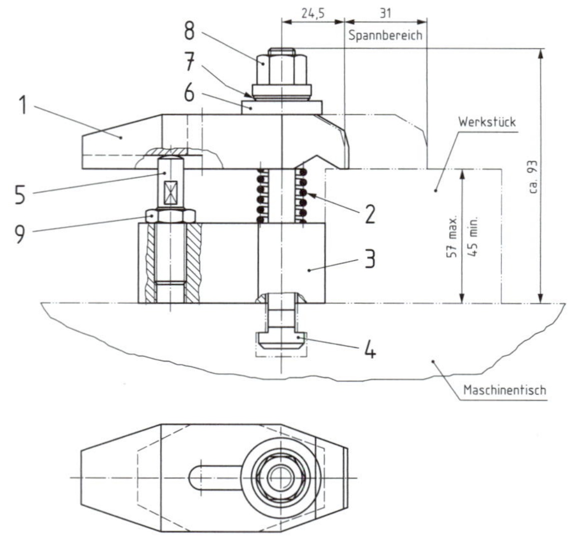

9	1	Sechskantmutter	ISO 8675-M10x1-04	
8	1	Sechskantmutter	DIN 6331-M10-10	
7	1	Kugelscheibe	DIN 6319-C10,5	
6	1	Kegelpfanne	DIN 6319-G12	
5	1	Abstandschraube	46Cr2+QT	Rd 12x45
4	1	Schraube	DIN 787-M10x10x100-8.8	
3	1	Unterlage	S235JRC+C	Bl 32x75
2	1	Druckfeder	DIN 2098-2x16x30-LH	
1	1	Spanneisen	C60E+QT	Fl 45x25
Pos.-Nr.	Menge/Einheit	Benennung	Werkstoff/Norm-Kurzbezeichnung	Bemerkung

Verantwortl. Abtlg.	Technische Referenz	Erstellt durch	Genehmigt von			
EUROPA LEHRMITTEL		Dokumentenart	Dokumentenstatus			
		Titel, Zusätzlicher Titel: Fräsmaschine Spannteil	Änd.	Ausgabedatum: 2022-01-15	Spr.: de	Blatt: 1

Bild 1

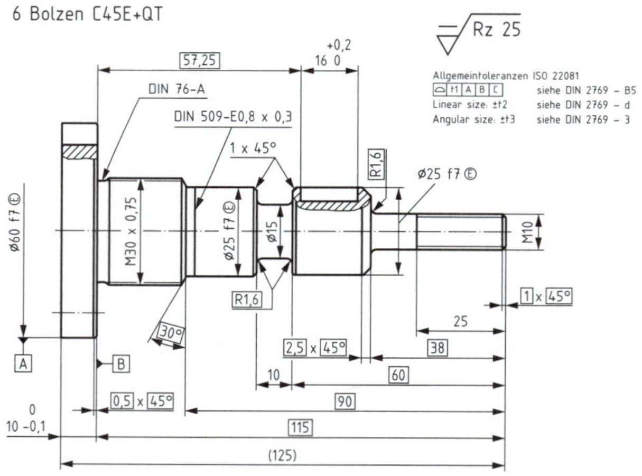

Bild 2

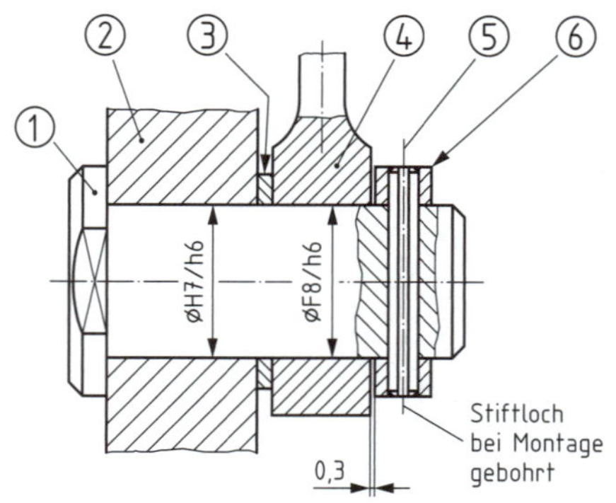

Bild 3

Anordnung der Positionsnummern

Auf **übersichtliche Anordnung** der Positionsnummern ist besonders zu achten.

Bei kleinen Baugruppen können die Positionsnummern im **Uhrzeigersinn** angeordnet werden (**Bild 1**).

Bei größeren Baugruppen und Gesamtzeichnungen werden die Positionsnummern zu **Untergruppen** zusammengefasst. So sind z. B. in **Bild 2** die Teile 2, 3, 4, 5 und 6 in der Reihenfolge der Montage aufgeführt. Sie sind eine für die Montage zusammengehörige Gruppe.

Das **Zusammenfassen** der Positionsnummern erleichtert das Aufsuchen in der Stückliste sowie das Bereitstellen der Bauteile für die Montage.

Beispiel: In **Bild 3** ist die komplette Baugruppe der Sägewelle aus **Bild 2** angedeutet. Die linke Lagerungsgruppe der Welle (Pos. 1) besteht aus den Positionen 7 bis 11, die rechte aus den Positionen 21 bis 33. Die Welle Pos. 1 hat einen Bezug zu beiden Seiten des Gehäuses. Vielfach sind solche Untergruppen selbstständige Baugruppen (**Bild 1**).

Werden **mehrere Positionsnummern** an einer Hinweislinie eingetragen, so werden sie durch Bindestrich, Schrägstrich oder Komma voneinander getrennt (**Bild 1**, Pos. 8 und 9).

Mehrfach vorkommende, gleiche Teile

Kommen gleiche Teile in einer Baugruppe mehrfach vor, erhalten sie dieselbe Positionsnummer. Diese Positionsnummer kann nur einmal eingetragen werden, wenn die Eindeutigkeit gewährleistet ist. Bei großen Baugruppen werden zur besseren Erkennbarkeit die Positionsnummern gleicher Teile mehrfach eingetragen.

Einzelheiten

In Gruppen- und Gesamtzeichnungen können Einzelheiten am Werkstück, z. B. verdeckte Kanten, Fasen, Freistiche oder Kleinteile, weggelassen werden, wenn sie zum Verstehen der Funktion oder für den Anschluss an benachbarte Baugruppen nicht erforderlich sind. In **Bild 1** wurden z. B. die Kleinteile Pos. 8 (Scheibe) und Pos. 9 (Zylinderschraube), die Freistiche an der Welle und im Gehäuse sowie die Fasen an den Teilen 1, 4 und 7 weggelassen.

Verdeckte Kanten

Verdeckte Kanten werden in Gruppen- und Gesamtzeichnungen nur dann eingezeichnet, wenn sie zum Erkennen der Bauteile erforderlich sind. So dürfen z. B. die verdeckten Kanten für Pos. 3 in **Bild 4** in der Draufsicht nicht weggelassen werden, da sonst die Form von Pos. 3 nicht erkennbar wäre.

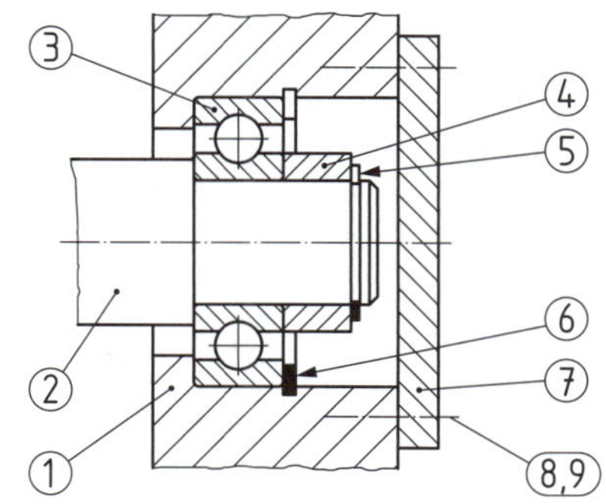

Bild 1

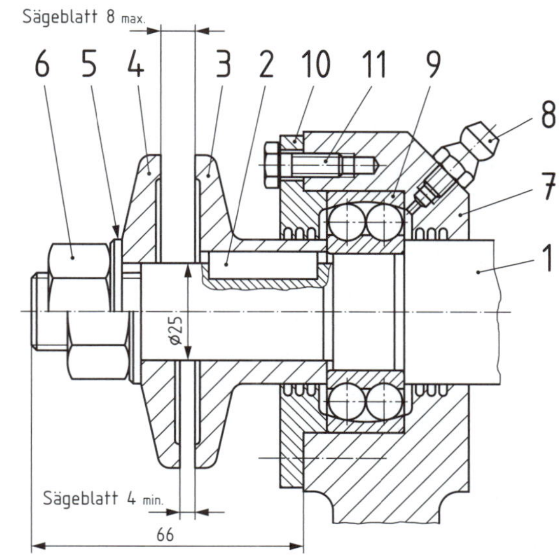

Bild 2

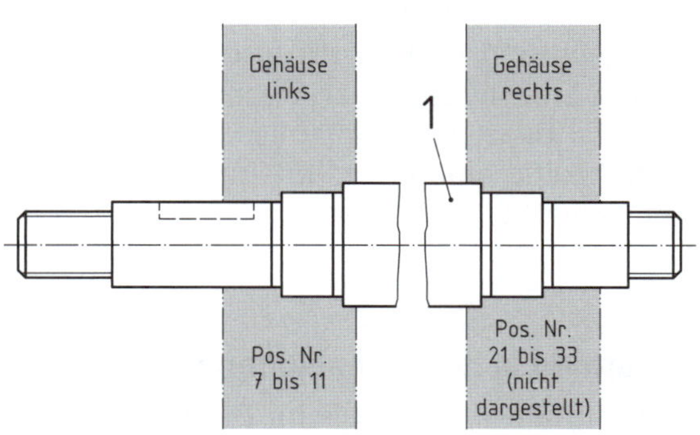

Bild 3

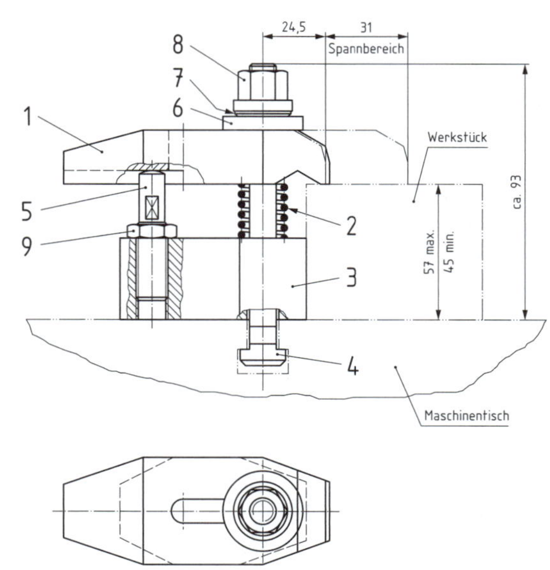

Bild 4

1.3 Arbeitspläne

1.3.1 Fertigungsplan

Der Fertigungsplan (**Bild 1**) bildet zusammen mit der technischen Zeichnung die Grundlage für die Fertigung von Hand, mit Maschine oder zur Erstellung eines NC-Programms. Ein Fertigungsplan legt die Arbeitsschritte während der Herstellung eines Bauteils fest. Im Plan enthalten sind die technischen Angaben zum Werkzeug, zum Spannmittel, Schnittgeschwindigkeiten, Vorschübe und Zustellung.

Voraussetzung für die Erstellung eines Arbeitsplanes sind eine Teilzeichnung, welche die erforderlichen geometrischen Informationen enthält, die Kenntnis über die technologischen Möglichkeiten, wie die im Moment vorhandene Maschine, Werkzeuge, Spanungsbedingungen, sowie entsprechende Erfahrungen im Fertigungsablauf.

1.3.2 Montageplan

Die Arbeitsschritte für den Zusammenbau von Einzelteilen zu einer Baugruppe werden in einem Montageplan beschrieben. In tabellarischer Form werden die Abfolge und die erforderlichen Werkzeuge und Hilfsmittel festgehalten. Eine übersichtliche Variante zur Beschreibung der Montagefolge stellt das Struktogramm dar (**Bild 2**).

1.3.3 Prüfplan

Der Prüfplan umfasst die zu prüfenden Merkmale eines Bauteils, wie z. B. Maße, Oberflächengüte, Güte von Beschichtungen. Das Prüfprotokoll (**Bild 3**) beinhaltet die Ergebnisse einer Messreihe und die Auswertung. Es dient zur Kontrolle der Fertigung und stellt gleichzeitig einen Qualitätsnachweis für die gefertigten Produkte im Verkauf dar.

1.4 Normen in der technischen Kommunikation

Normen enthalten verbindliche Regelungen, die als Grundlage für den Geschäftsverkehr und die Rechtsprechung dienen. In der technischen Kommunikation sind die Normen über die Gestaltung von Kommunikationsmitteln, die **Zeichnungsnormen** und die Normen über Größe und Ausführung von Werkstücken, die **Normteile**, zu beachten.

Der Inhalt von Normen wird in Normblättern veröffentlicht. Diese Normblätter tragen die Aufschrift **DIN** (**D**eutsches **I**nstitut für **N**ormung) und die Ordnungsnummer (**Bild 4**).

Werden Normen unverändert von einem anderen Normenwerk übernommen, so hängt man die entsprechende Kurzbezeichnung an die DIN-Bezeichnung an, z. B. DIN ISO, DIN EN oder DIN EN ISO (**Bild 5**). Neben diesen nationalen und internationalen Normen sind noch eine Reihe weiterer Richtlinien zu beachten, z. B. die **VDI/VDE-Richtlinien** (Verein deutscher Ingenieure, Verband deutscher Elektrotechniker, **Bild 6**) und **Werksnormen** (Betriebsnormen).

Fertigungsplan					
Werkstück: Bolzen **Werkstoff:** 10SPb20		**Teil-Nr.:** 24-2714-0042 **Anzahl:** 1			
Fertigungsschritt	**Beschreibung**	v_c m/min	n 1/min	f mm	**Spannmittel Werkzeug**
1	Beidseitig planen	250	3550	0,15	Schruppdrehmeißel HC-P20 R = 1,2
2	Beidseitig zentrieren	37	3550	–	Zentrierbohrer Form A ø2
3	Vordrehen längs ø26 × 84,5	200	1400	0,25	Stirnmitnehmer, Schruppdrehmeißel HC-P20 mit R = 1,2
4	Vordrehen längs ø16 × 39,5	200	2240	0,25	Schruppdrehmeißel HC-P20 mit R = 1,2
5	Fertigdrehen längs ø15 × 40	300	3550	0,1	Schlichtdrehmeißel HC-P20 mit R = 0,8
6	Fertigdrehen längs ø25 × 45	300	2240	0,1	Schlichtdrehmeißel HC-P20 mit R = 0,8

Bild 1

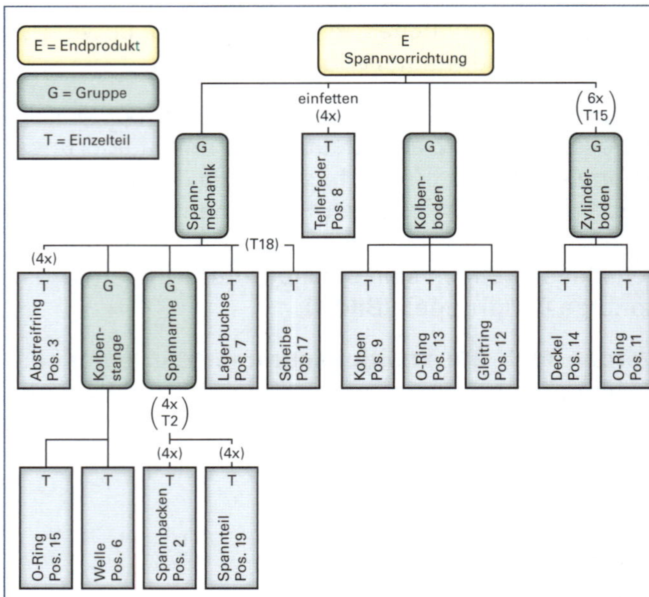

Bild 2

Prüfprotokoll				
Auftrag Nr.:	101	Teilnr.: 001		
Sachnr.:	A225-0654-011			
Bezeichnung:	Bolzen			
Prüfer:	O. Huber			
Datum:	12.03.2020			
Nr. 0	Maß 1 ø 32g6	Maß 2 ø 20h6	Maß 3 80 + 0.1	Maß 4 30 + 0.1
1	31,975	19,950	80,05	30,0
2	31,982	19,981	80,0	30,06
3	31,893	19,972	80,02	30,1

Bild 3

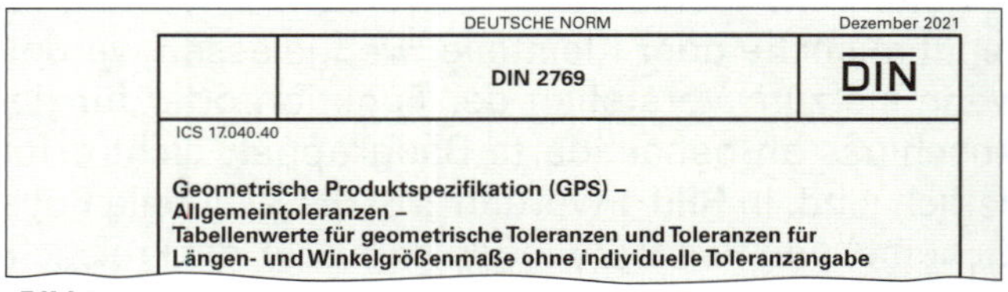
DEUTSCHE NORM Dezember 2021
DIN 2769
DIN
ICS 17.040.40
Geometrische Produktspezifikation (GPS) –
Allgemeintoleranzen –
Tabellenwerte für geometrische Toleranzen und Toleranzen für Längen- und Winkelgrößenmaße ohne individuelle Toleranzangabe

Bild 4

DEUTSCHE NORM September 2017
DIN EN ISO 1101
DIN
ICS 17.040.40
Ersatz für DIN ISO 1101:2014-04
Geometrische Produktspezifikation (GPS) –
Geometrische Tolerierung –
Tolerierung von Form, Richtung, Ort und Lauf (ISO 1101:2017);
Deutsche Fassung EN ISO 1101:2017

Bild 5

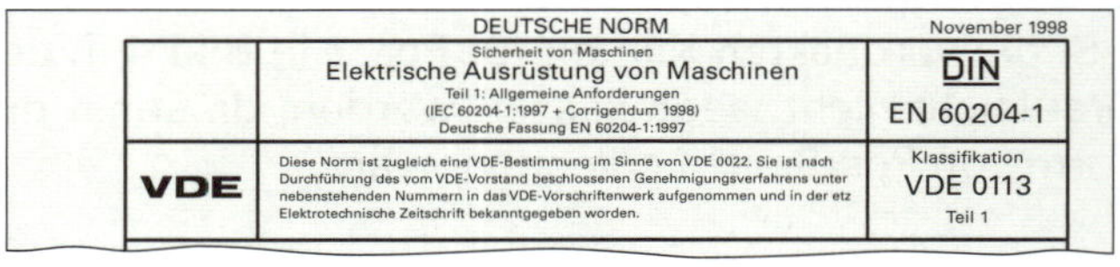
DEUTSCHE NORM November 1998
Sicherheit von Maschinen
Elektrische Ausrüstung von Maschinen
Teil 1: Allgemeine Anforderungen
(IEC 60204-1:1997 + Corrigendum 1998)
Deutsche Fassung EN 60204-1:1997
DIN
EN 60204-1
VDE
Diese Norm ist zugleich eine VDE-Bestimmung im Sinne von VDE 0022. Sie ist nach Durchführung des vom VDE-Vorstand beschlossenen Genehmigungsverfahrens unter nebenstehenden Nummern in das VDE-Vorschriftenwerk aufgenommen und in der etz Elektrotechnische Zeitschrift bekanntgegeben worden.
Klassifikation
VDE 0113
Teil 1

Bild 6

1.5 Grafische Darstellungen

Mithilfe von grafischen Darstellungen (Schaubildern) werden die Zusammenhänge von veränderlichen Größen bildlich dargestellt. Je nach Art und Umfang der Größen und des Zusammenhangs wählt man unterschiedliche Darstellungsformen.

Beispiele für grafische Darstellungen:

Kreisflächendiagramm (**Bild 1**)

Mit einem Kreisflächendiagramm lassen sich vor allem Prozentanteile anschaulich darstellen. Der Vollkreis entspricht dem Wert von 100%.

Schaubild (**Bild 2**)

Mit einem ebenen Schaubild lassen sich die Zusammenhänge von zwei Größen schnell ablesen. In einem Schaubild können mehrere Schaulinien platziert werden. Die Größen werden in einem kartesischen- (rechtwinkligen) oder Polarkoordinatensystem abgetragen.

Nomogramm (**Bild 3**)

Nomogramme dienen der grafischen Darstellung von mathematischen Zusammenhängen. Mit ihrer Hilfe lassen sich die Ergebnisse von Rechnungen im Bild einfach ablesen.

1.6 Schaltpläne

Funktionsabläufe und Steuerungsabfolgen werden mithilfe von Schaltplänen dargestellt. Linien und Pfeile werden als Verbindungselemente eingesetzt.

Beispiele für Schaltpläne:

Blockschaltbild (**Bild 4**)

Im Blockschaltbild werden die einzelnen Bauteile schematisch als Rechteck gezeichnet. Mit Linien und Pfeilen stellt man den Wirkungsablauf dar.

RI-Fließbild (**Bild 5**)

Das Rohrleitungs- und Instrumentenfließschema illustriert durch grafische Symbole für Anlageteile und Rohrleitungen sowie für Mess-, Regel- und Steuerfunktionen die technische Umsetzung eines Verfahrensprozesses, z.B. einer Füllstandsanlage, in der Flüssigkeit erwärmt und in Tanks umgepumpt wird. Die Kontrolle erfolgt über verschiedene Sensoren.

Elektro-Pneumatik-Schaltplan (**Bild 6**)

Mithilfe von genormten Sinnbildern und Linien wird in einem Schaltplan der Zusammenhang der pneumatischen oder der elektrischen Bauteile dargestellt. Aus diesem Zusammenwirken lässt sich der Ablauf der Steuerung erkennen. Für die unterschiedlichen Medien (Druckluft, elektrischer Strom) werden jeweils eigene Pläne benötigt.

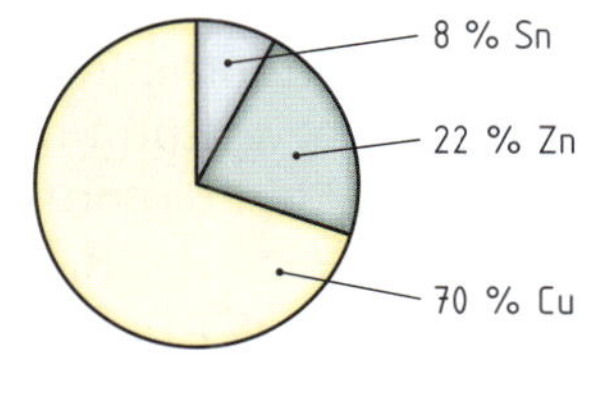

Bild 1

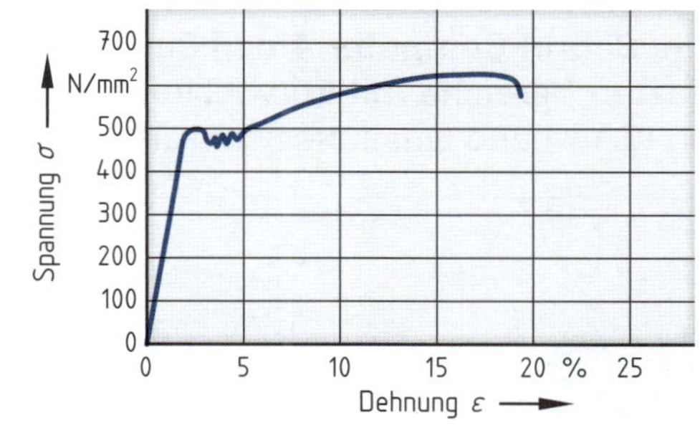

Bild 2

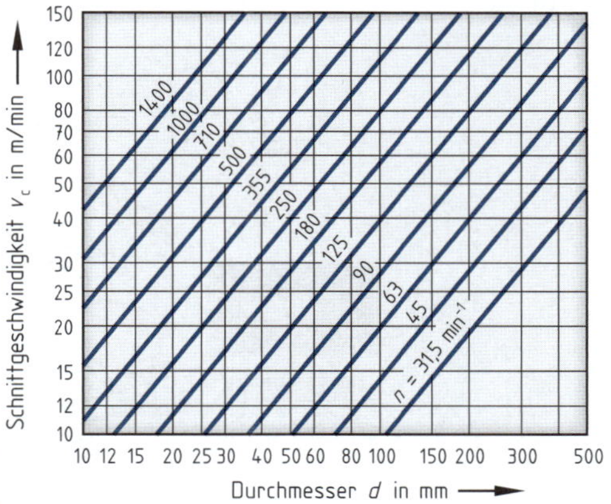

Bild 3

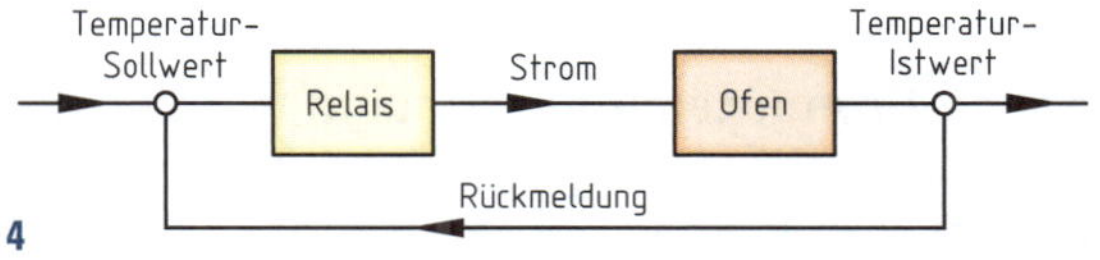

Bild 4

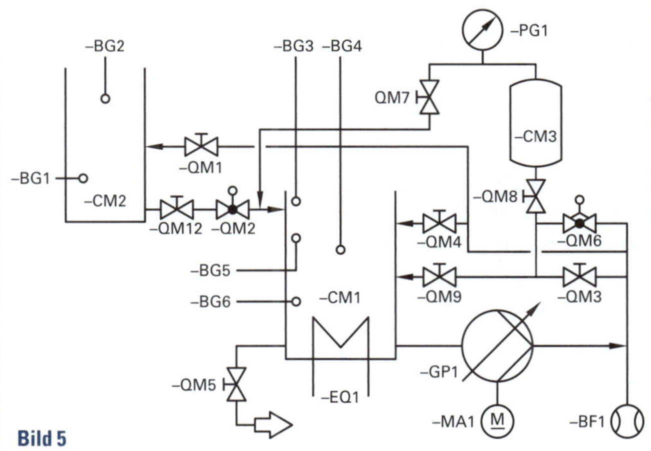

Bild 5

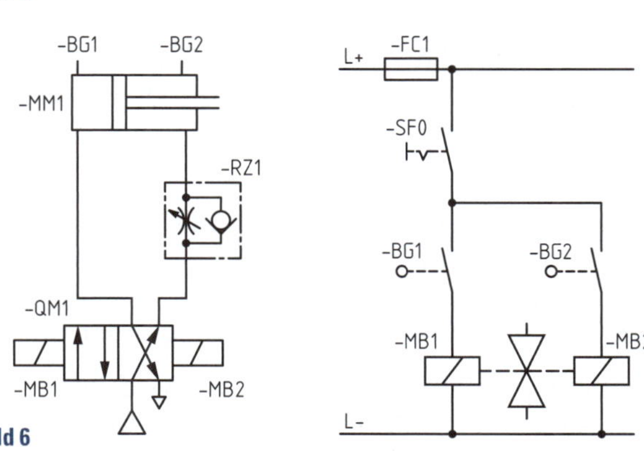

Bild 6

1.7 Rechnerunterstützte Bereiche in der industriellen Produktion

In weiten Bereichen der industriellen Produktion wird eine rechnerintegrierte Fertigung in Verbindung mit einer rechnergestützten Verwaltung umgesetzt. Betrachtet man die Kernaufgabe der Produktentstehung bis zur -herstellung, dann werden die notwendigen Informationen in einem System zusammengefasst, das den kaufmännischen und technischen Bereich in einem gemeinsamen Datenverbund verbindet, bezeichnet als **Computer Aided Industries (CAI)**. Der Verbund von Konstruktion, Fertigung und Auftragsabwicklung wird unter dem Sektor **Computer Integrated Manufacturing (CIM)** zusammengefasst und ist ein Teil von CAI.

Unter dem Begriff **Computer Aided Engineering (CAE)** versteht man dann alle technischen Prozesse der rechnergestützten Bereiche mit Entwicklung und Konstruktion (CAD), Planung des Produktionsprozesses (CAP), Fertigung (CAM) und Qualitätssicherung (CAQ) (**Bild 1**).

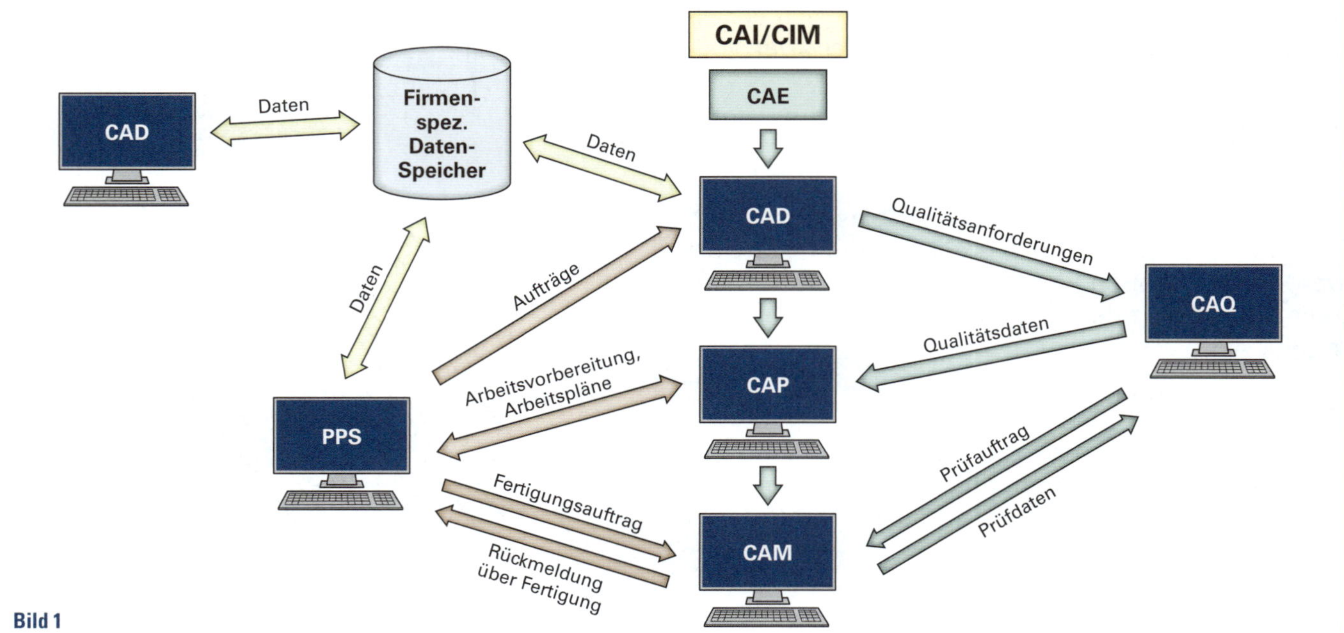

Bild 1

Im Bereich **Computer Aided Design (CAD)** werden Entwürfe der Entwicklung in Konstruktionen umgesetzt. Die Konstruktionen beinhalten Berechnungen, technische Zeichnungen, sowie eine grafisch-interaktive Umsetzung im dreidimensionalen Raum mit Simulationen. Die verschiedenen Bauteile eines Produkts stehen rechnergestützt in Beziehung und es lassen sich daraus Daten für die numerisch gesteuerte Fertigung (NC-Fertigung) oder auch Gittermodelle für eine virtuelle Darstellung der Produkte ableiten. CAD-Systeme umfassen umfangreiche Möglichkeiten, Normteile aus Bibliotheken und wiederkehrende z. B. firmenspezifische Bauteile aus Katalogen direkt in die Konstruktionen einzusetzen und geben Hinweise für nicht normgerechtes Vorgehen in der Konstruktion.

Das **Computer Aided Planning (CAP)** unterstützt die Abteilung CAD mit Arbeitsplänen und der Bereitstellung von Betriebsmitteln. Aus den Geometriedaten des CAD werden NC-Programme generiert und an die passenden NC-Maschine übertragen. Für die geplanten Abläufe stellt das CAP die Arbeitsfolgepläne mit Vorgabezeiten bereit. Die zur Fertigung notwendigen Technologiedaten wie Auswahl von Werkzeugen, Drehzahlen und Vorschübe werden ermittelt, sodass die Fertigung starten kann.

Die Verkettung der NC-Maschinen wird als **Computer Aided Manufacturing (CAM)** bezeichnet. Im Bereich CAM steuert und überwacht man die NC-Maschinen, setzt Handhabungsgeräte und Roboter ein und plant die komplette Transport- und Lagerlogistik.

Alle qualitätssichernden Maßnahmen werden in der **Computer Aided Quality Assurance (CAQ)** zusammengefasst. Der Qualitätsgedanke der Firma steht hier an oberster Stelle für alle Bereiche der kaufmännischen und technischen Tätigkeiten rund um das Produkt. Die Abteilung CAQ verfolgt den Qualitätsprozess von der Produktidee bis zum praktischen Einsatz beim Kunden und beschäftigt sich gleichzeitig mit den Fällen zur Produkthaftung.

Der Bereich **Produktionsplanung und Steuerung (PPS)** unterstützt den Bereich des CAM. Hier werden Produktionsabläufe geplant, sodass die Absatzmärkte termingerecht mit Ware bedient werden. Darüber hinaus findet hier die Planung und Steuerung der für die Produktion notwendigen Zukaufteile und der Kontrolle des Materialbestands auf der Basis vorliegender Auftragszahlen statt.

Damit ein Produkt nicht nur gefertigt wird, sondern sich auch am Markt behaupten kann, benötigt es einen gut organisierten Verwaltungsbereich. Das **Computer Aided Office (CAO)** fasst die Tätigkeiten, wie Investitionsplanung, Kalkulation, Einkauf und Vertrieb, Personalwesen, Marktforschung und Werbung zusammen.

1.8 Zeichnungsnormen

Zeichnungsnormen enthalten allgemeinverbindliche Grundregeln für die Fertigung und Darstellung einer technischen Zeichnung.

1.8.1 Maßstab

Der Maßstab ist das Verhältnis von der Darstellungsgröße zur tatsächlichen Werkstückgröße (**Tabelle 1**). Der Maßstab ist so zu wählen, dass eine nicht zu große bzw. zu kleine Abbildung des zu fertigenden Werkstückes entsteht.

Der in der Zeichnung angewandte Maßstab ist in das Schriftfeld der Zeichnung einzutragen.

Wenn mehr als ein Maßstab in der Zeichnung benötigt wird, sollen der Hauptmaßstab in das Schriftfeld und alle anderen Maßstäbe in der Nähe der jeweiligen Darstellung eingetragen werden.

Natürlicher Maßstab 1 : 1

Das Werkstück wird in natürlicher Größe dargestellt. Ein Millimeter auf der Zeichnung entspricht einem Millimeter am Werkstück (**Bild 1**).

Verkleinerungsmaßstab

Das Werkstück wird verkleinert dargestellt. Zum Beispiel entspricht beim Maßstab 1:5 ein Millimeter auf der Zeichnung 5 mm am Werkstück (**Bild 2**).

Vergrößerungsmaßstab

Das Werkstück wird vergrößert dargestellt. So bedeutet z. B. Maßstab 2:1: Zwei Millimeter auf der Zeichnung entsprechen einem Millimeter am Werkstück (**Bild 3**).

Unabhängig vom gewählten Maßstab sind stets die Maße des **fertigen Werkstückes** einzutragen.

Der Zeichnungsmaßstab ist ein linearer Maßstab und bezieht sich nur auf die Kanten. Dies bedeutet, dass Winkel vom Maßstab **nicht** beeinflusst werden.

Die Größe von Flächen ändert sich mit dem Quadrat des gewählten Maßstabes. Beim Maßstab 2:1 erhält ein gezeichnetes Werkstück eine viermal so große Fläche wie im Maßstab 1:1.

1.8.2 Vordrucke für Zeichnungen

Blattgrößen

Die Ausgangsgröße des DIN-Zeichenblattes ist ein Rechteck von 1 m² Fläche. Die Seiten dieses Rechtecks entsprechen dem Verhältnis $1:\sqrt{2} = 1:1{,}4142...$ Aus den Gleichungen $x \cdot y = 1\,\text{m}^2$ und $x:y = 1:\sqrt{2}$ ergeben sich die Höhe $x = 841$ mm und die Breite $y = 1189$ mm (**Bild 1**). Dieses Blatt entspricht dem **DIN-Format A0**. Weitere Formate der Reihe A entstehen durch fortlaufendes Halbieren des Ausgangsformates (**Bild 4**).

Tabelle 1: Maßstäbe vgl. DIN ISO 5455

Vergrößerungsmaßstäbe			Natürlicher Maßstab	Verkleinerungsmaßstäbe		
50 : 1	20 : 1	10 : 1	1 : 1	1 : 2	1 : 5	1 : 10
5 : 1	2 : 1			1 : 20	1 : 50	1 : 100
				1 : 200	1 : 500	1 : 1000
				1 : 2000	1 : 5000	1 : 10000

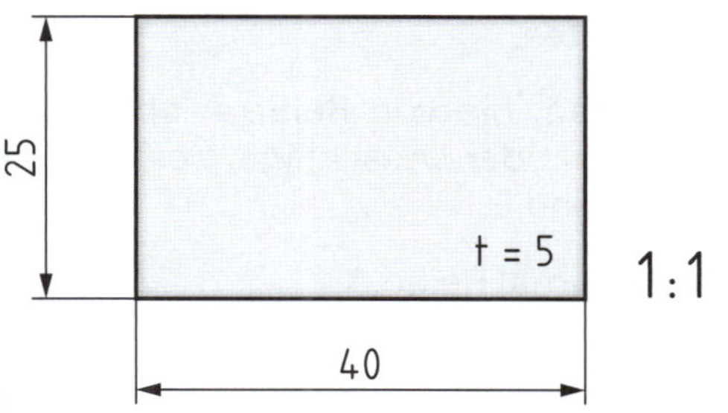

Bild 1

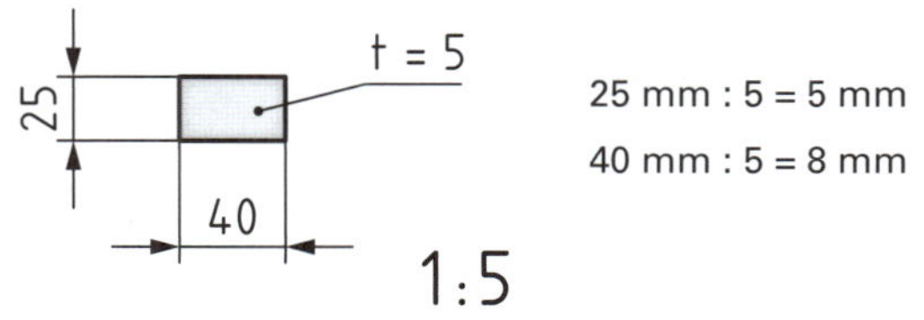

Bild 2

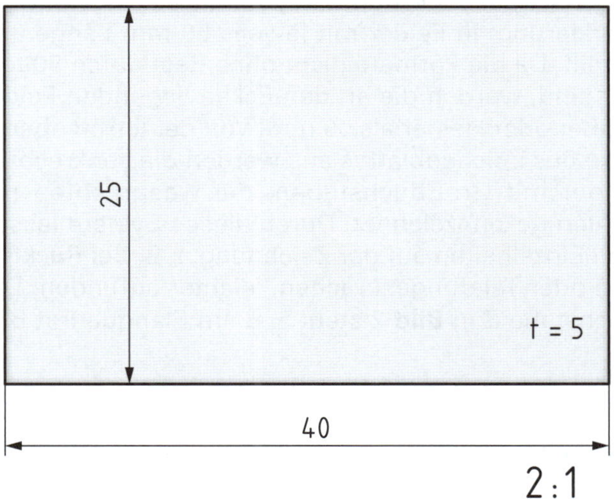

Bild 3

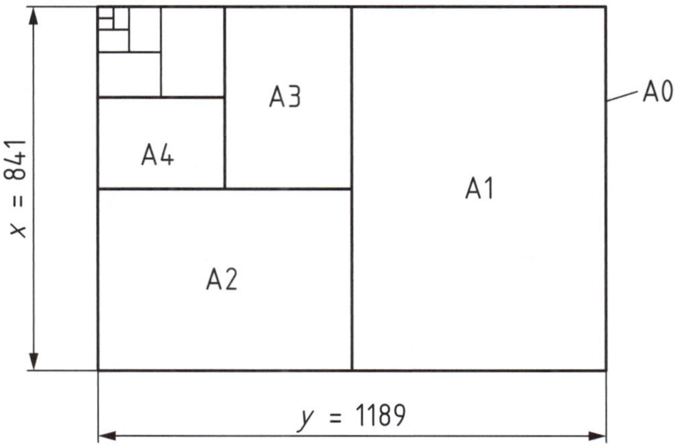

Bild 4

Das Format A4 wird vorzugsweise im **Hochformat** verwendet, alle anderen Formate im **Querformat** (**Bilder 1 und 2**).

Die gängigen Papierformate A0 bis A4 können nach oben auf 2A0 (1189 mm x 1682 mm) und 4A0 (1682 mm x 2378 mm) und nach unten bis A10 (26 mm x 37 mm) erweitert werden.

Zusätzliche Streifenformate entstehen durch die Kombination eines Maßes der kurzen Seite eines Formates mit dem Maß der längeren Seite des nächstgrößeren Formates.

Für Papiergrößen, die von Reihe A abhängig sind, z. B. Aktendeckel oder Umschläge, bestehen die Zusatzreihen B, C und E.

Reihe B = 1,19-mal Reihe A

Reihe C = 1,09-mal Reihe A

Reihe E = 1,33-mal Reihe A

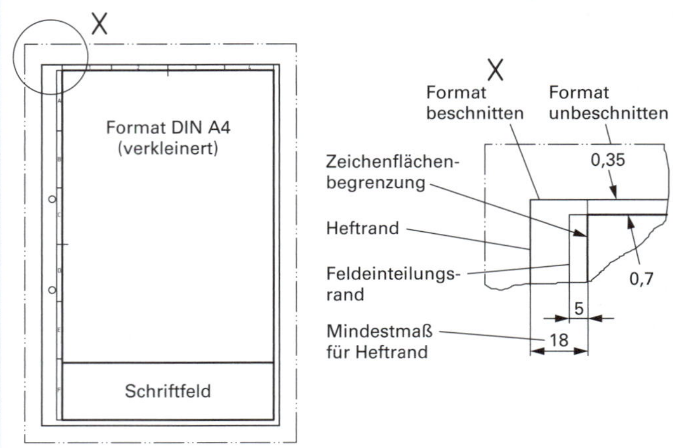

Bild 1

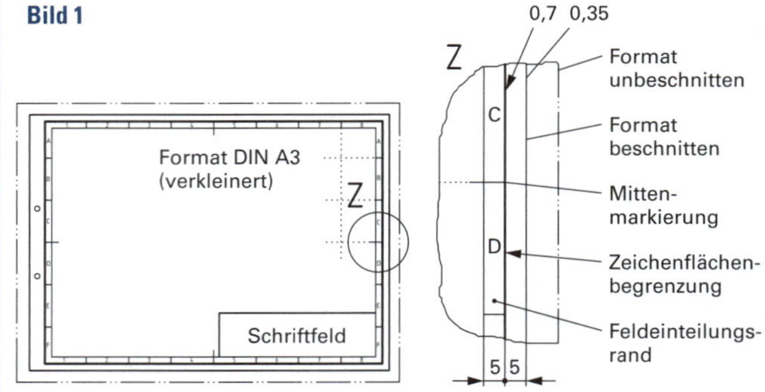

Bild 2

Ränder und Begrenzungen

Das unbeschnittene Rohformat ist größer als das Zeichenblatt, die Zeichenfläche kleiner (**Tabelle 1** und **Bild 1**). Für die Formate A3 und A4 ist auf der linken Seite ein Heftrand von mindestens 18 mm Breite vorgeschrieben (**Bilder 1 und 2**, Einzelheiten Z und X).

Die Vordrucke werden, ausgehend von der Mittenmarkierung, in Felder mit jeweils 50 mm Länge eingeteilt. Da die Formate nicht ohne Rest durch 50 teilbar sind, werden die an den Ecken liegenden Felder größer oder kleiner als 50 mm. Von der linken oberen Ecke des Zeichenblattes aus werden die senkrechten Felder mit Großbuchstaben, die waagrechten mit Zahlen gekennzeichnet. Durch dieses System lassen sich Einzelheiten auf der Zeichnung, z. B. bei Rückfragen oder Telefongesprächen, leichter auffinden. Der Buchstabe Z in **Bild 2** steht z. B. im Planquadrat B8 / C8.

Tabelle 1: Formate und Blattgrößen nach Reihe A, DIN EN ISO 5457

Kurzzeichen	Beschnittenes Zeichenblatt mm	Unbeschnittenes Zeichenblatt mm	Zeichenfläche mm	Anzahl der Felder kurze Seite	Anzahl der Felder lange Seite
A0	841 × 1189	880 × 1230	821 × 1159	16	24
A1	594 × 841	625 × 880	574 × 811	12	16
A2	420 × 594	450 × 625	400 × 564	8	12
A3	297 × 420	330 × 450	277 × 390	6	8
A4	210 × 297	240 × 330	180 × 277	4	6

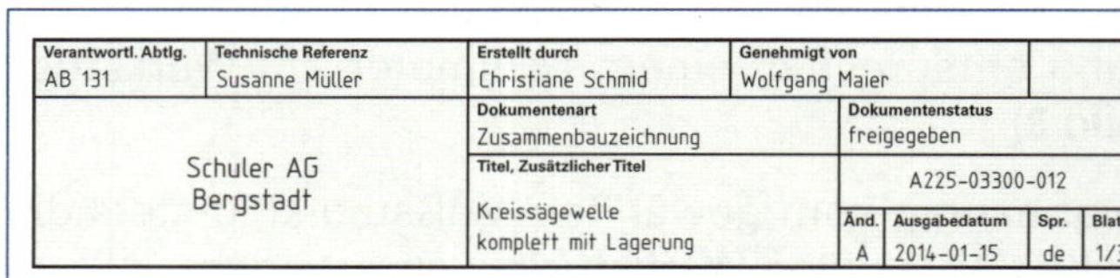

Bild 3

Schriftfeld

Für schriftliche Angaben in den Zeichnungen dienen das Schriftfeld und die Stückliste. Das Schriftfeld ist im Hochformat A4 unten, bei Querformaten rechts unten angeordnet (**Bilder 1 und 2**).

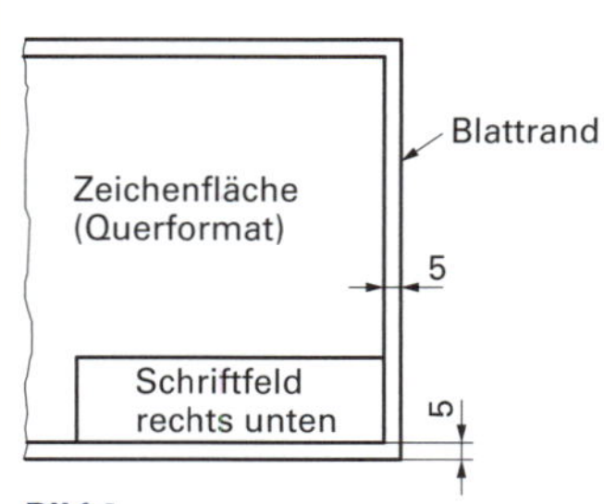

Bild 4

Das Grundschriftfeld ist in DIN EN ISO 7200 genormt (**Bilder 3 und 4**). Zeichnungsspezifische Angaben, wie z. B. Maßstab, Projektionssinnbild und Toleranzangaben werden außerhalb des Grundschriftfeldes auf dem Zeichnungsvordruck angegeben (**Bild 3**).

Die Leserichtung der Zeichnung entspricht grundsätzlich der Leserichtung des Schriftfeldes. Das Grundschriftfeld kann bei Bedarf durch Zusatzfelder erweitert werden. Für Zeichnungsformate, die größer als DIN A1 sind, können wahlweise auch größere Schriftfelder verwendet werden. Werden größere Zeichnungen auf das DIN A4-Format gefaltet, so muss das Schriftfeld rechts unten sichtbar bleiben (**Bild 5**).

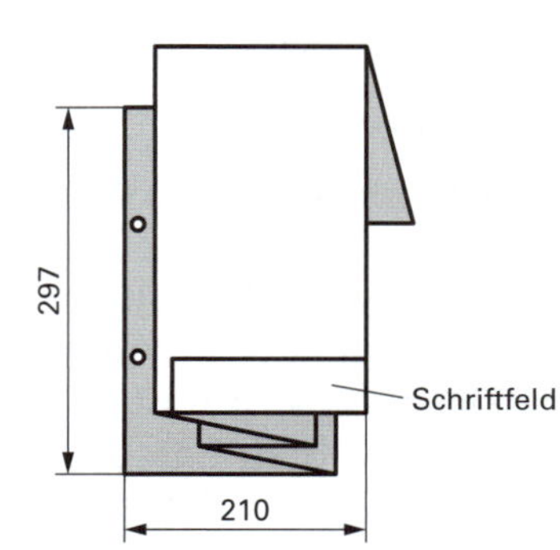

Bild 5

1.8.3 Stückliste

Gesamtzeichnungen und Gruppenzeichnungen erhalten dazugehörige Stücklisten. In ihnen sind alle gefertigten Teile (Werkstücke) und die gekauften Teile (Normteile oder Lagerteile) der Baugruppe oder eines ganzen Erzeugnisses aufgeführt. Die Benennung der Teile erfolgt stets in der Einzahl. Außer der vollständigen Bezeichnung werden noch weitere Angaben, wie z. B. Werkstoff, Normkurzbezeichnung, Sach- bzw. Zeichnungsnummer, Menge (Stückzahl) bzw. Einheit (m oder kg), Bemerkungen und die Positionsnummer in die Stückliste eingetragen (**Bild 1**).

Wird die Stückliste auf dem Schriftfeld eines **Zeichnungsvordruckes** aufgesetzt, so werden die einzelnen Spalten am unteren Stücklistenrand bezeichnet. Die Teile werden in der Reihenfolge ihrer Positionsnummer **von unten nach oben** eingetragen (**Bild 1**).

Soll die Stückliste getrennt von der Baugruppenzeichnung geschrieben werden, so ist hierfür ein eigenes Blatt bzw. ein eigener Vordruck zu verwenden. In diesem Falle erfolgt die Eintragung **von oben nach unten** (**Bild 3**).

Getrennt geschriebene Stücklisten können im Hoch- oder Querformat A4 ausgeführt sein. Auch bei getrennt geschriebenen Stücklisten muss die Stücklistennummer immer mit der Zeichnungs- bzw. Sachnummer der Baugruppenzeichnung übereinstimmen (**Bilder 1 und 3**).

1.8.4 Verschlüsselte Zeichnungs- bzw. Sachnummern

Bild 2 zeigt eine Baugruppenzeichnung, die nur die zeichnerische Darstellung und das Schriftfeld enthält. Die zugehörige Stückliste ist getrennt von der Zeichnung erstellt (**Bild 3**).

Die getrennte Stückliste hat die gleiche Benennung und Benummerung (**Bilder 2 und 3**) wie die Baugruppenzeichnung. Die Zeichnungs- bzw. Sachnummern sind jedoch verschlüsselt. Diese Verschlüsselung ist für die Datenverarbeitung erforderlich. Die einzelnen Ziffern werden meist zu Ordnungsbegriffen zusammengefasst (**Bild 4**). In **Bild 4** sind die Ordnungsbegriffe von Pos. 7 der Kreissägewelle eingetragen. Es bedeuten z. B. in diesem System:

A2 ≙ Format der Zeichnung (420 x 594)

25 ≙ Erzeugniskennziffer (z. B. alle Sägenarten)

033 ≙ Baugruppe (z. B. Kreissägewelle mit Lagerung)

14 ≙ Teileart (z. B. Lagergehäuse)

003 ≙ Zählnummer (es ist z. B. die 3. Teilzeichnung eines Lagergehäuses für Kreissägewellen)

5	1	Scheibe	DIN EN ISO 7090-20-200 HV	
4	1	Spannscheibe	S235JR	
3	1	Anlage	S235JR	
2	1	Passfeder	DIN 6885-A-8 x 7 x 28	
1	1	Welle	E295	Rd45
Pos.-Nr.	Menge/Einheit	Benennung	Werkstoff/Norm-Kurzbezeichnung	Bemerkung

Verantwortl. Abtlg.	Technische Referenz	Erstellt durch	Genehmigt von	
EUROPA LEHRMITTEL		Dokumentenart	Dokumentenstatus	
		Titel, Zusätzlicher Titel: Kreissägewelle mit Lagerung	A225-03300-012	
			Änd. / Ausgabedatum: 2022-01-15 / Spr.: de	Blatt: 1

180 mm

Bild 1

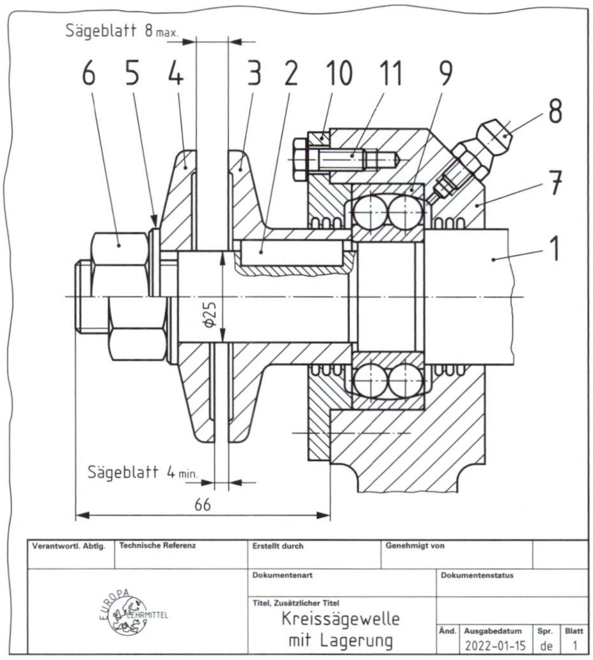

Bild 2

Datum 08/09/22			STUECKLISTE Zchn.-Nr. A225-03300-012		Benennung Kreissägewelle mit Lagerung		Blatt 1 von 1		
G	L	S	Pos.-Nr.	Sachnummer bzw. Zeichnungsnummer	Benennung/Norm-Kurzzeichen	Werkstoff	ME	1	2
			01	A225-03326-017	Welle	E295	1		
			02	N601-01286-713	Passfeder DIN 6885-A-8 x 7 x 28		1		
			03	A325-03315-077	Anlage	S275JR	1		
			04	A425-03318-008	Spannscheibe	S275JR	1		
			05	N701-16012-320	Scheibe DIN EN ISO 7090-20-200HV		1		
			06	N701-02064-264	Sechskantmutter ISO 8673-M20 x 1,5-LH		1		
			07	A225-03314-003	Lagergehäuse	EN-GJL300	1		
			08	N501-38077-102	Schmiernippel DIN 71412-AM6		1		
			09	N401-31502-053	Pendelkugellager DIN 630-2206 TV		1		
			10	A425-03320-007	Deckel	S275JR	1		
			11	N701-02168-931	Sechskantschraube ISO 4014-M6x15-8.8		6		
			12	. . . .	. . . .				

verschlüsselte Benummerung

Bild 3

Gliederungszeichen

A	2	2	5	–	0	3	3	1	4	–	0	0	3	
1	2	3	4	5	6	7	8	9	10	11	12	13	14	usw.

Ordnungsbegriffe

Bild 4

1.9 Geometrie

1.9.1 Ziehen einer Parallelen

Gegeben: *L* und *P* (**Bild 1**)

1. Zeichendreieck 1 an *L* anlegen.
2. Zeichendreieck 2 an das Dreieck 1 anlegen.
3. Zeichendreieck 1 bis Punkt *P* verschieben und gesuchte Parallele *L´* ziehen.

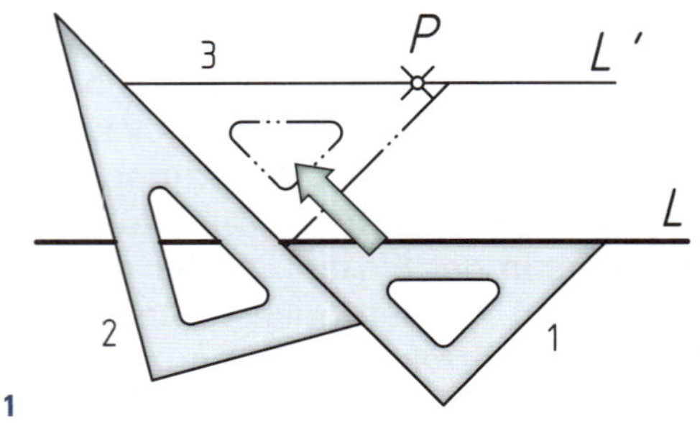

Bild 1

1.9.2 Halbieren einer Strecke (Mittellot errichten)

Gegeben: $\overline{AB}$ (**Bild 2**)

1. Kreisbogen 1 mit Radius *r* um *A* (*r* muss größer sein als ½ $\overline{AB}$)
2. Kreisbogen 2 mit gleichem Radius *r* um *B*.
3. Die Verbindungslinie der Kreisschnittpunkte ist das gesuchte Mittellot, bzw. die Halbierende der Strecke *AB*.

   (Hinweis: Der Maßeintrag für Rundungen in Zeichnungen erfolgt gemäß DIN 406 mit dem Buchstaben *R*, z. B. R40.)

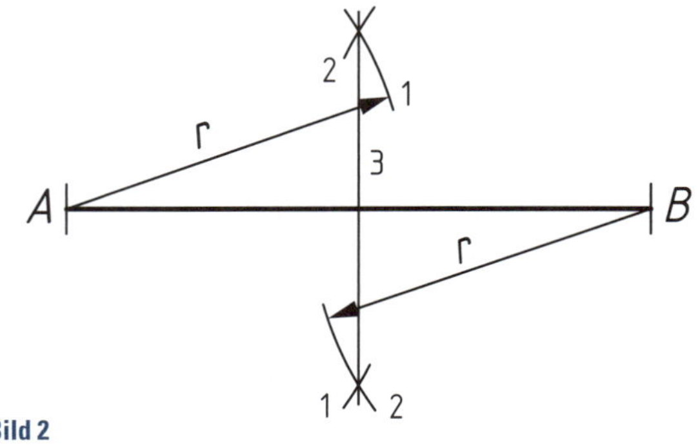

Bild 2

1.9.3 Fällen eines Lotes

Gegeben: *L* und *P* (**Bild 3**)

1. Beliebigen Kreisbogen 1 um *P* (Schnittpunkt *A* und *B*).
2. Kreisbogen 2 mit Radius *r* um *A* (*r* muss größer sein als ½ $\overline{AB}$).
3. Kreisbogen 3 mit gleichem Radius *r* um *B*.
4. Die Verbindungslinie des Schnittpunktes mit *P* ist das gesuchte Lot.

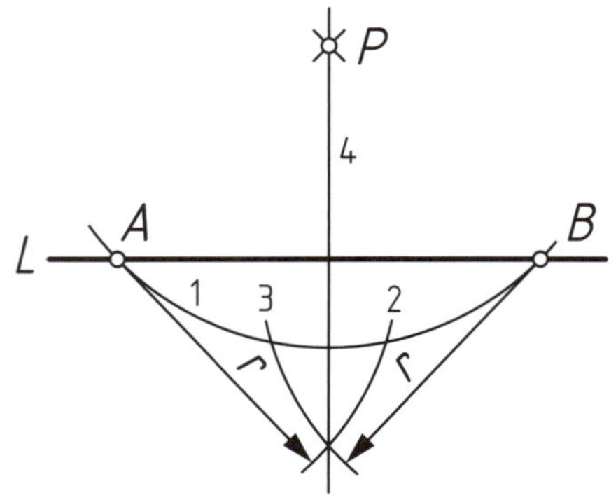

Bild 3

1.9.4 Errichten einer Senkrechten im Punkt *P*

Gegeben: *L* und *P* (**Bild 4**)

1. Beliebigen Kreisbogen 1 um Punkt *P* (Schnittpunkt *A*).
2. Kreisbogen 2 mit Radius *r* = $\overline{AP}$ um Punkt *A* (Schnittpunkt *B*).
3. Kreisbogen 3 mit gleichem Radius *r* um *B*.
4. *A* mit *B* verbinden und Gerade verlängern (Schnittpunkt *C*).
5. Punkt *P* mit Punkt *C* verbinden.

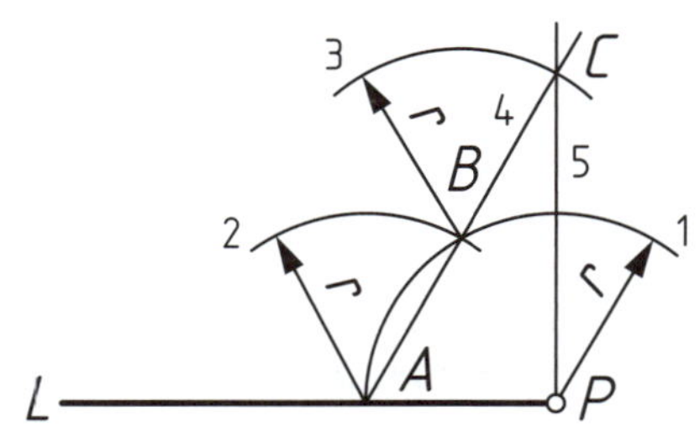

Bild 4

1.9.5 Halbieren eines Winkels

Gegeben: Winkel α (**Bild 5**)

1. Beliebigen Kreisbogen 1 um *S* (Schnittpunkte *A* und *B*).
2. Kreisbogen 2 mit Radius *r* um *A* (*r* größer als ½ $\overline{AB}$).
3. Kreisbogen 3 mit gleichem Radius *r* um *B*.
4. Die Verbindungslinie des Schnittpunktes mit *S* ist die gesuchte Winkelhalbierende.

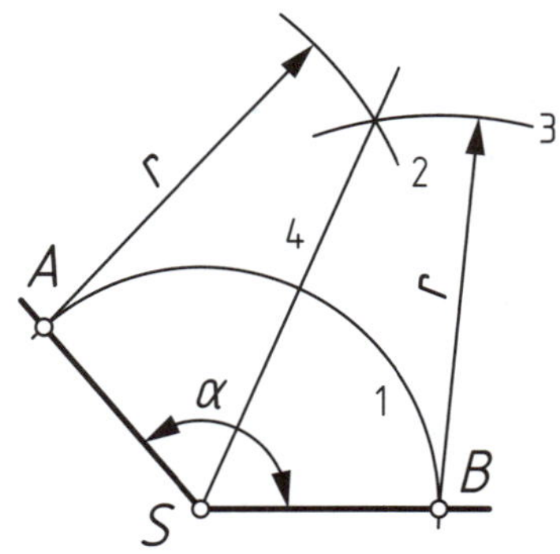

Bild 5

1.9.6 Teilen einer Strecke (Verhältnisteilung)

Gegeben: $\overline{AB}$ soll in 5 gleiche Teile geteilt werden (**Bild 6**).

1. Strahl von *A* unter beliebigem Winkel.
2. Auf dem Strahl von *A* aus 5 beliebige, aber gleichgroße Teile mit dem Zirkel abtragen.
3. Endpunkt 5' mit *B* verbinden.
4. Parallelen zur Strecke $\overline{5'B}$ durch die anderen Teilpunkte ziehen.

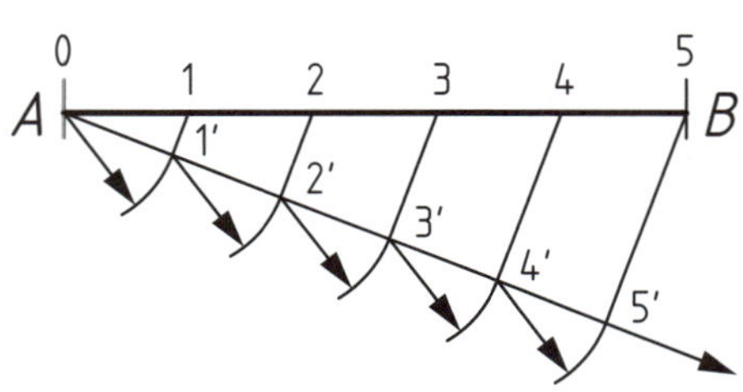

Bild 6

1.9.7 Tangente von einem Punkt *P* an den Kreis

Gegeben: Kreis und *P* (**Bild 1**)

1. $\overline{MP}$ halbieren. *A* ist Mittelpunkt.
2. Kreis um *A* mit Radius $r = \overline{AM}$. *T* ist Tangentenpunkt.
3. *T* mit *P* verbinden.

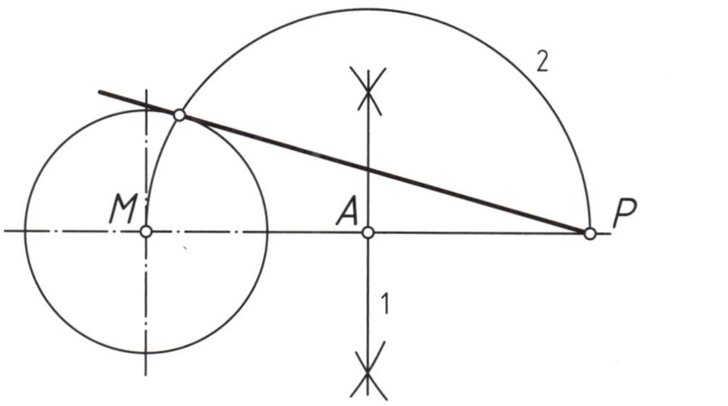

Bild 1

1.9.8 Tangenten an zwei Kreisen

Gegeben: Kreis 1 (M_1; *R*) und Kreis 2 (M_2; *r*), (**Bild 2**)

1. Kreis um M_1 mit Radius $R - r$ ziehen.
2. $\overline{M_1M_2}$ halbieren; *A* ist Mittelpunkt.
3. Kreis um *A* mit $r = \overline{AM_1}$; *B* und *C* sind Schnittpunkte.
4. Verlängerungen von $\overline{M_1B}$ und $\overline{M_1C}$ ergeben Tangentenpunkte T_1 und T_1'.
5. Parallelen zu $\overline{M_1B}$ und $\overline{M_1C}$ durch M_2 ergeben Tangentenpunkte T_2 und T_2'.
6. T_1 und T_2 bzw. T_1' und T_2' verbinden.

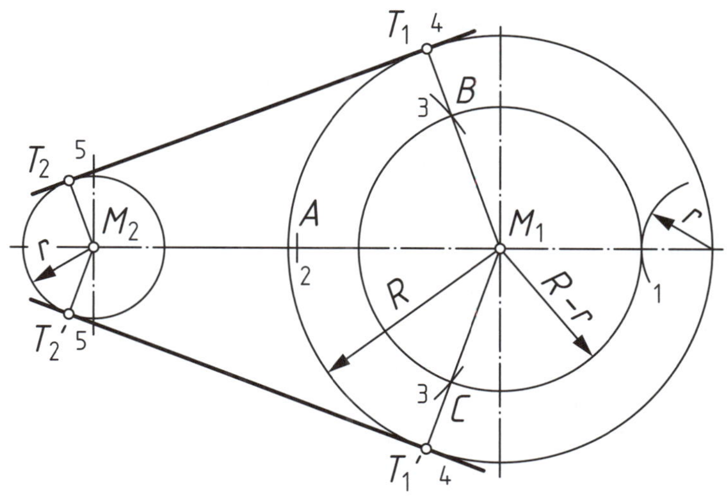

Bild 2

1.9.9 Tangenten zwischen zwei Kreisen

Gegeben: Kreis 1 (M_1; *R*) und Kreis 2 (M_2; *r*) (**Bild 3**)

1. Kreis um M_1 mit Radius $R + r$ ziehen.
2. $\overline{M_1M_2}$ halbieren; *A* ist Mittelpunkt.
3. Kreis um *A* mit Radius $r = \overline{AM_1}$; *B* und *C* sind Schnittpunkte.
4. Verbindungen von M_1 mit *B* und *C* ergeben Tangentenpunkte T_1 und T_1'.
5. Parallelen zu $\overline{M_1B}$ und $\overline{M_1C}$ durch M_2 ergeben Tangentenpunkte T_2 und T_2'.
6. T_1 und T_2 bzw. T_1' und T_2' verbinden.

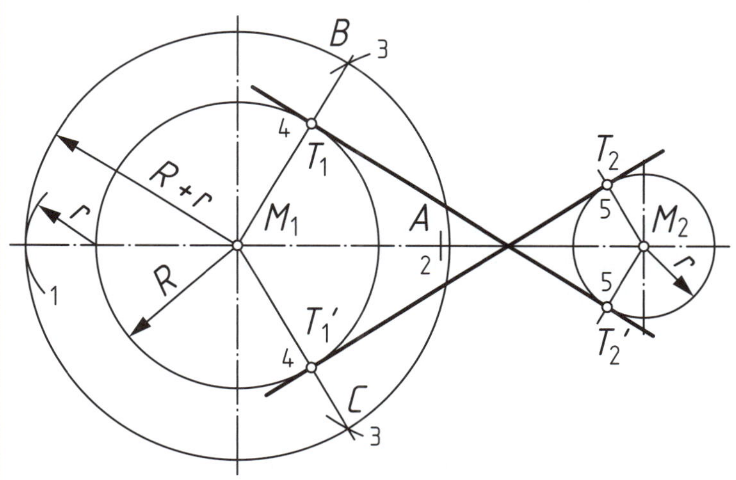

Bild 3

1.9.10 Rundung am Winkel

Gegeben: Winkel *ASB* und Rundungsradius *r* (**Bild 4**)

1. + 2. Parallelen zu $\overline{AS}$ und $\overline{BS}$ im Abstand *r* ziehen. Ihr Schnittpunkt *M* ist der gesuchte Rundungsmittelpunkt.

3. Die Schnittpunkte der Lote von *M* mit den Schenkeln $\overline{AS}$ und $\overline{BS}$ sind die Übergangspunkte *a* und *b*.

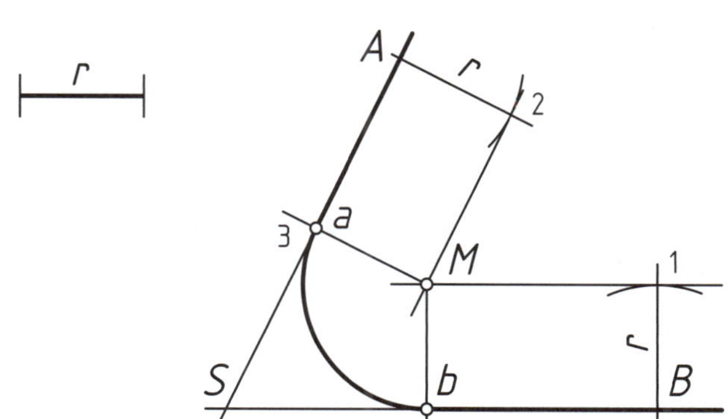

Bild 4

1.9.11 Verbindung zweier Kreise durch Kreisbogen

Gegeben: Kreis 1 und Kreis 2; Rundungen R_i und R_a (**Bild 1**)

1. Kreis um M_1 mit Radius $R_i + r_1$.
2. Kreis um M_2 mit Radius $R_i + r_2$ ergibt mit 1 den Schnittpunkt *A*.
3. *A* mit M_1 und M_2 verbunden ergibt die Tangentenpunkte (Berührungspunkte) *B* und *C* für den Innenkreis R_i.
4. Kreis um M_1 mit Radius $R_a - r_1$ ziehen.
5. Kreis um M_2 mit Radius $R_a - r_2$ ergibt mit 4 den Schnittpunkt *D*.
6. *D* mit M_1 und M_2 verbunden ergibt die Tangentenpunkte (Berührungspunkte) *E* und *F* für den Außenkreis R_a.

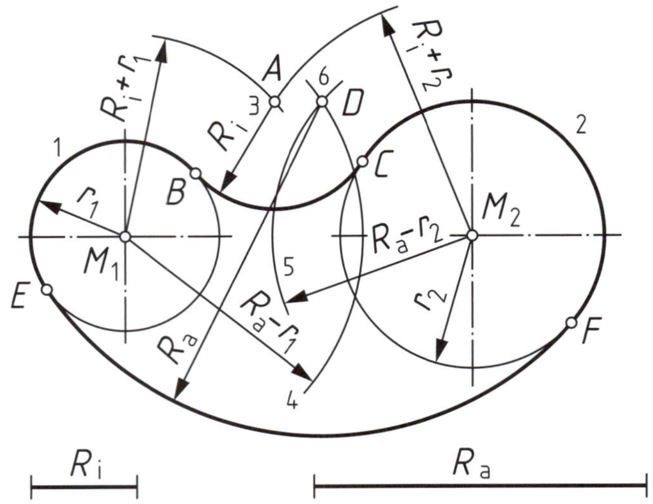

Bild 1

1.9.12 Sechseck, Zwölfeck

1. Kreisbögen mit Radius *r* um *A* ($r = \frac{d}{2}$).
2. Kreisbögen mit Radius *r* um *B*.
3. Sechsecklinien ziehen.
   Für Zwölfeck sind die Zwischenpunkte festzulegen: Kreisbögen mit *r* um *C* und *D*.

Der Kreisdurchmesser *d* entspricht dem Eckenmaß *e* des Sechsecks; er kann aus der Schlüsselweite *s* berechnet werden:

$$d = \frac{1}{\sin 60°} \cdot s = 1{,}155 \cdot s$$

$$s = \sin 60° \cdot d = 0{,}866 \cdot d$$

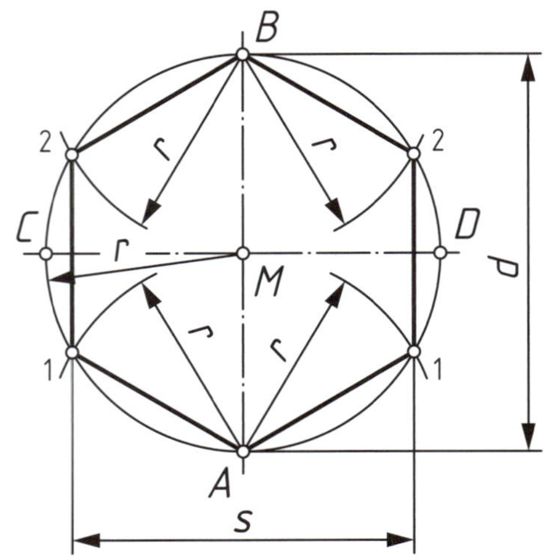

Bild 2

1.10 Überprüfen Sie Ihr Wissen:

In Leihbüchern bitte **keine** Eintragungen vornehmen!

1 Was bedeutet die Abkürzung DIN?
a) Das ist neu
b) Deutsche Industrie-Nation
c) Deutsche Industrialisierungs-Norm
d) Deutsches Institut für Normung
e) Deutsche Ingenieur-Norm

2 Ein Werkstück ist 100 mm lang. Es ist 20 mm lang gezeichnet. Welcher Maßstab wurde angewandt?
a) 1 : 1
b) 1 : 2
c) 5 : 1
d) 1 : 5
e) 1 : 10

3 Ein Werkstück hat eine Breite von 40 mm. Es soll im Maßstab 2 : 1 gezeichnet werden. Wie breit ist es zu zeichnen?
a) 80 mm
a) 40 mm
a) 20 mm
b) 16 mm
c) 10 mm

4 Welcher der genannten Maßstäbe ist *nicht* nach DIN ISO 5455 genormt?
a) 1 : 1
b) 1 : 5
c) 1 : 4
d) 10 : 1
e) 2 : 1

5 Welche Fläche hat ein Zeichenblatt mit dem DIN Format A0?
a) 10 m^2
b) 1 m^2
c) 5 m^2
d) 841 mm x 1000 mm
e) 1189 mm x 1000 mm

6 Welches DIN-Format wird als Ausgangsformat bezeichnet?
a) 2A0
b) A0
c) A2
d) A4
e) Keine Aussage ist richtig

2 Normschrift

Nach DIN müssen bei der Beschriftung einer Zeichnung folgende Merkmale erfüllt sein:

Lesbarkeit, Einheitlichkeit und Eignung für Mikroverfilmung.

Um dies zu erreichen, ist die für technische Zeichnungen zu verwendende Schrift genormt.

2.1 Normschrift nach DIN EN ISO 3098

International üblich zur Beschriftung von Zeichnungen sind lateinische Schriftzeichen nach DIN EN ISO 3098 (**Bilder 1 und 2**). Daneben werden griechische Schriftzeichen, z. B. für Winkelbezeichnungen, diakritische Zeichen in Latein-Alphabeten, z. B. É und kyrillische Schriftzeichen verwendet.

Um die Lesbarkeit sicherzustellen, soll ein Abstand von 2 · *d* (Linienbreite) eingehalten werden.

Wegen der besseren Lesbarkeit wird meist die Schriftform B verwendet (**Bilder 1 und 2**). Bei Platzmangel kann auch die Schriftform A (Engschrift) verwendet werden. Sie hat die gleiche Form wie die Schriftform B, jedoch sind die Linienbreite, die Zeichen- und die Wortabstände geringer.

2.1.1 Schriftrichtung

Schriften in technischen Zeichnungen können um 75° zur Grundlinie nach rechts geneigt sein (S, **Bild 1**) oder vertikal geschrieben werden (V, **Bild 2**).

2.1.2 Schriftgrößen

Die in einer Zeichnung zu verwendenden Schrifthöhen sind im Verhältnis 1 : $\sqrt{2}$ gestuft (**Tabelle 1**).

Bei der Beschriftung einer Zeichnung beträgt die Mindesthöhe der Buchstaben *h* = 2,5 mm. Bei gleichzeitiger Verwendung von Groß- und Kleinbuchstaben wird dann üblicherweise die Schrifthöhe *h* = 3,5 mm verwendet.

Indices, Exponenten usw. schreibt man um eine Schriftgröße kleiner als die übrigen Zeichen. Die Schrift darf aber nicht kleiner als 2,5 mm sein.

Die Maße der Schriftzeichen und ihr Abstand werden durch die Schrifthöhe *h* bestimmt (**Tabelle 2**).

Dabei bedeuten:

- *a* Abstand zwischen den Schriftzeichen
- b_1 Abstand zwischen den Grundlinien bei Schriften mit diakritischen Zeichen
- b_2 Abstand zwischen den Grundlinien bei Schriften ohne diakritische Zeichen
- b_3 Abstand zwischen den Grundlinien, wenn die Schrift nur Großbuchstaben und Zahlen enthält
- c_1 Höhe der Kleinbuchstaben
- c_2 Unterlängen der Kleinbuchstaben
- c_3 Oberlängen der Kleinbuchstaben
- *d* Linienbreite der Schrift
- *e* Abstand zwischen Wörtern
- *f* Bereich der diakritischen Zeichen (Großbuchstaben)

Schriftform B, geneigt (BS)

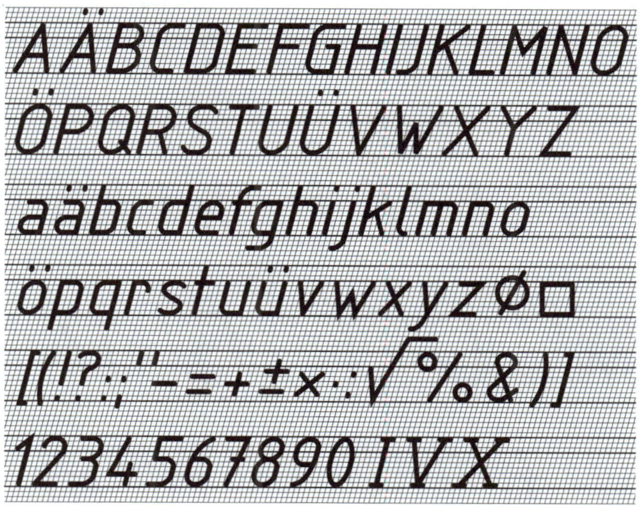

Bild 1

Schriftform B, vertikal (BV)

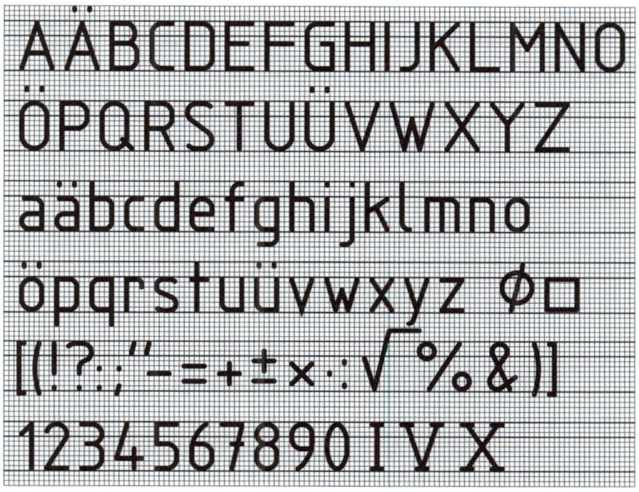

Bild 2

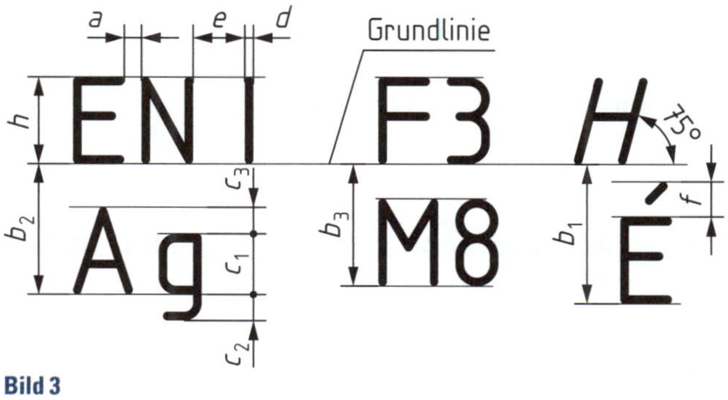

Bild 3

Tabelle 1: Nennmaß für Schrifthöhe *h* in mm

h	1,8	2,5	3,5	5	7	10	14	20

Tabelle 2: Verhältnisse der Schriftmaße zur Schrifthöhe *h*

Schriftform	Verhältnis der Schriftmaße zur Schrifthöhe *h*									
	a	b_1	b_2	b_3	c_1	c_2	c_3	*d*	*e*	*f*
B	$\frac{2}{10} \cdot h$	$\frac{19}{10} \cdot h$	$\frac{15}{10} \cdot h$	$\frac{13}{10} \cdot h$	$\frac{7}{10} \cdot h$	$\frac{3}{10} \cdot h$	$\frac{3}{10} \cdot h$	$\frac{1}{10} \cdot h$	$\frac{6}{10} \cdot h$	$\frac{4}{10} \cdot h$
A	$\frac{2}{14} \cdot h$	$\frac{25}{14} \cdot h$	$\frac{21}{14} \cdot h$	$\frac{17}{14} \cdot h$	$\frac{10}{14} \cdot h$	$\frac{4}{14} \cdot h$	$\frac{4}{14} \cdot h$	$\frac{1}{14} \cdot h$	$\frac{6}{14} \cdot h$	$\frac{5}{14} \cdot h$

2.1.3 Schreibweise der Normschrift bei handschriftlicher Ausführung

Zur Einhaltung der genormten Buchstaben- und Zahlenformen ist es empfehlenswert, die Zeichen aus einzelnen Teilen zusammenzusetzen. Hinweise hierzu geben die neben den jeweiligen Zeichen eingetragenen Pfeile. Die Zahlen geben die Reihenfolge der Ausführung an.

2.2 Überprüfen Sie Ihr Wissen:

In Leihbüchern bitte **keine** Eintragungen vornehmen!

1 Welches Merkmal ist bei der Beschriftung einer Zeichnung *nicht* zu beachten?

a) Lesbarkeit
b) Gewicht des Zeichenpapiers
c) Einheitlichkeit
d) Eignung für Mikroverfilmung
e) Normgerechte Ausführung

2 Welches Merkmal hat die Normschrift nach DIN EN ISO 3098 (Schriftform B, geneigt)?

a) Schriftlage 90° zur Zeile
b) Mindestschrifthöhe 1 mm
c) Linienbreite 1/5 mal Schrifthöhe
d) Linienbreite 1/4 mal Schrifthöhe
e) Schriftlage 75° zur Grundlinie

3 Welche Schrifthöhe *h* nach DIN EN ISO 3098 ist *falsch* angegeben?

a) 3,5 mm
b) 5 mm
c) 7 mm
d) 10 mm
e) 16 mm

4 Welchen Stufensprung haben die Nenngrößen der Normschrift nach DIN EN ISO 3098?

a) $\sqrt{2}$
b) $\sqrt{3}$
c) $\sqrt{4}$
d) $\sqrt{1{,}414}$
e) $\sqrt{1{,}732}$

5 Welche Linienbreite hat die Normschrift nach DIN EN ISO 3098, Schriftform B?

a) 1/4 mal Schrifthöhe
b) 1/12 mal Schrifthöhe
c) 1/10 mal Schrifthöhe
d) 1/7 mal Schrifthöhe
e) 1/14 mal Schrifthöhe

6 Unter welchem Winkel wird die Normschrift DIN EN ISO 3098, V (vertikal) geschrieben? Unter …

a) 30° zur Grundlinie (nach rechts geneigt)
b) 45° zur Grundlinie (nach rechts geneigt)
c) 15° zur Grundlinie (nach rechts geneigt)
d) 75° zur Grundlinie (nach rechts geneigt)
e) 90° zur Grundlinie

3 Linien in technischen Zeichnungen

3.1 Allgemeines

In technischen Zeichnungen müssen Werkstücke ohne Text beschrieben und dargestellt werden. Elemente zur Darstellung sind u. a. die Linien.

Durch verschiedene Breiten, durch Unterbrechungen und Variationen der Linien können unterschiedliche Aussagen gemacht werden (**Bild 1**). Voraussetzung ist jedoch, dass alle Beteiligten eine gemeinsame „Sprache" sprechen.

Um dies zu gewährleisten, wurden bestimmte Linienarten und Linienbreiten international genormt. Damit wird erreicht, dass die mit solchen Linien angefertigten Zeichnungen auf der ganzen Welt von jedem, der diese „Liniensprache" beherrscht, „gelesen" werden können.

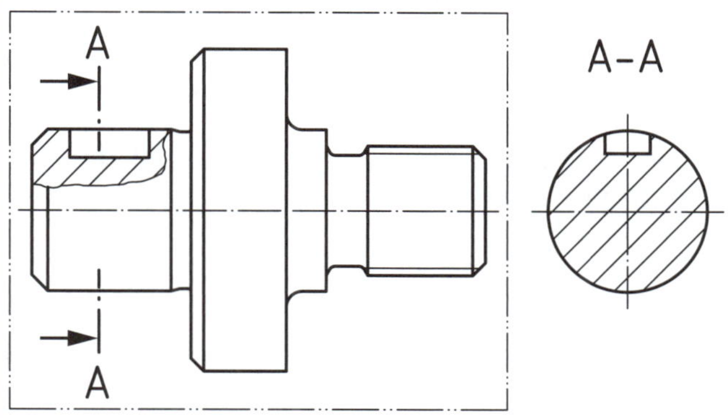

Bild 1

3.2 Linienarten

Tabelle 1 zeigt diejenigen Linien-Grundarten, die zur manuellen Anfertigung von technischen Zeichnungen im Bereich Metall verwendet werden.

Neben diesen Grundarten wird die Freihandlinie, eine Variation der Volllinie, verwendet (**Tabelle 2**).

Tabelle 1: Linien-Grundarten vgl. DIN EN ISO 128-2 (2022-2)

Nr.	Darstellung	Benennung
01		Volllinie
02		Strichlinie
04		Strich-Punktlinie (langer Strich)
05		Strich-Zweipunktlinie (langer Strich)

Tabelle 2: Variation der Linien-Grundart 01 vgl. DIN EN ISO 128-2 (2022-2)

Nr.	Darstellung	Benennung
01		Freihandlinie

3.3 Linienbreiten

Die anzuwendenden Linienbreiten richten sich nach der Art und Größe der Zeichnung. Ein Werkstück, das im Maßstab 1:1 gezeichnet wird, erfordert der besseren Übersicht wegen breitere Linien als dasselbe Werkstück bei einer Darstellung im Maßstab 1:10.

Die Stufung der Linienbreiten erfolgt im Verhältnis $1 : \sqrt{2}$. Es werden die in **Tabelle 3** aufgeführten Linienbreiten verwendet.

In technischen Zeichnungen werden im Allgemeinen zwei Linienbreiten angewendet, deren Verhältnis

$$\frac{\text{breite Linie}}{\text{schmale Linie}} = \frac{2}{1} \text{ ist.}$$

Für Maß- und Textangaben sowie für die Darstellung und Beschriftung von Sinnbildern ist eine dritte Linienbreite, die zwischen den verwendeten breiten und schmalen Linien liegt, erforderlich. Die Stufung erfolgt auch hier im Verhältnis $1 : \sqrt{2}$.

Tabelle 3: Linienbreiten vgl. DIN EN ISO 128-2 (2022-2)

Linienbreiten in mm								
0,13	0,18	0,25	0,35	0,5	0,7	1	1,4	2

3.4 Liniengruppen

Diejenigen Linienbreiten, die in einer Zeichnung verwendet werden, sind zu einer Liniengruppe zusammengefasst. Eine Liniengruppe umfasst zwei Linienbreiten.

Die im Verhältnis 2:1 zueinander stehenden Linienbreiten werden für die verschiedenen Linienarten verwendet.

Die im Verhältnis $1 : \sqrt{2}$ zwischen den Linien einer Liniengruppe liegende Linienbreite wird für Maß- und Textangaben sowie zum Zeichnen von Sinnbildern verwendet (**Tabelle 4**).

Tabelle 4: Liniengruppen vgl. DIN EN ISO 128-2 (2022-2)

Liniengruppe	zugehörige Linienbreiten (Nennmaße in mm) für		
	die Linienarten-Nummern		Maß- und Toleranzangaben, grafische Sinnbilder
	01.2, 02.2, 04.2 (breite Linien)	01.1, 02.1, 04.1, 05.1 (schmale Linien)	
0,25	0,25	0,13	0,18
0,35	0,35	0,18	0,25
0,5	0,5	0,25	0,35
0,7	0,7	0,35	0,5
1	1	0,5	0,7
1,4	1,4	0,7	1
2	2	1	1,4

Bezeichnungen der Liniengruppen

Die Bezeichnung einer Liniengruppe richtet sich nach der breiteren Linie innerhalb der Gruppe.

Für alle Ansichten eines Werkstückes ist dieselbe Liniengruppe zu verwenden.

Anwendung der Liniengruppen

Linienbreiten und Liniengruppen sollen nach der Art, der Größe und dem Maßstab der Zeichnung und nach den Anforderungen für die Mikroverfilmung und/oder dem Reproduktionsverfahren ausgewählt werden.

Die Liniengruppen 0,5 und 0,7 sollen bevorzugt angewendet werden (**Tabelle 2**).

Tabelle 1: Liniengruppen vgl. DIN EN ISO 128-2 (2022-2)

Liniengruppe	zugehörige Linienbreiten (Nennmaße in mm) für		
	die Linienarten-Nummern		Maß- und Toleranzangaben, grafische Sinnbilder
	01.2, 02.2, 04.2 (breite Linien)	01.1, 02.1, 04.1, 05.1 (schmale Linien)	
0,25	0,25	0,13	0,18
0,35	0,35	0,18	0,25
0,5	0,5	0,25	0,35
0,7	0,7	0,35	0,5
1	1	0,5	0,7
1,4	1,4	0,7	1
2	2	1	1,4

3.5 Längen von Linienelementen

Außer der Volllinie sind alle Linienarten aus einzelnen Linienelementen zusammengesetzt. Linienelemente sind Punkte und Striche unterschiedlicher Länge und Lücken.

Die Längen der einzelnen Linienelemente sind von der Linienbreite *d* abhängig (**Tabelle 3**).

In **Tabelle 4** sind für verschiedene Linienarten die Maße angegeben, wenn beispielsweise für eine Zeichnung die Liniengruppe 0,5 gewählt wird.

Tabelle 2: Linienbreiten der Liniengruppen 0,5 und 0,7

Linienart		Linienbreite in mm für Liniengruppe	
Nr.	Darstellung	0,5	0,7
01.2		0,5	0,7
01.1		0,25	0,35
01.1		0,25	0,35
02.1		0,25	0,35
04.2		0,5	0,7
04.1		0,25	0,35
05.1		0,25	0,35
Maß- und Textangaben, grafische Sinnbilder		0,35	0,5

Tabelle 3: Längen von Linienelementen vgl. DIN EN ISO 128-2 (2002-12)

Linienelement	Linienart	Länge	Erläuterung
Punkt	04.1 04.2 04.3	≤ *d*	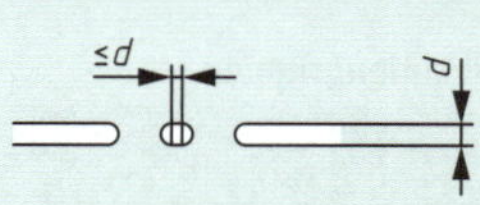
Lücke	02.1, 02.2 04.2, 04.2 05.1	3 · *d*	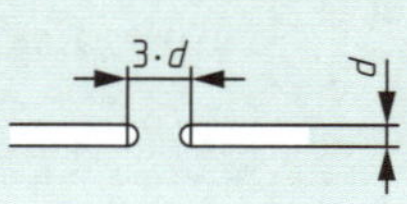
Strich	02.1 02.2	12 · *d*	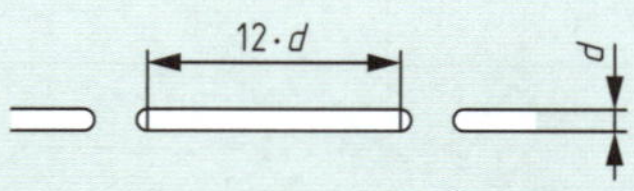
langer Strich	04.1 05.1	24 · *d*	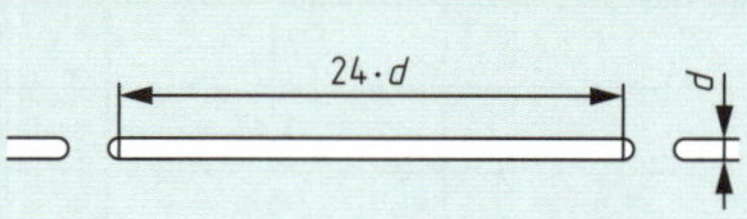

Tabelle 4: Längen der Linienelemente für die Liniengruppe 0,5

Linienart	Längen der Linienelemente in mm
04.1 Strich-Punktlinie	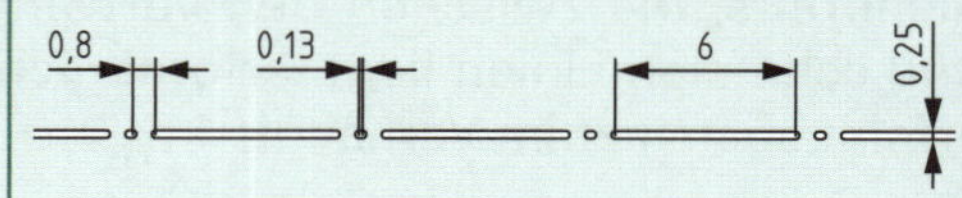
02.1 Strichlinie	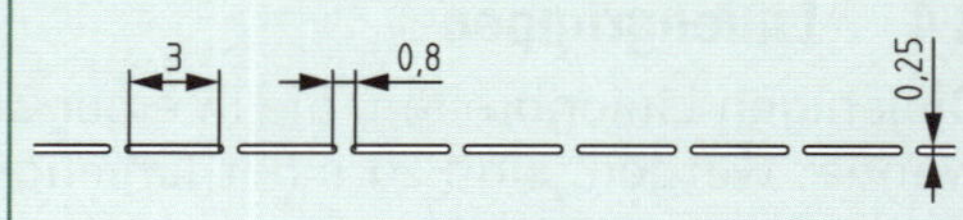
05.1 Strich-Zweipunktlinie	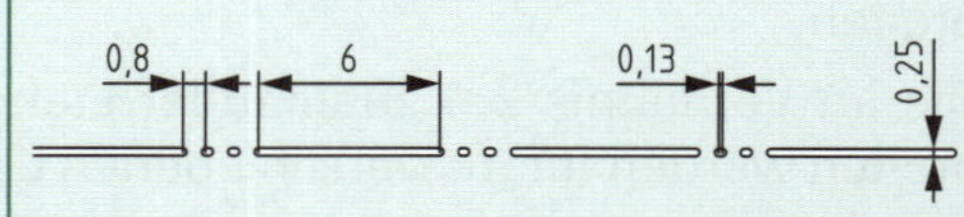
04.2 Strich-Punktlinie	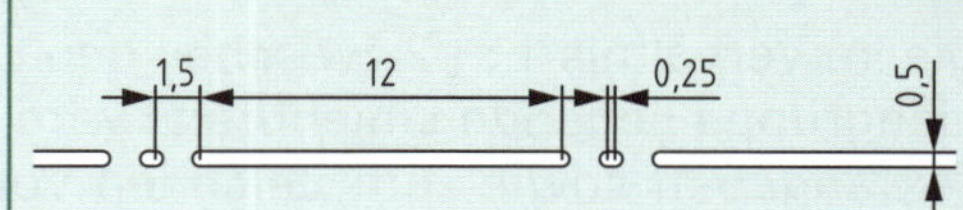

3.6 Zeichnerische Hinweise

Kreuzungen und Anschlussstellen

Bild 1: Stoßen Volllinien (Linienart Nr. 01.2) unter einem Winkel von 90° aufeinander, so sind sie wie in **Bild 1** zu zeichnen.

Bild 2: Stoßen schmale Strichlinien (Linienart Nr. 02.1) unter einem Winkel von 90° an breite Volllinien oder an andere Strichlinien, so soll die sich ergebende Ecke ausgezeichnet sein.

Bild 3: Werden schmale Strichlinien (Linienart Nr. 02.1) als Fortsetzung von breiten Volllinien gezeichnet, so soll an der Anschlussstelle eine Lücke bleiben (Linienart Nr. 02.1).

Bild 4: Bei angewinkeltem Verlauf von Strichlinien und Strich-Zweipunktlinien (Linienart Nr. 02.1 und Nr. 05.1) soll die sich ergebende Ecke ausgezeichnet sein.

Bild 5: Bei dicht benachbarten Strichlinien (Linienart Nr. 02.1) sollen die Striche versetzt gezeichnet werden.

Bild 6: Bei sich schneidenden Mittellinien (Linienart Nr. 04.1) soll sich ein Schnittpunkt ergeben.

Gerundete Übergänge (**Bild 7**)

„Gerundete" Übergänge an Werkstücken können durch „Lichtkanten" (schmale Volllinien) anschaulicher dargestellt werden. Solche Lichtkanten enden etwa 2 mm vor den Körperkanten und sind an der Stelle zu zeichnen, an der sich bei scharfkantigem Übergang die Umlaufkante befinden würde.

Linienabstand

Der Abstand zweier parallel zueinander verlaufender Linien (einschließlich Schraffurlinien) muss mindestens 0,7 mm betragen.

3.7 Rangfolge beim Überdecken von Linien

Wenn sich zwei oder mehr Linien verschiedener Art überdecken, ist folgende Rangfolge einzuhalten:

1. sichtbare Kanten und Umrisse (Linienart Nr. 01.2)
2. verdeckte Kanten und verdeckte Umrisse (Linienart Nr. 02.1)
3. Schnittebenen (Linienart Nr. 04.2)
4. Mittellinien (Linienart Nr. 04.1)
5. Schwerlinien (Linienart Nr. 05.1)
6. Maßhilfslinien (Linienart Nr. 01.1)

Beispiele (**Bild 8**):

Überdecken sich sichtbare Kanten, verdeckte Kanten und Mittelkanten, so wird die sichtbare Kante gezeichnet (**Bild 8** im Bereich „*a*").

Überdecken sich verdeckte Kanten und Mittellinien, so werden die verdeckten Kanten gezeichnet (**Bild 8** im Bereich „*b*").

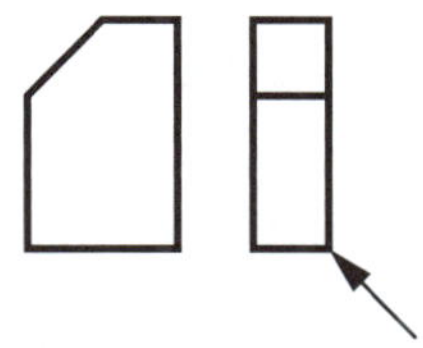

Bild 1

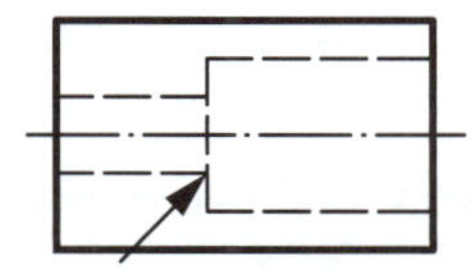

Bild 2

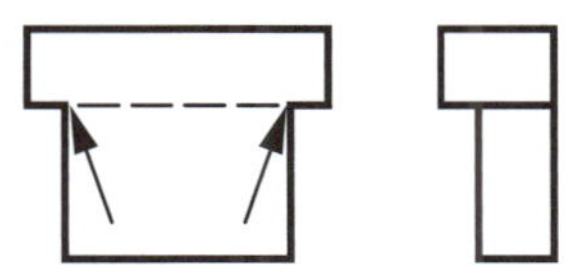

Bild 3

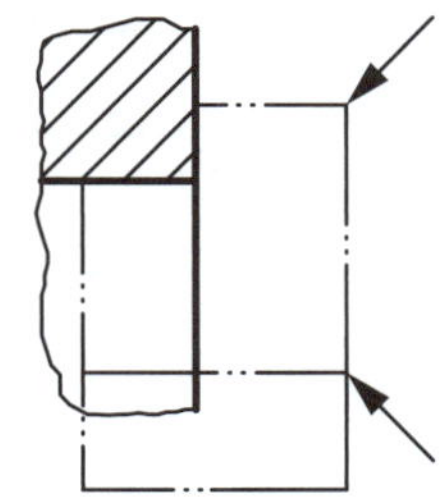

Bild 4

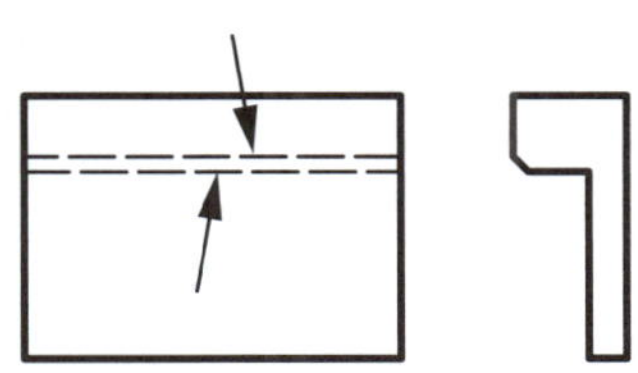

Bild 5

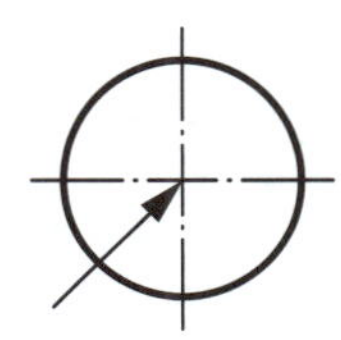

Bild 6

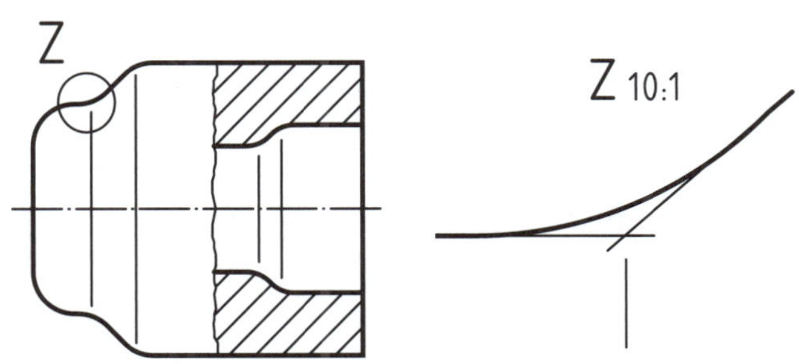

Bild 7

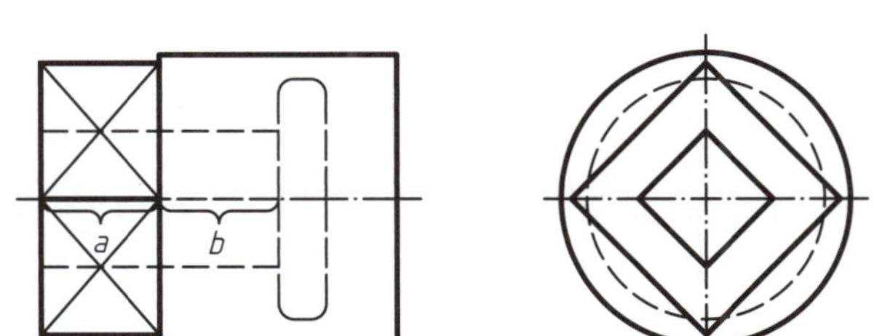

Bild 8

3.8 Anwendung von Linien und Anwendungsbeispiele

In DIN ISO 128 ist festgelegt, wofür die einzelnen Linienarten in Zeichnungen der mechanischen Technik anzuwenden sind (**Tabelle 1** und **Bilder 1 bis 5, Seite 25**).

Tabelle 1: Linien in Zeichnungen der mechanischen Technik vgl. DIN ISO 128-2 (2022-2)

Nr.	Benennung, Darstellung	Beispiele für die Anwendung
01.1	Volllinie, schmal	• Maß- und Maßhilfslinien • Hinweis- und Bezugslinien • Gewindegründe • Schraffuren • Lagerichtung von Schichtungen (z.B. Trafoblech) • Umrisse eingeklappter Schnitte • kurze Mittellinien • Lichtkanten bei Durchdringungen • Ursprungskreise und Maßlinienbegrenzungen • Diagonalkreuze zur Kennzeichnung ebener Flächen • Umrahmungen von Einzelheiten • Projektions- und Rasterlinien • Biegelinien an Roh- und bearbeiteten Teilen • Kennzeichnung sich wiederholender Einzelheiten (z.B. Fußkreisdurchmesser bei Verzahnungen)
	Freihandlinie, schmal [1]	
	Zickzacklinie, schmal [1]	• Vorzugsweise manuell dargestellte Begrenzung von Teilansichten oder unterbrochenen Ansichten und von Schnitten, wenn die Begrenzung keine Symmetrie- oder Mittellinie ist
01.2		• Vorzugsweise mit Zeichenautomaten dargestellte Begrenzung von Teil- oder unterbrochenen Ansichten und Schnitten, wenn die Begrenzung keine Symmetrie- oder Mittellinie ist
	Volllinie, breit	• sichtbare Kanten und Umrisse • Gewindespitzen • Grenze der nutzbaren Gewindelänge • Schnittpfeillinien • Oberflächenstrukturen (z.B. Rändel) • Hauptdarstellungen in Diagrammen, Karten und Fließbildern • Systemlinien (Stahlbau) • Formteillinien in Ansichten • Schnittpfeillinien
02.1	Strichlinie, schmal	• verdeckte Kanten • verdeckte Umrisse
02.2	Strichlinie, breit	• Kennzeichnung von Bereichen mit zulässiger Oberflächenbehandlung (z.B. Wärmebehandlung)
04.1	Strich-Punktlinie (langer Strich), schmal	• Mittellinien • Symmetrielinien • Teilkreise bei Verzahnung • Lochkreise
04.2	Strich-Punktlinie (langer Strich), breit	• Kennzeichnung von Bereichen mit (begrenzter) geforderter Oberflächenbehandlung (z.B. Wärmebehandlung) • Kennzeichnung von Schnittebenen
05.1	Strich-Zweipunktlinie (langer Strich), schmal	• Umrisse benachbarter Teile • Endstellungen beweglicher Teile • Schwerlinien • Umrisse vor der Formgebung • Teile vor der Schnittebene • Umrisse alternativer Ausführungen • Umrisse von Fertigteilen in Rohteilen • Umrahmung besonderer Bereiche oder Felder • Projizierte Toleranzzone

[1] Es soll nur eine dieser Linienarten in einer Zeichnung angewendet werden.

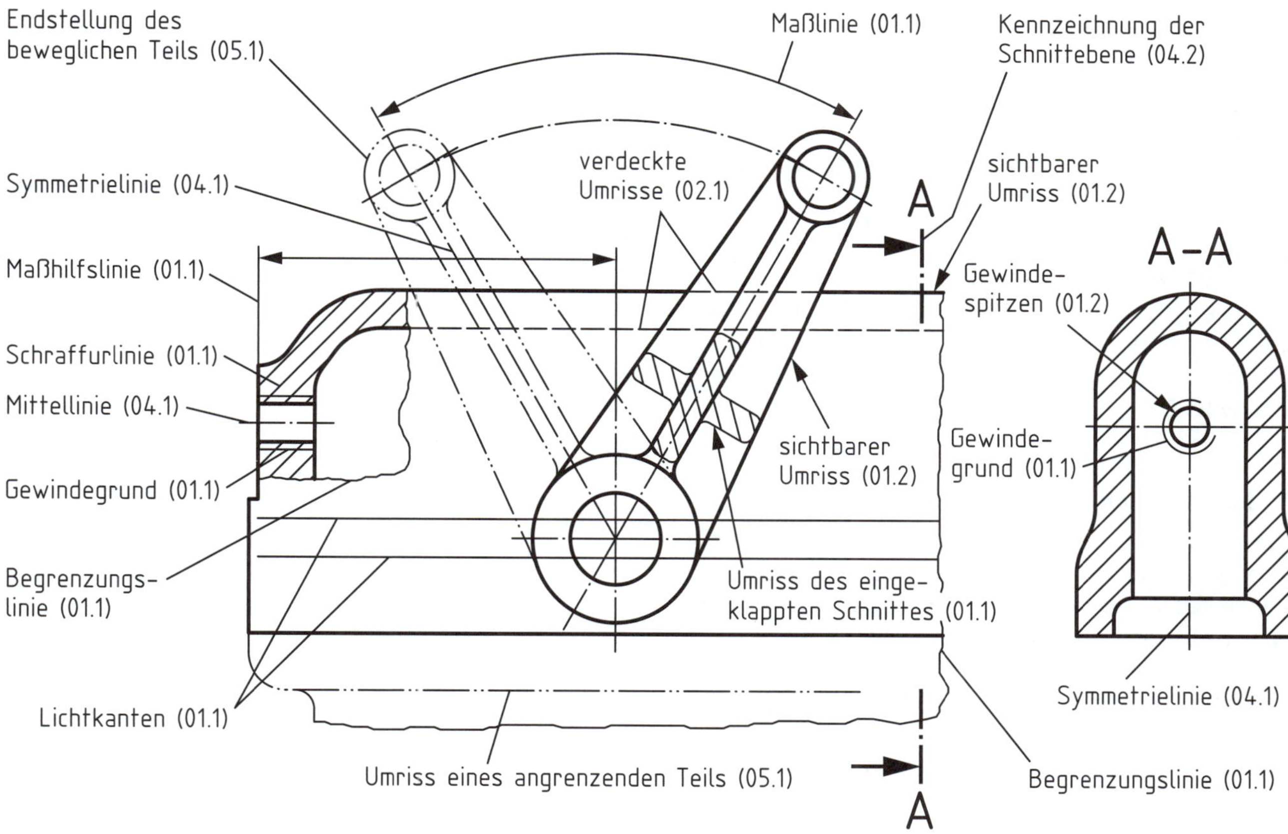

Bild 1

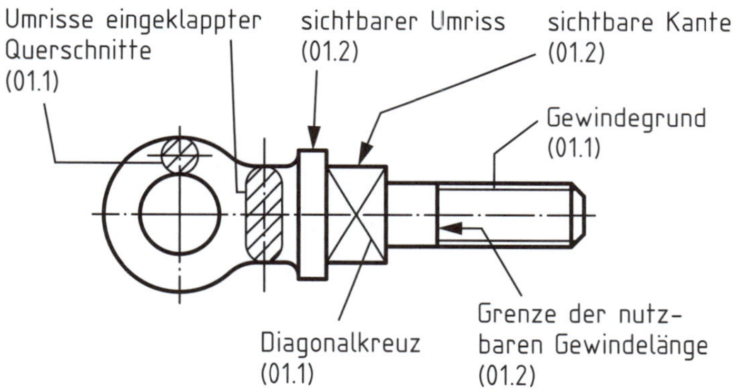

Bild 2

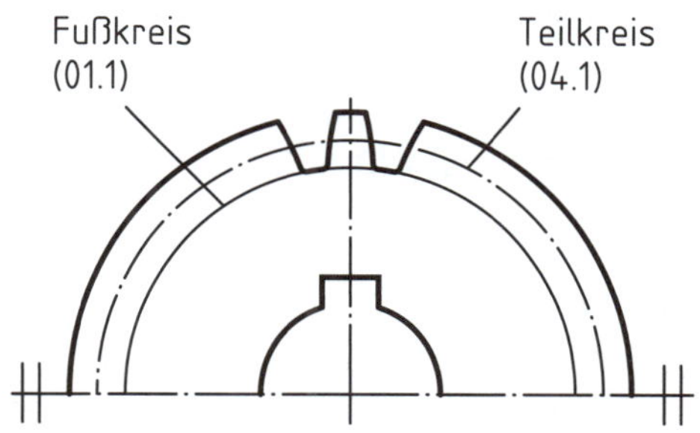

Bild 3

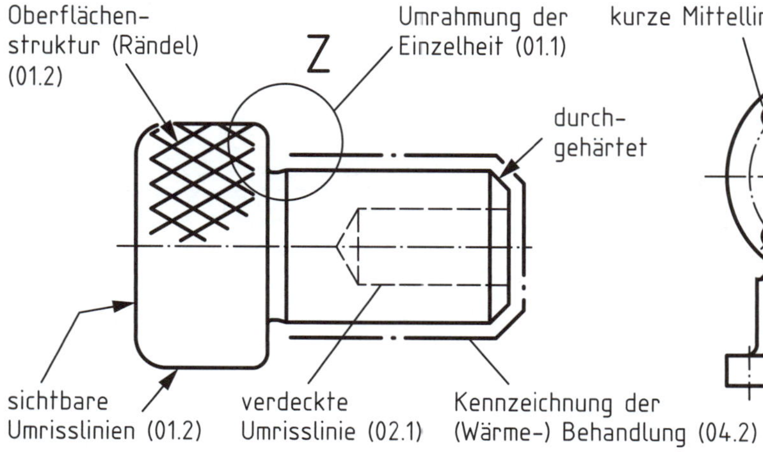

Bild 4

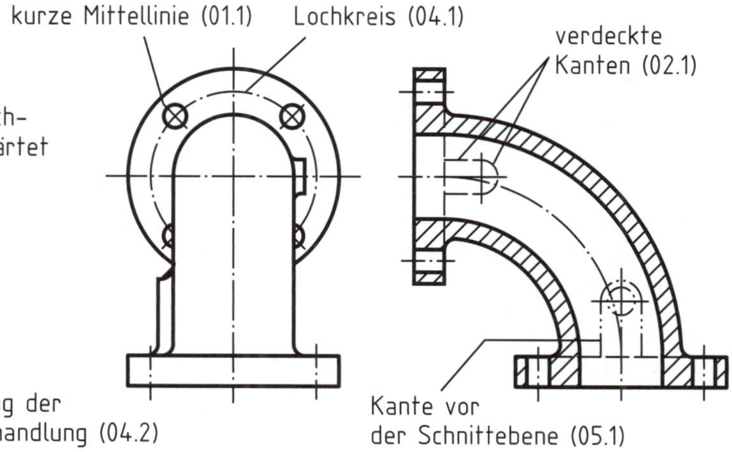

Bild 5

3.9 Freihandzeichnen

Die Skizze oder Freihandzeichnung tritt häufig dann in Erscheinung, wenn die zeichentechnischen Hilfsmittel nicht vorhanden sind und beispielsweise in einem Kundengespräch bzw. in einer Besprechung mit Kollegen ein Sachverhalt oder eine spontane Idee auf Papier festgehalten werden soll.

Als Hilfsmittel benötigt man einen Feinminenstift oder Bleistift HB, weißes Papier und einen Radiergummi. Die Unterlage soll hart und glatt sein. Unterschiedliche Linienbreiten erzielt man durch Drehen des Stiftes, da sich die Mine beim Zeichnen einseitig abnutzt (**Bild 1**).

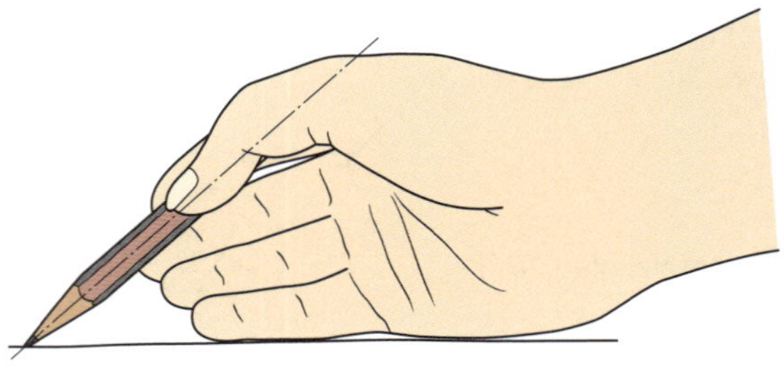

Bild 1

3.9.1 Gerade Linien

Das Papier wird so gedreht, dass die Linie zum Zeichner gezogen werden kann. Die Bewegung des Bleistifts wird durch Bewegen des gesamten Armes ausgeführt, das Handgelenk bleibt unbewegt. Möchte man anschließend eine Linie senkrecht zur ersten Linie zeichnen, dann wird das Blatt um 90° gedreht (**Bild 2**). Man versucht beim Zeichnen den Bleistift mit gleich bleibender, langsamer Geschwindigkeit über das Papier zu ziehen.

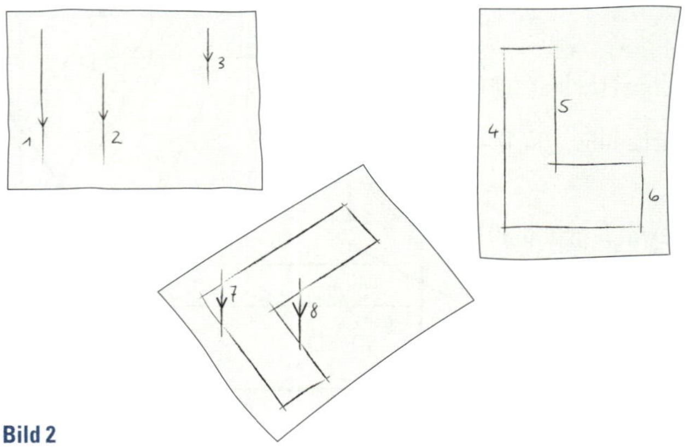

Bild 2

3.9.2 Hilfspunkt- oder Stützpunktmethode

Lange Linien als Verbindung von zwei Punkten machen vielfach Schwierigkeiten beim Freihandzeichnen. Um den Zielpunkt mit einer geraden Linie sicher zu treffen, behilft man sich damit, dass man Hilfspunkte fluchtend zwischen die Endpunkte legt und durch diese die Linie zieht (**Bild 3**).

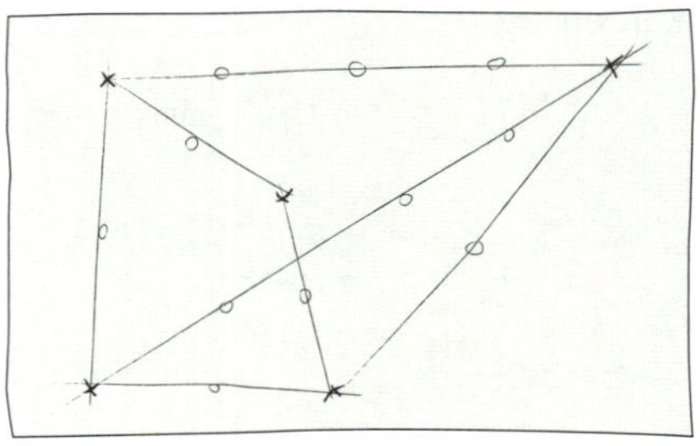

Bild 3

3.9.3 Rechtecke

Rechtecke sind die Basis für die Darstellung vieler Fräs- und Drehteile. Um ein Rechteck zu zeichnen werden zunächst zwei parallele Linien und anschließend durch Drehen um 90° die beiden anderen parallelen Linien gezeichnet. Als Rechtshänder beginnt man mit der linken Seitenkante, um diese anschließend als Bezugskante für die Parallele zu verwenden, der Linkshänder umgekehrt. Die Linien gehen immer über die Ecken hinaus (**Bild 4**).

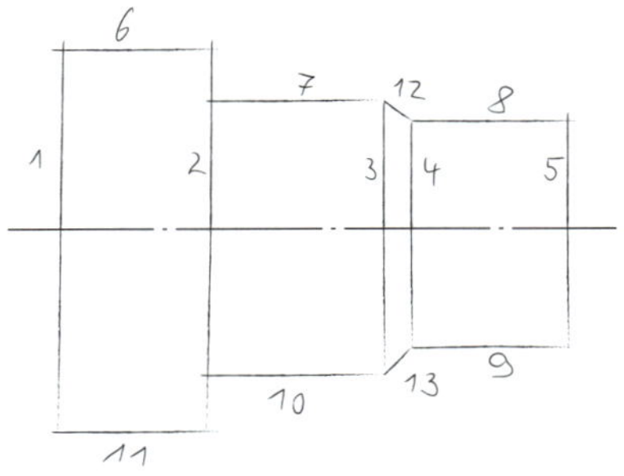

Bild 4

3.9.4 Kreise

Zunächst zeichnet man ein Mittellinienkreuz und zwei Linien unter 45°. An den Enden der Linien wird der Durchmesser mit einem Strich markiert. Der Kreis entsteht durch Verbinden der Markierungen aus einzelnen Bogenstücken. Dabei zeichnet man den Bogen am besten als konvexe Linie (**Bild 5**) und dreht das Zeichenpapier nach jedem Bogenstück.

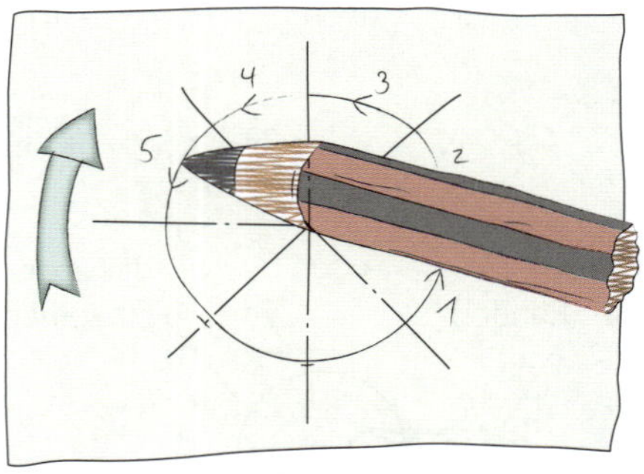

Bild 5

Eine zweite Möglichkeit einen Kreis zu zeichnen besteht darin, ein Quadrat mit dem Durchmesser des Kreises und die Bogenstücke als Tangenten in das Quadrat zu ziehen. Auch hier wird das Papier nach jedem Bogenstück gedreht (**Bild 6**).

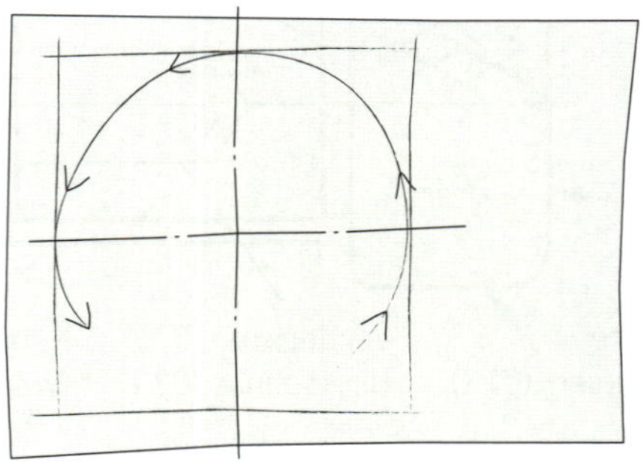

Bild 6

3.9.5 Ellipse

Die Ellipse tritt bei Drehteilen in isometrischer Darstellung auf. Zunächst zeichnet man einen quaderförmigen Körper. Es entstehen Parallelogramme an den Außenseiten. Ähnlich der Quadratmethode zeichnet man in eines der Parallelogramme die beiden Mittellinien und legt wieder Bogenstücke tangential an die begrenzenden Linien des quaderförmigen Objekts. Das Papier wird wieder so gedreht, dass die Bögen konvex sind. In der isometrischen Darstellung von Ellipsen treten zwei unterschiedliche Bogenformen auf. Dadurch entsteht die Stirnseite des Drehteils. Auf der gegenüberliegenden Seite wird dieselbe Konstruktion durchgeführt und die Sichtkanten zwischen den beiden Ellipsen gezeichnet (**Bild 1**).

3.9.6 Maße abschätzen und Strecken teilen bzw. verdoppeln

Um Strecken einigermaßen genau zu zeichnen, kann man sich auf dem Zeichenpapier maßstäbliche Referenzstrecken in Zehnerschritten aufzeichnen. Das Abschätzen von Maßen muss ständig geübt und mit einem Maßstab verglichen werden.

Wenn Strecken geteilt werden sollen, dann dreht man das Blatt so, dass die Strecke quer vor einem liegt. Beim Halbieren einer Strecke bildet man mit dem Bleistift ein „T“ wie bei einer Waage (**Bild 2**) und verschiebt den Stift, bis beide Seiten gleich sind.

Strecken lassen sich durch Abgreifen und Ansetzen verdoppeln oder beliebig vervielfachen. Dazu lassen sich Papierstreifen und Bleistift gleichermaßen verwenden (**Bilder 3 und 4**).

3.9.7 Bauteile zeichnerisch fertigen

Beim Erstellen einer Freihandskizze für ein Bauteil gibt es zwei grundsätzliche Möglichkeiten:

- der Körper entsteht durch Aneinanderreihen und Zusammensetzen von Einzelkörpern, wie bei Drehteilen (**Bild 5**).
- der Körper entsteht durch Abziehen von Objekten, wie beim Fräsen aus dem Vollen, z. B. Bohrung bzw. Langloch im Führungsteil (**Bild 6**).

In der Konstruktion kommen beide Möglichkeiten miteinander kombiniert vor.

3.9.8 Beispiel Führungsteil (Bild 6)

- Einen Quader für das Rückenteil (60x68x18) zeichnen.
- Mithilfe eines Quaders 16x16x18 einen Zylinder zeichnen. Zylinder von Rückenteil abziehen, es entsteht die Bohrung.
- Langloch über einen Quader 34x10x18 herstellen.
- Quader 30x47x12 vorne links und rechts anfügen.
- Vorne rechts den Quader diagonal durchschneiden, sodass die schräge Fläche entsteht.
- Sichtbare Linien von hinten nach vorne ausziehen und kontrollieren, welche verdeckt und welche sichtbar sind.
- Überstehende Linien und Hilfslinien wenn notwendig herausradieren.

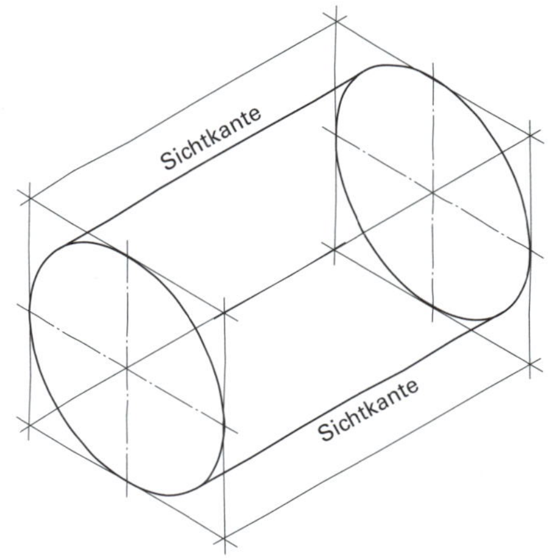

Bild 1

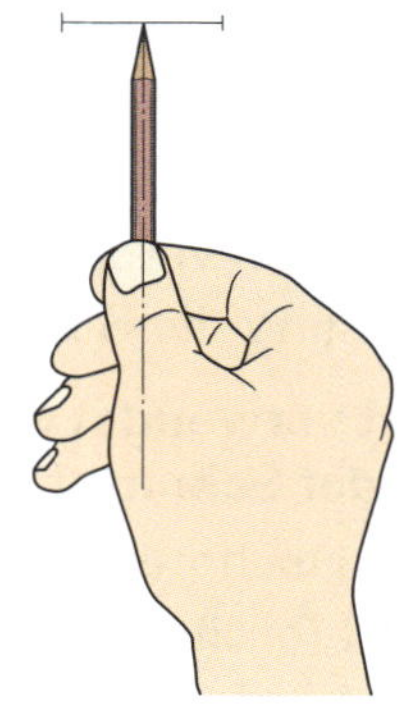
Bild 2

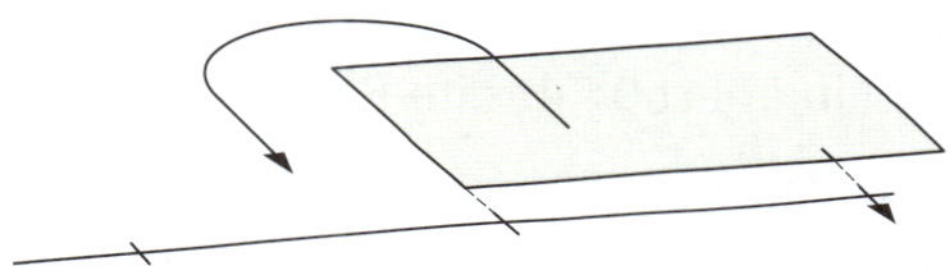
Bild 3

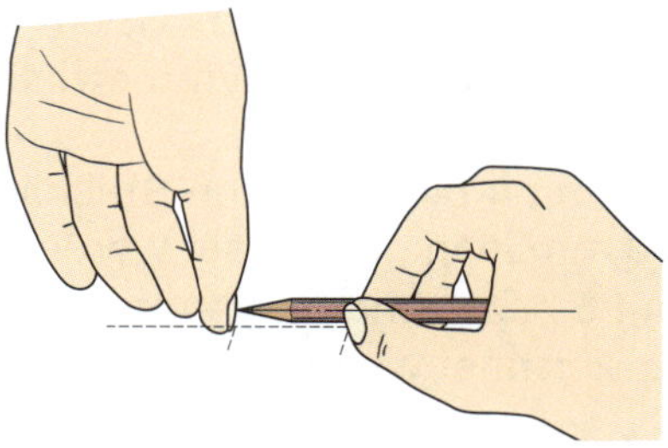
Bild 4

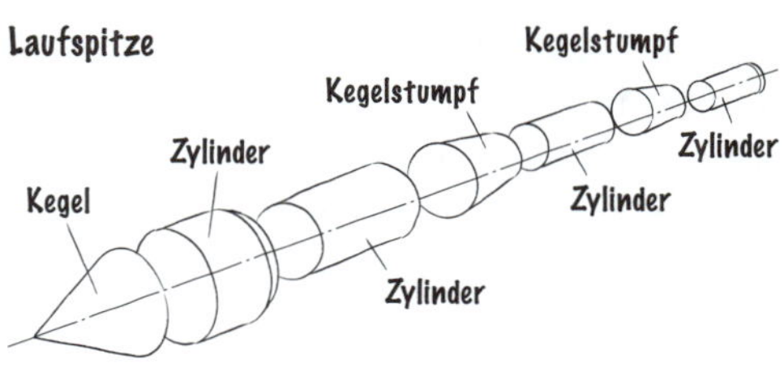

Bild 5

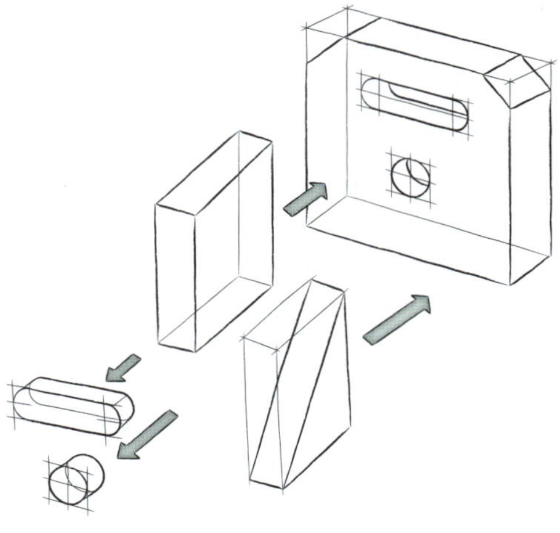
Bild 6

3.10 Überprüfen Sie Ihr Wissen:

In Leihbüchern bitte **keine** Eintragungen vornehmen!

1 Welche Antwort ist richtig?

a) Schraffurlinien werden mit Freihandlinien gezeichnet.
b) Sichtbare und verdeckte Kanten werden mit breiten Volllinien gezeichnet.
c) Sichtbare Umrisslinien werden mit breiten Strich-Punktlinien dargestellt.
d) Zur Darstellung von Mittellinien und Symmetrielinien dienen schmale Strich-Punktlinien.
e) Für Maßlinien, Maßhilfslinien und Maßzahlen wird eine Linienbreite verwendet.

2 Welche Antwort ist richtig?

a) Die Längen der verschiedenen Linienelemente richten sich nach der Zeichnungsgröße.
b) Die Linienbreiten sind von der Zeichnungsgröße abhängig.
c) Zu einer Liniengruppe gehören jeweils 4 Linienbreiten.
d) Die Stufung der Linienbreiten erfolgt im Verhältnis 1 : 2.
e) Bei der Darstellung eines Werkstücks dürfen verschiedene Liniengruppen verwendet werden.

3 Wofür verwendet man breite Volllinien (Linienart 01)?

a) Zur Darstellung von Bruchlinien
b) Zur Darstellung von sichtbaren Kanten
c) Zur Darstellung von Maßlinien
d) Zur Darstellung von verdeckten Kanten
e) Zur Kennzeichnung der Schnittebene

4 Mit welcher Linienart zeichnet man verdeckte Kanten?

a) Mit der Linienart 02 (schmale Strichlinie)
b) Mit der Linienart 01 (breite Volllinie)
c) Mit der Linienart 04 (breite Strich-Punktlinie)
d) Mit der Linienart 01 (schmale Volllinie)
e) Mit der Linienart 01 (schmale Freihandlinie)

5 Welche Linienart verwendet man zur Kennzeichnung der Schnittebene?

a) Die Linienart 02 (schmale Strichlinie)
b) Die Linienart 01 (breite Volllinie)
c) Die Linienart 04 (schmale Strich-Punktlinie)
d) Die Linienart 01 (schmale Volllinie)
e) Die Linienart 04 (breite Strich-Punktlinie)

6 Welche Linienart verwendet man für Mittellinien?

a) Die Linienart 01 (schmale Volllinie)
b) Die Linienart 04 (schmale Strich-Punktlinie)
c) Die Linienart 01 (schmale Freihandlinie)
d) Die Linienart 02 (schmale Strichlinie)
e) Die Linienart 04 (breite Strich-Punktlinie)

7 Welche Antwort zu nebenstehendem Bild ist richtig?

a) Die mit 1 bezeichnete Kante müsste 1 mm breit sein (Liniengruppe 0,5).
b) An der mit 2 bezeichneten Stelle müsste sich eine Lücke befinden.
c) Die mit 3 bezeichnete Symmetrielinie müsste als Strich-Zweipunktlinie gezeichnet werden.
d) Bei der mit 4 bezeichneten Strichlinie müssten die einzelnen Striche etwa 3 mm lang gezeichnet werden.
e) Die mit 5 bezeichnete Symmetrielinie müsste als breite Strich-Punktlinie gezeichnet werden.

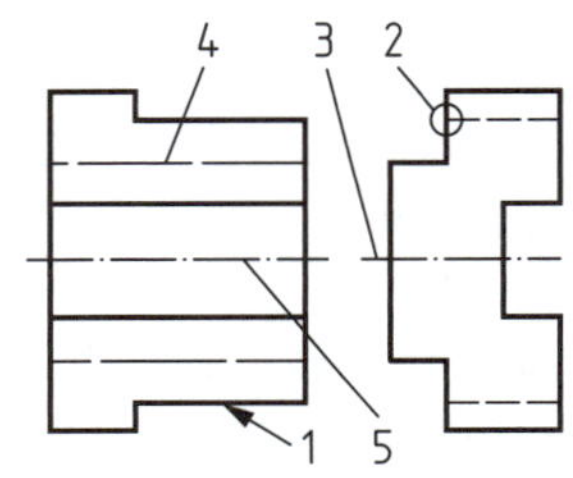

8 Welche Antwort zu nebenstehendem Bild ist richtig?

a) Die mit 1 bezeichnete Symmetrielinie müsste als Strichlinie gezeichnet werden.
b) Die mit 2 bezeichnete sichtbare Umrisslinie müsste als Strich-Zweipunktlinie gezeichnet werden.
c) Die mit 3 bezeichneten Schraffurlinien müssten mit breiten Volllinien gezeichnet werden.
d) Die mit 4 bezeichnete Mittellinie müsste als breite Strich-Punktlinie gezeichnet werden.
e) Die bei 5 gezeichneten Mittellinien entsprechen nicht der Norm.

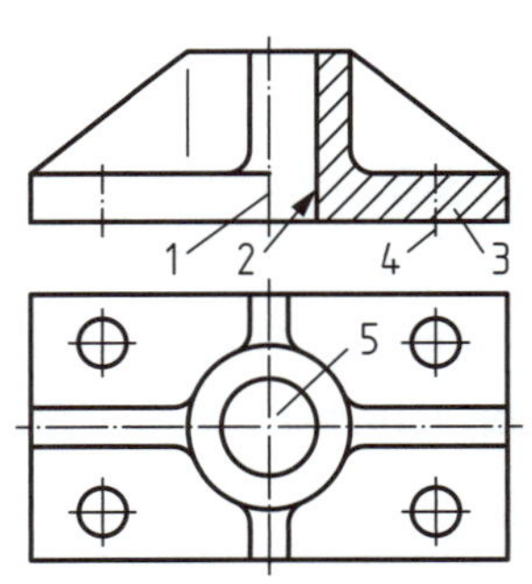

9 Welche Antwort zu nebenstehendem Bild ist richtig?

a) Die mit 1 bezeichnete Linie für Gewindespitzen müsste mit einer schmalen Volllinie gezeichnet werden.
b) Die mit 2 bezeichnete Linie für den Gewindegrund müsste mit einer breiten Strichlinie gezeichnet werden.
c) Die mit 3 bezeichnete Linie zur Begrenzung der nutzbaren Gewindelänge müsste mit einer schmalen Strichlinie gezeichnet werden.
d) Die mit 4 bezeichnete Linie zur Kennzeichnung einer Wärmebehandlung müsste mit einer schmalen Strich-Punktlinie gezeichnet werden.
e) Die mit 5 bezeichnete Linie zur Begrenzung von Schnitten müsste mit einer schmalen Freihandlinie gezeichnet werden.

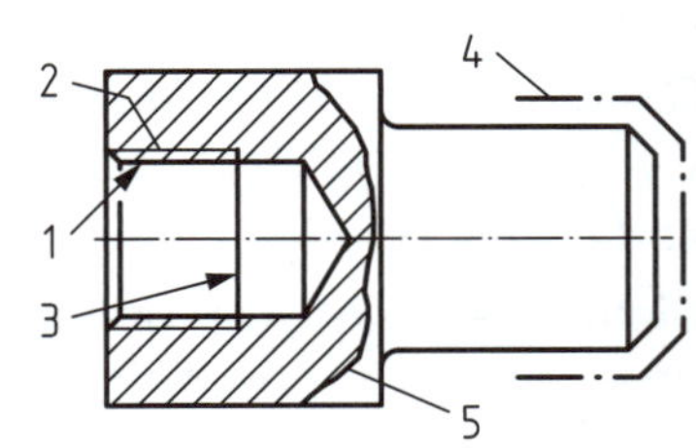

4 Normalprojektion

4.1 Allgemeines

In Prospekten, Katalogen usw. werden Gegenstände oft räumlich dargestellt. Solche „Raumbilder" vermitteln ein anschauliches Bild. Nachteilig dabei ist jedoch, dass der Gegenstand nicht von allen Seiten gezeigt werden kann (**Bild 1**).

Für technische Gegenstände (Werkstücke) ist die räumliche Darstellung oft nicht ausreichend. Man verwendet für solche Werkstücke **die technische Darstellung**, eine Darstellungsart, in der die Teile genauer und von allen erforderlichen Seiten gezeigt werden können. **Bild 2** zeigt links die räumliche und rechts die technische Darstellung des gleichen Werkstücks.

Bild 1

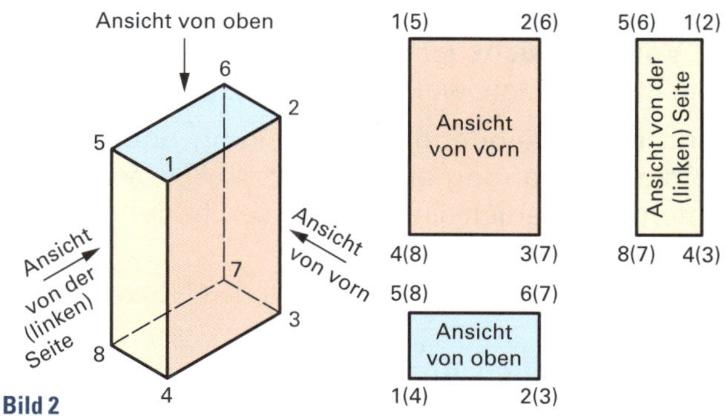

Bild 2

4.2 Ansichten

4.2.1 Bildebenen

Voraussetzung zur technischen Darstellung ist ein gedachter Raum, der aus sechs senkrecht zueinander stehenden Zeichnungsebenen, den sogenannten Bildebenen (Projektionsebenen) gebildet wird (**Bild 3**).

Wird ein Werkstück in diesen Raum gebracht, so kann es durch Projektion an den sechs Bildebenen abgebildet werden (**Bild 3**). Diese Abbildungen des Werkstücks auf den Bildebenen werden als **Ansichten** bezeichnet.

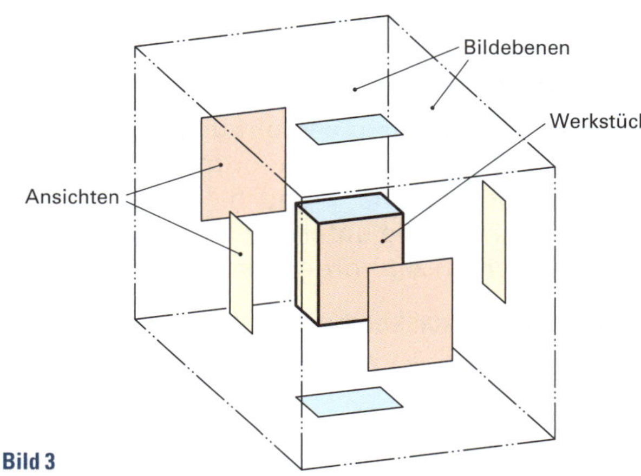

Bild 3

Bild 4 zeigt die von den drei Bildebenen A, B und C gebildete Raumecke mit den auf die Bildebenen projizierten Werkstück-Ansichten.

Die Konstruktion einer Werkstück-Ansicht auf einer Bildebene erfolgt so:

Von den Ecken eines abzubildenden Werkstücks, dessen Hauptflächen oder Symmetrieachsen parallel zu den Bildebenen liegen, werden Lote auf die jeweilige Bildebene gefällt (**Bild 5**, Bildebene A). Diese zueinander parallelen Lote nennt man **Projektionsstrahlen**. Treffen die Projektionsstrahlen auf die Bildebene, so bilden sie Punkte (**Bild 5**, Bildebene C). Werden diese Punkte durch Linien verbunden, erhält man eine Ansicht (**Bild 5**, Bildebene B). Eine Ansicht besteht demnach aus Kanten bzw. Umrisslinien des Werkstücks.

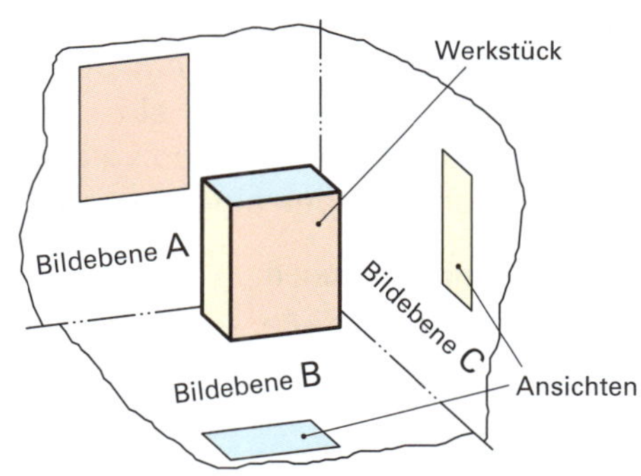

Bild 4

Für die technische Darstellung ist es notwendig, die verschiedenen Bildebenen auf **einer** Papierfläche zu zeichnen. Darum müssen die so entstandenen Ansichten jeweils um 90° in die Zeichenebene (Papierfläche) geklappt werden (**Bild 1, Seite 30**). Diese Art der Darstellung wird als rechtwinklige Parallelprojektion bezeichnet.

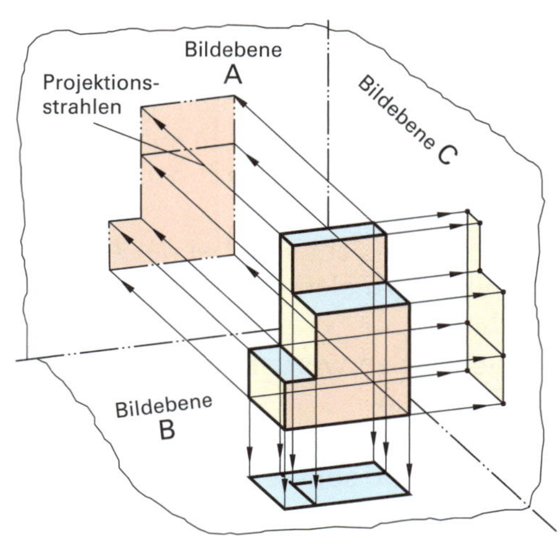

Bild 5

4.2.2 Verdeckte Umrisse und Kanten

Verdeckte Umrisse und Kanten werden nur dann gezeichnet, wenn durch sie die Ansicht übersichtlicher wird oder wenn durch das Einzeichnen solcher Kanten andere Ansichten eingespart werden können.

4.2.3 Bezeichnung der Ansichten

Die Ansichten des Werkstücks werden wie folgt bezeichnet (**Bild 2**):

Vorderansicht (V)	Seitenansicht von rechts (SR)
Draufsicht (D)	Untersicht (U)
Seitenansicht von links (SL)	Rückansicht (R)

4.2.4 Anzahl der Ansichten

Werkstücke werden in Teilzeichnungen vorzugsweise in der Fertigungslage dargestellt.

Als **Vorderansicht** eines Werkstückes ist diejenige Ansicht zu wählen, welche am aussagekräftigsten ist.

Wenn für die eindeutige Darstellung oder die vollständige Bemaßung eines Werkstückes weitere Ansichten erforderlich sind, so müssen folgende Regeln beachtet werden:

- Die Anzahl der Ansichten ist auf das Notwendige zu beschränken.
- Die zusätzlichen Ansichten sind so auszuwählen, dass möglichst wenig verdeckt darzustellende Umrisse und Kanten erscheinen.

4.2.5 Darstellungsmethoden

Im technischen Zeichnen werden zur Darstellung von Werkstücken die allgemeine Anordnung mit Pfeilen, die Projektionsmethode 1 und die Projektionsmethode 3 verwendet. Sie unterscheiden sich durch die Lage der Ansichten zur Vorderansicht.

Kennzeichnung der Projektionsmethode

Für die allgemeine Anordnung mit Pfeilen wird kein Sinnbild verwendet.

Zur Kennzeichnung der Projektionsmethode 1 bzw. der Projektionsmethode 3 werden Sinnbilder verwendet (**Tabelle 1**). Das der gewählten Methode entsprechende Sinnbild wird im Schriftfeld der Zeichnung angegeben. Ist kein besonderes Feld im Schriftfeld der Zeichnung dafür vorgesehen, so soll das Sinnbild in der Nähe des Schriftfeldes eingezeichnet werden.

Allgemeine Anordnung mit Pfeilen

Bei der Anordnung mit Pfeilen dürfen die Ansichten unabhängig von der Vorderansicht angeordnet werden (**Bild 3**).

Die Betrachtungsrichtung für jede erforderliche Ansicht wird mit einem Pfeil gekennzeichnet, wobei jeder Pfeil mit einem Großbuchstaben versehen wird.

Damit die gezeichneten Ansichten der eingetragenen Pfeilrichtung zugeordnet werden können, werden sie mit den entsprechenden Großbuchstaben gekennzeichnet.

Außer der Vorderansicht sind bei der Anordnung mit Pfeilen damit alle Ansichten durch Großbuchstaben gekennzeichnet.

Die Großbuchstaben werden links oberhalb der Ansichten eingetragen.

Unabhängig von der Ansichtsrichtung werden die Buchstaben immer senkrecht in Leserichtung der Zeichnung (= Leserichtung des Schriftfeldes) eingetragen.

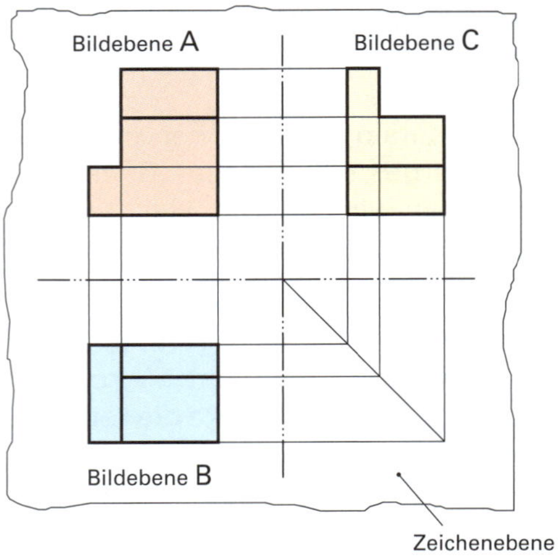

Bild 1

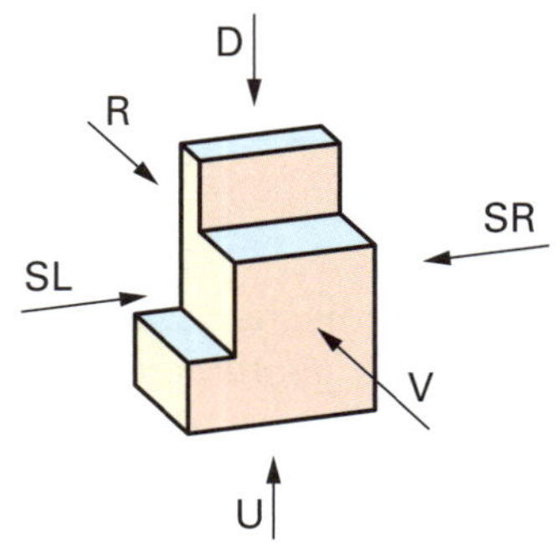

Bild 2

Tabelle 1: Sinnbilder für Darstellungsmethoden vgl. DIN ISO 5456-2

Darstellungsmethoden	Sinnbild
Projektionsmethode 1	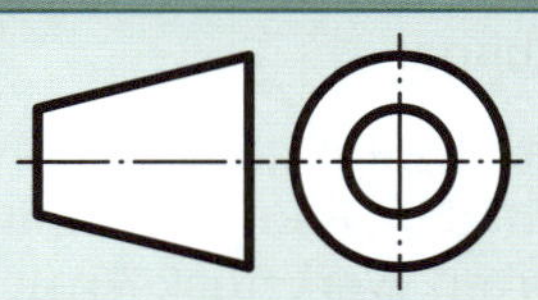
Projektionsmethode 3	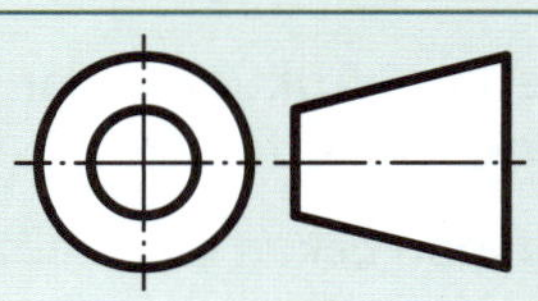

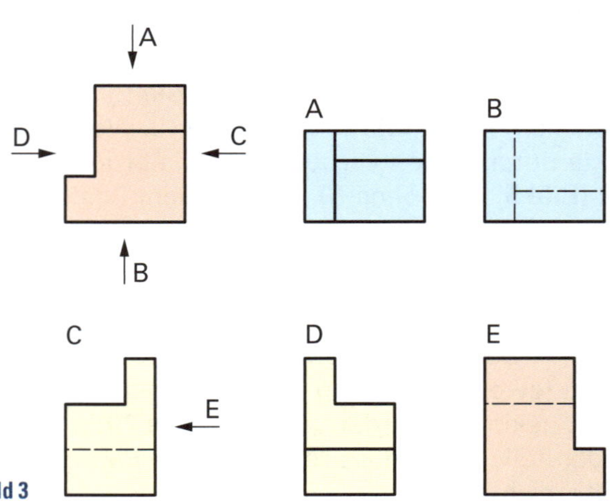

Bild 3

Im Vergleich zu den Maßzahlen sind die Großbuchstaben mindestens in der nächstgrößeren Schrifthöhe zu schreiben.

Die Pfeile sollen einen Winkel von etwa 30° einschließen und in der Länge der Höhe der Großbuchstaben entsprechen.

Projektionsmethode 1

Bei der in den meisten europäischen Ländern angewandten Projektionsmethode 1 werden die Ansichten wie in **Bild 1** angeordnet:

- Die Draufsicht (D) befindet sich unterhalb der Vorderansicht.
- Die Seitenansicht von links (SL) befindet sich rechts von der Vorderansicht.
- Die Seitenansicht von rechts (SR) befindet sich links von der Vorderansicht.
- Die Untersicht (U) befindet sich oberhalb der Vorderansicht.
- Die Rückansicht (R) kann sich nach Belieben neben der Seitenansicht von rechts oder der Seitenansicht von links befinden.
- Die Seitenansichten von links und rechts sowie die Rückansicht befinden sich **auf gleicher Höhe** wie die Vorderansicht.
- Die Draufsicht und die Untersicht liegen **senkrecht unter-** bzw. **oberhalb** der Vorderansicht.

Hinweis: In diesem Zeichenlehrgang sind die Ansichten wie in **Bild 1** (Projektionsmethode 1) angeordnet.

Projektionsmethode 3

Bei der hauptsächlich im außereuropäischen Raum angewandten Projektionsmethode 3 werden die Ansichten wie in **Bild 2** angeordnet:

- Die Draufsicht (D) befindet sich oberhalb der Vorderansicht.
- Die Seitenansicht von links (SL) befindet sich links von der Vorderansicht.
- Die Seitenansicht von rechts (SR) befindet sich rechts von der Vorderansicht.
- Die Untersicht (U) befindet sich unterhalb der Vorderansicht.
- Die Rückansicht (R) kann sich nach Belieben neben der Seitenansicht von links oder der Seitenansicht von rechts befinden.

4.3 Unterbrochene Ansichten, Darstellung von Bruchkanten

Um auf dem Zeichenblatt Platz zu sparen, ist es zulässig, aus Werkstücken Teile mit gleichem oder sich gleichmäßig änderndem Querschnitt „herauszubrechen". Die verbleibenden Werkstückteile erhalten Bruchkanten, die bei manueller Zeichnungsanfertigung durch eine Freihandlinie (Variation der Linienart 01, schmal), beim rechnerunterstützten (CAD-) Zeichnen durch eine Zickzacklinie (Linienart 01.1) dargestellt werden. Die Werkstücke werden dann im zusammengeschobenen Zustand gezeichnet (**Bilder 3 bis 6**).

Zeichnerische Hinweise (**Bild 6**)

Die dargestellten Enden von kegeligen Werkstücken müssen die tatsächliche Kegelverjüngung aufweisen. Hierzu zeichnet man zunächst die Grundform des gesamten Kegels und überträgt die Kegelmantellinie durch Parallelverschiebung.

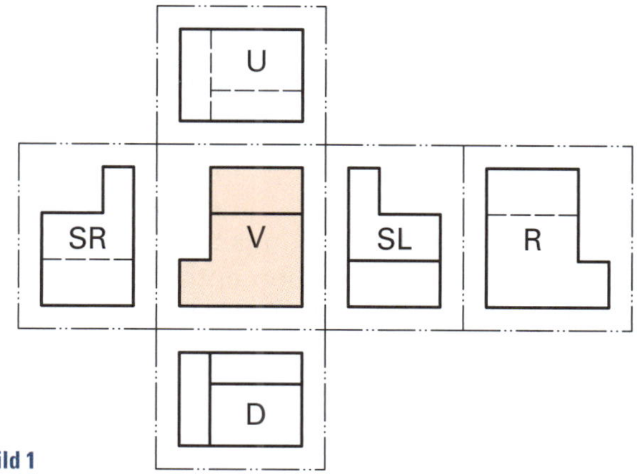

Bild 1

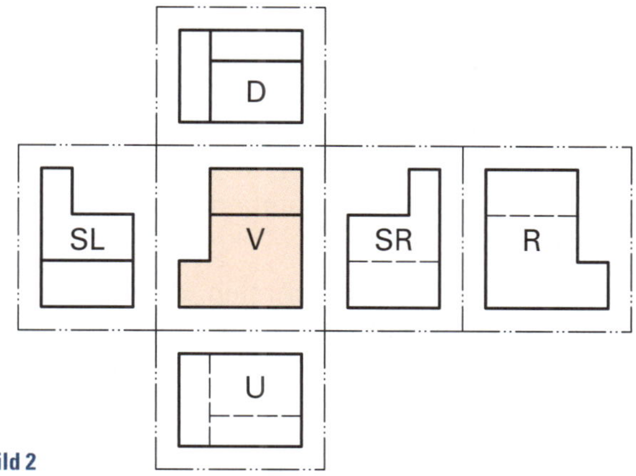

Bild 2

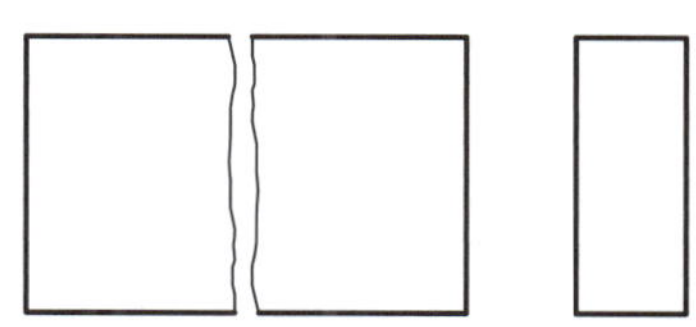
Bild 3

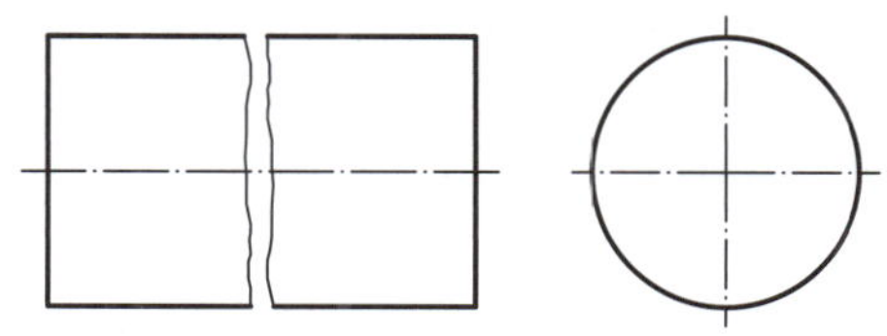
Bild 4

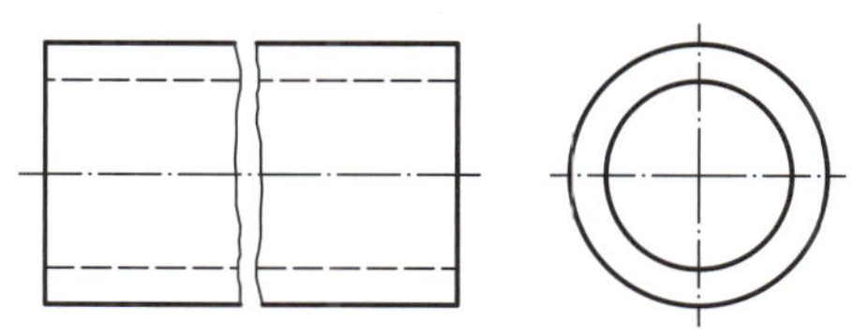
Bild 5

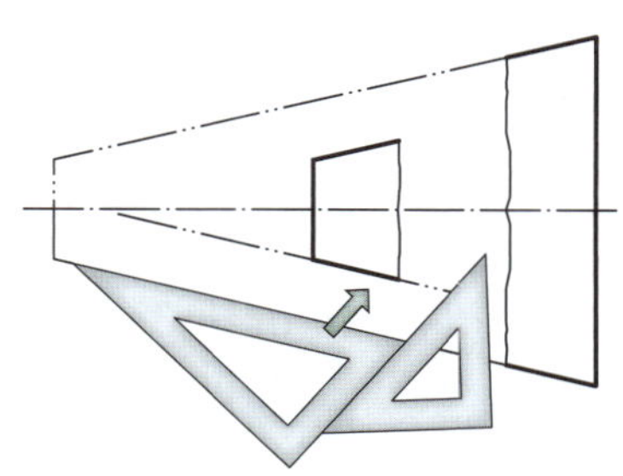
Bild 6

4.4 Besondere Darstellungen

Vergrößerte Elemente von Bauteilen

Teilbereiche eines Werkstücks, die sich bei der Gesamtdarstellung nicht deutlich darstellen, bemaßen oder kennzeichnen lassen, werden als Teilbereich vergrößert herausgezeichnet.

Der Teilbereich darf Darstellungselemente (z. B. umlaufende Kanten) und Angaben enthalten, die in der Gesamtdarstellung nicht erscheinen oder nur angedeutet sind. Die genaue Form der Geometrieelemente darf in der Gesamtdarstellung ganz entfallen (**Bild 1**).

Der als Teilbereich gezeichnete Bereich wird in der Gesamtdarstellung des Werkstücks mit einer schmalen Volllinie (Linienart 01.1) z. B. kreisförmig, ellipsenförmig oder rechtwinklig eingerahmt (**Bilder 1 und 2**). Der eingerahmte Bereich und die entsprechende Einzelheit werden durch gleiche Großbuchstaben gekennzeichnet (**Bilder 1 und 2**). Im Vergleich zu den Maßzahlen sind diese Großbuchstaben um mindestens eine Schrifthöhe größer zu schreiben. Es wird empfohlen, die letzten Buchstaben des Alphabets (Z, Y, X, ...) zu verwenden.

Der herausgezeichnete Teilbereich, der möglichst in der Nähe der eingerahmten Stelle angeordnet werden soll, wird mit einer Bruchlinie (Linienart 01.1) begrenzt (**Bilder 1 und 2**).

Bei Teilbereichen, die im Vergleich zur Gesamtdarstellung vergrößert gezeichnet werden, muss der Vergrößerungsmaßstab hinter dem Großbuchstaben angegeben werden (**Bilder 1 und 2**).

Bei vereinfachter Darstellung dürfen herausgezeichnete Teilbereiche ohne Bruchlinien, bei Schnitten ohne Schraffur gezeichnet werden. Ebenso dürfen umlaufende Kanten entfallen (**Bild 3**, Einzelheit Z).

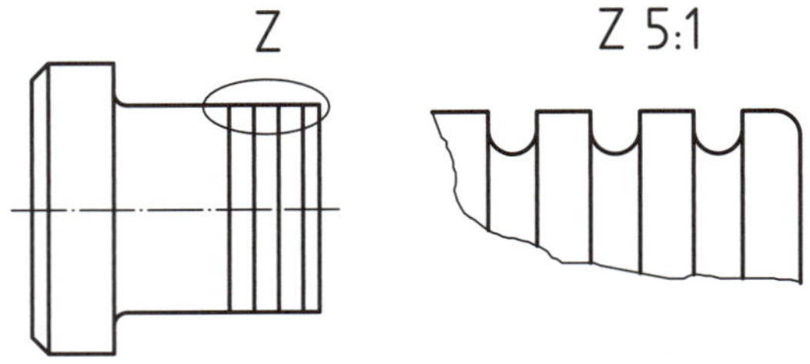

Bild 1

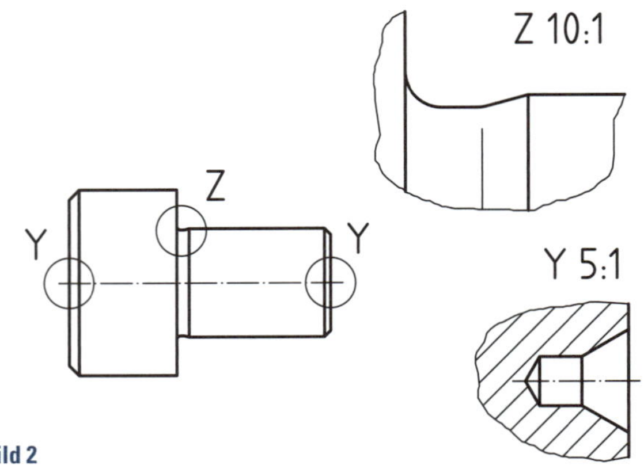

Bild 2

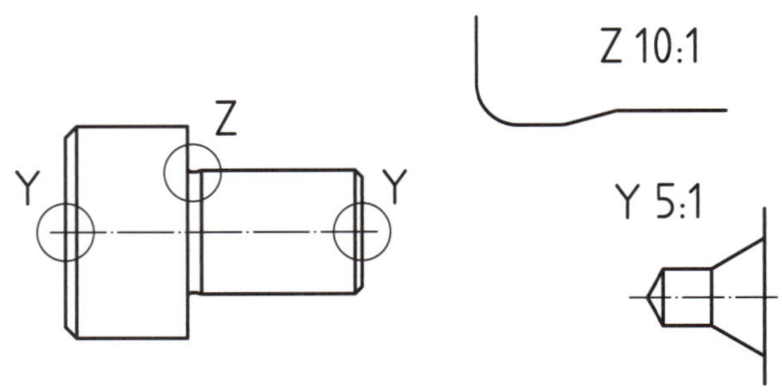

Bild 3

Teilansichten, vereinfachte Ansichten, lokale Ansichten

Werkstücke dürfen abgebrochen oder unterbrochen dargestellt werden, wenn sie dabei eindeutig und vollständig bestimmt bleiben (**Bilder 4, 6 und 7**).

Bei symmetrischen Werkstücken kann eine Halbansicht oder eine Viertelansicht als Teilansicht die Gesamtansicht ersetzen (**Bilder 4 und 6**). Die Teilansichten werden durch ihre Mittellinien begrenzt. Die Mittellinien werden durch zwei rechtwinklig zu ihnen angeordnete kurze, parallele, schmale Volllinien gekennzeichnet (**Bilder 6 und 7**).

Die lokale Ansicht wird unabhängig von der übrigen Zeichnung nach Projektionsmethode 3 ausgeführt. Sie wird mit einer schmalen Strich-Punktlinie mit der Hauptansicht verbunden und zeigt nur lokale Geometrieelemente (**Bild 5**).

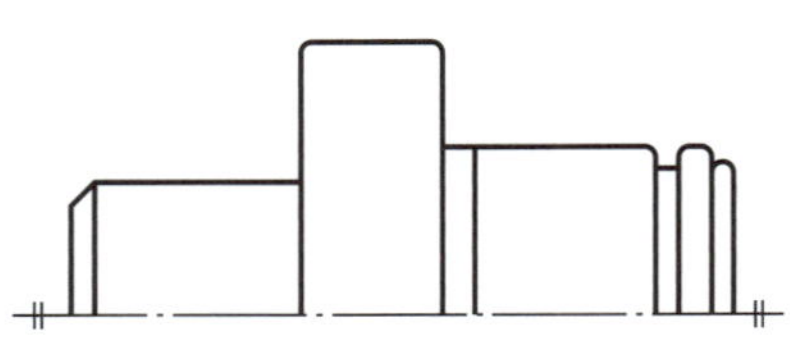
Bild 4

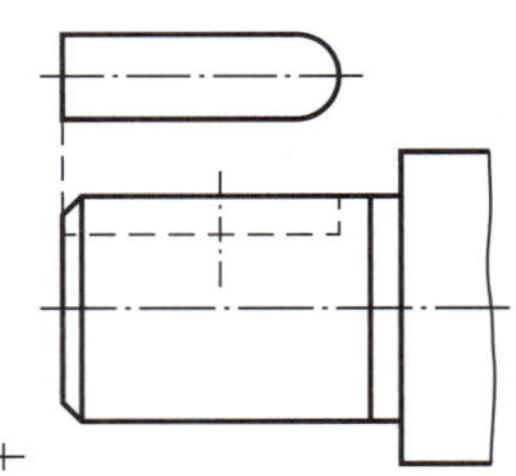
Bild 5

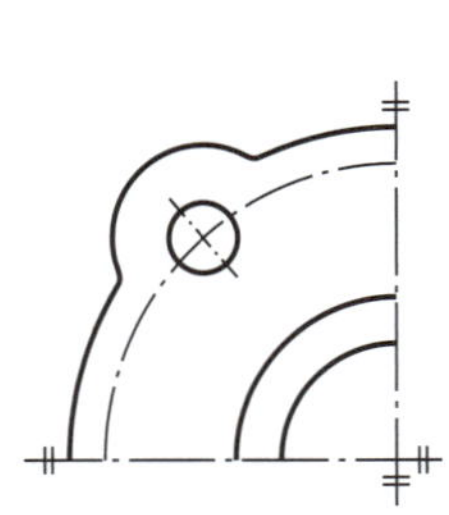
Bild 6

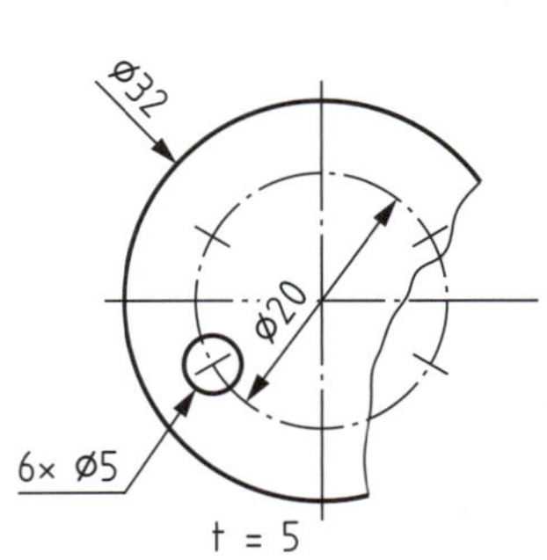

Bild 7

Ursprüngliche Form (Bilder 8 und 9)

Wenn notwendig, darf die ursprüngliche Form, die ein Werkstück vor seiner endgültigen Formgebung hatte, durch schmale Strich-Zweipunktlinien (Linienart 05.1) dargestellt werden.

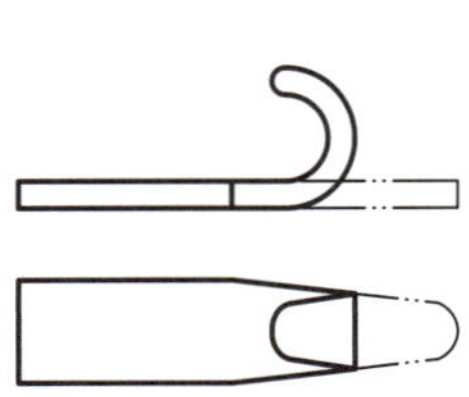
Bild 8

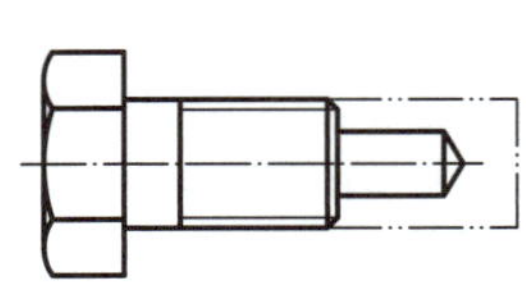
Bild 9

4.5 Konstruktion der Ansichten

Beim Anfertigen einer technischen Zeichnung wird üblicherweise zuerst die Vorderansicht (V) eines Werkstücks dargestellt. Wenn anschließend die Draufsicht (D) gezeichnet wird, dann können sämtliche Längenmaße von der Vorderansicht (V) in die Draufsicht (D) übertragen werden (**Bild 1**). In dieser sind dann lediglich noch die Breitenmaße mit dem Maßstab abzutragen.

Für die Konstruktion der Seitenansicht von links (SL) liegen damit alle Abmessungen fest: Die Höhenmaße werden von der Vorderansicht (V) in die Seitenansicht von links (SL), die Breitenmaße mit Hilfe einer unter einem Winkel von 45° gezeichneten Projektionshilfslinie von der Draufsicht (D) in die Seitenansicht von links (SL) übertragen (**Bild 2**).

Die Projektionshilfslinie verläuft durch den Schnittpunkt P der Verlängerung von oberer Kante der Draufsicht (D) und linker Kante der Seitenansicht von links (SL) (**Bild 2**). Wird nach der Vorderansicht (V) zuerst die Seitenansicht von links (SL) und dann die Draufsicht (D) gezeichnet, so erfolgt die Konstruktion in umgekehrter Richtung.

Bei zylindrischen Werkstücken verläuft die Projektionshilfslinie durch den Schnittpunkt S der Achsenverlängerungen (**Bild 3**).

Bild 4 zeigt eine weitere Möglichkeit, wie Werkstückkanten (mit dem Zirkel) von einer Ansicht in eine andere übertragen werden können.

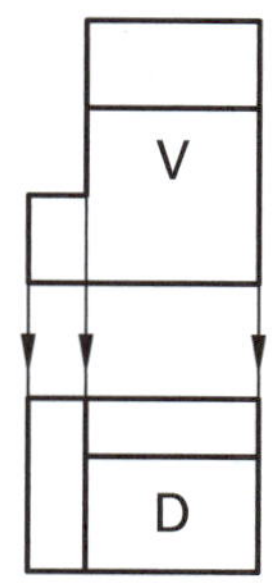

Bild 1

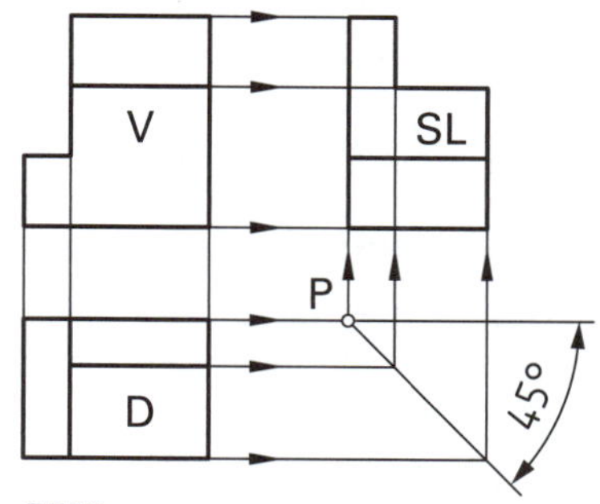

Bild 2

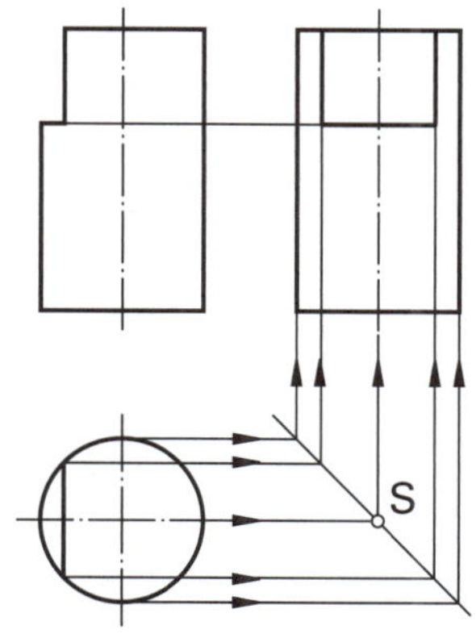

Bild 3

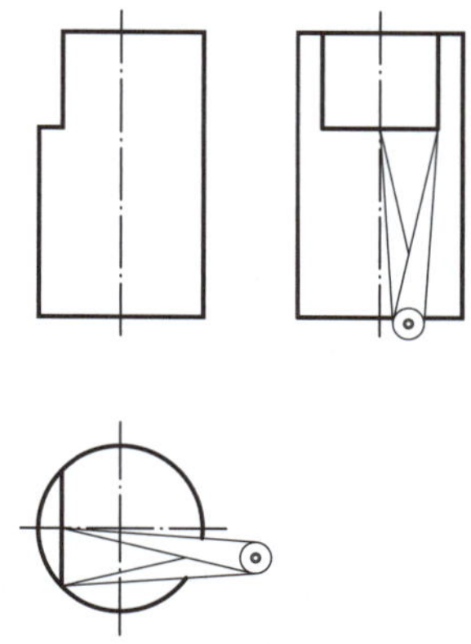

Bild 4

4.6 Blatteinteilung

Um ein schnelles „Lesen" der technischen Zeichnung zu gewährleisten, müssen die Ansichten übersichtlich angeordnet sein. Daher muss das Zeichenblatt zur Darstellung des Werkstückes entsprechend eingeteilt werden.

Bei der Einteilung eines Zeichenblattes muss zunächst überlegt werden, welche Ansichten zur Darstellung eines bestimmten Werkstückes erforderlich sind.

Ansichten, einzutragende Maße und übrige Beschriftung sollen um die Mitte der Zeichenfläche so angeordnet werden, dass die zur Verfügung stehende Fläche optisch ansprechend ausgenutzt wird (**Bilder 5 und 6**). Um dies zu erreichen, müssen gegebenenfalls große Werkstücke verkleinert und kleine Werkstücke vergrößert dargestellt werden (**Bild 6**). Die Abstände der Ansichten untereinander sollen, wenn zwischen ihnen keine Bemaßung eingetragen werden muss, mindestens 15 mm betragen. Bei einem Bemaßungseintrag zwischen den Ansichten sind die Mindestabstände von der Zahl der dazwischenliegenden Maßlinien abhängig.

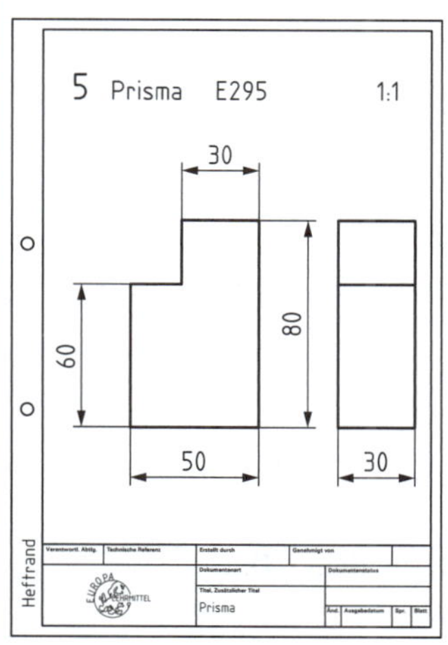

Bild 5

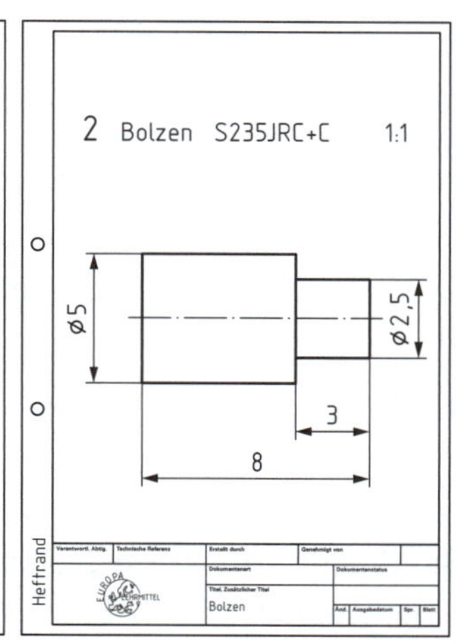

Bild 6

4.7 Überprüfen Sie Ihr Wissen:

1 Welche Antwort zu Bild 7 ist richtig?

a) Die Ansicht in Richtung 1 heißt „Vorderansicht".
b) Die Ansicht in Richtung 2 heißt „Seitenansicht von links".
c) Die Ansicht in Richtung 3 heißt „Rückansicht".
d) Die Ansicht in Richtung 4 heißt „Seitenansicht von links".
e) Die Ansicht in Richtung 5 heißt „Draufsicht".

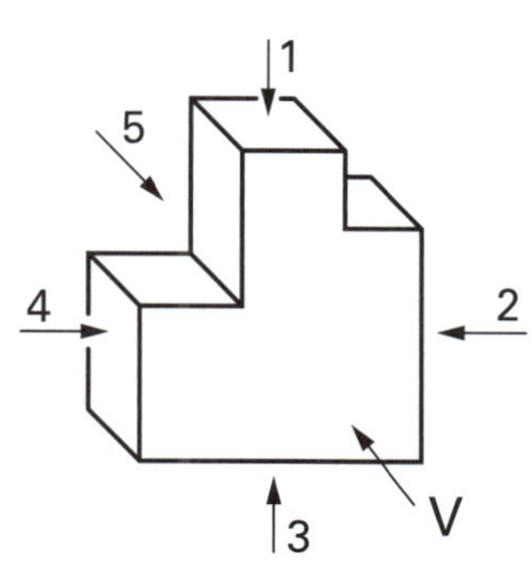

Bild 7

4.8 Axonometrische Projektionen

Um Werkstücke anschaulich darzustellen und um einen raschen Überblick zu erhalten, zeichnet man axonometrische Projektionen.

4.8.1 Isometrische Projektion

Bei der isometrischen Projektion werden alle Abmessungen des Werkstücks im gleichen (iso = Vorsilbe mit der Bedeutung „gleich") Maßstab gezeichnet.

Die isometrische Projektion wird verwendet, wenn in drei Projektionsrichtungen (Blickrichtungen) Wesentliches gezeigt werden soll.

Die Richtungen X und Y (**Bild 1**) verlaufen unter 30° zur Waagrechten, die Richtung Z steht senkrecht.

Alle Abmessungen des Werkstücks werden in Maßstabsgröße gezeichnet.

Das Seitenverhältnis $x : y : z$ ist 1 : 1 : 1.

Die Richtungen X und Y dürfen auch spiegelbildlich angeordnet werden.

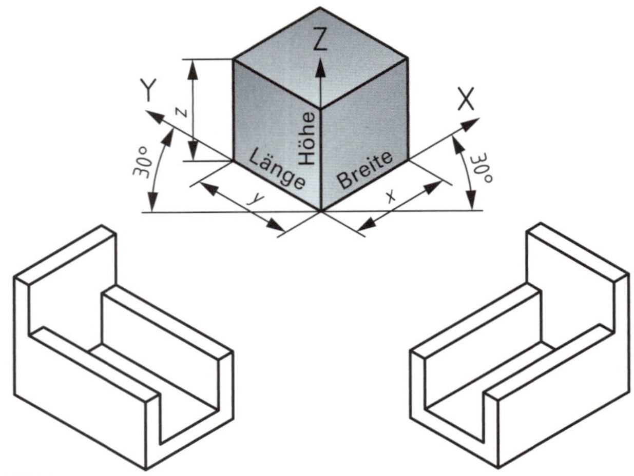

Bild 1

4.8.2 Dimetrische Projektion

Bei der dimetrischen Projektion werden zwei (di = Vorsilbe mit der Bedeutung „zwei") verschiedene Maßstäbe verwendet.

Dimetrische Projektionen werden dann verwendet, wenn in einer Projektionsrichtung (Blickrichtung) Wesentliches gezeigt werden soll.

Bei dieser Projektion (**Bild 2**) verlaufen

- Richtung X unter 42° zur Waagrechten
- Richtung Y unter 7° zur Waagrechten und
- Richtung Z senkrecht.

Längen- und Höhenmaße (Richtungen Y und Z) werden in Maßstabsgröße, Breitenmaße (Richtung X) auf die Hälfte verkürzt gezeichnet.

Das Seitenverhältnis $x : y : z$ ist 0,5 : 1 : 1.

Die Richtungen X und Y dürfen auch spiegelbildlich angeordnet werden.

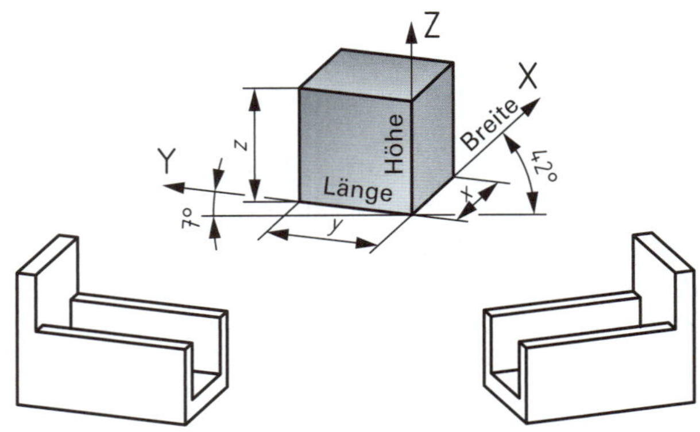

Bild 2

4.8.3 Kavalier-Projektion

Bei der Kavalier-Projektion wird nur ein Maßstab verwendet.

Bei dieser Projektion verlaufen (**Bild 3**):

- Richtung X unter 45°
- Richtung Y waagrecht und
- Richtung Z senkrecht.

Weil die Maßstäbe auf allen Koordinatenachsen gleich sind (Seitenverhältnis $x : y : z = 1 : 1 : 1$), ergibt sich entlang der X-Achse eine starke Verzerrung der Projektion.

Die Richtungen X und Y dürfen auch spiegelbildlich angeordnet werden.

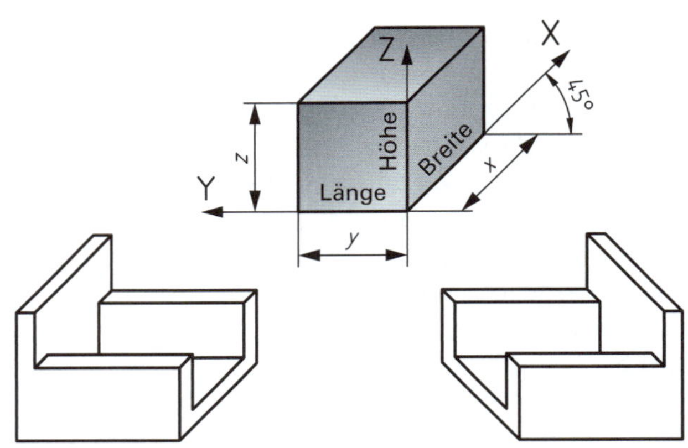

Bild 3

4.8.4 Kabinett-Projektion

Die Kabinett-Projektion ist der Kavalier-Projektion ähnlich. Der einzige Unterschied besteht darin, dass in der X-Richtung der Maßstab um den Faktor 2 reduziert ist (Seitenverhältnis $x : y : z = 0{,}5 : 1 : 1$). Dadurch ergeben sich bessere Zeichnungsproportionen (**Bild 4**).

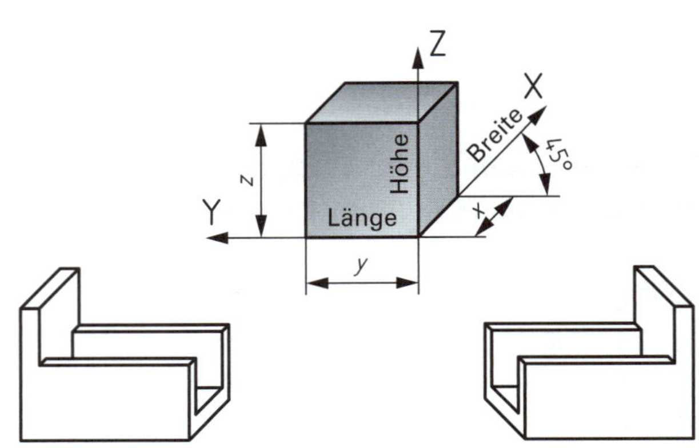

Bild 4

4.9 Grundkörper

Beim Zeichnen axonometrischer Projektionen wird zuerst der Grundkörper, aus dem das Werkstück entstanden ist, dargestellt. Anschließend werden, in der Reihenfolge der Bearbeitung des Werkstückes, die Formänderungen eingetragen. Der Grundkörper kann verschiedene Formen haben:

Prisma (**Bild 1**):
Die Grund- und Deckflächen sind gleich und parallel zueinander, die Seitenflächen sind rechteckig und stehen rechtwinklig zur Grundfläche.

Zylinder (**Bild 2**):
Die kreisförmigen Grund- und Deckflächen des Zylinders sind gleich groß und parallel zueinander. Die Mantelfläche steht rechtwinklig zur Grund- und Deckfläche.

Pyramide (**Bild 3**):
Sie geht von einer ebenen Grundfläche aus. Die dreieckigen Seitenflächen laufen zu einer Spitze zusammen.
Wird die Spitze abgeschnitten, so entsteht der Pyramidenstumpf (**Bild 4**).

Kegel (**Bild 5**):
Der Kegel läuft in einer Spitze aus, die senkrecht über dem Mittelpunkt einer kreisförmigen Grundfläche steht.
Wird die Spitze abgeschnitten, so entsteht der **Kegelstumpf** (**Bild 6**).
In seltenen Fällen kann bei den bisher aufgeführten Grundkörpern die Achse schiefwinklig zur Grundfläche stehen (schiefes Prisma usw.).

Kugel (**Bild 7**):
Sie hat eine gleichförmig gewölbte Oberfläche. Alle Punkte der Kugeloberfläche haben den gleichen Abstand vom Mittelpunkt.

4.10 Werkstücke mit prismatischer Grundform

Grundsätzlich sind so viele Ansichten zu zeichnen, wie zum **eindeutigen Erkennen und Bemaßen** eines Werkstückes erforderlich sind.

Zur Darstellung von flachen Teilen (Blechen) genügt meist eine Ansicht. Die Angabe der Werkstückdicke ersetzt dann eine weitere Ansicht (**Bild 8**).

Bei einfachen Werkstücken mit prismatischer Grundform sind manchmal schon zwei Ansichten zur eindeutigen Darstellung ausreichend. Dabei entscheidet die Werkstücksform, ob neben der Vorderansicht die Seitenansicht von links oder die Draufsicht gezeichnet werden muss.

Von dem im **Bild 9** isometrisch gezeichneten Werkstück ist in **Bild 10** mit der Vorderansicht und der Seitenansicht von links das Werkstück eindeutig dargestellt. Wird statt der Seitenansicht von links die Draufsicht gezeichnet (**Bild 11**), so ist die Form der Anfräsung nicht eindeutig erkennbar.

Bild 12 zeigt Werkstückformen, wie sie nach der **nicht eindeutigen Darstellung** des Werkstücks in **Bild 11** zusätzlich zur in **Bild 9** dargestellten Form auch möglich wären.

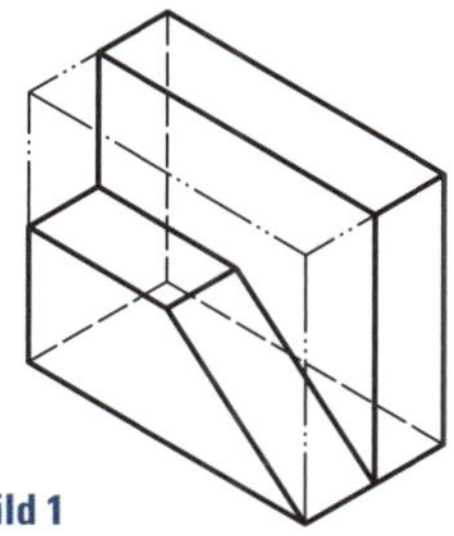
Bild 1

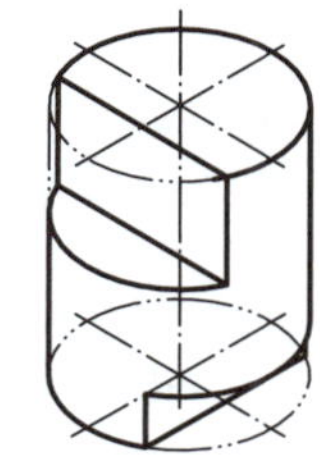
Bild 2

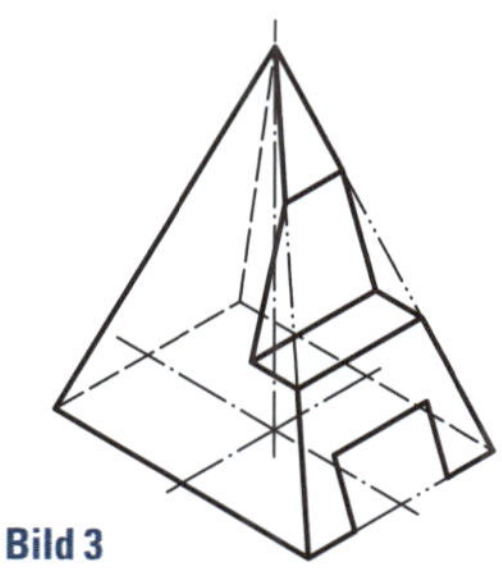
Bild 3

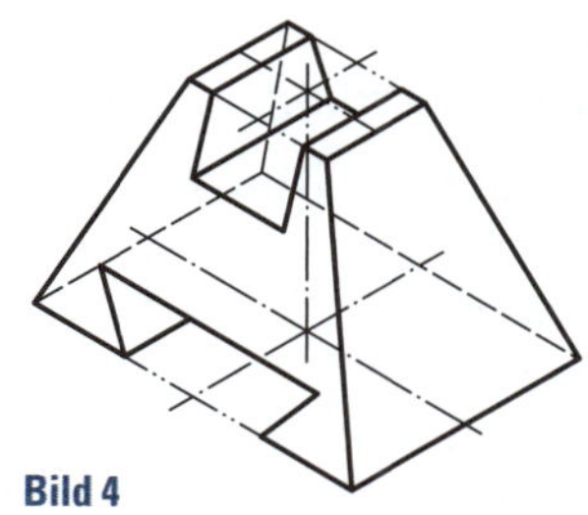
Bild 4

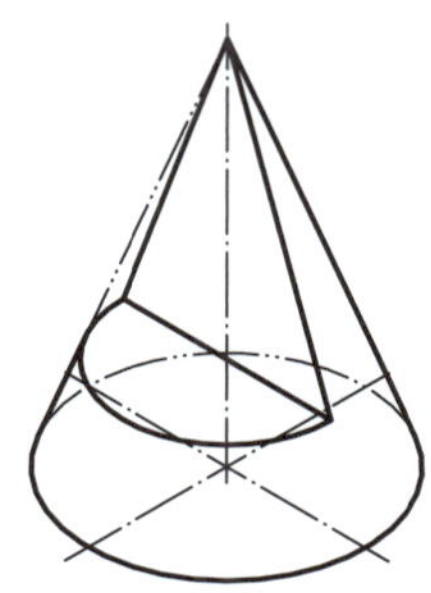
Bild 5

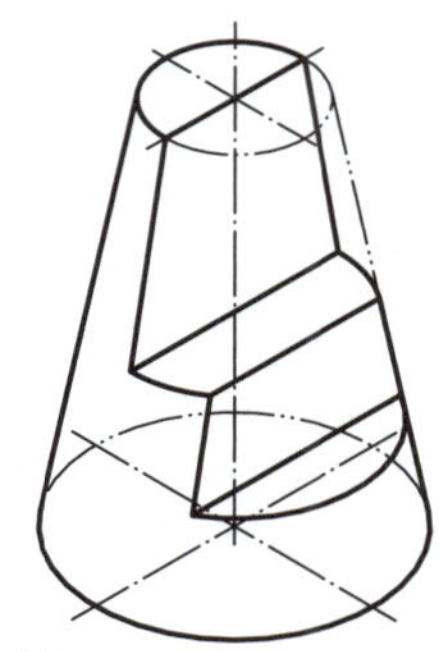
Bild 6

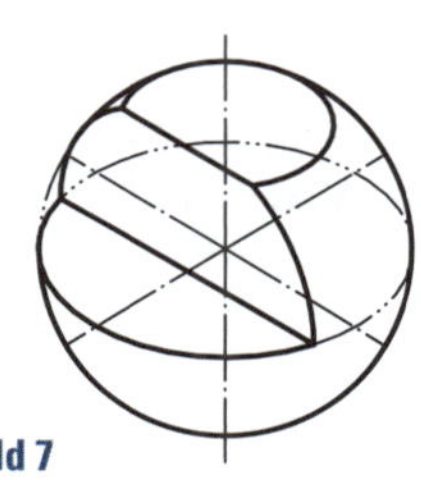
Bild 7

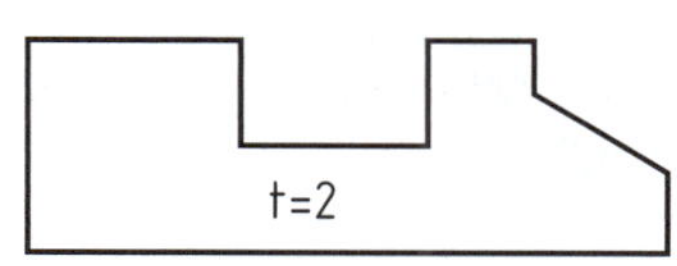

Bild 8

Bild 9

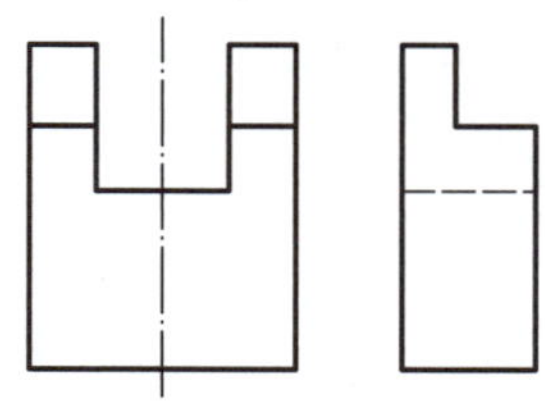
Bild 10

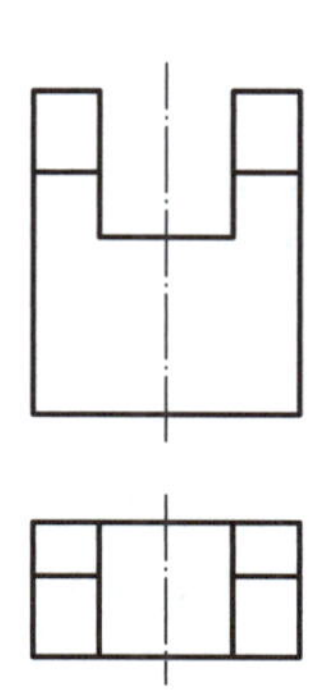
Bild 11

Bild 12

Bild 2 zeigt das im **Bild 1** isometrisch dargestellte Werkstück in Vorderansicht und Draufsicht.

In **Bild 3** ist dasselbe Werkstück in Vorderansicht und Seitenansicht dargestellt. In dieser Zeichnung ist der Querschnitt des prismatischen Werkstücks nicht erkennbar, die Zeichnung ist deshalb unbrauchbar.

Kompliziertere Werkstücke erfordern drei (oder mehr) Ansichten. Außer der Vorderansicht werden dann meist die Seitenansicht von links und die Draufsicht gezeichnet.

Von dem im **Bild 4** dimetrisch dargestellten Werkstück reichen, weil z. B. die rechteckigen Einfräsungen auch mit abgerundeten Fräswerkzeugen hergestellt werden können, weder Vorderansicht (**Bild 5**) und Seitenansicht von links (**Bild 6**) noch Vorderansicht und Draufsicht (**Bild 7**) zum eindeutigen Erkennen des Werkstücks aus. Erst die Kombination von Vorderansicht, Seitenansicht von links und Draufsicht zeigt das Werkstück unmissverständlich.

Hinweis: Aus Übungsgründen werden in Zeichenlehrgängen oftmals mehr Ansichten gezeichnet, als zur eindeutigen Darstellung unbedingt nötig sind.

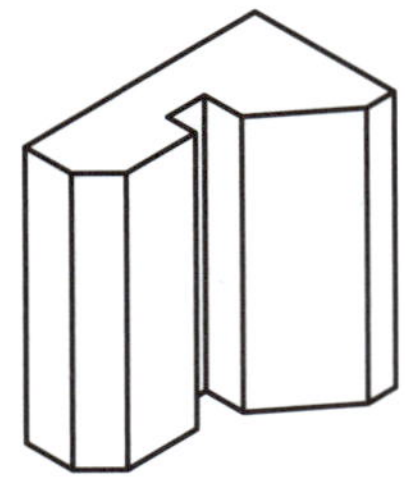

Bild 1

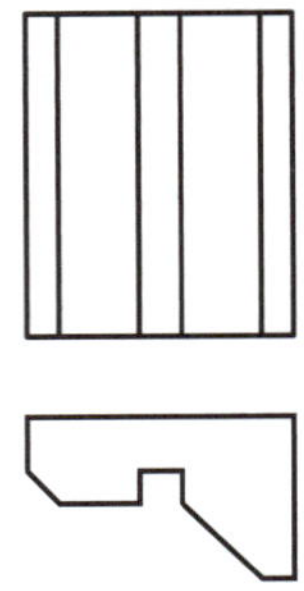

Bild 2

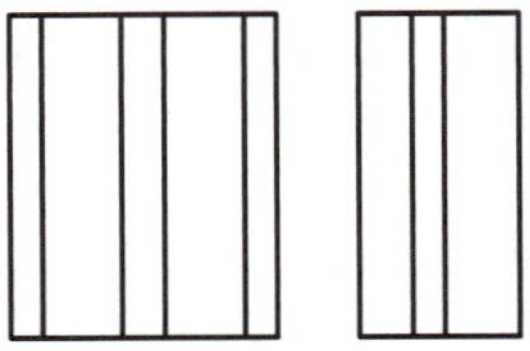

Bild 3

Bild 4

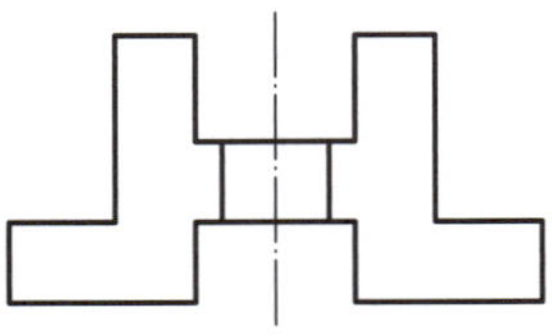

Bild 5

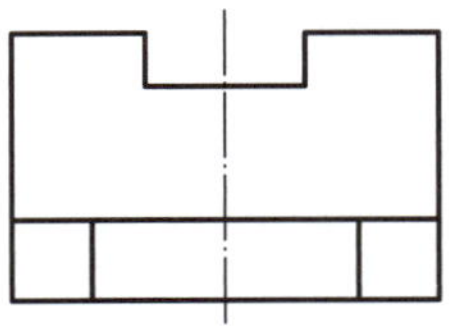

Bild 6

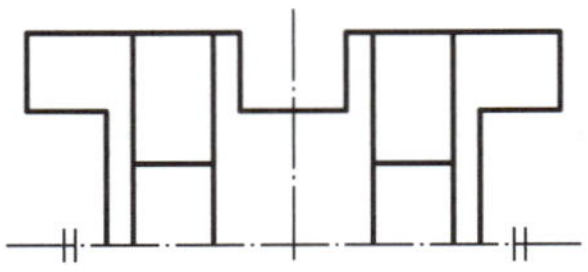

Bild 7

4.11 Überprüfen Sie Ihr Wissen:

1 Suchen Sie in Bild 8 die zu den dargestellten Werkstücken passenden Vorderansichten.

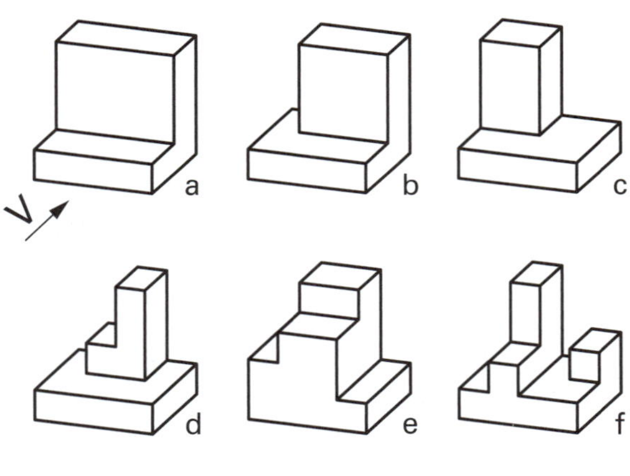

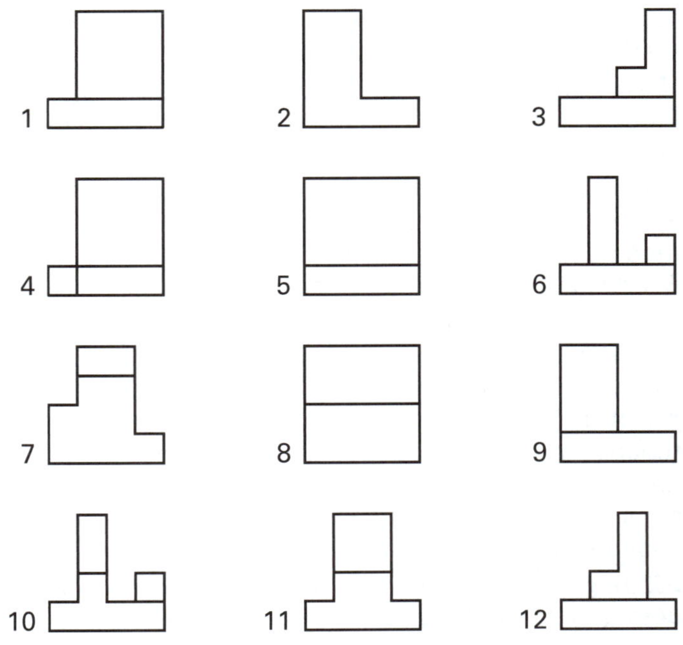

Bild 8

2 Wie viele Ansichten sind zur Darstellung eines Werkstückes erforderlich?

a) Sechs Ansichten sind notwendig.
b) Drei Ansichten müssen maximal für alle Werkstücke gezeichnet werden.
c) Zwei Ansichten sind in allen Fällen ausreichend.
d) So viele Ansichten, wie zum eindeutigen Erkennen und Bemaßen des Werkstücks erforderlich sind.
e) Die Zahl der Ansichten richtet sich nach der Größe des Werkstücks.

4.12 Werkstücke mit zylindrischer Grundform

4.12.1 Darstellung des Zylinders in Ansichten

Zylindrische Werkstücke werden in der Vorderansicht bevorzugt in der Fertigungslage (Einspannung in der Drehmaschine) mit waagrechter Achse dargestellt.

Jede achsparallele Darstellung eines Drehkörpers besitzt eine Längsachse. Sie wird mit schmalen Strich-Punktlinien dargestellt. Ansichten, welche die Kreisform des Drehkörpers zeigen, erhalten ein Achsenkreuz (**Bild 1**).

Die Mittellinie steht ungefähr 3 mm über die Abmessungen des Grundkörpers vor (**Bilder 1 bis 3**). Daher ist die Lage der Mittellinie auch dann noch zu erkennen, wenn sie vollständig durch eine Körperkante verdeckt wird (**Bilder 1 und 2**, **Seite 38**). Sie ist auch einzuzeichnen, wenn ein in seiner Grundform symmetrischer Körper eine nachfolgende unsymmetrische Bearbeitung aufweist (**Bild 6**).

Rundkörper mit Absätzen besitzen kreisförmige Umlaufkanten (**Bild 2**), die bei achsparalleler Darstellung als gerade Kanten erscheinen und quer durch den Zylinder verlaufen (**Bild 3**).

Umlaufkanten sind auch bei kegeligen Ansätzen einzuzeichnen (**Bild 4**).

Sind die Ansätze gerundet, so können zum besseren Erkennen der Werkstückform Lichtkanten eingezeichnet werden (**Bild 5**).

Die Lichtkante wird an der Stelle eingezeichnet, an der bei scharfkantigem Absatz eine Umlaufkante wäre (Einzelheit Z).

Lichtkanten werden als schmale Volllinien gezeichnet und berühren die Umrisslinien nicht.

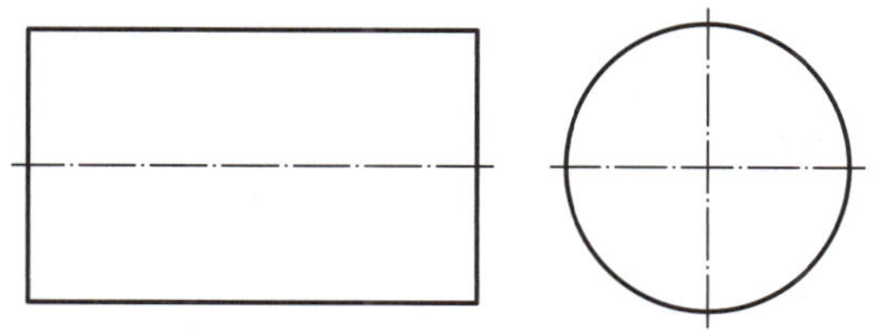

Bild 1

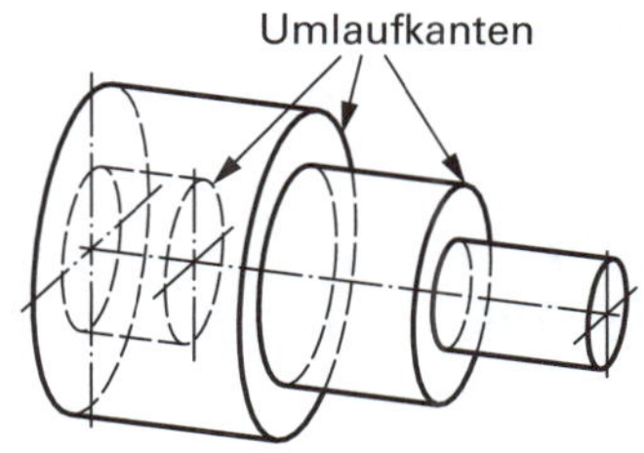

Bild 2

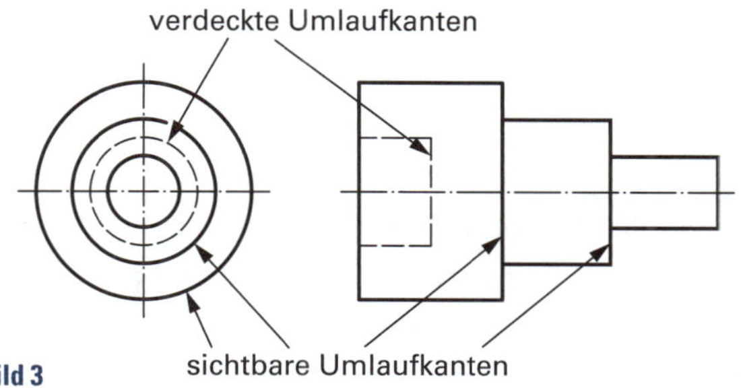

Bild 3

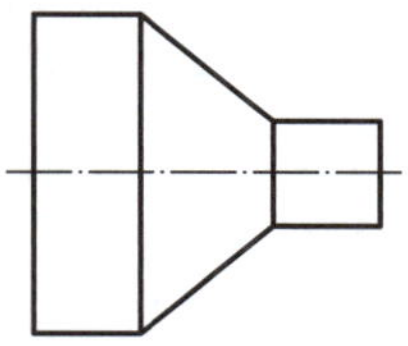

Bild 4

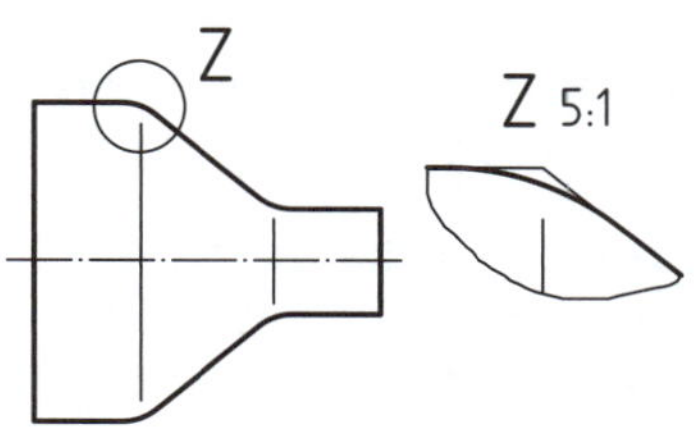

Bild 5

4.12.2 Mittellinien

Mittellinien (Symmetrielinien) sind bei allen Zylinderformen (Rundteile, Bohrungen) einzuzeichnen.

Dies gilt auch, wenn eine zylindrische Grundform in Einzelheiten verändert ist (**Bild 6**).

Kurze Mittellinien dürfen als schmale Volllinien gezeichnet werden (**Bild 6**, Bohrungen).

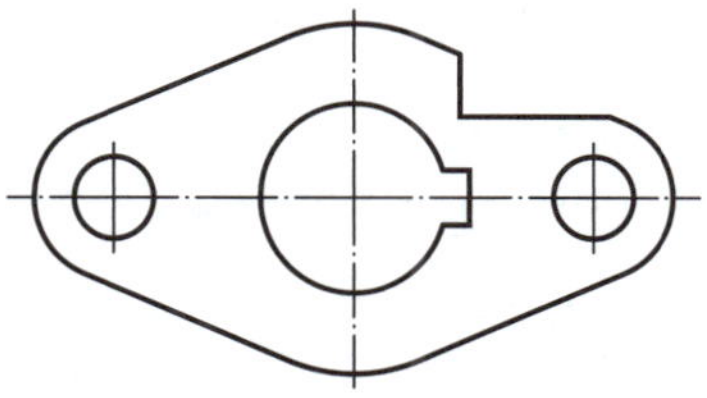

Bild 6

4.12.3 Achsparallele Flächen am Zylinder

Parallel zur Achse verlaufende Absätze ergeben rechteckige Flächen (**Bild 7**).

Liegt der Absatz oberhalb der Zylindermitte, so ist die Breite der entstehenden Fläche kleiner als der Zylinderdurchmesser. Die entsprechenden Begrenzungslinien der Fläche liegen innerhalb der Umrisslinien des Zylinders (**Bild 8**).

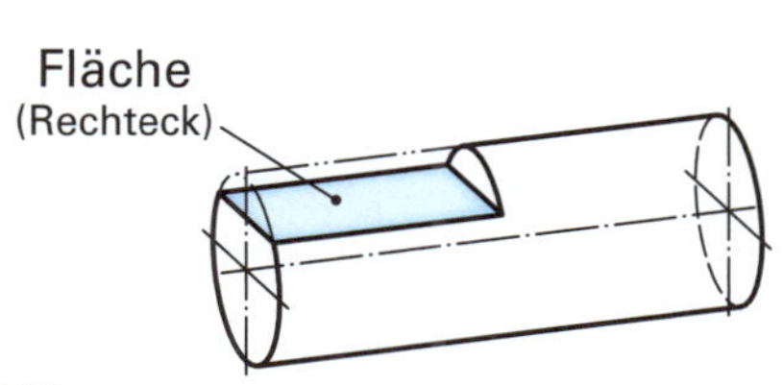

Bild 7

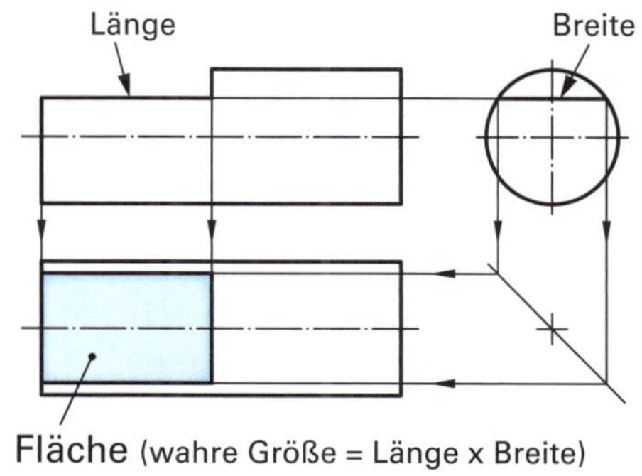

Bild 8

Geht der Absatz bis zur Zylindermitte, so ist die Breite der entstehenden Fläche so groß wie der Zylinderdurchmesser (**Bilder 1 und 2**). Die entsprechenden Kanten des Absatzes fallen mit den Umrisslinien des Zylinders zusammen.

Geht der Absatz über die Zylindermitte hinaus, so ist die Breite der entstehenden Fläche kleiner als der Zylinderdurchmesser (**Bild 3**). Die Umrisslinien des Zylinders im Bereich des Absatzes fallen weg; es entstehen versetzte Linien (zurückspringende Kanten, **Bild 4**).

Achsparallele Flächen bei Hohlzylindern ergeben versetzte Linien am Außenzylinder und an der Bohrung (**Bild 5**).

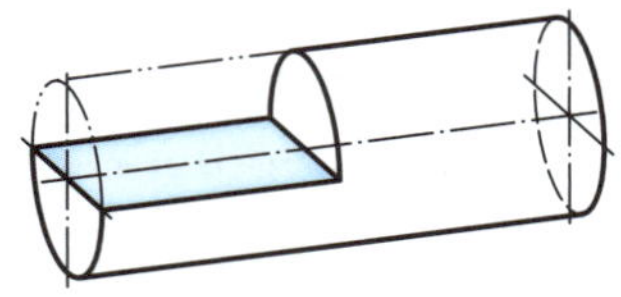

Bild 1

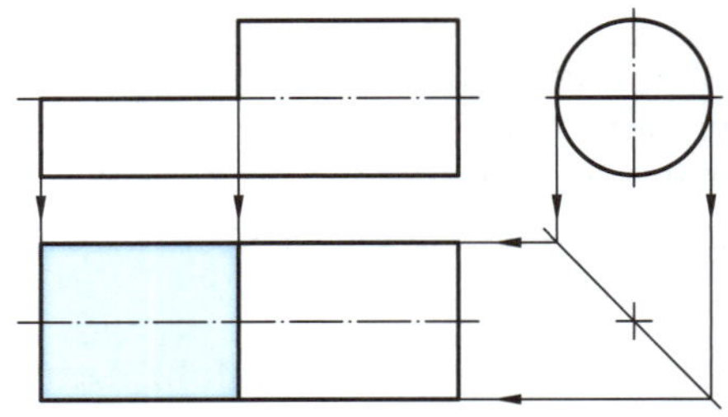

Bild 2

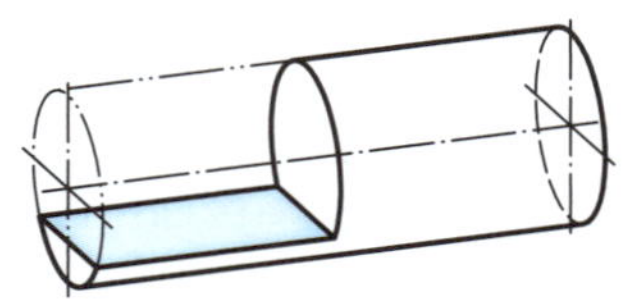

Bild 3

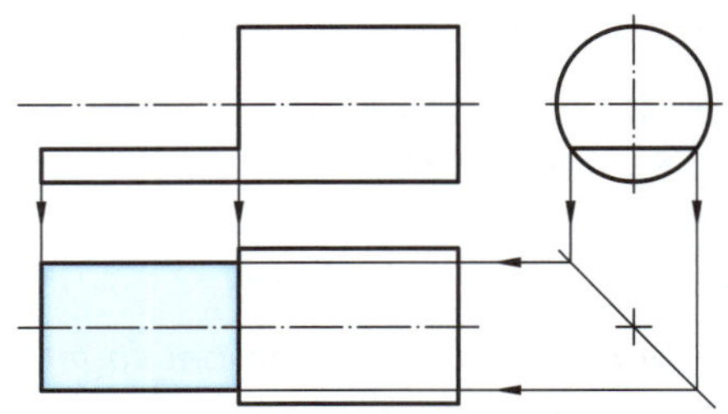

Bild 4

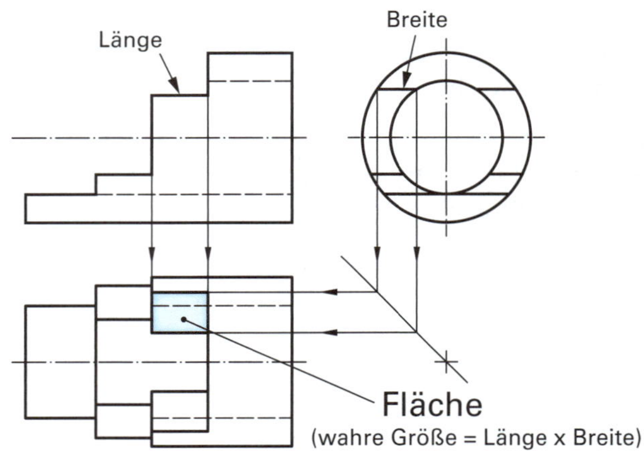

Bild 5

4.12.4 Schlüsselflächen an Rundteilen

Flächen an Rundkörpern entstehen häufig durch die Fertigung von Ansatzflächen für Werkzeuge, z. B. Schlüsselweiten (**Bild 6**), Sechskant (**Bild 7**), Vierkant (**Bild 8**).

Die Breite der jeweiligen Fläche wird aus der Ansicht entnommen, die die Kreisform enthält (**Bilder 6 bis 8**).

Werkzeugvierkante haben Fasen, die Teile des ursprünglichen Zylindermantels sind. Die Abschlusskanten dürfen daher zwischen den einzelnen Vierkantflächen **nicht** durchgezogen werden (**Bild 8**).

Zum Zeichnen beginnt man mit der Konstruktion des Vierkantes in der Ansicht, die die Kreisform enthält. Ein Hilfskreis, dessen Durchmesser *d* der Schlüsselweite *s* entspricht, erleichtert die Konstruktion.

Bei **Bild 8** entstehen durch die Anfräsung Kanten, die in der Nähe der Umrisslinien des Zylinders liegen. Ist der Abstand von den Umrisslinien kleiner als 0,7 mm, so werden diese Kanten in der Vorderansicht nicht gezeichnet (**Bild 8**).

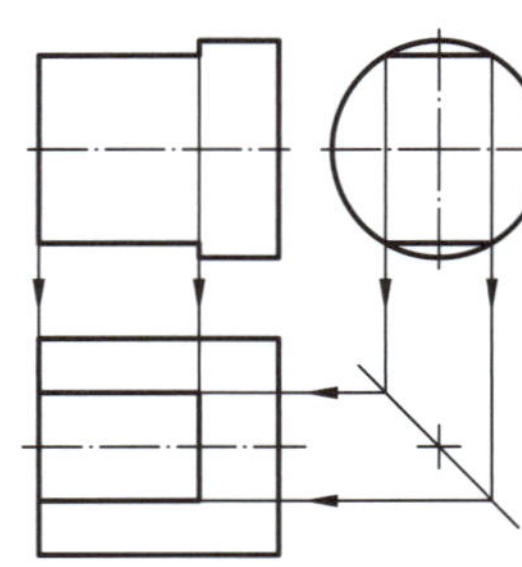

Bild 6

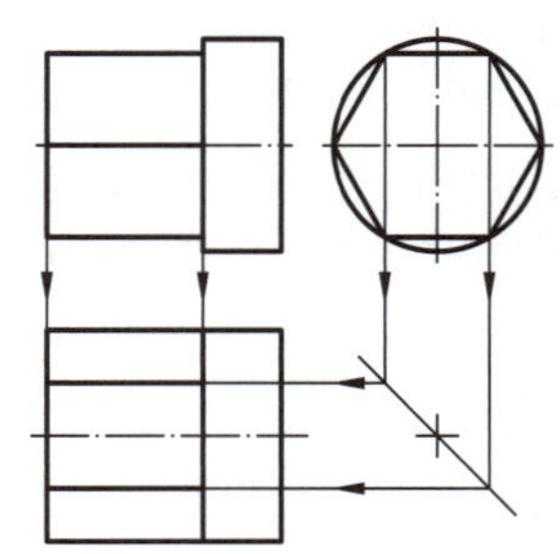

Bild 7

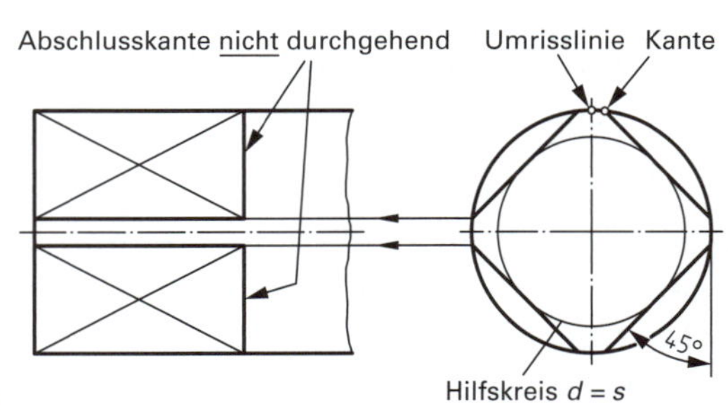

Bild 8

4.12.5 Kennzeichnung ebener Flächen

Ebene Flächen an Rundteilen, z. B. Nuten, Anfräsungen, Schlüsselflächen, werden durch ein Diagonalkreuz aus schmalen Volllinien gekennzeichnet.

Das Diagonalkreuz **muss** eingezeichnet werden, wenn sich dadurch weitere Ansichten erübrigen.

Sind **mehrere** Ansichten des Körpers gezeichnet, so kann das Diagonalkreuz eingezeichnet (**Bild 8**) oder weggelassen werden (**Bilder 6 und 7**).

4.13 Isometrische Projektion von Zylindern und Kreisen

Kreise erscheinen in den drei Hauptebenen der isometrischen Darstellung als Ellipsen. Alle 3 Ellipsen (E_1, E_2, E_3) sind gleich groß. Ihre Achsen stehen bei Ellipse E_1 waagrecht und senkrecht.

Ellipse E_2 und Ellipse E_3 unter 60° und 30° zur Waagrechten (**Bild 1**).

Die tatsächlichen Kreisdurchmesser d sind in der Senkrechten bzw. im Winkel von 30° zur Waagrechten vorhanden (**Bild 2**).

Die Maße der Ellipsen werden aus den Verhältnissen Kreisdurchmesser: große Achse; kleine Achse = $d : a : b = 1 : 1{,}22 : 0{,}71$ berechnet (Bild 2).

Die beiden Ellipsenachsen verhalten sich wie $a : b = 1{,}72 : 1$.

Zur Darstellung der Ellipsen wird zweckmäßig eine Ellipsenschablone (Isometric 1 : 1,72) verwendet. Annäherungsweise kann die Ellipse auch als Korbbogen aus Kreisteilen zusammengesetzt werden (**Bild 3**).

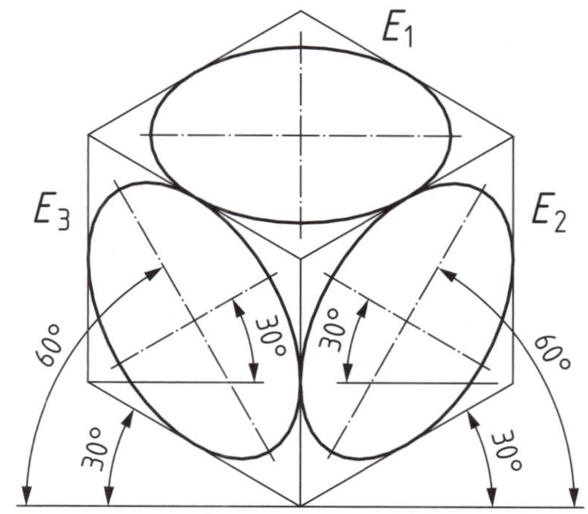

Bild 1

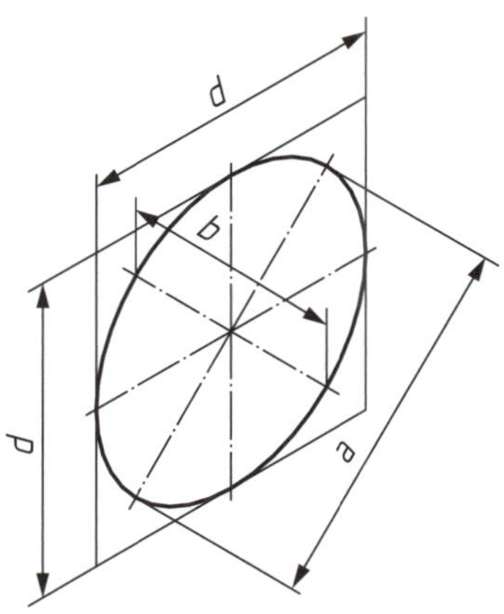

Bild 2

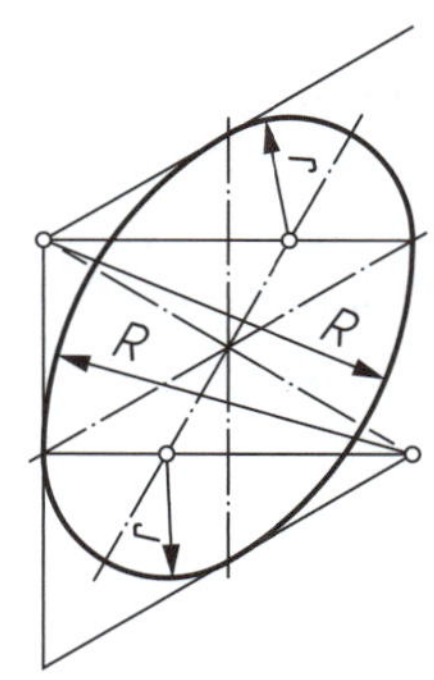

Bild 3

Zum isometrischen Darstellen von Zylindern bestimmt man zunächst die Lage der Kreismittelpunkte auf der Hauptachse (**Bild 4**).

Bild 4

Hierauf werden die Achsenkreuze der Kreise in den Richtungen eingezeichnet, in denen die wahren Durchmesser vorhanden sind (**Bild 5**).

Bild 5

Mithilfe der Ellipsenschablone können nun die Ellipsen mit schmalen Volllinien vorgezeichnet werden (**Bild 6**).

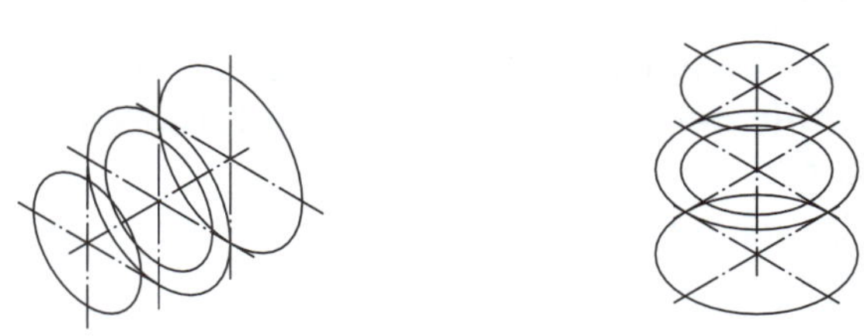

Bild 6

Nach dem Einzeichnen der Mantellinien werden die sichtbaren Ellipsenteile mit breiten Volllinien gezeichnet. Die Mittellinien können wegen der besseren Übersicht entfallen (**Bild 7** links), sofern sie nicht zum Eintrag von Maßen erforderlich sind (**Bild 7** rechts).

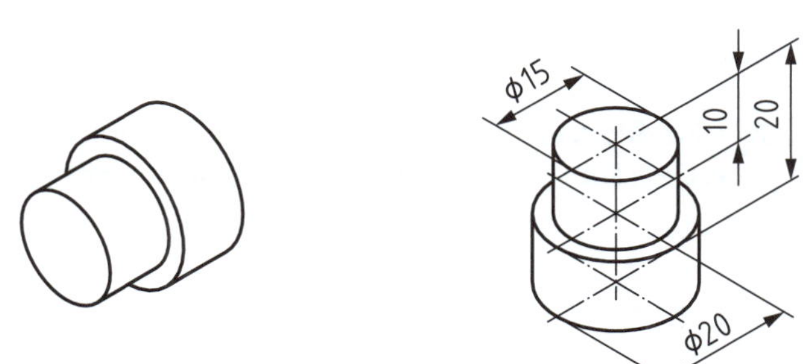

Bild 7

4.14 Dimetrische Projektion von Zylindern und Kreisen

Auch in der dimetrischen Projektion erscheinen die Kreise als Ellipsen (**Bild 1**).

Die Ellipse in der Hauptfläche (E_1) wird zur Vereinfachung der Darstellung als Kreis gezeichnet.

Die Ellipsen E_2 und E_3 sind gleich groß, haben aber unterschiedliche Achsrichtungen. Die große Achse von E_2 liegt waagrecht, die große Achse von E_3 liegt im Winkel von 7° zur Senkrechten.

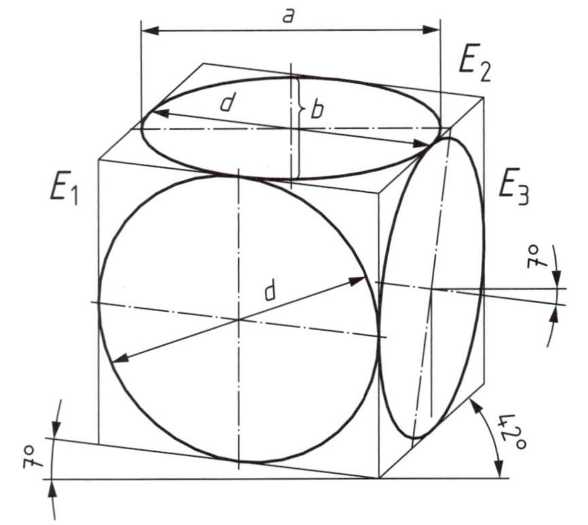

Bild 1

Die Maße von E_2 und E_3 sind:

Durchmesser: große Achse $= d : a = 1 : 1{,}06$

Große Achse: kleine Achse $= a : b = 3 : 1$

Zylindrische Werkstücke werden in dimetrischer Projektion vorteilhaft so dargestellt, dass alle Kreise in der Richtung der Hauptebene liegen. Die Ellipsen können dann vereinfacht als Kreise gezeichnet werden (**Bild 2**).

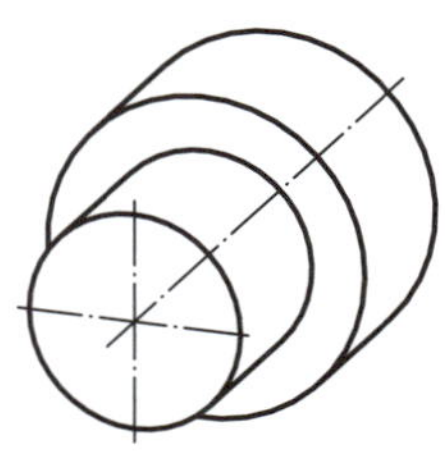
Bild 2

Das Zeichnen der Ellipsen E_2 und E_3 erfolgt mit Schablonen oder durch Konstruktion.

Beispiel:

Gezeichnet werden soll die Ellipse E_3 für den Durchmesser $d = 40$ mm.

Ausgangspunkte sind ein Viereck 20 x 40 mm und ein Hilfskreis mit dem halben Durchmesser (20 mm).

Viereck und Hilfskreis werden von der Mitte aus in gleich viele Teile unterteilt. Die jeweilige Ellipsenbreite entspricht der zugehörigen Breite b des Hilfskreises (**Bild 3**).

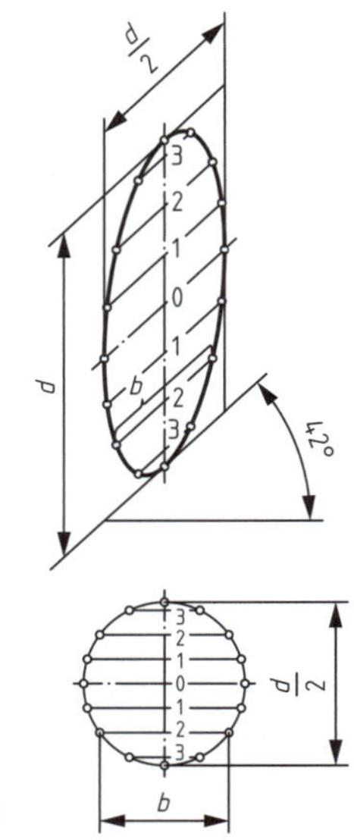

Bild 3

Die gleiche Konstruktion kann für die Kabinettperspektive mit dem Winkel 45° verwendet werden.

Einen Vergleich der verschiedenen Darstellungsarten zeigen die **Bilder 4 bis 6**.

Parallelprojektion

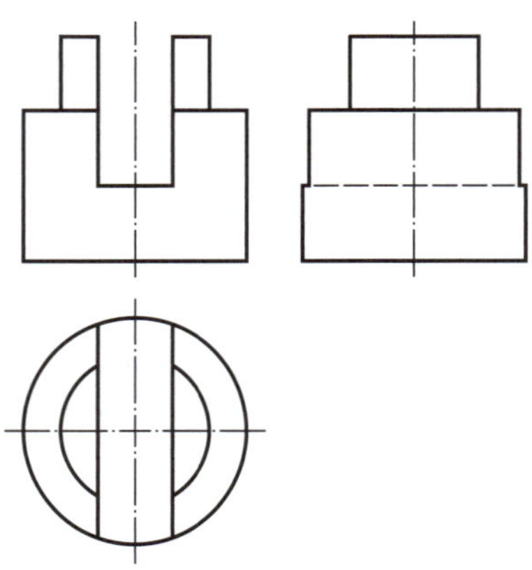
Bild 4

Isometrische Projektion

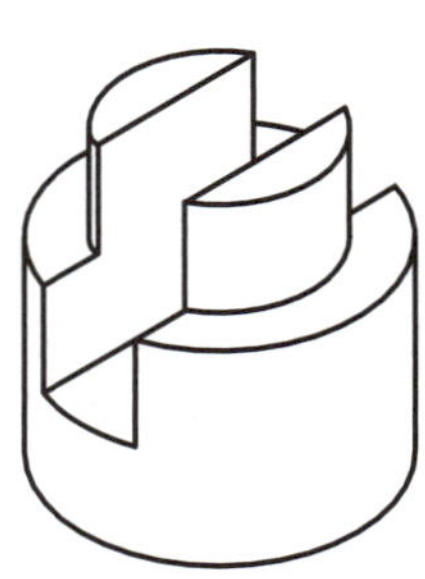
Bild 5

Dimetrische Projektion

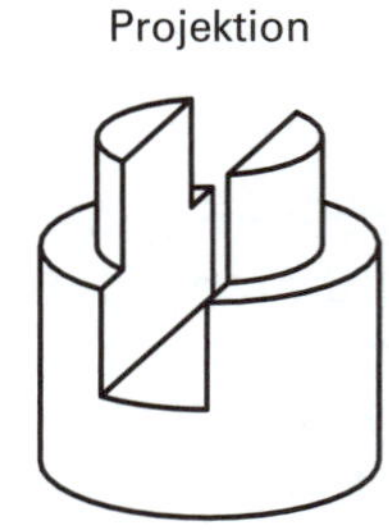
Bild 6

4.15 Überprüfen Sie Ihr Wissen:

1 Wie ist bei isometrischer Projektion das Größenverhältnis der Ellipsen in den drei Hauptebenen E_1, E_2, E_3?

a) E_1 ist kleiner als E_2 und E_3.
b) E_1 ist größer als E_2 und E_3.
c) E_1 und E_3 sind größer als E_2.
d) E_1 und E_2 sind größer als E_3.
e) E_1, E_2 und E_3 sind gleich groß.

2 Wie ist das Verhältnis der kleinen Ellipsenachse b zum Durchmesser d bei isometrischer Projektion?

a) 1 : 0,71
b) 1 : 1,22
c) 0,71 : 1
d) 1,22 : 1
e) 1,22 : 0,71

3 Suchen Sie zu den Schrägbildern passende Seitenansichten!

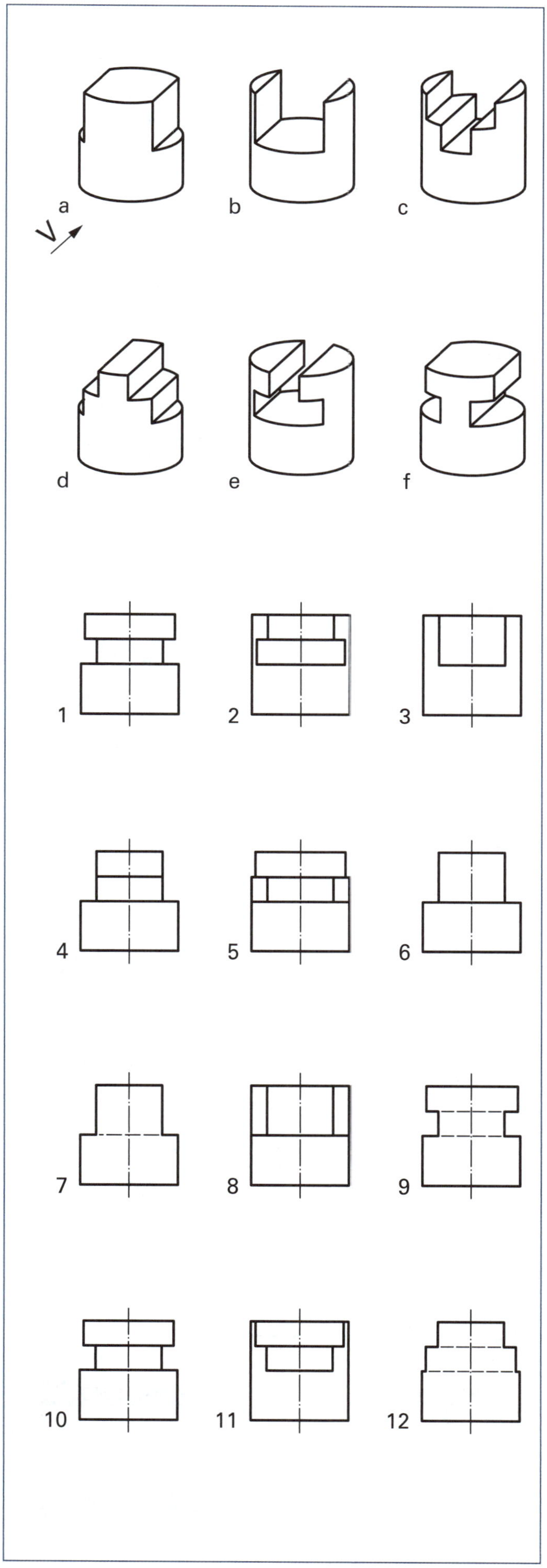

4 Suchen Sie zu den Schrägbildern passende Seitenansichten!

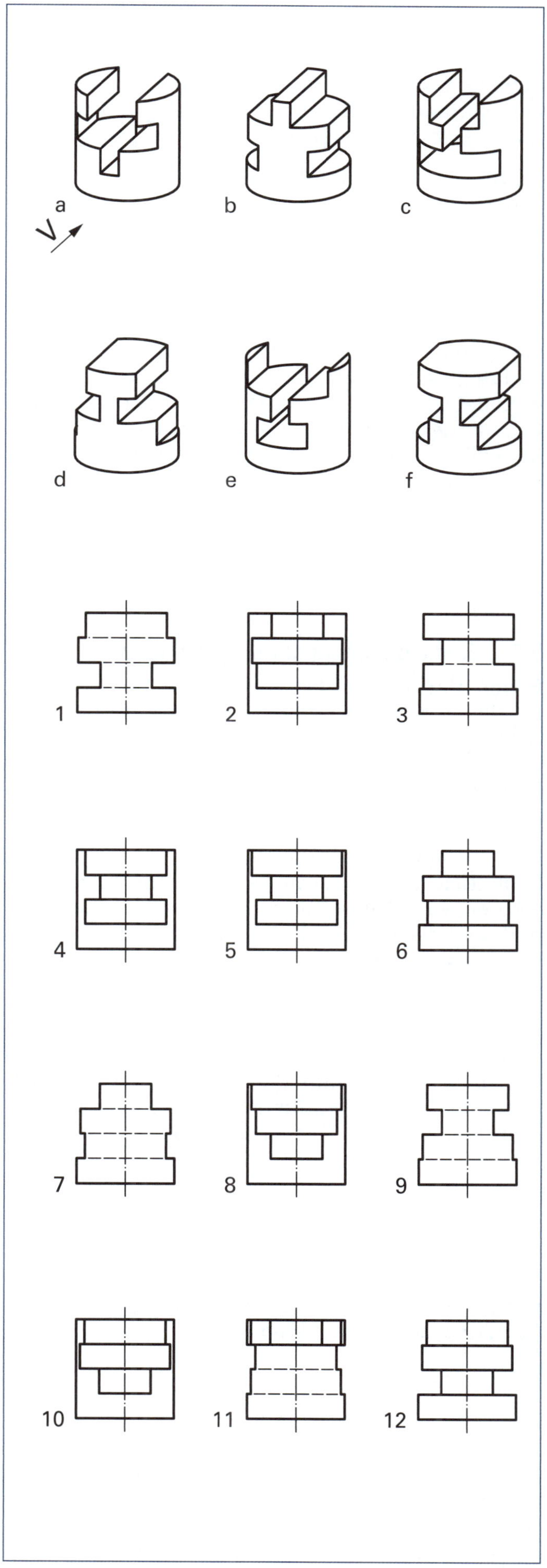

5 Schnittdarstellung

5.1 Grundlagen

Schnittdarstellungen werden angewandt, wenn man das Innere von Werkstücken „zeigen" will. Mit Schnittdarstellungen können verdeckte Werkstück-Innenformen sichtbar dargestellt werden. Verdeckte Kanten werden dadurch vermieden.

Ein Schnitt ist nach DIN ISO 128-3 das gedachte Zerlegen eines Werkstückes durch eine oder mehrere Ebenen. Diese Ebenen bezeichnet man als **Schnittebenen**. Die so durch die **Schnittebenen** am Werkstück entstandene Fläche wird als **Schnittfläche** bezeichnet (**Bild 1**).

Ein Schnitt teilt das Werkstück in zwei oder mehr Teile und zeigt, was sich in der Schnittebene und dahinter befindet. Das Werkstückinnere wird dadurch sichtbar. Aus den in Ansichtdarstellung verdeckten Kanten (Strichlinien) werden sichtbare Kanten, dargestellt in breiten Volllinien (**Bild 2**).

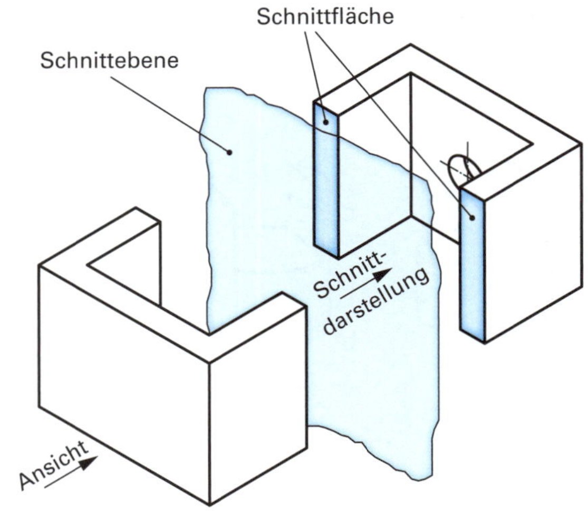

Bild 1

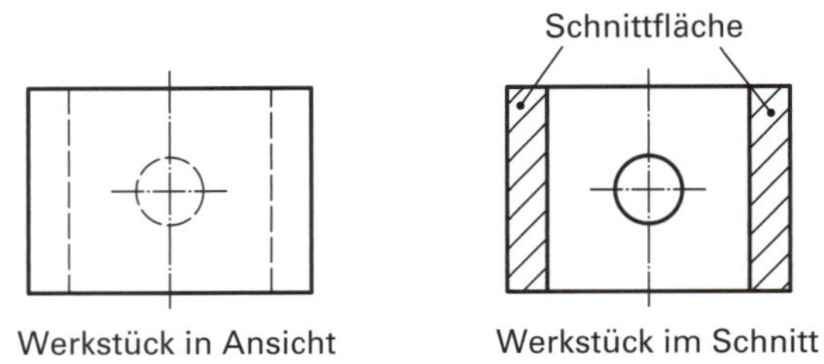

Bild 2

5.2 Kennzeichnung der Schnittflächen

Schnittflächen werden durch eine Schraffur mit parallelen schmalen Volllinien gekennzeichnet. Die Schraffurrichtung beträgt 45° zu den Achsen (**Bilder 3 und 4**) oder zu den Hauptumrissen des Werkstückes (**Bild 5**). Die Schraffurrichtung kann wahlweise rechts- oder linkssteigend sein.

Der Abstand der Schraffurlinien ist der Größe der Schnittfläche anzupassen. Es darf nur dort schraffiert werden, wo „Späne" beim Trennen entstehen würden, weil die Schraffurlinien die Riefen der Bearbeitung darstellen sollen.

Aneinandergrenzende Schnittflächen **verschiedener** Teile werden unterschiedlich schraffiert. Das kann durch verschiedene Schraffurrichtungen oder durch verschiedene Abstände der Schraffurlinien geschehen (**Bild 6**). Die Schraffur ist für Maßzahlen und Beschriftungen zu unterbrechen (**Bild 6**).

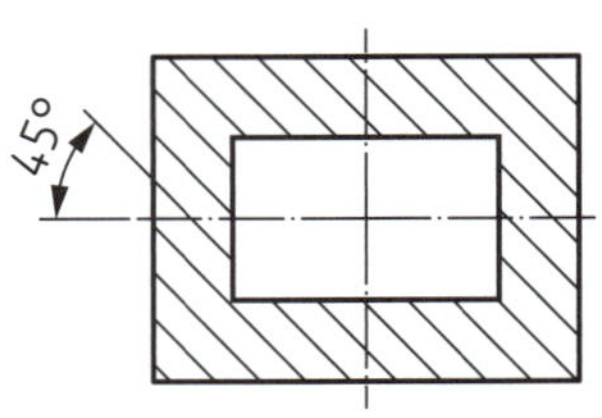

Bild 3

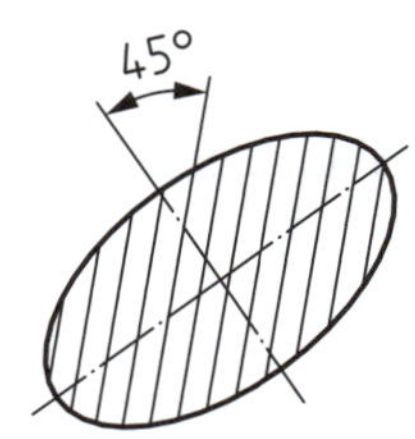

Bild 4

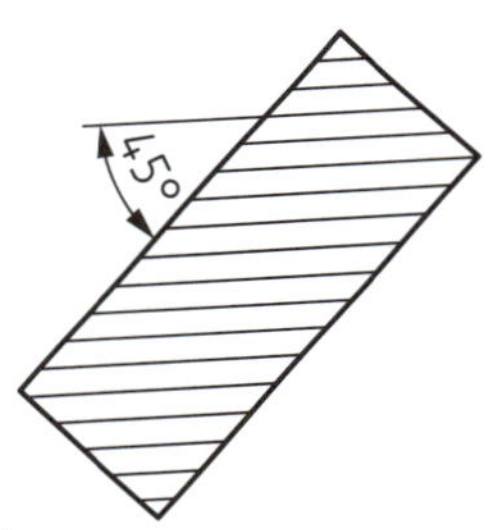

Bild 5

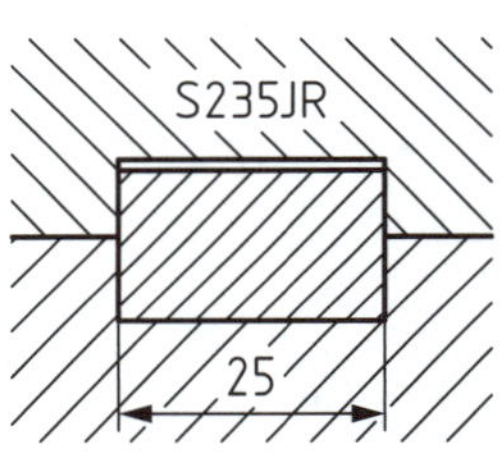

Bild 6

Bei großen Schnittflächen darf die Schraffur auf die Randzone beschränkt bleiben, welche den Umriss der Schnittfläche andeutet (**Bild 7**).

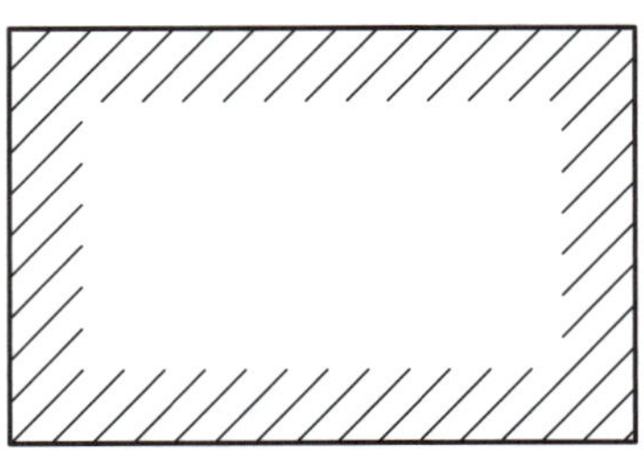
Bild 7

Schmale Schnittflächen dünner Bauteile können voll geschwärzt werden (**Bild 8**). Stoßen geschwärzte Schnittflächen aneinander, so sind sie mit einem Mindestabstand von 0,7 mm darzustellen (**Bild 9**).

Bild 8

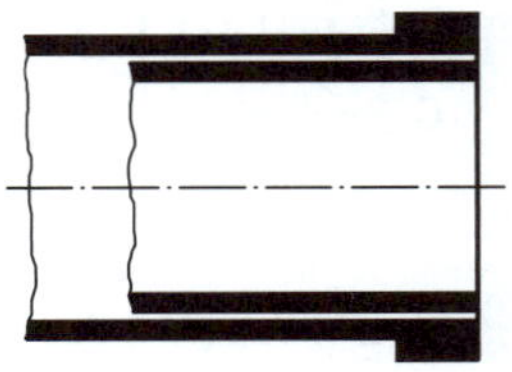
Bild 9

Alle Schnittflächen des gleichen Teiles werden in allen Ansichten in gleicher Art (gleiche Richtung und gleicher Abstand) schraffiert (**Bild 1**).

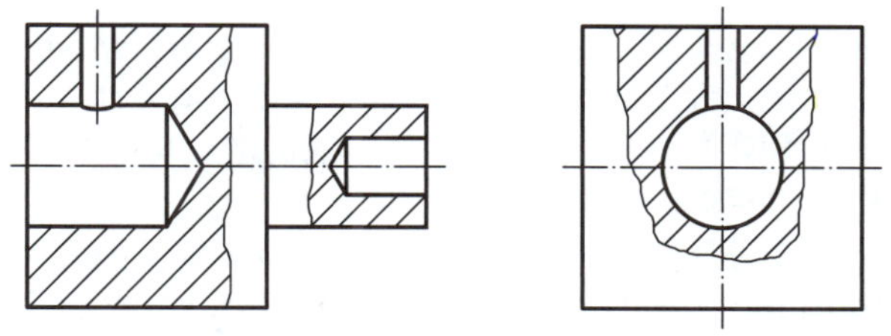

Bild 1

5.3 Arten von Schnitten

Nach Umfang und Lage des Schnittes unterscheidet man:

5.3.1 Schnittansicht

Eine Schnittansicht ist ein Schnitt, welcher zusätzlich die Umrisse hinter der Schnittebene zeigt (**Bild 2**).

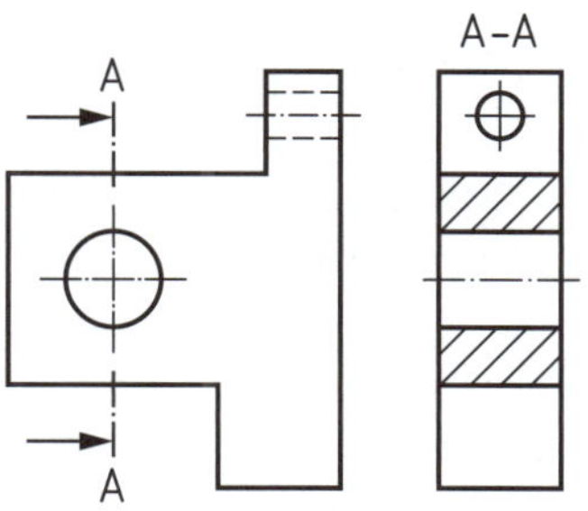

Bild 2

5.3.2 Schnitt

Ein Vollschnitt ist die Projektion eines Werkstückes, das ganz als Schnitt gezeichnet ist (**Bild 3**).

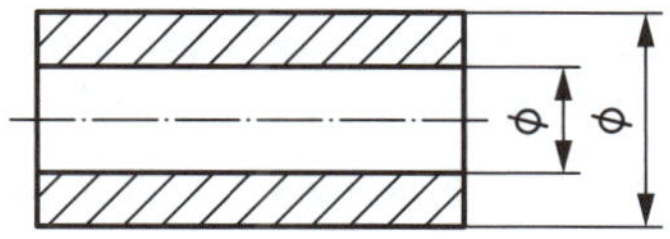

Bild 3

5.3.3 Halbschnitt

Ein Halbschnitt ist die Darstellung eines symmetrischen Werkstückes, das, getrennt durch die Mittellinie (Symmetrielinie), zur Hälfte als Schnitt und zur anderen Hälfte als Ansicht gezeichnet ist (**Bild 4**).

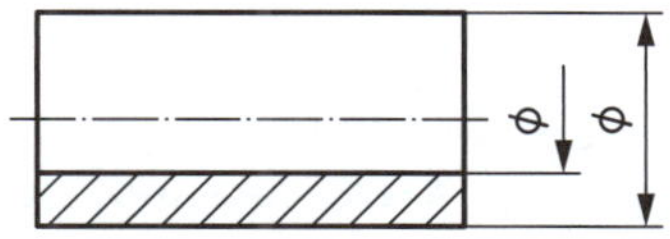

Bild 4

Die Ansichten von symmetrischen Körpern (Werkstücken) werden zum besseren Verständnis häufig als Halbschnitte gezeichnet. Vorzugsweise wird dabei die im Schnitt dargestellte Hälfte bei waagrechter Mittellinie unterhalb (**Bild 5**) und bei senkrechter Mittellinie rechts angeordnet (**Bild 6**). Als Trennung von Schnitt- und Ansichtshälfte dient die Mittellinie.

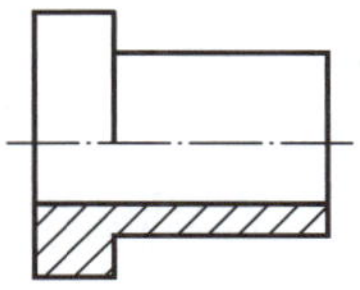

Bild 5

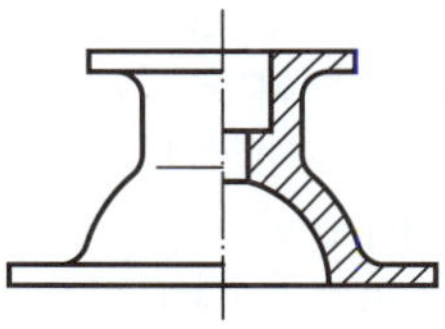

Bild 6

Fällt bei einem Halbschnitt eine Körperkante auf die Symmetrielinie, so ist diese Kante wie bei den Ansichten darzustellen, d. h. die Mittellinie wird durch die breite Volllinie überdeckt (**Bild 7**).

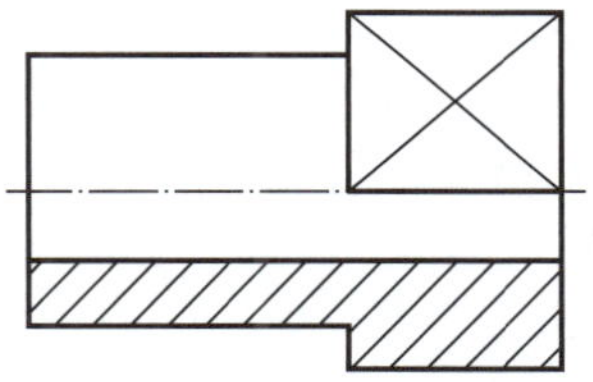

Bild 7

5.3.4 Lokaler Schnitt

Ein lokaler Schnitt (Ausbruch oder Teilausschnitt) ist die Darstellung, bei dem nur ein Teilbereich eines Werkstückes als Schnitt gezeichnet ist (**Bild 8**).

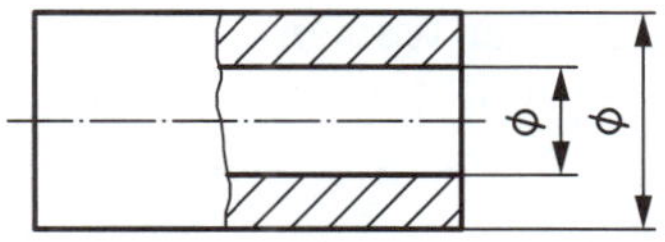

Bild 8

Lokale Schnitte (Ausbrüche) werden mit einer schmalen Freihandlinie (**Bild 9**) oder einer schmalen Zickzacklinie (**Bild 10**) begrenzt. Die Grenze des Ausbruches darf nicht mit einer Körperkante zusammenfallen (**Bilder 9 und 10**).

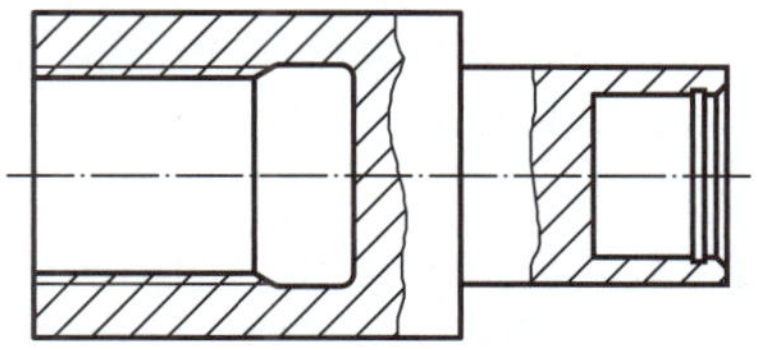

Bild 9

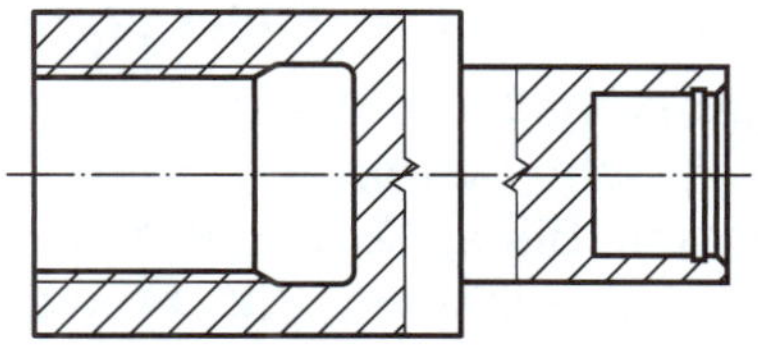

Bild 10

5.4 Schnittverlauf

Schnitte können beliebig gelegt werden. Meistens wird aber der Schnittverlauf in Richtung der Längsachse (**Bild 1**) oder senkrecht (quer) zur Längsachse (**Bild 2**) gelegt.

Der Verlauf einer Schnittebene wird durch eine Schnittlinie (breite Strich-Punktlinie) gekennzeichnet (**Bild 2**). Der Schnittverlauf durch mehrere Schnittebenen in einem Gegenstand wird durch eine abgesetzte Schnittlinie gekennzeichnet (**Bild 3**).

Die Schnittlinien werden nur im Bereich der Umrisslinien des Werkstückes und gegebenenfalls an den Knickstellen dargestellt (**Bild 3**).

Die Blickrichtung auf den Schnitt wird durch vollschwarze Pfeile, die einen Winkel von 30° einschließen und in der Länge der Höhe der Schnittbuchstaben entsprechen, angedeutet (**Bild 3**).

Die Schnittansicht oder der Schnitt wird ebenso wie die Schnittlinie deutlich mit zwei gleichen Großbuchstaben z. B. A – A gekennzeichnet (**Bilder 2 bis 4**).

In der Ausgangsansicht werden die Großbuchstaben in Verlängerung der Schnittlinie und in Leserichtung der Zeichnung angeordnet.

Die Buchstaben für die Schnittbezeichnung (Schnittbuchstaben) müssen eine Schriftgröße größer als die übrigen Angaben (z. B. Maßzahlen) in der Zeichnung sein.

Werden parallel versetzte Schnittebenen durch eine gemeinsame Symmetrielinie begrenzt, so sollen die Schraffurlinien versetzt gezeichnet werden (**Bild 3**).

Sind mehrere Schnitte durch ein Werkstück gelegt worden, so werden diese durch verschiedene Großbuchstaben gekennzeichnet (**Bild 4**).

Stehen zwei Schnittebenen in einem Winkel zueinander, so wird der Schnitt gezeichnet, als lägen die Schnittflächen in einer Ebene, d. h. die Ebene des einen Schnittes wird in die Ebene des anderen Schnittes gedreht (**Bild 5**).

5.5 Besondere Schnitte

Teile, die nicht geschnitten werden

Um Schnitte übersichtlicher erscheinen zu lassen, werden bestimmte Teile, auch wenn sie in der Schnittebene liegen, nicht geschnitten dargestellt.

Dazu gehören alle Einzelteile (Maschinenelemente) in einer Gesamt- oder Gruppenzeichnung, die in **Längsrichtung** dargestellt sind und keine Hohlräume aufweisen.

Dies trifft zu für Schrauben, Muttern und Scheiben (**Bild 6**), Keile (**Bild 7**), Passfedern (**Bild 8**), Stifte (**Bild 9**), Niete (**Bild 10**), Wellen und Bolzen (**Bild 11**), Wälzkörper von Wälzlagern (**Bilder 12, 13 und 14**).

Bei Wälzlagern erhalten beide Ringe (Außen- und Innenring) die gleiche Schraffur (gleiche Richtung und gleicher Abstand, **Bilder 12, 13 und 14**). Deckscheiben (**Bild 13**) und Dichtscheiben (**Bild 14**) werden voll geschwärzt dargestellt.

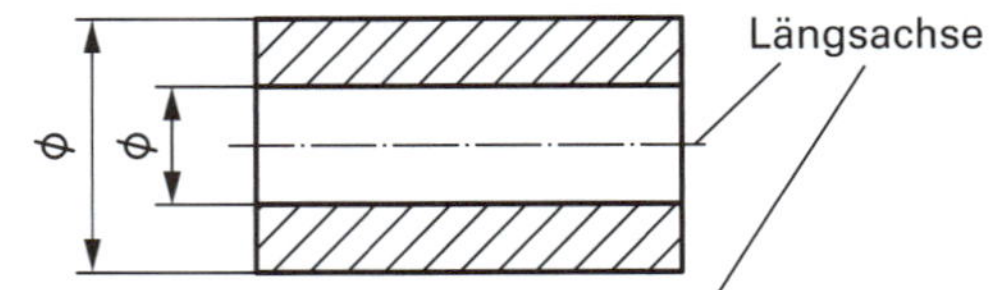

Bild 1

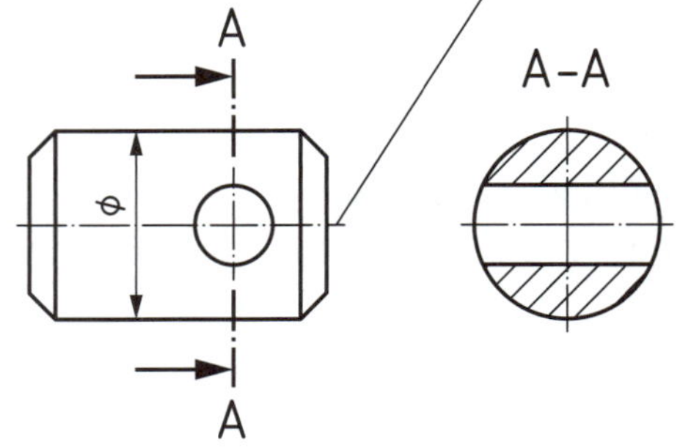

Bild 2

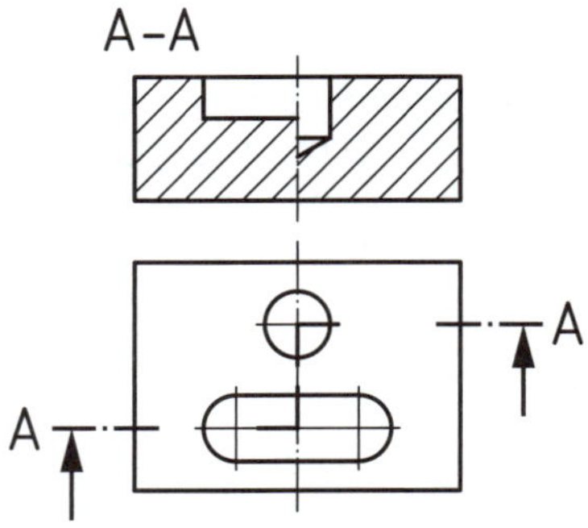

Bild 3

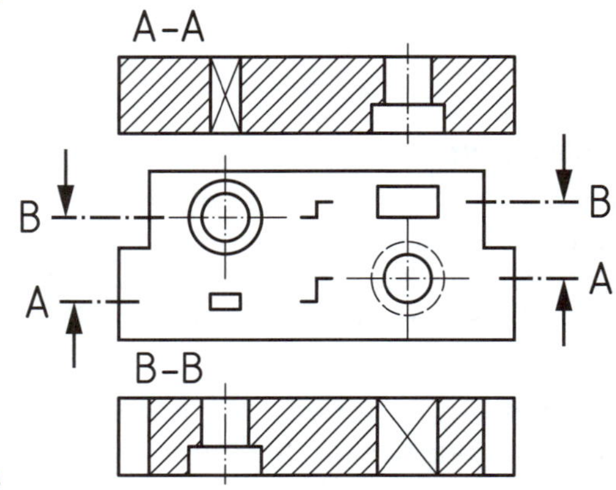

Bild 4

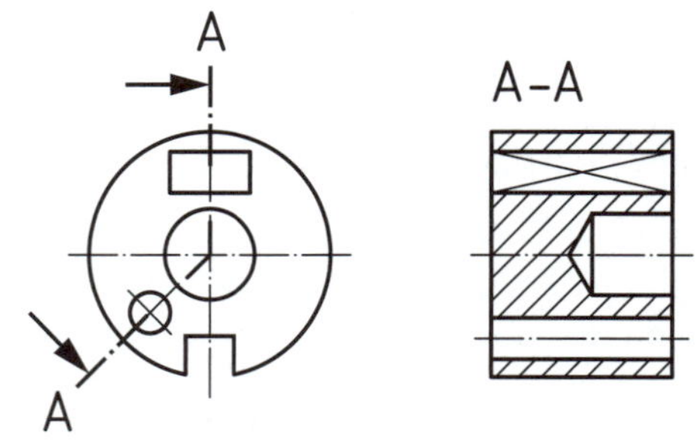

Bild 5

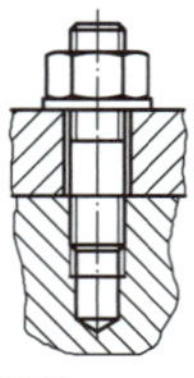
Bild 6

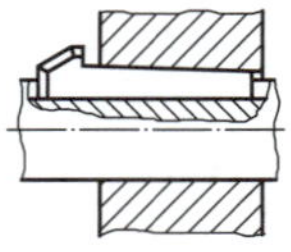
Bild 7

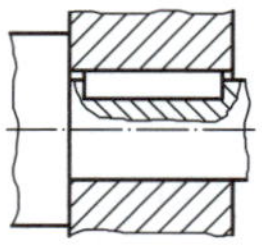
Bild 8

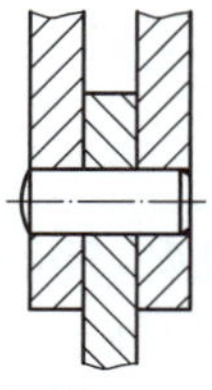
Bild 9

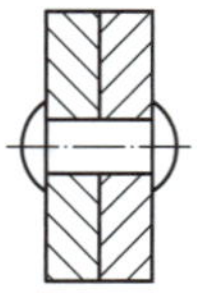
Bild 10

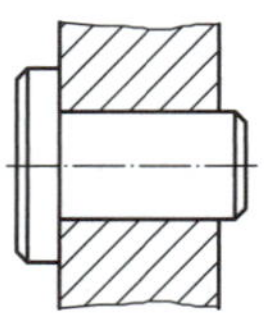
Bild 11

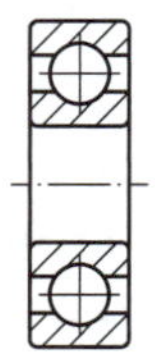
Bild 12

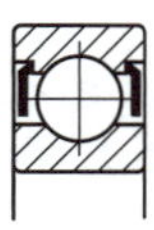
Bild 13

Bild 14

Ebenfalls nicht geschnitten werden alle Bereiche eines Einzelteiles, die sich als massive Elemente von der Grundform eines Werkstückes abheben sollen, z. B. Rippen (**Bild 1**) und Speichen (**Bild 2**).

Löcher (Bohrungen, Gewinde) auf einem Lochkreis werden, auch wenn sie nicht in der Schnittebene liegen, auf dem Lochkreis in die Schnittebene hereingedreht (**Bild 1**).

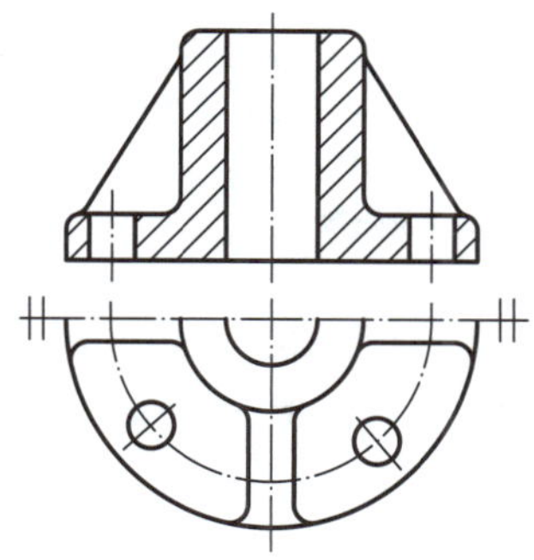

Bild 1

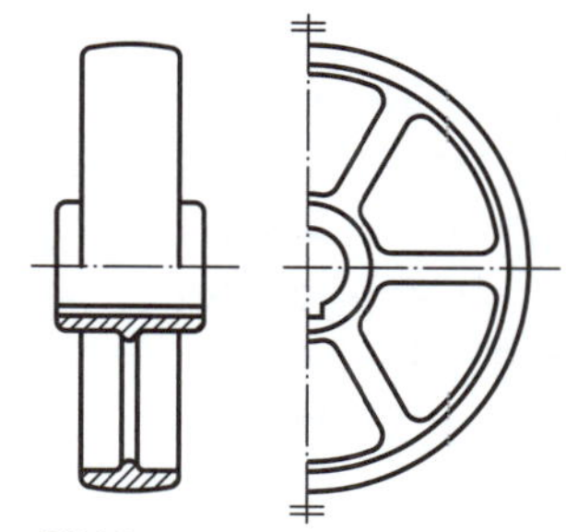

Bild 2

Geht eine Schnittfläche in eine Ansicht über, so ist die Grenze zwischen beiden durch eine breite Volllinie darzustellen (**Bild 3**).

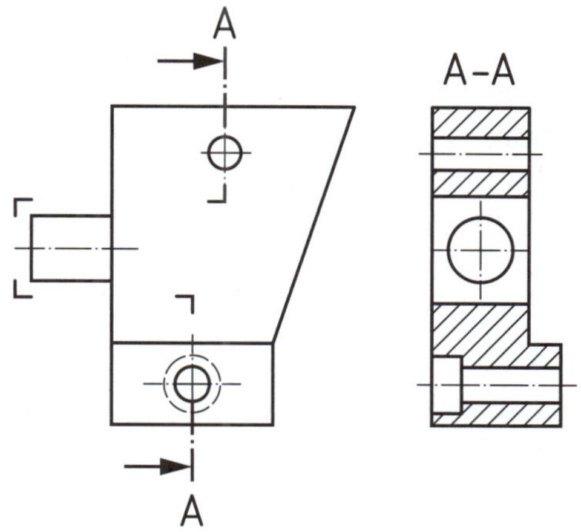

Bild 3

Profilschnitt

Damit man eine weitere Ansicht einsparen kann, können Querschnitte gedreht innerhalb der Ansicht als Profilschnitt gezeichnet werden. Die Umrisslinien der Schnittflächen sind dabei mit schmalen Volllinien darzustellen (**Bild 4 und 5**).

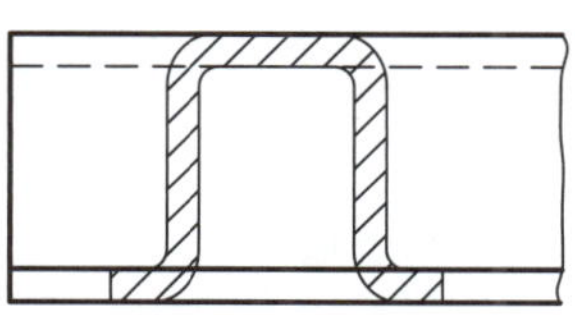

Bild 4

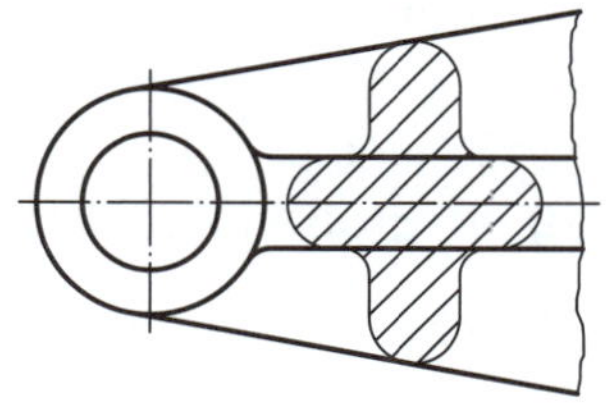

Bild 5

Entfernter Schnitt

Werden Schnitte durch herausziehen aus einer Ansicht „entfernt", müssen sie in der Nähe der Ansicht bleiben. Der entfernte Schnitt muss mit der Ansicht durch eine schmale Strich-Punktlinie verbunden bleiben. Die Schnittebene wird nicht mit Großbuchstaben gekennzeichnet (**Bild 6**).

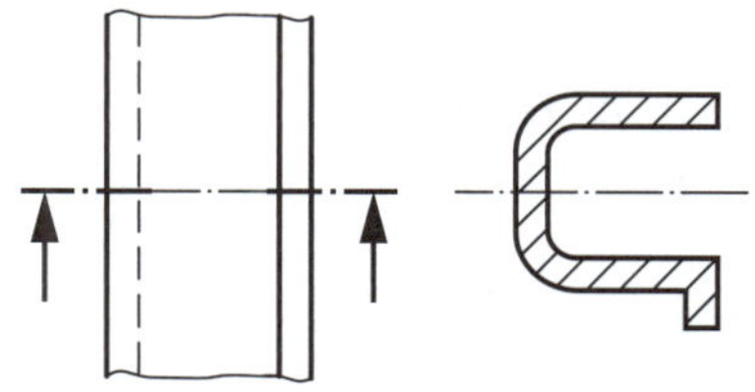

Bild 6

Aufeinander folgende Schnitte

Ist es erforderlich, mehrere aufeinander folgende Schnitte durch ein Werkstück zu legen, können diese mit gekennzeichneten Schnittebenen (**Bild 7**) oder als entfernte Schnitte (**Bild 8**) hintereinander dargestellt werden.

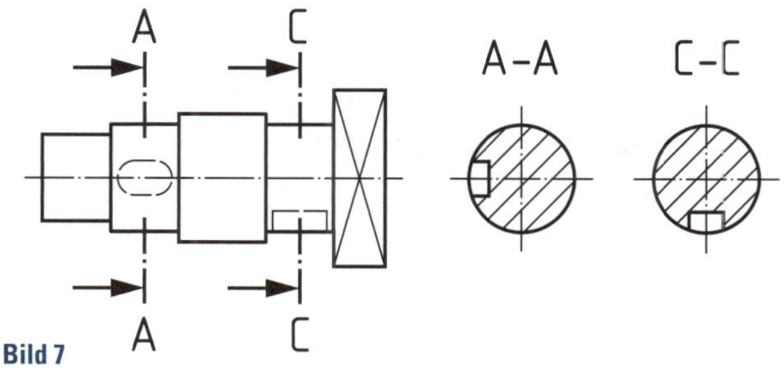

Bild 7

Umrisse und Kanten hinter der Schnittebene dürfen entfallen, wenn sie nicht zur Verdeutlichung des Dargestellten beitragen.

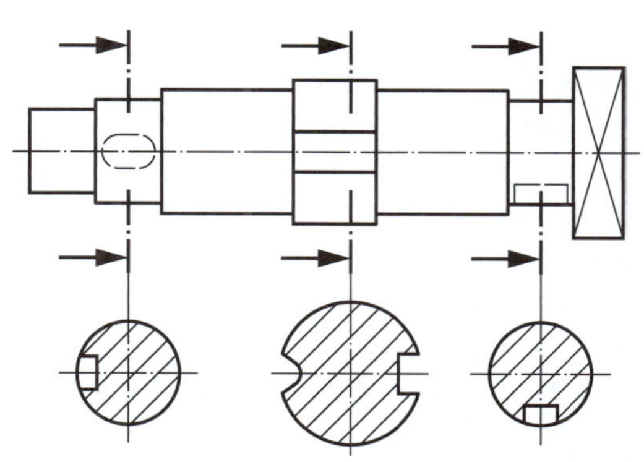

Bild 8

Sind die Umrisse hinter der Schnittebene für das Verständnis erforderlich oder z. B. für die Orientierung verschiedener Geometrieelemente von Bedeutung sollen Schnitte **nicht vereinfacht** als Schnittansicht dargestellt werden (**Bild 1**).

Sollen bei einem Schnitt Einzelheiten, die vor der Schnittebene liegen, dargestellt werden (**Bild 2**), so geschieht die Darstellung dieser Einzelheiten durch eine schmale Strich-Zweipunktlinie.

5.6 Überprüfen Sie Ihr Wissen:

1 Welche Aussage zu Bild 3 ist richtig?

a) Die Darstellung ist ein Halbschnitt.
b) Die Trennungslinie zwischen Schnitt- und Ansichtsteil muss als breite Volllinie gezeichnet werden.
c) Die Schraffurlinien müssen senkrecht gezeichnet werden.
d) Die Darstellung zeigt einen Teilschnitt (Viertelschnitt).

2 Bei welchen Werkstücken darf die Schraffur wie in Bild 4 angewendet werden?

a) Bei kleinen Schnittflächen
b) Nur bei Schnittflächen an Werkstücken aus Stahl
c) Nur bei der Schraffur von Werkstücken aus Gusseisen
d) Bei großen Schnittflächen

3 Welche Aussage zu Bild 5 ist richtig?

a) Vorderansicht und Schnitt A–A müssen geschwärzt werden.
b) Die Schraffurrichtung von Vorderansicht und Schnitt A–A müsste gleich sein.
c) Die Welle ⌀20 müsste im Vollschnitt gezeichnet werden.
d) Die Vorderansicht dürfte nicht im Ausbruch dargestellt werden.
e) Die Zeichnung hat keinen Fehler, sie ist normgerecht.

4 Mit welcher Linienart werden Einzelheiten vor der Schnittebene dargestellt?

a) Breite Volllinien
b) Schmale Volllinien
c) Strichlinien
d) Strich-Punktlinien
e) Strich-Zweipunktlinie

5 Welche Aussage zu Bild 6 ist richtig?

a) Die Schnittangaben (A–A, B–B, C–C) sind unnötig.
b) Die Schnitte müssten rechts neben der Vorderansicht gezeichnet werden.
c) Die Schnittdarstellungen sind falsch, da Teile fehlen.
d) Die Buchstaben für Schnittangaben müssten fortlaufend sein (A–B, C–D usw.).
e) Die Darstellung ist normgerecht.

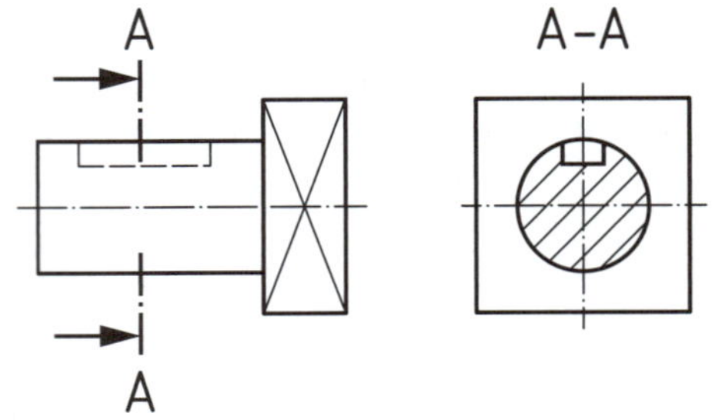

Bild 1

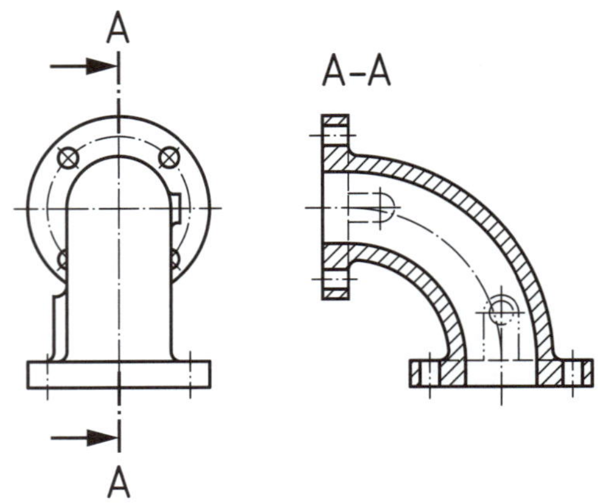

Bild 2

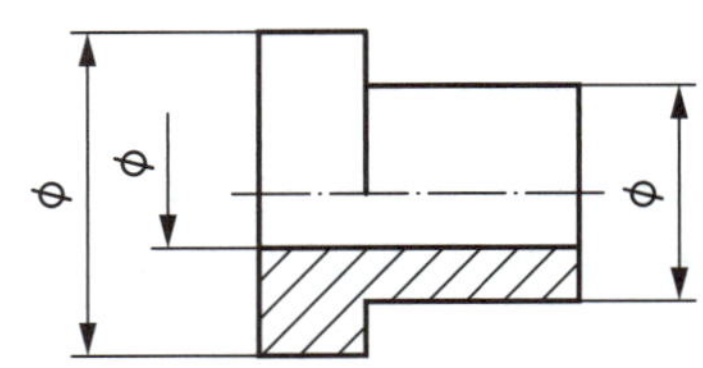
Bild 3

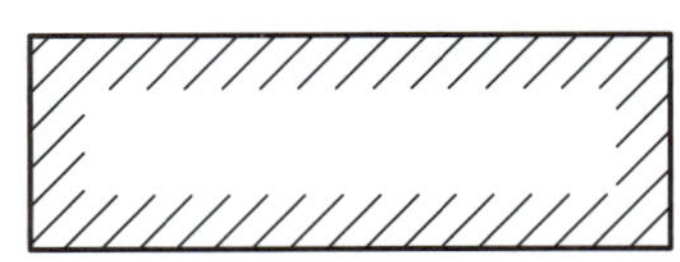
Bild 4

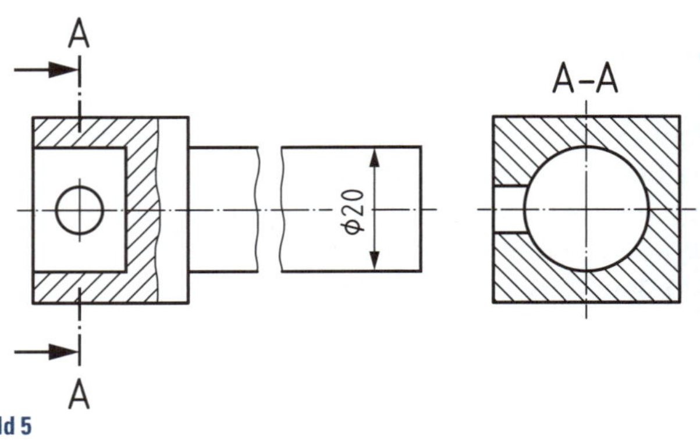

Bild 5

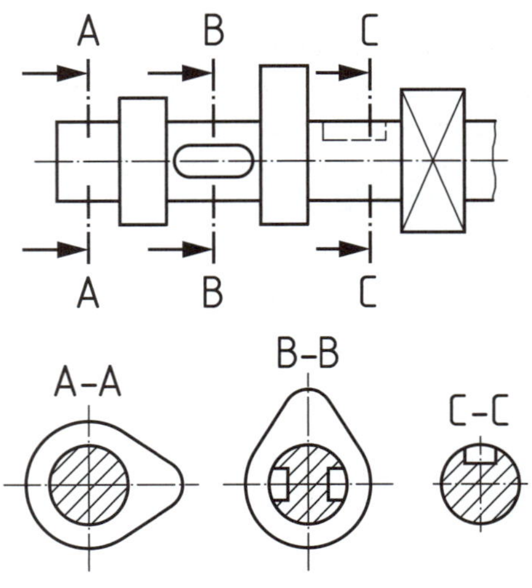

Bild 6

6 Gewindedarstellung

Gewinde und Gewindeteile werden in technischen Zeichnungen meist vereinfacht dargestellt. Bei dieser Darstellungsart werden weder Gewindeprofil noch Gewindesteigung gezeichnet.

Beim Zeichnen der Gewinde sollen die Gewindemaße mit den Tabellenwerten übereinstimmen. Bei Gewinden mit geringer Gewindetiefe muss jedoch beachtet werden, dass der Abstand zwischen den Linien, welche die Gewindedurchmesser darstellen, mindestens zweimal der breiteren der beiden Linien entspricht, jedoch nie weniger als 0,7 mm beträgt (**Kapitel 3.6**).

Die Angaben für Gewinde und Gewindefreistich sind in **Kapitel 7.12, Seite 67** beschrieben.

6.1 Sichtbare Gewinde

Außen- und Innengewinde (Bilder 1 und 2)

Bei sichtbaren Außen- und Innengewinden werden gezeichnet:

- die Gewindespitzen (die vor der Gewindeherstellung vorhandenen Umrisslinien) mit breiten Volllinien,
- der Gewindegrund mit schmalen Volllinien.

Bei Ansichten in Achsrichtung wird der Gewindegrund als $\frac{3}{4}$-Kreis gezeichnet (**Bilder 1 und 2**). Der $\frac{3}{4}$ -Kreis endet nicht an Mittellinien.

Die Öffnung des $\frac{3}{4}$-Kreises soll vorzugsweise im oberen rechten Quadranten liegen (**Bilder 1 und 2**). Um aber z. B. die Projektion von der Ansicht, welche die Kreisform des Gewindes zeigt, in eine andere Ansicht zu ermöglichen, darf der $\frac{3}{4}$-Kreis auch eine andere Lage haben (**Bild 3**).

Die Gewindeanfasung wird bei der Darstellung in Achsrichtung nicht gezeichnet (**Bilder 1 und 2**).

Bei Innengewinden in achsparalleler Darstellung wird die bis zum Gewindegrund reichende Senkung in der Regel nicht gezeichnet (**Bilder 2 und 4**).

Schnittdarstellung

Bei der Darstellung eines Gewindes im Schnitt reichen die Schraffurlinien immer bis zu den Gewindespitzen, d. h. bis zu den breiten Volllinien (**Bilder 4 und 6**).

Die Gewindeanfasung in der Längsansicht wird in der Regel nur bei Außengewinden gezeichnet (**Bilder 1 bis 8**).

Teilweise Darstellung

Außen- und Innengewinde werden, wenn sie nur zur Hälfte gezeichnet werden, wie in den **Bildern 5 und 6** dargestellt.

6.2 Verdeckte Gewinde

6.2.1 Außengewinde

Bei der Darstellung von verdeckten Außengewinden in Achsrichtung werden die Gewindespitzen durch einen Vollkreis, der Gewindegrund durch einen $\frac{3}{4}$-Kreis jeweils mit schmalen Strichlinien gezeichnet (**Bild 7**).

Bei Außengewinden, bei denen die Gewindespitzen durch eine sichtbare Kante überdeckt werden, wird der Gewindegrund durch eine schmale Strichlinie als $\frac{3}{4}$-Kreis dargestellt (**Bild 8**).

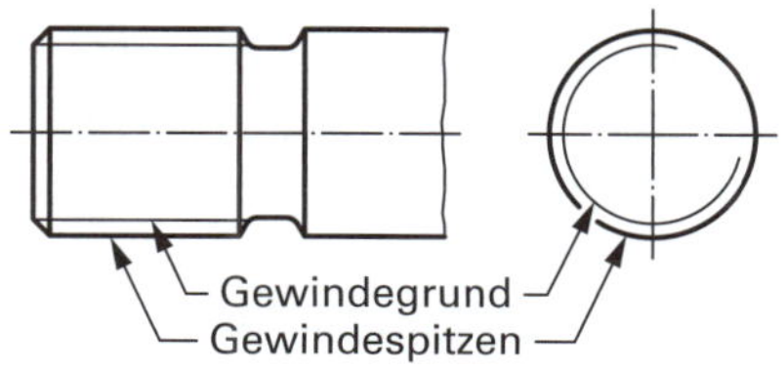

Bild 1

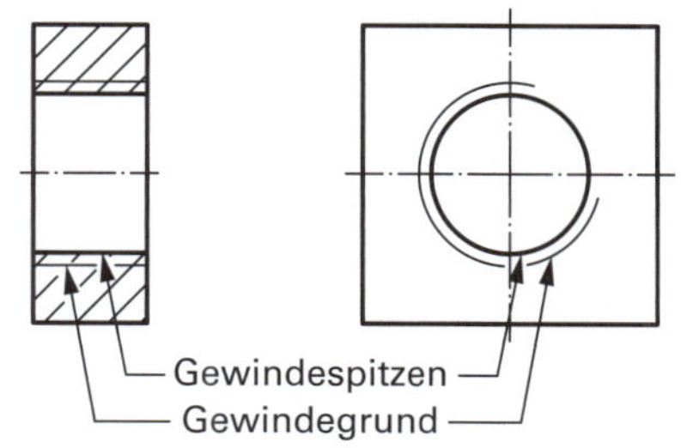

Bild 2

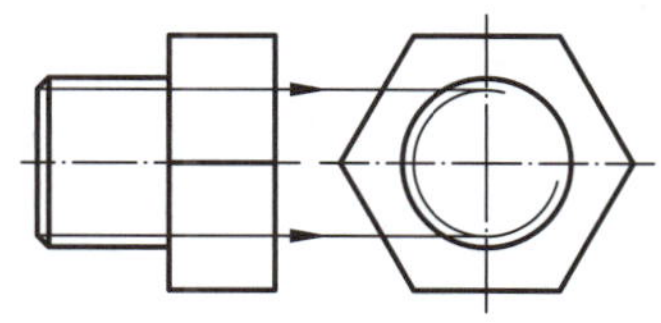

Bild 3

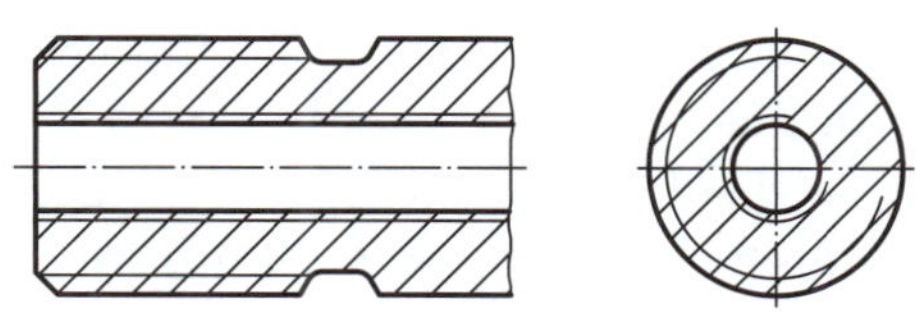

Bild 4

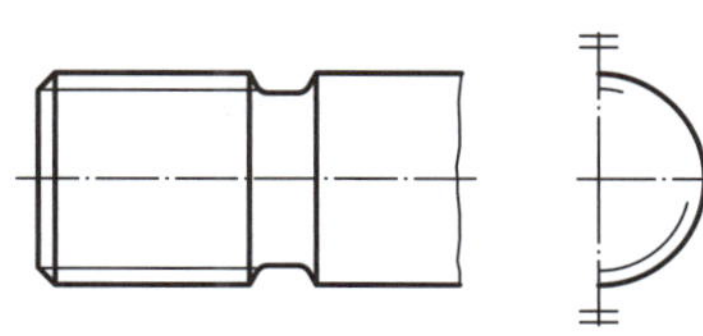

Bild 5

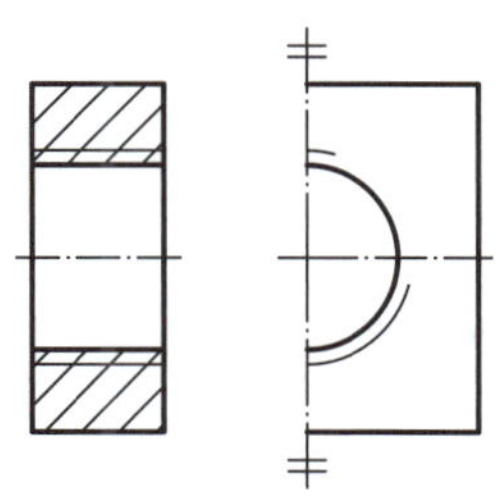

Bild 6

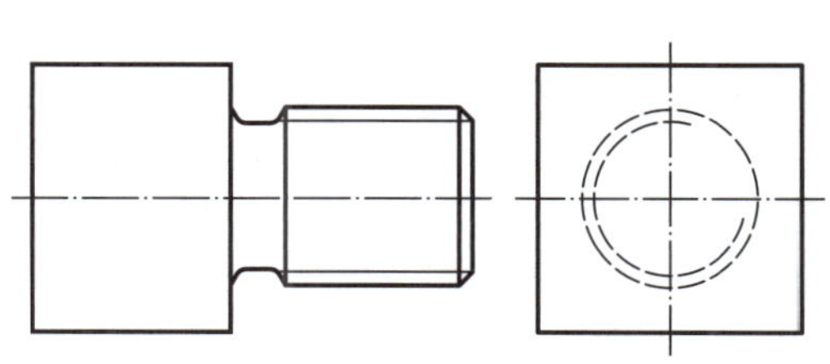

Bild 7

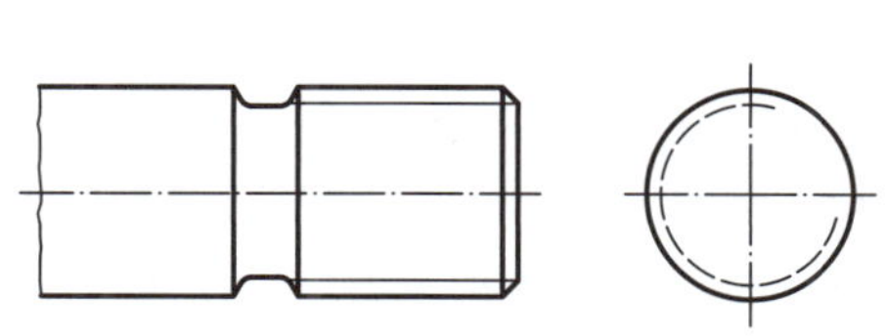

Bild 8

6.2.2 Innengewinde

Bei verdeckten Innengewinden werden bei Ansichten parallel zur Achsrichtung die Gewindespitzen und der Gewindegrund durch schmale Strichlinien dargestellt (**Bild 1**).

Bei Ansichten in Achsrichtung werden bei verdeckten Innengewinden die Gewindespitzen durch schmale Strichlinien als Vollkreis, der Gewindegrund mit derselben Linienart als ¾-Kreis dargestellt (**Bild 2**).

6.3 Gewindelänge

In technischen Zeichnungen wird die nutzbare Gewindelänge durch Linien, die stets bis zum Außendurchmesser des Gewindes verlaufen, begrenzt.

Die nutzbare Gewindelänge umfasst auch die Länge der jeweiligen Kuppe (**Kapitel 6.4**).

Der Gewindeauslauf liegt, mit Ausnahme des Einschraubendes von Stiftschrauben, außerhalb der nutzbaren Gewindelänge. Er wird nur dann gezeichnet, wenn dies in besonderen Fällen notwendig ist.

Bei Außengewinden in Ansicht und bei Innengewinden im Schnitt muss die nutzbare Gewindelänge mit breiten Volllinien begrenzt werden (**Bilder 3 und 4**).

Bei Außengewinden im Schnitt darf die Gewindebegrenzung mit einer schmalen Strichlinie gezeichnet werden (**Bild 5**).

Werden verdeckte Innengewinde dargestellt, so ist die Gewindebegrenzung wie die übrigen Gewindelinien mit einer schmalen Strichlinie darzustellen (**Bild 6**).

Bei Innengewinden in Grundlochbohrungen wird die Kernlochbohrerspitze, unabhängig vom Werkstoff des Werkstücks, immer im Winkel von 120° gezeichnet (**Bild 4**).

Bei Grundlöchern muss die Tiefe t der Kernlochbohrung mindestens um den Grundlochüberhang e_1 tiefer sein als die nutzbare Gewindelänge l. Diese Zugabe enthält den Gewindeauslauf (**Bild 4**).

Die Tiefe des Grundloches wird im Regelfall nicht bemaßt.

6.4 Gewindeenden

Das Gewindeende (Schraubenende) kann ohne Kuppe (RL) ausgeführt oder gezeichnet werden (**Bild 7**). Meist besitzen Schrauben aber eine Kegelkuppe (CH) oder eine Linsenkuppe (RN).

Kegelkuppe (Bild 8)

Bei der Kegelkuppe wird der Gewindebolzen unter einem Winkel von etwa 30° angefast. Die Kegelkuppe wird, in Achsrichtung gesehen, nicht gezeichnet.

Linsenkuppe (Bild 9)

Bei der Linsenkuppe entspricht der Radius R etwa dem 1,4fachen Gewindenenndurchmesser d.

Andere Gewindeenden (Bild 10)

Gewindeenden der Form RL, CH und RN werden, in Achsrichtung gesehen, gleich dargestellt. Andere Gewindeenden werden entsprechend ihrer jeweiligen Form gezeichnet.

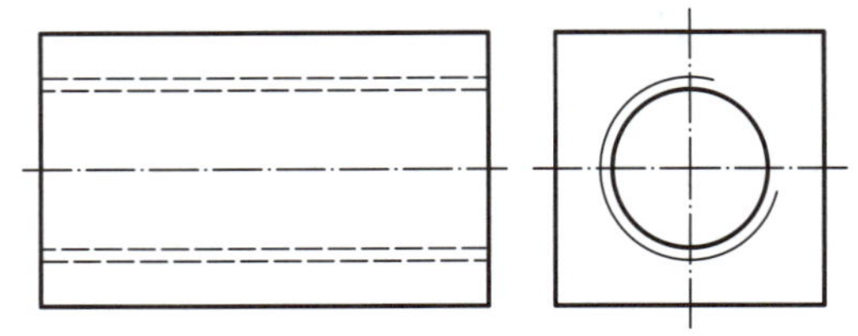

Bild 1

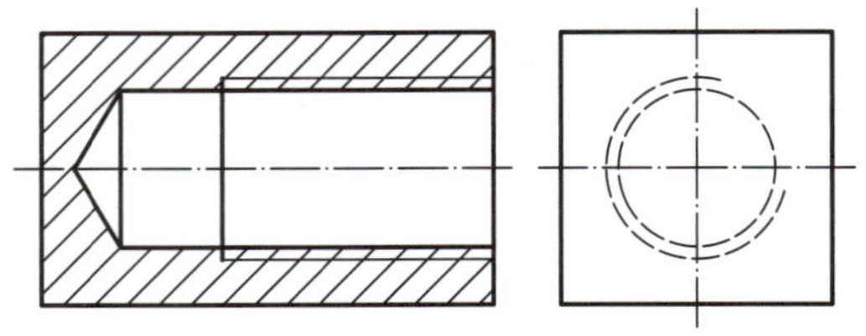

Bild 2

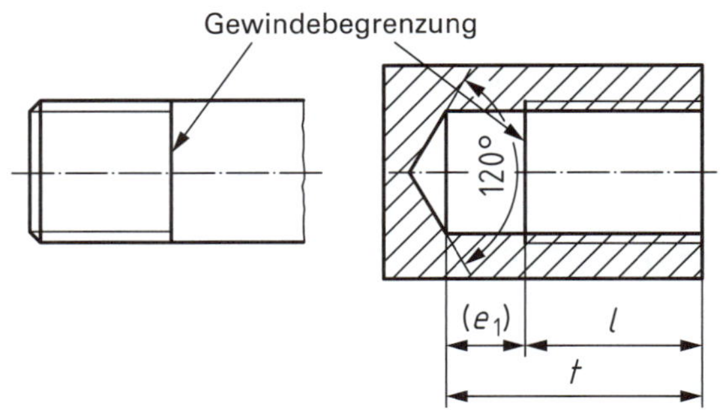

Bild 3 **Bild 4**

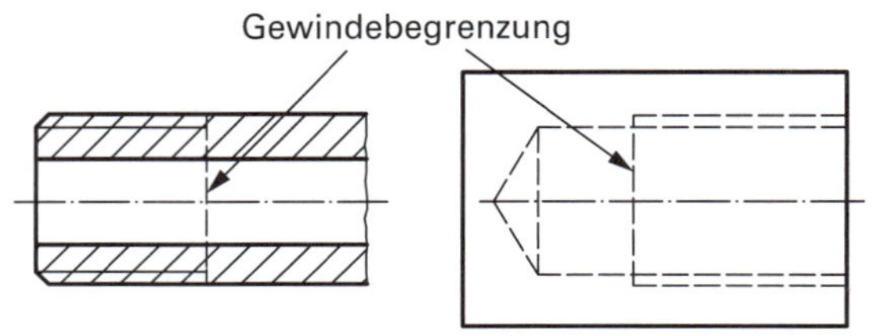

Bild 5 **Bild 6**

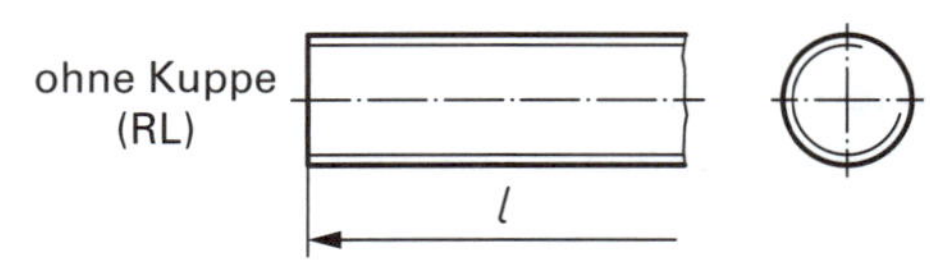

Bild 7

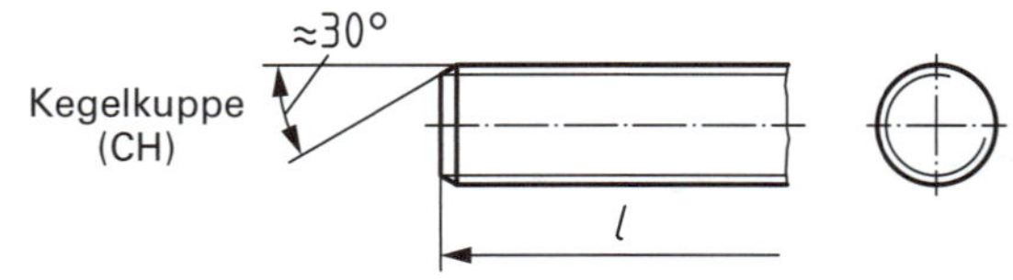

Bild 8

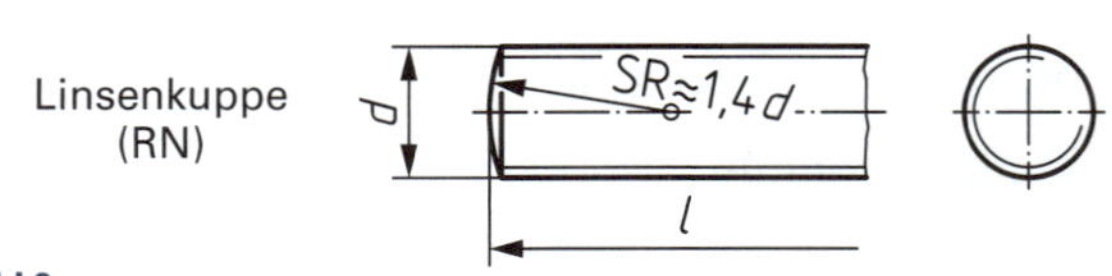

Bild 9

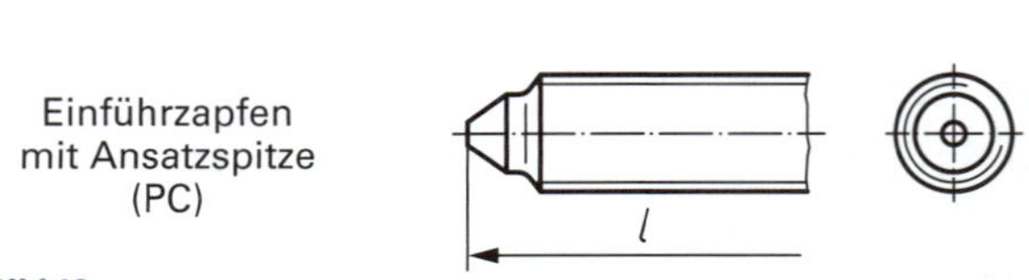

Bild 10

6.5 Gefügte Gewinde

Gefügte Gewinde werden im Schnitt stets so dargestellt, dass Außengewinde die Innengewinde verdecken (**Bilder 1, 2 und 3**). Im Bereich des gefügten Gewindes werden geschnittene Teile mit Innengewinden deshalb erst von den Gewindespitzen des Außengewindes an schraffiert (**Bilder 1 und 2**).

Rohrverschraubungen werden wie in **Bild 3** dargestellt.

Bei gefügten Gewinden wird in Achsrichtung bei vorstehendem Gewindebolzen das Außengewinde (**Bild 4**), bei zurückstehendem Bolzen das Innengewinde (**Bild 5**) gezeichnet.

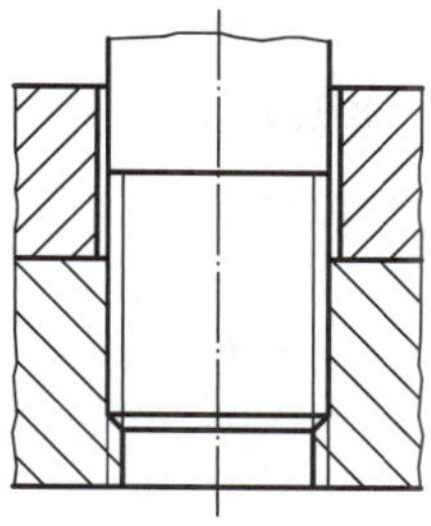

Bild 1

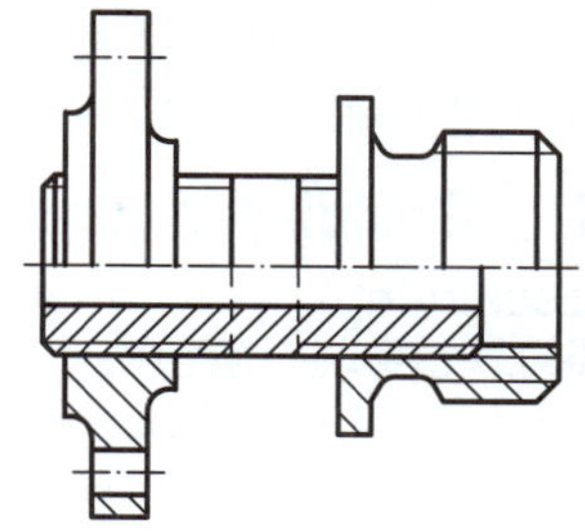

Bild 2

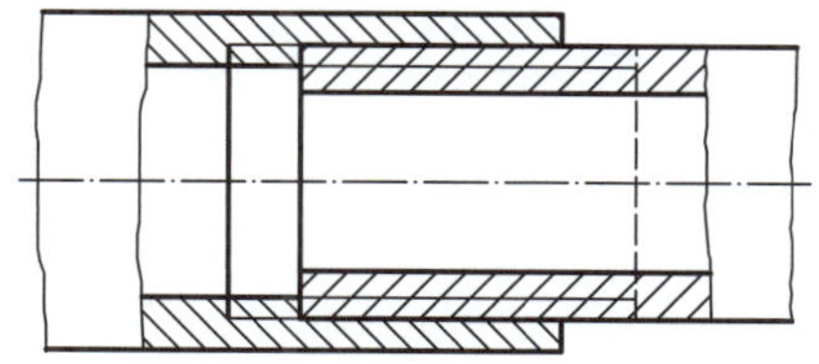

Bild 3

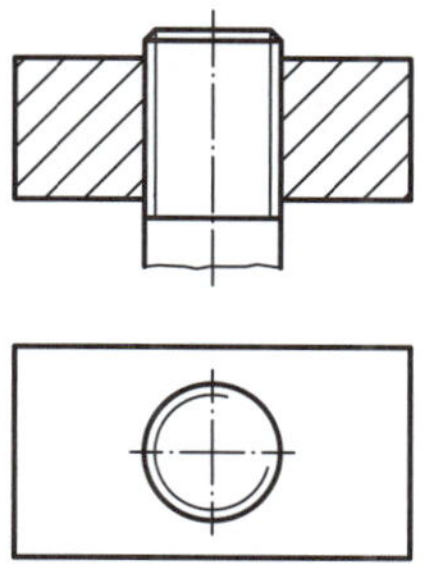

Bild 4

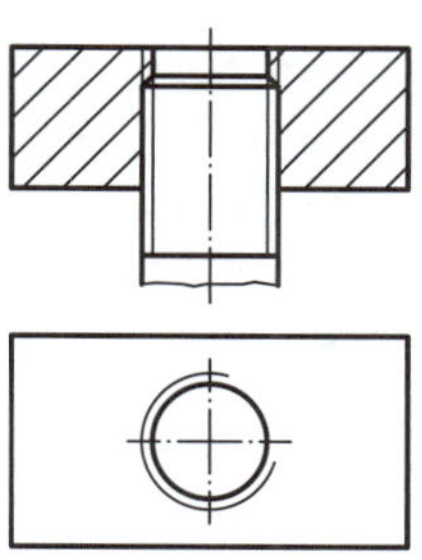

Bild 5

6.6 Überprüfen Sie Ihr Wissen:

1 Die Zeichnung Bild 6 enthält einen Fehler. Welche Aussage ist richtig?

a) Die mit 1 bezeichnete Linie müsste mit einer schmalen Volllinie gezeichnet werden.

b) Die mit 2 bezeichnete Linie müsste mit einer breiten Volllinie gezeichnet werden.

c) Die mit 3 bezeichnete Linie müsste als ³⁄₄-Kreis gezeichnet werden.

d) Die mit 4 bezeichnete Linie müsste als ³⁄₄-Kreis gezeichnet werden.

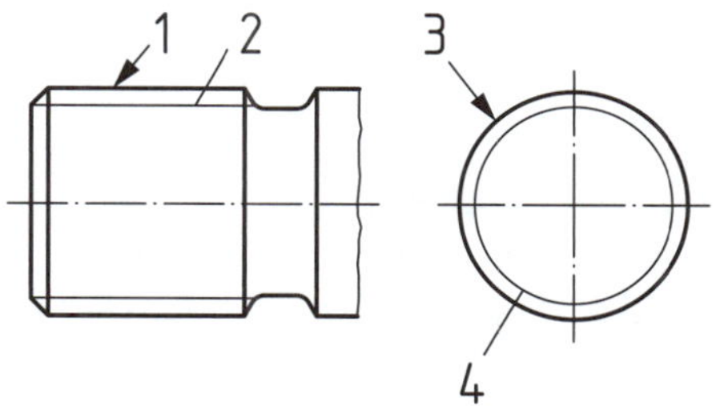

Bild 6

2 Die Teilzeichnung Bild 7 enthält einen Fehler. Welche Antwort ist richtig?

a) Senkungen bis zum Gewindegrund werden in der Regel nicht gezeichnet.

b) Bei achsparalleler Darstellung müssten Gewindespitzen und Gewindegrund mit breiten Volllinien gezeichnet werden.

c) Bei der Ansicht in Achsrichtung müsste der Gewindegrund als Vollkreis dargestellt werden.

d) Bei der Ansicht in Achsrichtung müssten die Gewindespitzen durch einen ³⁄₄-Kreis dargestellt werden.

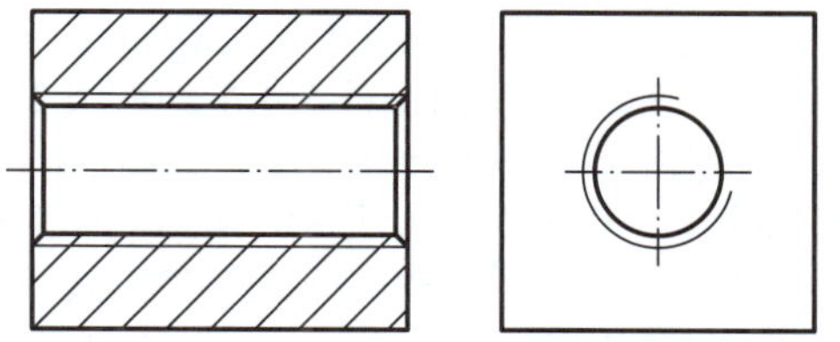

Bild 7

3 Welche Aussage zu Bild 8 ist richtig?

a) Die nutzbare Gewindelänge reicht bis zur Spitze der Kernlochbohrung.

b) Die nutzbare Gewindelänge wird durch eine breite Volllinie begrenzt (Länge *l*).

c) Der Grundlochüberhang ist abhängig von der verwendeten Schraubenart.

d) Die nutzbare Gewindelänge reicht bis zur Tiefe *t*.

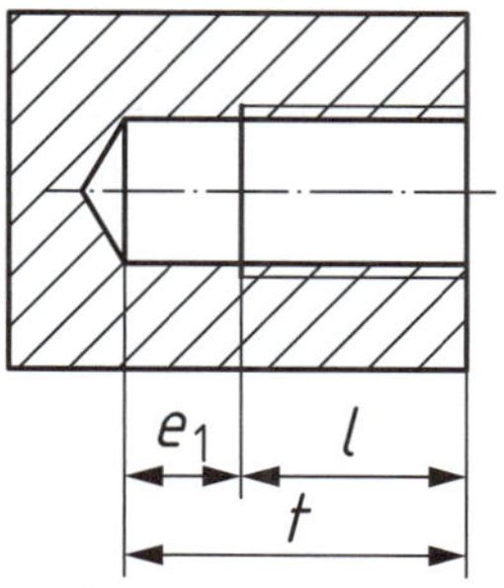

Bild 8

4 Welche Aussage zu Bild 9 ist richtig?

a) Die mit 1 bezeichnete Linie stellt die Gewindespitzen des Außengewindes dar.

b) Die mit 2 bezeichnete Linie stellt den Gewindegrund des Innengewindes dar.

c) Die mit 3 bezeichnete Linie stellt den Gewindegrund des Innengewindes dar.

d) Die mit 4 bezeichnete Linie stellt die Gewindespitzen des Innengewindes dar.

e) Die mit 5 bezeichnete Linie stellt das Durchgangsloch für Gewinde dar.

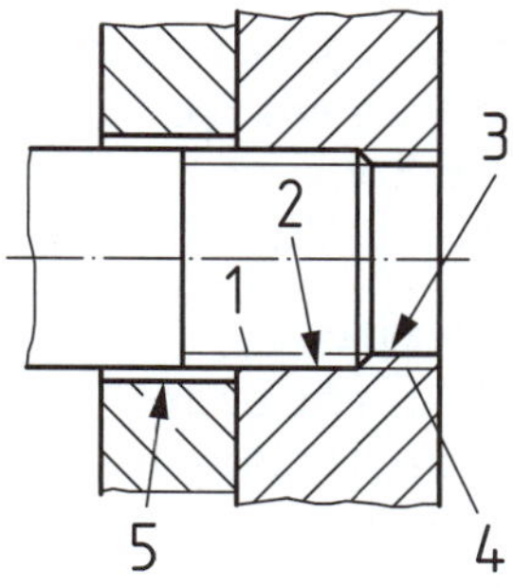

Bild 9

7 Maßeintragungen in Zeichnungen

(vgl. DIN EN ISO 129-1: 2022-02)

7.1 Grundlagen der Maßeintragung

Maschinen, Vorrichtungen und Geräte bestehen aus verschiedenen Werkstücken, den sogenannten Einzelteilen. Diese Einzelteile werden entweder fertig bezogen, z. B. Normteile, oder selbst gefertigt. Die Maße von Normteilen können anhand ihrer Kurzbezeichnung in der Stückliste aus Normblättern oder Tabellen entnommen werden (**Bild 1**). Für die Fertigung von Bauteilen sind Teilzeichnungen mit vollständiger Maßeintragung, Tolerierung, Oberflächenangaben und weiterer Angaben, z.B. Wärmebehandlungsangaben, erforderlich. Das Zusammenwirken der Einzelteile ist in den vom Konstrukteur entworfenen Baugruppenzeichnungen erkennbar (**Bild 1**). Bei der Festlegung der Form und Größe für die Einzelteile ist vor allem darauf zu achten, dass die Werkstücke innerhalb der Baugruppe ihre Funktion erfüllen können. Die Maßeintragung muss daher auf die Funktion eines Werkstückes abgestimmt sein. Sie ist erstrangig **funktionsbezogen**.

Die für die Fertigung erforderlichen Maße werden aus der Teilzeichnung entnommen. Erfolgt die Maßeintragung so, dass die für die Fertigung erforderlichen Maße möglichst direkt und ohne Umrechnung aus der Zeichnung entnommen werden können, so nennt man sie **fertigungsbezogen**.

Während und nach der Fertigung muss das Werkstück geprüft werden. Ist die Maßeintragung zusätzlich besonders auf die beim Prüfen erforderlichen oder hilfreichen Angaben bezogen, so nennt man sie **prüfbezogen**.

Beispiel einer Maßeintragung

Am Beispiel der Führung aus der Baugruppe Sperrführung (**Bild 1**, Pos. 1) lassen sich Grundlagen für die Maßeintragung (jedoch ohne Toleranzangaben) erkennen (**Bild 2**).

Grundmaße geben Gesamtlänge, -breite, -höhe an. **Formmaße** legen Maße von Formelementen z. B. Bohrungen, Absätzen, Nuten fest. **Lagemaße** beschreiben die Lage der einzelnen Formelemente (**Bild 2**).

Funktionswichtige Flächen an der Führung sind die **Auflagefläche**, mit der Pos. 1 auf der Unterlage liegt, die **Gleitflächen**, auf denen die Schiene gleitet, und die **Führungsflächen**, an denen der Schieber Pos. 2 geführt wird. Zusätzlich ist das Bauteil in Längsrichtung symmetrisch aufgebaut.

Daraus ergeben sich **Maßbezugselemente (MBE)**, von denen aus die Funktionsflächen bemaßt werden. Für die Senkungen wird ein weiteres Bezugselement verwendet (**Bild 2**).

Zusammenfassung

Die Maßeintragung muss gewährleisten, dass die Funktion des Bauteils erfüllt wird, die Fertigung möglichst ohne Umrechnung erfolgen kann und die Prüfung möglich ist. Sie muss immer **funktionsbezogen** und kann **fertigungsbezogen** oder **prüfbezogen** eingetragen werden.

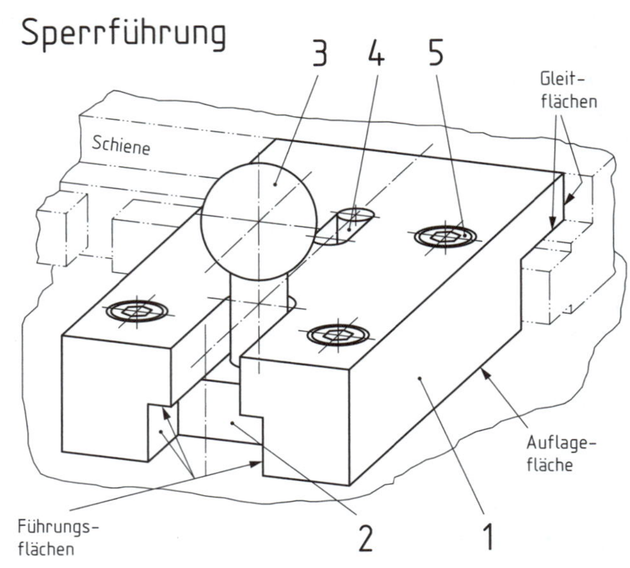

Nr. Pos.-	Einheit Menge/	Benennung	Werkstoff/Norm-Kurzbezeichnung	Bemerkung/Halbzeug
1	1	Führung	S235JRC+C	EN 10278-FL50x20x103
2	1	Schieber	C45+QT	
3	1	Kugelgriff	9SMnPb28	
4	1	Passkerbstift	ISO 8745-5x18-St	
5	4	Zylinderschraube	ISO 4762-M5x30-10.9	

Bild 1

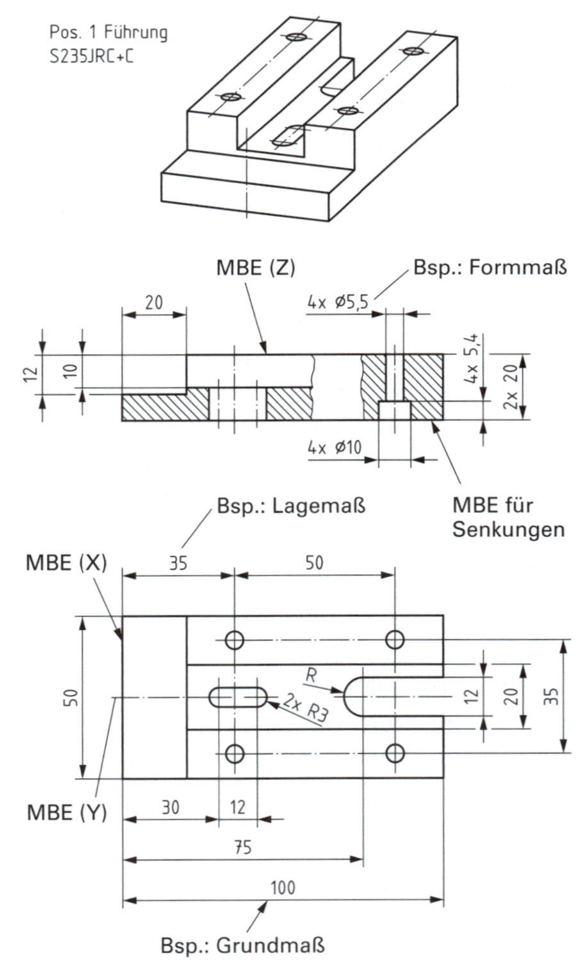

Bild 2

7.2 Elemente der Maßeintragung

Die wesentlichen Elemente der Maßeintragung sind: Maßlinie, Maßlinienbegrenzung, Maßhilfslinie, Eigenschaftsindikator und Maßwert. Sie kann durch Hinweis- und Bezugslinien sowie weiteren Kennzeichnungen ergänzt werden.

Der **Maßwert** ist in Normschrift nach DIN EN ISO 3098 zu schreiben. Die Mindesthöhe der Schrift beträgt 2,5 mm. Bei Verwendung von Groß- und Kleinbuchstaben wird sie üblicherweise mit 3,5 mm ausgeführt (**Bild 1**).

Die **Maßlinie** wird mit schmalen Volllinien dargestellt; Sie wird in der Regel durchgezogen (**Bild 1**). Bei von außen angesetzten Maßpfeilen wird die Maßinie über den Pfeil hinaus verlängert (**Bild 2**).

Die **Maßlinienbegrenzung** kennzeichnet das Ende der Maßlinie. Sie wird am Ende der Maßlinie eingezeichnet (**Bild 1**). Als Maßlinienbegrenzung werden vorwiegend Pfeile, Punkte und Schrägstriche verwendet

Maßpfeile dürfen ausgefüllt (**Bild 3**) oder nicht ausgefüllt dargestellt werden (**Bild 4**). Innerhalb einer Zeichnung darf jedoch nur eine Darstellungsart verwendet werden. Ihre Länge entspricht der Schrifthöhe der Maßangabe *h*, der Schenkelwinkel beträgt 30°.

Punkte und **Schrägstriche** werden bei Platzmangel als Maßlinienbegrenzung verwendet. Der Durchmesser des Punktes entspricht der halben Schrifthöhe (**Bild 5**). Die Länge des Schrägstriches unter einem Winkel von 45° entspricht der Schrifthöhe (**Bild 6**).

Maßhilfslinien sind Verbindungslinien zwischen dem zu bemaßenden Geometrieelement oder Mittellinie und der Maßlinie. Sie werden wie diese mit schmalen Volllinien gezeichnet (**Bild 1**).

Das **Ursprungssymbol** wird bei fortlaufender Bemaßung und Koordinatenbemaßung zur Kennzeichnung des Ursprungs verwendet (**Bild 7**). Der Durchmesser des Ursprungssymbols entspricht der 0,8fachen Schrifthöhe.

Eine **Hinweislinie** verbindet eine Maß- oder Wortangabe mit dem zugehörigen Element (**Bild 8**). Sie wird als schmale Volllinie schräg aus der Darstellung herausgezogen und häufig mit Bezugslinien kombiniert.

Hinweislinien sollen enden

- in Werkstückflächen: mit einem Punkt
- an Körperkanten: mit einem Pfeil
- an anderen Linien: ohne besondere Kennzeichnung (**Bild 8**)

Bezugslinien dürfen als schmale horizontale Volllinien an Hinweislinien angebracht werden, um die Maß- oder Wortangabe horizontal anzuordnen (**Bild 8**).

Eigenschaftsindikatoren beschreiben durch ein Symbol die Form des Geometrieelements und werden dem Maßwert ohne Leerzeichen vorangestellt (**Bild 1, Tabelle 1**).

Kennzeichen für Maßangaben dienen zusammen mit Maßwerten und anderen Angaben zur Erläuterung der Bedeutung der Eintragung (**Tabelle 2**).

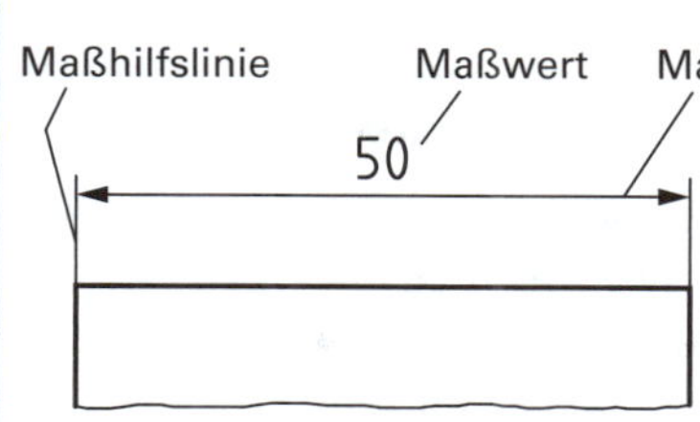

Bild 1

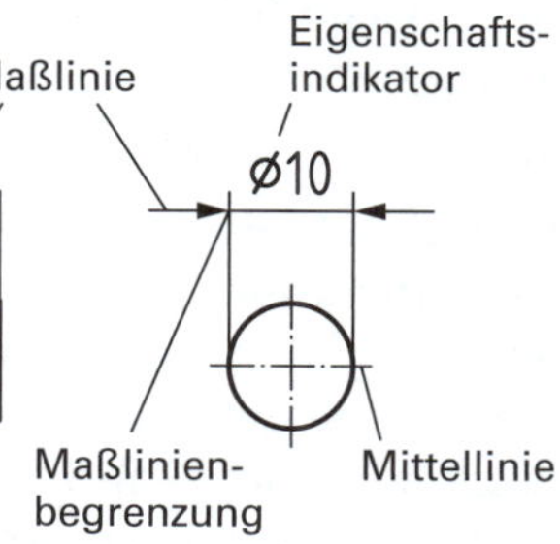

Bild 2

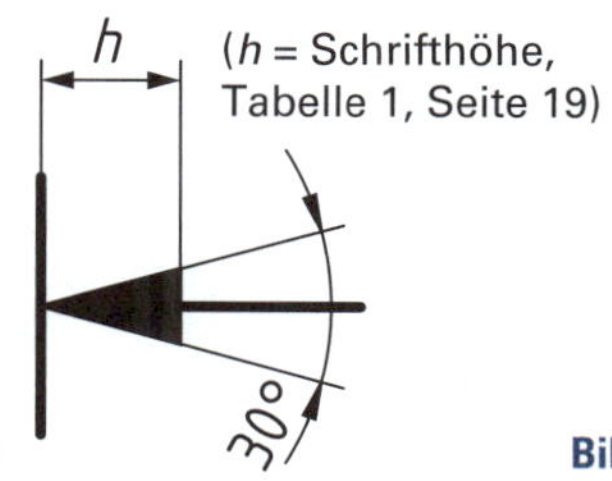

Bild 3

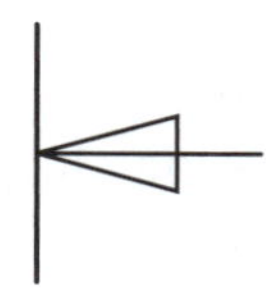

Bild 4

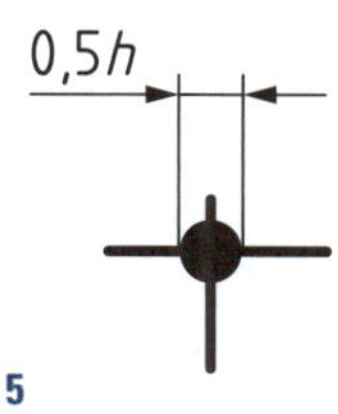

Bild 5

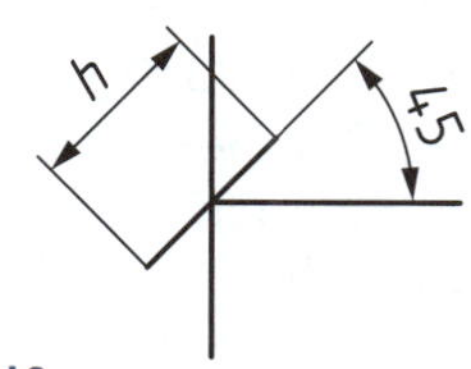

Bild 6

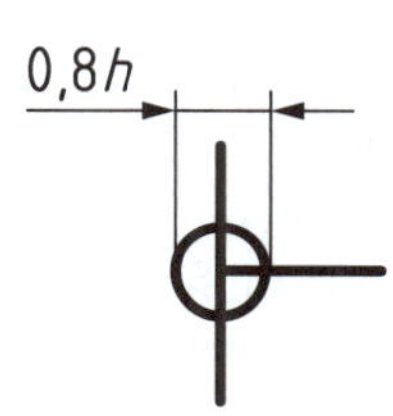

Bild 7

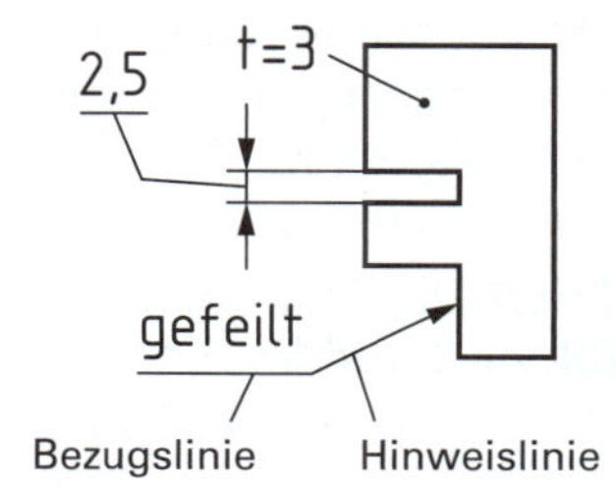

Bild 8

Tabelle 1: Eigenschaftsindikatorsymbole

Symbol	Erläuterung	Symbol	Erläuterung
⌀	Durchmesser – Kreis oder Zylinder	t=	Dicke dünner, gleichdicker Teile
R	Radius – Kreis oder Zyinder	↧	Tiefe einer Bohrung
S⌀	sphärischer Durchmesser – Kugel	⌴	zyl. Aussenkung, und Tiefe
SR	sphärischer Radius – Kugel	⌵	Senkung, ø und Winkel
□	Seitenmaß – Quadrat	○→	entwickelte (gestreckte) Länge
⌒	krummliniges Maß – Bogenmaß	←→	Zwischen, beschränkter Bereich

Tabelle 2: Kennzeichen für Maßangaben

Kennzeichen	Erläuterung	Kennzeichen	Erläuterung
[63]	theoretisch exaktes Maß (TED)	(40H7)	Prüfmaß, z. B. 40 H7
<u>25</u>	nicht maßstäblich gezeichnetes Maß	⬡1, ▷1	Hinweiszeichen, nummeriert
(14°)	Hilfsmaß, z. B. 14°	→←	Flächenindikator, dünne Teile
▷ 1:3	Kegelverhältnis, z. B. 1:3	C 1:2,835, S 1:2,747	Verjüngung Keil, Keilsteigung

7.3 Grundregeln für die Maßeintragung

Mit den Maßangaben wird das **Nennmodell**, d. h. die idealisierte Geometrie der Bauteile beschrieben.

Bauteile werden als Zusammenschluss aus einer Anzahl einzelner Geometrieelemente bemaßt. In den meisten Fällen sind die Geometrieelemente durch Kanten begrenzt, an denen die Flächennormale eine plötzliche Richtsänderung aufweist (**Bild 1**). Aber auch „tangentiale Übergänge" können Geometrieelemente abgrenzen (**Bild 1**).

Standardgültigkeit

Jedes Maß gilt standardmäßig

- nur für ein einzelnes Geometrieelement (z. B. R6, **Bild 2**) oder
- eine einzige Beziehung zwischen Geometrieelementen (z. B. Maß 40, **Bild 2**)
- für das gesamte jeweilige Geometrieelement (z. B. Maß 7,5, **Bild 2**)
- für den fertigen Zustand des Bauteils

Jedes Geometrieelement wird **nur einmal** bemaßt. Doppelbemaßung ist zu vermeiden. Gleiche Maße **verschiedener** Geometrieelemente sind jedoch getrennt einzutragen (**Bild 2**, Lagemaß 14 und Formmaß 14).

Geschlossene Maßketten sind zu vermeiden. Ist dies aus fertigungstechnischen Gründen nicht erwünscht, so muss ein Maß als Hilfsmaß in runden Klammern gesetzt werden (**Bild 2**, Maß 12; **Bild 3**, Maße 6).

Hilfsmaße in runden Klammern sind rein informativ (**Bilder 2 und 3**). Sie ermöglichen hilfreiche Angaben, ohne dass das Werkstück überbemaßt ist.

Maßwerte in Dezimalschreibweise werden mit einem **Komma** geschrieben (z. B. Maß 7,5, **Bild 2**). Nicht geschriebene Dezimalstellen sind Nullen, d.h. 7,5 bedeutet dasselbe wie 7,500.
Symmetrische (beidseitig gleich bearbeitete) Teile erhalten eine **Mittellinie**, die als Maßbezugselement (MBE) für mittige Konturen oder Lagen dient. Die Angabe der Mittigkeit (Lage der Mittellinie) wird nicht eingetragen (**Bilder 3 bis 5**).

Wiederholte Elemente

Geometrieelemente, die mehrfach vorhanden sind, können bemaßt werden

- durch Wiederholung der einzelnen Maße (**Bild 3**),
- mit gemeinsamer (durchgezogener) Maßhilfslinie, (**Bild 4**, Maß 15),
- oder mit gemeinsamer Mittellinie (**Bild 4**, Maß 4),
- durch ein Nennmaß auf einer Bezugslinie, die an jedes Element führt (**Bild 4**, Maß R3),
- vereinfacht an einem Geometrieelement mit vorangestellter Anzahl, Multiplikationszeichen und Leerzeichen (**Bild 5**). Diese Vereinfachung soll nur angewendet werden, wenn die Deutlichkeit dadurch nicht beeinträchtigt wird.
- durch Verwendung von Referenzzeichen in Verbindung mit erläuternden Tabellen oder Anmerkungen, die Missverständnisse ausschließen (**Bild 6**). Die Referenzzeichen können mit oder ohne Hinweislinien angeordnet werden (**Bild 6**).

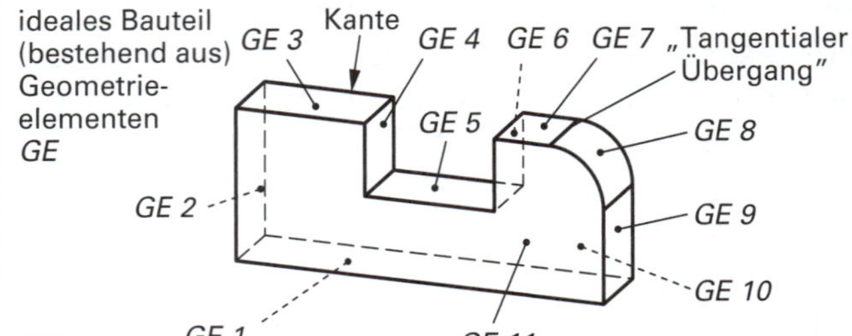

Bild 1

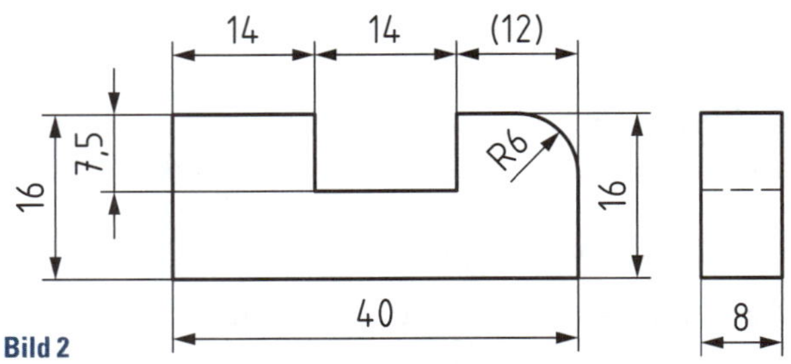

Bild 2

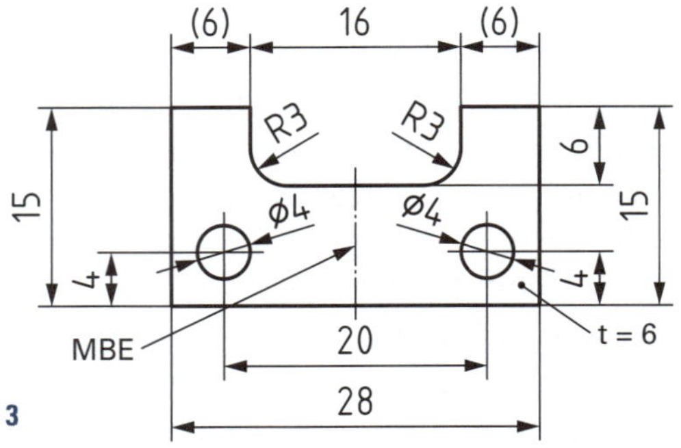

Bild 3

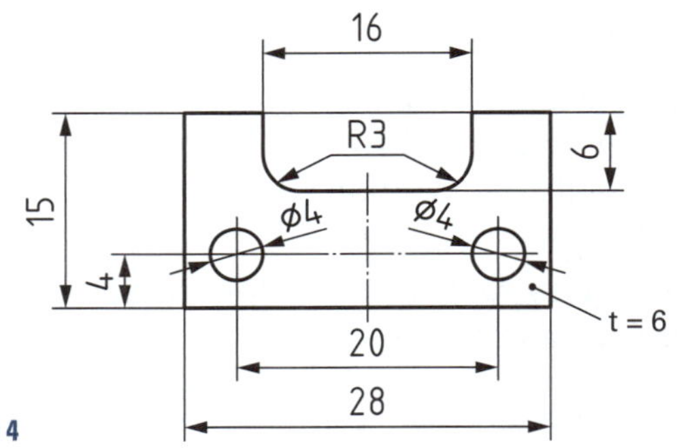

Bild 4

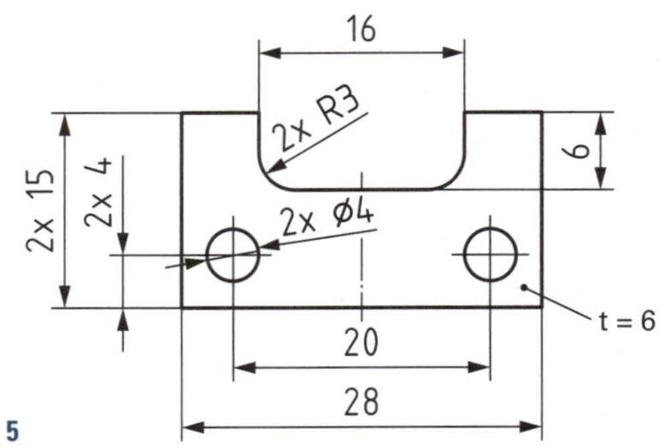

Bild 5

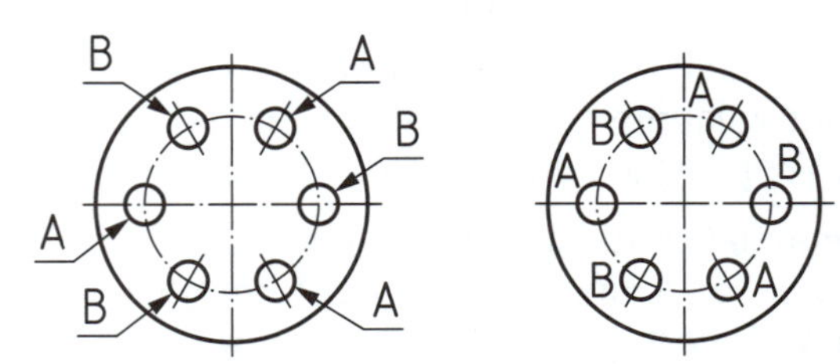

Bohrung	Durchmesser
A	ø3
B	ø3,5

Bohrung	Durchmesser
A	ø3
B	ø3,5

Bild 6

Sofern **Einzelheiten** in dem gewählten Maßstab nicht deutlich dargestellt und bemaßt werden können, werden sie in vergrößertem Maßstab als vergrößertes Merkmal herausgezeichnet und dort bemaßt (**Bild 1**).

Die Bemaßung verdeckter Geometrieelemente sollte vermieden werden (**Bild 2**).

7.4 Allgemeine Regeln zur Anordnung der Maße

Sind mehrere Ansichten gezeichnet, so werden die Maße dort eingetragen, wo die Form des Werkstücks bzw. der Geometrieelemente am deutlichsten zu erkennen ist (**Bild 2**).

Geometrieelemente sollen möglichst vollständig in einer Ansicht bemaßt werden (**Bild 2**).

Maßeintragungen sollten möglichst außerhalb des Umrisses des Bauteils angeordnet werden (**Bild 2**).

Innere und äußere Geometrieelemente sollten in getrennten Maßgruppen angeordnet werden (**Bild 3**).

Maßlinien stehen parallel zu den angegebenen Abmessungen (**Bilder 1 bis 7**). Sie sollen einen gleichmäßigen Abstand von mindestens 10 mm von den Körperkanten und 7 mm untereinander haben (**Bild 5**).

Die Maßlinien mit den Maßpfeilen stehen zwischen den Maßhilfslinien (**Bilder 1 bis 7**). Haben die Maßpfeile zwischen den Maßhilfslinien nicht Platz, so werden die Maßlinien von außen an die Maßhilfslinien herangezogen (**Bilder 1 bis 5**). Bei Platzmangel dürfen die Maßlinien auch innerhalb des Werkstücks eingetragen werden (**Bilder 4 und 5**). Das Ansetzen von Maßlinien an Geometrieelementen ist zulässig (**Bilder 5 und 7**).

Überschneidungen von Maßlinien untereinander und mit anderen Linien sollen vermieden werden. Falls vermeidbar werden die Maßlinien ungebrochen dargestellt (**Bild 4**).

Bei gebrochen dargestellten Geometrieelementen wird die Maßlinie ungebrochen dargestellt (**Bild 6**).

Mittellinien und Konturlinien dürfen nicht als Maßlinien verwendet werden.

Die **Maßhilfslinien** stehen rechtwinklig zu den zugehörigen Maßlinien und ca. 2 mm über diese hinaus (**Bilder 1 bis 7**).

Maßhilfslinien können auch schräg zum Geometrieelement, jedoch nur parallel zueinander, eingezeichnet werden (**Bild 8**).

An runden Geometrieelementen wird die Maßhilfslinie als Fortführung der Geometrieform gezeichnet (**Bild 9**).

Maßhilfslinien beginnen direkt am Geometrieelement (**Bilder 1 bis 9**) oder mit einer Lücke, die dem Achtfachen ihrer Linienbreite vom Geometrieelement entspricht, entfernt (**Bild 10**).

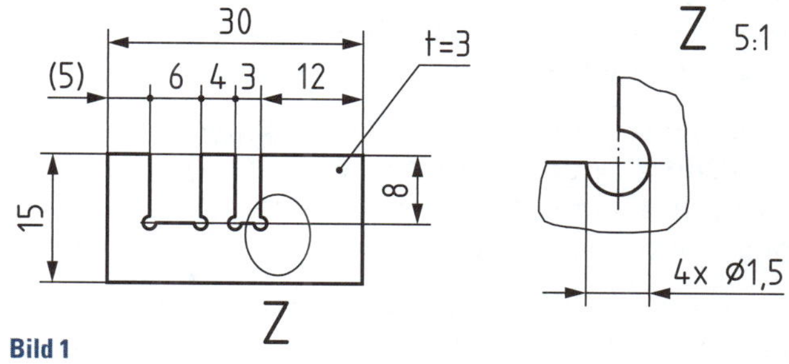

Bild 1

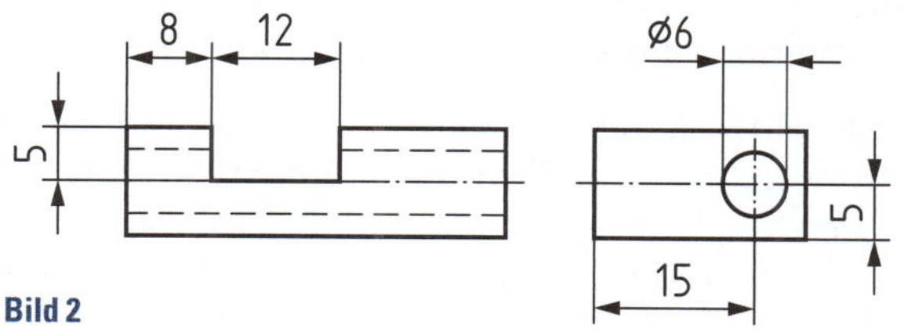

Bild 2

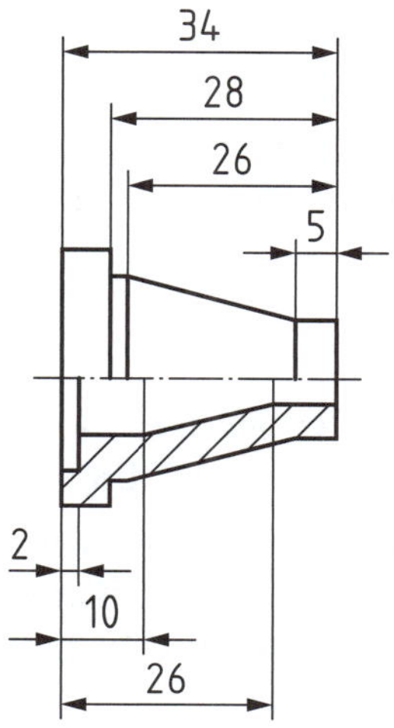

Bild 3

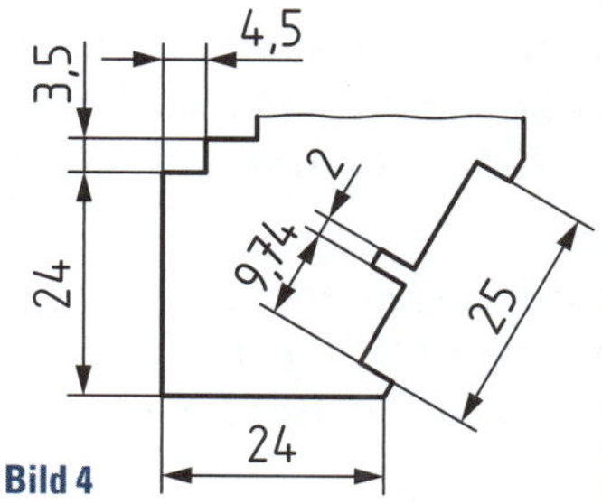

Bild 4

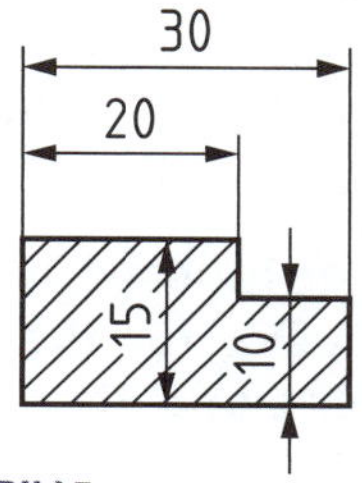

Bild 5

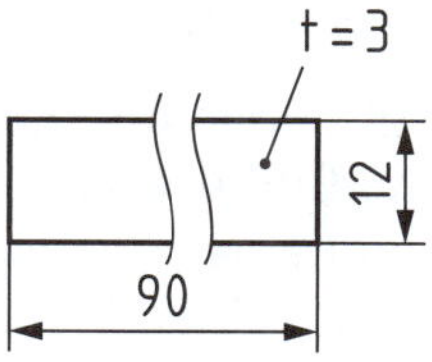

Bild 6

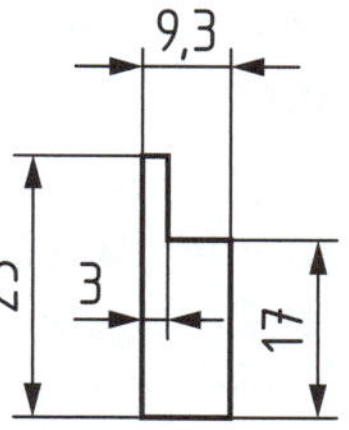

Bild 7

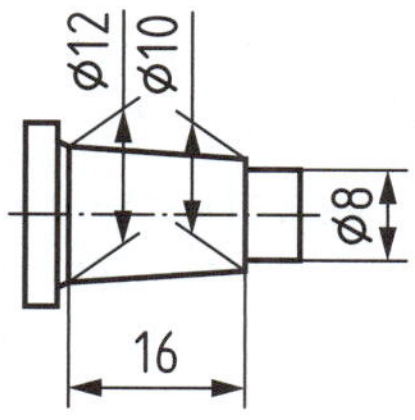

Bild 8

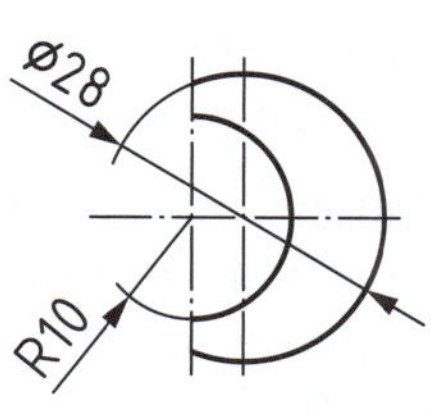

Bild 9

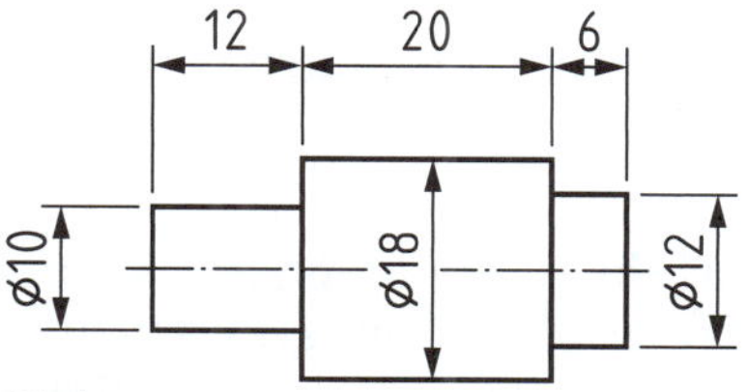

Bild 10

Bei projizierten Konturen von Übergängen wird die Maßhilfslinie an den Überschneidungen der Projektionslinien platziert (**Bild 1**).

Mittellinien dürfen als Maßhilfslinien verwendet werden (**Bild 2**). Außerhalb der Umrisse symmetrischer Geometrieelemente werden sie mit schmalen Volllinien verlängert (**Bild 2**).

Eine Konturlinie oder ihre Maßhilfslinie dürfen anstelle einer Maßhilfslinie verwendet werden (**Bild 3**).

Maßhilfslinien dürfen unterbrochen werden, wenn ihr weiterer Verlauf eindeutig erkennbar ist (**Bild 2**).

Innerhalb einer Ansicht dürfen Maßhilfslinien zur Bemaßung wiederholter Geometrieelemente durchgezogen werden. Durchgezogene Maßhilfslinien gelten als übereinstimmend (**Bild 3**, Maß 10). Maßhilfslinien sollten jedoch nicht zwischen zwei Ansichten durchgezogen werden und nicht parallel zur Schraffurrichtung gezeichnet werden (**Bild 3**). An verdeckten Geometrien soll das Ansetzen von Maß- oder Maßhilfslinien vermieden werden (**Bild 3**).

Die **Maßwerte** stehen mit deutlichem Abstand (mindestens 0,2 x Schrifthöhe) oberhalb und in Richtung der Maßlinie (**Bilder 1 bis 3**).

Maßwerte müssen
- von unten oder von rechts

lesbar sein, wenn die Zeichnung in Leserichtung (Leserichtung des Schriftfeldes) gehalten wird (**Bild 4**).

Maßwerte dürfen nicht von anderen Linien berührt werden. Daher müssen Mittellinien, Maßhilfslinien, Schraffuren usw. für die Maßwerte unterbrochen werden (**Bilder 2 und 3**).

Maßwerte sollten ungefähr mittig auf der Maßlinie angeordnet werde (**Bilder 1 und 2**). Bei mehreren parallelen Maßlinien werden die Maßwerte zur Verbesserung der Lesbarkeit versetzt eingetragen (**Bild 5**).

Bei Platzmangel darf der Maßwert über die Verlängerung der Maßlinie (**Bild 3**, Maß 4 und **Bild 6**, Maß 2,5) oder auf einer Bezugslinie, welche mit einer Hinweislinie an die Maßlinie angeschlossen wird (**Bild 6**), eingetragen werden.

Der Maßwert kann auch oberhalb einer horizontalen Bezugslinie an einer verlängerten Maßlinie oder Hinweislinie eingetragen werden (**Bild 8**).

In einer Zeichnung werden stets die tatsächlichen Maßwerte eines Geometrieelements eingetragen, auch wenn die Darstellung nicht im Maßstab 1 : 1 dargestellt ist (**Bild 7**).

Nur bei der fortlaufenden Bemaßung (**Seite 59**) werden die Maßwerte neben den Pfeilspitzen angegeben (**Bild 9**).

Für lineare Maße darf die überwiegende Einheit auf einer Zeichnung oder in einem anderen Dokument angegeben und damit bei den einzelnen Maßeintragungen weggelassen werden.

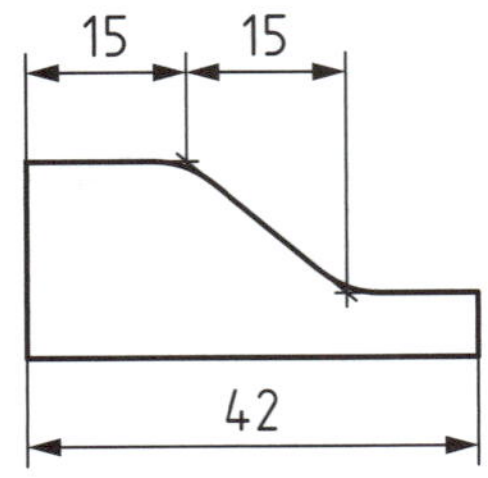

Bild 1

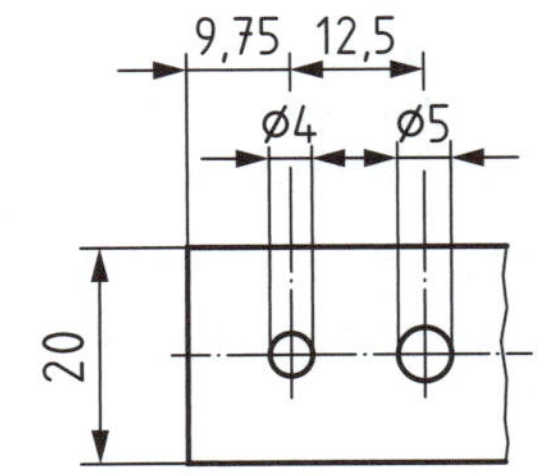

Bild 2

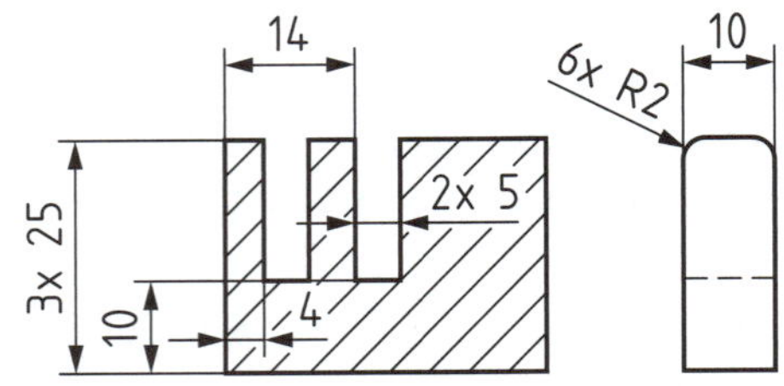

Bild 3

Bild 4

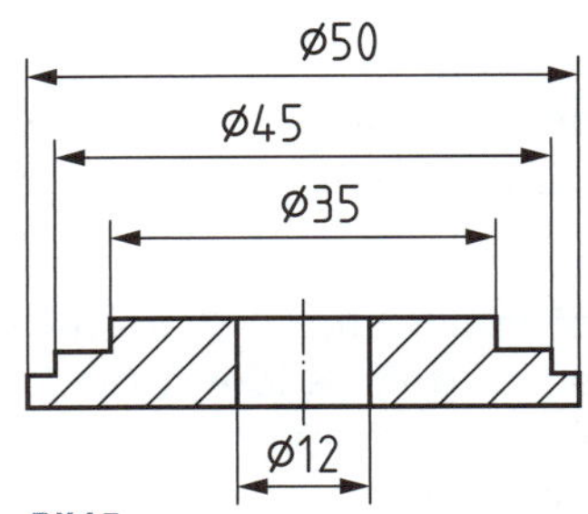

Bild 5

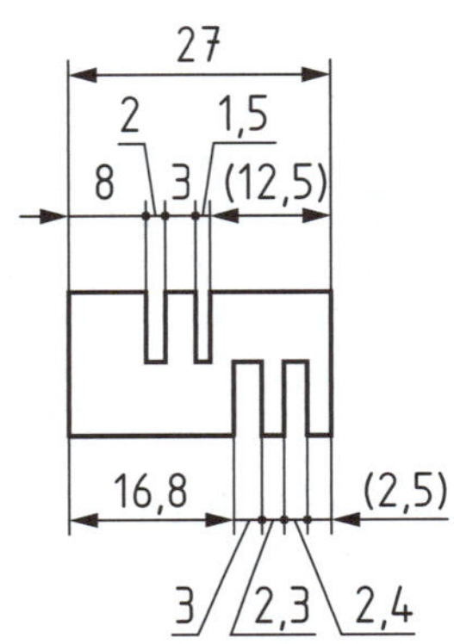

Bild 6

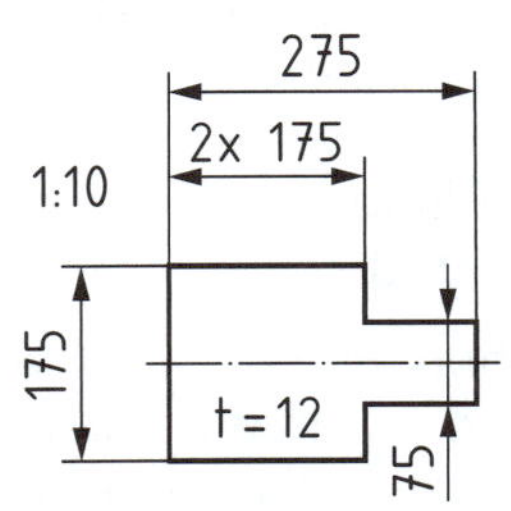

Bild 7

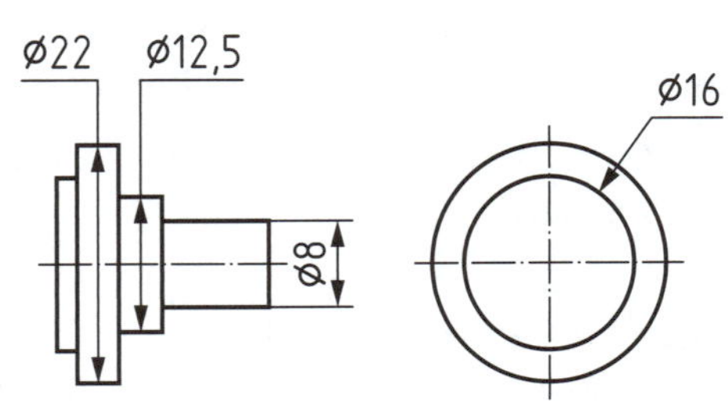

Bild 8

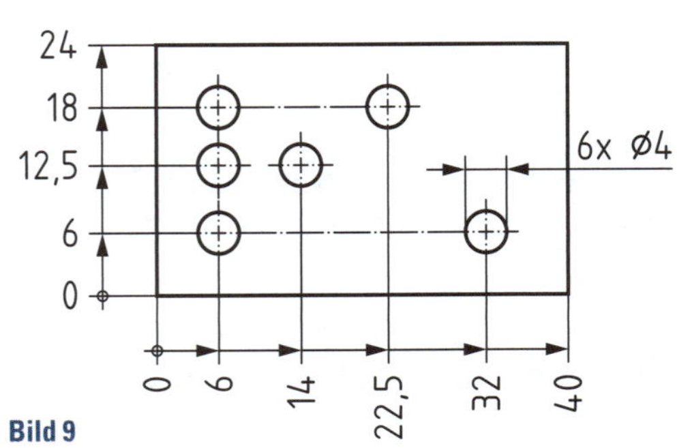

Bild 9

7.5 Maßeintragung an besonderen Werkstück- und Geometrieformen

7.5.1 Winkelmaße

Die Maßhilfslinien für Winkelmaße zeigen zum Scheitelpunkt des Winkels. Die Maßlinien werden als Kreisbögen gezeichnet, deren Mittelpunkt im Scheitelpunkt des Winkels liegt (**Bild 1**).

Die Maßwerte sind auf der Maßlinie und im Regelfall tangential zur Maßlinie einzutragen (**Bild 2**). Oberhalb der waagrechten Mittellinie zeigen sie mit ihrem Fuß, unterhalb der waagrechten Mittellinie mit ihrem Kopf zum Scheitelpunkt des Winkels (**Bild 2**).

Bei Winkelmaßen muss das Einheitenzeichen immer mit angegeben werden (**Bilder 1 und 2**).

Winkelmaße werden als dezimale Grade oder durch Grade, Minuten und Sekunden angegeben (**Bild 3**).

7.5.2 Durchmesser (allgemein, wenn Bogen > 180°)

Bei der Maßeintragung ist das Symbol ⌀ als Eigenschaftsindikator vor dem Maßwert anzugeben (**Bild 4**). Die Gesamthöhe des Durchmessersymbols ist gleich der Höhe der Maßwerte. Der Kreisdurchmesser entspricht der Höhe der Kleinbuchstaben (7/10 · *h*). Der Schrägstrich steht im Winkel von

- 15° zur Senkrechten bei vertikaler Schrift
- 30° zur Senkrechten bei geneigter Schrift.

Das Durchmessersymbol ist in jedem Falle vor den Maßwert zu setzen, unabhängig davon, ob die Kreisform in der bemaßten Ansicht zu erkennen ist (**Bilder 5 und 6**).

Liegt keine Mehrdeutigkeit vor, dürfen Durchmesser mit nur einem Pfeil angegeben werden (**Bild 5**).

Weitere Regeln zur Durchmesserangabe sind bei der Maßeintragung für zylindrische Werkstücke auf **Seite 65** erläutert.

7.5.3 Radien (allgemein, wenn Bogen < 180°)

Bei Radien wird dem Maßwert das Symbol R als Eigenschaftsindikator vorangestellt (**Bilder 7 und 8**). Die Maßlinien sind vom Radiusmittelpunkt aus oder aus dessen Richtung zu zeichnen und nur am Kreisbogen mit einem Maßpfeil zu kennzeichnen. Die Maßeintragung kann von der Innenseite (**Bild 7**) oder von der Außenseite (**Bild 8**) erfolgen.

Ist die Lage des Radiusmittelpunktes eindeutig, so kann auf eine Kennzeichnung des Mittelpunktes verzichtet werden (**Bilder 7 und 8**). Bei Kennzeichnung des Mittelpunktes (Linienlänge 10 × Linienbreite) durch ein Linienkreuz endet die Maßlinie an diesem (**Bilder 7 und 8**, Maß R8).

Ergibt sich der Mittelpunkt eines Radius nicht eindeutig aus der Geometrie des Werkstücks, so muss er angegeben und bemaßt werden (**Bild 9**, Maß 30).

Maßlinien großer Radien, bei denen der Mittelpunkt außerhalb der Zeichenfläche liegt und angegeben werden muss, werden gebrochen oder abgeknickt (**Bild 9**, Maß R80). Der mit dem Maßpfeil und Maßwert versehene Teil der Maßlinie zeigt auf die tatsächliche Mittelpunktslage.

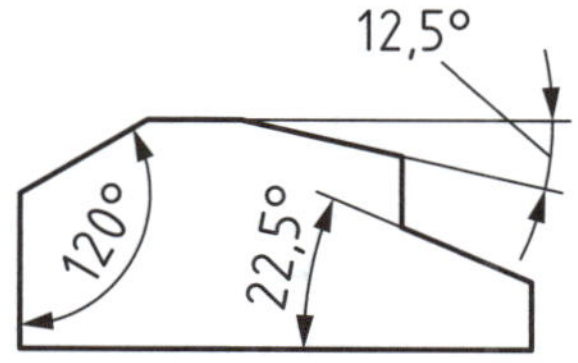

Bild 1

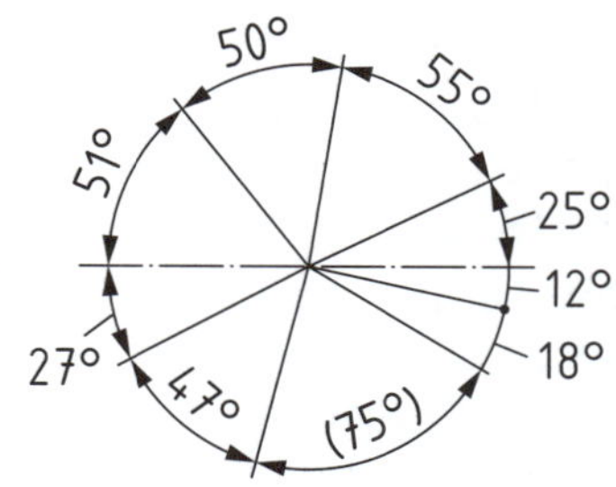

Bild 2

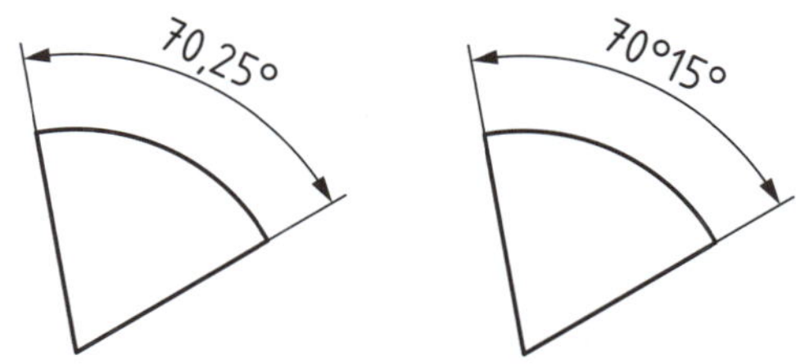

Bild 3

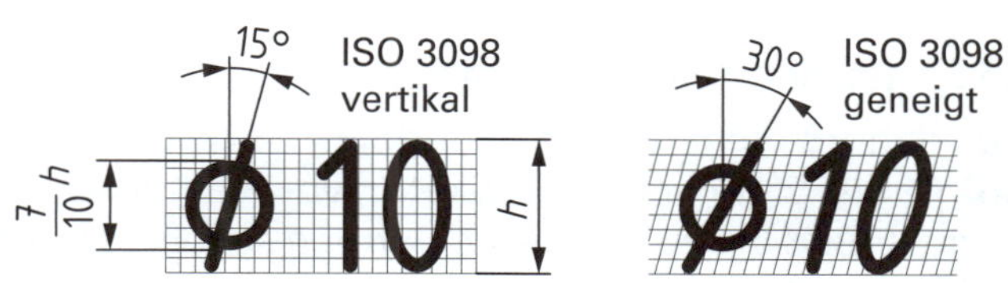

Bild 4

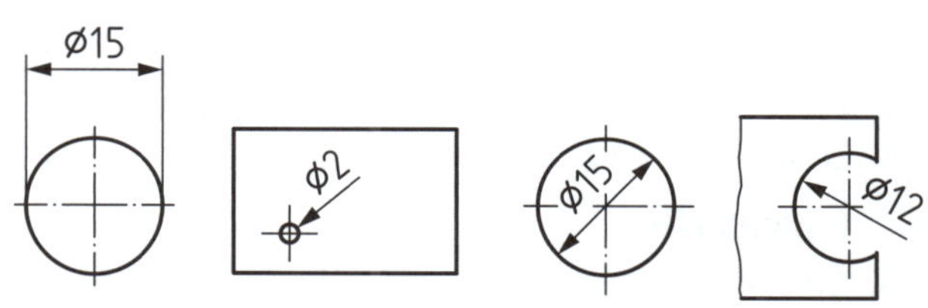

Bild 5

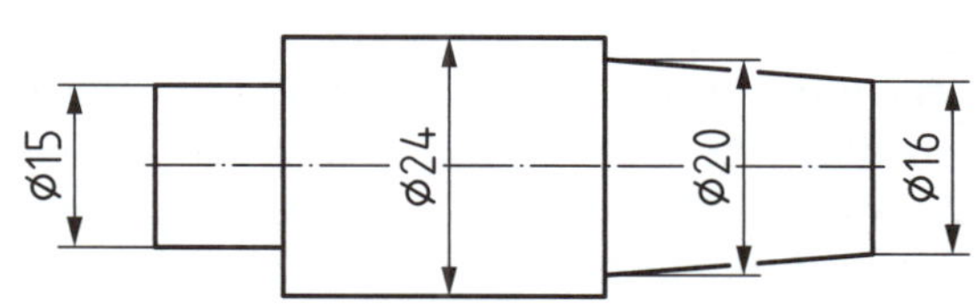

Bild 6

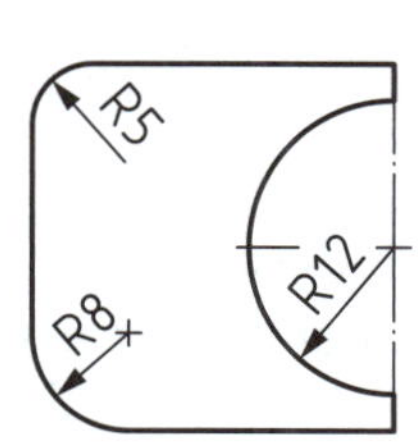

Bild 7

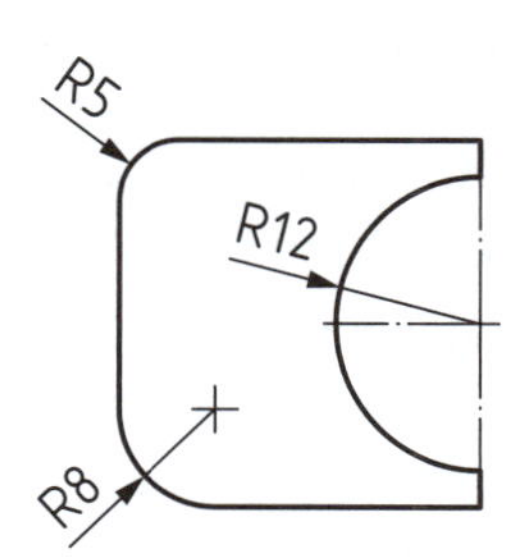

Bild 8

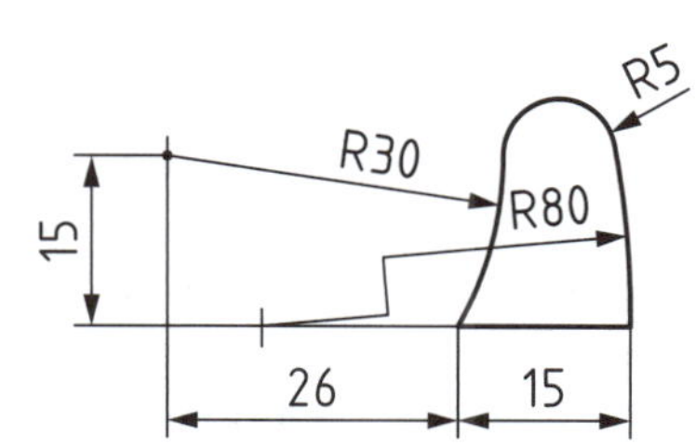

Bild 9

Ein Radiusmaß darf an einer Werkstückkante angewendet werden, wenn dies eindeutig ist (**Bild 1**).

Zur Maßeintragung bei mehreren Radien gleicher Größe können die Maßlinien zusammengefasst werden (**Bild 2**).

Der Radius eines **Halbkreis-Geometrieelementes**, das zwei parallele Linien miteinander verbindet,

- kann bei Ableitung des Maßwertes aus z. B. der Breite mit dem Radiuspfeil und dem Symbol R ohne Maßwert (**Bild 3**),
- kann bei möglicher Ableitung des Maßwertes aus z. B. der Breite als Hilfsmaß (**Bild 4**),
- muss bei fehlender Breitenangabe mit bemaßtem Radiusmittelpunkt und Radiuswert

eingetragen werden (**Bild 5**).

7.5.4 Kugelige Formelemente

Kugelige Formelemente werden vor dem Maßwert mit dem Symbol S∅ oder SR für deren sphärische Formeigenschaft gekennzeichnet (**Bilder 6 und 7**).

7.5.5 Quadratische Formelemente

Bei quadratischen Formelementen wird das Symbol □ als Eigenschaftsindikator vor den Maßwert gesetzt (**Bild 8**). Quadratische Formen sollen vorzugsweise in der Ansicht bemaßt werden, in der die Form sichtbar ist (**Bild 9**).

Sind die Toleranzen für beide Seitenlängen des Quadrats gleich, so genügt die Bemaßung einer Seitenlänge. Ist die quadratische Form nicht dargestellt, so kann sie nach **Bild 10** bemaßt werden.

7.5.6 Bogenmaße

Bogenmaße als Maße für Bogenlängen werden mit dem Symbol ∩ als Eigenschaftsindikator vor dem Maßwert angegeben (**Bild 11**). Die Maßlinie für Bogenmaße wird immer als Kreisbogen um den Bogenmittelpunkt gezeichnet. Die Maßhilfslinien werden bei Maßen für Bogenlängen mit einem Zentriwinkel bis 90° parallel zur Winkelhalbierenden gezeichnet (**Bild 11**, Maß 16,5). Für größere Zentriwinkel werden die Maßhilfslinien in Richtung zum Bogenmittelpunkt gezeichnet (**Bild 11**, Maß 51,8).

Bei nicht eindeutigem Bezug zwischen dem eingetragenen Maßwert und dem bemaßten Bogen wird eine Bezugslinie und Hinweislinie mit Pfeilspitze auf den bemaßten Bogen gezeichnet (**Bild 11**, Maß 78,2).

7.5.7 Zwischen-Symbol, beschränkter Bereich

Wenn die Grenzen der Maßangabe über mehr als ein Geometrieelement mehrdeutig sind, kann das Zwischen-Symbol zur Verdeutlichung verwendet werden (**Bild 11**, Maß 78,2). Hierzu werden mit Bezugs- und Hinweislinien der Start- und Endpunkt des Bereiches mit Buchstaben angegeben. Die Bereichsangabe erfolgt durch Startbuchstabe, einem Leerzeichen, dem Zwischen-Symbol, einem Leerzeichen und dem Endbuchstaben (**Bild 11**, Maß 78,2).

Die Verwendung des Zwischen-Symbols zur Beschränkung von Toleranzangaben und Spezifikationen auf beschränkte Bereiche eines Geometrieelementes ist in **Kapitel 8** näher erläutert. **Bild 12** zeigt z. B. eine Toleranzangabe für einen beschränkten Bereich.

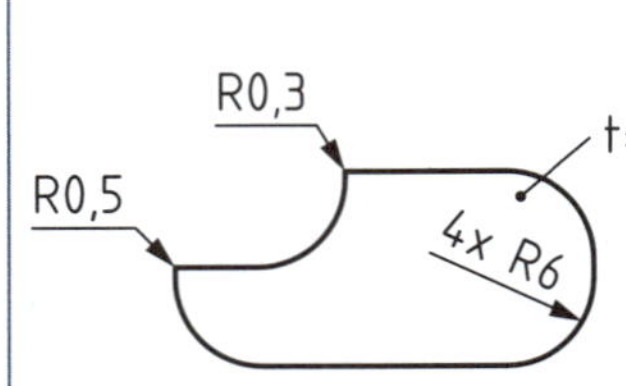

Bild 1

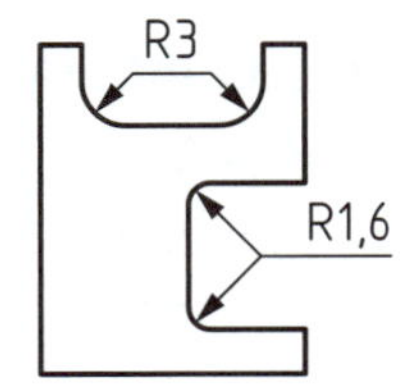

Bild 2

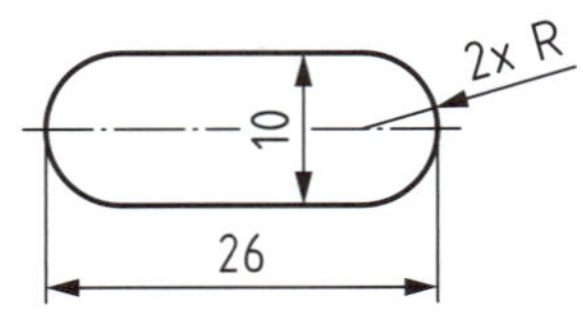

Bild 3

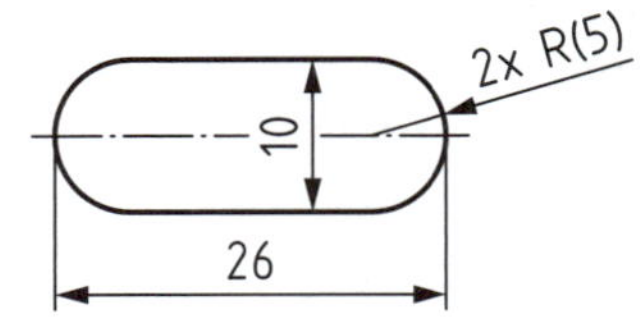

Bild 4

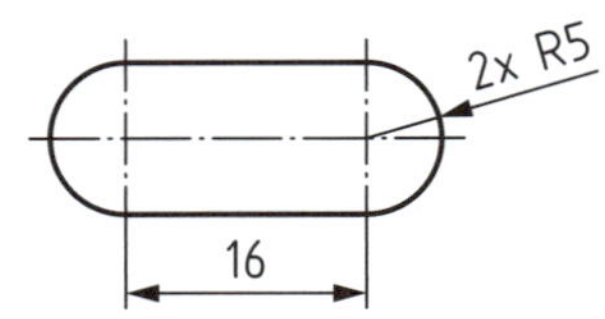

Bild 5

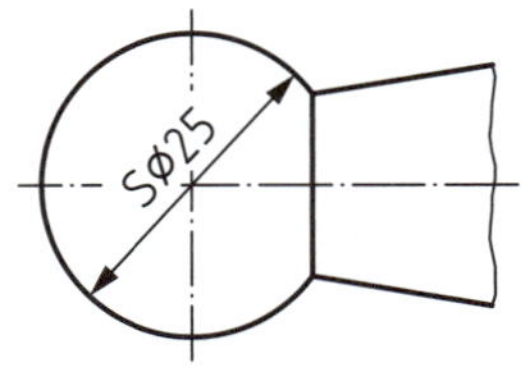

Bild 6

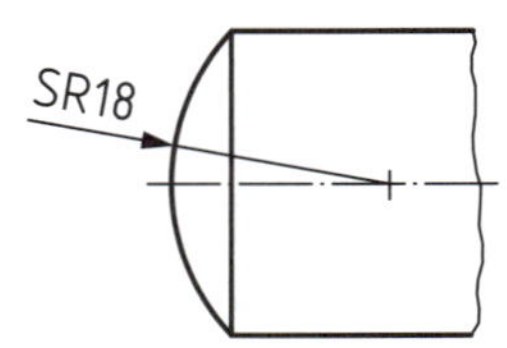

Bild 7

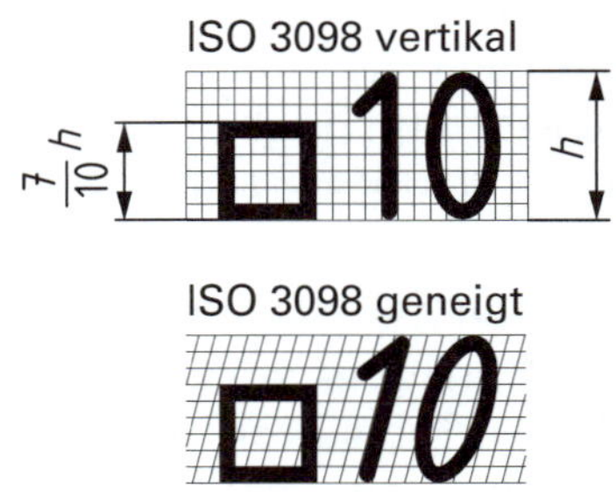

Bild 8

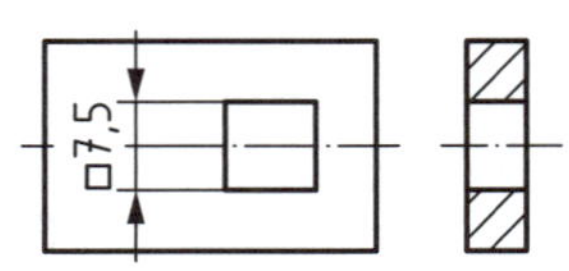

Bild 9

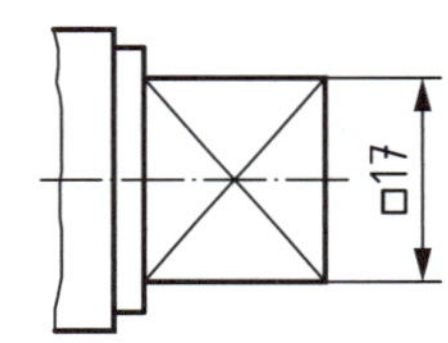

Bild 10

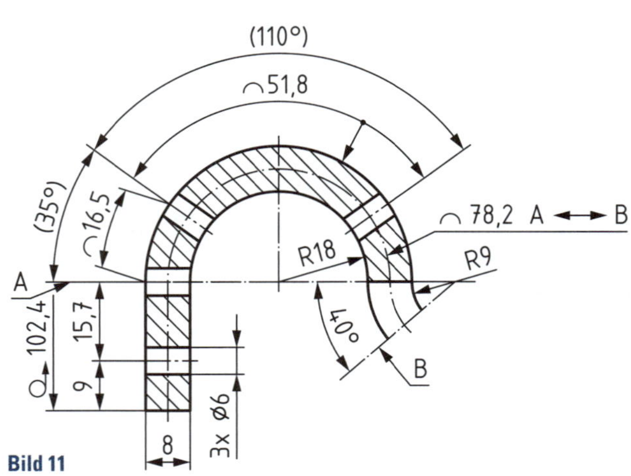

Bild 11

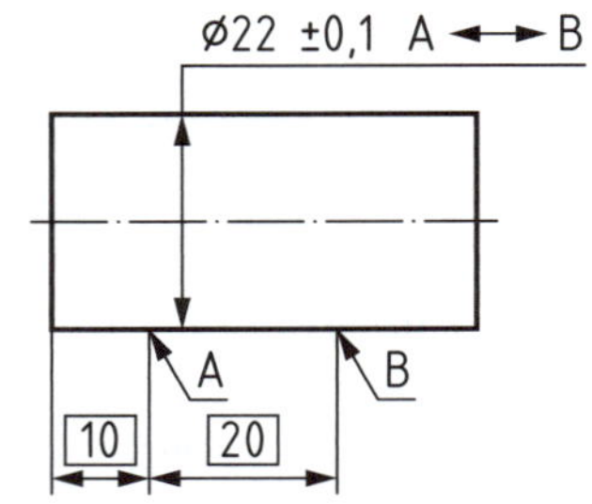

Bild 12

7.5.8 Entwickelte Länge

Als entwickelte Länge kann der nicht dargestellte ursprüngliche Umriss eines fertigen Bauteils mit dem Symbol ⍜ als zusätzliche Information angegeben werden (**Bild 1**). Als Hilfsmaß darf die entwickelte Länge oder Abwicklung am Fertigteil (**Bild 2**) oder am, mit dünner Strich-Zweipunktlinie dargestellten, ursprünglichen Umriss erfolgen (**Bild 3**).

7.5.9 Fasen und Senkungen

Fasen und Senkungen mit einem Abschrägungswinkel von 45° werden vereinfacht durch Fasenbreite x 45° angegeben. Dabei muss vor und nach dem Multiplikationszeichen ein Leerzeichen eingefügt werden (**Bild 4**).

Der Eintrag kann auch mittels Bezugs- und Hinweislinien erfolgen (**Bild 5**). Dies ist auch zulässig, wenn kleine Abschrägungen nicht dargestellt (**Bild 6**)oder Abschrägungen nicht erkennbar sind (**Bild 7**).

Die Maßeintragung für Fasen und Senkungen, deren Abschrägungswinkel nicht 45° beträgt, erfolgt entweder durch Eintrag der Fasenbreite (Senktiefe) und des Winkels (**Bilder 8 und 9**) oder durch Eintrag des Fasendurchmessers (Senkdurchmessers) und des Winkels (**Bild 10**).

Senkungen und Blindlöcher können auch mit Eigenschaftsindikatoren und Maßwerten bemaßt werden.

Senkung: Das Symbol für Senkung ⌵ wird unter dem Bohrungsdurchmesser eingetragen, gefolgt vom Senkdurchmesser und dem Senkungswinkel (**Bilder 11 und 14**).

Aussenkung: Unter dem Bohrungsdurchmesser wird das Symbol für Aussenkung ⌴ eingetragen. Ihm folgen Durchmesser, Tiefensymbol und Tiefe der Aussenkung (**Bilder 12 und 15**).

Blindlöcher: Die Bohrungstiefe wird mit dem Tiefensymbol ↧ nach dem Bohrungsdurchmesser mit angegeben (**Bilder 13 und 16**).

Weitere vereinfachte Darstellungen und Maßangaben für Schraubensenkungen nach DIN ISO 15786 oder DIN 74 siehe **Kapitel 7.13** sowie Anwendungsdetails von Schraubensenkungen in **Kapitel 9.1.7**.

7.5.10 Dünne Bauteile

Die **Dicke** dünner Werkstücke darf mit dem Symbol „t =" als Eigenschaftsindikator gefolgt von der Dicke an einer Hinweislinie, mit Punkt als Begrenzung, an einer Fläche eingetragen werden (**Bilder 17 und 18**).

Die **Flächenangabe** ist erforderlich, wenn dünne Teile im Schnitt (geschwärzt) als breite Linie dargestellt werden. Der breiten Linie wird dazu das Flächenindikatorsymbol hinzugefügt, um anzugeben, welche Fläche bemaßt ist. Das Symbol, bestehend aus einem kurzen dünnen Liniensegment, stellt die nicht bemaßte(n) Fläche(n) dar (**Bild 19**).

Wird das Symbol auf einer gebogenen Fläche eingetragen, gilt es für die gesamte Fläche (**Bild 20**).

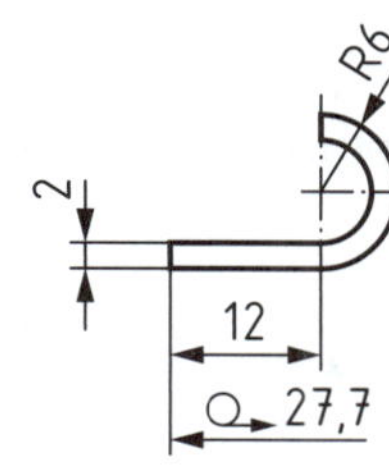

Bild 1

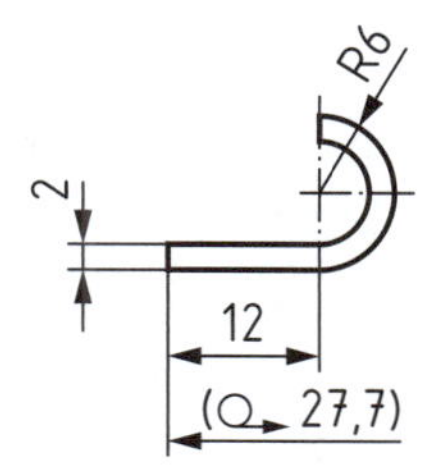

Bild 2

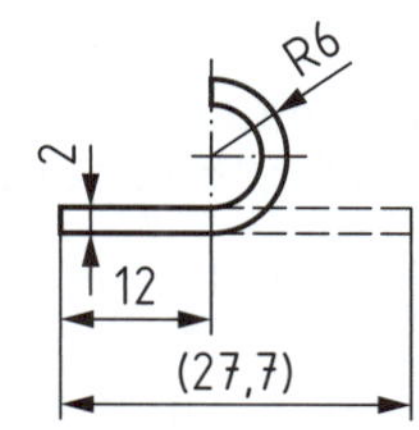

Bild 2

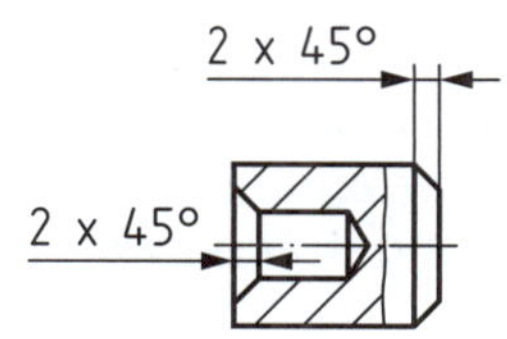

Bild 4

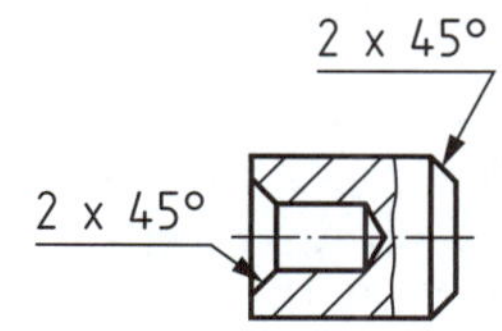

Bild 5

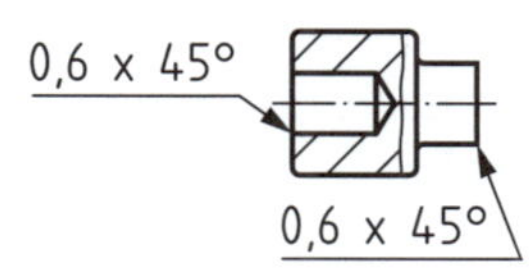

Bild 6

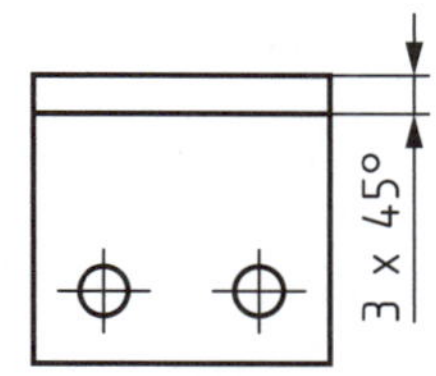

Bild 7

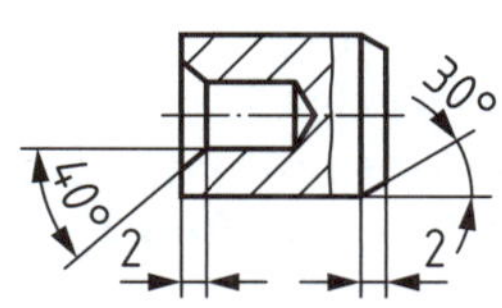

Bild 8

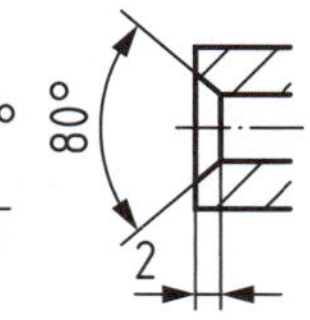

Bild 9

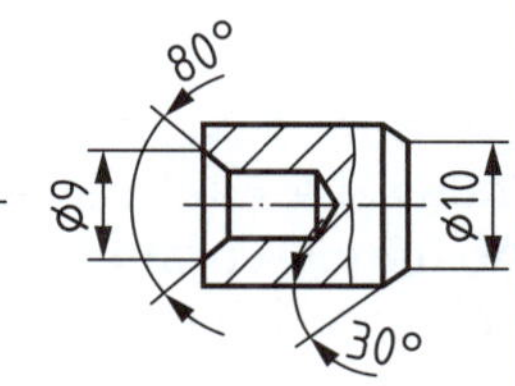

Bild 10

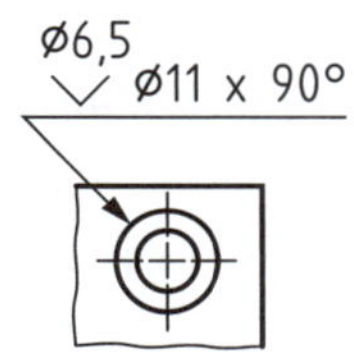

Bild 11

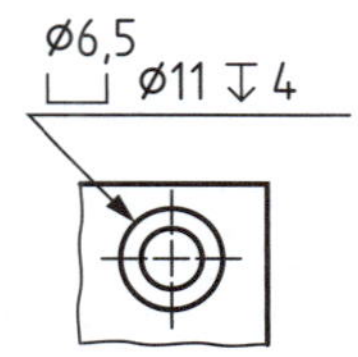

Bild 12

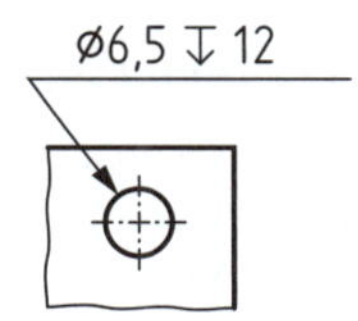

Bild 13

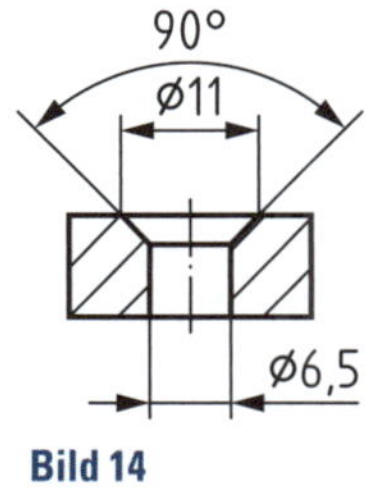

Bild 14

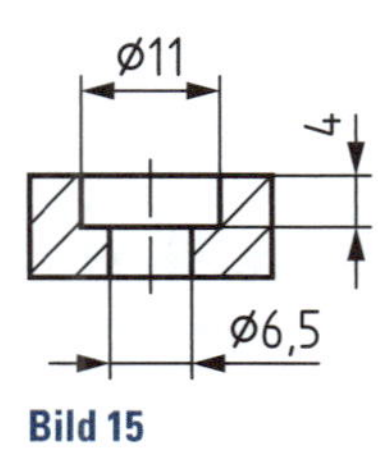

Bild 15

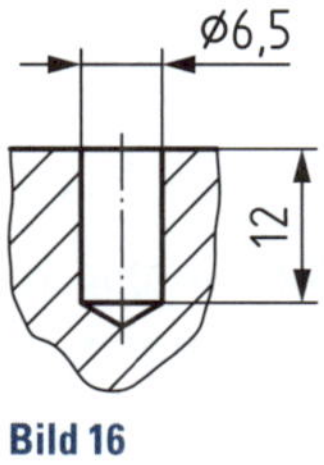

Bild 16

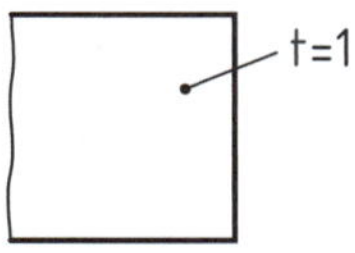

Bild 17

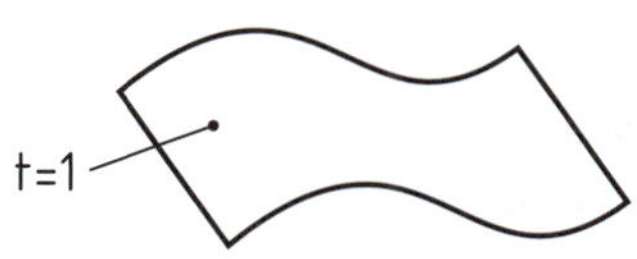

Bild 18

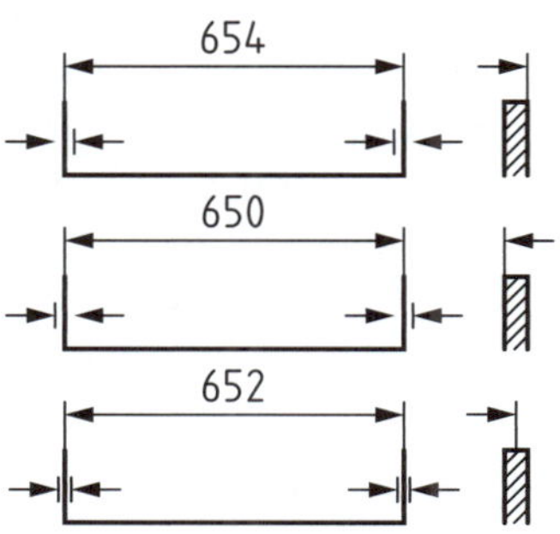

Bild 19

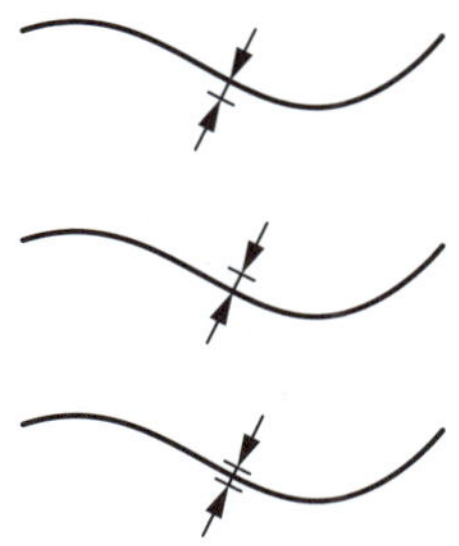
Bild 20

7.5.11 Teilungen (Gleichabständige Elemente)

Gleiche Geometrieelemente, die gleiche Abstände haben und gleichförmig angeordnet sind, dürfen vereinfacht bemaßt werden (**Bild 1**).

Die Teilung wird mit Anzahl der Abstände x Abstand (= Teilungssumme) eingetragen. Anzahl und Multiplikationssymbol müssen ohne Leerzeichen beieinanderstehen, dem Maßwert muss ein Leerzeichen vorausgehen und nachfolgen (**Bild 1**).

Besteht Verwechslungsgefahr zwischen Abstand und Anzahl der Abstände, darf bei Längenteilungen zusätzlich ein Abstand als Hilfsmaß eingetragen werden (**Bild 1**, Maß 16).

Bei Winkelteilungen darf ein Winkel als Maß eingetragen werden (**Bild 2**).

Wenn der Winkelabstand bei Teilungen auf einem Kreis selbstverständlich und unmissverständlich ist, darf er weggelassen werden (**Bild 3**).

Kreisförmige Abstände dürfen durch Maßangabe und Anzahl der Geometrieelemente bemaßt werden (**Bild 3**).

Werden Teilungen als Elementgruppe dupliziert, muss die Zahl der Gruppen mit x / der Anzahl der Abstände vorangestellt werden. Vor und hinter dem Schrägstrich ist ein Leerzeichen zu stellen (**Bild 4**).

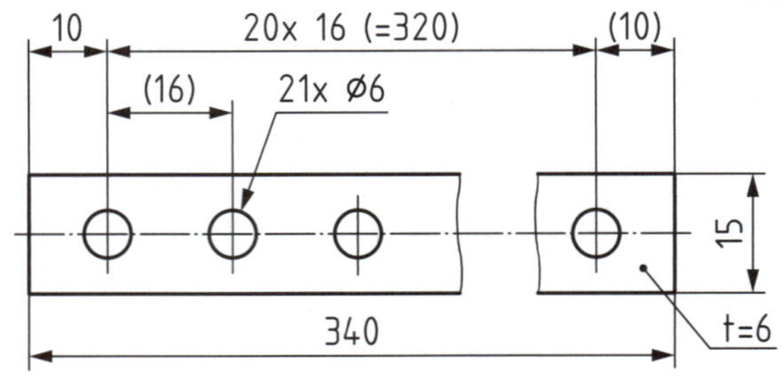

Bild 1

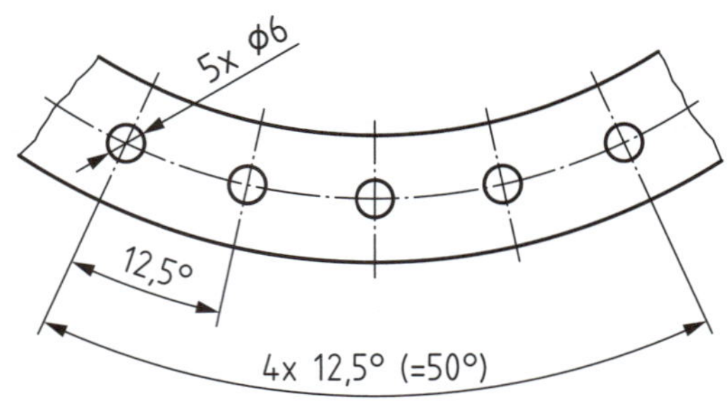

Bild 2

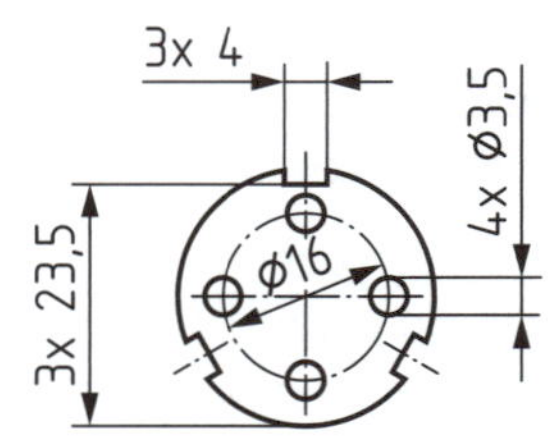

Bild 3

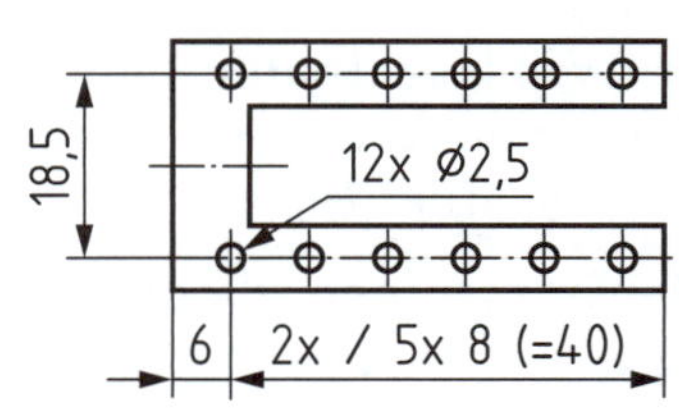

Bild 4

7.5.12 Unmaßstäblich dargestellte Geometrieelemente

Die Maße von nicht maßstäblich dargestellten Geometrieelementen z. B. aufgrund einer Zeichnungsänderung sind durch Unterstreichung mit einer dünnen Linie zu kennzeichnen (**Bild 5**). An 3D-Modellen sind unmaßstäbliche Maße unzulässig.

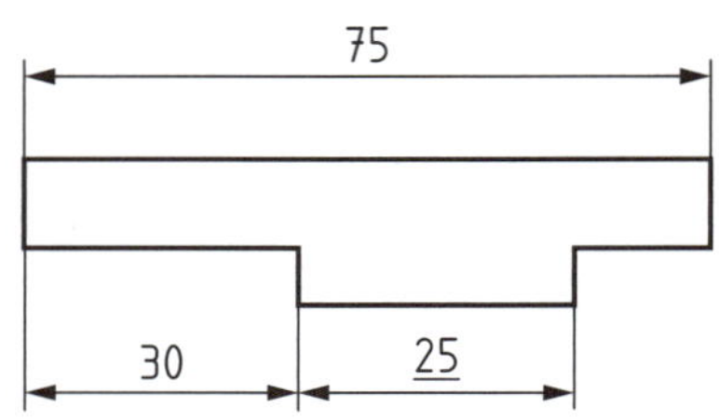

Bild 5

7.5.13 Geometrieelemente, die eine besondere Anmerkung erfordern

Sind für ein einzelnes oder mehrere Geometrieelemente oder Maße besondere Anmerkungen erforderlich, können Kennzeichnungshinweise eingetragen werden. Das Kennzeichnungshinweissymbol und der darin enthaltene alphanumerische Identifikator bilden den Kennzeichnungshinweis (**Bild 6**).

Bild 6

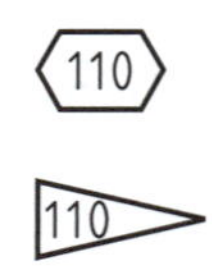

Bild 7

Kennzeichnungshinweissymbole werden erweitert, um mehrere Zeichen einschließen zu können (**Bild 7**). Bei der Wahl des Symbols ist darauf zu achten, dass es nicht mit einem anderen genormten Symbol für die Zeichnung im Widerspruch steht. Der Kennzeichnungshinweis muss in der Nähe der entsprechenden Angabe oder mit einer Hinweislinie zur Angabe angeordnet werden (**Bild 8**).

Die textliche Anmerkung wird als Erläuterung des Kennzeichnungshinweises vorzugsweise in der Nähe des Schriftfeldes eingetragen (**Bild 8**).

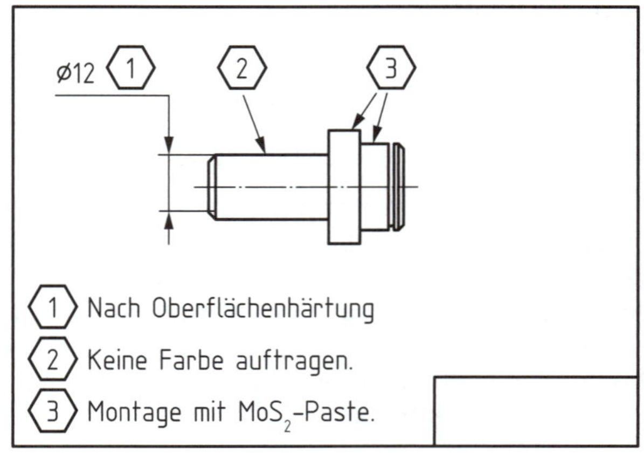

Bild 8

7.6 Arten der Maßeintragung

7.6.1 Kettenbemaßung

Bei der Kettenbemaßung werden Ketten aus einzelnen Maßen in einer Reihe eingetragen (**Bild 1**). Kritisch ist dabei, dass sich die Einzeltoleranzen innerhalb der Maßkette aufsummieren. Damit die Toleranzberechnung gegenüber einem anderen Maßeintrag, z. B. der Gesamtlänge, eindeutig bleibt, wird die Maßkette nicht vollständig geschlossen (**Bild 1**).

7.6.2 Parallelbemaßung

Bei der Parallelbemaßung werden die Maßlinien parallel in einer, zwei oder drei der senkrecht zueinander stehenden Richtungen gezeichnet. Winkelmaße werden konzentrisch zueinander eingetragen (**Bild 2**).

7.6.3 Fortlaufende Bemaßung

Bei der fortlaufenden Bemaßung wird im Regelfall in den drei möglichen Richtungen nur je eine Maßlinie gezeichnet (**Bild 3**). Die Maßlinien gehen von dem mit dem Ursprungssymbol aus.

Bei Platzmangel können auch mehrere Maßlinien eingezeichnet werden (**Bild 4**, Maß 5).

Die Maßwerte stehen im Regelfall an der zugehörigen Maßhilfslinie und rechtwinklig zu den Maßlinien (**Bild 3**).

Als unidirektionale fortlaufende Bemaßung werden die Maße nur in einer Richtung vom Nullpunkt aus eingetragen (**Bild 3**).

Bei der bidirektional fortlaufenden Bemaßung werden Maße in beide Richtungen vom Nullpunkt aus eingetragen (**Bild 4**).

Die Bemaßung kann auch mit abgebrochenen Maßlinien eingetragen werden (**Bild 5**). Dies ist bei Platzmangel oder dann zu empfehlen, wenn sich innerhalb der Darstellung viele Geometrieelemente befinden.

Die Maßwerte dürfen auch in Leserichtung über der zugehörigen Maßlinie in der Nähe des Maßpfeils eingetragen werden. In diesem Falle werden die Maßwerte parallel zur Maßlinie eingetragen (**Bild 6**).

7.6.4 Koordinatenbemaßung

Bei der Koordinatenbemaßung werden die Koordinatenwerte als Maßwerte, zusammen mit weiteren Maßen, z. B. der Bohrungsgröße, in Tabellen eingetragen. Weder Maßlinien noch Maßhilfslinien werden dargestellt (**Bild 1, Seite 60**).

Diese übersichtliche Form der Maßeintragung erleichtert die Erstellung von NC-Programmen.

Kartesische Koordinaten

Kartesische Koordinaten sind Abstände in den senkrecht zueinander verlaufenden Hauptrichtungen vom Ursprung aus. Die Hauptrichtungen werden mit X, Y und Z bezeichnet (**Bild 7**).

X Abszisse (waagrechte Koordinate)

Y Ordinate (senkrechte Koordinate)

Z (3. Hauptrichtung, rechtwinklig zu X und Y)

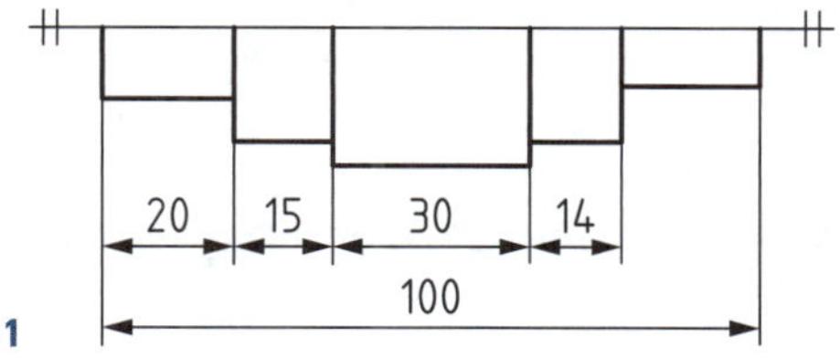

Bild 1

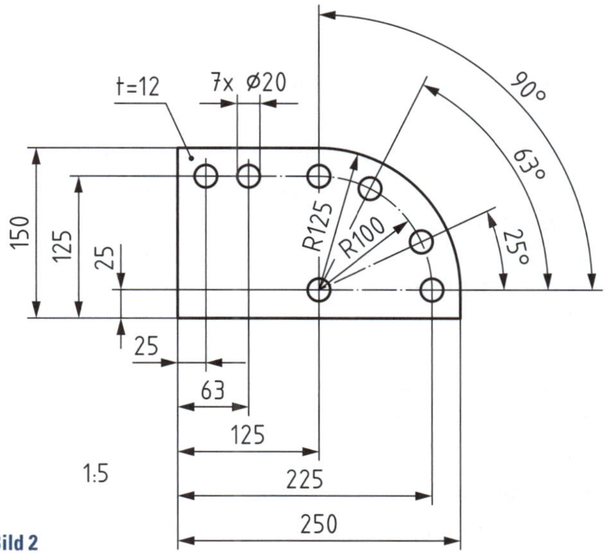

Bild 2

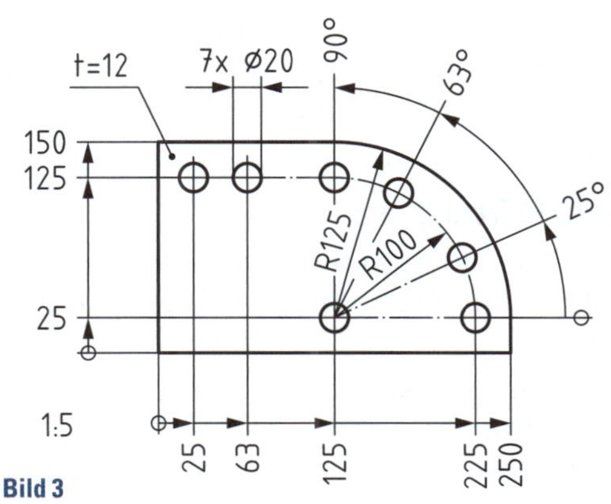

Bild 3

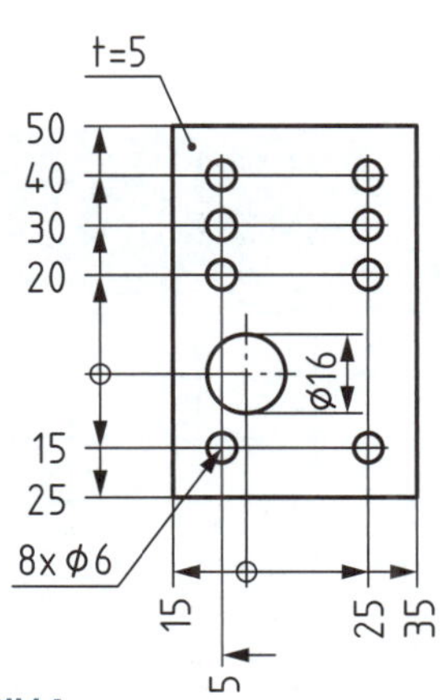

Bild 4

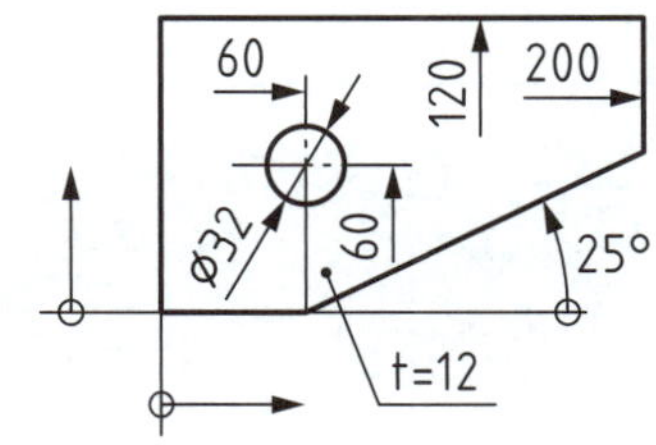

Bild 5

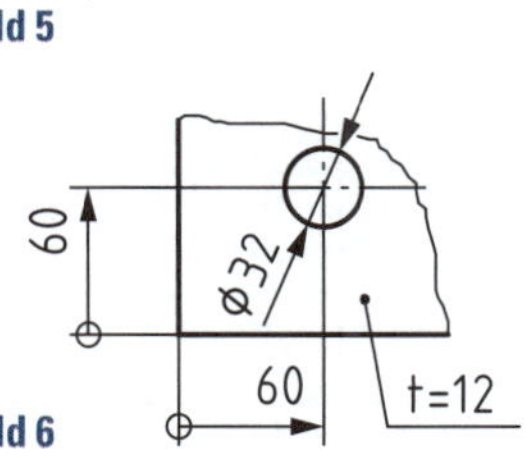

Bild 6

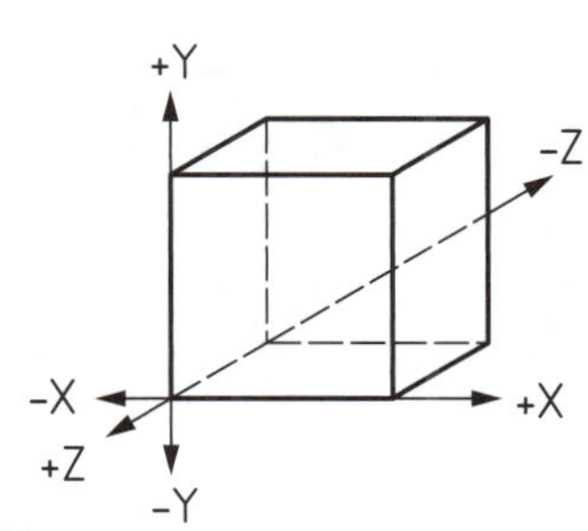

Bild 7

Der Ursprung des Koordinatensystems wird durch das Ursprungssymbol und die benutzten Koordinatenrichtungen z. B. X und Y gekennzeichnet (**Bild 1**). Dabei kann der Ursprung außerhalb der Kontur (**Bild 1**), auf der Kante der Kontur (**Bild 2**) oder innerhalb der Kontur (**Bild 3**, Untersysteme) angeordnet sein.

Die Koordinatenwerte dürfen anstatt in Tabellen auch direkt an den Koordinatenpunkten angegeben werden. Die Kombination mit Maßwerten der Geometrieelemente ist zulässig (**Bild 2**).

Maßwerte, die in den negativen Richtungen angegeben werden, haben negative Vorzeichen.

Einem Koordinaten-Hauptsystem dürfen Untersysteme zugeordnet werden (**Bild 4**). Die verschiedenen Ursprünge der Koordinatensysteme werden fortlaufend mit CSx nummeriert. Die einzelnen Positionsnummern erhalten die Nummer des Koordinatensystems und, getrennt durch einen Punkt, eine fortlaufende Zählnummer. In **Bild 4** sind die kartesischen Koordinatensysteme CS1 und CS2 und das Polarkoordinatensystem CS3 enthalten.

Polarkoordinaten

Polarkoordinaten werden, ausgehend vom Ursprung, mit dem Radius *r* und dem Polarwinkel φ festgelegt und in einer Tabelle eingetragen (**Bild 3**). Der Polarwinkel φ geht von der Polarachse aus und ist gegen den Uhrzeigersinn gerichtet. Polarkoordinaten sind immer positiv.

7.6.5 Kombinierte Bemaßung

Die unterschiedlichen Arten der Maßeintragung dürfen miteinander kombiniert und mit Einzelmaßen ergänzt werden.

In **Bild 4** ist die Werkstückkontur durch Parallelbemaßung festgelegt. Die Lage und Größe der Bohrungen ist durch kartesische und durch Polarkoordinaten bestimmt.

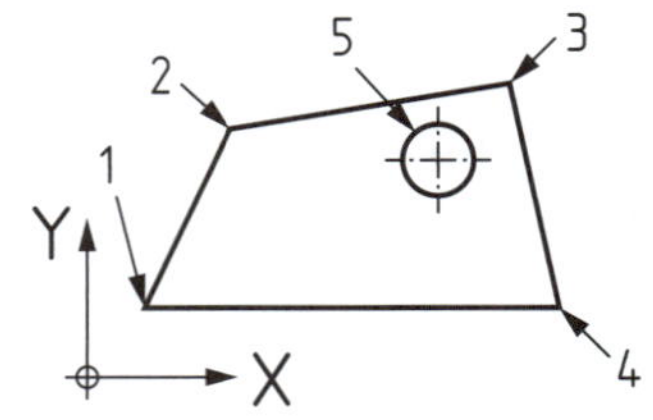

Pos.	X	Y	d
1	5	5	–
2	12,5	20	–
3	36	24	–
4	40	5	–
5	30	17,5	ø6

Bild 1

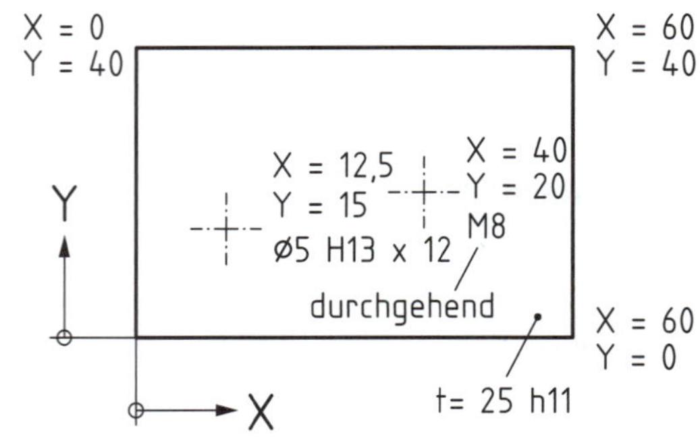

Bild 2

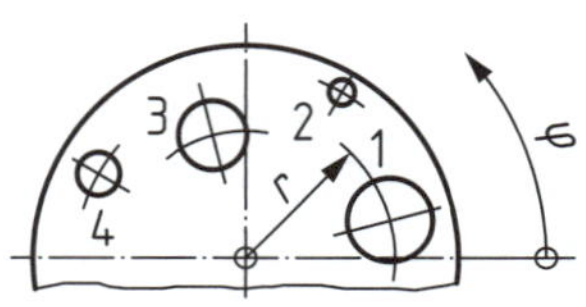

Pos.	r	φ	d
1	70	15°	ø40
2	90	60°	ø12
3	60	105°	ø32
4	80	150°	ø20

Bild 3

Koordinatenursprung	Pos.	Maße in mm				
		Koordinaten				
		X1 X2	Y1 Y2	r	φ	d
1	1	0	0	–	–	–
1	1.1	75	75	–	–	ø 25H7
1	1.2	225	75	–	–	ø 40
1	1.3	275	225	–	–	ø 40
1	2	100	200	–	–	ø 50H11
1	3	200	350	–	–	ø 50
2	2.1	37,5	37,5	–	–	M16
2	2.2	–37,5	37,5	–	–	M16
2	2.3	–37,5	–37,5	–	–	M16
2	2.4	37,5	–37,5	–	–	M16
3	3.1	–	–	50	0°	ø 25H13
3	3.2	–	–	50	120°	ø 25H13
3	3.3	–	–	50	240°	ø 25H13

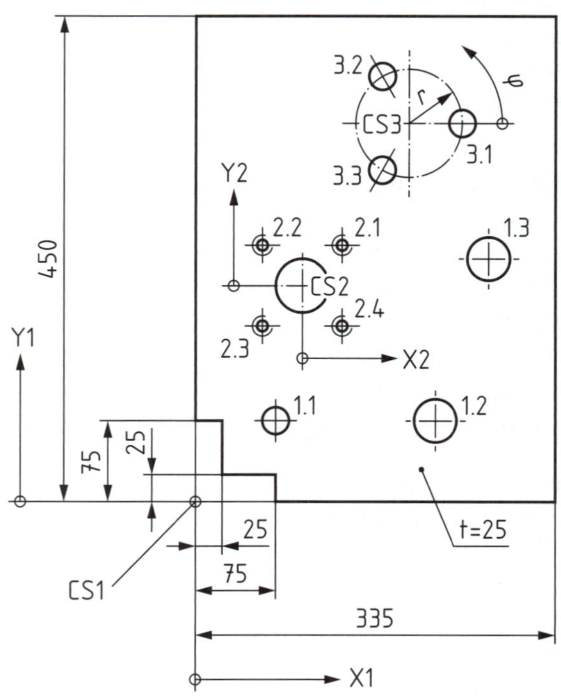

Bild 4

7.7 Überprüfen Sie Ihr Wissen

1 Welche Behauptung über Maßlinien ist richtig?

a) Maßlinien sind breite Volllinien.
b) Maßlinien dürfen nur durch Maßpfeile begrenzt werden.
c) Der Abstand zwischen zwei Maßlinien beträgt höchstens 5 mm.
d) Maßlinien können auch außerhalb von Körperkanten eingezeichnet werden.
e) Maßlinien können nur an Körperkanten herangezogen werden.

2 Welche Bedeutung hat ein in der Zeichnung eingeklammertes Maß (z. B. Maß 12, Bild 1)?

a) Das Maß wird besonders geprüft.
b) Für dieses Maß gelten kleinere Toleranzen als für die übrigen Maße.
c) Das Maß ist ein Hilfsmaß für die Fertigung.
d) Die Abmessung der Zeichnung ist an dieser Stelle nicht maßstäblich.
e) Das Maß wurde nachträglich geändert.

3 Welche Behauptung über Punkte als Maßlinienbegrenzung ist richtig? Punkte werden ...

a) bei Platzmangel verwendet.
b) so groß wie die Maßzahlen gezeichnet.
c) beim Fehlen von Maßhilfszahlen verwendet.
d) nur in Stahlbauzeichnungen verwendet.
e) in Maschinenbauzeichnungen nach Belieben anstelle anderer Maßlinienbegrenzungen verwendet.

4 In welchem Bild ist eine geschlossene Maßkette eingetragen?

a) in keinem Bild
b) Bild 1
c) Bild 2
d) Bild 3
e) Bild 4
f) Bild 5

5 Welches Bild zeigt keine korrekte Bemaßung der Bauteilkontur?

a) Bild 1
b) Bild 2
c) Bild 3
d) Bild 4
e) Bild 5

6 Welches sind die Grundmaße des Bauteils in den Bildern 1 bis 5?

a) 40, 16, 8, R6
b) 40, 8, 2x 16
c) 40, 16, 8
d) 14, 14, 12, 16, 8
e) 40, 16, 10, 8

7 In welchen Bildern wurden die Halbkreis-Geometrieelemente fehlerhaft bemaßt?

a) **Bild 6** und **Bild 8**
b) **Bild 7** und **Bild 10**
c) **Bild 7** und **Bild 9**
d) **Bild 8** und **Bild 10**
e) **Bild 9** und **Bild 10**

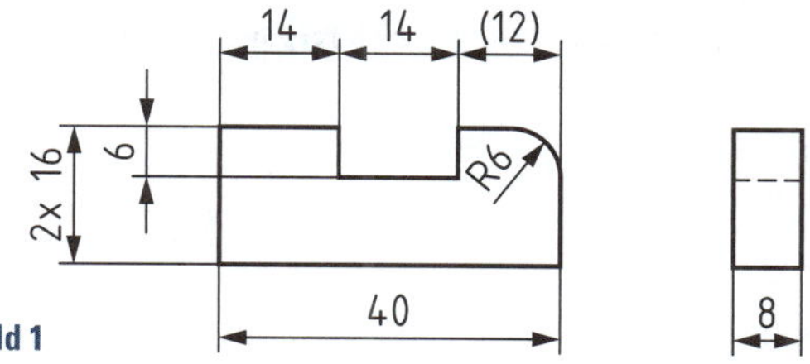

Bild 1

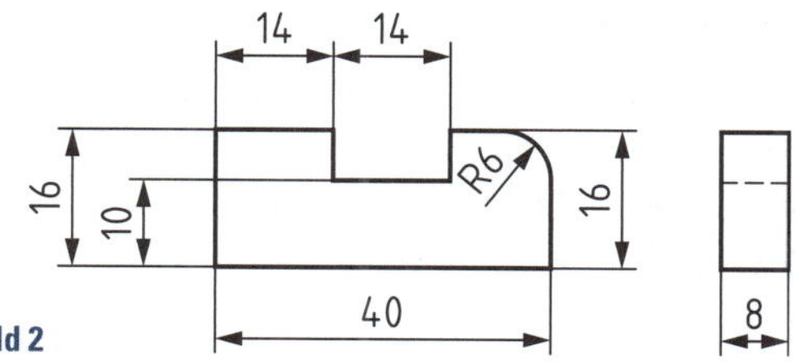

Bild 2

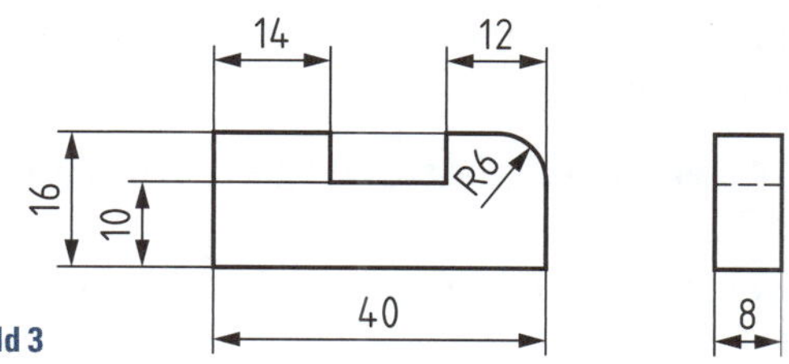

Bild 3

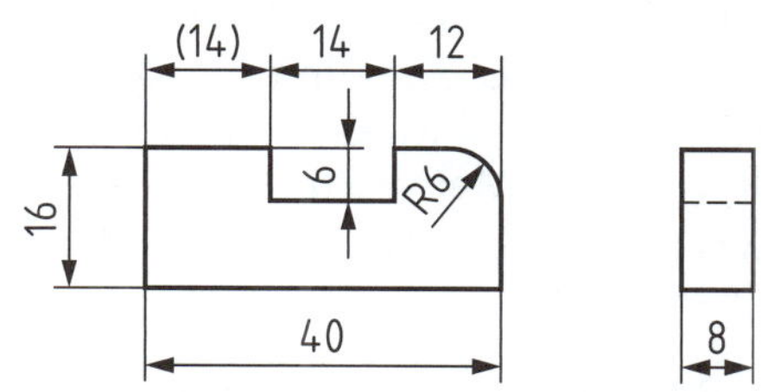

Bild 4

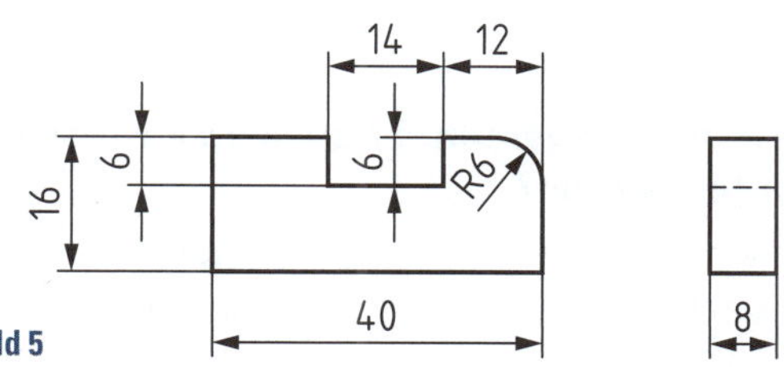

Bild 5

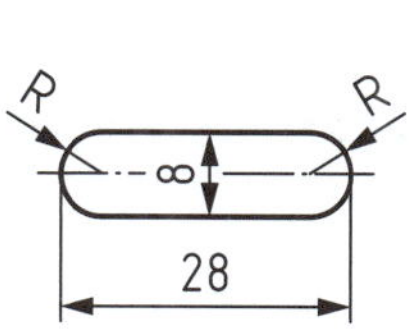

Bild 6

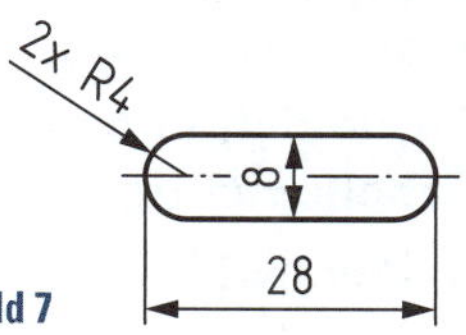

Bild 7

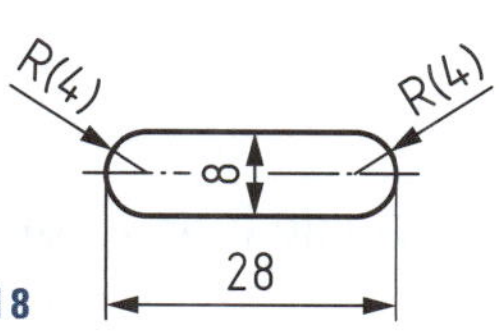

Bild 8

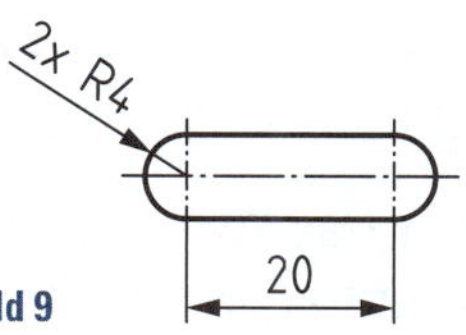

Bild 9

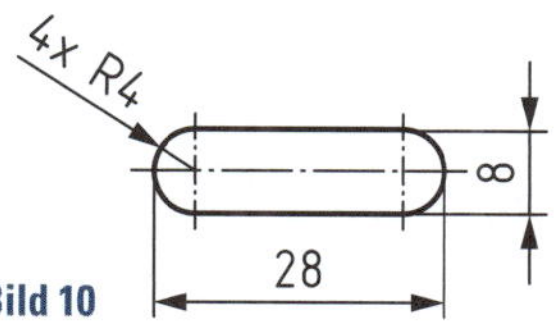

Bild 10

8 Welche Draufsicht enthält die korrekte Bemaßung für die Geometrie in Bild 1?

a) **Bild 2**
b) **Bild 3**
c) **Bild 4**
d) **Bild 5**
e) **Bild 6**

9 Welche Aussage zur Flächenangabe bei dünnen Teilen ist richtig?

a) Die Flächenangabe ist für alle gleichdicken Teile zulässig.
b) Werden dünne Teile im Schnitt als geschwärzte breite Linie dargestellt, ist die Flächenangabe erforderlich.
c) Das Symbol besteht aus einem breiten Liniensegment mit Bemaßungspfeilen.
d) Die Flächenangabe darf nur für planare Flächen verwendet werden.

10 Welche Aussage zur Eintragung von Maßwerten ist falsch?

a) Maßwerte dürfen von Linien nicht berührt werden.
b) Maßwerte dürfen bei Platzmangel über die verlängerte Maßlinie geschrieben werden.
c) Oberhalb einer Bezugslinie, welche mit einer Hinweislinie an die Maßlinie anschließt, dürfen bei Platzmangel Maßwerte eingetragen werden.
d) Maßwerte müssen mittig auf der Maßlinie angeordnet werden.

11 Welches Bild zeigt eine fortlaufende Bemaßung?

a) **Bild 7**
b) **Bild 8**

12 Wie heißt die waagerechte Achse im kartesischen Koordinatensystem?

a) Ordinate
b) Hochwertachse
c) Werkzeugachse
d) Abszisse
e) Vorschubachse

13 Für das Werkstück in Bild 9 wurde eine Koordinatentabelle erstellt. Für welche Lösung a … e sind alle Werte in der Tabelle richtig eingetragen?

a) Pos.-Nr. 1; 1.4; 1.5; 1.6
b) Pos.-Nr. 1.1; 1.3; 1.6; 1.7
c) Pos.-Nr. 1.2; 1.4; 1.5; 1.7
d) Pos.-Nr. 1; 1.4; 1.6; 1.7
e) Pos.-Nr. 1.2; 1.3; 1.4; 1.6

14 Für das Werkstück in Bild 9 wurde eine Koordinatentabelle erstellt. Für welche Lösung a … e sind alle Abszissenwerte richtig eingetragen?

a) Pos.-Nr. 1; 1.2; 1.3; 1.4
b) Pos.-Nr. 1.1; 1.2; 1.4; 1.5
c) Pos.-Nr. 1; 1.1; 1.4; 1.5; 1.6; 1.7
d) Pos.-Nr. 1.2; 1.4; 1.6; 1.7
e) Pos.-Nr. 1.1; 1.3; 1.4; 1.5

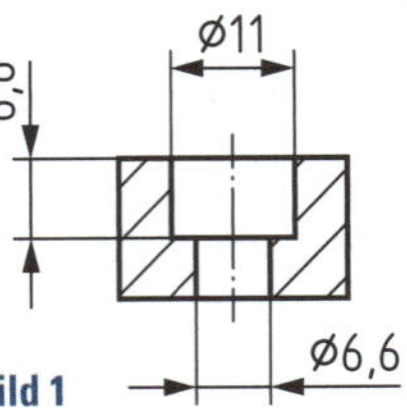

Bild 1

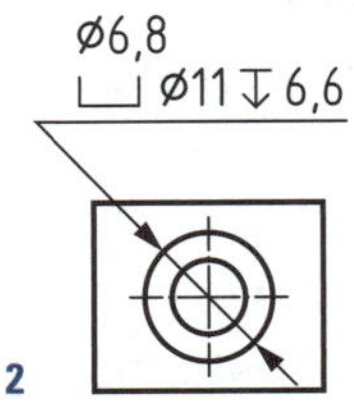

Bild 2

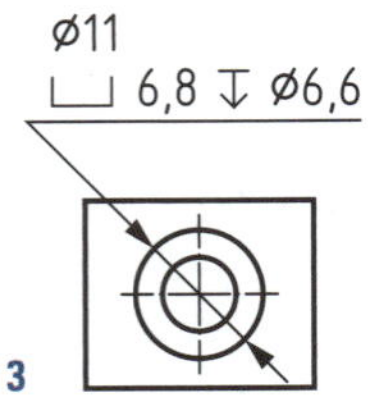

Bild 3

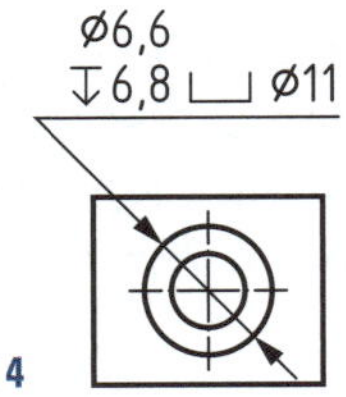

Bild 4

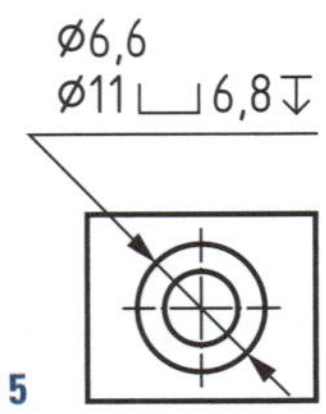

Bild 5

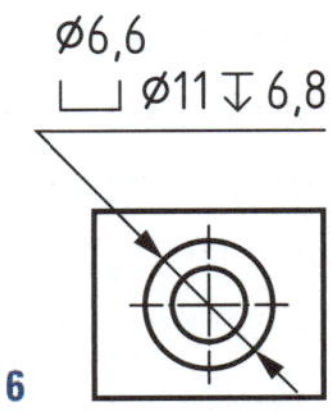

Bild 6

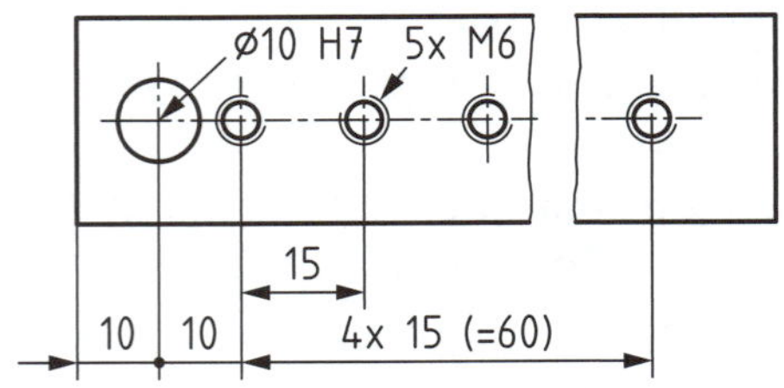

Bild 7

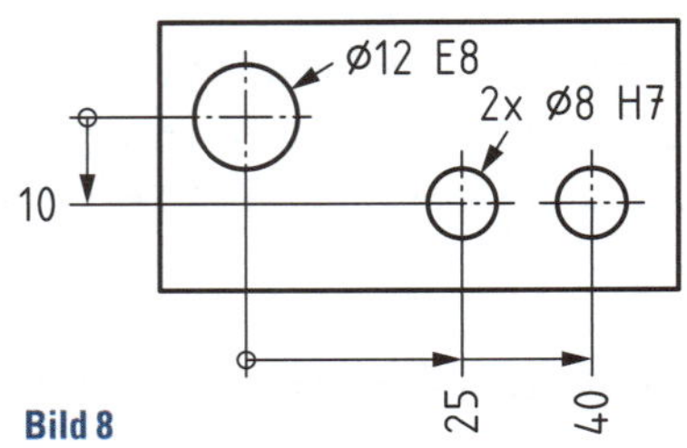

Bild 8

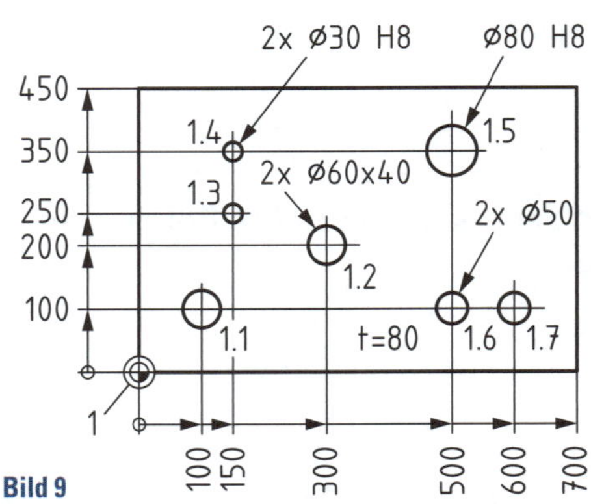

Bild 9

Tabelle 1: Koordinatentabelle (Maße in mm)

Pos.-Nr.	Koordinaten X	Koordinaten Y	Bohrungen	Bemerkungen
1	0	0		
1.1	100,00	100,00	ø40	Tiefe 60
1.2	200,00	300,00	ø60	Tiefe 40
1.3	250,00	150,00	ø30 H7	
1.4	150,00	350,00	ø30 H8	
1.5	500,00	350,00	ø80 H8	
1.6	500,00	100,00	ø50	
1.7	600,00	150,00	ø50	

7.8 Maßeintragung an Keilen und Kegeln

7.8.1 Keile

Beim Keil handelt es sich um ein Paar sich schneidender Ebenen, festgelegt durch ein Winkelgrößenmaß. Die Definition von Keilen erfolgt durch eine Kombination aus Merkmalen und Maßen des Keils (**Bild 1**).

Merkmale für Keile sind:

- **Keilwinkel (Steigungswinkel)** β, anwendbar auf alle Keile.
- **Verjüngung des Keils** ***C*** mit $C = 2 \cdot \tan \frac{\beta}{2}$

für Keile deren Ebenen sich symmetrisch zur Längsrichtung unter einem Winkel verjüngen (**Bild 1**).

- **Keilsteigung** ***S*** mit $S = \tan \beta = \frac{H - h}{L}$

für Keile, bei denen eine Ebene in direkter Längsrichtung liegt und die zweite Ebene in einem Winkel dazu ansteigt (**Bild 1**).

Die Eintragung des Keilwinkels β erfolgt als Winkelmaß (**Kapitel 7.5.1, Seite 55**).

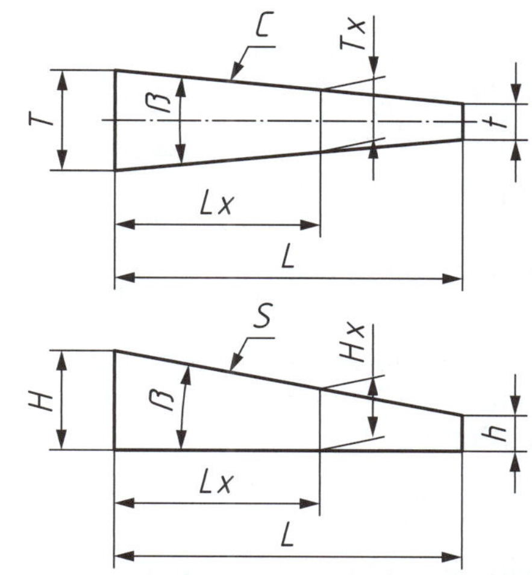

Merkmale und Maße von Keilen		
β	Keilwinkel (Steigungswinkel)	(Merkmal)
S	Keilsteigung	(Merkmal)
C	Verjüngung des Keils	(Merkmal)
L	Länge des Keils	(Maß)
Lx	Länge in einem Querschnitt für Tx (Hx)	(Maß)
$T(H)$	Keildicke (Keilhöhe) am dickeren Ende	(Maß)
$Tx\,(Hx)$	Keildicke (Keilhöhe) bei Lx	(Maß)
$t\,(h)$	Keildicke (Keilhöhe) am dünneren Ende	(Maß)

Bild 1

Die Angabe der Verjüngung des Keils erfolgt nach dem Kennzeichen *C* und einem Leerzeichen im Format 1: *C* (**Bilder 2 und 3**).

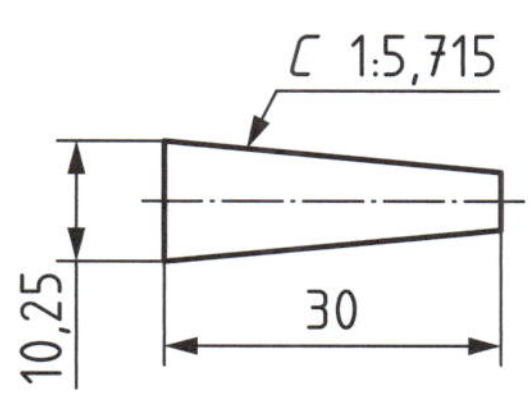

Bild 2

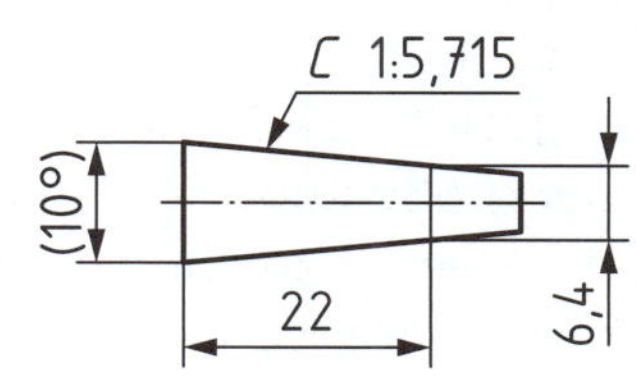

Bild 3

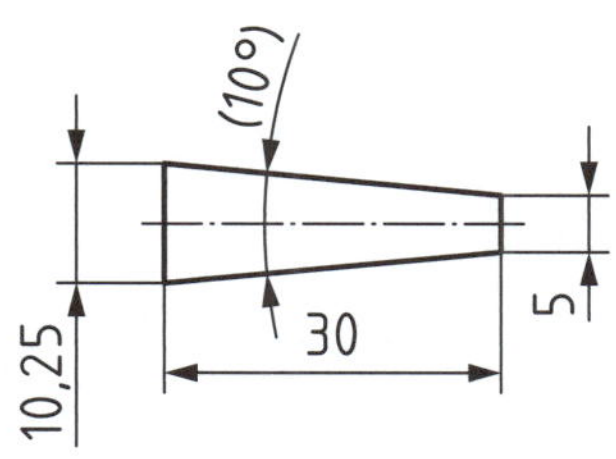

Bild 4

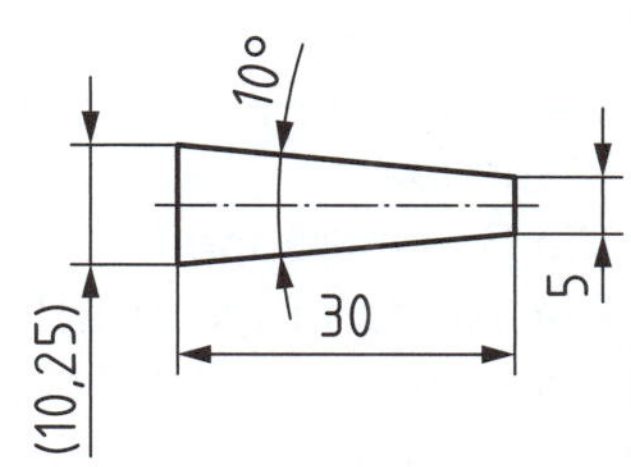

Bild 5

Die Angabe der Keilsteigung erfolgt nach dem Kennzeichen *S* und einem Leerzeichen im Format 1 : *S* (**Bilder 6 und 7**).

Die Keilsteigung *S* darf auch in Prozent angegeben werden (**Bild 7**). Eine Keilsteigung von 10 % entspricht einem Verhältnis von

$$\text{Steigung} = \frac{a}{b} = \frac{10}{100} = \frac{1}{10} = 1 : 10$$

$$\tan \beta = \text{Steigung} = \frac{1}{10} = 0{,}1 \qquad \beta = 5{,}71°$$

$$\beta = 5°42'38{,}1''$$

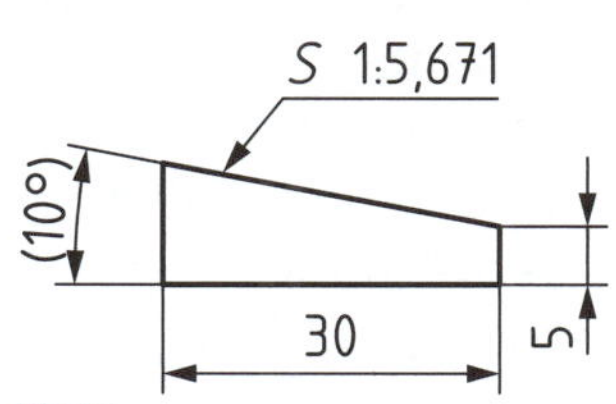

Bild 6

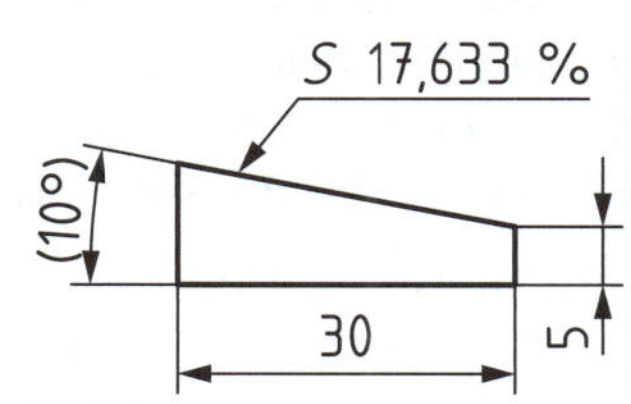

Bild 7

Die Steigung kann wie in **Bild 10** konstruiert werden.

Für die Bemaßung sollte die Kombination aus Maßen und Merkmalen eingetragen werden, die für die Funktion des Keils am besten geeignet ist. Die **Bilder 2 bis 9** stellen nur eine Auswahl möglicher Kombinationen dar.

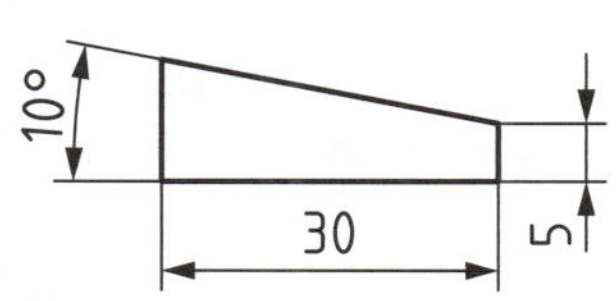

Bild 8

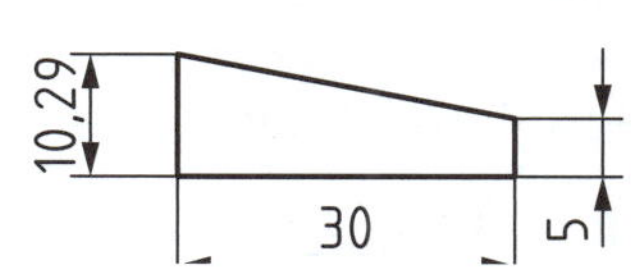

Bild 9

Maße, die nicht zur geometrischen Bestimmung des Keils erforderlich sind und nur aus fertigungstechnischen oder informativen Gründen in die Zeichnung eingetragen werden, sind als Hilfsmaße einzuklammern (**Bilder 3 bis 7**).

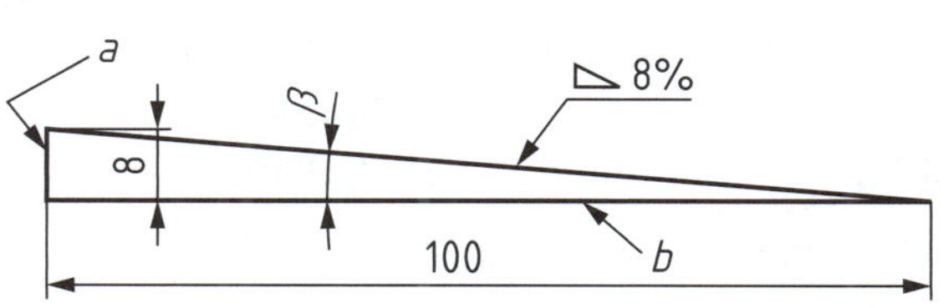

Bild 10

7.8.2 Kegel

Wichtiges Merkmal von Kegeln ist das Kegelverhältnis *C* nach folgender Formel:

Kegelverhältnis $C = \frac{(D-d)}{L} = 2 \cdot \tan\frac{\alpha}{2}$

Das Kegelverhältnis *C* ist das Verhältnis aus der Differenz zweier Kegeldurchmesser und deren Abstand. Es gibt für die Durchmesserdifferenz von 1 mm die zugehörige Kegellänge *lc* an (**Bild 1**).

Der Wert für das Kegelverhältnis wird zusammen mit dem Symbol für das Kegelverhältnis in die Zeichnung eingetragen (**Bild 2**).

Das Symbol ist ein gleichschenkliges Dreieck mit Spitzenwinkel 30° und einer Länge = 1,6 x Schrifthöhe (**Bild 2**). Es wird auf eine zur Mittellinie des Kegels parallele Bezugslinie gezeichnet, die mit einer Hinweislinie und einem Pfeil mit der Kontur des Kegels verbunden ist (**Bild 2**). Die Richtung des Symbols muss mit der Richtung des Kegels übereinstimmen (**Bild 4**).

Der Wert des Kegelverhältnisses wird auf der Bezugslinie hinter dem Symbol angegeben.

Bei Werkstücken mit Außen- und Innenkegeln werden die Kegelverhältnisse wie in **Bild 3** eingetragen.

Zur Bemaßung von· Kegeln können verschiedene Maßkombinationen verwendet werden, um Größe, Form und Lage des Kegels festzulegen. Als Zeichnungseintrag kommen infrage (**Bild 1**):

- der große Kegeldurchmesser *D*
- der kleine Kegeldurchmesser *d*
- die Kegellänge *L*
- das Kegelverhältnis *C* in Form einer Verhältniszahl (z.B. 1 : 5 oder 1/5) oder in Prozent (z. B. 20%)
- der Kegelwinkel α
- der Kegeldurchmesser *Dx* in einem bestimmten Abstand *Lx*
- die Gesamtlänge *L'*
- der Abstand *Lx* zwischen einer Bezugsfläche und dem Querschnitt mit dem Durchmesser *Dx*.

Die gewählte Maßkombination ist von der Funktion, Fertigung und der Prüfung des Kegels abhängig. Bei der Maßkombination müssen mindestens drei Bestimmungsmaße eingetragen werden. Weitere Maße dürfen als Hilfsmaße eingetragen werden (**Bild 4**).

Kegel können, wenn ihr Kegelverhältnis in Prozent angegeben wird, wie in **Bild 5** konstruiert werden.

Gehört der Kegel zu einer genormten Reihe von Kegeln wie Morsekegel, metrischer Kegel oder Steilkegel, darf der Wert für das Kegelverhältnis durch die Normbezeichnung ersetzt werden (**Bild 6**).

7.8.3 Überprüfen Sie Ihr Wissen:

1 Bei welcher Darstellung ist das Symbol für das Kegelverhältnis normgerecht eingetragen?

a) **Bild 7** c) **Bild 9**
b) **Bild 8** d) **Bild 10**

2 In welchem Bild ist der Maßeintrag richtig?

a) **Bild 11** c) **Bild 13**
b) **Bild 12** d) **Bild 14**

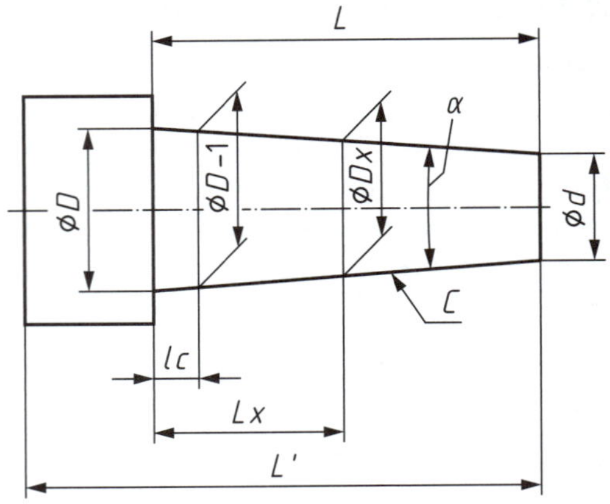

Bild 1

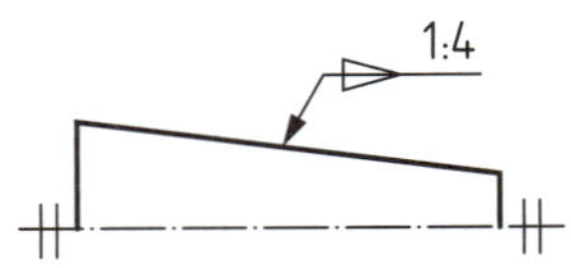

Bild 2

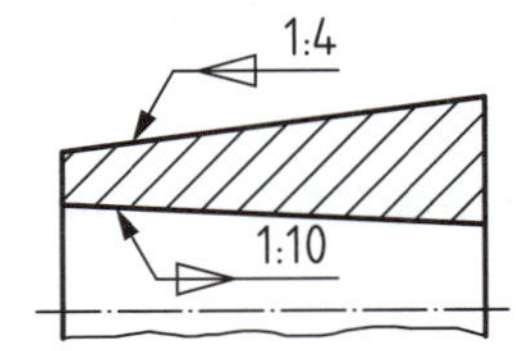

Bild 3

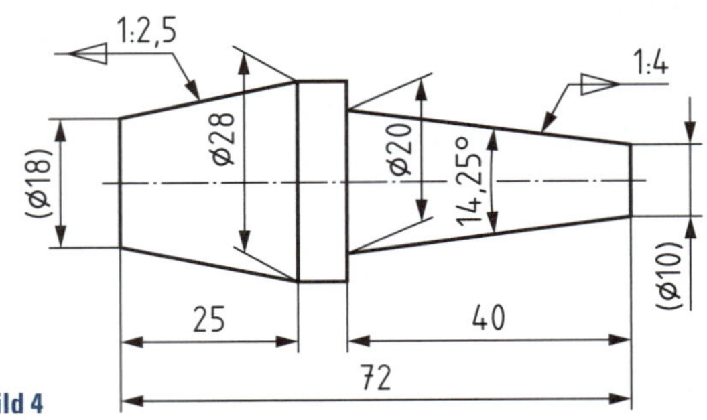

Bild 4

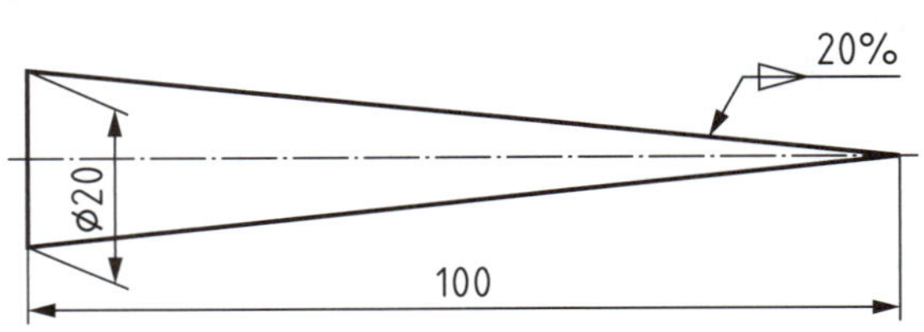

Bild 5

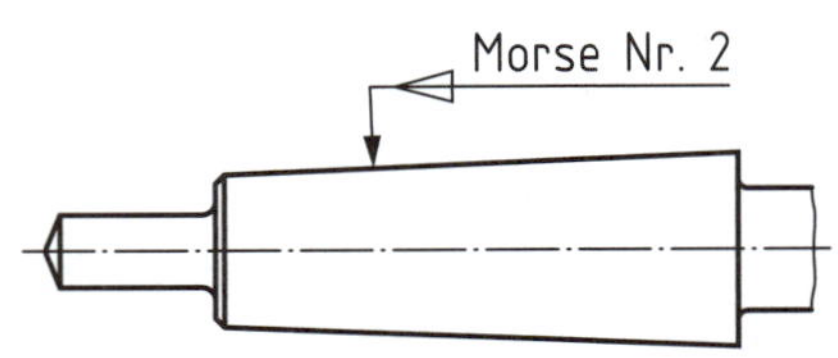

Bild 6

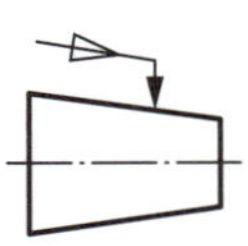
Bild 7

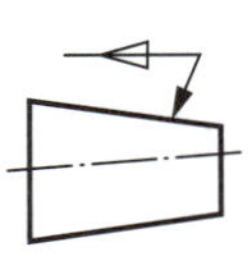
Bild 8

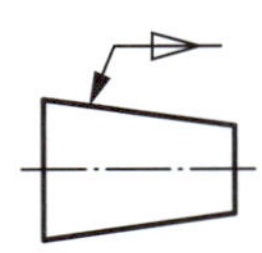
Bild 9

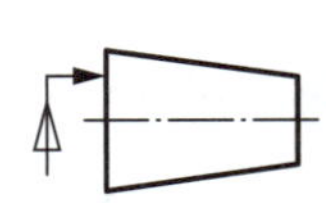
Bild 10

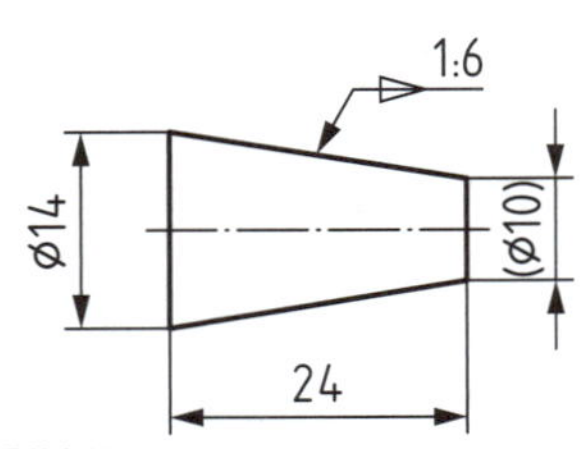

Bild 11

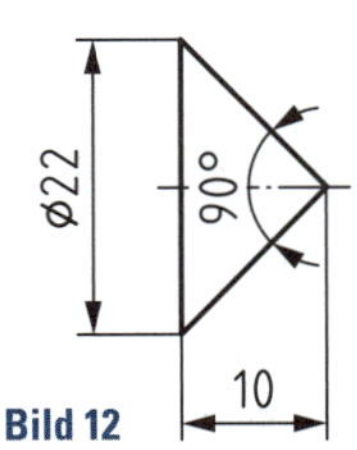

Bild 12

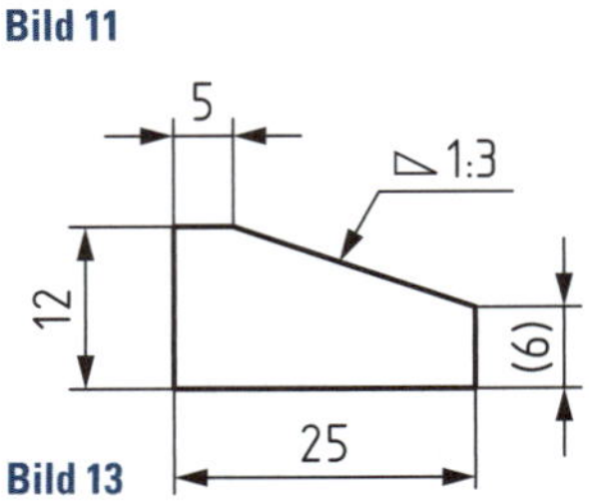

Bild 13

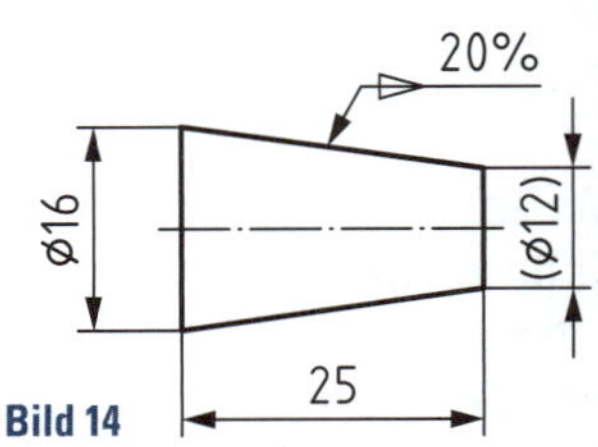

Bild 14

7.9 Maßeintragung und Angaben bei Werkstücken mit zylindrischer Grundform

7.9.1 Längenmaße

Bezugselement für Längenmaße ist diejenige Planfläche, von der aus die Bearbeitung an der Drehmaschine erfolgt (**Bild 1**). Wird das Werkstück zur Bearbeitung umgespannt, dann werden die Längenmaße für jede Einspannung von getrennten Planflächen aus eingetragen. Dadurch ist für jeden Arbeitsgang das erforderliche Bearbeitungsmaß gegeben. Die Maßeintragung ist **fertigungsbezogen**.

Die Eintragung der Längenmaße kann mit Parallelbemaßung (**Bild 1**) oder steigender Bemaßung (**Bild 2**) erfolgen.

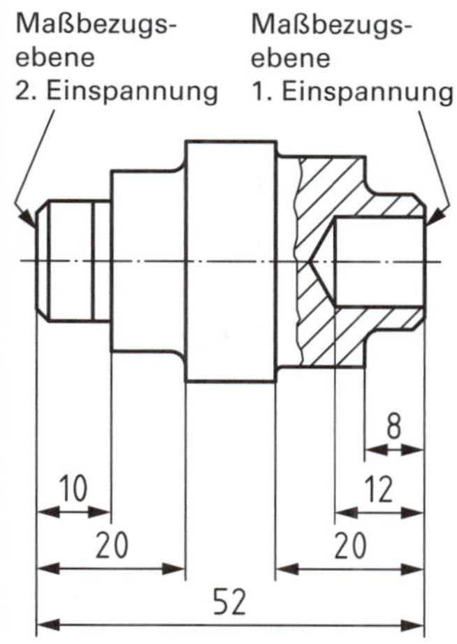

Bild 1

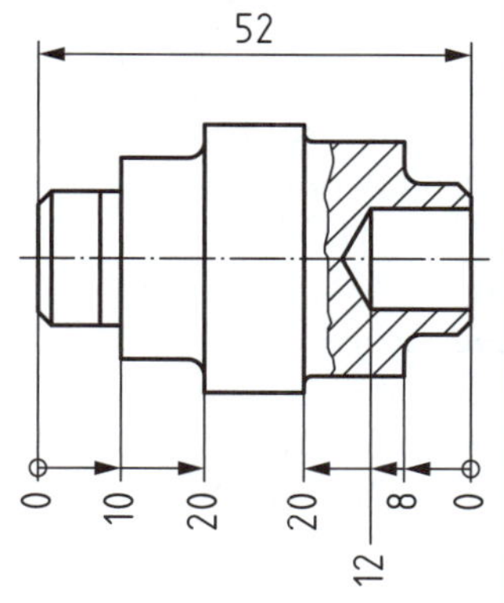

Bild 2

7.9.2 Durchmesser

Durchmessermaße erhalten in jedem Fall das Durchmesserzeichen vor der Maßzahl (**Seite 55**).

Um zu vermeiden, dass die Durchmessermaße weit von dem jeweiligen Durchmesser entfernt stehen, werden sie vielfach innerhalb. des Werkstücks eingetragen (**Bild 3**, Maße ⌀32 und ⌀24). Da die Maßzahlen nicht von Linien berührt werden dürfen, wird das Durchmessermaß entweder seitlich versetzt eingetragen (⌀32) oder es wird die Mittellinie unterbrochen (⌀24).

Sind runde Formelemente nur teilweise dargestellt, z.B. bei Darstellung nur einer Werkstückhälfte, so erhält die Maßlinie für den Durchmesser nur einen Maßpfeil (**Bild 4**). Die Maßlinie wird dabei verkürzt, jedoch über die Mittellinie ragend, dargestellt.

Bei Platzmangel können Durchmessermaße von außen an die Formelemente gesetzt werden (**Bild 5**).

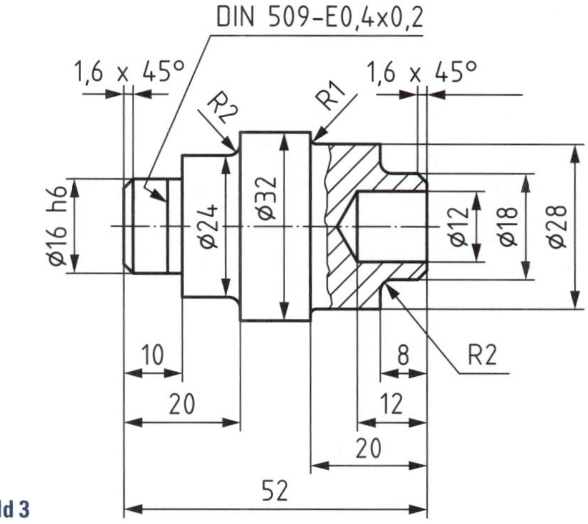

Bild 3

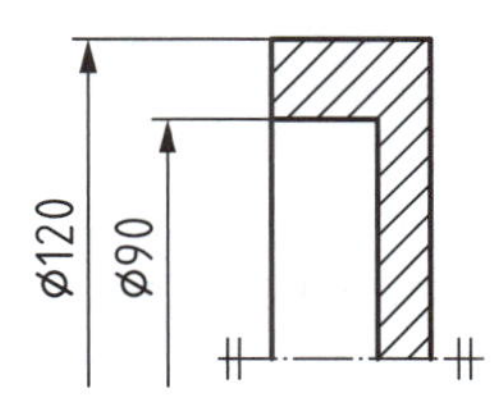

Bild 4

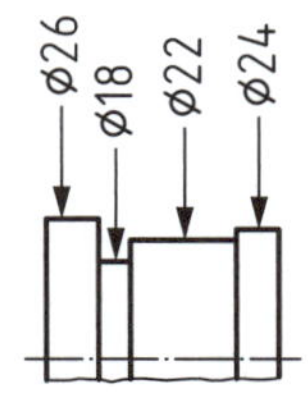

Bild 5

7.9.3 Freistiche

Freistiche dienen als Auslauf der Schleifscheibenkante beim Rundschleifen sowie zur Verringerung der Kerbwirkung an Absätzen. Größen und Formen sind genormt.

Freistiche können vollständig gezeichnet und bemaßt werden (**Bild 6**) oder mit breiter Volllinie vereinfacht dargestellt werden (**Bild 7**). Die breite Volllinie bei vereinfachter Darstellung wird ungefähr an der Stelle eingezeichnet, an der der Freistich beginnt. Bei vereinfachter Darstellung kann eine als Einzelheit dargestellte Form auch weggelassen werden.

Wird der Freistich sinnbildlich dargestellt, so sind die Maße aus Tabellen zu entnehmen (**Bild 7**).

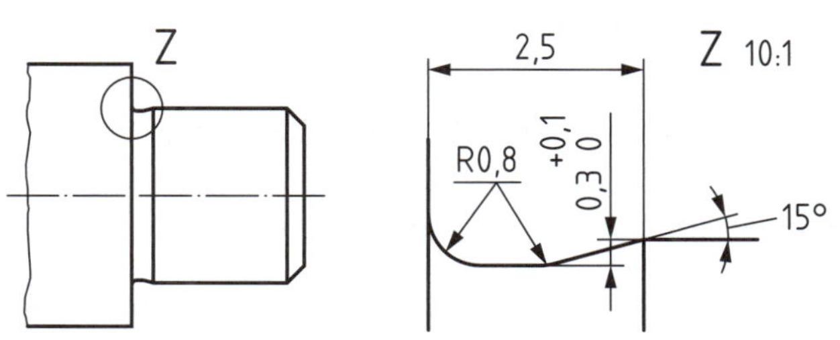

Bild 6

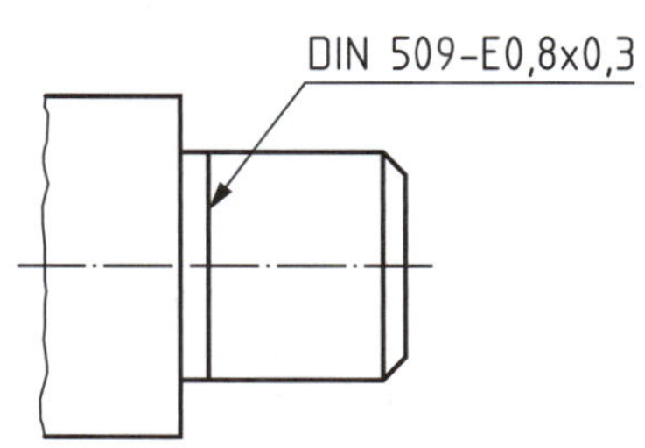

Bild 7

Beispiel:

DIN 509-E 0,8 x 0,3 bedeutet:

Freistich nach DIN 509, Form E (ohne Planflächeneinstich), Radius 0,8 mm, Einstichtiefe Nennmaß 0,3 mm.

7.9.4 Vereinfachte Darstellung und Bezeichnung von Zentrierbohrungen

Zentrierbohrungen dienen zum Führen der Drehteile während der Bearbeitung. Ihre Form und Größe richtet sich nach dem Verwendungszweck. In DIN ISO 6411 und DIN 332 sind die verschiedenen Formen von Zentrierbohrungen aufgeführt.

Die Größe *d* der erforderlichen Zentrierbohrung richtet sich nach der Zugfestigkeit R_m des Werkstoffs, der Gewichtskraft F_G des Drehteils und der Schnittkraft F_e beim Drehen. Sie kann berechnet oder aus Tabellen entnommen werden.

Die **Darstellung** der Zentrierbohrungen erfolgt vereinfacht mit Sinnbildern nach DIN ISO 6411 (**Tabellen 1 und 2**).

Durch das Sinnbild wird festgelegt, ob die Zentrierung
- am fertigen Teil erforderlich ist;
- am fertigen Teil verbleiben darf;
- am fertigen Teil nicht verbleiben darf (entfernt werden muss).

Die **Bezeichnung** der Zentrierbohrung enthält
- die Angabe der Norm ISO 6411;
- den Buchstaben für die Form (R, A oder B);
- den Führungsdurchmesser *d*;
- den äußeren Senklochdurchmesser *D*.

Beispiele:

Bild 1: Zentrierbohrung nach ISO 6411, Form R (60°, gerundete Lauffläche, ohne Schutzsenkung), zylindrischer Bohrungsdurchmesser *d* = 1,6 mm, äußerer Senklochdurchmesser *D* = 3,35 mm; muss am fertigen Teil vorhanden sein.

Bild 2: Zentrierbohrung nach ISO 6411, Form B (60°, gerade Lauffläche, mit Schutzsenkung 120°), zylindrischer Bohrungsdurchmesser *d* = 2,5 mm, äußerer Senklochdurchmesser *D* = 5,3 mm; darf am fertigen Teil nicht verbleiben.

Bild 3: Zentrierbohrung nach ISO 6411, Form A (60°, gerade Lauffläche, ohne Schutzsenkung), zylindrischer Bohrungsdurchmesser *d* = 2,0 mm, äußerer Senklochdurchmesser *D* = 4,25 mm; darf am fertigen Teil vorhanden sein oder entfernt werden.

7.10 Bohrungen

Bilder 4, 5 und 6 zeigen Beispiele für den Maßeintrag der Durchmesser nach **Kapitel 7.5.2, Seite 55**.

Als Bohrungstiefe wird das Maß bezeichnet, bis zu dem die Bohrung zylindrisch ist (**Bild 5**). Die Größe und Form des von der Bohrerspitze herrührenden kegeligen Ansatzes wird im Regelfall nicht bemaßt (**Bild 5**).

Das Maß für die Bohrungstiefe von Durchgangsbohrungen kann bei flächigen Werkstücken weggelassen werden, sofern keine Missverständnisse zu erwarten sind (**Bilder 4 und 6**).

7.11 Bohrbilder und Lochkreise

Mehrere gleiche oder verschiedene Bohrungen oder Formelemente, zwischen denen ein funktioneller Zusammenhang besteht, werden nach ihrem Funktionszusammenhang bemaßt (**Bilder 7 und 8**).

ISO GPS-konform bemaßt sind sie nur mit dimensioneller und geometrischer Tolerierung nach **Kapitel 8**.

Tabelle 1: Darstellung von Zentrierbohrungen vgl. DIN ISO 6411

Darstellung, Sinnbild	Anforderung
	Zentrierbohrung ist am fertigen Teil erforderlich
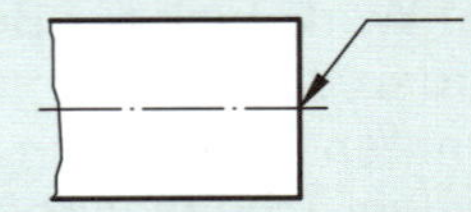	Zentrierbohrung darf am fertigen Teil vorhanden sein oder entfernt werden
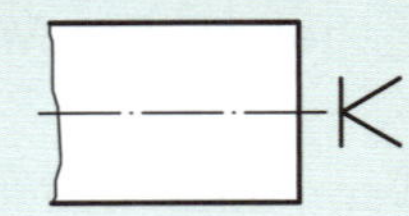	Zentrierbohrung darf am fertigen Teil **nicht** verbleiben

Tabelle 2: Form und Größe der Sinnbilder in mm

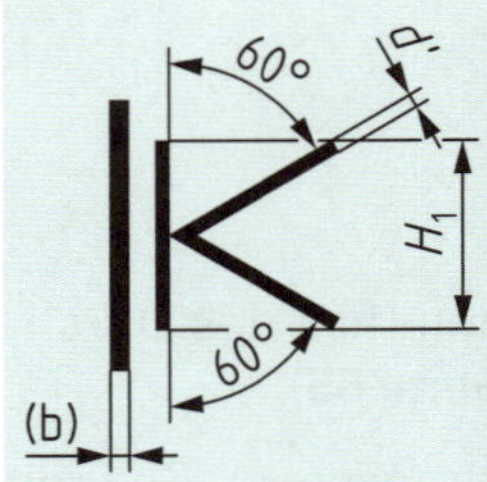

Linienbreite der Körperkante (*b*)	0,5	0,7	1,0	1,4
Schrifthöhe *h* der Maßeintragung	3,5	5	7	10
Linienbreite *d'* der Sinnbilder	0,35	0,5	0,7	1,0
Höhe H_1 des Sinnbildes	5	7	10	14

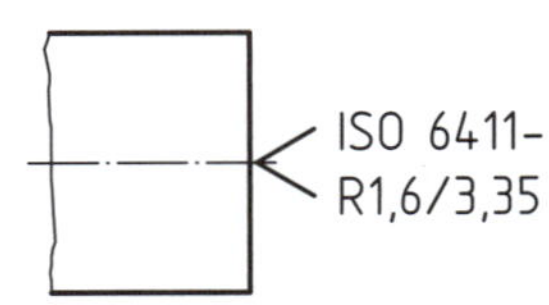

Bild 1

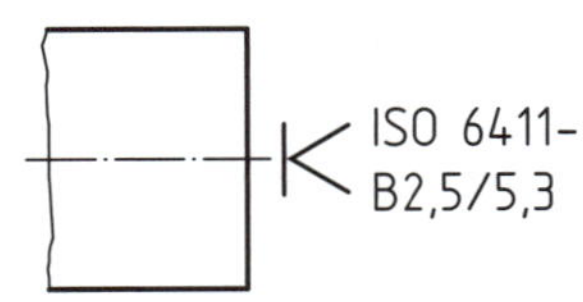

Bild 2

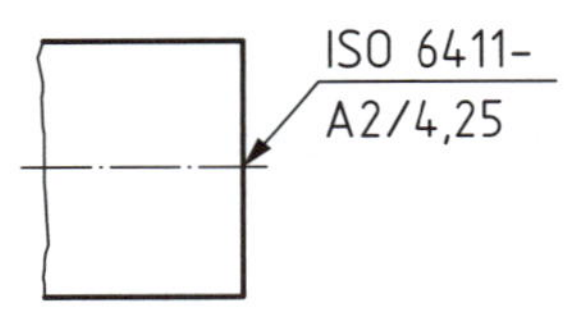

Bild 3

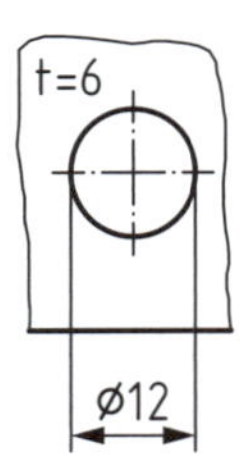

Bild 4

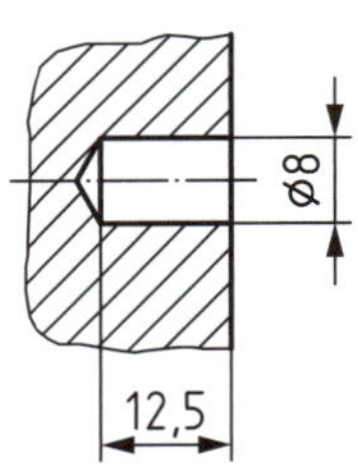

Bild 5

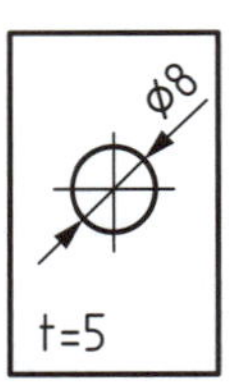

Bild 6

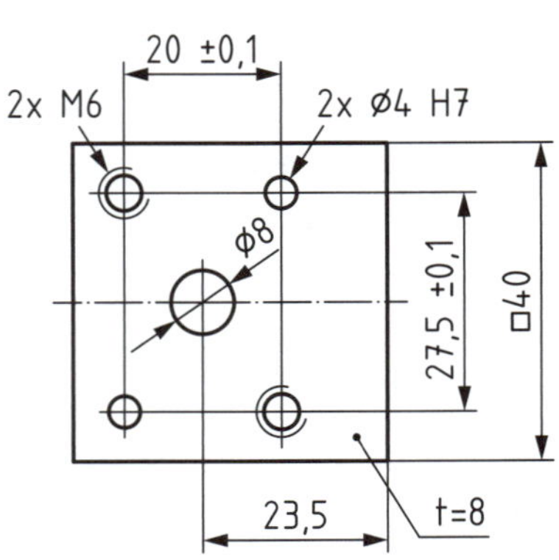

Bild 7

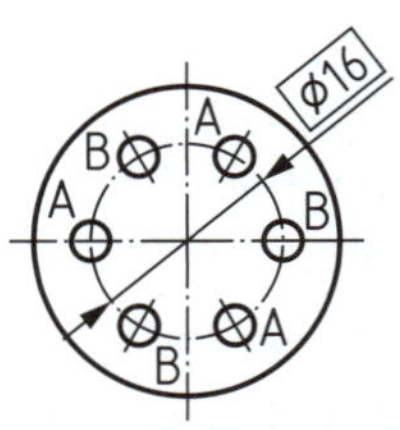

Bohrung	Durchmesser
A	ø3
B	ø3,5

Bild 8

7.12 Angaben für Gewinde und Gewindefreistiche

7.12.1 Gewinde

Für genormte Gewinde werden Kurzbezeichnungen nach DIN 202 in die Zeichnung eingetragen. Im Allgemeinen setzt sich die Kurzbezeichnung zusammen aus

- dem Kurzzeichen für die Gewindeart, z. B. M, Tr
- dem Nenndurchmesser (Gewindegröße)
- und gegebenenfalls weiteren Angaben wie z. B. Gewindesteigung, Teilung, Toleranzklasse, Richtung der Gewindesteigung und Anzahl der Gänge.

Bei Außen- und bei Innengewinden bezieht sich der Nenndurchmesser auf den Gewindeaußendurchmesser. Er wird deshalb immer am Außendurchmesser eingetragen (**Bilder 1 bis 3**).

Das Maß der Gewindelänge bezieht sich im Regelfall auf die nutzbare Gewindelänge (**Bild 4**).

Fasen an Gewinden werden nur bemaßt, wenn ihr Durchmesser nicht dem Gewindekern- bzw. dem Gewindeaußendurchmesser entspricht (**Bild 4**).

Die Tiefe des Grundloches wird in der Regel nicht bemaßt (**Bild 4**).

Bei Linksgewinden ist das Kurzzeichen „LH" (**L**eft **H**and) hinter die vollständige Gewindebezeichnung zu setzen. Bei Werkstücken mit Links- **und** Rechtsgewinden müssen Linksgewinde mit „LH", Rechtsgewinde mit „RH" (**R**ight Hand) bezeichnet werden (**Bild 5**).

Bei mehrgängigen Gewinden müssen hinter dem Nenndurchmesser die Gewindesteiqung *L* und die Teilung *P* eingetragen werden (**Bild 6**).

Um bei der Bemaßung der Zeichnung Platz zu sparen, dürfen Gewinde auch vereinfacht bemaßt werden (**Seite 69**).

7.12.2 Gewindefreistiche

Gewindefreistiche und Gewindeausläufe für Außen- und Innengewinde sind in DIN 76 genormt. Die Maße können Tabellen entnommen werden. Sie richten sich nach der Steigung des Gewindes und nicht nach dem Gewindeaußendurchmesser.

Gewindefreistiche können detailliert dargestellt und vollständig bemaßt werden (**Bild 7**).

Aus Vereinfachungsgründen kann statt dem vollständigen Maßeintrag bei Außengewinden z. B. der Hinweis

DIN 76-A

bei Innengewinden z. B. der Hinweis

DIN 76-C

in die Zeichnung eingetragen werden (**Bild 8**).

Bei weiterer Vereinfachung wird der Gewindefreistich nicht mehr gezeichnet (**Bild 9**).

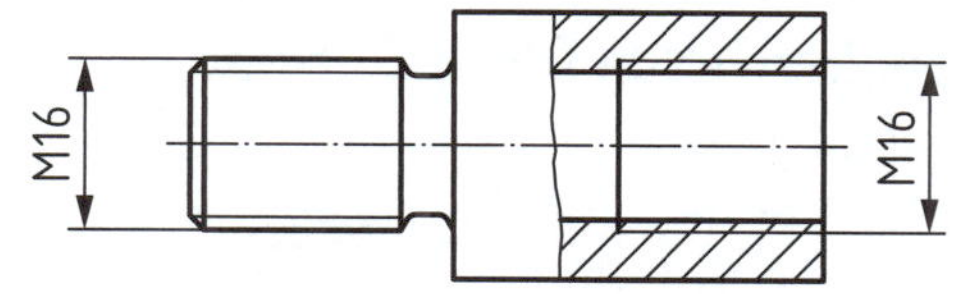

Bild 1

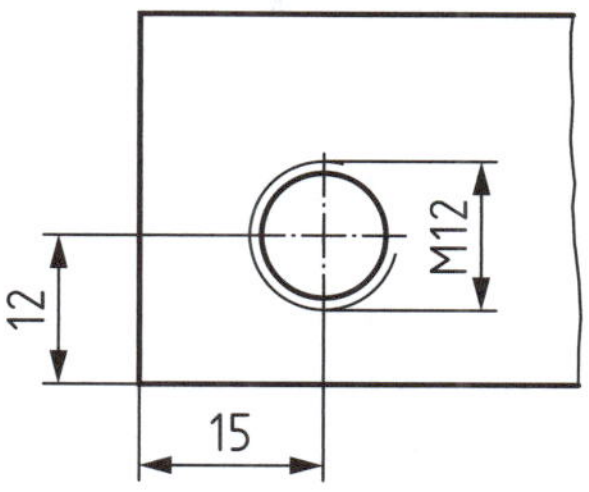

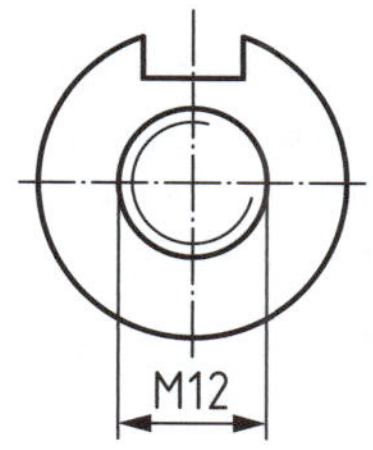

Bild 2 Bild 3

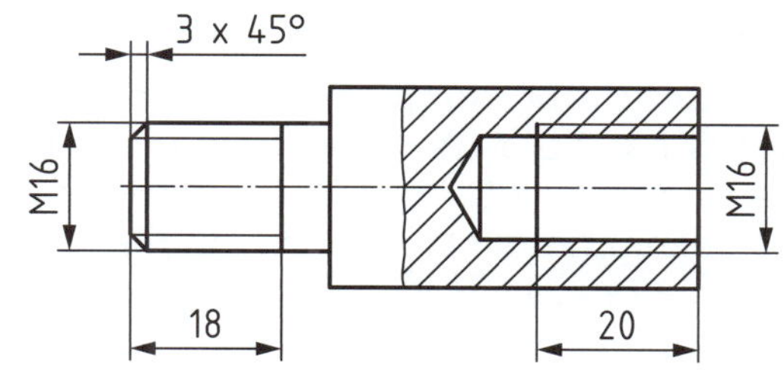

Bild 4

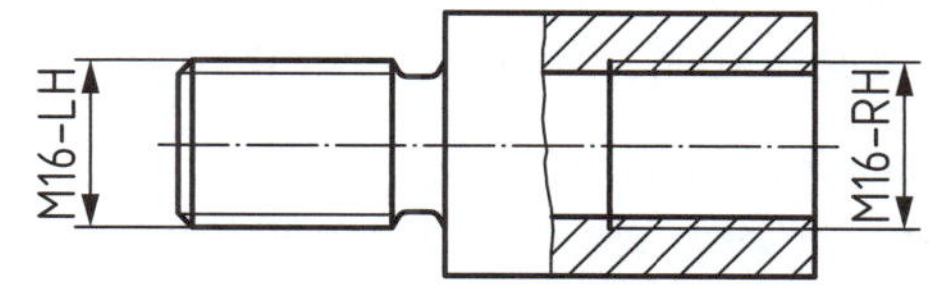

Bild 5

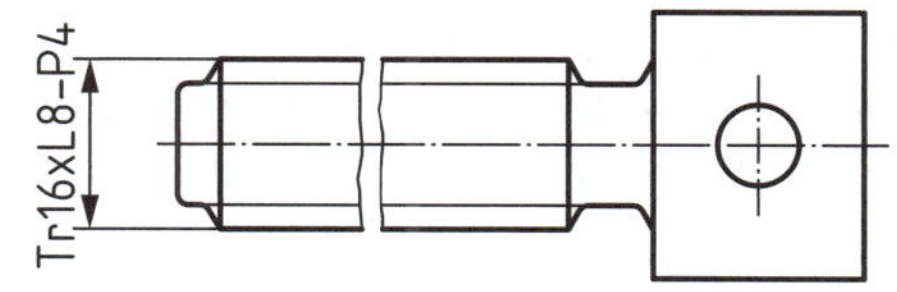

Bild 6

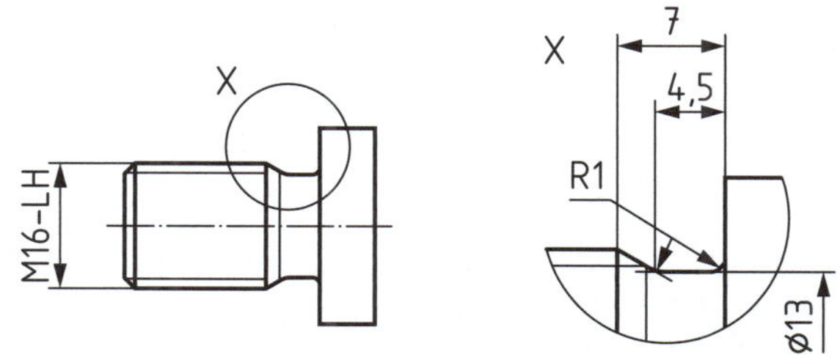

Bild 7

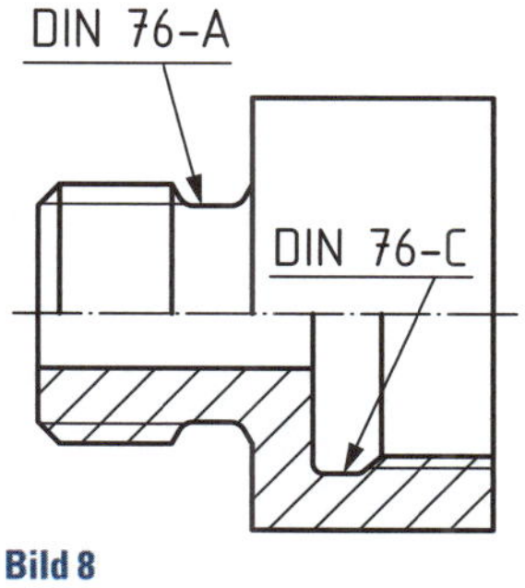

Bild 8

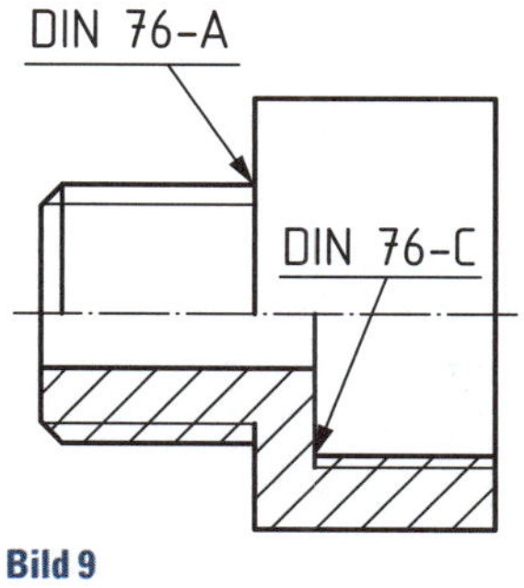

Bild 9

7.13 Vereinfachte Darstellung und Bemaßung von Löchern nach DIN ISO 15786

DIN ISO 15786 beschreibt Regeln für die vereinfachte Darstellung, Bemaßung und Tolerierung von Löchern, Senkungen, Fasen und Innengewinden. Die Anwendung der vereinfachten Darstellung und Bemaßung ist nur zulässig, wenn es dadurch zu keiner Fehldeutung der Zeichnung kommen kann.

Darstellungs- und Bemaßungsmethoden

Vollständige Darstellung und vollständige Bemaßung (**Bild 1**). Muss verwendet werden, wenn Vereinfachungen zu Fehldeutungen führen könnten.

Vollständige Darstellung und vereinfachte Bemaßung (**Bild 2**). Im Schnitt wird die Hinweislinie mit Pfeilspitze zum Schnittpunkt der sichtbaren Körperkante mit der Mittellinie des Loches geführt. In einer Draufsicht zeigt die Hinweislinie zum Mittelpunkt des Loches und endet mit der Pfeilspitze an der Lochaußenkante (**Bild 2**).

Vereinfachte Darstellung und vereinfachte Bemaßung (**Bild 3**). Vereinfacht wird nur die Mittellinie des Loches dargestellt. In der Draufsicht wird die Lage des Lochmittelpunktes durch ein Kreuz in breiter Volllinie dargestellt (**Bild 3**). Die Hinweislinie endet mit Pfeilspitze am Mittelpunkt des Loches oder am Schnittpunkt der sichtbaren Körperkante mit der Mittellinie des Loches. Der Pfeil zeigt in der Regel auf die Oberfläche des Teils, von welcher die Geometrieelemente angebracht (gefertigt) werden (**Bild 3**).

Aufbau der Bemaßung von Löchern

Die vereinfachte Bemaßung ist eine aneinandergereihte Aufzählung und Benennung der verwendeten Merkmale (**Tabelle 1**). Mit Ausnahme der Oberflächenanforderung wird in einer Schriftgröße geschrieben. Die Angaben für jedes Geometrieelement, mehrere identische oder mehrere Gruppen identischer Geometrieelemente werden in einer Zeile geschrieben.

Graphische Symbole

Tabelle 1 enthält die Symbole, die für die vereinfachte Bemaßung verwendet werden können

Beispiele

Beispiele für die Darstellung und Bemaßung von Löchern nach DIN ISO 15786 sind in **Tabelle 3** beschrieben und dargestellt.

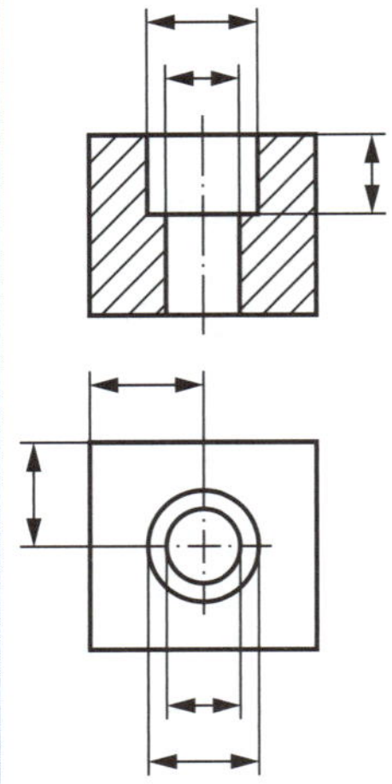

Bild 1

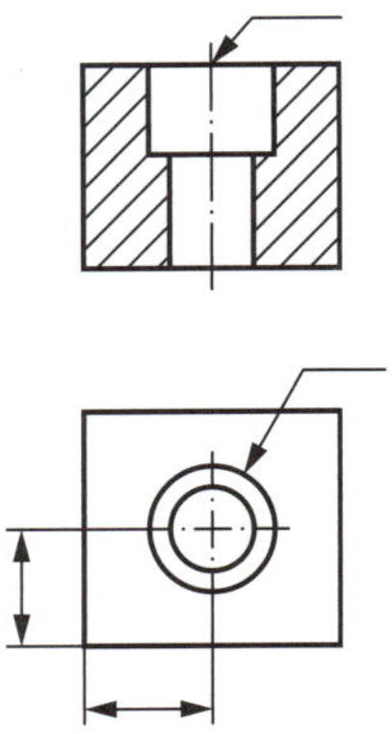

Bild 2

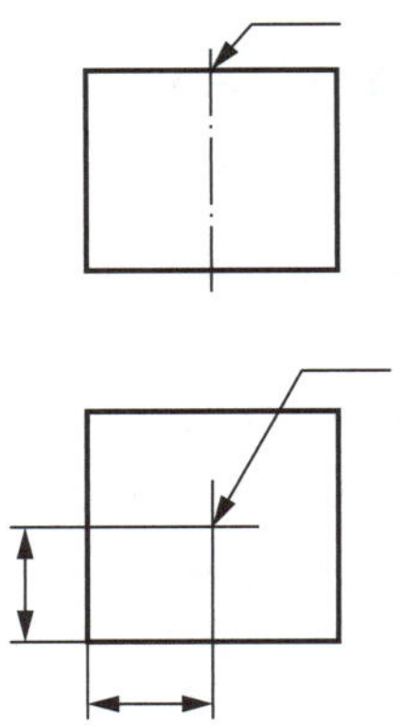

Bild 3

Tabelle 1: Aufbau Bemaßung von Löchern

2x / 6x ø20 H7 Ⓔ Rz 6,3 x 35 +0,5/0 U Rz 25									
Anzahl der Lochgruppen	Anzahl der Löcher	Nenndurchmesser (Nennmaß)	Toleranzklasse	Hüllbedingung	Oberflächenbeschaffenheit	Tiefe	Grenzabmaße der Tiefe	Lochgrund oder Ansenkung	Oberflächenbeschaffenheit des Lochgrundes oder Ansenkung

Tabelle 2: Graphische Symbole für Löcher

Symbol	Benennung/Bedeutung	Beispiel
ø; □	Durchmesser, Quadrat, Vierkant	ø16
x	Trennzeichen Maß zu Maß; Anzahl der Elemente, Gruppen	M12 x 25; 3x M5
/	Trennzeichen zw. Tiefenangaben; Trennzeichen Gruppenanzahl	M12 x 25/30; 2x / 4x M5
U[1]	zylindrische Senkung, flacher Lochgrund	ø11 x6,5U
V[1]	werkstoffabhängige Bohrerspitze (Spitzenwinkel) Lochgrund	ø8 x 16V
W[1]	Wendeschneidplattenbohrerspitze (Lochgrund)	ø24 x 36W
Y	Maßangabe der Bohrerspitze	ø8 x 16Y

[1] erfolgt keine Angabe mit „U", „V" oder „W", ist die Form des Lochgrundes freigestellt

Tabelle 3: Beispiele für die Darstellung und Bemaßung von Löchern nach DIN ISO 15786

Beschreibung	vollständige Darstellung, vollständige Bemaßung	vollständige Darstellung, vereinfachte Bemaßung	vereinfachte Darstellung, vereinfachte Bemaßung
Durchgangsbohrung ø12 Hinweis: Löcher ohne Tiefenangabe sind Durchgangslöcher	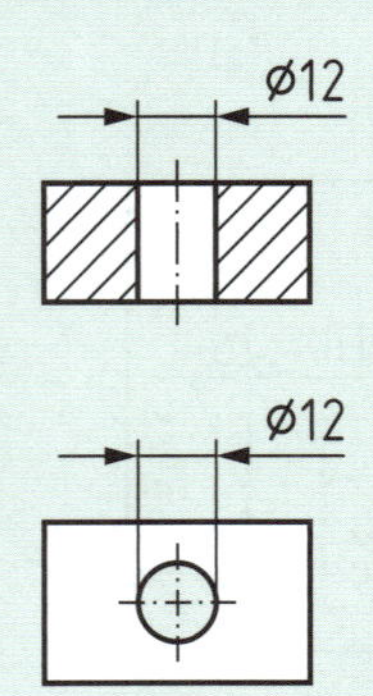	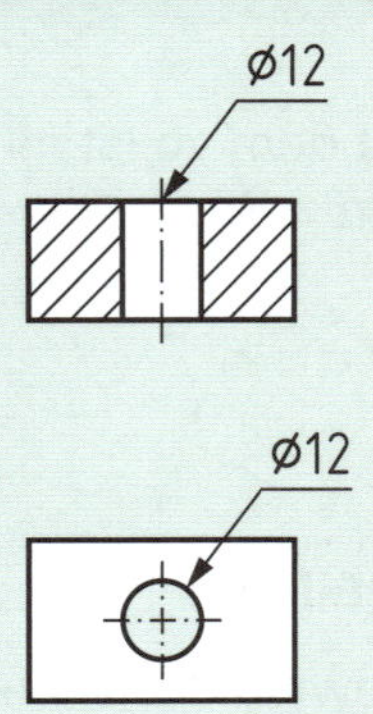	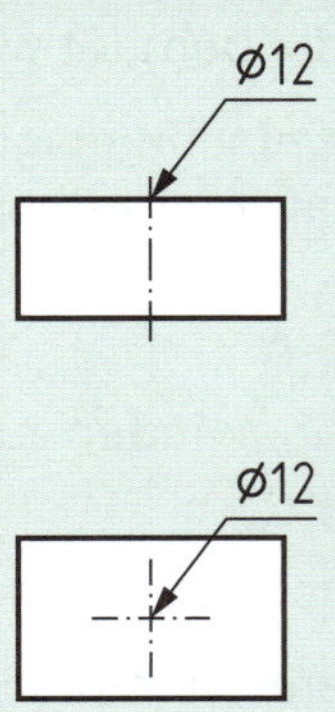

Tabelle 3: Beispiele für die Darstellung und Bemaßung von Löchern nach DIN ISO 15786; Fortsetzung

Beschreibung	vollständige Darstellung, vollständige Bemaßung	vollständige Darstellung, vereinfachte Bemaßung	vereinfachte Darstellung, vereinfachte Bemaßung
Quadratisches Durchgangsloch 18 × 18	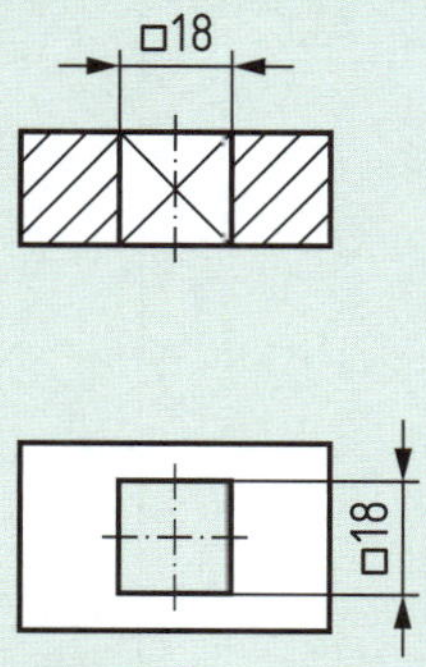	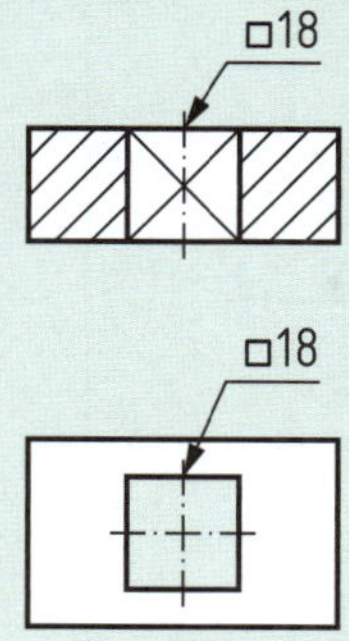	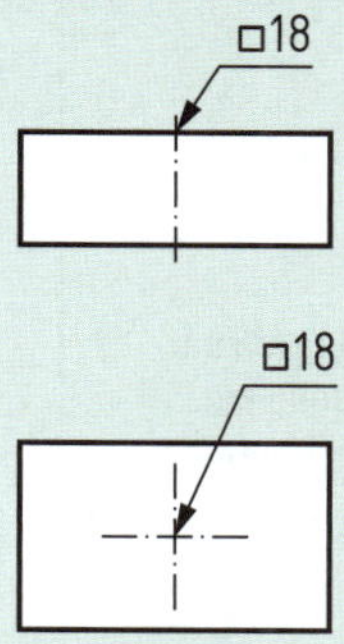
Grundloch ø8, Tiefe 25 (Lochgrund nicht bestimmt)	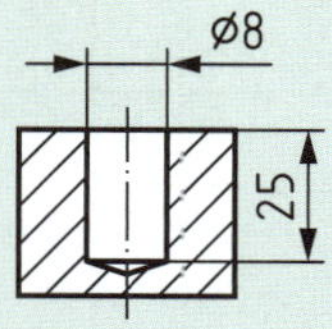	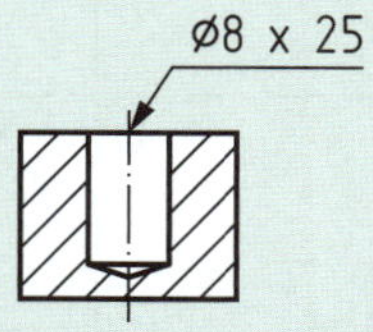	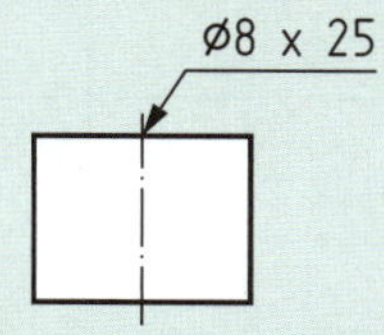
Grundloch ø10, Tiefe 20 Lochgrund mit Wendeschneidplatten hergestellt	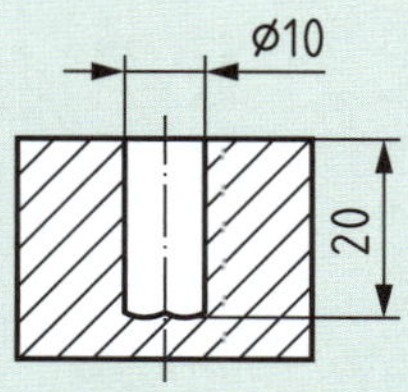	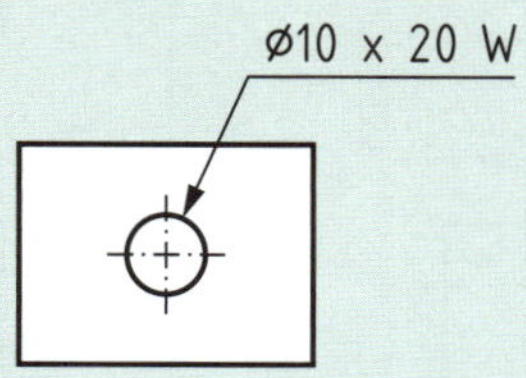	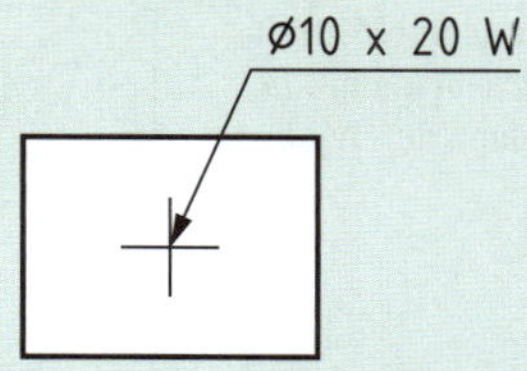
Grundloch ø8, Tiefenmaßangabe 22 bis Bohrerspitze mit Grenzabmaßen 0 und -0,5	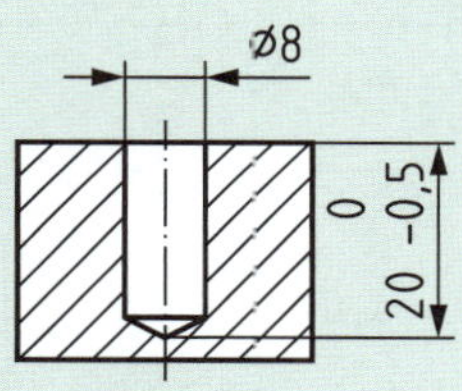	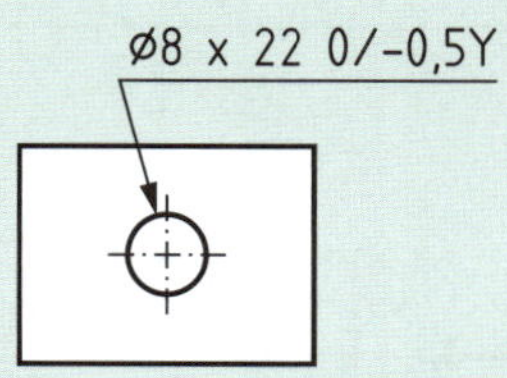	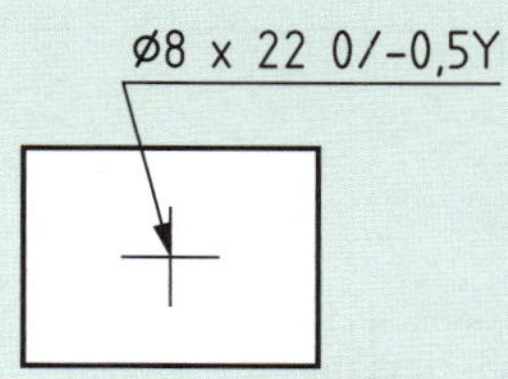
Passloch ø8 H7, durchgehend mit Fase 1 x 45°	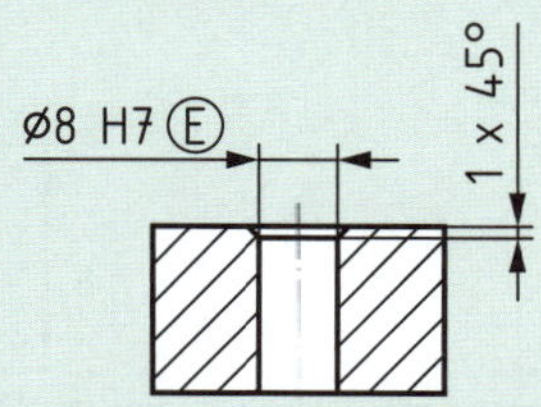	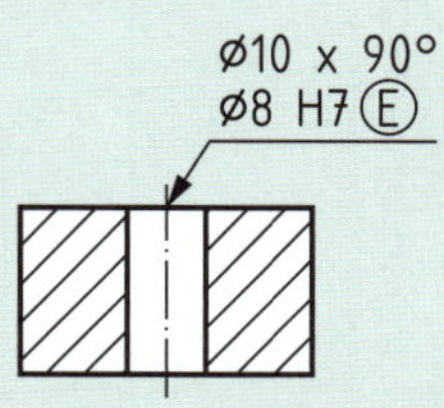	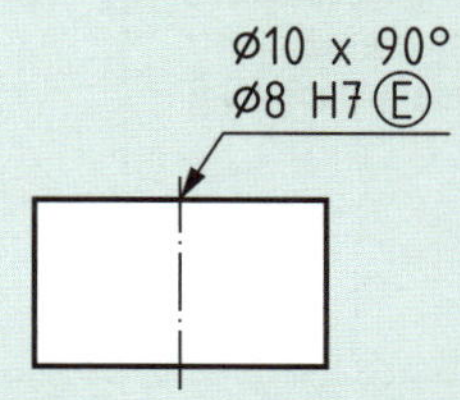
Passgrundloch ø8H7, Passungstiefe 12, Bohrungstiefe 18, mit Fase 1 x 45° (Lochgrund nicht bestimmt)	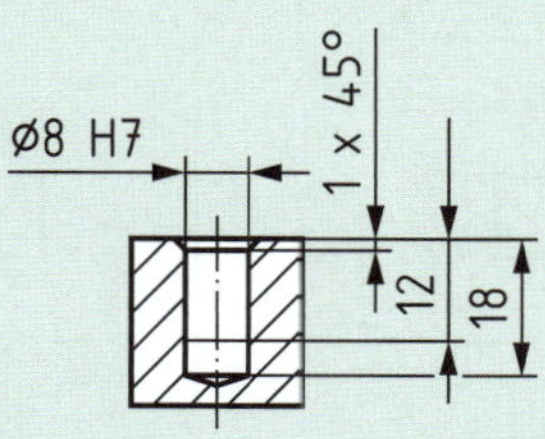	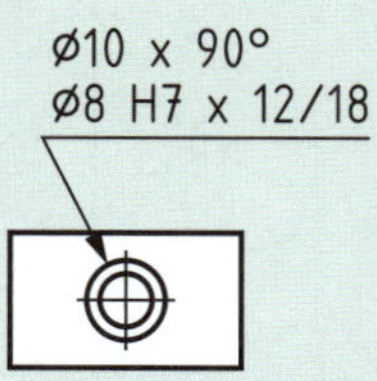	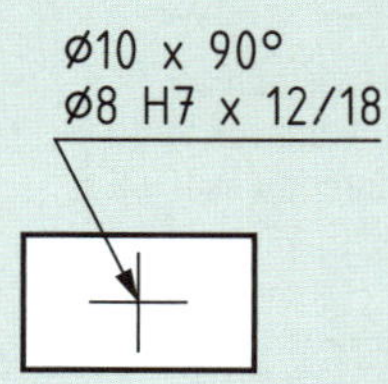
Durchgangsgewinde M8	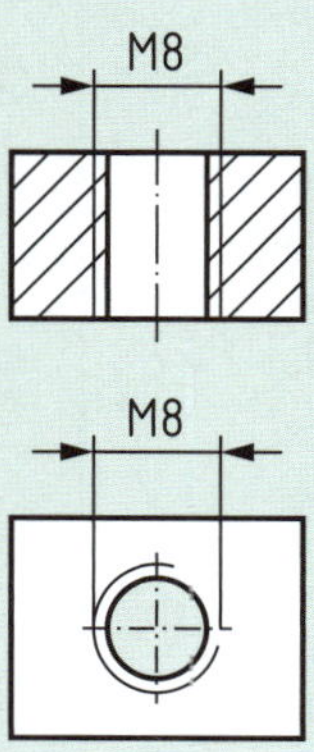	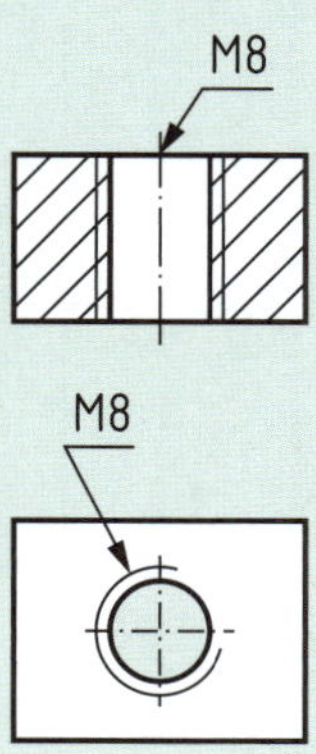	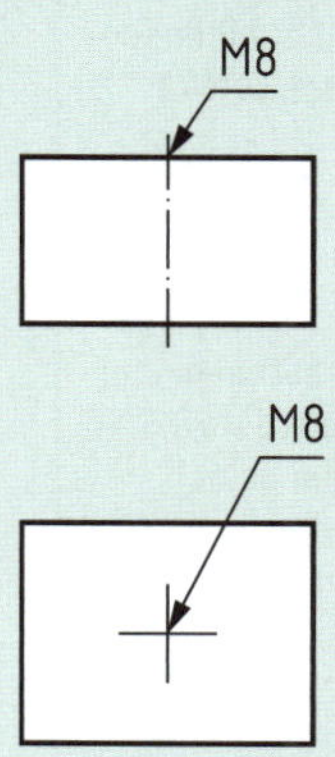

Tabelle 3: Beispiele für die Darstellung und Bemaßung von Löchern nach DIN ISO15786; Fortsetzung

Beschreibung	vollständige Darstellung, vollständige Bemaßung	vollständige Darstellung, vereinfachte Bemaßung	vereinfachte Darstellung, vereinfachte Bemaßung
Gewinde M8 mit Gewindelänge 25, Kernlochtiefe 30	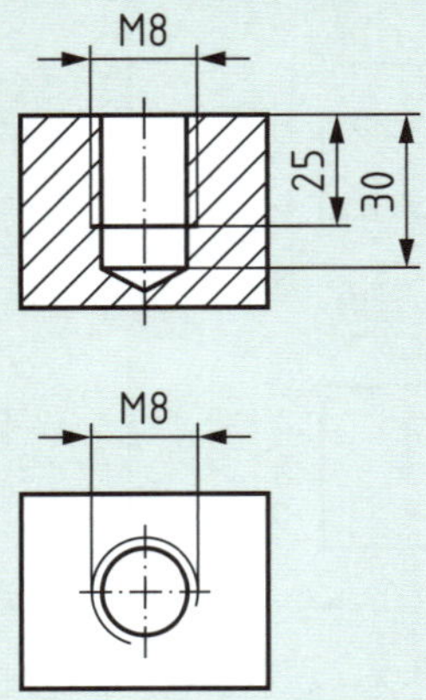	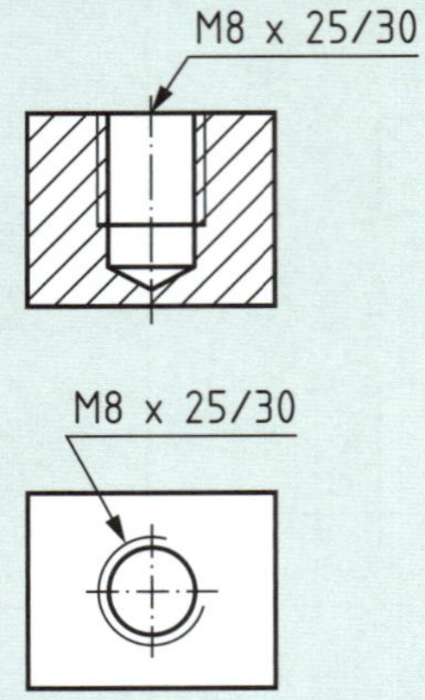	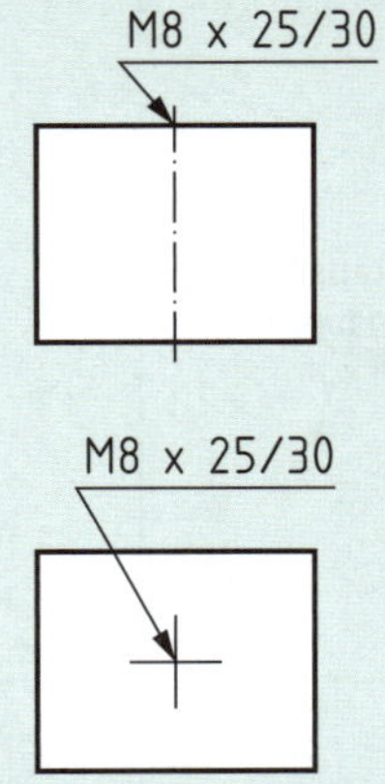
Gewinde M10 mit Gewindelänge 14, Kernloch durchgebohrt	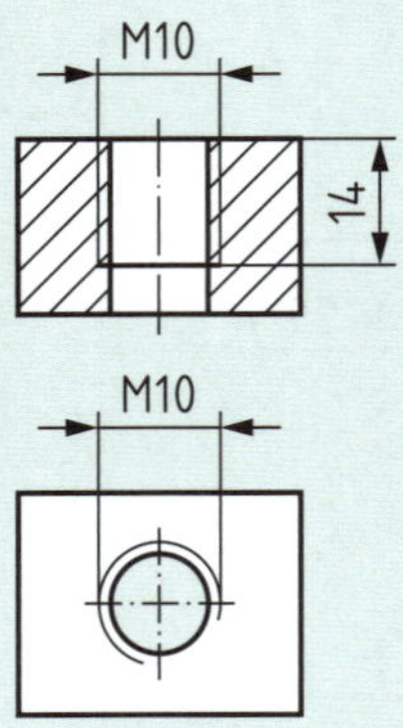	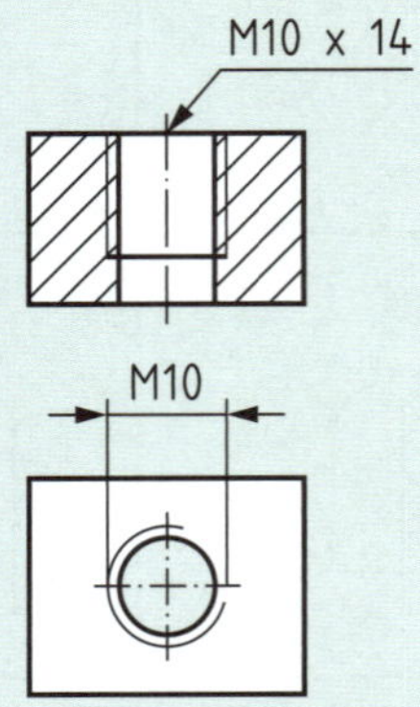	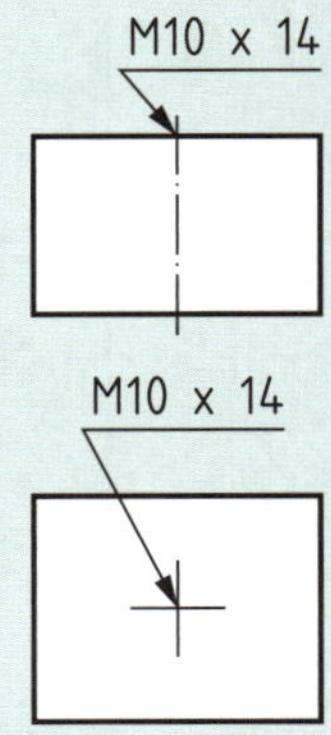
Senkung für Zylinderschraube M6, Senkdurchmesser ø11, mit flachem Lochgrund, Senktiefe 6,8, Durchgangsloch ø6,6	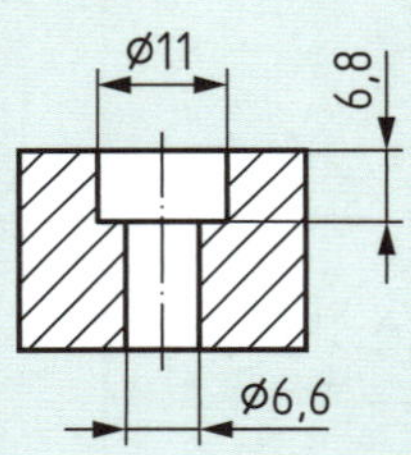	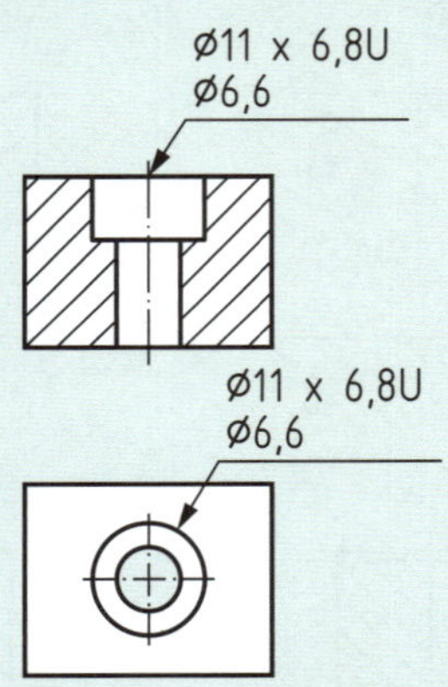	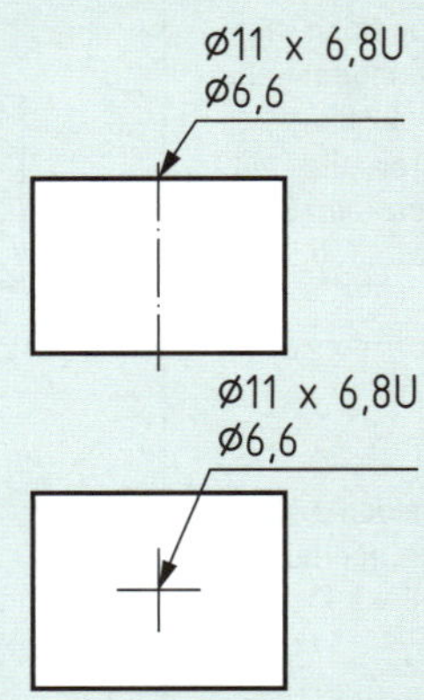
Durchgangsloch ø5, mit Ansenkung von 90° und Senkdurchmesser 9,5	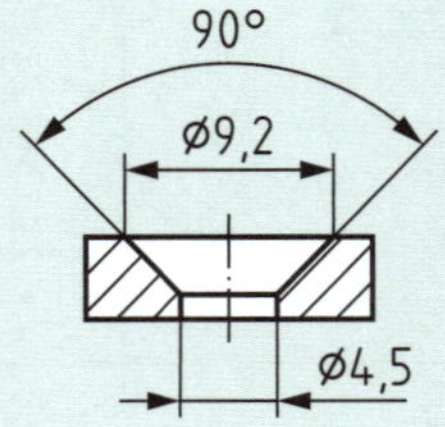	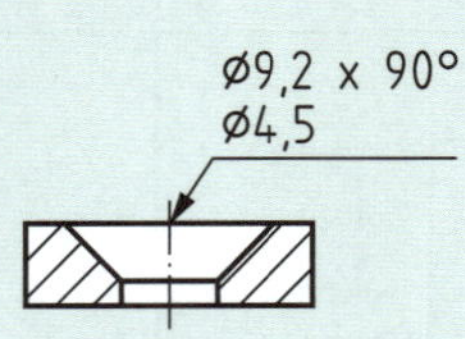	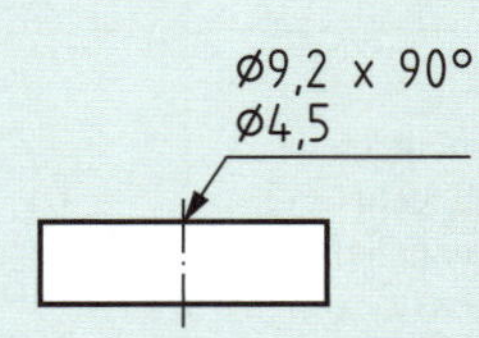
Hinweis: Alternativ als genormte Schraubensenkung nach DIN 74		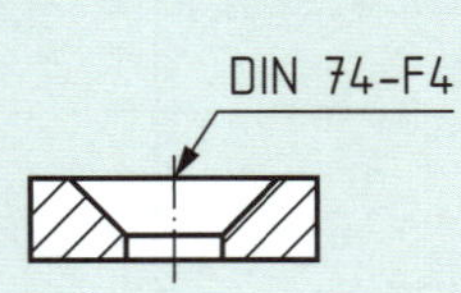	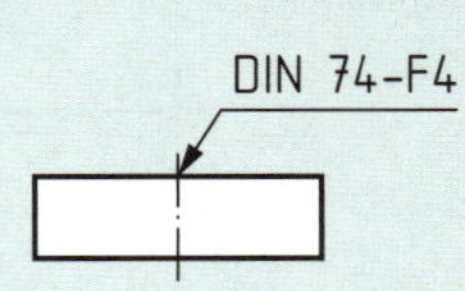
zylindrische Ansenkung ø8 mit Senktiefe 0,3, Durchgangsloch mit ø4,5 mit kegeliger Ansenkung von 90° und Senkdurchmesser ø8	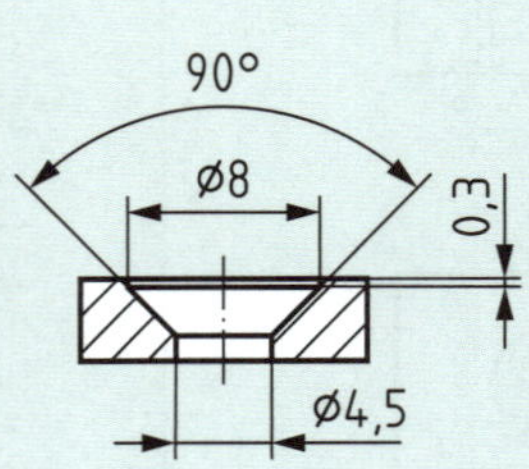	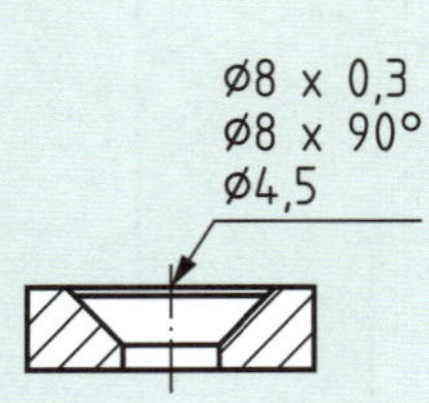	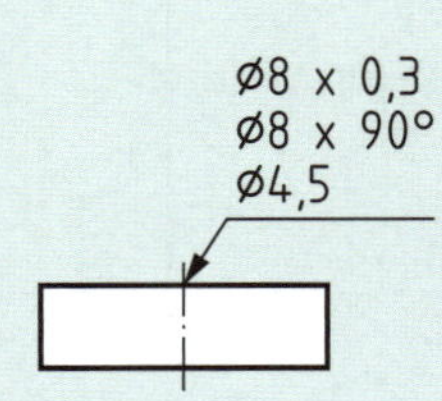

7.14 Überprüfen Sie Ihr Wissen

1 Welches Bild ist richtig, wenn von einem Werkzeugvierkant nur eine Ansicht gezeichnet wird?

a) **Bild 1**
b) **Bild 2**
c) **Bild 3**
d) **Bild 4**

2 Was bedeutet die Zeichnungseintragung in Bild 5?

a) Freistich Form E
b) Gewinderille Form E
c) gerundeter Übergang mit R = 0,6 mm
d) Fase 0,8 x 0,3 mm
e) Einstich für Sicherungsring, 0,6 mm breit, 0,3 mm tief

3 Was bedeutet die Zeichnungseintragung in Bild 6? Zentrierbohrung ISO 6411 ...

a) 1 mm außermittig (A), 2 mm tief, muss entfernt werden
b) Form A, 1 mm Durchmesser, 2 mm tief, muss abgedreht werden
c) Form A, 1 mm Durchmesser, Senkung 2 mm Durchmesser, kann am Fertigteil verbleiben
d) Form A, 1 mm Durchmesser, Senkung 2 mm Durchmesser, muss am Fertigteil verbleiben
e) Form A, 1 mm Durchmesser, Senkung 2 mm Durchmesser, muss entfernt werden

4 In welchem Bild ist ein Gewinde falsch bemaßt?

a) **Bild 7**
b) **Bild 8**
c) **Bild 9**
d) **Bild 10**
e) **Bild 11**

5 Welche Antwort zum Innengewinde des in Bild 12 dargestellten Werkstücks ist richtig?

a) Der Freistichdurchmesser d_g ist so groß wie der Außendurchmesser des Gewindes.
b) Die Freistichlänge g_2 beträgt 13 mm.
c) Die Freistichrundungen r sind so groß wie die Gewindesteigung.
d) Der Freistichwinkel beträgt 0° bis 30°.
e) Die Gewindesteigung beträgt 2 mm.

6 Welche Antwort zum Außengewinde des in Bild 12 dargestellten Werkstücks ist richtig?

a) Die Freistichlänge beträgt 11 mm.
b) Der Freistichwinkel ist kleiner als 30°.
c) Der Freistichdurchmesser d_g ist so groß wie der Kerndurchmesser des Gewindes.
d) Der Durchmesser d_g beträgt 21,7 h13.
e) Die Freistichrundungen sind 1 mm groß.

7 Welche Lochbeschreibung passt korrekt zum Loch in Bild 13?

a) Feingewinde-Bohrung M14, Gewindetiefe 22,5 mm; Kernlochdurchmesser 12,5 mm, Kernlochtiefe 30 mm
b) Feingewinde-Bohrung M14 x 1,5, Gewindetiefe 15 mm; Kernlochdurchmesser 12,5 mm, Kernlochtiefe bis zur Bohrerspitze 30 mm
c) Feingewinde-Bohrung M14 x 1,5, Gewindetiefe 15 mm; Kernlochdurchmesser 12,5 mm, Kernloch 30 mm tief, mit Wendeplattenbohrer hergestellt

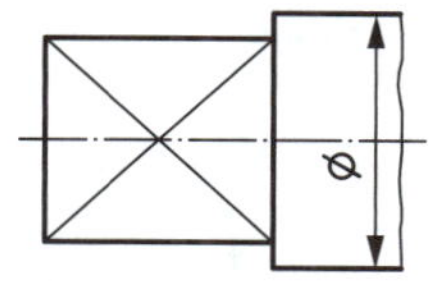

Bild 1

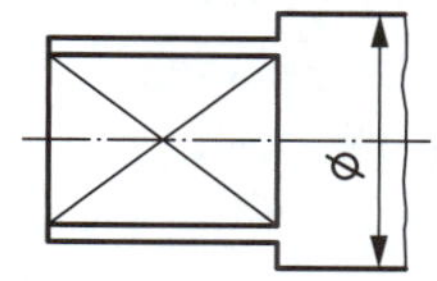

Bild 2

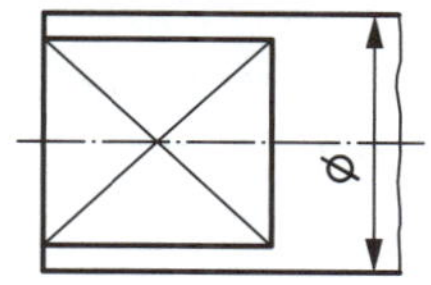

Bild 3

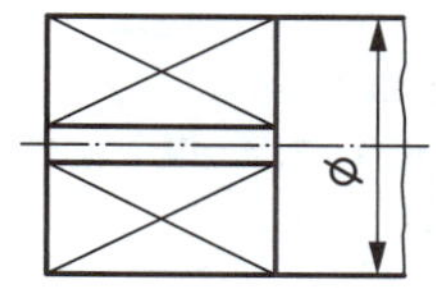

Bild 4

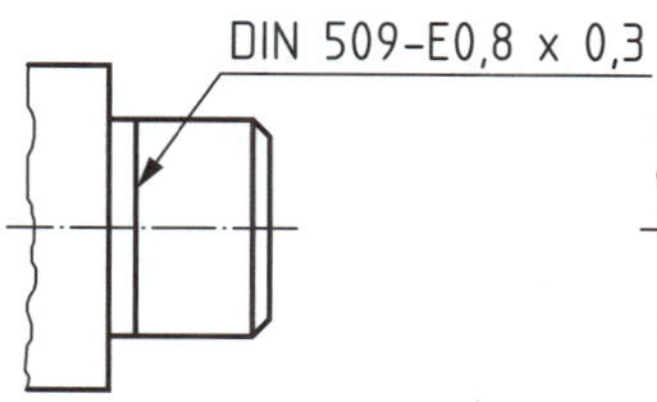

Bild 5

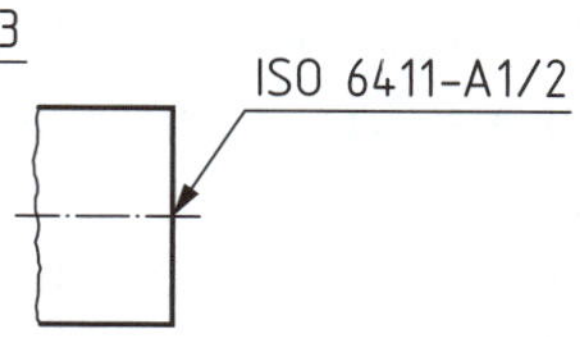

Bild 6

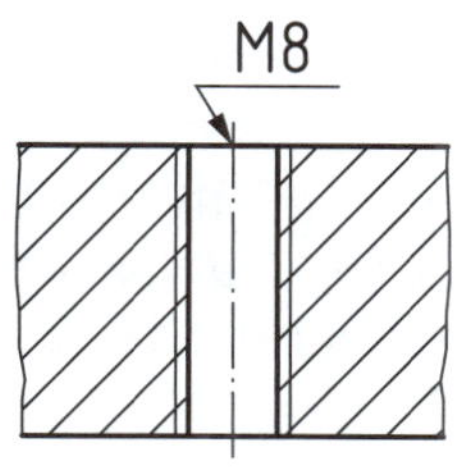

Bild 7

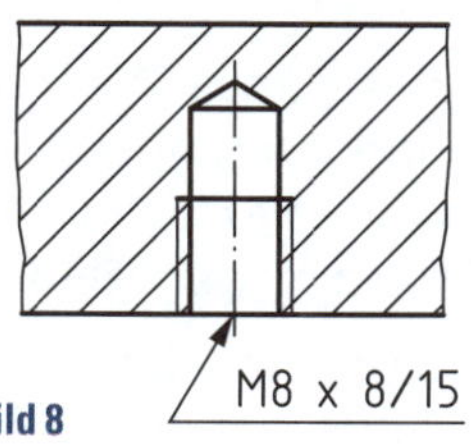

Bild 8

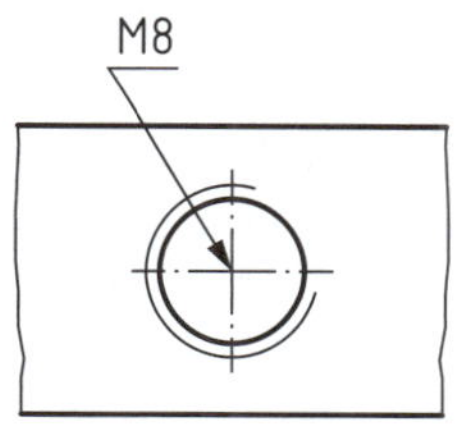

Bild 9

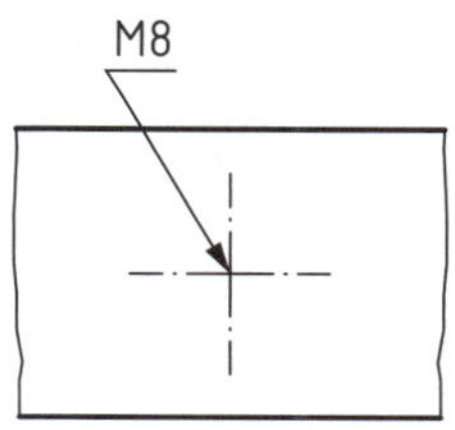

Bild 10

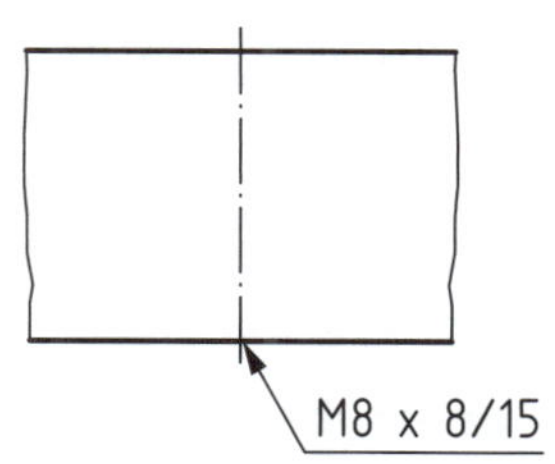

Bild 11

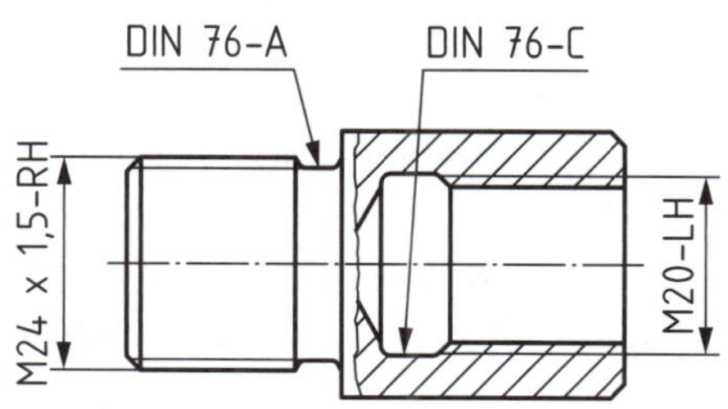

Bild 12

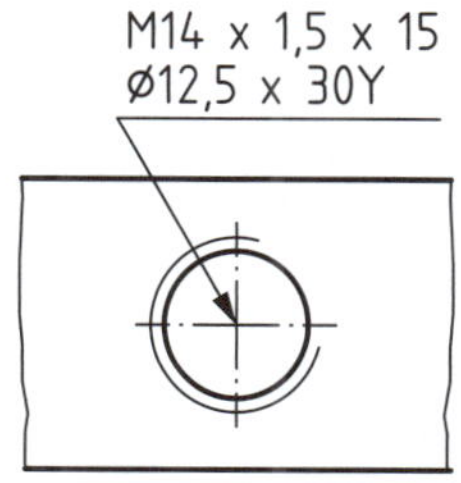

Bild 13

7.15 Wärmebehandlungsangaben

7.15.1 Grundlagen

In der Zeichnung müssen alle für den Endzustand des Werkstückes erforderlichen Angaben stehen. Dazu gehören z. B. die Werkstoffbezeichnung und der Lieferzustand. Der gewünschte Zustand nach der Wärmebehandlung (Endzustand durch Härten oder Vergüten) wird ebenfalls durch entsprechende Einzelangaben (z.B. Nitrierhärtetiefe „NHD") eingetragen (**Bild 1**).

Werkstückoberflächen können gehärtet werden durch

- Randschichthärten, z. B. durch Induktionshärten (SHD = Einhärtungstiefe nach Randschichthärten),
- Einsatzhärten (CHD = Einsatzhärtungs-Härtetiefe)

oder

- Nitrierhärten (NHD = Nitrierhärtetiefe).

7.15.2 Härteangaben in Zeichnungen

Die Oberflächenhärte wird als Rockwellhärte (HRC), Vickershärte (HV) oder Brinellhärte (HB) angegeben.

Wird das ganze Werkstück einer einheitlichen Wärmebehandlung unterzogen, dann sind die Härte- oder Festigkeitswerte durch Wortangaben in der Zeichnung einzutragen (**Bilder 2 und 3**).

Der Eintrag in **Bild 2** besagt, dass dieses Werkstück eine Mindest-Rockwellhärte von 59 % des Diamanten haben muss (Diamant hat 100 HRC) und eine Höchst-Rockwellhärte von 63 HRC besitzen darf.

Der Eintrag in **Bild 3** besagt, dass das Werkstück eine Mindest-Brinellhärte von 350 HB haben muss. Es wird geprüft mit einer Kugel von 2,5 mm Durchmesser; die Prüfkraft beträgt 187,5 kp (1838 N).

Örtlich begrenzt wärmebehandelte Werkstücke werden mit einer breiten Strich-Punktlinie (Linienart 04.2 nach DIN ISO 128-2) außerhalb der Körperkanten gekennzeichnet.

Bei rotationssymmetrischen Körpern (Drehteilen) wird die Linie für Härteangaben an den Mantellinien des Zylinders (**Bild 4**) eingetragen.

Der örtlich begrenzte gehärtete und angelassene Bereich der Exzenterwelle **Bild 4** ist mindestens 160 mm und höchstens 180 mm lang. Die dabei erzielte Härte muss mindestens 60 HRC und darf höchstens 64 HRC betragen. Eine Wärmebehandlung der restlichen Welle ist nicht zulässig.

Ist die rotationssymmetrische Form unmissverständlich, genügt es, eine Mantellinie zu kennzeichnen (**Bild 5**).

In **Bild 5** darf nur die gekennzeichnete Zylindermantelfläche, nicht die beiden Wellenenden, einsatzgehärtet werden. Die Oberflächenhärte muss 60 HRC bis 64 HRC betragen. Die Einsatzhärtetiefe (CHD) muss zwischen 0,8 mm und 1,2 mm liegen, die Aufkohlung des ganzen Teiles ist zulässig.

Wenn es erforderlich ist, eine Messstelle zu kennzeichnen, so wird hierfür ein Sinnbild verwendet (**Bild 6**).

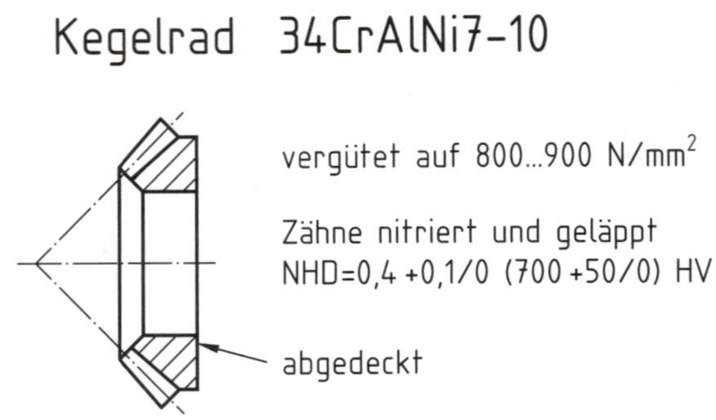

Bild 1

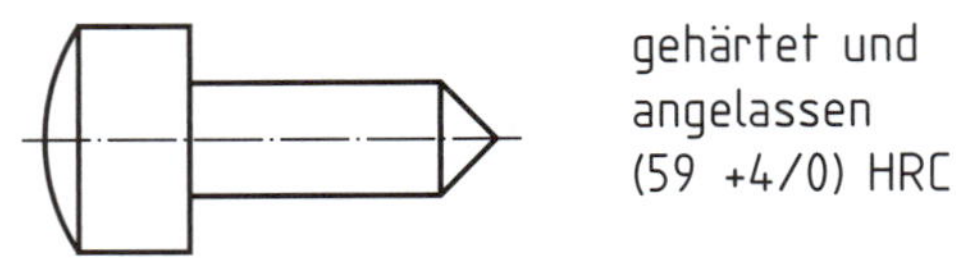

Bild 2

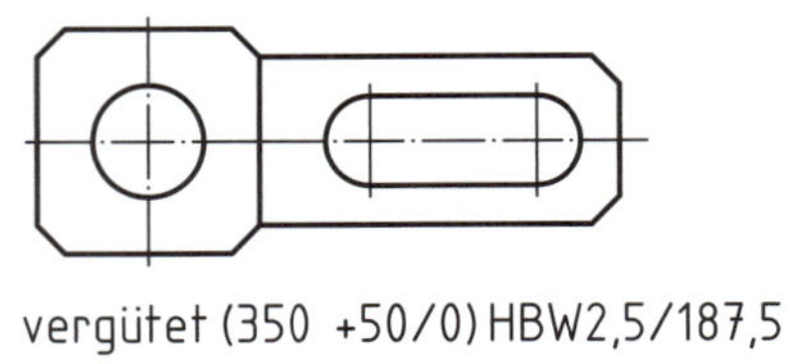

Bild 3

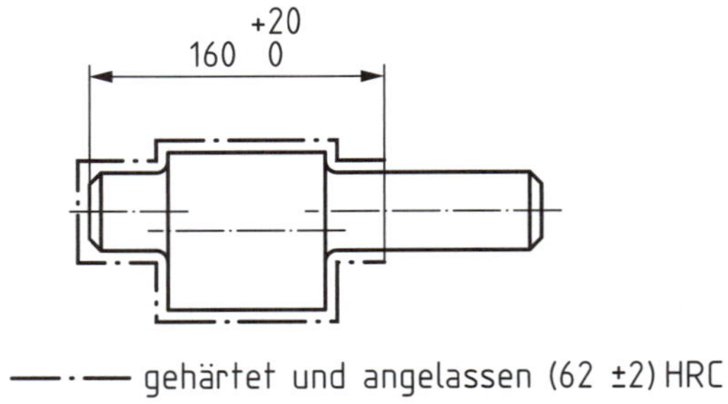

Bild 4

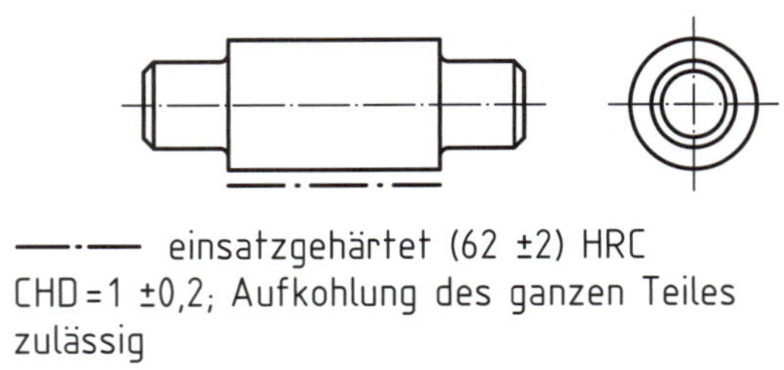

Bild 5

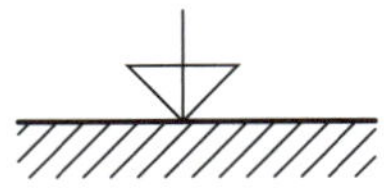

Bild 6

Schreibt z. B. der Konstrukteur vor, dass die Härte an bestimmten Stellen des Werkstückes geprüft werden muss, so werden die Messstellen durch das Sinnbild am Werkstück gekennzeichnet (**Bild 1**).

Die Härtewerte der Messstelle werden erläutert. An der Messstelle 1 z. B. muss die Randschichthärtetiefe (SHD) mit einer Grenzhärte von 450 HV mindestens 1 mm und darf höchstens 2 mm betragen; an der Messstelle 2 muss die Randschichthärtetiefe (SHD) zwischen 1,6 mm und 2,9 mm liegen. Nach der Angabe SHD folgt stets der Zahlenwert der Grenzhärte, die in der Regel mit dem Prüfverfahren nach Vickers (HV) gemessen wird.

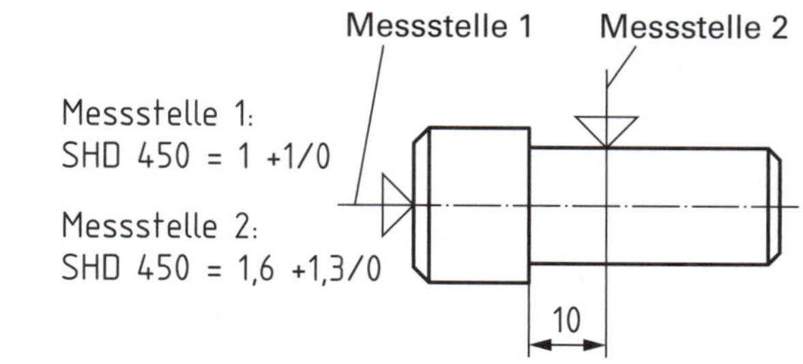

Bild 1

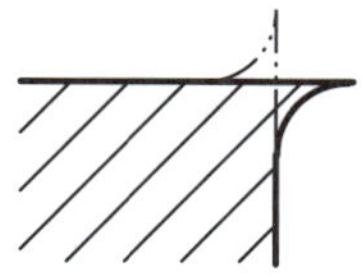
Bild 2

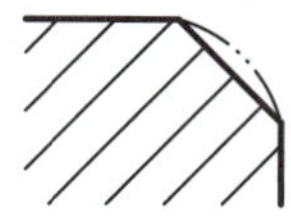
Bild 3

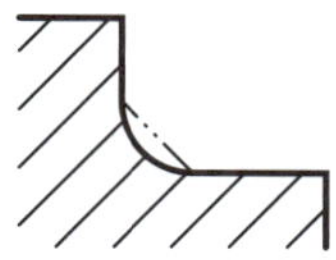
Bild 4

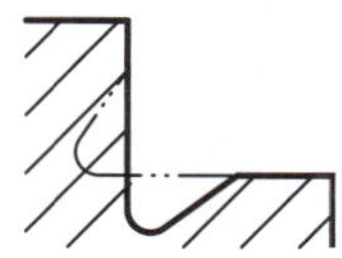
Bild 5

7.16 Werkstückkanten (mit unbestimmter Gestalt nach DIN ISO 13715)

Werkstückkanten, die eine bestimmte geometrische Form haben sollen, z. B. eine Fase oder eine Rundung, können nach ISO 129 als solche bemaßt werden. Für funktional wichtige Kanten sind in DIN EN ISO 21204 genauere GPS-Spezifikationsmöglichkeiten beschrieben. Ist dagegen für eine Kante keine bestimmte geometrische Form, aber ein bestimmter Zustand, z. B. entgratet erforderlich, dann erfolgt die Eintragung mit einem Sinnbild nach DIN ISO 13715.

7.16.1 Begriffe

Die Werkstückkante ist im einfachsten Fall der Bereich, in dem sich zwei Oberflächen treffen. Dieser Bereich weicht oft von der ideal-geometrischen (scharfkantigen) Form ab und kann an

- Außenkanten einen **Grat** (**Bild 2**) oder eine **Abtragung** (**Bild 3**),
- Innenkanten einen **Übergang** (**Bild 4**) oder eine **Abtragung** (**Bild 5**)

aufweisen.

Eine Übersicht über die Kantenzustände zeigt **Tabelle 1**.

Tabelle 1: Kantenzustände (DIN ISO 13715)

Kennzeichen	Zustand der Außenkante		Zustand der Innenkante	
	Bezeichnung	Darstellung	Bezeichnung	Darstellung
–	**Abtragung** (Rundung oder Fase)	−a, −a	**Abtragung** (Einstich)	−a, −a
±	**scharfkantig** (annähernd)	a=+0,05...−0,05	**scharfkantig** (annähernd)	a=+0,05...−0,05
+	**Grad**	+a	**Übergang** (Rundung oder Fase)	+a, +a

Ist eine Abweichung von der ideal-geometrischen Kantenform zugelassen, so darf die Form innerhalb der angegebenen Toleranz beliebig sein. Beim Kantenzustand scharfkantig (Kennzeichen ±) ist die zulässige Abweichung vom scharfkantigen Zustand sehr klein (–0,05 mm; –0,02 mm; +0,02 mm; +0,05 mm).

Das zulässige Maß eines Kantenbereichs wird in empfohlenen Stufen eingetragen (**Tabelle 2**).

Tabelle 2: Maßstufen für den Kantenbereich (in mm)

Kantenzustand		
Abtragung	**scharfkantig**	**Grat oder Übergang**
−2,5; −1; −0,5; −0,3; −0,1	−0,05; −0,02; +0,02; +0,05	+0,1; +0,3; +0,5; +1; +2,5

7.16.2 Sinnbild für Werkstückkanten

Die Werkstückkante wird in Zeichnungen mit einem Sinnbild gekennzeichnet (**Bild 6**). Die Richtung und die Länge der Hinweislinie kann den Gegebenheiten der Zeichnung angepasst werden. Die Linienbreite d für das Sinnbild entspricht 1/10 der Schrifthöhe h (**Bild 6**).

An dem Sinnbild wird der Höchstwert des Kantenmaßes mit dem Kennzeichen für den Kantenzustand (+ oder ± oder –) eingetragen (**Bild 7**). Die Hinweislinie wird dabei entsprechend verlängert.

Sollen der obere und der untere Grenzwert für ein Kantenmaß eingetragen werden, so geschieht dies nach **Bild 8**.

Der Kantenzustand kann auch ohne Angabe eines Kantenmaßes nur mit den Kennzeichen + oder – eingetragen werden (**Bild 9**).

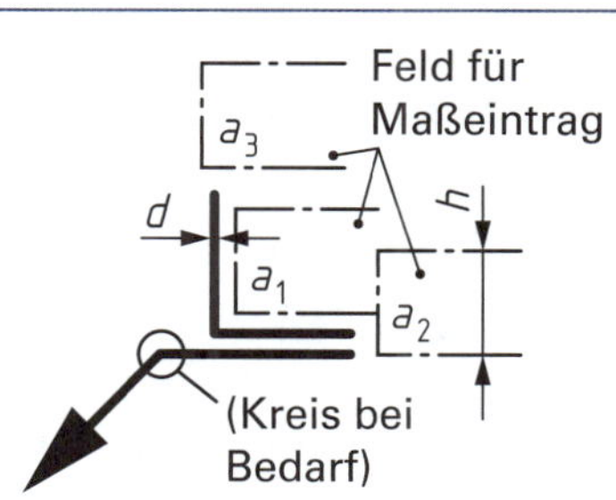

Bild 6

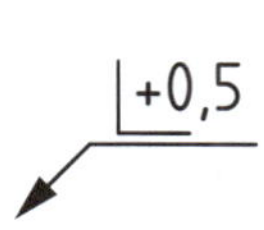

Bild 7

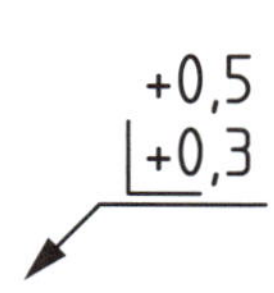

Bild 8

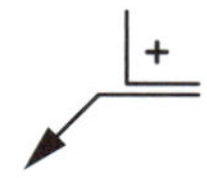

Bild 9

Im Normalfall wird das Kantenmaß innerhalb des Sinnbildes für Werkstückkanten eingetragen (**Bild 6**, Feld a_1, **Seite 73**). Die Richtung des Grates bzw. der Abtragung ist dann beliebig.

Wenn es notwendig ist, die Richtung des Grates oder der Abtragung festzulegen, so kann dies durch Eintrag über oder neben dem Schenkel des Sinnbildes (**Bild 6**, Felder a_2 oder a_3, **Seite 73**) geschehen, **Tabelle 1** zeigt eine Übersicht zur Richtungsangabe der Abweichungen.

Beispiele:

Bild 1: Außenkante mit Abtragung (Rundung oder Fase), höchstens 0,5 mm

Bild 2: Außenkante mit Abtragung (Rundung oder Fase), höchstens 1 mm, mindestens 0,5 mm

Bild 3: Außenkante scharfkantig, Grat, Rundung oder Fase höchstens 0,05 mm

Bild 4: Innenkante mit Übergang (Rundung oder Fase), höchstens 0,5 mm

Bild 5: Innenkante mit Übergang (Rundung oder Fase), höchstens 1 mm, mindestens 0,5 mm

Bild 6: Innenkante scharfkantig, Rundung, Fase oder Einstich höchstens 0,05 mm

7.16.3 Zeichnungsangaben

Die Zeichnungsangabe für Werkstückkanten kann sich beziehen

- auf eine Kante senkrecht zur Projektionsebene (**Bild 7**);
- auf eine Kante eines Geometrieelementes, z. B. die Kante einer Bohrung (**Bild 8**);
- auf alle hinter einer gekennzeichneten Kante liegenden verdeckten Kanten, wenn nur eine Ansicht des Werkstücks dargestellt ist (**Bild 8**);
- auf den mit einer breiten Strichpunktlinie gekennzeichneten Teil einer Kante (**Bild 9**);
- auf alle Kanten rund um das gekennzeichnete Profil eines Werkstücks, wenn das Symbolelement Kreis zusätzlich eingezeichnet wird (**Bild 10**). Das Symbolelement Kreis darf nicht in Schnittdarstellungen angewendet werden.

In der Zeichnung kann an geeigneter Stelle ein Hinweis „**Kanten ISO 13715**" eingetragen werden (**Bild 11**).

Für Teile mit einheitlicher Beschaffenheit der Kanten genügt eine Angabe an geeigneter Stelle (**Bild 11**).

Der Kantenzustand kann für Außen- und Innenkanten getrennt eingetragen werden (**Bild 12**).

Bei gleicher Beschaffenheit der Mehrzahl der Kanten erfolgt eine Sammelangabe und eine Kennzeichnung der einzelnen Kanten mit abweichendem Zustand (**Bild 13**).

7.16.4 Überprüfen Sie Ihr Wissen:

1 Bei einem Werkstück sollen alle Innenkanten höchstens 0,5 mm gerundet oder gefast werden. Welches Sinnbild entspricht dieser Anforderung?

a) **Bild 14**

b) **Bild 15**

c) **Bild 16**

d) **Bild 17**

Tabelle 1: Richtung der Abweichung

Außenkanten			Innenkanten		
Bezeichnung	Darstellung	Erläuterung	Bezeichnung	Darstellung	Erläuterung
+0,1		Gratrichtung beliebig	-0,1		Einstichrichtung beliebig
+0,1		Gratrichtung senkrecht	-0,1		Einstichrichtung senkrecht
+0,1		Gratrichtung waagrecht	-0,1		Einstichrichtung waagrecht

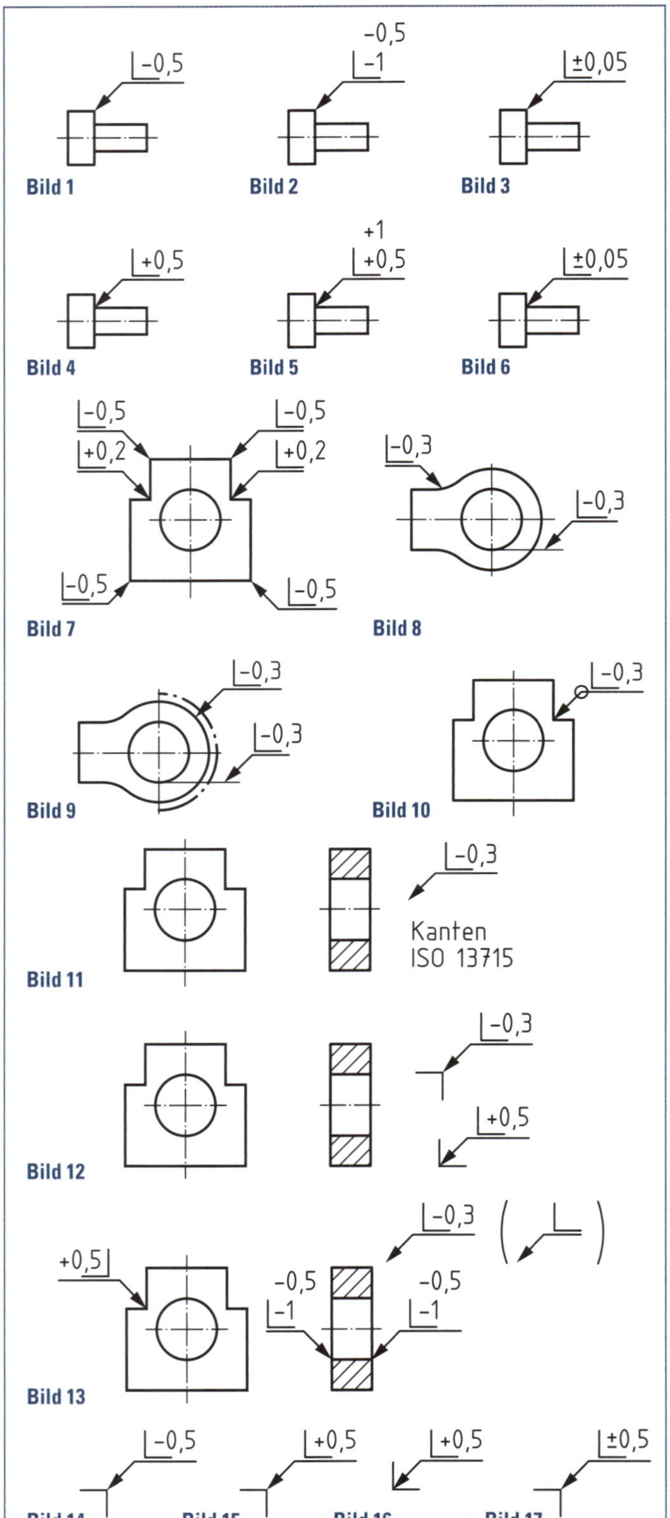

Bild 1, Bild 2, Bild 3, Bild 4, Bild 5, Bild 6, Bild 7, Bild 8, Bild 9, Bild 10, Bild 11, Bild 12, Bild 13, Bild 14, Bild 15, Bild 16, Bild 17

8 Geometrische Produktspezifikation (GPS)

8.1 Grundlagen der GPS

8.1.1 Allgemeiner Tolerierungsgrundsatz

In der Entwicklung und Konstruktion stellt sich der Konstrukteur die Geometrie der Bauteile idealisiert vor. In der Fertigung lassen sich mit vertretbarem Aufwand jedoch nur Werkstücke fertigen, die in ihrer geometrischen Beschaffenheit mehr oder weniger von dieser Idealform abweichen. Daher müssen Abweichungen geduldet (toleriert) werden.

Als allgemeiner **Tolerierungsgrundsatz** gilt:

Um **möglichst wirtschaftlich** fertigen zu können, müssen die Anforderungen an die Genauigkeit einerseits möglichst gering gehalten werden, andererseits müssen Werkstücke **genau genug** gefertigt werden, damit sie mit anderen Teilen gefügt werden können und ihre Funktion sichergestellt ist.

8.1.2 GPS-Begriff und GPS-Normen-System

Das wesentliche Kommunikationsmittel für die Verständigung von Entwicklung, Konstruktion, Fertigungsplanung, Fertigung, Montage und Qualitätssicherung ist die technische Zeichnung (**Bild 1**).

Unter dem Begriff „Geometrische Produktspezifikation", kurz GPS, wird seit 1992 ein weltweites Normensystem entwickelt, welches die Eindeutigkeit und die internationale Verständlichkeit der technischen Zeichnungen steigern soll. Bestehende Normen werden dazu angeglichen und neue Normen entwickelt. Die vielen Einzelnormen werden nach DIN EN ISO 14638 derzeitig durch ein 9 x 7 Normen-Matrix-System in einen Gesamtplan eingeordnet (**Tabelle 1**).

Die **Geometrie von Produkten** wird in neun Zeilen mit geometrischen Merkmalen charakterisiert.

In sieben Spalten (Kettengliedern) werden die Aufgabenfelder von der Konstruktion hin zur Qualitätssicherung abgebildet.

Spezifizieren bedeutet, zulässige Abweichungen durch Toleranzen und Normen sowie durch Vorgaben für Messmethoden und Auswerteverfahren eindeutig innerhalb der Funktionsgrenzen festzulegen.

GPS regelt die Festlegung der geometrischen Anforderungen an Werkstücke in technischen Spezifikationen und die Anforderungen an ihre Auswertung (Verifizierung).

Fundamentale GPS-Normen z. B. DIN EN ISO 8015 (Konzepte und Regeln) sind allen Zeilen und Spalten übergeordnet.

Allgemeine GPS-Normen, wie z. B. DIN EN ISO 1101 (Geometrische Tolerierung) decken ein oder mehrere Matrixfelder ab.

Ergänzende GPS-Normen, wie z. B. DIN EN ISO 13920 (Allgemeintoleranzen für Schweißkonstruktionen) stammen aus einer von zwei ergänzenden GPS-Normmatrizen für bestimmte Fertigungsverfahren bzw. Geometrienormen für Maschinenelemente.

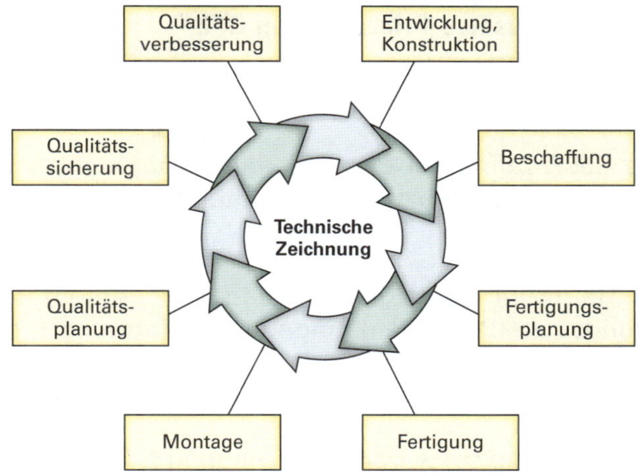

Bild 1

Tabelle 1: Matrix allgemeiner GPS-Normen

Kettenglied	Spezifikation			Verifizierung			
	A	B	C	D	E	F	G
geometrische Merkmale	Symbole und Angaben (Zeichensprache)	Anforderungen; Definition der Toleranzen	Merkmale der Geometrieelemente und -erfassung	Übereinstimmung/Nichtübereinstimmung	Messung: Messmethoden, -verfahren	Messgeräte, Messeinrichtungen	Kalibrierung
Größenmaß							
Abstand							
Form							
Richtung							
Ort							
Lauf							
Oberflächenbeschaffenheit: Profil							
Oberflächenbeschaffenheit: Fläche							
Oberflächenunvollkommenheit							

Beispiele für Einordnung von Normen in die Matrix:

- DIN EN ISO 8015 (umfasst als fundamentale Norm alle Felder)
- DIN EN ISO 14405-1
- DIN EN ISO 1101
- DIN EN ISO 21920

8.1.3 Grundlegende Annahmen und elementare Grundsätze (Prinzipien) der GPS

Die Norm DIN EN ISO 8015 beeinflusst als Grundnorm alle anderen Normen im GPS-Matrix-System.

Sie beschreibt drei grundlegende Annahmen zum Zeichnungslesen bzw. der Zeichnungsinterpretation (**Tabelle 1**).

Im Hauptteil der Norm werden die elementaren Grundsätze (Prinzipien) eindeutig ausformuliert, die auf alle GPS-Normen und jede technische Produktspezifikation angewendet werden können (**Tabelle 2**).

Viele Grundsätze waren auch schon in früheren Normen enthalten und stellen keine bedeutsame Neuerung für die Zeichnungserstellung und Zeichnungsinterpretation dar.

Grundsatz der Unabhängigkeit

Besondere Beachtung erfordert der Grundsatz der Unabhängigkeit, der als „Unabhängigkeitsprinzip" im Gegensatz zum „Hüllprinzip" steht, welches allgemein den früheren DIN-Normen zugrunde lag (**Kapitel 8.4, Seite 99 und 100**).

Mit Übernahme der ISO 8015 als DIN EN ISO-Norm im Jahr 2011 gilt als Standardfestlegung auch in Deutschland das „Unabhängigkeitsprinzip".

Auf Zeichnungen ohne besonderen Zeichnungseintrag gilt seit 2011 das Unabhängigkeitsprinzip, da dies entsprechend dem Grundsatz der Standardfestlegung nicht speziell auf der Zeichnung angegeben werden muss.

Es ist aber zulässig einen Hinweis, z. B.
Tolerierung ISO 8015
in der Zeichnung einzutragen, um Fehlinterpretationen zu vermeiden.

Entsprechend dem Grundsatz des Aufrufens gilt die DIN EN ISO 8015 und damit das Unabhängigkeitsprinzip auch, sobald für ein Geometrieelement auf der Zeichnung z. B. eine Oberflächenangabe nach DIN EN ISO 21920 erfolgt oder z. B. die Allgemeintoleranzen nach DIN EN ISO 22081 aufgerufen werden.

Im Weiteren regelt die Norm den Zeichnungseintrag, falls auf der Zeichnung eine abgewandelte (altered) standardmäßige (default) GPS-Spezifikation gelten soll.

Der Zeichnungseintrag muss hierbei mindestens beinhalten (**Bilder 1 und 2**):

- das Wort „Tolerierung" oder „Tolerierung ISO 8015"
- das Symbol (AD)
- vollständige Bezeichnung des maßgeblichen Dokumentes z. B. ABC12545

Tabelle 1: Zeichnungsinterpretation DIN EN ISO 8015

Funktionsgrenzen	Die Funktionsgrenzen sind aufgrund von Untersuchungen ohne Unsicherheit bekannt.
Toleranzgrenzen	Die Toleranzgrenzen stimmen mit den Funktionsgrenzen überein, ohne zusätzliche Sicherheit.
Funktionsniveau	Die Funktion des Bauteils ist nur gegeben, wenn alle Toleranzen eingehalten sind.

Tabelle 2: Grundsätze DIN EN ISO 8015

Grundsatz	Erläuterung, Umschreibung
des Aufrufens	Sobald in einer Zeichnung ein Teilbereich des ISO-GPS-Systems verwendet wird, gilt das gesamte ISO-GPS-System.
der Hierarchie	In untergeordneten Normen gelten auch die Regeln von übergeordneten Normen, sofern nichts Abweichendes angegeben ist.
der bestimmenden Zeichnung	Anforderungen, die nicht auf der Zeichnung angegeben sind, können nicht geltend gemacht werden.
des Geometrieelements	Werkstücke werden als Zusammenschluss aus einer Anzahl einzelner Geometrieelemente (Punkte, Linien, Flächen) verstanden.
der Unabhängigkeit	Jede Toleranz muss, unabhängig von anderen Toleranzen, für sich eingehalten werden. Ausnahmen müssen angegeben werden.
der Dezimaldarstellung	Nicht geschriebene Dezimalstellen sind Nullen, d. h. 8 ist gleichbedeutend 8,00... usw, ± 0,1 ist gleichbedeutend mit ± 0,100... usw.
der Standardfestlegung	Die GPS-Normen legen den Standardspezifikationsoperatoren fest. Dieser wird nicht explizit in der Zeichnung angegeben.
der Referenzbedingung	Alle GPS-Spezifikationen gelten bei 20 °C und Werkstücken, die frei von Verunreinigungen sind.
des starren Werkstücks	Werkstücke werden als absolut starr betrachtet und alle Forderungen gelten für den freien Zustand (ohne Verformung durch Kräfte).
der Dualität	Die Spezifikation gibt die Messtechnik nicht vor. Diese wird anhand der Messunsicherheit und Mehrdeutigkeit entschieden.
der Funktionsbeherrschung	Die Spezifikation ist vollständig, wenn die Funktion beschrieben und durch Toleranzen kontrolliert wird.
der allgemeinen Spezifikation	Allgemeine Tolerierungen gelten nur, wenn keine individuelle Tolerierung eingetragen ist.
der Verantwortlichkeit	Konstrukteur verantwortet Spezifikation und Qualitätsprüfung ist für Verifikation verantwortlich.
Klammerangaben	Eingeklammerte Angaben sind nur Informationen und stellen keine Anforderungen dar.

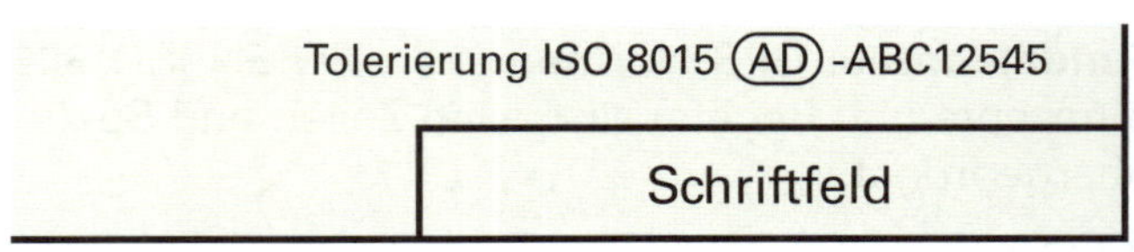

Bild 1

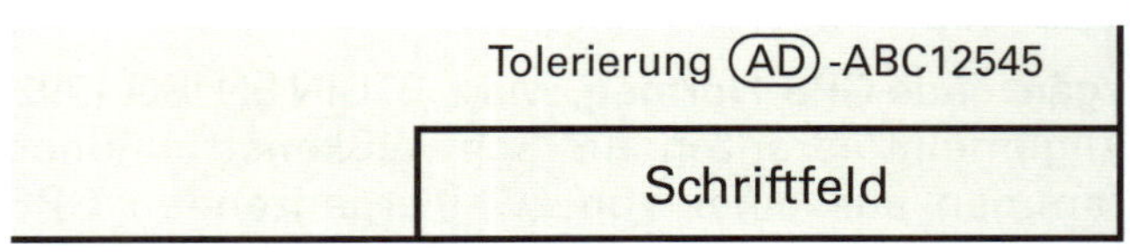

Bild 2

8.2 Größenmaßtoleranzen in Zeichnungen (vgl. DIN EN ISO 14405-1 und -3)

8.2.1 Geometrieelemente und deren Größenmaße

Ein **lineares Größenmaß** (engl. Linear size) ist der Durchmesser eines Kreises, eines Zylinders (**Bild 1**), einer Kugel (**Bild 2**) oder der Abstand von zwei parallelen, sich gegenüberliegenden Geraden oder Flächen (**Bild 3**) oder konzentrischen Kreisen (**Bild 1**).

Ein **Winkelgrößenmaß** (engl. Angular size) beschreibt als rotationssymmetrisches Geometrieelement einen Kegel oder Kegelstumpf (**Bild 4**) und als prismatisches Geometrieelement einen Keil oder abgeschnittenen Keil (**Bild 5**). Auf einer Schnittebene auch die gegenüberliegenden, nichtparallelen Geraden (Linien oder Mantellinien) dieser Geometrieelemente (**Bild 6**).

Für das innere Geometrieelement eines Werkstückes (Innendurchmesser oder Nutbreite) wird verallgemeinernd der Begriff **„Bohrung"** verwendet.

Für das äußere Geometrieelement eines Werkstückes (Außendurchmesser, Breite des Keils oder der Passfeder) wird der Begriff **„Welle"** verwendet.

Damit die Passfunktion zwischen Bohrung (*B*) und Welle (*W*) mit gleichem Nennmaß (*N*) sichergestellt und der geforderte Passcharakter Spiel oder Übermaß erreicht wird, müssen die Istmaße der zu paarenden Geometrieelemente innerhalb zweier Grenzmaße (Höchstmaß G_o und Mindestmaß G_u), d.h. innerhalb einer Toleranz (*T*) gefertigt werden. Aus der Differenz zwischen den Grenzmaßen und dem Nennmaß ergeben sich die jeweiligen Grenzabmaße (*E*, *e*).

Maße an Bohrungen (**Bild 7**)
N = Nennmaß
G_{oB} = Höchstmaß Bohrung
G_{uB} = Mindestmaß Bohrung
ES = oberes Grenzabmaß Bohrung
EI = unteres Grenzabmaß Bohrung
TB = Toleranz Bohrung

Maße an Wellen (**Bild 8**)
N = Nennmaß
G_{ow} = Höchstmaß Welle
G_{uw} = Mindestmaß Welle
es = oberes Grenzabmaß Welle
ei = unteres Grenzabmaß Welle
T_W = Toleranz Welle

Alle Maße in einer Zeichnung müssen Toleranzangaben erhalten. Diese können erfolgen durch die Angabe von ...

- allgemeinen Größenmaßspezifikationen
- allgemeinen geometrischen Spezifikationen

sowie individuellen

- Grenzabmaßen
- Toleranzklassen
- Grenzmaßen
- Form- und Lagetolerierungen

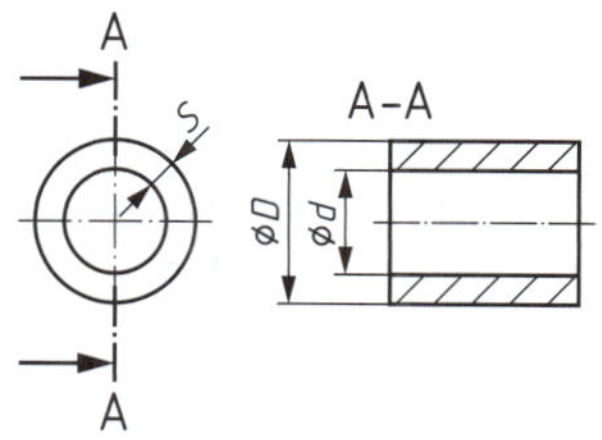

Bild 1

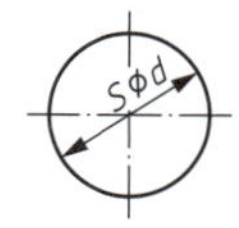

Bild 2

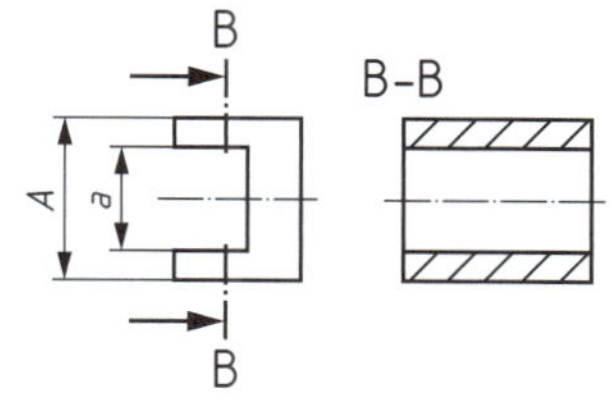

Bild 3

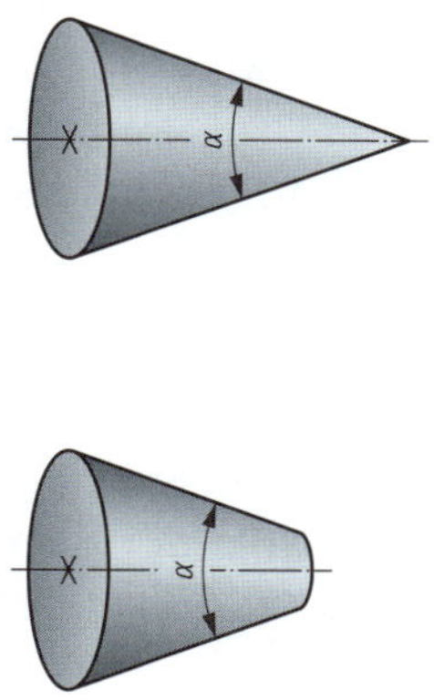

Bild 4

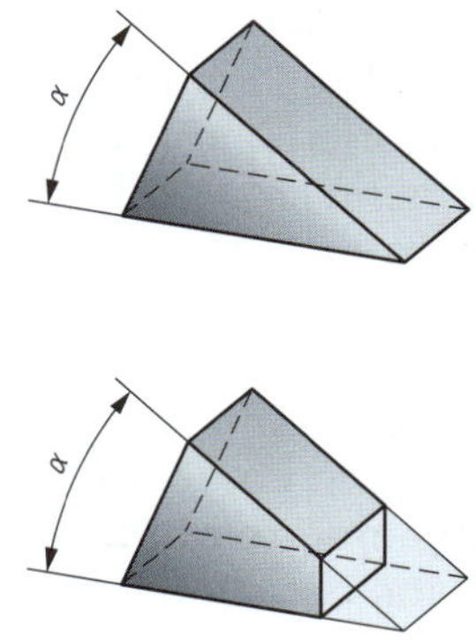

Bild 5

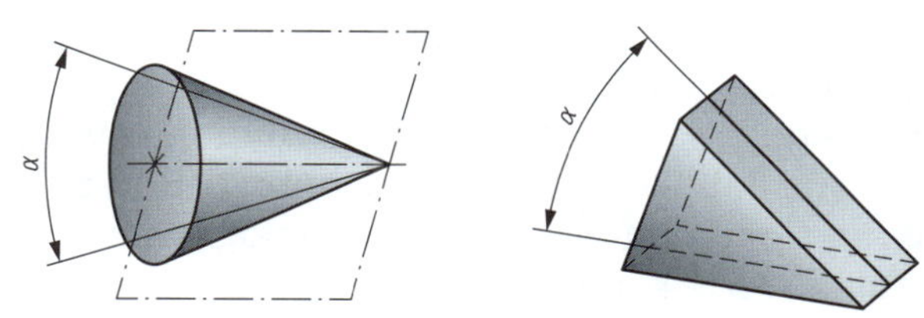

Bild 6

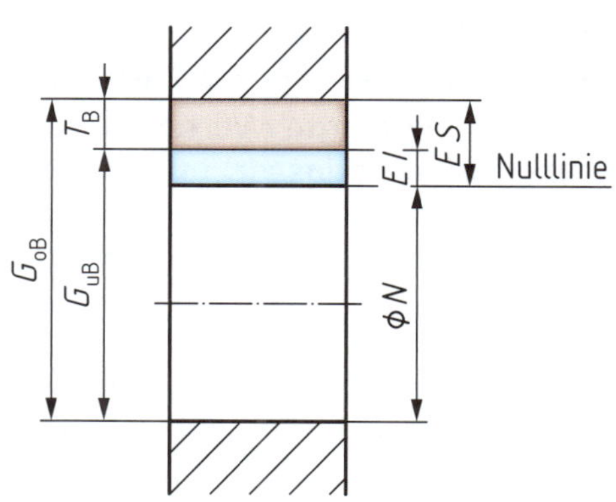

Bild 7

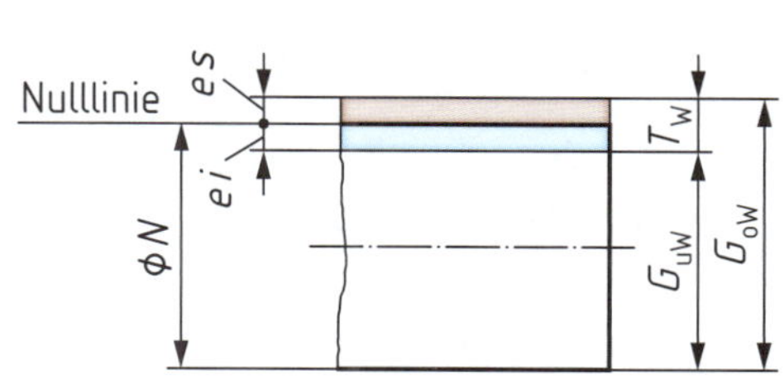

Bild 8

8.2.2 Toleranzangaben durch allgemeine Größenmaßspezifikationen (vgl. DIN EN ISO 22081 und DIN 2769)

Durch allgemeine Spezifikationen können individuelle Angaben in einer technischen Zeichnung erheblich reduziert werden, womit sich die Erstellung und das Lesen der Zeichnung vereinfacht. Die Anwendung allgemeiner Spezifikationen birgt aber die Gefahr, dass funktionale Anforderungen einzelner Geometrieelemente übersehen werden und umgekehrt unnötig enge Toleranzen für andere Geometrieelemente eingefordert werden.
Das frühere System der Allgemeintoleranzen nach DIN ISO 2768-1 für Längen- und Winkelmaße ist nicht mit dem ISO-GPS-System konform und führt bei gleichzeitiger Anwendung zu Mehrdeutigkeiten. Es sollte deshalb nicht mehr angewendet werden, darf aber mit Eintrag nach **Bild 1** noch verwendet werden.

ISO-GPS-konformes Konzept DIN EN ISO 22081

Für die Festlegung von allgemeinen Größenmaßspezifikationen und allgemeinen geometrischen Spezifikationen wird in DIN EN ISO 22081 ein ISO-GPS-konformes Konzept beschrieben. Die Norm beschreibt jedoch nur das Konzept und gibt keine konkreten Werte vor. Dies wird dem Anwender überlassen.
Für allgemeine Größenmaßspezifikationen erhält die Zeichnung im oder nahe dem Schriftfeld den Eintrag **„Allgemeintoleranzen ISO 22081"**, gefolgt von der Angabe der allgemeinen Größenmaßspezifikationen (**Bild 2**).
Allgemeine Toleranzwerte können als Einzelwerte für lineare Größenmaße (Beispielangaben **Bild 3**) und/oder für Winkelgrößenmaße (Beispielangaben **Bild 4**) festgelegt werden.
Allgemeine Toleranzwerte können auch als variable Werte aus Tabellen auf der Zeichnung (**Bild 5**) oder anderen Dokumenten (**Bild 6**) festgelegt werden. Die variablen Werte können z. B. von den Maßen der Geometrieelemente oder von weiteren Klassifizierungen abhängig sein. Für die Ermittlung der Werte müssen jedoch eindeutige Regeln festgelegt sein.

Allgemeintoleranzen, Tabellenwerte DIN 2769

DIN 2769 bietet festgelegte Werte für Allgemeintoleranzen und Toleranzklassen und führt das frühere Konzept der Allgemeintoleranzen zumindest für Größenmaßspezifikationen GPS-konform weiter (**Tabellen 1 und 2**).
Bild 6 zeigt die entsprechende Zeichnungsangabe in Kombination mit dem Konzept der Allgemeinen Toleranzen nach ISO 22081. Die Angabe beinhaltet auch den Verweis auf eine allgemeine geometrische Spezifikation (siehe hierzu auch **Kapitel 8.3.10, Seite 94**).

Eine allgemeine Größenmaßtoleranz gilt nicht für:

- Andere als lineare oder Winkelgrößenmaße,
- integrale Linien,
- Größenmaße mit individueller Tolerierung,
- theoretisch exakte Maße (TED),
- Hilfsmaße.

Die Tabellen aus DIN 2769 können nicht auf abgeleitete Geometrieelemente, z. B. Mittellinien, Mittelachsen oder Mittelflächen angewendet werden.

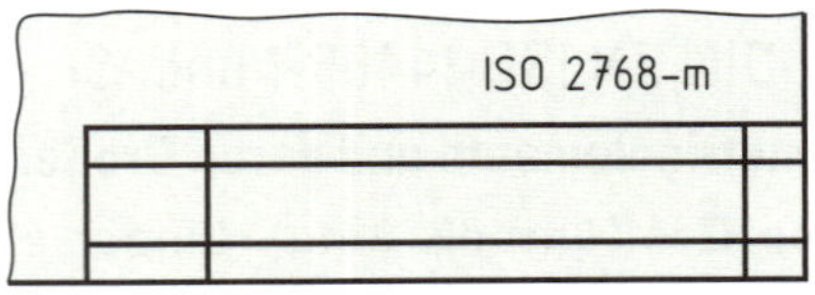

Bild 1

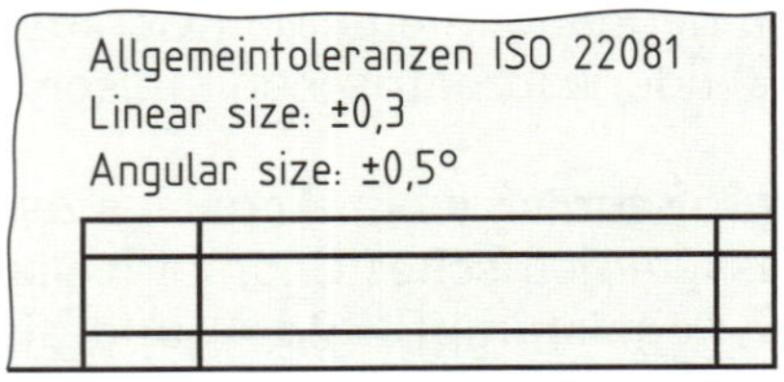

Bild 2

Linear size: +0,3/–0,1

Linear size: ±0,2

Linear size: H13/h11

Bild 3

Angular size: +1°/–0,5°

Angular size: ±0,5°

Bild 4

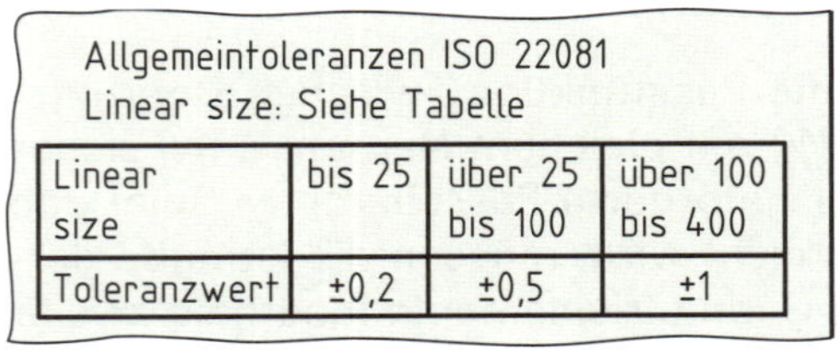

Bild 5

Bild 6

Tabelle 1: Allgemeintoleranzwerte für lineare Größenmaße

Toleranzklasse	Toleranzwerte in mm für Nennmaßbereiche							
	0 bis 3	über 3 bis 6	über 6 bis 30	über 30 bis 120	über 120 bis 400	über 400 bis 1000	über 1000 bis 2000	über 2000 bis 4000
a	±0,05	±0,05	±0,1	±0,15	±0,2	+0,3	±0,5	±1
b	±0,1	±0,1	±0,2	±0,3	±0,5	±0,8	±1,2	±2
c	±0,2	±0,3	±0,5	±0,8	±1,2	±2	±3	±4
d	±0,3	±0,5	±1	±1,5	±2,5	±4	±6	±8

Tabelle 2: Allgemeintoleranzwerte für Winkelgrößenmaße

Toleranzklasse	Toleranzwerte in Grad und Minuten für Längenbereiche kürzere Winkelseite in mm				
	0 bis 10	über 10 bis 50	über 50 bis 120	über 120 bis 400	über 400
1	±1°	±0°30′	±0°20′	±0°100′	±0°5′
2	±1°30′	±1°	+0°30′	±0°15′	±0°10′
3	±3°	±2°	±1°	±0°30′	±0°20′

8.2.3 Toleranzangaben durch Grenzabmaße

Die Angabe der Grenzabmaße erfolgt, getrennt durch ein Leerzeichen, hinter dem Nennmaß (Maßwert) (**Bild 1**).

Das obere Grenzabmaß wird über dem unteren Grenzabmaß eingetragen (**Bilder 1 und 2**).

Ist eines der beiden Grenzabmaße null, so wird dieses durch die Ziffer 0 (ohne Vorzeichen) angegeben (**Bild 3**).

Ist das obere und das untere Grenzabmaß gleich groß, so kann deren Wert mit dem Zeichen ± angegeben werden (**Bild 4**).

Die Regeln für das Eintragen der Grenzabmaße gelten sinngemäß auch für Winkelmaße. Allerdings sind die Einheiten des Winkel-Nennmaßes und der Winkel-Grenzabmaße immer anzugeben (**Bilder 5 und 6**).

8.2.4 Toleranzangaben durch Grenzmaße

Die Grenzmaße werden als Höchstmaß und als Mindestmaß angegeben. Dabei wird das Höchstmaß über dem Mindestmaß eingetragen (**Bild 7**). Dies gilt auch für Winkelmaße (**Bild 8**).

8.2.5 Toleranzangaben durch einseitiges Grenzmaß

Soll ein Maß nur in eine Richtung begrenzt werden, darf dies durch den Zusatz „min." oder „max." hinter dem Grenzmaß angegeben werden (**Bild 9**). Solche Toleranzangaben eignen sich nicht für Fertigungszeichnungen, können aber z. B. für Angebotszeichnungen oder in Maßtabellen von Normteilen verwendet werden.

8.2.6 Toleranzangaben durch Toleranzklassen (vgl. DIN ISO 286-1)

Die Toleranzklasse besteht aus dem Grundabmaß und dem Toleranzgrad (Zahl, z. B. 8 des Grundtoleranzgrades IT8) (**Bild 10**).

Das Grundabmaß entspricht dem Grenzabmaß, das am nächsten beim Nennmaß liegt. Damit legt das Grundabmaß die Lage der Toleranz zur Nulllinie fest. Der Toleranzgrad gibt die Größe der Toleranz an (**Bild 11**).

Toleranzangaben für Einzelteile

Grundabmaße für Bohrungen (Innenmaße) werden mit den Großbuchstaben A bis ZC angegeben (**Bild 12**).

Grundabmaße für Wellen werden mit den Kleinbuchstaben a bis zc angegeben (**Bild 13**).

Die Grundabmaße für H-Bohrungen und h-Wellen sind 0 (null).

Die Toleranzgrade erhalten die Ziffern 01, 0, 1 bis 18 (**Bilder 10 bis 13**).

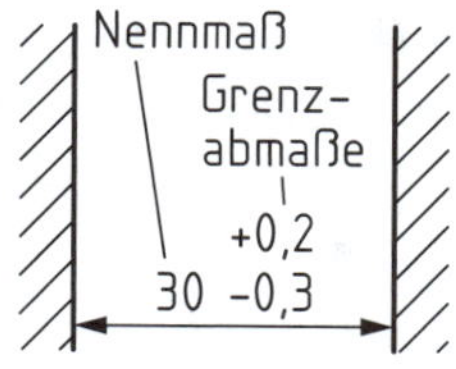

Bild 1

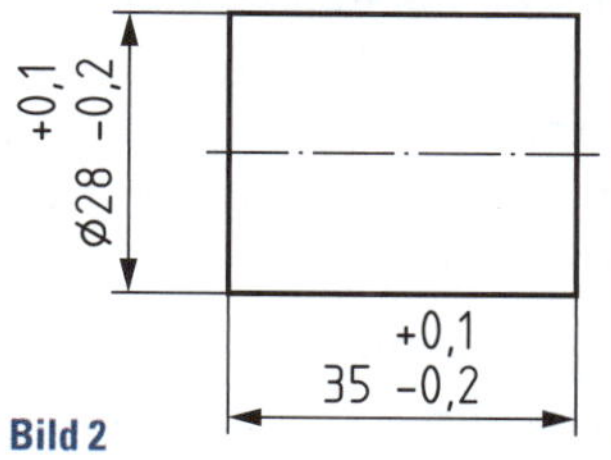

Bild 2

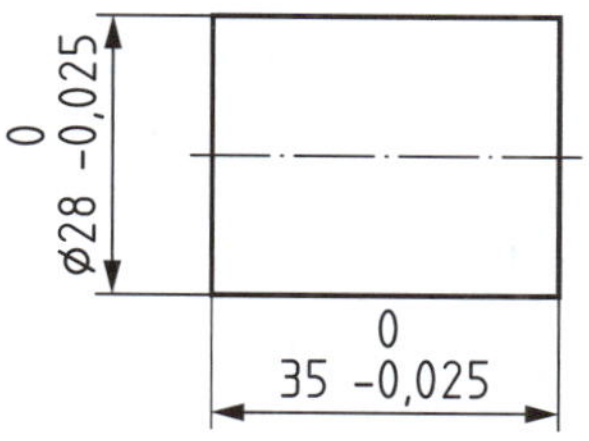

Bild 3

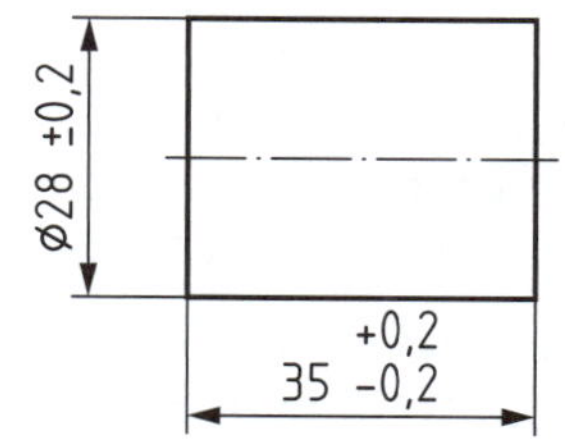

Bild 4

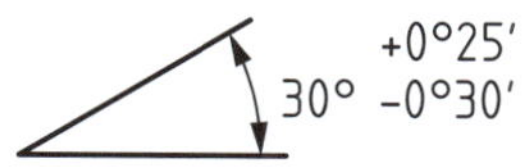

Bild 5

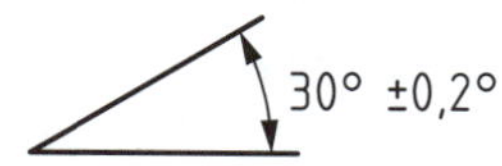

Bild 6

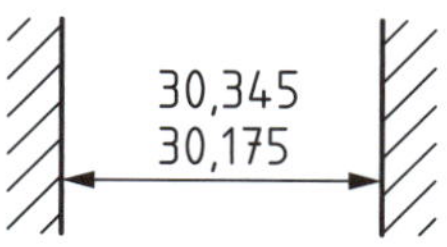

Bild 7

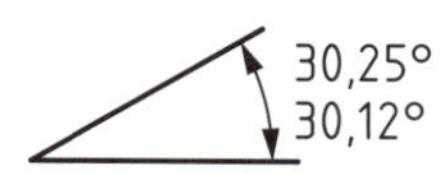

Bild 8

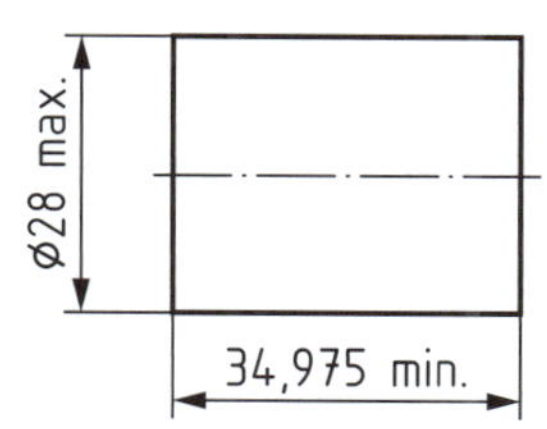

Bild 9

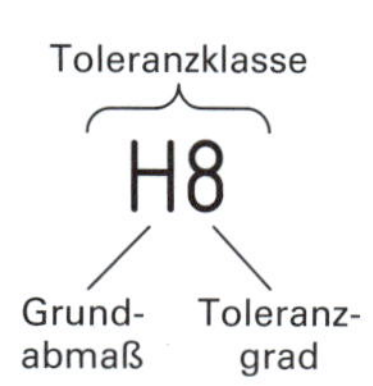

Bild 10

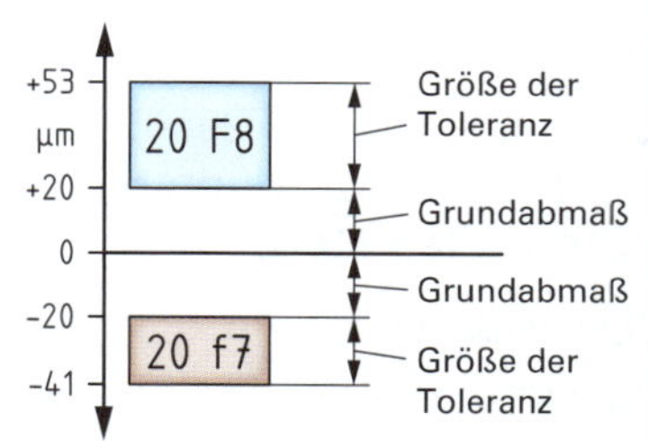

Bild 11

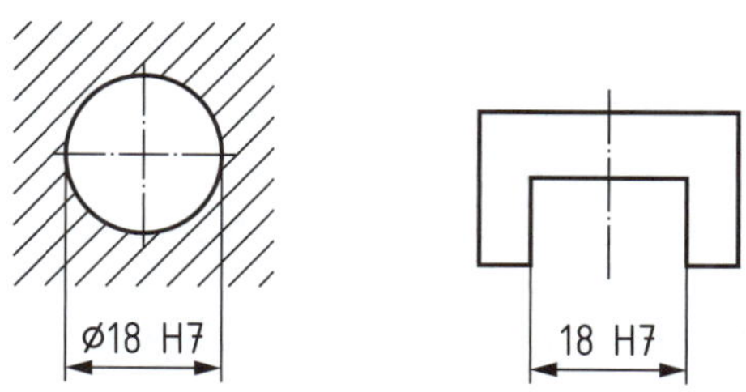

Bild 12

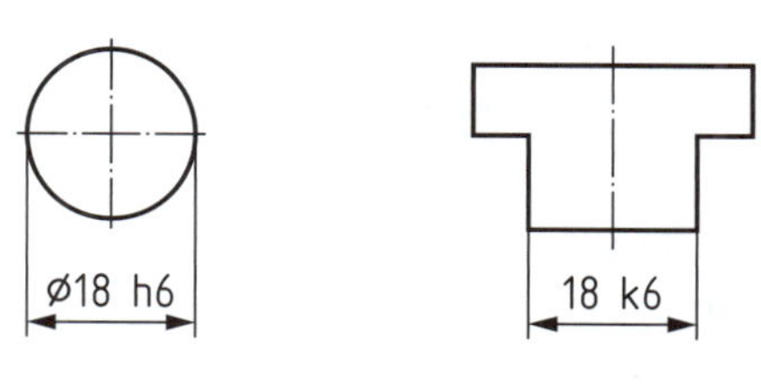

Bild 13

Eintrag von Grenzabmaßen oder Grenzmaßen

Wenn zu einer Toleranzklasse die Grenzabmaße oder Grenzmaße angegeben werden sollen, so kann dies in Klammern (**Bilder 1 und 2**) und umgekehrt (**Bild 3**) erfolgen.

Die Angaben können auch in einer Tabelle (**Bild 4**) geschehen.

Toleranzangaben für gefügte Teile

Hinter dem gemeinsamen Nennmaß wird die Toleranzklasse für die Bohrung (Innenmaß) entweder **über** (**Bild 5**) oder **vor** der Toleranzklasse für die Welle (Außenmaß) eingetragen (**Bild 6**).

Sollen zusätzlich die Grenzabmaße angegeben werden, so kann dies in Klammern (**Bild 7**) oder ebenfalls in einer Tabelle (**Bild 4**) erfolgen.

Anwendungseinschränkung der Toleranzangaben durch Toleranzklassen

Der Eintrag von Toleranzen mithilfe von Toleranzklassen ist nicht zulässig bei anderen als linearen Größenmaßen (Nicht-Größenmaßen), z. B.

- Bohrungsabständen (**Bild 8**) und
- Stufenmaßen (**Bild 9**)

8.2.7 Passungssysteme und Passungsarten

Der Zusammenhang zwischen einer Bohrung und einer Welle, die zusammengefügt werden, wird als **Passung** bezeichnet. Ist der Durchmesser der Welle kleiner als die Bohrung, entsteht als positive Differenz ein **Spiel**. Ist der Durchmesser der Welle vor der Montage größer als die Bohrung, entsteht als negative Differenz ein **Übermaß**.

Einheitsbohrung

Passungssystem, in dem alle Bohrungsmaße das Grundabmaß null, d. h. das Grundabmaß H besitzen.

Die angestrebte Passungsart ergibt sich durch Paarung mit Wellen unterschiedlicher Toleranzklassen (**Bild 10, Tabelle 1**).

Einheitswelle

Passungssystem, in dem alle Wellenmaße das Grundabmaß null, d. h. das Grundabmaß h besitzen.

Die angestrebte Passungsart ergibt sich durch Paarung mit Bohrungen unterschiedlicher Toleranzklassen (**Bild 11, Tabelle 1**).

Passungsart: Spielpassung

Mindestmaß der Bohrung ist größer (im Grenzfall auch gleich) als das Höchstmaß der Welle, wodurch sich immer ein Spiel ergibt (**Bilder 10 und 11, Tabelle 1**)

Passungsart: Übermaßpassung

Höchstmaß der Bohrung ist kleiner (im Grenzfall auch gleich) als Mindestmaß der Welle, wodurch sich immer Übermaß ergibt (**Bilder 10 und 11, Tabelle 1**).

Passungsart: Übergangspassung

Je nach vorhandenem Istmaß der Bohrung und Welle kann sich ein Spiel oder ein Übermaß ergeben (**Bilder 10 und 11, Tabelle 1**)

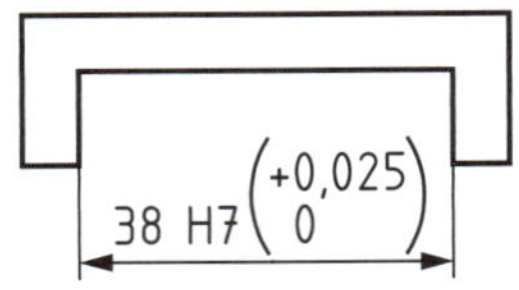

Bild 1

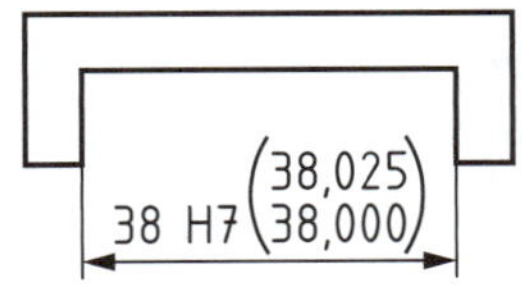

Bild 2

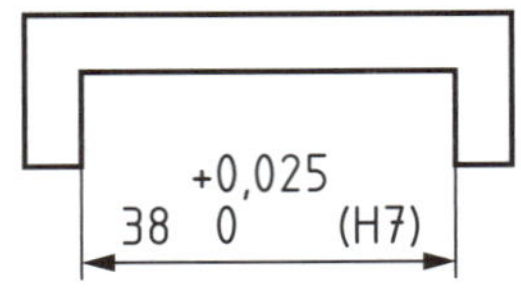

Bild 3

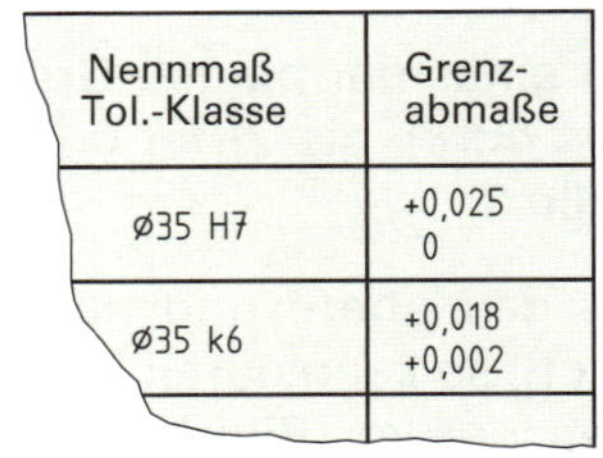

Bild 4

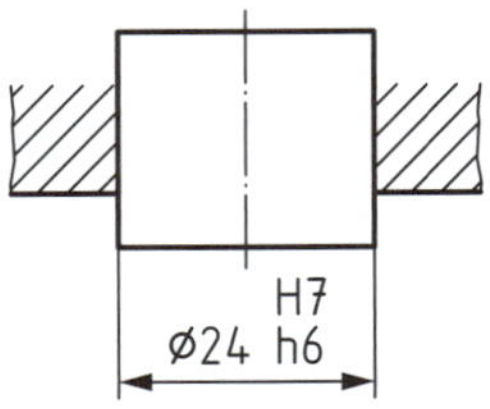

Bild 5

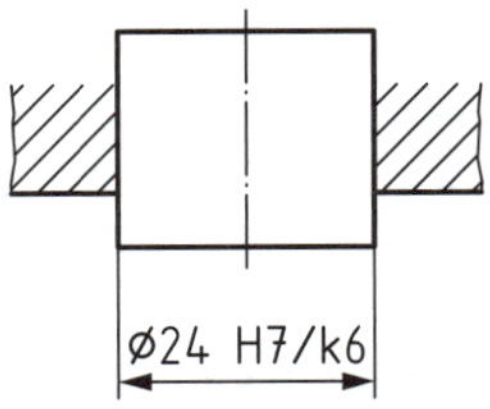

Bild 6

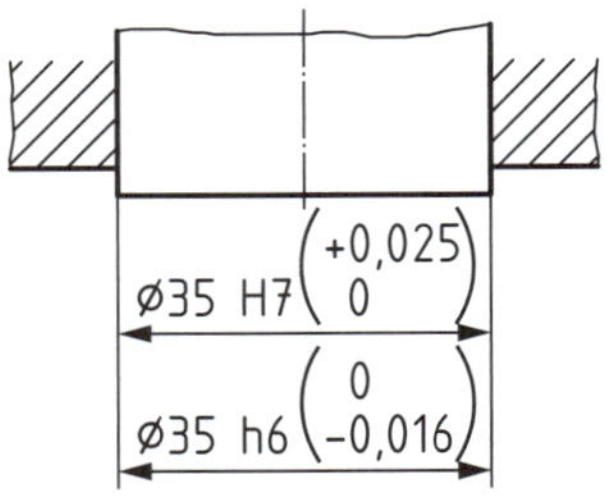

Bild 7

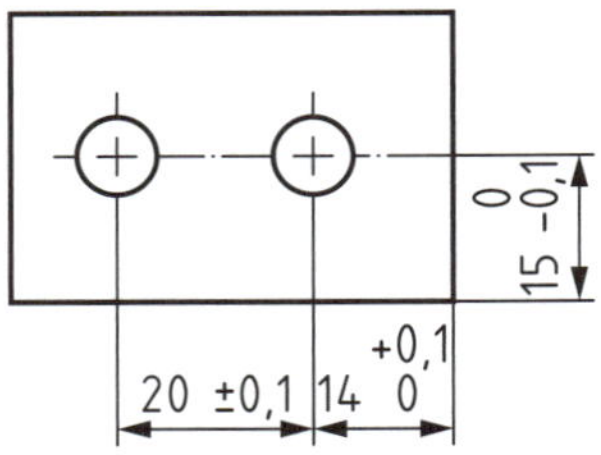

Bild 8

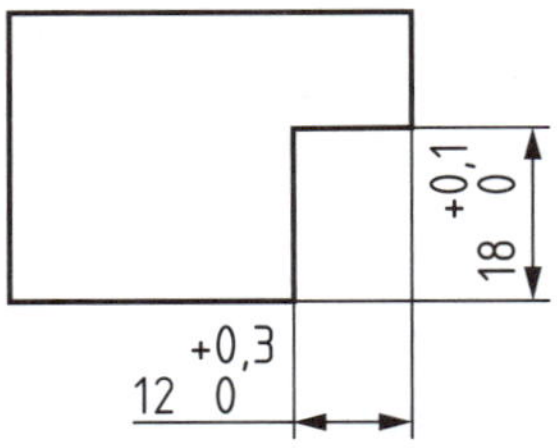

Bild 9

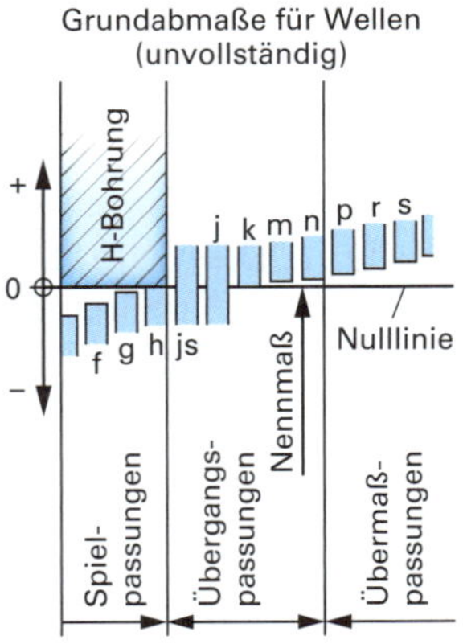

Bild 10

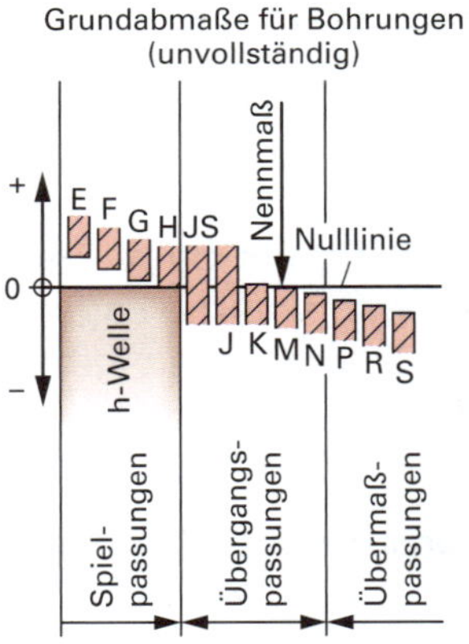

Bild 11

Tabelle 1: Grundabmaße von Passungsarten

Passungsart	Passungssystem	
	Einheitsbohrung	Einheitswelle
Spielpassung	H/a ...h	h/A ...H
Übergangspassung	H/j ...n oder p	h/J ...N oder P
Übermaßpassung	H/n oder p ...zc	h/N oder P...ZC

8.2.8 Festlegung der Auswertemethode durch Spezifikationsmodifikatoren

Werkstücke weichen herstellungsbedingt von der idealen geometrischen Form ab. Das tatsächliche Maß z. B. eines Zylinderdurchmessers hängt damit von seinen Formabweichungen und der verwendeten Auswertemethode d. h. der Art des Maßes ab.

Die Normen DIN EN ISO 14405-1, -3 regeln die Festlegung (Spezifizierung) des Maßelements und der Auswertemethoden für Größenmaße in technischen Zeichnungen. Dies erfolgt durch die Festlegung eines ISO-Standardspezifikationsoperators und Bereitstellung weiterer Spezifikationsmodifikatorensymbole.

ISO-Standardspezifikationsoperator = Zweipunktmaß

Als Standardmaßdefinition für Längenmaße (Lineare Größenmaße) ist das Zweipunktmaß (LP) festgelegt (Bild 1).

Wird (standardmäßig) das Zweipunktmaß für beide Toleranzgrenzen angewendet, darf das Modifikatorensymbol (LP) nicht eingetragen werden (**Bild 2**).

Soll das Zweipunktmaß nur auf eine Grenze angewendet werden, muss das Modifikatorensymbol (LP) hinter der entsprechenden Toleranzgrenze oder dem Grenzabmaß eingetragen werden (**Bild 3**).

Das Zweipunktmaß müsste gemäß Definition exakt anhand von zwei gegenüberliegenden Punkten ermittelt werden, was beim Messmittel kuppelförmige Messflächen erfordert. Eine Messung mit einer Bügelmessschraube liefert z. B. nur grob angenähert ein Zweipunktmaß, da ebene Messflächen linienförmig oder gar flächig am Werkstück anliegen.

Zudem beinhaltet das Zweipunktmaß als lokales Maß eine Mehrdeutigkeit, da es an jedem Messort auf dem Geometrieelement unterschiedliche Ergebnisse liefert (**Bild 1**).

Abweichende Standardspezifikation für Zeichnungen

Die Verwendung eines zeichnungsspezifischen Standardspezifikationsoperators, welcher vom Zweipunktmaß abweicht, muss im oder in der Nähe des Schriftfeldes angegeben werden (**Bild 4**).

Für die Zeichnung in **Bild 4** wird z. B. das Gauß-Maß (GG), welches in der Koordinatenmesstechnik häufig verwendet wird, als „Zeichnungsstandard" festgelegt. Von diesem „Zeichnungsstandard" kann wieder bei einzelnen Maßen abgewichen werden.

Abweichende Spezifikation einzelner Maße

Mit der Eintragung von Spezifikationsmodifikatorensymbolen (**Tabelle 1**) hinter der jeweiligen Maßtoleranz oder dem Grenzmaß hat der Konstrukteur die Möglichkeit, vom Standard (Zweipunktmaß) abweichende und/oder ergänzende Festlegungen bezüglich der Messtechnik bei einzelnen Maßen vorzugeben.

In **Bild 3** muss z. B. das obere Grenzmaß als Hüllmaß (GN), das untere Grenzmaß weiterhin als Zweipunktmaß (LP) ausgewertet werden.

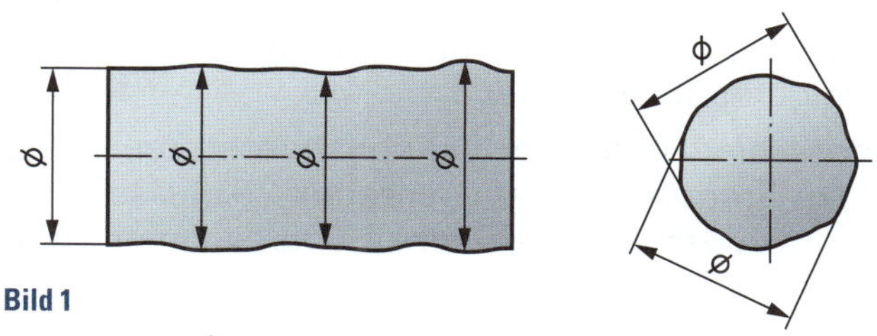

Bild 1

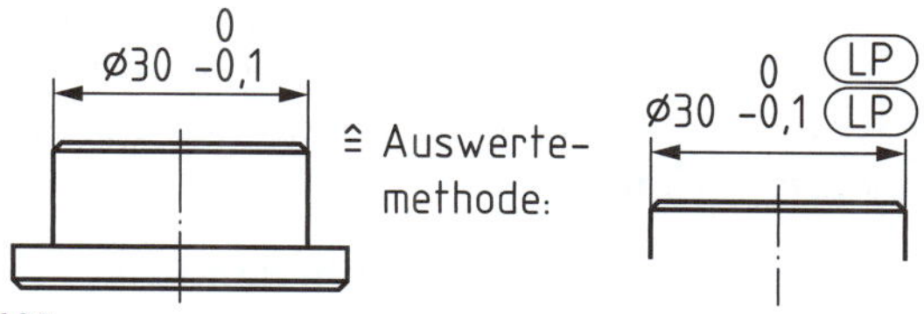

Bild 2

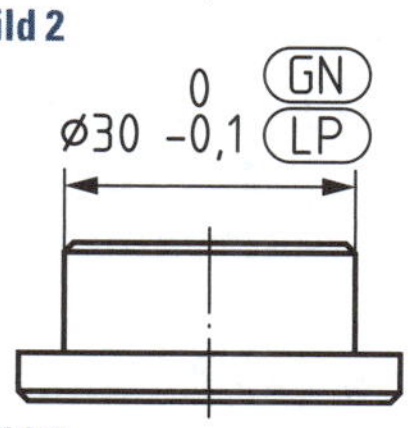

Bild 3

Bild 4

Tabelle 1: Spezifikationsmodifikatorensymbole für:

	Lineare Größenmaße, DIN EN 14405-1[1]	[1] L	
	Winkelgrößenmaße, DIN EN 14405-3[2]		[2] W
Lokale Maße			
(LP)	Zweipunktmaß	•	
(LS)	Kugelmaß	•	
(LC)	Zwei-Linien-Winkelgrößenmaß (Minimax = Standard)		•
(LG)	Zwei-Linien-Winkelgrößenmaß (kleinste Quadrate)		•
(CC)	Durchmesser, aus Umfang berechnet	•	
(CA)	Durchmesser, aus Fläche berechnet	•	
Globale Maße			
(GN)	Hüllmaß (Minimum)	•	
(GX)	Pferchmaß (Maximum)	•	
(GG)	Gauß-Maß (kleinste Abstandsquadrate)	•	•
(GC)	Minimax-Maß (Tschebyschew-Maß)	•	•
(CV)	Durchmesser, aus Volumen berechnet	•	
Rangordnungsmaße (Statistikwerte)			
(SN)	Kleinstmaß	•	•
(SX)	Größtmaß	•	•
(SR)	Spannweite der Maße	•	•
(SA)	Mittleres Maß (Arithmetischer Mittelwert)	•	•
(SQ)	Standardabweichung der Maße	•	•
(SM)	Medianmaß (Zentralwert)	•	•
(SD)	Mittelwert (aus Größt- und Kleinstmaß)	•	•
Ergänzende Modifikatorensymbole für Maße			
(E)	Hüllbedingung		
ACS	Beliebiger Querschnitt		
ALS	Beliebiger Längsschnitt		
SCS	Bestimmter Querschnitt		
CT	Gemeinsam toleriertes Maßelement		
UF	Vereinigtes Maßelement		
n x	Mehr als ein Geometrieelement (n mal…)		
(F)	Freier Zustand		
/Länge	Eingeschränkter Teilbereich		
C ←→ D	zwischen (z. B. Punkt C und Punkt D)		
⟨1⟩	Hinweiszeichen		

Soll für das obere und untere Grenzmaß der gleiche besondere Spezifikationsoperator gelten, genügt eine Eintragung (**Bilder 1 und 2**).

Unterschiedliche Spezifikationsoperatoren für die beiden Grenzmaße oder Grenzabmaße müssen hinter jedem Grenzmaß oder -abmaß übereinander (**Bild 3, Seite 81**) eingetragen werden.

Sie dürfen aber auch einzeilig in eckigen Klammern, welche durch Leerzeichen, Bindestrich, Leerzeichen getrennt werden, für obere und untere Grenzen eingetragen werden (**Bild 3**).

8.2.9 Toleranzangaben für bestimmte Bereiche

Ein fest eingeschränkter bestimmter Bereich darf auch mit einer breiten Strich-Punktlinie (Linienart 04.2) und zugehöriger Bemaßung des Teilbereiches mit Theoretischen Maßen gekennzeichnet werden (**Bild 4**)

Ebenso dürfen zwei Buchstaben, die den Anfang und das Ende des eingeschränkten Teilbereiches festlegen und theoretisch bemaßt sind, eingetragen werden. Diese Buchstaben sind hinter der Maßtoleranz mit dem Symbol „zwischen" zu wiederholen (**Bild 5**).

Ein beliebiger eingeschränkter Teilbereich z. B. 8 mm wird hinter einem Schrägstrich angegeben (**Bild 6**). Die Teilbereichslänge 0 mm entspricht einem Querschnitt (**Bilder 7 und 8**).

8.2.10 Jeder Querschnitt (oder Längsschnitt) eines Maßelements

Gilt die Festlegung für jeden Querschnitt (oder Längsschnitt) des Maßelements oder eines eingeschränkten Bereichs, muss das Modifikationssymbol „ACS" (oder „ALS") hinzugefügt werden (**Bild 8**).

8.2.11 Bestimmter Querschnitt eines Maßelements

Gilt die Festlegung nur für einen bestimmten Querschnitt des Maßelements, wird der Ort des Querschnitts theoretisch bemaßt und das Modifikationssymbol „SCS" hinzugefügt (**Bild 9**).

Erfolgt die Festlegung nicht direkt am Querschnitt, erhält dieser einen Großbuchstaben, welcher hinter „SCS" in eckiger Klammer mit anzugeben ist (**Bild 10**).

Besteht keine Verwechslungsgefahr, kann das Symbol „SCS" auch weggelassen werden (**Bild 11**).

8.2.12 Tolerierung als vereinigtes Maßelement

Gilt die Festlegung für ein vereinigtes Maßelement, wird der Spezifikation „UF *n*x" vorangestellt (**Bild 12**).

8.2.13 Tolerierung für mehr als ein Maßelement

Wenn die individuelle Anforderung für mehrere Geometrieelemente gilt, muss das Modifikationssymbol „*n*x" der Anforderung vorangestellt werden (**Bild 13**). Dabei muss eindeutig sein, um welche Geometrieelemente es sich handelt.

8.2.14 Tolerierung mehrerer Geometrieelemente als ein Maßelement

Sollen die Geometrieelemente zusammen als ein Maßelement ausgewertet werden, so muss das Modifikationssymbol „CT" für gemeinsame Toleranz hinzugefügt werden (**Bild 14**)

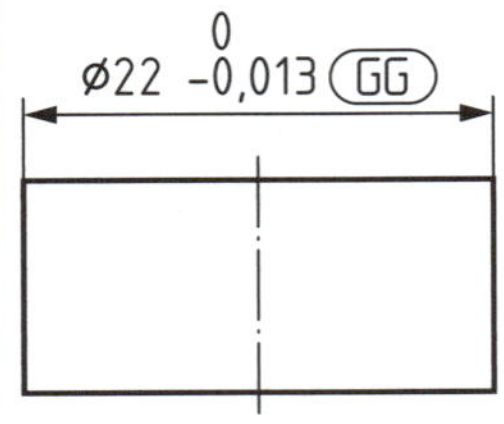

Bild 1

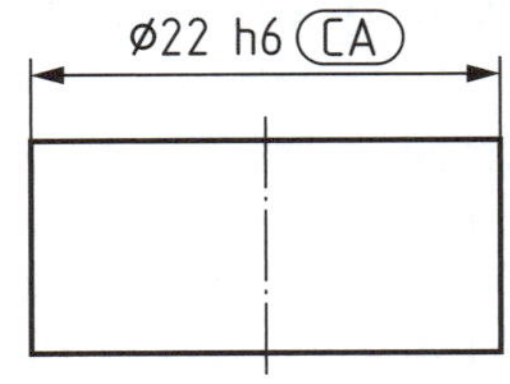

Bild 2

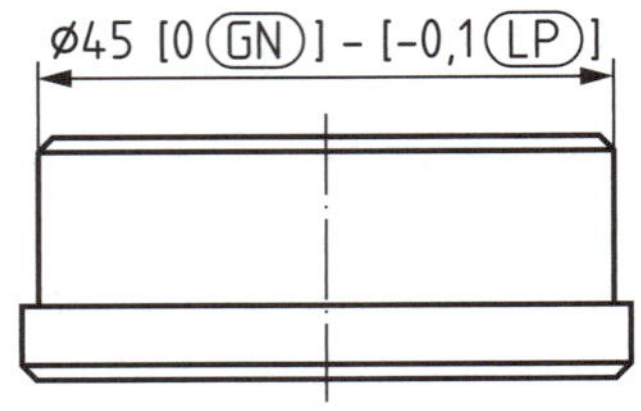

Bild 3

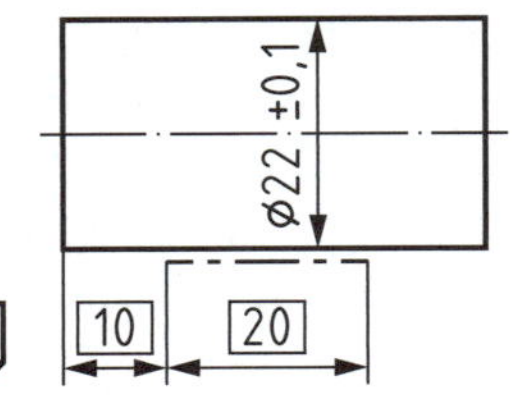

Bild 4

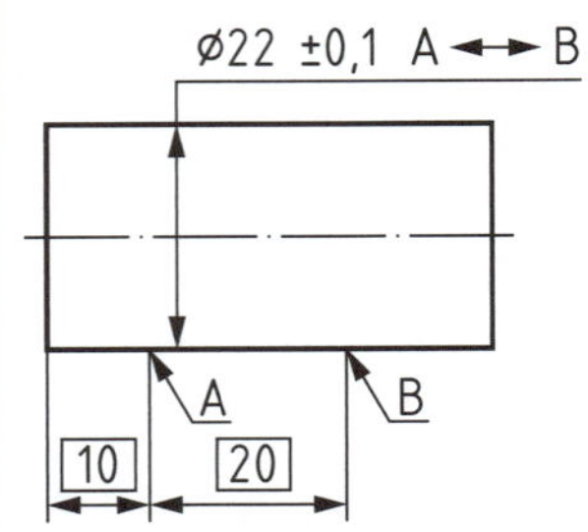

Bild 5

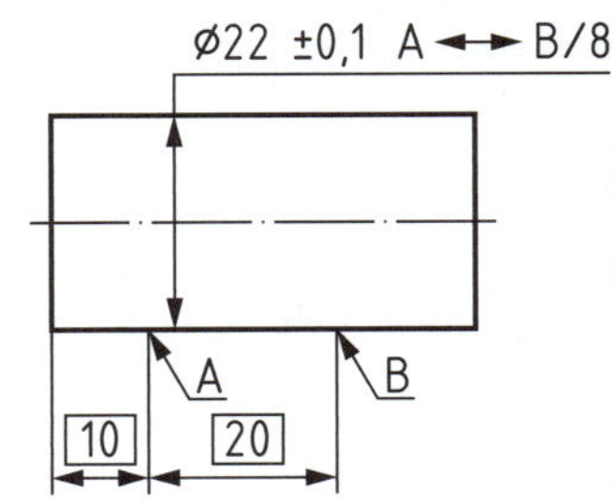

Bild 6

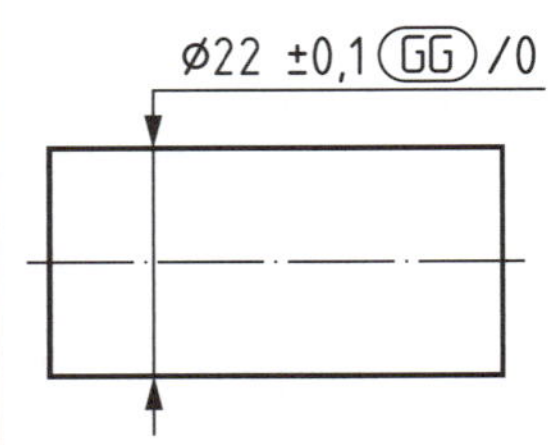

Bild 7

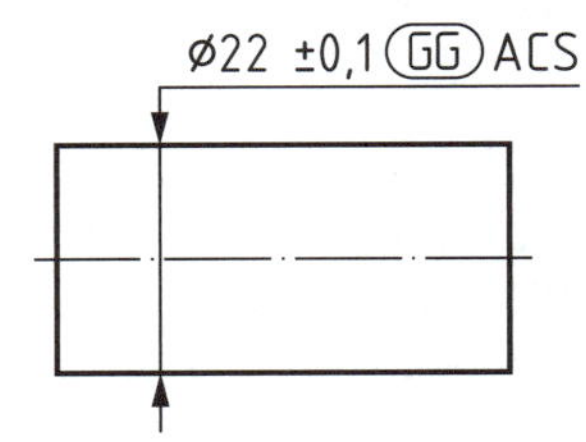

Bild 8

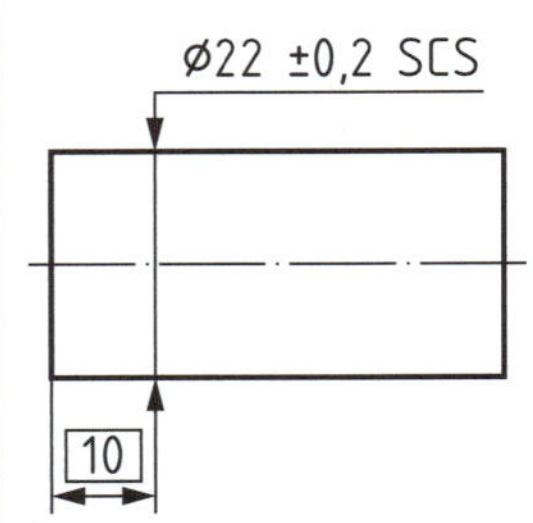

Bild 9

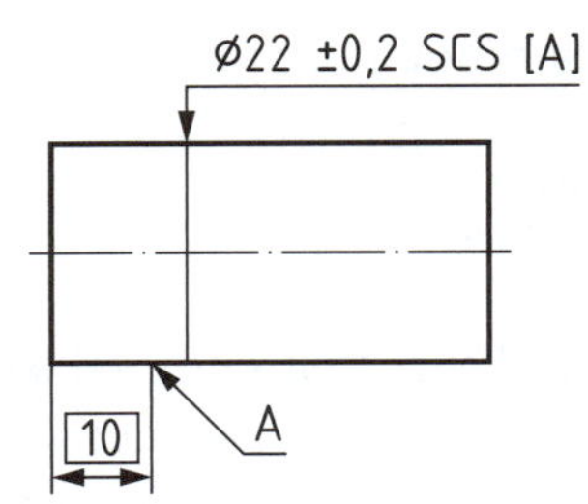

Bild 10

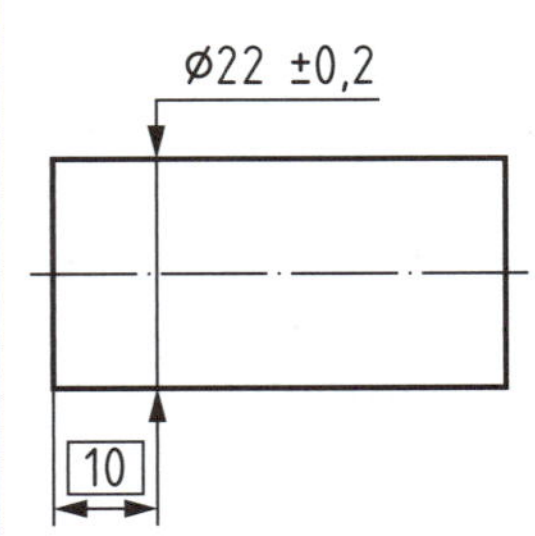

Bild 11

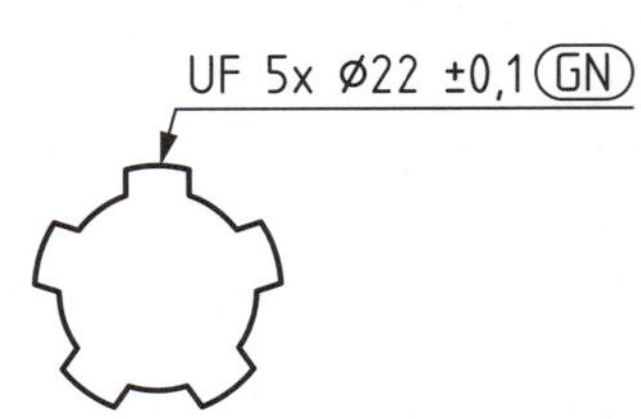

Bild 12

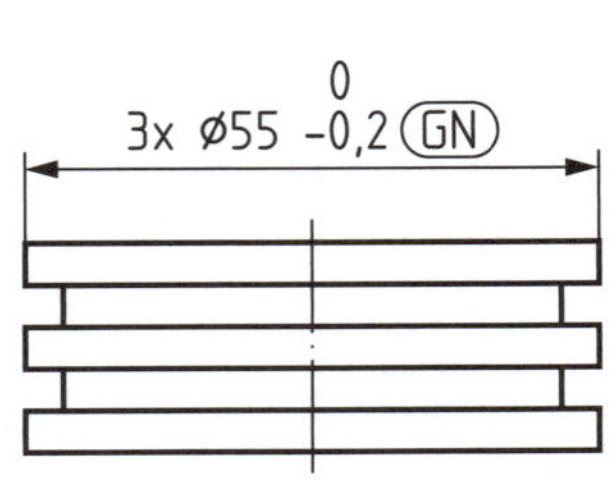

Bild 13

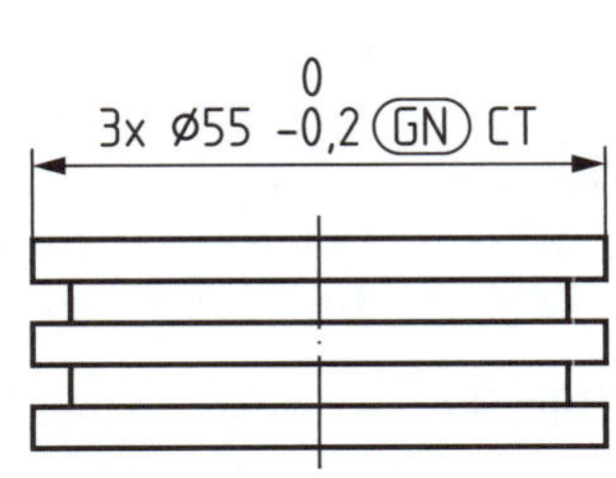

Bild 14

8.2.15 Ergänzende Angaben zur Tolerierung

Mit nummerierten Hinweiszeichen am Ende der Spezifikation können ergänzende Anforderungen, eingeschränkte oder besondere Zustände usw. angegeben werden. Diese sind in der Nähe des Zeichnungsschriftfeldes zu erläutern (**Bild 1**).

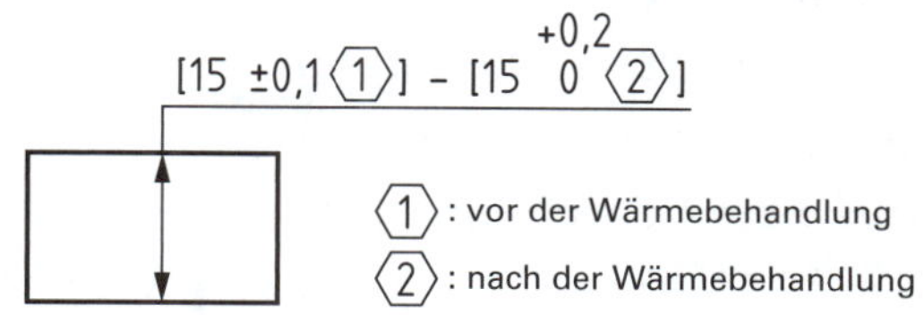

Bild 1

8.2.16 Überprüfen Sie Ihr Wissen:

1 Wie lang darf die Schablone höchstens werden? (Tabelle Seite 78)

a) 1002 mm
b) 1003 mm
c) 1004 mm
d) 1006 mm
e) 1008 mm

2 Wie breit muss die Schablone mindestens werden? (Tabelle Seite 78)

a) 398 mm
b) 398,8 mm
c) 399,2 mm
d) 399,5 mm
e) 400 mm

3 Bei welchem Maß der Schablone handelt es sich um ein lineares Größenmaß?

a) Maß 100
b) Maß 150
c) Maß 5
d) R100
e) Maß 250
f) Maß 4x 120

4 Wie groß ist das Mindestmaß des Winkels 60° an der Schablone? (Tabelle Seite 78)

a) 58° 30′
b) 59° 10′
c) 59° 30′
d) 59° 45′
e) 59° 50′

5 Wie groß darf das Bohrungsmaß ø50 H9 bei der Schablone höchstens werden?

a) 50,074 mm
b) 50,062 mm
c) 50,039 mm
d) 49,026 mm
e) 49,938 mm

6 Welche Toleranzangabe bei der Lehre (Bild 3) ist normgerecht eingetragen?

a) Maß 30 f7
b) Maß 30 H8
c) Maß 50 – 0,5/ – 0,2
d) Maß 55 – 0,03 / + 0,02
e) Maß 40 + 0,1/ – 0,3

7 Bei welchem Maß der Lehre (Bild 3) handelt es sich um kein lineares Größenmaß?

a) Maß 30 f7
b) Maß 30 H8
c) Maß 10
d) Maß 50 – 0,5/ – 0,2
e) Maß 40 + 0,1/ – 0,3

8 Mit welchem Messverfahren ist das untere Grenzmaß der Bohrung (Bild 4) auszuwerten?

a) Hüllmaß
b) Gauß-Maß
c) Zweipunktmaß
d) Pferchmaß

9 Welches der folgenden Auswerteverfahren liefert kein eindeutiges Ergebnis?

a) Hüllmaß
b) Gauß-Maß
c) Zweipunktmaß
d) Pferchmaß

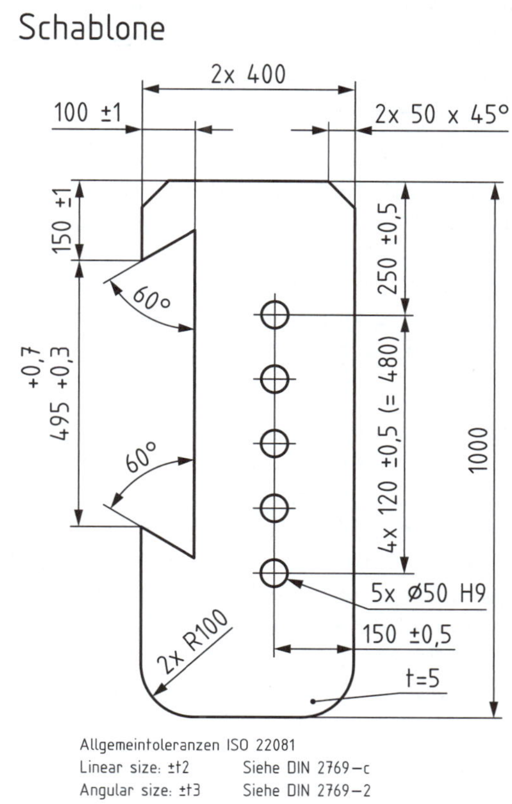

Bild 2

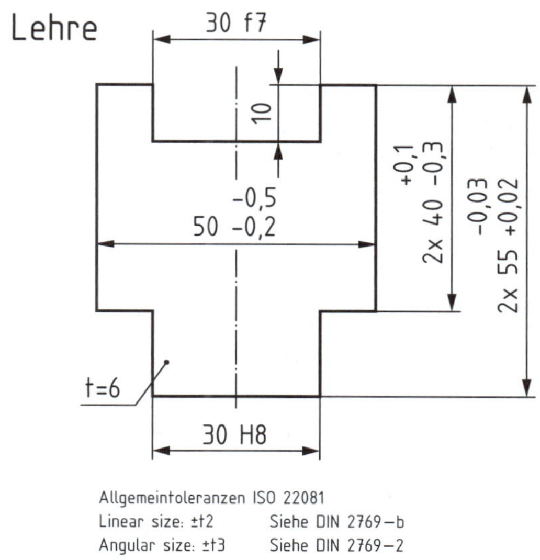

Bild 3

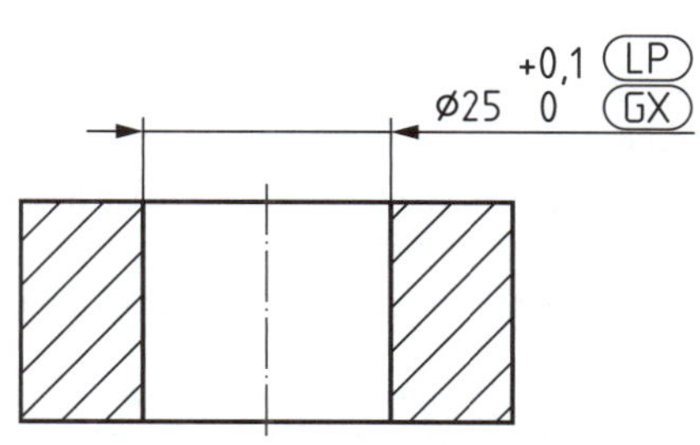

Bild 4

8.3 Form- und Lagetolerierung (Geometrische Tolerierung)

8.3.1 Geometrische Grundlagen

Werkstücke sind durch einzelne geometrische Elemente, z. B. Kanten und Flächen, begrenzt (**Bild 1**). Fertigungstechnisch ist es nicht möglich, diese Elemente ohne Toleranzen herzustellen. Um die Funktion der Werkstücke gewährleisten zu können, muss man neben den Maßtoleranzen (**Seite 77**) meistens noch Form- und Lagetoleranzen als geometrische Tolerierungen angeben.

Bei dem in **Bild 2** dargestellten Werkstück wird vom Auftraggeber gefordert, dass die beiden Stirnflächen der Wellenenden (a und b) zueinander parallel sein müssen. Aus Funktionsgründen kann eine maximale Unparallelität von 0,05 mm noch zugelassen werden. Für die Gesamtlänge der Welle ist für das Maß 160 mm eine Toleranz von 0,2 mm (159,9 bis 160,1) erlaubt.

Betrachtet man die Welle von den Maßtoleranzen aus, so ergibt sich bei der Auswertung der Länge als Zweipunktmaß Folgendes: Misst man mit einem Messschieber die Werkstücklänge z. B. an den unteren Kanten mit 160,1 mm und an den oberen Kanten mit 159,9 mm, so wäre das Werkstück noch innerhalb der erlaubten Maßtoleranz von ± 0,1 mm (**Bild 3**). Die beiden Stirnflächen (a und b) sind dabei aber nicht parallel bzw. übersteigen erheblich die funktional zulässige bzw. geforderte Toleranz von 0,05 mm (**Bild 3**).

Man würde der erlaubten Parallelitätstoleranz näher kommen, wenn man die Maßtoleranz des Nennmaßes 160 mm kleiner wählen würde. Der Eintrag von sehr kleinen Maßtoleranzen verteuert aber die Fertigung wesentlich.

Wenn Abweichungen aus funktionellen Gründen eine bestimmte Größe nicht überschreiten dürfen, dann müssen sie durch den Eintrag von Form- und Lagetoleranzen nach DIN EN ISO 1101 begrenzt werden (**Bild 4**).

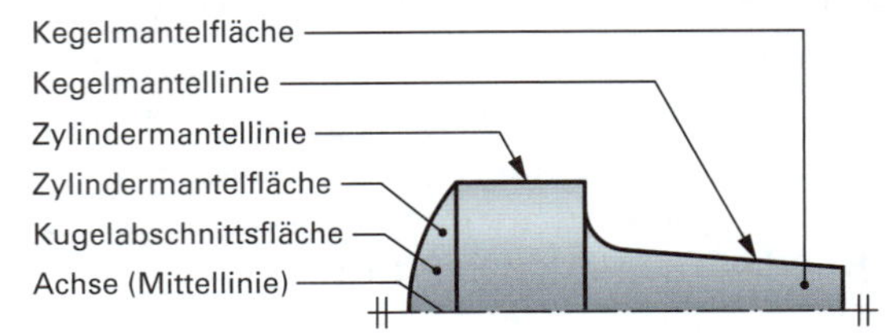

Bild 1

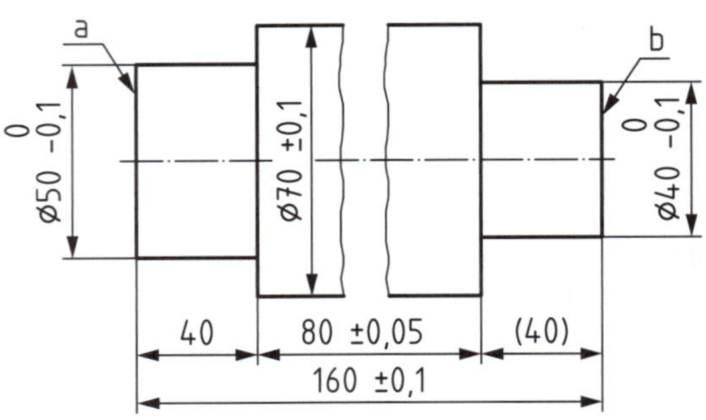

Bild 2

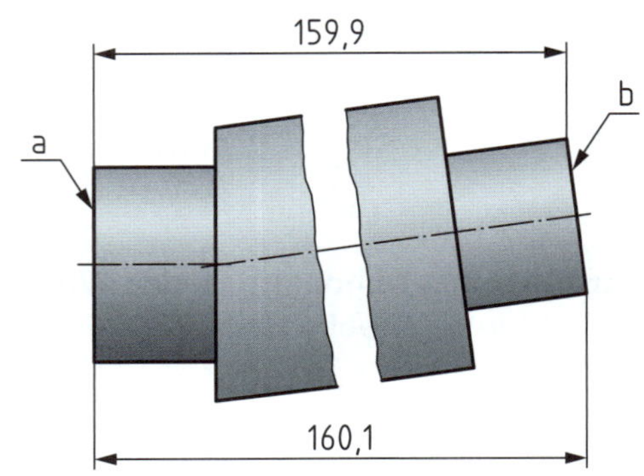

Bild 3

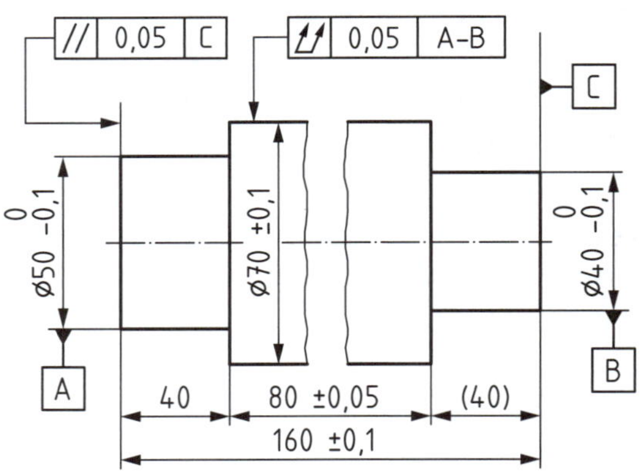

Bild 4

8.3.2 Sinnbilder für Form- und Lagetoleranzen

Für die Kennzeichnung von Form- und Lagetoleranzen verwendet man die international verständlichen Sinnbilder nach DIN EN ISO 1101 (**Tabellen 1 und 2**).

Sinnbilder für Formtoleranzen (Tabelle 1)

Geradheit und Ebenheit dienen als **Flachformtoleranzen**. Rundheit und Zylinderform sind sog. **Rundformtoleranzen. Profilformtoleranzen** können für Fläche und Linie unterschieden werden.

Sinnbilder für Lagetoleranzen (Tabelle 2)

Parallelität, Rechtwinkligkeit und Neigung sind die **Richtungstoleranzen**. Position, Symmetrie, Konzentrizität und Koaxialität dienen als **Ortstoleranzen**.

Lauftoleranzen tolerieren den Lauf oder Gesamtlauf von Flächen in radialer oder axialer Richtung um eine Achse.

Tabelle 1: Sinnbilder für Formtoleranzen

—	Geradheit	⌭	Zylinderform
▱	Ebenheit	⌓	Flächenprofil
○	Rundheit	⌒	Linienprofil

Tabelle 2: Sinnbilder für Lagetoleranzen

//	Parallelität	◎	Konzentrizität und Koaxialität
⊥	Rechtwinkligkeit	⌯	Symmetrie
∠	Neigung (Winkligkeit)	↗	Rundlauf, Planlauf
⌖	Position	⌰	Gesamtrundlauf, -planlauf

8.3.3 Toleranzindikator (früher: Toleranzrahmen)

Der Toleranzindikator ist ein in zwei oder mehr Felder unterteilter rechteckiger Rahmen, in dem die Angabe von Form- und Lagetoleranzen erfolgt (**Bild 1**).

Die **Linienbreite** des Toleranzindikators entspricht 1/10 der Schrifthöhe *h*. Für die Schrifthöhe 3,5 mm ist die Linienbreite demnach 0,35 mm (**Bild 1**). Die Größe des Toleranzindikators richtet sich nach dem Platzbedarf.

Für diesen Lehrgang wird empfohlen:
Die **Höhe** des Toleranzindikators entspricht der doppelten Schrifthöhe *h*. Bei 3,5 mm Schrifthöhe ist der Toleranzindikator demnach 7 mm hoch (**Bild 1**). Die **Länge** der einzelnen Felder wird vorzugsweise in der doppelten oder 4-fachen Schrifthöhe *h* ausgeführt und richtet sich nach dem Platzbedarf der notwendigen Eintragung (**Bild 1**).

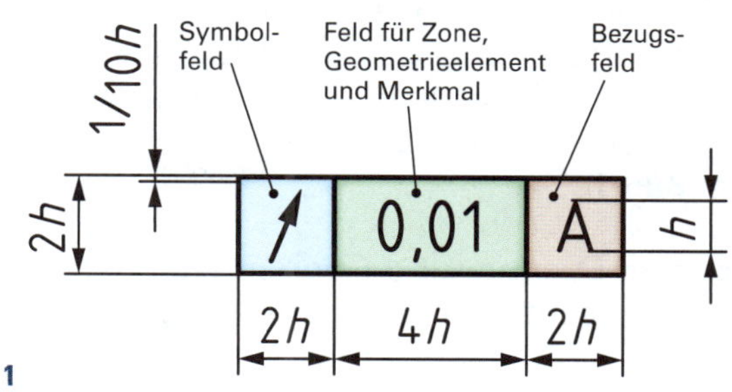

Bild 1

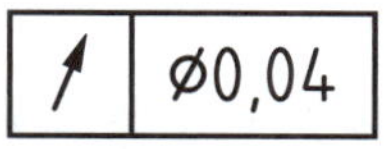

Bild 2

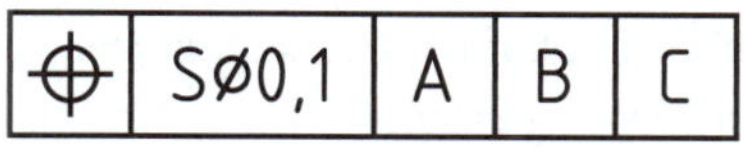

Bild 3

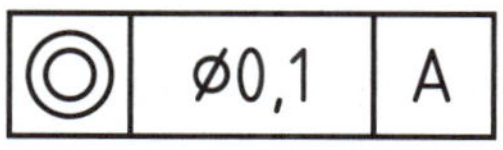

Bild 4

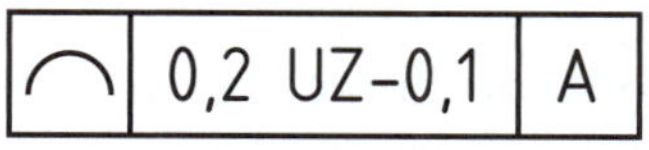

Bild 5

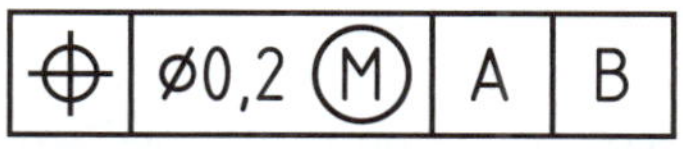

Bild 6

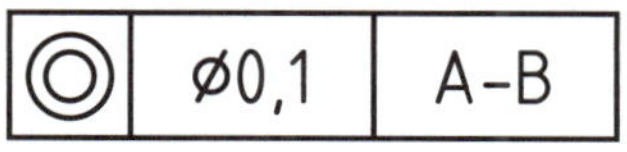

Bild 7

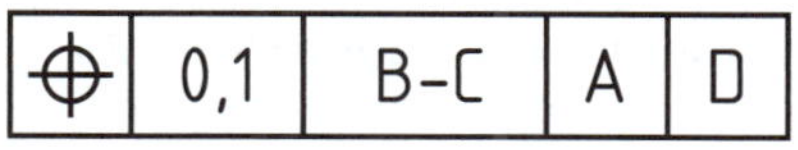

Bild 8

Symbolfeld

Im Symbolfeld wird das Sinnbild (**Tabellen 1 und 2** auf **Seite 84**) für die tolerierte Eigenschaft eingetragen (**Bilder 1 bis 8**).

Feld für Zone, Geometrieelement und Merkmal

Im zweiten Feld wird die Toleranzzone eingetragen. Standardmäßig ist die Toleranzzone symmetrisch um das theoretisch exakte Geometrieelement angeordnet. Der Toleranzwert gibt die Weite der Toleranzzone senkrecht zur tolerierten Geometrie an und wird in Millimeter (mm) eingetragen.

Ist die Toleranzzone ein Kreis oder Zylinder, wird der Toleranzwert mit dem Durchmesserzeichen versehen (**Bilder 2 und 4**). Bei einer kugelförmigen Toleranzzone wird das Symbol „Sø" vorangestellt (**Bild 3**).

Optional können weitere Modifikatoren zur Toleranzzone, zum tolerierten Geometrieelement und der Auswertung hinzugefügt werden (**Tabelle 1**).

In **Bild 5** wird, abweichend von der standardmäßigen symmetrischen Anordnung, die Toleranzzone um 0,1 mm in das Material hineinversetzt.

In **Bild 6** wird die Positionstoleranz über die Maximum-Material-Bedingung mit der Maßtoleranz verknüpft.

Bezugsfeld

Im dritten Feld wird der Buchstabe, der den Einzelbezug (**Bilder 4 und 5**) oder die Buchstaben, die den gemeinsamen Bezug (**Bild 7**) angeben, eingetragen.

Wird durch die geordnete Anordnung von zwei oder drei Bezügen ein Bezugssystem gebildet, so wird der Toleranzindikator um die erforderlichen Felder erweitert (**Bilder 6 und 8**).

Der primäre Bezug wird im dritten Feld, der sekundäre Bezug im vierten und der tertiäre Bezug im fünften Feld eingetragen (**Bild 8**).

Tabelle 1: Modifikationssymbole für Zone, Geometrieelement und Merkmal (Auswahl)

Symbol	Bedeutung
CZ	kombinierte Zone (gemeinsame Zone)
SZ	(separate) getrennte Zonen
UZ	spezifiziert versetzte (unsymmetrische) Zone
Ⓐ	abgeleitetes Geometrieelement
Ⓟ	projizierte Toleranzzone
UP	vereinigtes Geometrieelement
LD	kleinster Durchmesser
MD	größter Durchmesser
PD	Flankendurchmesser
Ⓜ	Maximum-Material-Bedingung
Ⓛ	Minimum-Material-Bedingung
Ⓡ	Reziprozitätsbedingung
<// B]	Schnittebene (Beispiel)
<// B>	Orientierungsebene (Beispiel)
←// B	Richtungselement (Beispiel)
○// B	Kollektionsebene (Beispiel)

Optionale Angaben am Toleranzindikator

Falls erforderlich, können unmittelbar über oder unter dem Toleranzindiktor angrenzende Angaben eingetragen werden, wobei der obere Bereich zu bevorzugen ist (**Bild 1**).

Angaben zu Ebenen- und Geometrieelementen sind unmittelbar rechts am Toleranzindikator einzutragen (**Bild 1**).

Mehrere tolerierte Eigenschaften

Sind mehrere geometrische Eigenschaften eines Geometrieelementes zu tolerieren, dürfen die Toleranzindikatoren untereinander gesetzt werden (**Bild 2**).

Die Anordnung erfolgt dabei vorzugsweise so, dass die Toleranzwerte von oben nach unten abnehmen (**Bild 2**).

8.3.4 Tolerierte Geometrieelemente und Toleranzzonen

Der Toleranzindikator wird durch eine Referenz- und Hinweislinie mit Pfeil mit dem tolerierten Geometrieelement verbunden (**Bild 2**).

Die Referenzlinie beginnt am Mittelpunkt des linken oder rechten Endes des Toleranzindikators. Dies gilt auch bei gestapelten Toleranzindikatoren (**Bild 2**).

Ist eine Angabe zu Ebenen- und Geometrieelementen vorhanden, beginnt die Referenzlinie am Mittelpunkt des rechten Endes der Angabe (**Bild 3**).

Der Pfeil zeigt immer rechtwinklig auf das tolerierte Element (**Bilder 2 bis 8**).

Gilt die Toleranzangabe für die **Linie, Mantellinie oder Fläche,** so wird die Hinweislinie mit Pfeil deutlich versetzt zur Maßlinie entweder

- auf die Konturlinie,
- auf eine verlängerte Linie des Geometrieelements,
- auf eine Maßhilfslinie, die das Element zeigt,
- auf einer Hinweislinie, die mit einem ausgefüllten Punkt innerhalb des sichtbaren Elements endet,
- auf einer gestrichelten Hinweislinie, die mit einem nicht ausgefüllten Punkt innerhalb des nicht sichtbaren Elements endet,

gezeichnet (**Bilder 4 und 5**).

Gilt die Toleranzangabe für den **Mittelpunkt, die Achse oder Mittelebene,** so muss die Hinweislinie mit Pfeil in Verlängerung der Maßlinie oder in Kombination mit der Maßangabe eingezeichnet werden (**Bilder 6 und 7**).

Alternativ kann im Falle einer Rotationsfläche auch das Modifikationssymbol Ⓐ (abgeleitetes Geometrieelement) im Feld der Zone verwendet werden. In diesem Fall muss die Hinweislinie mit Pfeil nicht in Verlängerung der Maßlinie angeordnet sein (**Bild 8**).

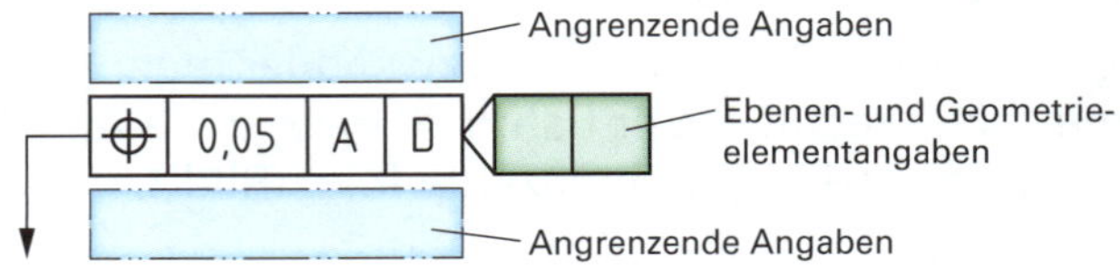

Bild 1

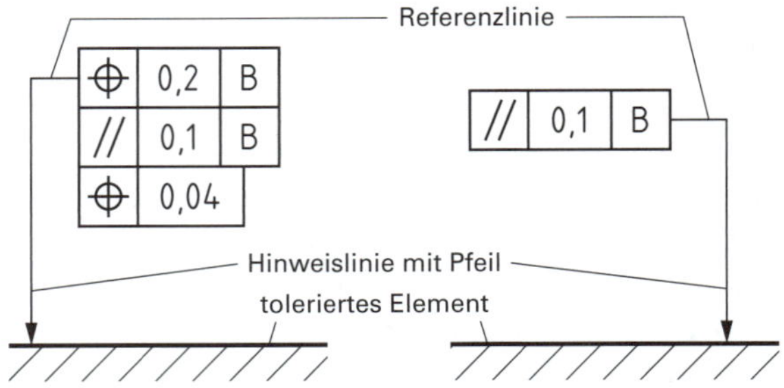

Bild 2

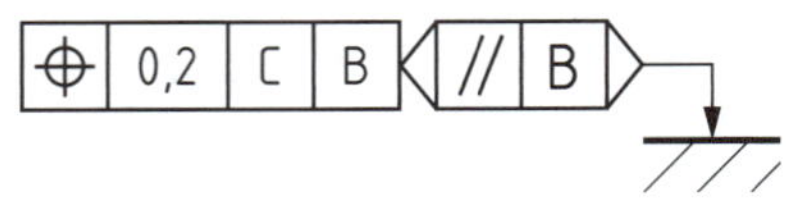

Bild 3

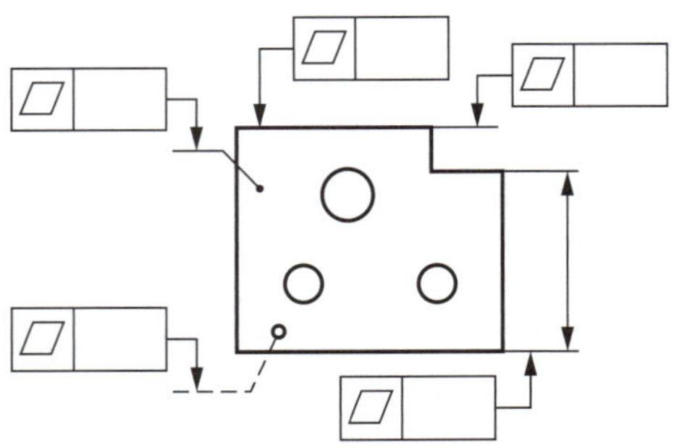

Bild 4

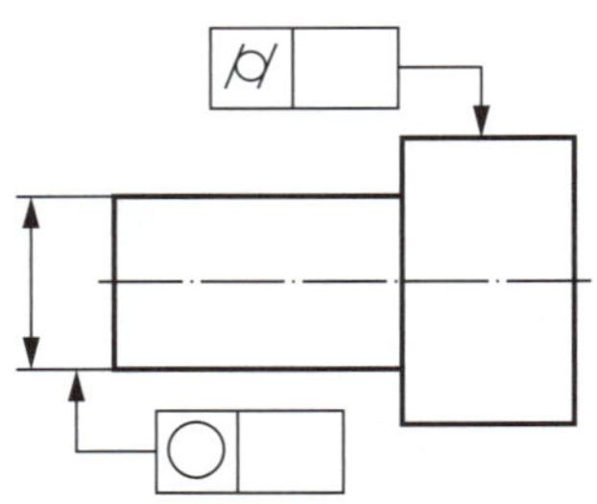

Bild 5

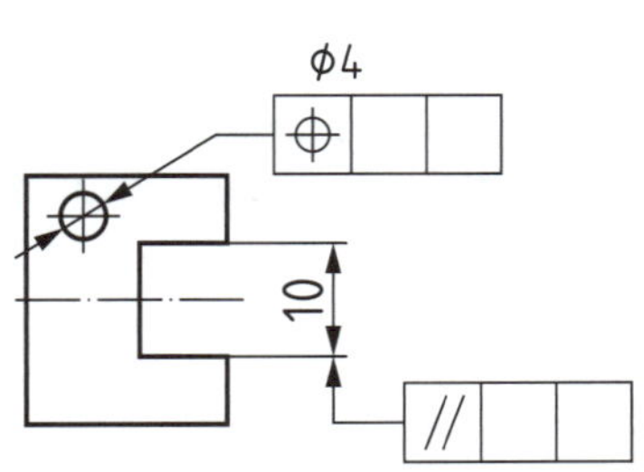

Bild 6

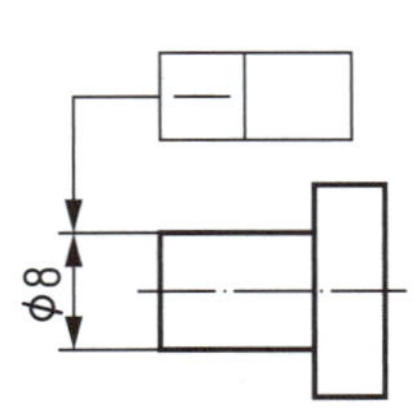

Bild 7

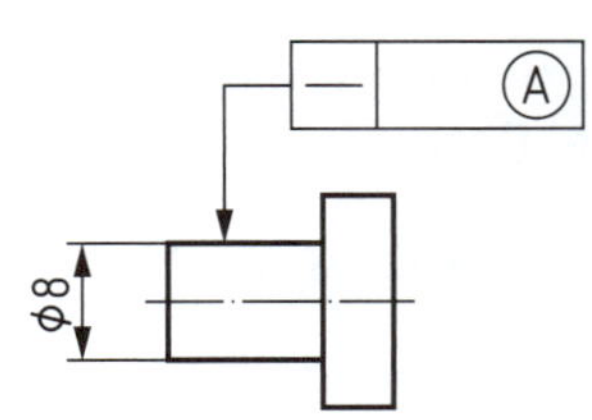

Bild 8

Tolerierungen für mehr als ein Element

Gilt die Toleranzangabe für mehrere Elemente, so muss dies über dem Toleranzrahmen angegeben werden oder die Hinweislinie kann auch auf mehrere Hinweislinien und Hinweispfeile verzweigt werden (**Bild 1**). Elementgruppen siehe auch **Kapitel 8.3.9**.

Toleranzzonen

Mit dem Modifikationssymbol SZ (separate Zonen) kann die Unabhängigkeit der Toleranzzonen nach ISO 8015 hervorgehoben werden (**Bilder 1 und 3**).

Wird für mehrere, gleiche einzelne Geometrieelemente eine gemeinsame Toleranzzone gebildet, muss dies mit dem Modifikationssymbol CZ (gemeinsame Zone) angegeben werden (**Bild 2**).

Wird eine Toleranzangabe auf alle, von einer geschlossenen Konturlinie dargestellten, Geometrieelemente bezogen, so muss dies durch das „Rundum"-Symbol ○ an der Hinweislinie angegeben werden (**Bild 3**).

In **Bild 3** gilt die Toleranzanforderung für die Elemente a, b, c und d mit getrennten Zonen, gleichbedeutend mit der Angabe *n* x über dem Toleranzindikator.

Wird eine Toleranzangabe auf alle Geometrieelemente eines Werkstücks bezogen, so muss dies durch das „Rundherum"-Symbol ◎ an der Hinweislinie angegeben werden (**Bild 4**).

In **Bild 4** gilt die Toleranzanforderung für die Elemente a, b, c, d, e und f als ein vereinigtes Geometrieelement (UF).

Mit dem Modifikationssymbol UZ kann die standardmäßig symmetrische Toleranzzone um den angegebenen Betrag in mm oder Winkelgrad versetzt werden. Mit dem Vorzeichen wird die Richtung angegeben, wobei das „+" Zeichen einen Versatz nach „außerhalb des Materials" und das „–" Zeichen einen Versatz nach „innerhalb des Materials" angibt (Bild 4).

In **Bild 4** wurde die Toleranzzone von 0,2 mm um 0,1 mm in das Material hineinversetzt, weshalb kein Material über die durch Maße beschriebene Geometrieform hinaus zulässig ist.

Dem standardmäßig konstanten Toleranzwert kann auch eine zwischen zwei festgelegten Orten proportionale Schwankung von einem Wert zu einem anderen Wert zugewiesen werden. Die beiden mit Großbuchstaben gekennzeichneten Orte werden mit dem Modifikationssymbol „zwischen" angegeben (**Bild 6**).

Toleranzzonenübergänge

Die Modifikatoren SZ, CZ und UF bewirken auch Unterschiede an den Toleranzzonenübergängen. **Bild 5** zeigt dies exemplarisch an einer Rundum-Flächenprofiltoleranz von 0,4 mm, welche um +0,2 mm unsymmetrisch nach außen versetzt verläuft.

Einschränkende Spezifikationen

Gilt die Toleranzangabe für einen gekennzeichneten begrenzten Teil einer Kontur, dann muss diese Einschränkung durch eine breite Strich-Punktline oder eine schraffierte Fläche, deren Umgrenzung eine breite Strich-Punktlinie ist, mit Definition durch theoretische Maße gekennzeichnet werden (**Bilder 7 und 8**).

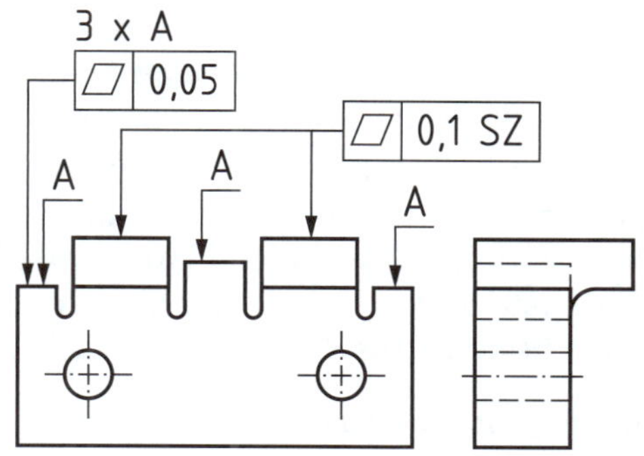

Bild 1

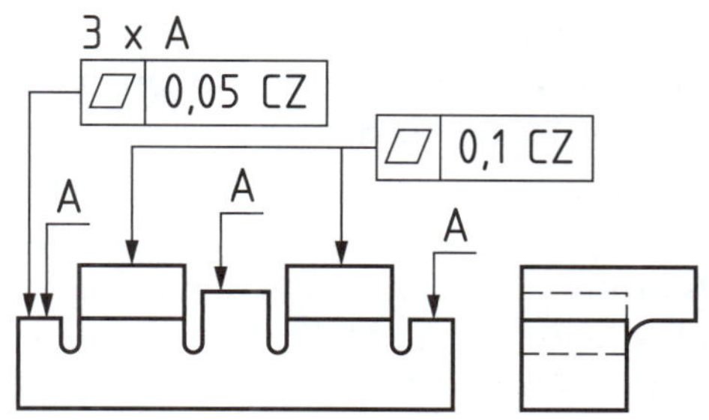

Bild 2

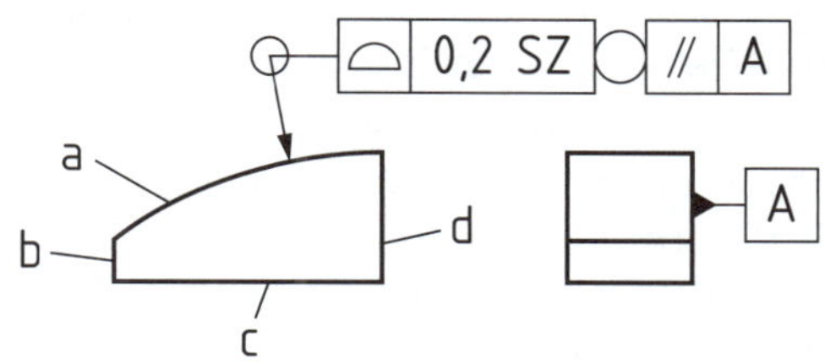

Bild 3

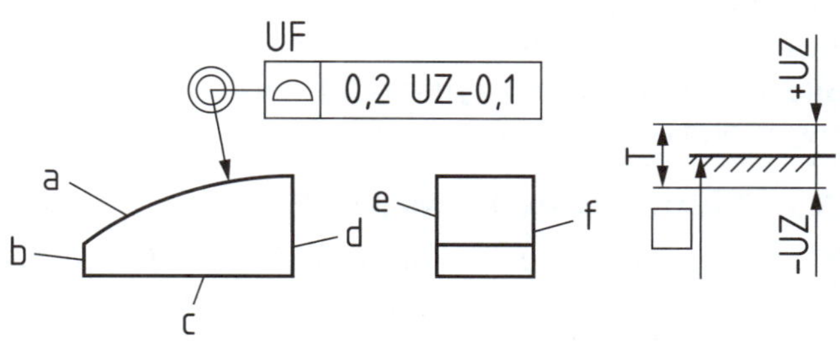

Bild 4

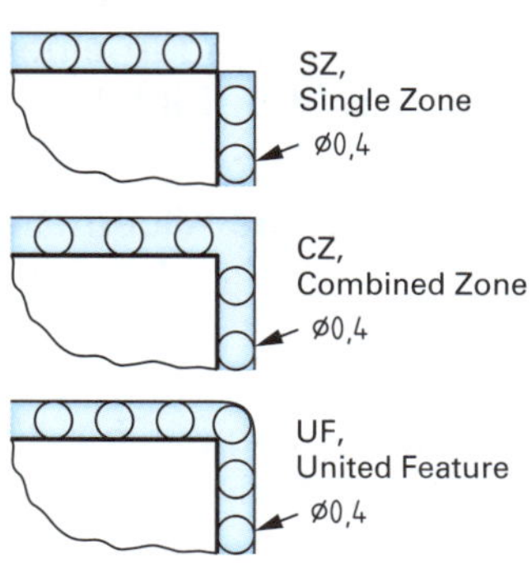

Bild 5

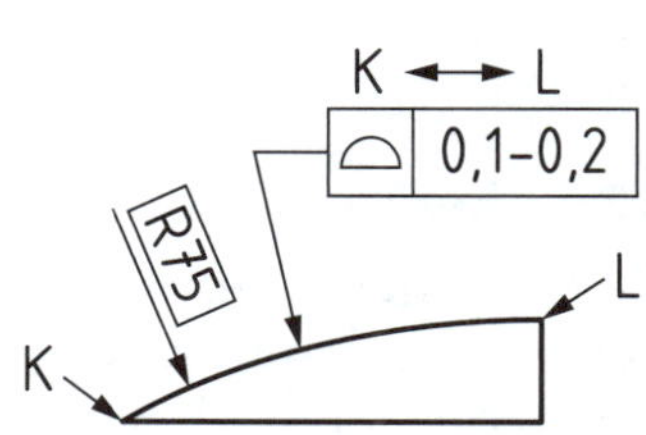

Bild 6

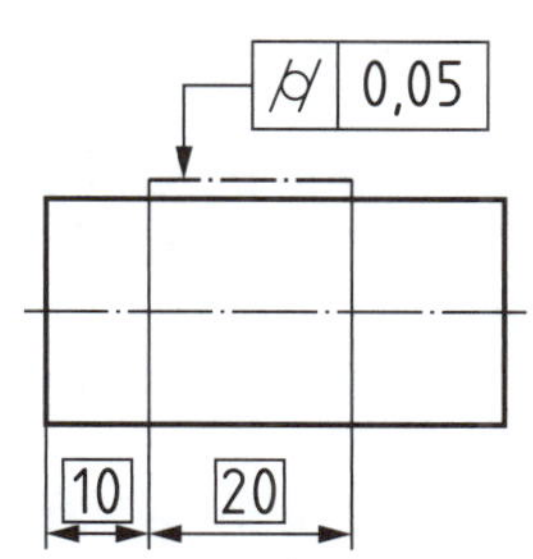

Bild 7

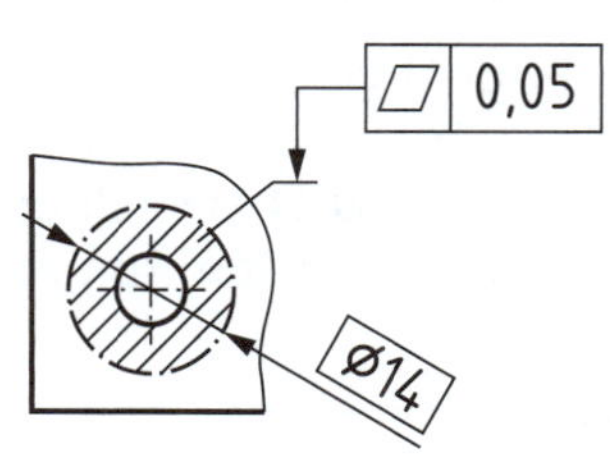

Bild 8

Auch die Bezeichnung des Anfangs- und des Endpunktes des tolerierten Bereiches der Kontur mit Großbuchstaben und die Verwendung des Modifikationssymbols „zwischen“ ist zulässig (**Bild 1**).

Soll die Toleranz auf einer eingeschränkten Länge oder Fläche an jeder möglichen Stelle eines Geometrieelementes gelten, wird diese Länge oder Fläche, durch Schrägstrich getrennt, hinter dem Toleranzwert eingetragen (**Bilder 2 bis 4**).

Projizierte (vorgelagerte) Toleranzzone

Wird die Toleranzangabe nicht auf das Element selbst, sondern auf dessen verlängerte, vorgelagerte Projektion angewendet, so muss dies mit dem Modifikationssymbol Ⓟ hinter dem Toleranzwert angegeben werden (**Bilder 5 bis 8**).

Die Längenangabe des virtuell verlängerten Geometrieelements, welches mit einer schmalen Strich-Zweipunktlinie (Linienart 05.1) dargestellt wird, erfolgt als theoretisches Maß, dem ebenfalls das Modifikationssymbol Ⓟ vorangestellt wird (**Bild 5**).

Wird bei Sacklöchern das virtuelle Geometrieelement nicht dargestellt, erfolgt die Längenangabe als indirekte Angabe im Toleranzindikator (**Bild 6**).

Standardmäßig beginnt das projizierte Geometrieelement direkt am betrachteten Geometrieelement. Beginnt das projizierte Geometrieelement erst mit einem Versatz nach außen, erfolgen die Angaben wie in **Bild 7** oder **Bild 8**.

Bei der indirekten Angabe gibt der erste Wert den Abstand der weitest entfernten Grenze an, gefolgt vom Versatzwert, der mit einem Minuszeichen folgt (**Bild 8**). Die Differenz entspricht der Länge des verlängerten Geometrieelements.

8.3.5 Theoretisch exakte Maße (TED)

Werden für Geometrieelemente Orts-, Richtungs- oder Profilformtoleranzen angegeben, so dürfen die Maße, die den exakten Ort, die theoretisch exakte Richtung oder das theoretisch exakte Profil beschreiben, nicht toleriert werden. Die Maße sind in einen rechteckigen Rahmen zu setzen (**Bild 5**, **Bild 7** und **Bild 9**).

Für theoretisch exakte Maße gelten keine Allgemeintoleranzen.

8.3.6 Bezüge

Das Bezugselement dient als Ausgangsbasis für die Lage der Toleranzzone, z. B. „parallel zur Fläche A“, „rechtwinklig zur Achse B“.

Bezugssymbol ist ein Rechteck, das über eine Verbindungslinie mit einem Bezugsdreieck verbunden ist (**Bild 10**).

Im Bezugssymbol wird der Bezugsname durch einen oder mehrere Großbuchstaben z. B. A, B, AA, BB angegeben (**Bild 11**). Die Buchstaben I, O, Q und X sollen vermieden werden, um Fehlinterpretationen zu vermeiden.

Das Bezugsdreieck steht immer senkrecht auf dem Bezugselement und kann ausgefüllt oder nicht ausgefüllt sein (**Bild 11**).

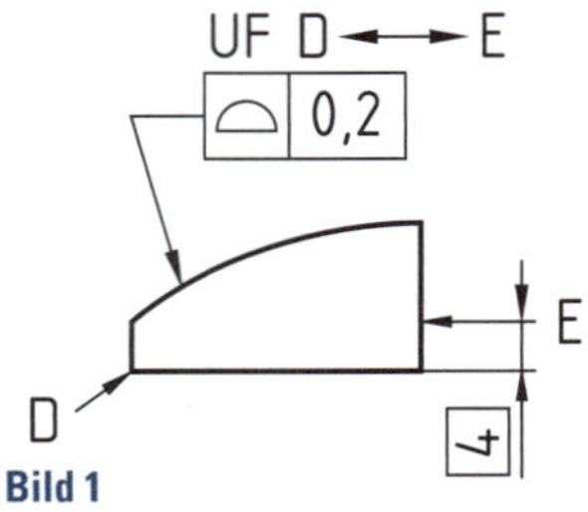

Bild 1

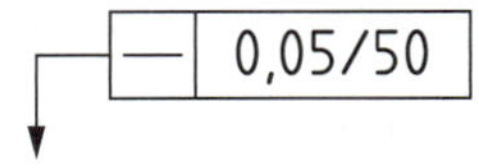

Bild 2

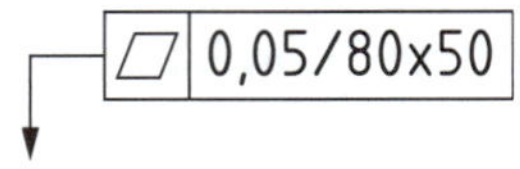

Bild 3

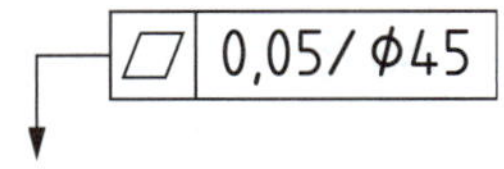

Bild 4

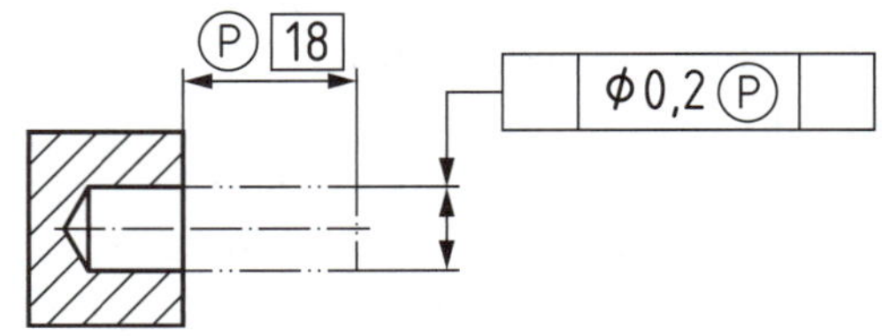

Bild 5

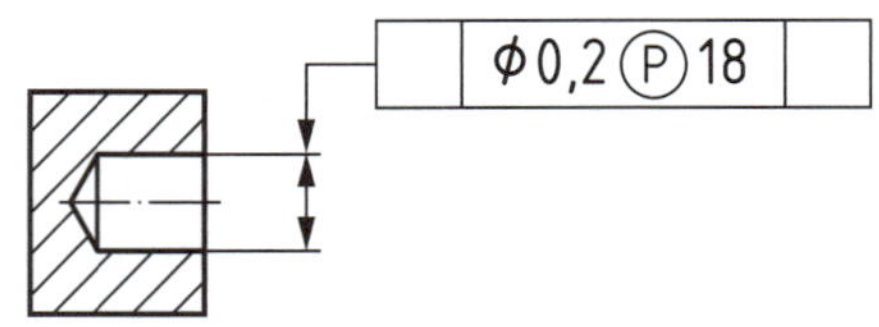

Bild 6

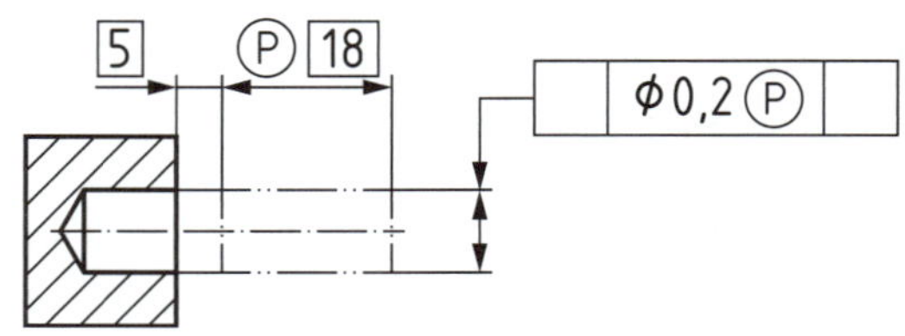

Bild 7

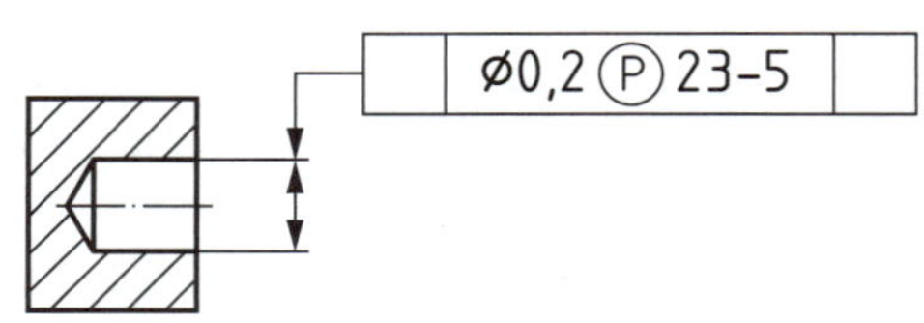

Bild 8

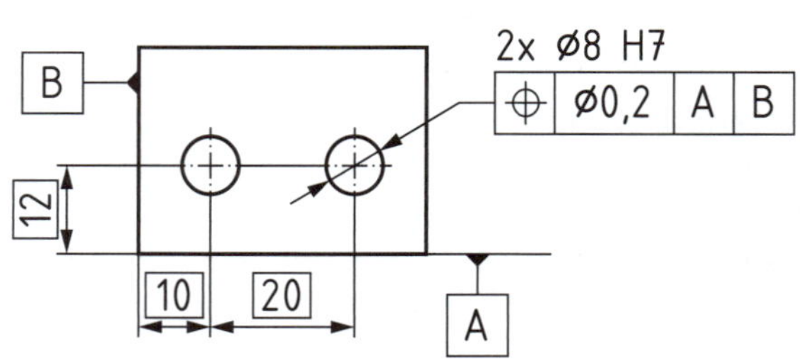

Bild 9

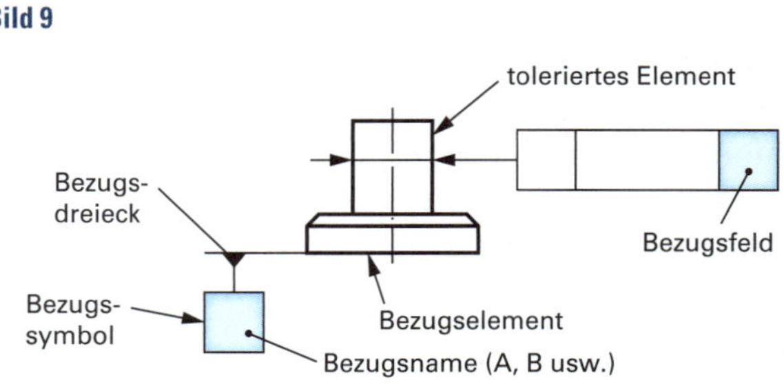

Bild 10

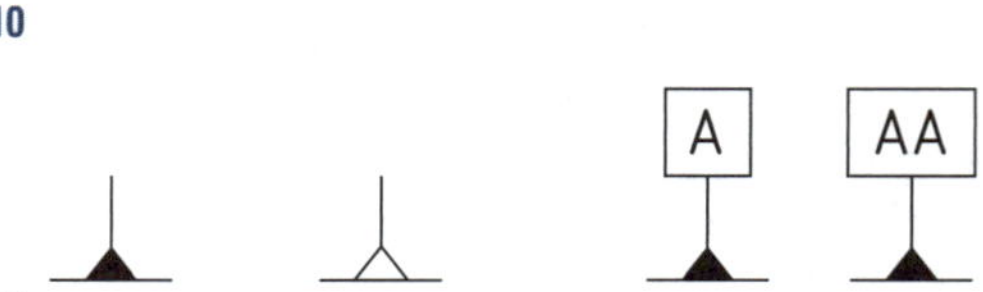

Bild 11

(Einzel-) Bezug: kein Größenmaßelement

Wird als Bezug eine **Linie, Mantellinie oder Fläche** verwendet, darf das Bezugssymbol wie in **Bild 1**
- nicht in Verlängerung einer Maßlinie (bzw. deutlich versetzt zur Maßlinie),

entweder
- an der Umrisslinie der Fläche (z. B. Bezug A),
- an einer Maßhilfslinie der Fläche (z. B. Bezug B),
- an einem Toleranzrahmen, der auf die Umrisslinie (z. B. Bezug C), die Maßhilfslinie (z. B. Bezug D) oder eine Bezugshilfslinie (z. B. Bezug E),
- an einer durchgezogenen Bezugslinie angehängt an die sichtbare Fläche mit einem ausgefüllten Kreis (z. B. Bezug F),
- an einer gestrichelten Bezugslinie angehängt an die verdeckte Fläche mit einem nicht ausgefüllten Kreis (z. B. Bezug G)

eingetragen werden.

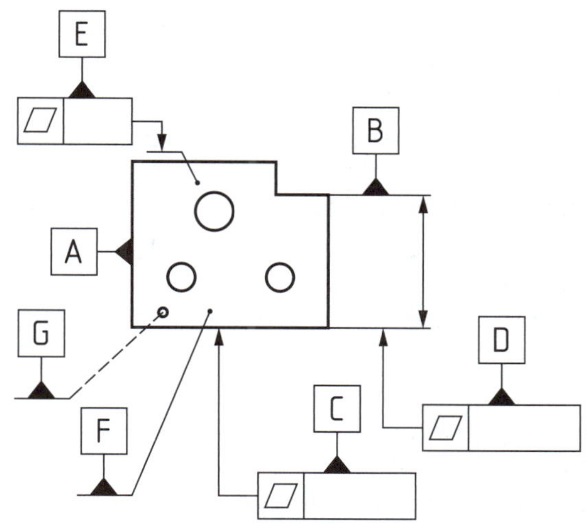

Bild 1

(Einzel-) Bezug: Größenmaßelement

Wird als Bezug die **Achse, der Mittelpunkt oder die Mittelebene** eines einzelnen Geometrieelements verwendet, muss das Bezugssymbol wie in **Bild 2**
- in Verlängerung der Maßlinie (z. B. Bezug A, und E),
- an einem Toleranzrahmen, der auf eine Verlängerung der Maßlinie für dieses Element zeigt (z. B. Bezug B),
- an die Maßlinie einer Maßeintragung (z. B. Bezug C),
- an einen Toleranzrahmen, der verknüpft mit dem Maß auf das Element zeigt (z. B. Bezug D),

eingetragen werden. Bei Platzproblemen wird ein Maßpfeil durch das Bezugsdreieck ersetzt (**Bild 3**).

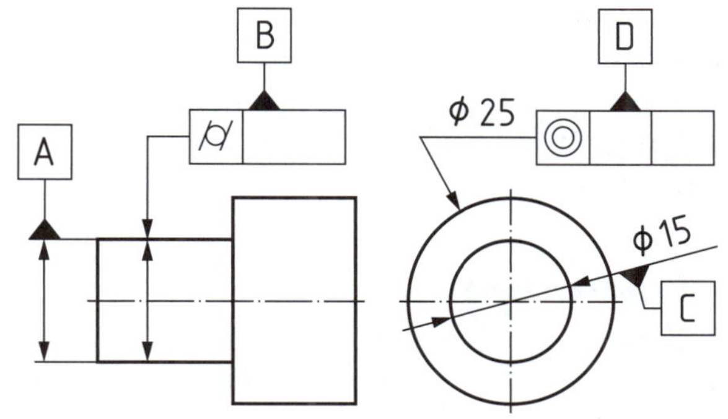

Bild 2

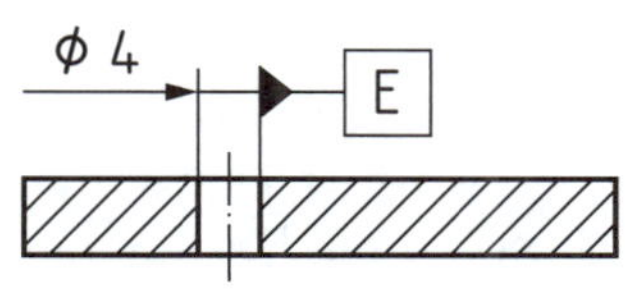

Bild 3

Bezugsstellen

Anstelle des ganzen Geometrieelements kann auch nur ein Teil (Punkt, Linie, Teilfläche) des Geometrieelements zur Bildung des Bezugs verwendet werden. Diese Teile werden Bezugsstellen genannt. Die Kennzeichnung einer Bezugsstelle erfolgt durch ein Bezugsstellensymbol, welches mit einer Bezugslinie mit dem Bezugsstellenrahmen verbunden ist (**Bild 4**).

Bild 4 zeigt die Kennzeichnung einer einzelnen
- **punktförmigen Bezugsstelle** (z. B. A1) durch ein Kreuz,
- **linienförmigen Bezugsstelle** (z. B. A2 und A3) durch eine schmale Strich-Zweipunktlinie (und bei nicht geschlossener Linie zusätzlich mit zwei Kreuzen),
- **flächenförmigen Bezugsstelle, sichtbar** (z. B. A4) durch schraffierte Fläche umgrenzt mit Strich-Zweipunktlinie, durchgezogener Bezugslinie mit Punkt,
- **flächenförmigen Bezugsstelle, verdeckt** (z. B. A5) durch schraffierte Fläche umgrenzt mit Strich-Zweipunktlinie und gestrichelter Bezugslinie mit nicht ausgefülltem Kreis.

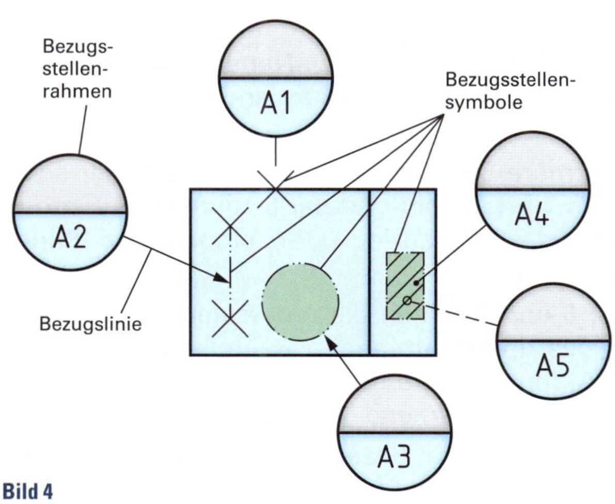

Bild 4

(Einzel-) Bezug: aus mehreren Bezugsstellen

Wird der Bezug aus mehreren Bezugsstellen, die zu einer Fläche gehören, gebildet, wird der Bezug, gefolgt von nummern, neben dem Bezugssymbol wiederholt (**Bild 5**).

Bild 5

Gemeinsamer Bezug

Ein gemeinsamer Bezug wird aus zwei oder mehreren Bezugselementen gebildet, welche gemeinsam in Betracht gezogen werden.

Der gemeinsame Bezug wird durch eine Folge von Bezugsbuchstaben, getrennt durch Bindestriche, in ein Feld des Toleranzindikators eingetragen (**Bild 1**).

Im Prinzip gibt es genauso viele Bezugsbuchstaben, wie einzelne Geometrieelemente verwendet werden. Die Reihenfolge der verwendeten Buchstaben hat keine Bedeutung, z. B. ist B-C gleichbedeutend mit C-B (**Bild 1**).

Die Zeichnungsangabe für einen gemeinsamen Bezug kann vereinfacht

- durch die doppelte Verwendung nur eines Buchstabens, getrennt durch Bindestrich (**Bild 2**),
- durch Angabe „*n* x" rechts am Bezugssymbol (**Bild 3**),
- durch Angabe „*n* x" über dem Toleranzindikator (**Bild 4**),
- durch Verwendung von Bezugslinien, die alle Bezugselemente kennzeichnen (**Bild 5**)

eingetragen werden.

8.3.7 Bezugssysteme

Die Bildung eines Bezugssystems erfolgt durch die geordnete Anordnung von zwei oder drei Bezügen. Durch die geordnete Betrachtung ergeben sich die Nebenbedingungen unter den Bezügen und somit zwei oder drei Elemente (Fläche, Gerade und Punkt), welche die Ausrichtung des Bezugssystems definieren (**Bilder 6 bis 8**).

Primärer Bezug: Bezug, welcher nicht durch Nebenbedingungen beeinflusst ist. Er führt Nebenbedingungen der Richtung für nachfolgende Bezüge ein.

Sekundärer Bezug: Wird durch eine Nebenbedingung der Richtung aus dem primären Bezug beeinflusst. Er führt Nebenbedingungen der Richtung für den tertiären Bezug ein.

Tertiärer Bezug: Wird durch Nebenbedingungen, die aus dem primären und sekundären Bezug herrühren, beeinflusst.

Der primäre Bezug wird im dritten Feld, der sekundäre im vierten Feld und der tertiäre Bezug im fünften Feld des Toleranzindikators eingetragen (**Bilder 6 bis 8**).

Bilder 6 und 7 zeigen die unterschiedliche Ausrichtung des unvollkommenen Bauteils im Bezugssystem [A] (primär) und [B] (sekundär) bzw. im Bezugssystem [B] (primär) und [A] (sekundär).

Bild 8 zeigt z. B. ein Bezugssystem, das aus drei zueinander senkrechten Ebenen gebildet wird. Darin legt der primäre Bezug A die Ebene, der sekundäre Bezug B die Gerade (Schnitt zwischen A und B) und der tertiäre Bezug C den Punkt (Schnitt der drei Bezüge) der Ausrichtung fest.

Ein sekundärer oder tertiärer Bezug dürfen nur festgelegt werden, wenn dadurch zusätzliche Freiheitsgrade eingeschränkt werden.

Bild 1

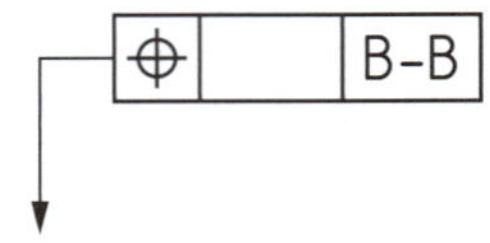

Bild 2

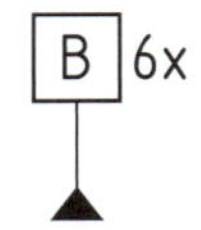

Bild 3

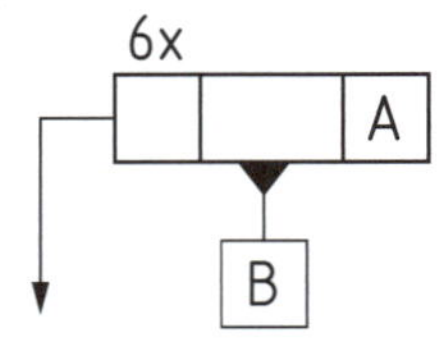

Bild 4

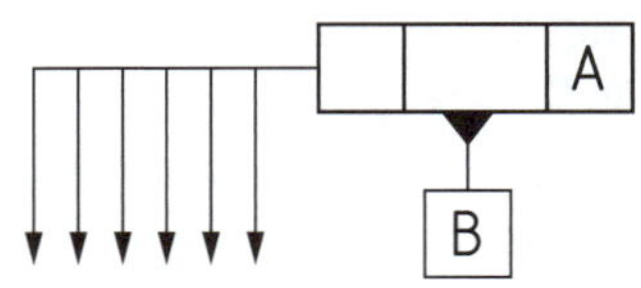

Bild 5

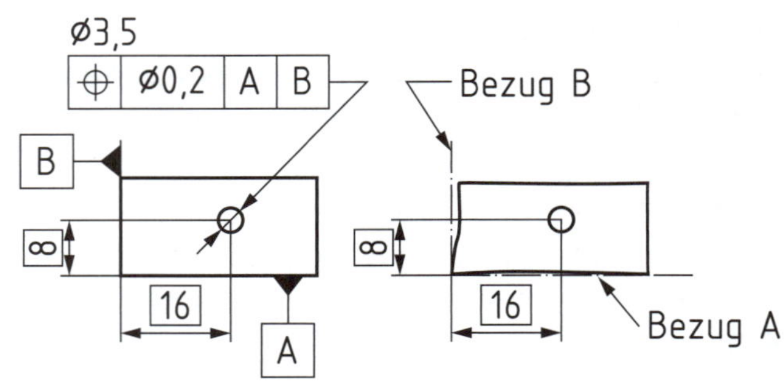

Bild 6

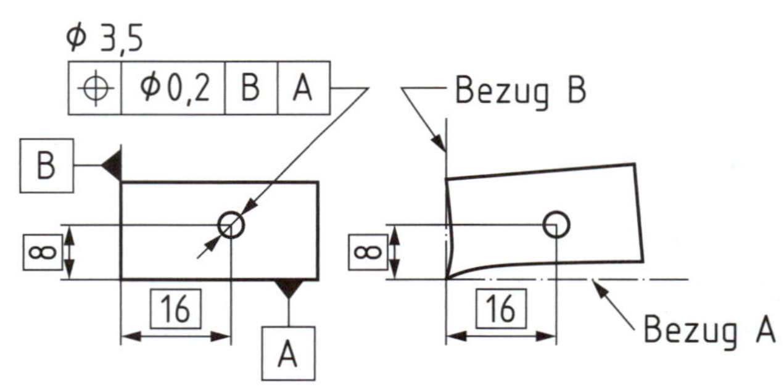

Bild 7

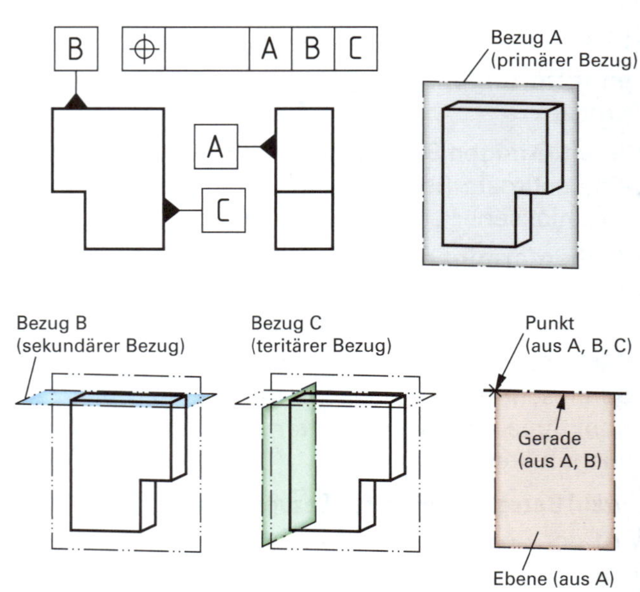

Bild 8

8.3.8 Die Bildung von Bezügen (Beispiele)

Ein Bezug stellt eine theoretisch exakte Sollgeometrie dar, welche durch einen Punkt, eine Gerade, eine Ebene oder eine Kombination aus diesen definiert wird.

Diese theoretisch exakte Sollgeometrie muss mess- und fertigungstechnisch anhand einer realen fehlerbehafteten Geometrie gebildet werden (**Bilder 1 bis 3**).

Unter **Extraktion** ist dabei die Erfassung, Abnahme der realen Werkstückgeometrie z. B. durch Abtastung oder Scan zu verstehen.

Bei der **Assoziation** wird ein ideales Geometrieelement (z. B. ein idealer Zylinder) mit einem nicht-idealen Geometrieelement (z. B. ein unvollkommener Zylinder) nach einem Assoziationskriterium verknüpft.

Als Standard-Assoziationskriterium wird das ideale Geometrieelement immer von „außerhalb des Materials" an die reale Werkstückgeometrie angepasst.

Bild 1 zeigt die Geometrieelemente zur Bildung eines Einzelbezugs aus einem Zylinder.

Hierin bedeuten:
1 Toleranzindikator für zu tolerierendes Geometrieelement
2 Nenngeometrieelement (Zylinder)
3 abgeleitetes Nenngeometrieelement (Zylinderachse)
4 reales Geometrieelement (reale Zylinderoberfläche)
5 extrahiertes unvollkommenes Geometrieelement
6 assoziiertes Geometrieelement (kleinster, von außen angepasster idealer Zylinder)
7 abgeleitetes Geometrieelement aus assoziiertem Geometrieelement (Achse des idealen Zylinders)
8 Einzelbezug (Zylinderachse bzw. Gerade, von der aus Ort und/oder Richtung eines anderen Geometrieelements festgelegt werden kann.)

Bild 2 zeigt die Bildung eines Einzelbezugs durch zwei sich gegenüberliegende parallele Flächen (ohne den Schritt der Extraktion).

Hierin bedeuten:
1 reales Geometrieelement (zwei reale Flächen)
2 assoziiertes Geometrieelement (zwei von außen angepasste ideale Flächen)
3 Nebenbedingung Parallelität
4 Einzelbezug (Mittelebene)

Bild 3 zeigt die Bildung eines gemeinsamen Bezugs durch zwei koaxiale Zylinder (ohne den Schritt der Extraktion).

Hierin bedeuten:
1 reales Geometrieelement (zwei reale Zylinder)
2 assoziiertes Geometrieelement (zwei von außen angepasste ideale Zylinder)
3 Nebenbedingung Parallelität und Koaxialität
4 gemeinsamer Bezug (gemeinsame Zylinderachse)

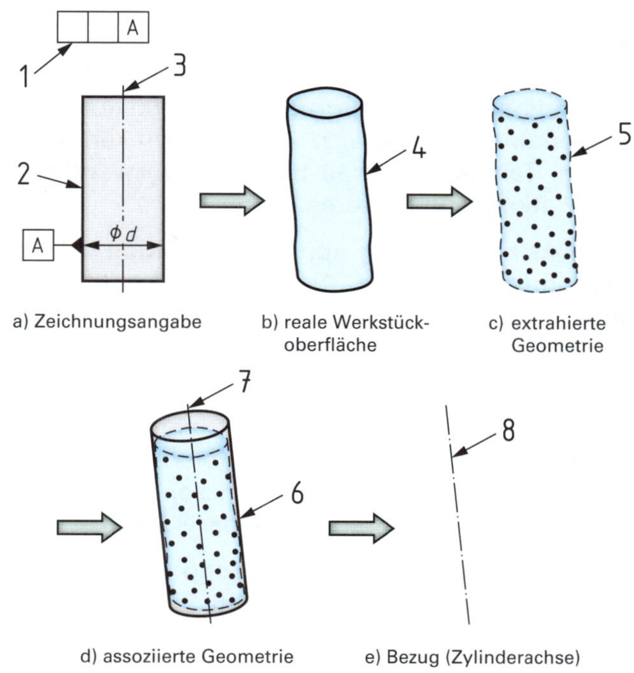

Bild 1

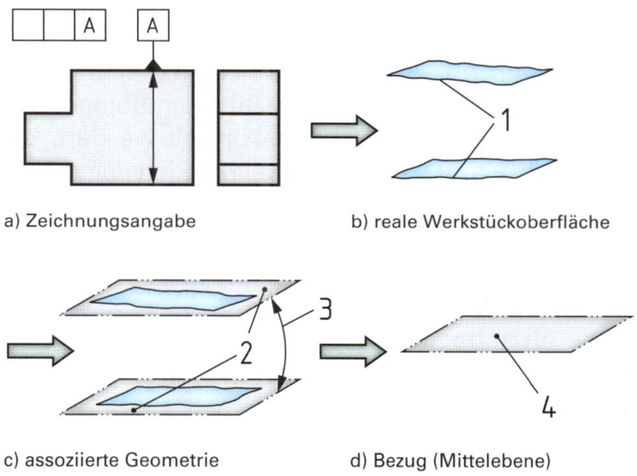

Bild 2

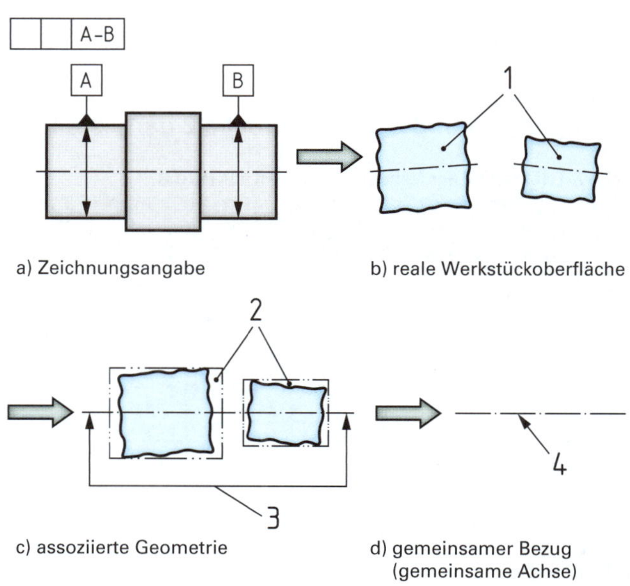

Bild 3

8.3.9 Elementgruppenspezifikation

Ergänzend zu ISO 1101 können für Elementgruppen geometrische Spezifizierungen nach DIN EN ISO 5458 als sogenannte Elementgruppenspezifikationen angegeben und mit Toleranzzonengruppen kontrolliert werden. **Tabelle 1** enthält die dabei verwendbaren Spezifikationsmodifikatoren.

Eine **einzelne Elementgruppenspezifikation** kann mit den Modifikatoren CZ, CZR oder SIM erstellt werden (**Bilder 1 bis 3**). Innerhalb einer einzelnen Elementgruppenspezifikation hat jede einzelne Toleranzzone der Toleranzzonengruppe gleiche Gestalt und Größe.

Bei der Positionsspezifikation auf mehrere Elemente muss der Modifikator hinter dem Toleranzwert angegeben werden, sobald die Toleranzzone mindestens einen freien Freiheitsgrad hat (**Bilder 3 bis 6**).

Mehrstufige einzelne Elementgruppenspezifikationen zeigen **Bild 4** sowie **Bild 3, Seite 93**.

Mehrfache Elementgruppenspezifikationen aus mehr als einer geometrischen Spezifikation werden mit dem Modifikator SIM angelegt (**Bild 5**). Werden mehrere mehrfache Elementgruppen in einer Zeichnung gebildet, wird der Modifikator ohne Leerzeichen um eine Identifikationsnummer erweitert (**Bild 6**).

Die einzelnen Toleranzzonen, welche dabei durch Nebenbedingungen für Ort und Richtung miteinander zu einer Toleranzzonengruppe gekoppelt werden, können in Größe und Gestalt unterschiedlich sein.

Der Modifikator CZR darf als interne Spezifikation bei SIM nicht enthalten sein (**Bild 6**).

Nebenbedingungen

Interne Nebenbedingungen für Ort und/oder Richtung verbinden die Einzeltoleranzzonen intern zur Toleranzzonengruppe.

Externe Nebenbedingungen für Ort und/oder Richtung verbinden die Toleranzzonengruppe mit einem Bezug oder Bezugssystem.

Die Nebenbedingungen werden durch interne oder externe TEDs definiert. In **Bild 7** sind wesentliche TEDs enthalten und erläutert.

Erläuterungen der internen und externen Nebenbedingungen aus **Bild 8** sind in **Tabelle 2** dargestellt.

Tabelle 2: Erläuterung der Nebenbedingungen aus Bild 8

Zeichnungseintrag	interne Nebenbedingungen	externe Nebenbedingungen
⌓ 0,05 SZ	keine	keine
⌓ 0,1 CZR	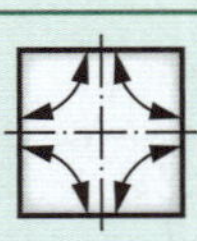	keine
⌓ 0,15 CZ	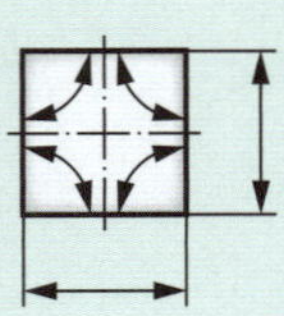	keine
⌓ 0,2 CZ A		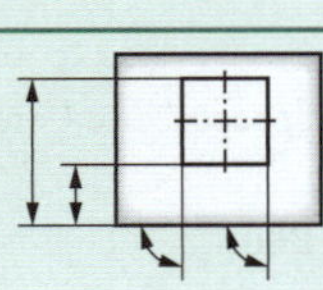

Tabelle 1: Spezifikationsmodifikatoren bei Elementgruppen

Gültigkeit	Symbol	Erläuterung	interne Nebenbedingung
Toleranzzonen	SZ	separate Zonen	keine
	CZ	kombinierte Zone	Richtung und Ort
	CZR	kombinierte Zone, nur rotatorisch	nur Einschränkung der Richtung
	SIM1	simultane Anforderung z. B. laufende Nr. 1	Einschränkungen für Richtung und Ort

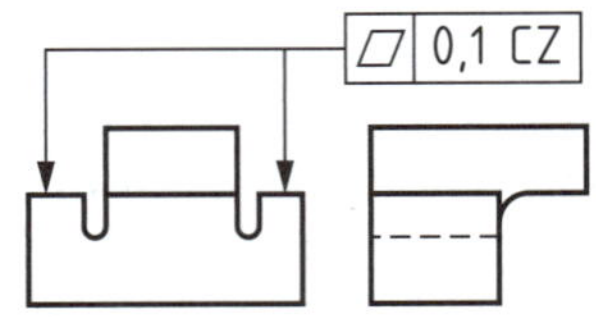

Bild 1

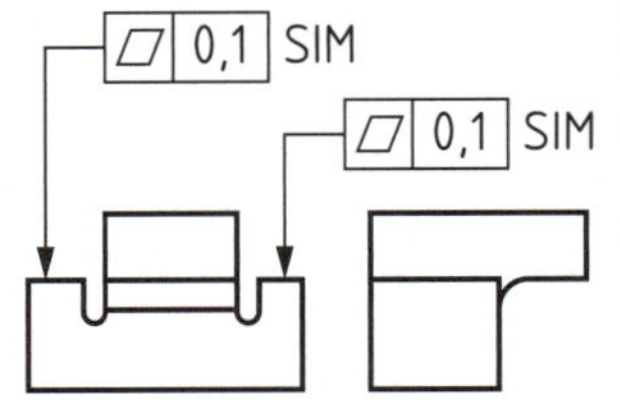

Bild 2

Bild 3

Bild 4

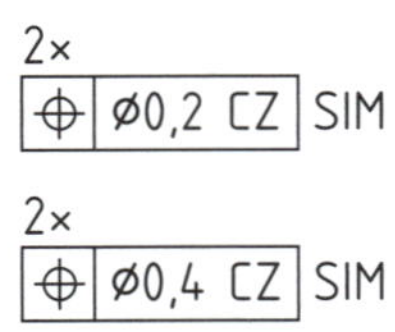

Bild 5

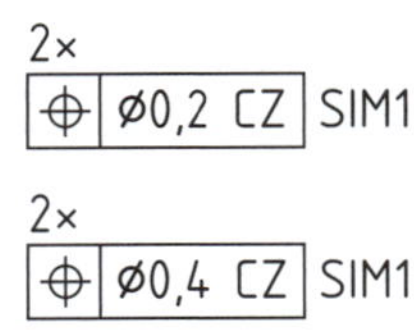

Bild 6

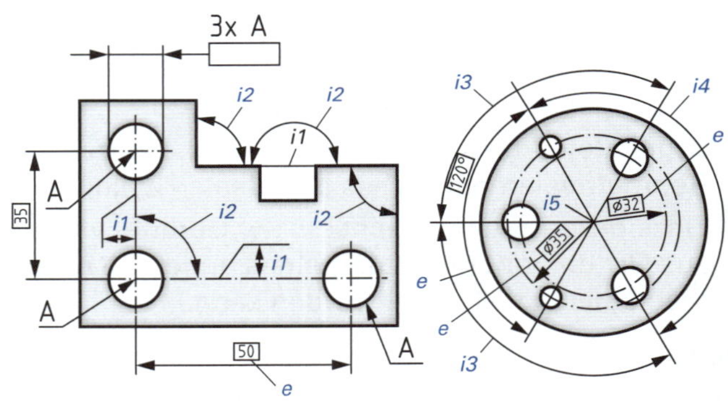

i1 implizites lineares TED von 0 mm
i2 implizites winkelbezogenes TED von 90° oder 180° oder 270°
i3 implizites gleichmäßig angeordnetes winkelbezogenes TED
i4 implizites symmetrisch angeordnetes winkelbezogenes TED
i5 implizites koaxial angeordnetes lineares TED von 0 mm
e explizites TED

Bild 7

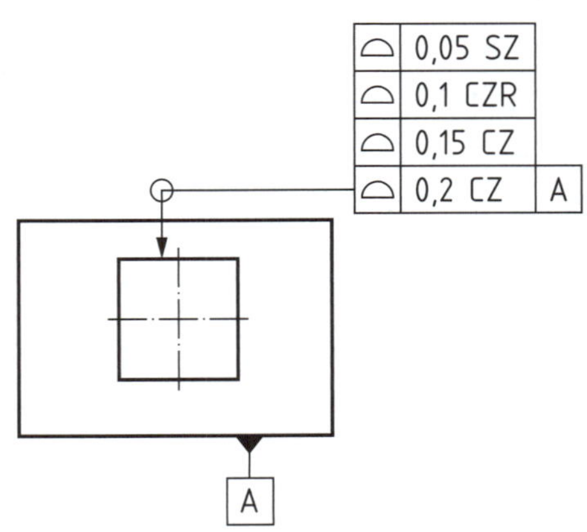

Bild 8

Beispiel 1: Zwei separate simultane Anforderungen für verschiedene Elementgruppenspezifikationen (Bild 1)

Die mit **SIM1** verbundenen Spezifikationen nutzen je einen CZ-Modifikator, um Toleranzzonengruppen zu bilden. Eine Gruppe fasst die drei ø0,1-Toleranzen der Bohrungsachsen ø20, die andere die drei ø0,2-Toleranzen der Bohrungsachsen ø22, zusammen. SIM1 beeinhaltet somit als kombinierte Toleranzzonengruppe sechs (3x +3x) zylindrische Toleranzzonen.

Diese Toleranzzonen sind durch interne und externe Nebenbedingungen gekoppelt:

- die Achsen befinden sich gleichmäßig (TED 120°) auf den Teilzylindern R40 bzw. R35 angeordnet.
- die Achsen sind in jeder Gruppe parallel (TED 0°)
- die Achsen der zwei Teilzylinder sind parallel (TED 0°) mit Abstand 0 mm (TED 0 mm)
- die beiden Toleranzzonengruppen sind rotatorisch ausgerichtet (TED 0°)
- beide Toleranzzonengruppen werden mit dem internen Abstand 0 mm (TED 0 mm) von der gemeinsamen Bezugsachse A-B zu den Achsen der Teilzylinder lokalisiert.

Die mit **SIM2** verbundene Spezifikation koppelt vergleichbar mit SIM1 sechs (3x + 3x) Toleranzzonen, die aus zwei parallelen Ebenen mit den Abständen 0,1 bzw. 0,2 bestehen.

Beispiel 2: Mehrfache Elementgruppenspezifikation mit Toleranzzonen unterschiedlicher Gestalt (Bild 2)

In **Bild 2** ist eine Toleranzzonengruppe für die Symmetriespezifikation angelegt, die zwei 0,1-Toleranzzonen aus zwei parallelen Ebenen enthält. Eine weitere Toleranzzonengruppe für die Positionsspezifikation beinhaltet zwei zylinderförmige ø0,1-Toleranzzonen. Trotz unterschiedlicher Gestalt der Toleranzzonen können alle vier Toleranzzonen durch die **SIM2**-Angabe gekoppelt werden.

Beispiel 3: Mehrstufige einzelne Elementgruppenspezifikationen (Bild 3)

1. SZ CZ ohne Bezug: Kontrolliert drei separate Elementgruppenspezifikationen (3x A mit SZ). Jede der drei Gruppen mit zwei Bohrungsachsen wird durch eine kombinierte Toleranzzonengruppe bestehend aus zwei zylindrischen ø0,2-Toleranzzonen (2x B mit CZ) kontrolliert. Diese sind parallel zueinander (Nebenbedingung der Richtung) und haben den Abstand 24 mm (Nebenbedingung für den Ort).

2. CZ CZ ohne Bezug: Kontrolliert drei kombinierte Elementgruppenspezifikationen (3x A mit CZ) für insgesamt sechs Bohrungsachsen. Die kombinierte Toleranzzonengruppe besteht aus sechs zylindrischen ø0,4-Toleranzzonen (3x A mit CZ und 2x B mit CZ). Diese sind parallel zueinander und haben vertikal je 24 mm und horizontal je 30 mm Abstand.

Die 3. und 4. Elementgruppenspezifikation sind sinngemäß gleich der 1. und 2. Zusätzlich werden sie durch den Bezug A im Ort durch das Maß 20 mm eingeschränkt und deshalb mit größeren zylindrischen ø0,3- bzw. ø0,8-Toleranzzonen kontrolliert.

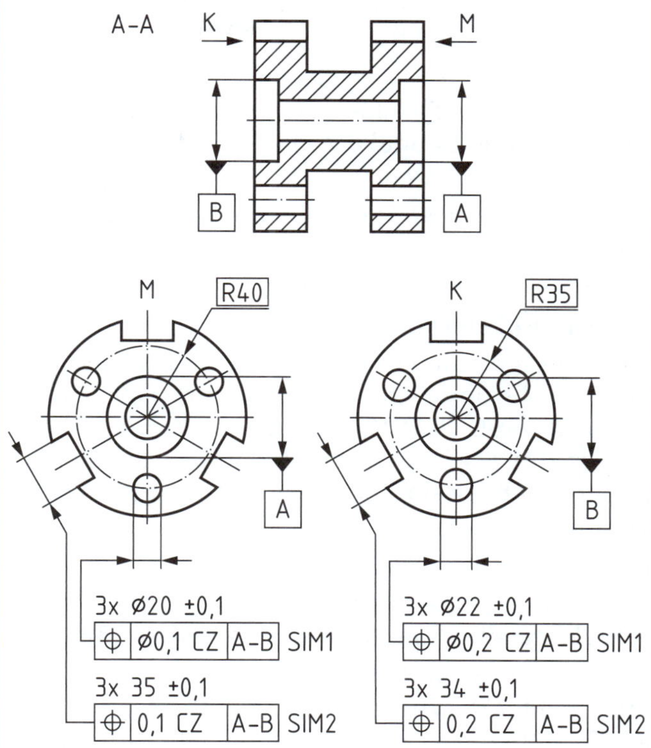

Bild 1

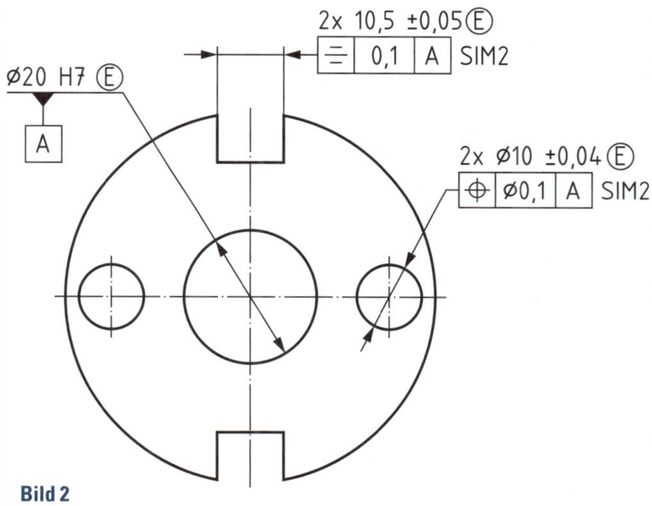

Bild 2

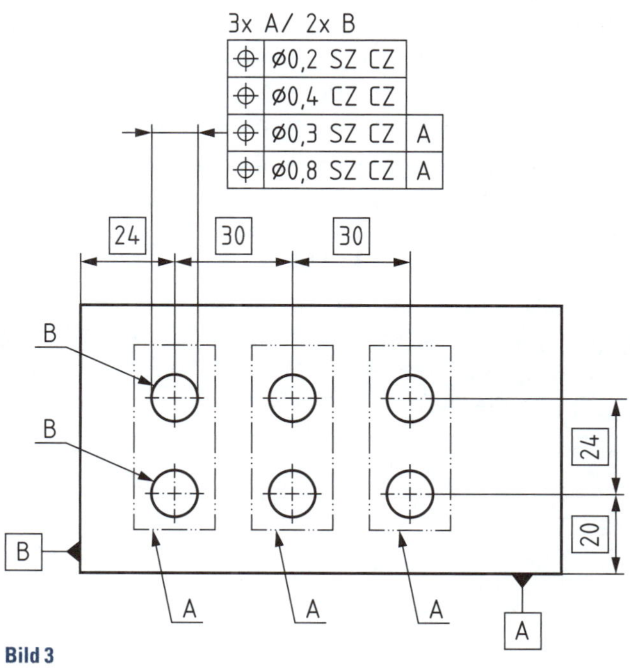

Bild 3

8.3.10 Allgemeine geometrische Spezifikationen (vgl. DIN EN ISO 22081 und DIN 2769)

Die allgemeinen geometrischen Spezifikationen dienen ebenso wie die allgemeinen Größenmaßspezifikationen (**siehe Kapitel 8.2.2**) der Vereinfachung von Zeichnungsangaben.

Das frühere Konzept der Allgemeintoleranzen nach DIN ISO 2768-2 für Form und Lage wurde durch DIN EN ISO 22081 als GPS-konformes Konzept ersetzt.

Regeln nach DIN EN ISO 22081

Für eine allgemeine geometrische Spezifikation wird im oder nahe dem Schriftfeld der Eintrag „Allgemeintoleranzen ISO 22081", gefolgt von einer Flächenprofilspezifikation mit dem Toleranzwert und dem zugrundeliegenden Bezugssystem eingetragen (**Bild 1**).

Der allgemeine Toleranzwert kann als Einzelwert angegeben werden (**Bild 1**).

Mit Bezug auf andere Dokumente kann der Toleranzwert als variabler Wert angegeben werden (**Bild 2**).

Es muss ein Bezugssystem festgelegt sein. Dieses muss alle für die Festlegung des Ortes der allgemeinen Toleranzzonen erforderlichen Freiheitsgrade blockieren (**Bild 3** und **Bild 4**).

Jedes der im Bezugssystem der allgemeinen geometrischen Spezifikation verwendeten Bezugselemente sollte individuelle Spezifikationen haben, da diese nicht durch die allgemeinen Spezifikationen abgedeckt werden (**Bild 3**).

Allgemeintoleranzen, Tabellenwerte DIN 2769

DIN 2769 gibt festgelegte Werte für Allgemeintoleranzen und Toleranzklassen an (**Tabelle 1**).

Eine allgemeine geometrische Toleranz gilt nicht für:

- ein Bezugselement, verwendet in dem Bezugssystem der allgemeinen geometrischen Spezifizierung (*GE 1, GE 2*, sowie *GE 3*, **Bild 3**),
- Geometrieelemente, die durch Größenmaßtoleranzen und/ oder individuelle geometrische Toleranzen spezifiziert sind (*GE 4* bis *GE 11*, **Bild 3**),
- Linienelemente,
- Geometrieelemente, die vereinfacht dargestellt und nicht im CAD-Modell enthalten sind, z. B. Kanten, Ausrundungen, Gewinde,
- abgeleitete Geometrieelemente z. B. Mittelebenen.

Soll für bestehende Zeichnungen die ersetzte DIN ISO 2768-2 angewendet werden, ist auf der Zeichnung eine ergänzende Datierung (1989) am Verweis auf ISO 2768-2 vorzunehmen (**Bild 5**).

Tabelle 1: Allgemeintoleranzwerte für Flächenprofile

Maß SD[1]	0 bis 3	über 3 bis 6	über 6 bis 30	über 30 bis 120	über 120 bis 400	über 400 bis 1000	über 1000 bis 2000	über 2000 bis 4000
Toleranzklasse	Kennzahl							
	1	2	3	4	5	6	7	8
Kennbuchstabe	Allgemeintoleranzwerte für Flächenprofile in mm							
A	0,1	0,1	0,2	0,3	0,4	0,6	1	2
B	0,2	0,2	0,4	0,6	1	1,6	2,4	4
C	0,4	0,6	1	1,6	2,4	4	6	8
D	0,6	1	2	3	5	8	12	16

[1] Maß SD der kleinsten umschriebenn Kugel des Bauteils.
Achtung: Für die anzuwendenden Toleranzwerte ist die angegebene Toleranzklasse, nicht das Maß SD, ausschlaggebend.

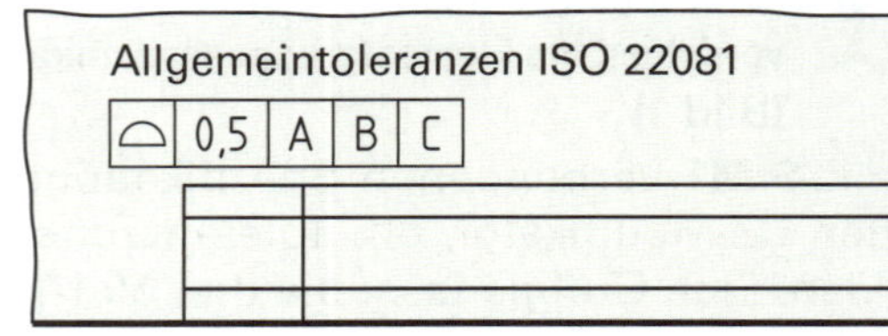

Bild 1

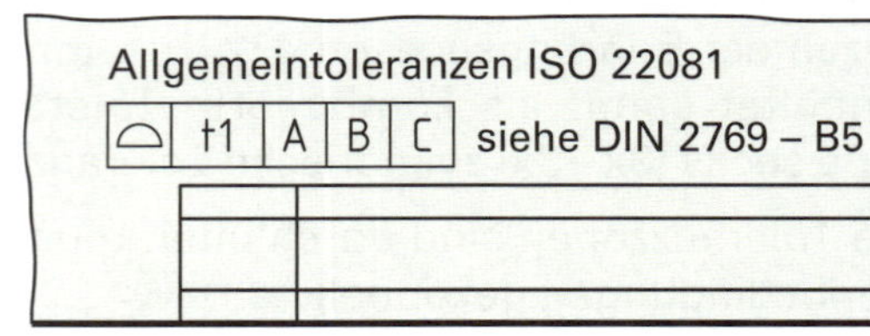

Bild 2

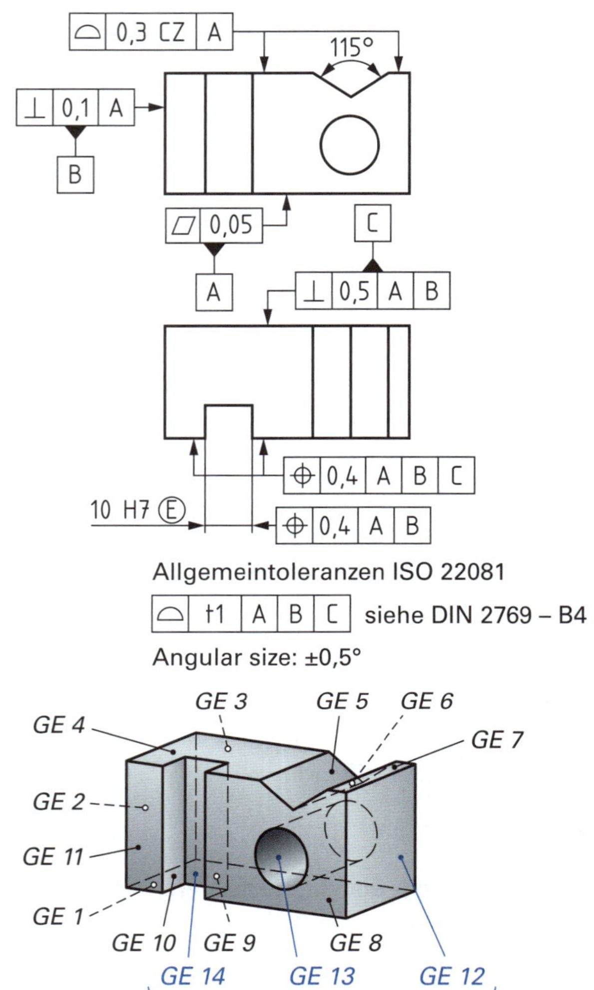

Elemente mit allgemeiner geometrischer Tolerierung

Bild 3

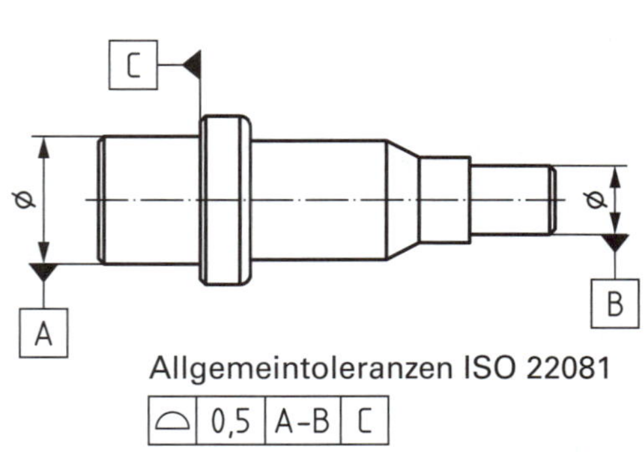

Bild 4

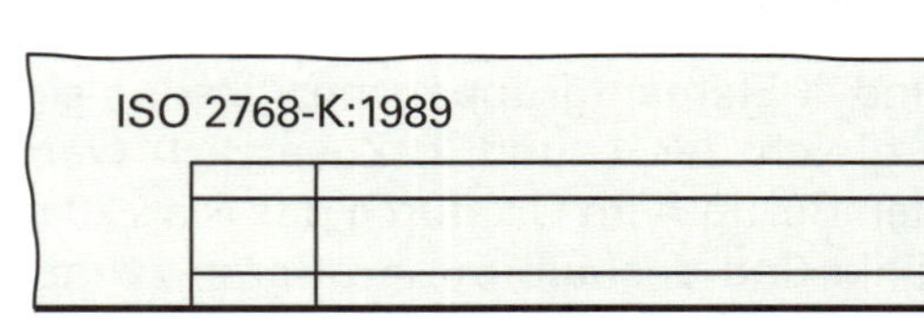

Bild 5

8.3.11 Implizite Form- und Lagetoleranzen

Bei Anwendung der verschiedenen Lagetoleranzen sind aufgrund geometrischer Zusammenhänge je nach Eigenschaft weitere Form- und Lagetoleranzen mit enthalten bzw. implizit mit toleriert (**Tabelle 1**).

So ist z. B. bei der Positionstolerierung einer ebenen Fläche auch eine Tolerierung der Geradheit, der Ebenheit, der Parallelität und Rechtwinkligkeit mit enthalten.

Dieses geometrische Zusammenwirken wird auch durch das Unabhängigkeitsprinzip nach ISO 8015 nicht aufgehoben.

Tabelle 1: Implizit begrenzte Form- und Lagetoleranzen

	Tolerierte Eigenschaft		Implizit begrenzte Form- und Lagetoleranz
	Lagetoleranz	**Symbol**	
Richtung	Parallelität	//	— ⏥
	Rechtwinkligkeit	⊥	— ⏥
	Neigung	∠	— ⏥
Ort	Position	⌖	— ⏥ // ⊥
	Koaxialität	◎	—
	Symmetrie	⌯	— ⏥
Lauf	Rundlauf	↗	○ ◎
	Planlauf	↗	
	Lauf	↗	
	Gesamtrundlauf	⌰	— ○ ⌭ // ◎ ↗
	Gesamtplanlauf	⌰	⏥ ⊥ ↗

8.3.12 Überprüfen Sie Ihr Wissen:

1 Welches Sinnbild ist in das leerstehende Feld des Toleranzindikators in Bild 1 einzutragen?

a) ⊥ b) ⏥ c) // d) — e) ⌯

2 Welcher Toleranzindikator passt zu diesem Werkstück (Bild 2)?

a) | ⊥ | 0,2 | A |

b) | // | 0,2 |

c) | ⏥ | 0,2 |

d) | ⌯ | 0,2 |

e) | // | 0,2 | A |

3 Für die Buchse, Bild 3, soll ein Toleranzindikator ausgewählt werden. Die Achse des Durchmessers 30s6 muss zur Bezugsachse Durchmesser 25E6 mit der Hälfte des Grundtoleranzgrades IT8 (DIN ISO 286) koaxial liegen. Die Toleranzzone ist ein Zylinder. Welche Eintragung ist richtig, wenn die Werte auf zwei Stellen nach dem Komma gerundet werden?

a) | ⌖ | ⌀IT8/2 | A |

b) | ◎ | 0,03 | A |

c) | ◎ | ⌀0,04 | A |

d) | ○ | ⌀0,02 | A |

e) | ◎ | ⌀0,02 | A |

4 Für welches Element gilt die in Bild 4 eingetragene Tolerierung der Geradheit?

a) Mantellinie

b) Zylindermantelfläche

c) Zylinderachse

d) Umfangslinie

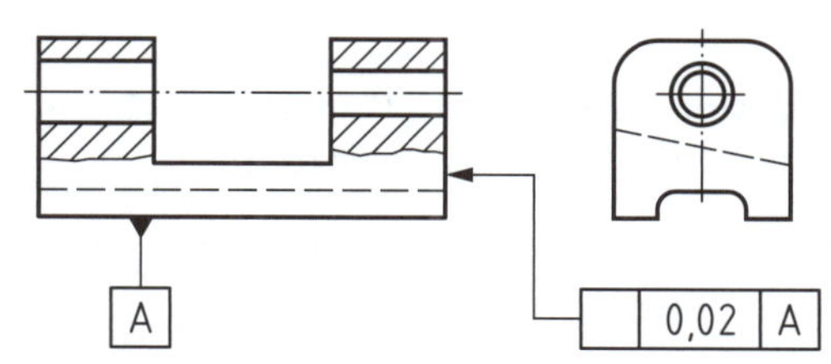

Bild 1

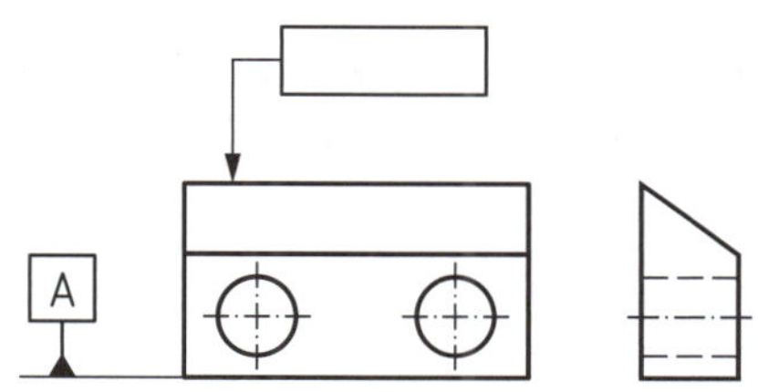

Bild 2

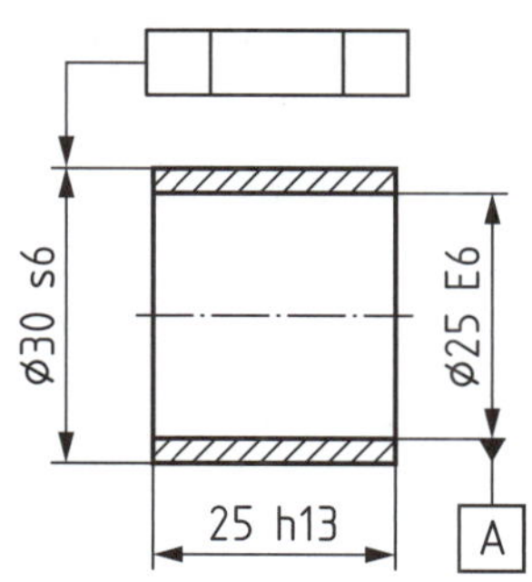

Bild 3

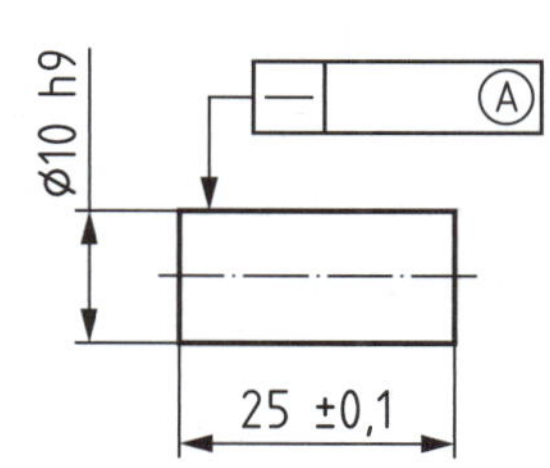

Bild 4

Nennmaßbereich über...bis mm	Grundtoleranzgrade in µm (vgl. DIN ISO 286)							
	IT4	IT5	IT6	IT7	IT8	IT9	IT10	IT11
1 ... 3	3	4	6	10	14	25	40	60
3 ... 6	4	5	8	12	18	30	48	75
6 ... 10	4	6	9	15	22	36	58	90
10 ... 18	5	8	11	18	27	43	70	110
18 ... 30	6	9	13	21	33	52	84	130
30 ... 60	7	11	16	25	39	62	100	160

5 Für welche Fläche/Flächen gilt die Tolerierung der Profilform in Bild 1?

a) a, b, c, d, e, f
b) d, e, f
c) c
d) c, d, e, f

6 Auf welchen Durchmesser bezieht sich die auf Rechtwinkligkeit tolerierte Achse in Bild 2?

a) Kerndurchmesser
b) Außendurchmesser
c) Flankendurchmesser

7 Welche Länge hat die projizierte Toleranzzone in Bild 3?

a) 15 mm
b) 20 mm
c) 5 mm

8 Zwischen welchen Grenzmaßen muss der Abstand 8 mm in Bild 4 gefertigt werden?

a) 7,8 mm – 8,0 mm
b) 7,9 mm – 8,1 mm
c) 8,0 mm – 8,2 mm

9 Welche weiteren Eigenschaften werden durch die Positionstolerierung in Bild 4 begrenzt?

a) Keine
b) ▱
c) ▱ //

10 Wie sind Geradheit und Rundheit für den Zylinder in Bild 5 toleriert?

a) Geradheit 0,1 mm; Rundheit 0,1 mm
b) Geradheit 0,2 mm; Rundheit 0,1 mm
c) Geradheit 0,1 mm; Rundheit 0,2 mm
d) Geradheit 0,2 mm; Rundheit 0,2 mm

11 Für die Welle in Bild 6 soll folgendes Bezugssystem gelten:
- **Primärer Bezug ist die gemeinsame Achse der beiden Lagersitze,**
- **Sekundärer Bezug ist der Bund an der linken Lagerstelle,**
- **Tertiärer Bezug ist die Mittelebene der Passfedernut.**

Welcher Toleranzindikator stellt das Bezugssystem korrekt dar?

a) **Bild 7**
b) **Bild 8**
c) **Bild 9**
d) **Bild 10**

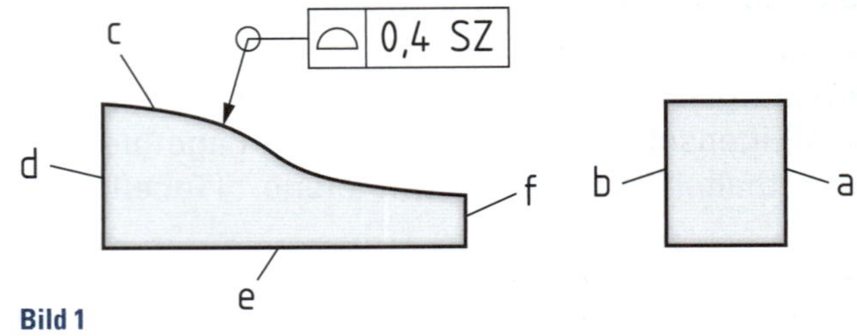

Bild 1

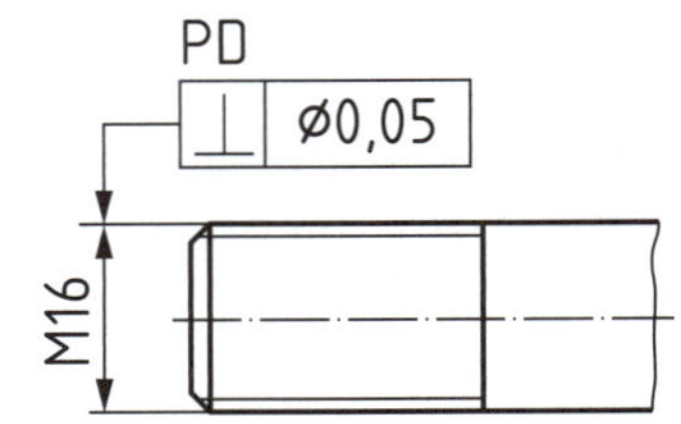

Bild 2

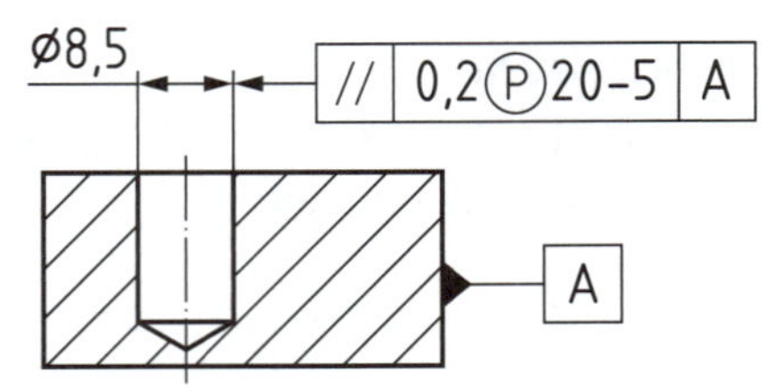

Bild 3

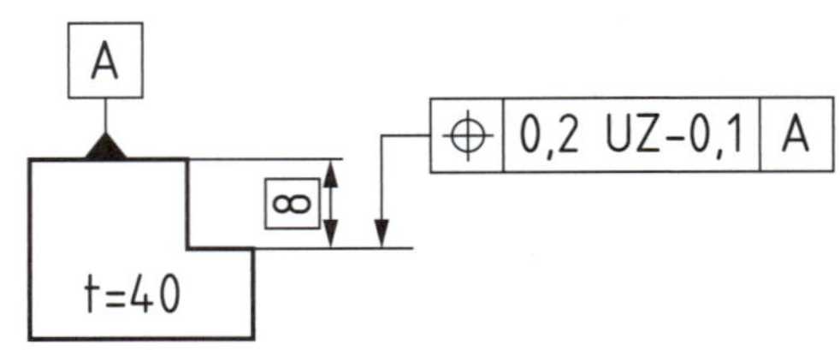

Bild 4

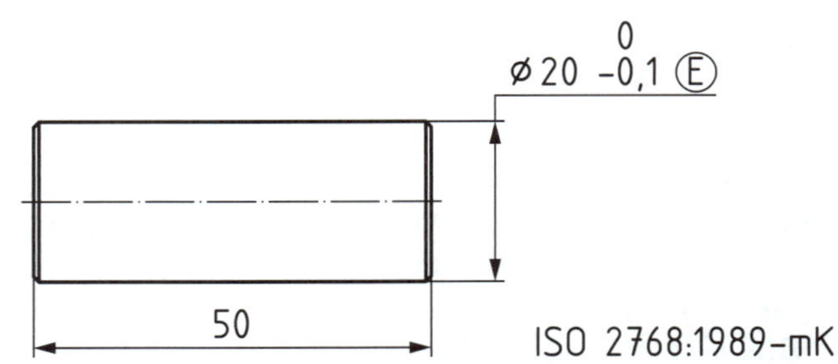

Bild 5

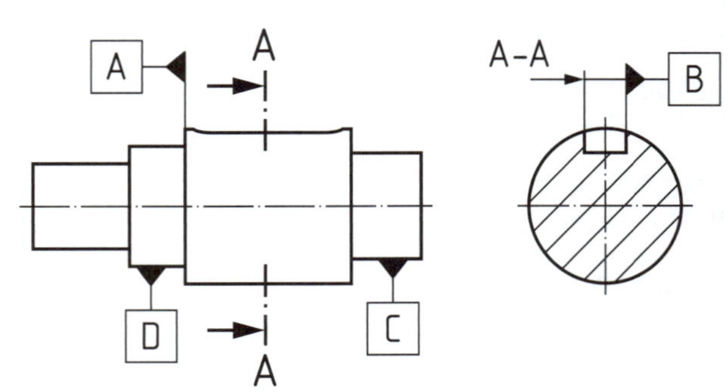

Bild 6

Bild 7

Bild 8

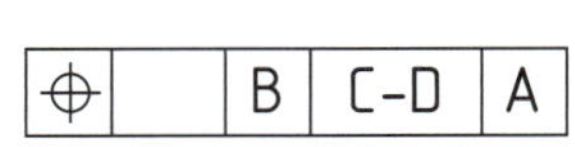

Bild 9

Bild 10

12 Welche Zuordnung von Zeichnungseintrag und Darstellung der Toleranzzone ist korrekt?

a) Zeichnungseintrag **Bild 1** und Toleranzzone **Bild 3** sowie Eintrag **Bild 2** und Toleranzzone **Bild 4**

b) Zeichnungseintrag **Bild 1** und Toleranzzone **Bild 4** sowie Eintrag **Bild 2** und Toleranzzone **Bild 3**

13 Welche Aussage zur dargestellten Toleranzzone in Bild 4 ist falsch?

a) Die Toleranzzone gilt für eine Kollektion zweier extrahierter Mittellinien.

b) Die Toleranzzone ist eine Toleranzzonengruppe bestehend aus zwei zylindrischen Zonen mit Durchmesser 0,3 mm.

c) Die Achsen der beiden Zonen müssen parallel (TED 0°) sein und einen internen Abstand von 50 mm haben.

d) Die Achsen müssen diametral angeordnet sein.

e) Die Achsen müssen als externe Bedingung einen Abstand von 25 mm vom Bezug A haben.

f) Der Bezug A ergibt sich als extrahierte Mittelachse aus den beiden Mittelachsen der Zonen.

8.3.13 Indikatoren für Ebenen und Geometrieelemente

Neben der Angabe der Toleranzen im Toleranzindikator werden zur eindeutigen Spezifikation zusätzliche Angaben zur Schnittebene, Orientierungsebene, Richtungsdefinition und zur Kollektionsebene gemacht.

Schnittebenen

Schnittebenen dienen dazu, die Richtung von Linienanforderungen zu bezeichnen, z. B. die Geradheit einer Linie in einer Ebene (**Bild 5**).

Schnittebenen bewirken eine eindeutige Beschreibung, wenn ein Toleranzindikator auf eine Fläche ausgerichtet wird und unklar ist, ob das Flächenelement oder eine Linie im Flächenelement toleriert ist (**Bilder 6 und 7**).

Darüber hinaus wird ein Schnittebenenindikator auch bei Rundum-Beschreibungen eingesetzt. Kein Eintrag des Schnittebenenindikators erfolgt bei der Kennzeichnung der Geradheit der Mantellinien von Zylindern sowie der Rundheit von Zylindern, Kugeln und Kegeln.

Der Schnittebenenindikator wird als Erweiterung rechts an den Toleranzindikator angefügt (**Bilder 5 und 6**). Der zweigeteilte Indikator besteht aus dem Symbol zur Festlegung, wie die Schnittebene zum Bezug steht und dem Buchstaben zur Kennzeichnung des Bezugs. Die Symbole stehen für parallel, rechtwinklig, in einem bestimmten Winkel geneigt und symmetrisch zu (einschließlich) (**Bild 4**).

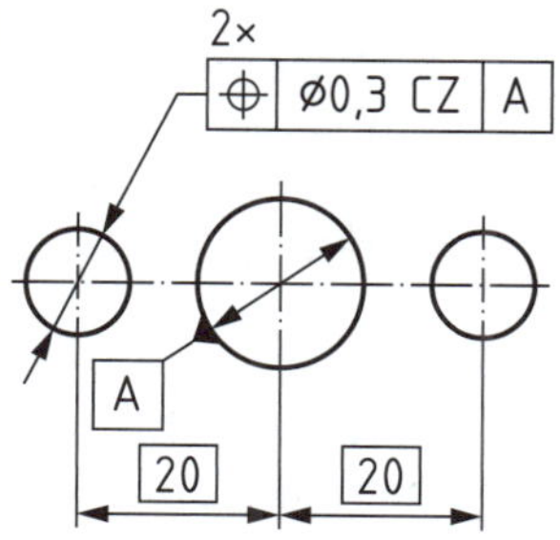

Bild 1

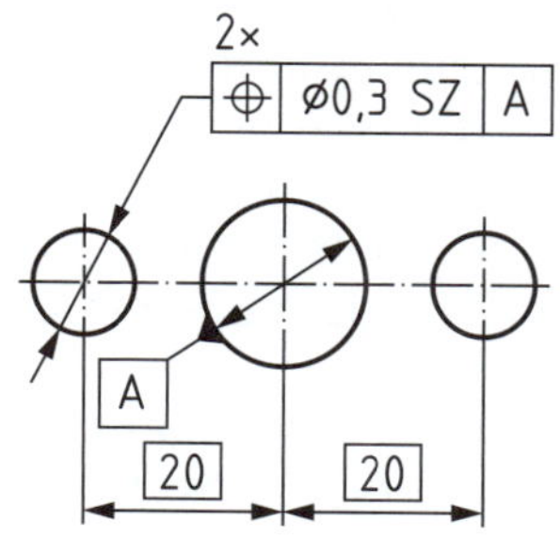

Bild 2

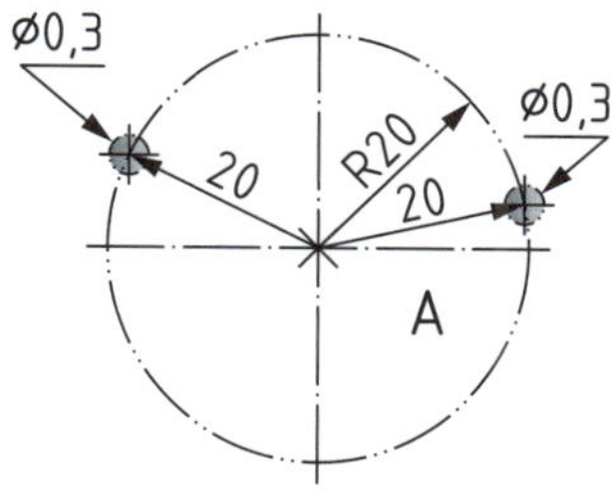

Bild 3

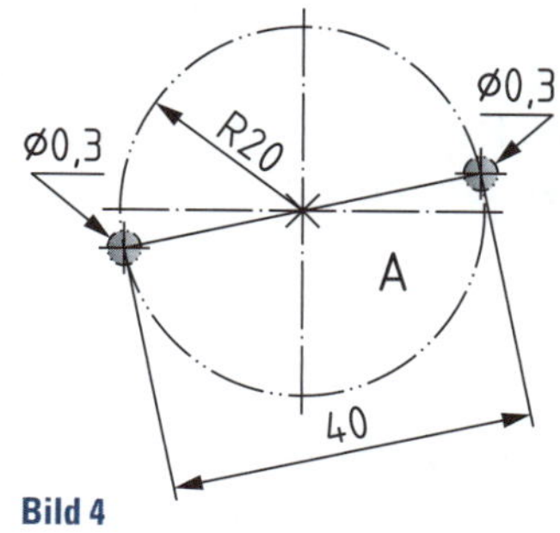

Bild 4

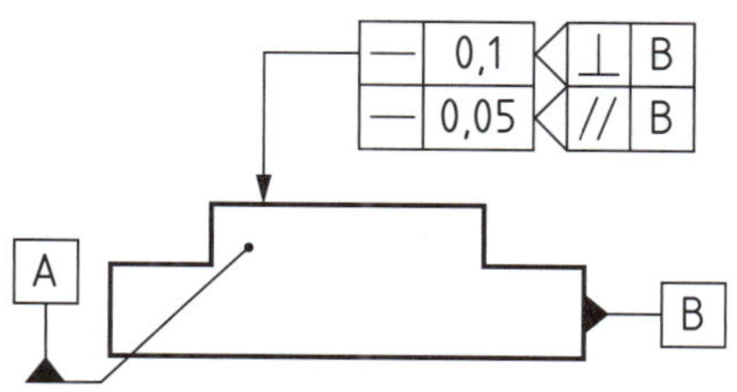

Bild 5

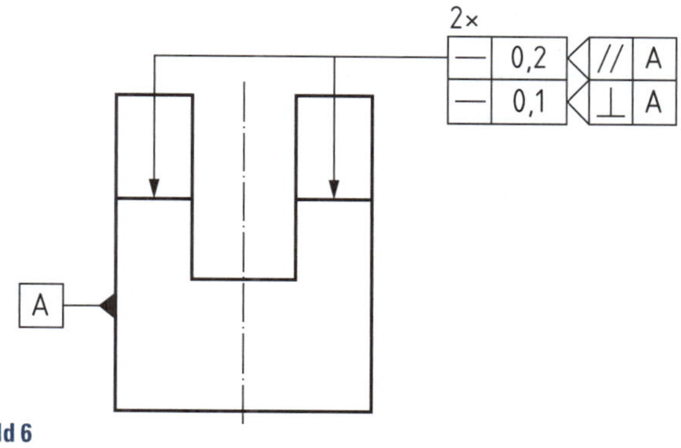

Bild 6

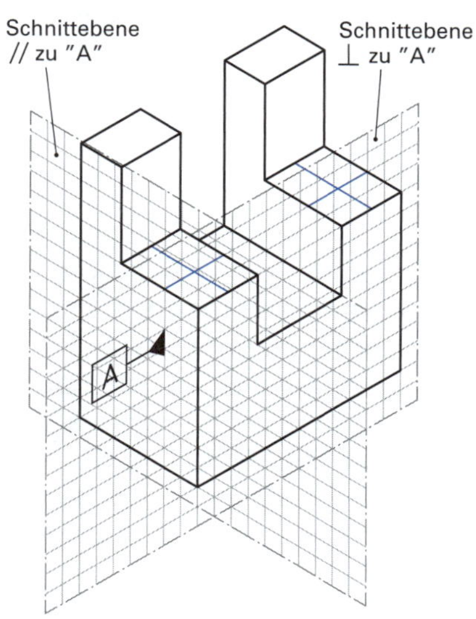

Bild 7

Bild 8

Orientierungsebenen

Mittelpunkte und Mittellinien stellen Geometrieelemente dar, die nicht sichtbar bzw. messbar sind. Die Weite der Toleranzzone wird bei Mittellinien durch zwei parallele Ebenen und bei Mittelpunkten durch einen Zylinder definiert (**Bild 1**).

Der Orientierungsebenenindikator wird rechts vom Toleranzindikator angebracht und beinhaltet die Symbole für die Parallelität, Rechtwinkligkeit oder Winkligkeit (**Bild 2**). Liegt die Orientierungsebene auf einem Winkel von 0° zum Geometrielement, dann wird die Parallelität spezifiziert, bei einem Winkel von 90° die Rechtwinkligkeit (**Bild 1**) und bei beliebigem Winkel das Symbol der Winkligkeit.

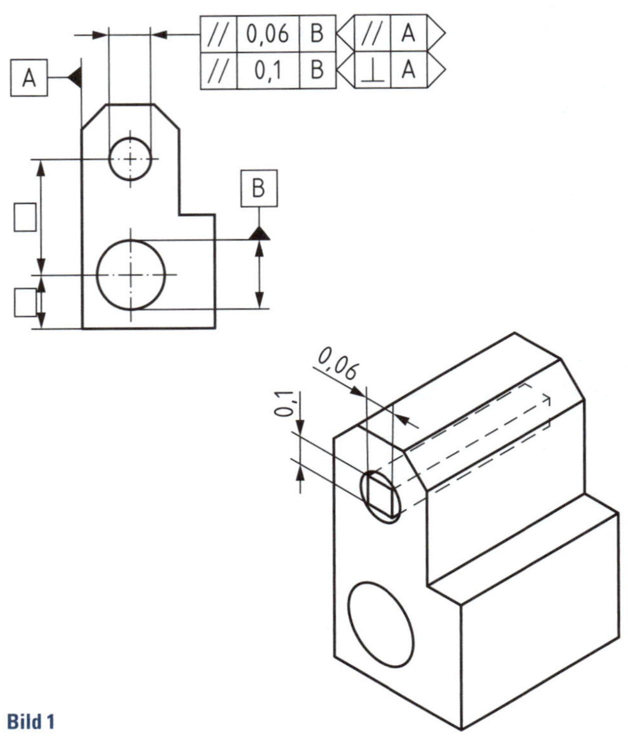

Bild 1

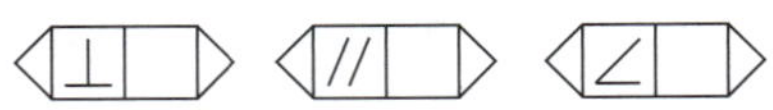
Bild 2

Richtungselement

Die Weite des Toleranzfeldes ist standardisiert senkrecht zum tolerierten Geometrieelement festgelegt. Weicht man davon ab, so muss ein Richtungselement-Indikator festgelegt werden.

Mögliche Indikatoren sind die Parallelität, Rechtwinkligkeit, Winkligkeit und der Lauf (**Bild 3**).

Bild 3

Ein Richtungselement-Indikator kommt dann zum Einsatz, wenn die Weite der Toleranzzone nicht rechtwinklig zur beschriebenen Geometrie ist. Dasselbe gilt für Rotationsflächen, die mit einer Rundheitstoleranz ausgezeichnet sind und diese Flächen nicht zylindrisch oder kugelförmig sind (**Bild 4**)

Die Auswahl der Indikatoren ist vom Bezug abhängig, der im zweiten Feld des Indikators steht (**Bild 3**).

- Lauf wird dann eingesetzt, wenn die Toleranzrichtung senkrecht zum Geometrieelement liegt.
- Neigung bei Winkelangaben bei abweichenden Winkeln von 0° und 90°.
- Parallelität bei 0° und Rechtwinkligkeit bei 90° zum Bezug.

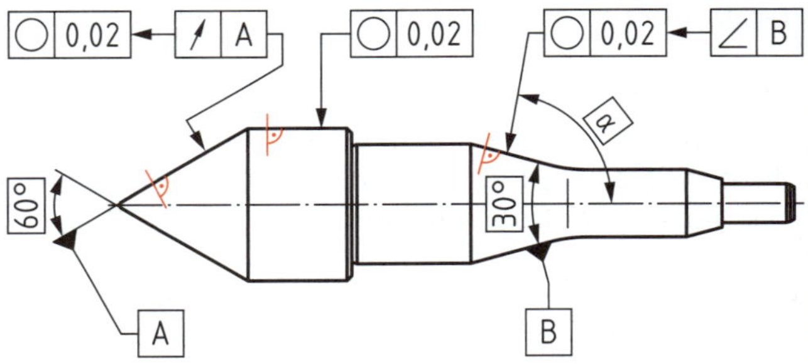

Bild 4

Kollektionsebene

Bei Verwendung des „Rundum"-Symbols bei der Tolerierung eines Geometrieelements erfordert gleichzeitig die Angabe der Kollektionsebene, d.h. eine Anzahl paralleler Ebenen, welche das Geometrieelement festlegt, das mit der Kennzeichnung des „Rundum"-Symbols versehen ist (**Bild 5**). In Bild 5 sind trotz des "Rundum"-Symbols die Vorder- und Rückseite des Bauteils von der Linien- und Flächenprofilspezifikation ausgenommen

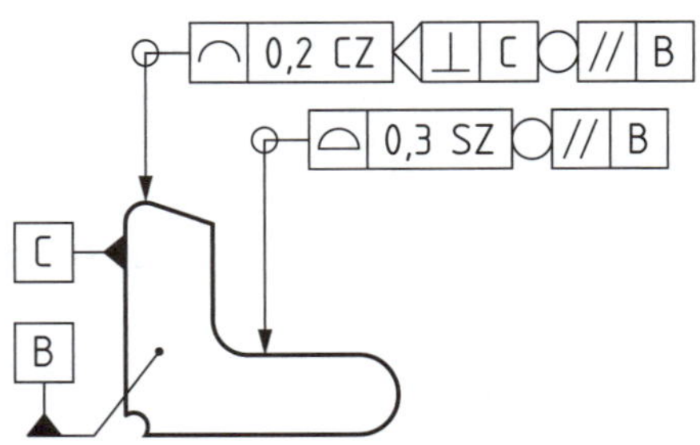

Bild 5

Der Kollektionsebenen-Indikator wird rechts vom Toleranzindikator angebracht und kann die Arten Parallelität, Rechtwinkligkeit, Winkligkeit und Symmetrie umfassen (**Bild 6**).

Bild 6

8.4 Zusammenhang zwischen Maß-, Form- und Lagetoleranzen, Tolerierungsgrundsätze

Um die Funktionsfähigkeit von Bauteilen sicherstellen zu können, bedarf es einer entsprechenden Tolerierung der Bauteilgeometrie. Dies erfordert neben der dimensionellen Tolerierung durch Nennmaße und Maßtoleranzen auch eine geometrische Tolerierung der Gestalt durch Form- und Lagetoleranzen (**Bild 1**).

Der Zusammenhang bzw. das Zusammenwirken der Maßtoleranzen und der Form- und Lagetoleranzen wird im Wesentlichen durch die beiden Tolerierungsgrundsätze „Unabhängigkeitsprinzip" und „Hüllprinzip" beschrieben.

8.4.1 Unabhängigkeitsprinzip nach ISO 8015

Das Unabhängigkeitsprinzip wird auch als Tolerierungsgrundsatz „neu" bezeichnet und ist entsprechend DIN EN ISO 8015 internationaler Standard.

Enthält die Zeichnung keinen Eintrag gilt das Unabhängigkeitsprinzip:

Maß-, Form- und Lagetoleranzen sind unabhängig voneinander zu betrachten. Jede Toleranz muss für sich eingehalten werden (Bild 2).

Die Maßtoleranzen begrenzen nur die örtlichen Istmaße, wodurch diese bei der Prüfung kostengünstig als Zweipunktmaße gemessen werden können.

Der Fertigungsaufwand und die Fertigungskosten können ebenfalls reduziert werden, da auch bei Höchstmaß der Welle bzw. Mindestmaß der Bohrung (MMS, Maximum-Material-Größenmaße) die Form- und Lagetoleranzen ihren Größtwert erreichen dürfen (**Bild 2**).

Von der Konstruktion fordert das Unabhängigkeitsprinzip allerdings eine sorgfältige Funktionsbetrachtung sowie der zugehörigen Wirtschaftlichkeitsbetrachtung bezüglich der Fertigungs- und Prüfkosten. Dies bedeutet einen gewissen Mehraufwand bzw. macht teilweise ein Umdenken bei der Zeichnungserstellung erforderlich.

Erfordert die Funktion und die Fügesituation des Bauteils z. B. bei einer Passung mit Gegenstück die Einhaltung der Hüllbedingung (**Kapitel 8.4.2, Seite 100**), muss dies durch die Angabe

Ⓔ (engl. Envelope = dt. Einhüllende)

hinter der jeweiligen Maßtoleranz gesondert gekennzeichnet werden (**Bild 3**). In **Bild 3** hebt die Konstruktion z. B. das Unabhängigkeitsprinzip seitens der Maßtoleranz auf, um mit dem Hüllprinzip die Funktion und die Montage als Spielpassung sicherzustellen.

In **Bild 4** hebt die Konstruktion das Unabhängigkeitsprinzip z. B. aus wirtschaftlichen Gründen seitens der Geometrietoleranzen durch die Maximum-Material-Bedingung (**Kapitel 8.4.3, Seite 101**) auf. Dies geschieht durch die gesonderte Kennzeichnung

Ⓜ (Maximum-Material-Bedingung)

bei der Formtoleranzangabe.

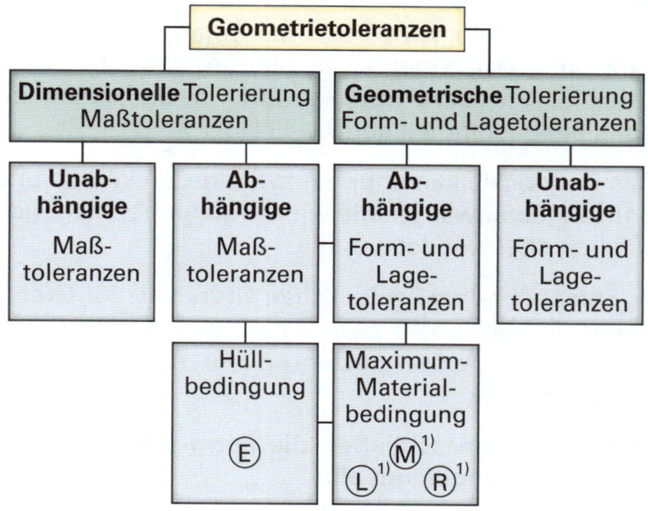

1) Weitere Möglichkeiten, um Abhängigkeiten zu schaffen, siehe Kapitel 8.4.3 und 8.4.4

Bild 1

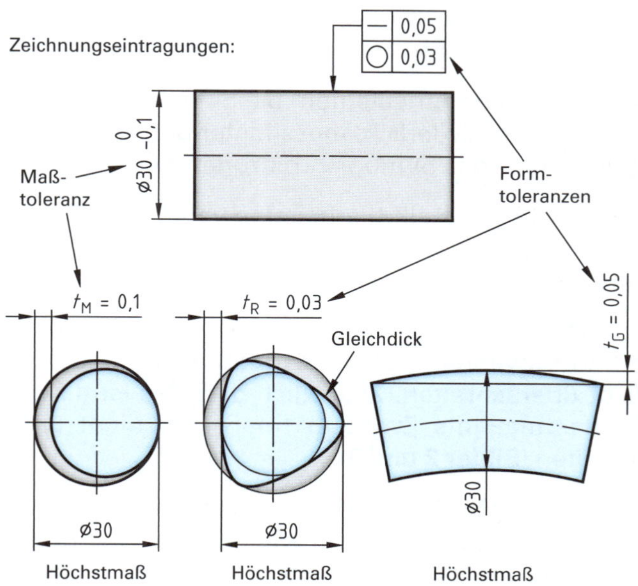

Bild 2

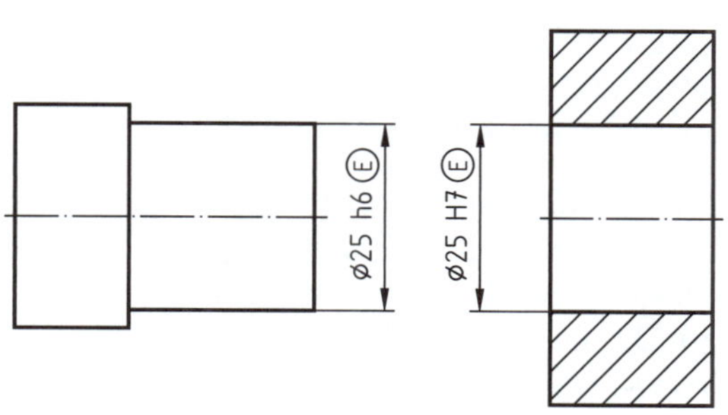

Bild 3

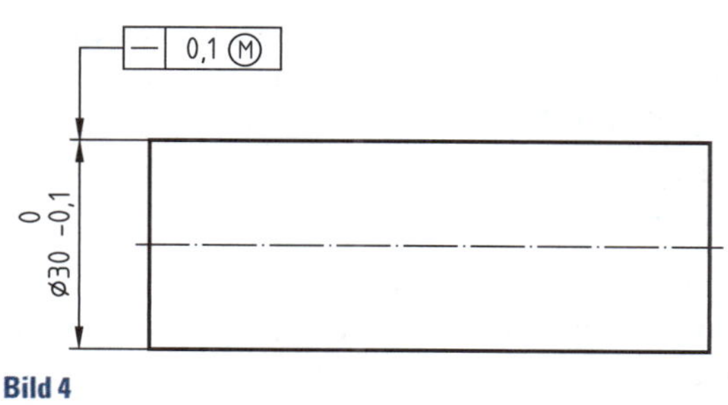

Bild 4

8.4.2 Hüllprinzip

Das Hüllprinzip wird auch als Tolerierungsgrundsatz „alt" bezeichnet, da es bis zum Jahr 2011 nach DIN 7167 Standard war. Seit 2011 ist die Hüllbedingung ein Bestandteil der DIN EN ISO 14405-1.

Das Hüllprinzip kann nur auf zylindrische Wellen und Bohrungen sowie parallele, sich gegenüberliegende Flächen angewendet werden.

Es entspricht dem Taylor'schen Grundsatz für Grenzlehren. Danach verkörpern Gutlehren Maß und Form, wohingegen Ausschusslehren nur einzelne Maße prüfen (**Bild 1**).

Maßtoleranzen schließen die Form- und Parallelitätsabweichungen mit ein.

Dies bedeutet auch: **Formabweichungen dürfen den Maßtoleranzraum nicht überschreiten.**

Die Hüllbedingung verlangt also, dass ein maßlich toleriertes Geometrieelement die geometrisch ideale Hülle mit Maximum-Material-Größenmaß (MMS, Maximum Material Size) nicht durchbricht (**Bild 1**).

Ist für ein Geometrieelement die Einhaltung der Hüllbedingung erforderlich, muss hinter der zugehörigen Maßtoleranz das Symbol Ⓔ hinzugefügt werden.

Das Symbol Ⓔ stellt hierbei eine vereinfachte Kennzeichnung von zwei Modifikatorensymbolen für lineare Größenmaße dar (**Bild 2**).

Bei Wellen darf die Oberfläche die geometrisch ideale Form (Zylinder) mit Höchstmaß als Hüllmaß (GN) nicht überschreiten. Zusätzlich darf das Istmaß das Mindestmaß als Zweipunktmaß (LP) nicht unterschreiten (**Bilder 2 und 3**).

Bei Bohrungen darf die Oberfläche die geometrisch ideale Form (Zylinder) mit Mindestmaß als Pferchmaß (GX) nicht unterschreiten. Außerdem darf das Istmaß das Höchstmaß als Zweipunktmaß (LP) nicht überschreiten (**Bilder 2 und 4**).

Die Prüfung der Hüllbedingung erfordert die Gutlehre oder simulierte Lehrung mit einem Koordinatenmessgerät, was die Prüfkosten deutlich erhöht.

Der Fertigungungsaufwand wird erhöht, denn bei Bolzen mit Höchstmaß und Bohrungen mit Mindestmaß lässt die Hüllbedingung keine Formabweichungen mehr zu. Da die Hüllbedingung häufig unbemerkt verletzt wird, werden auch teilweise die Maßtoleranzen unnötig verengt, obwohl nur die Formtoleranz zu groß toleriert war.

Die Konstruktion sollte die Hüllbedingung wegen der damit verbundenen höheren Kosten nur dort vorsehen, wo sie für die Funktion z. B. einer Spielpassung und für die sichere Montierbarkeit der Fügesituation z. B. einer Stiftverbindung erforderlich ist.

Soll das Hüllprinzip trotzdem für die ganze Zeichnung gelten, um z. B. alte Zeichnungen, denen DIN 7167 zugrunde lag, weiter zu verwenden, muss dies beim Schriftfeld entsprechend angegeben werden (**Bild 5**).

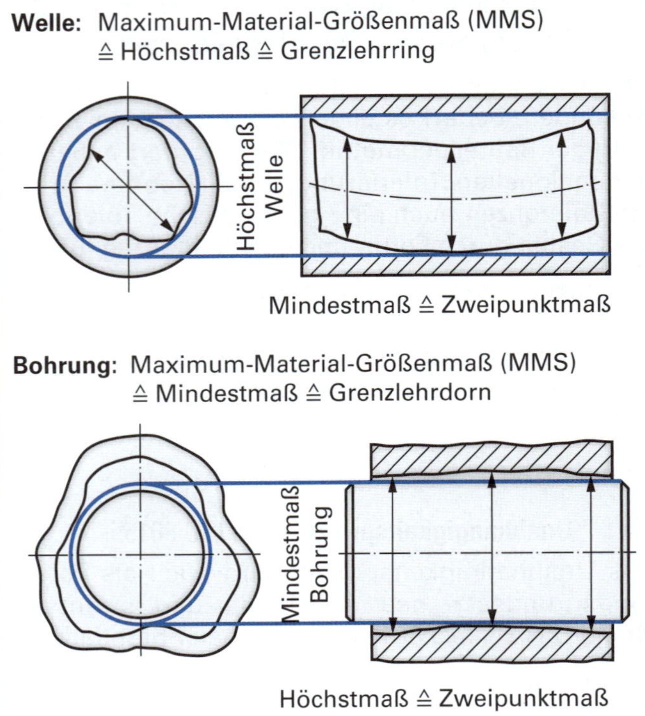

Bild 1

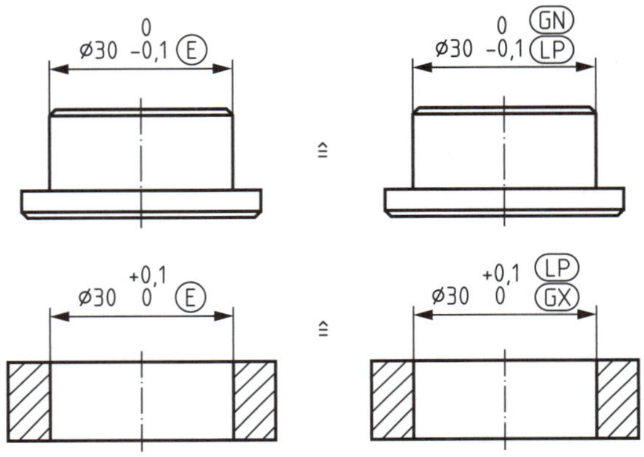

Bild 2

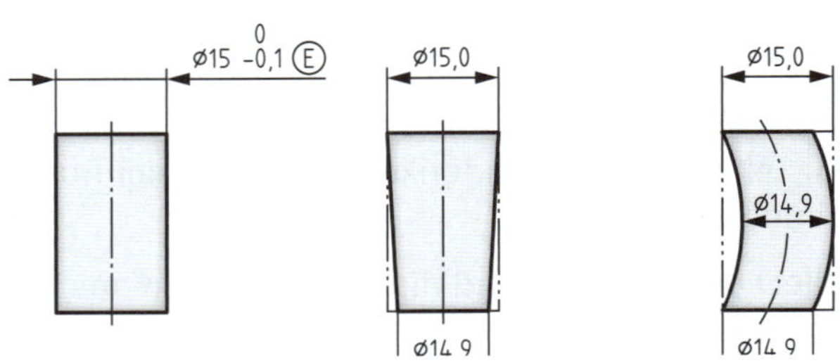

Bild 3

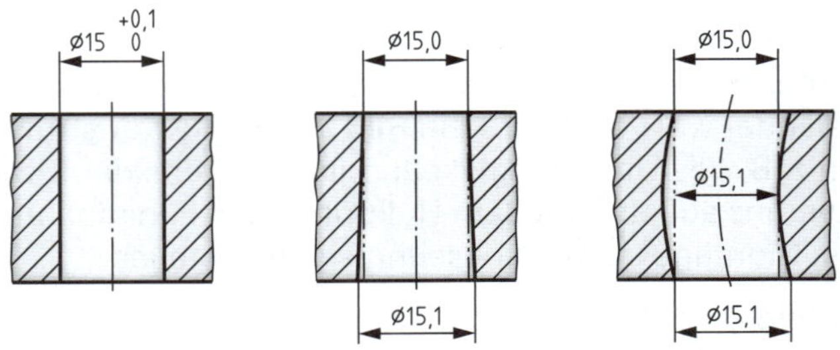

Bild 4

Bild 5

8.4.3 Maximum-Material-Bedingung und Minimum-Material-Bedingung

Beim Fügen von Bauteilen ergibt sich das kleinste Fügespiel, wenn beide Fügeteile ihr Maximum-Material-Größenmaß (z. B. größter Bolzen und die kleinste Bohrung) haben und gleichzeitig ihre geometrischen Abweichungen (z. B. Geradheit, Position oder Konzentrizität) maximal sind. Umgekehrt zeigt sich, dass die geometrische Toleranz vergrößert werden kann, je mehr sich die Bauteile von ihrem Maximal-Material-Größenmaß entfernen, ohne dabei die Montagefähigkeit zu gefährden.

Die Maximum-Material-Bedingung erlaubt die Überschreitung der Form- und Lagetoleranzen um die nicht ausgenützten Maßtoleranzanteile.

Wird die Maximum-Material-Bedingung auf eine geometrische Toleranz angewendet, muss dies mit dem Modifikationssymbol Ⓜ hinter dem Toleranzwert angegeben werden (**Bild 1**). Gilt die Maximum-Materialbedingung zusätzlich für das Bezugselement, ist das Modifikationssymbol auch hinter dem Bezugsbuchstaben einzutragen (**Bild 2**).

In **Bild 3** ergibt das Maximum-Material-Größenmaß (MMS) zusammen mit der Formtoleranz als wirksamem Maximum-Material-Zustand (MMVC) einen Zylinder mit dem wirksamen Maximum-Material-Größenmaß (MMVS) von ø25,1 mm. Die Geradheitstoleranz von 0,1 mm gilt nur für den Bolzen mit ø25,0 mm. Wird der Bolzen kleiner gefertigt, vergrößert sich die Geradheitstoleranz um den nicht verwendeten Anteil aus der Maßtoleranz bis auf 0,2 mm bei ø24,9 mm.

Die Anwendung der Maximum-Material-Bedingung ermöglicht eine wirtschaftlichere Fertigung der Bauteile und wird häufig bei der Tolerierung von Bohrbildern angewendet (**Bild 4**).

In **Bild 4** sind die vier Bohrungen so toleriert, dass der Flansch durch das wirksame Maximum-Material-Größenmaß MMVS = ø8,5 mm sicher mit dem Gegenstück verschraubt werden kann. Die Auswirkung der Maximum-Material-Bedingung auf die erlaubte Positionstoleranz ist tabellarisch dargestellt.

Bild 5 zeigt, wie durch Anwenden der Maximum-Material-Bedingung und Einführung von „0 Ⓜ" ein Vergrößern der Maßtoleranzen am Bauteil aus **Bild 4** möglich wird, ohne MMVS zu verändern.

„0 Ⓜ" entspricht somit der Hüllbedingung in Verbindung mit Form- und Lagetoleranzen.

Bei dünnwandigen Bauteilen kann sinngemäß die **Minimum-Material-Bedingung** mit dem Modifikationssymbol Ⓛ angewendet werden, um z. B. eine Mindestwanddicke zu gewährleisten.

In **Bild 6** ergibt das Minimum-Material-Größenmaß (LMS) zusammen mit der Koaxialität das wirksame Minimum-Material-Größenmaß (LMVS) von ø44,8 mm. Die Koaxialitätstoleranz von 0,2 mm gilt nur für LMS = ø45,0 mm. Wird der Durchmesser größer gefertigt, vergrößert sich die Geradheitstoleranz um den nicht verwendeten Anteil aus der Maßtoleranz.

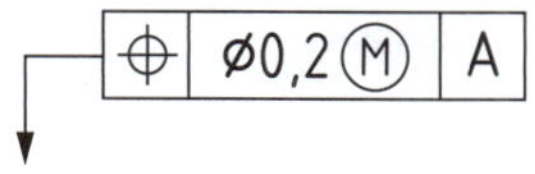

Bild 1

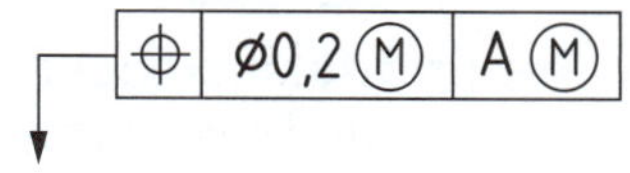

Bild 2

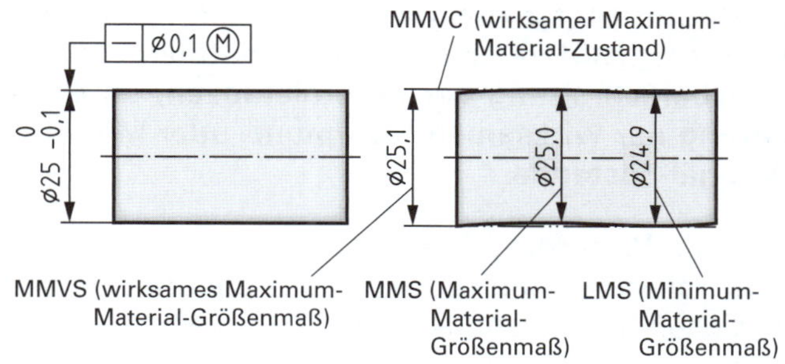

Bild 3

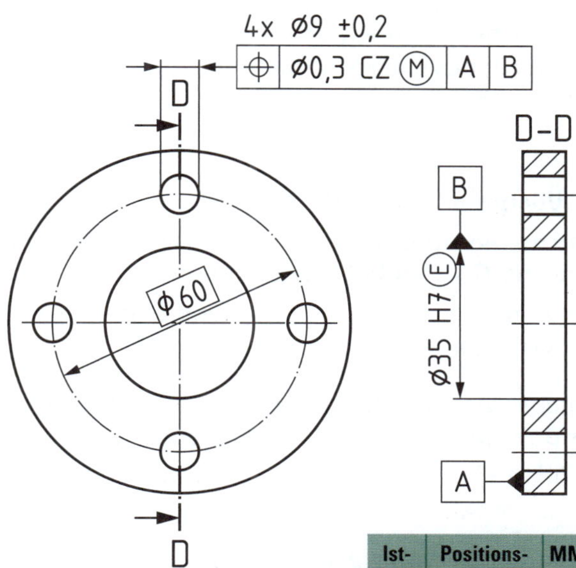

Ist-Maß	Positions-toleranz	MMVS
ø8,8	ø0,3	ø8,5
ø9,0	ø0,5	ø8,5
ø9,2	ø0,7	ø8,5

Bild 4

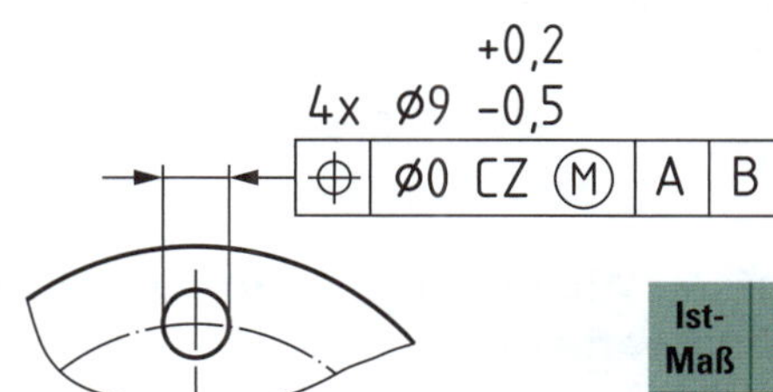

Ist-Maß	Positions-toleranz	MMVS
ø8,5	ø0	ø8,5
ø8,8	ø0,3	ø8,5
ø9,2	ø0,7	ø8,5

Bild 5

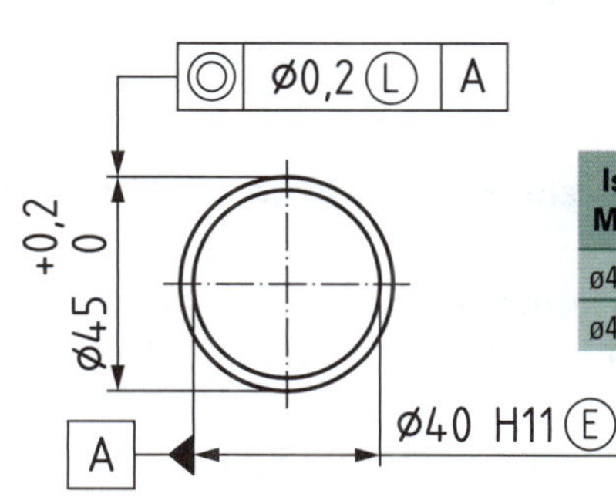

Ist-Maß	Koaxial-toleranz	LMVS
ø45,0	ø0,2	ø44,8
ø45,2	ø0,4	ø44,8

Bild 6

8.4.4 Reziprozitätsbedingung

Die Reziprozitätsbedingung kann als zusätzliche Anforderung zur Maximum-Material-Bedingung oder Minimum-Material-Bedingung genutzt werden.

Die Reziprozitätsbedingung erlaubt die Verwendung nicht ausgenützter Form- und Lagetoleranzanteile zur Überschreitung der Maßtoleranzen, unter Einhaltung der wirksamen Maximum- oder Minimum-Material-Zustände.

Wird die Reziprozitätsbedingung auf eine geometrische Toleranz angewendet, muss dies mit dem zusätzlichen Modifikationssymbol Ⓡ hinter dem Modifikationssymbol Ⓜ oder Ⓛ angegeben werden (**Bild 1**).

Bild 1 zeigt die Maßeintragung aus **Bild 4, Seite 101** mit der zusätzlichen Anwendung der Reziprozitätsbedingung, wodurch auch kleinere Ist-Maße der Bohrungen bis ø8,5 mm zulässig werden.

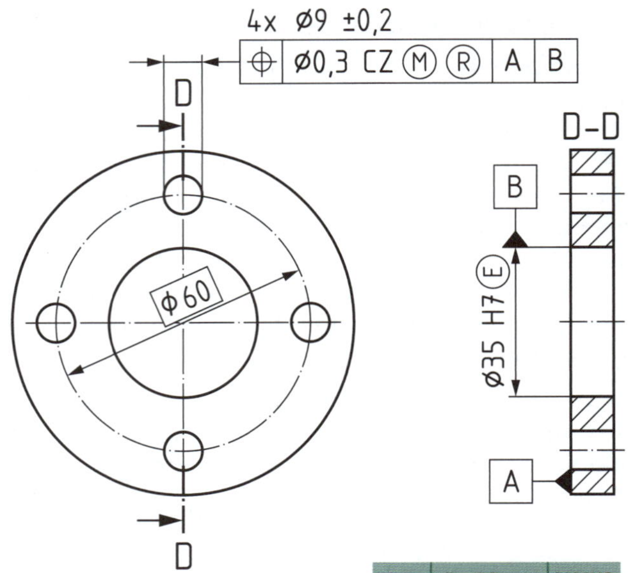

Ist-Maß	Positions-toleranz	MMVS
ø8,5	ø0	ø8,5
ø8,6	ø0,1	ø8,5
ø8,8	ø0,3	ø8,5
ø9,0	ø0,5	ø8,5
ø9,2	ø0,7	ø8,5

Bild 1

8.4.5 Überprüfen Sie Ihr Wissen:

1 Welche Messmethode ist auf das Höchstmaß der Bohrung G_{oB} in Bild 2 anzuwenden?

a) Hüllmaß
b) Pferchmaß
c) Zweipunktmaß

2 Welche Messmethode ist auf das Mindestmaß der Bohrung G_{uB} in Bild 2 anzuwenden?

a) Hüllmaß
b) Pferchmaß
c) Zweipunktmaß

3 Welche Geradheitsabweichung darf die Bohrungsachse in Bild 2 bei einem Istdurchmesser der Bohrung ø16,015 mm maximal aufweisen?

a) 0,2 mm
b) 0,015 mm
c) 0,003 mm
d) 0 mm

4 Wie groß ist die maximal zulässige Positionstoleranz in Bild 3?

a) 1,6 mm
b) 0,8 mm
c) 0,4 mm
d) 0 mm

5 Wie stark darf der Abstand der Bohrungsachsen in Bild 3 maximal variieren?

a) 1,6 mm
b) 0,8 mm
c) 0,4 mm
d) 0 mm

6 Welches wirksame Maximal-Material-Größenmaß ergibt sich für die Bohrungen in Bild 3?

a) ø10,9 mm
b) ø11,3 mm
c) ø10,5 mm
d) ø11,7 mm

7 Welche Aussage zur Bauteildicke in Bild 3 ist korrekt?

a) Die gesamte Plattendicke muss sich zwischen zwei parallelen Ebenen mit Abstand 10,000 mm befinden.
b) Die gesamte Plattendicke muss sich zwischen zwei parallelen Ebenen mit Abstand 10,150 mm befinden.

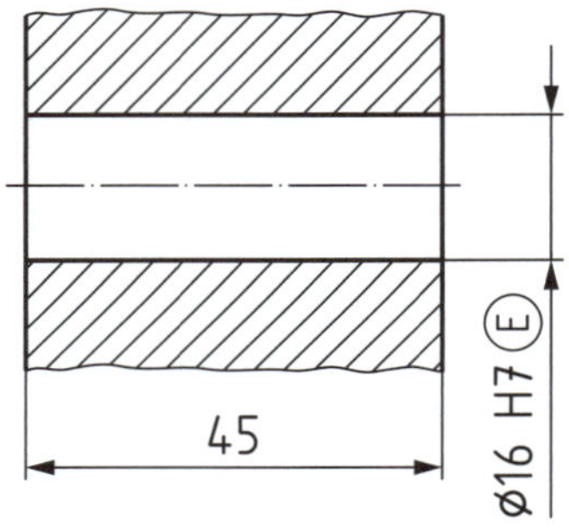

Bild 2

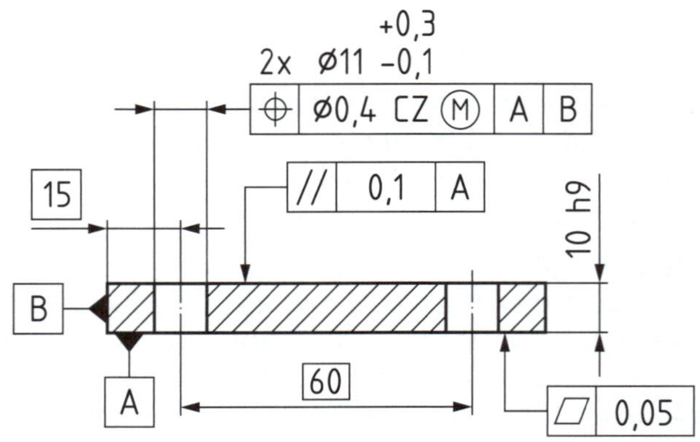

Bild 3

8.5 Geometrische Tolerierung für „Andere als lineare oder Winkelgrößenmaße" (DIN EN ISO 14405-2)

8.5.1 Größenmaße und „Andere als lineare oder Winkelgrößenmaße"

Größenmaße, wie in **Kapitel 8.2** angesprochen, definieren als lineare Größenmaße Maßelemente, wie z. B. Zylinder die als „innere" und „äußere" Geometrieelemente („Bohrung" und „Welle") funktionieren (**Bilder 1 bis 3, Seite 77**). Mit der Plus-Minus-Tolerierung, z. B. durch Toleranzklassen kann bei diesen linearen Größenmaßen ein gewünschtes Spiel oder Übermaß ohne Mehrdeutigkeit sichergestellt werden.

Andere als lineare oder Winkelgrößenmaße stellen kein Größenmaß eines Maßelements dar und können nicht als „inneres" oder „äußeres" Geometrieelement zugeordnet werden.

Andere als lineare oder Winkelgrößenmaße sind z. B.
- der lineare Abstand von Flächen, die in gleiche Richtung zeigen (**Bilder 1 bis 4**),
- der lineare Abstand von Flächen, die räumlich versetzt sind (**Bilder 5 bis 8**),
- der lineare Abstand von einer Fläche zu einer Bohrungsachse (**Bilder 1 und 2, Seite 104**),
- der lineare Abstand von Bohrungsachsen (**Bilder 3 bis 5, Seite 104**), oder
- Radien (**Bilder 6 und 7, Seite 104**)

8.5.2 Probleme der Plus-Minus-Tolerierung bei „Andere als lineare oder Winkelgrößenmaßen"

Eine Anforderung mit Plus-Minus-Tolerierung für andere als lineare Maße beinhaltet am realen Bauteil immer eine gewisse Mehrdeutigkeit. Dies soll in den **Bildern 1 und 5**, sowie **Bildern 1, 3 und 6, Seite 104**, verdeutlicht werden.

Geometrische Tolerierungen mittels Form- und Lagetoleranzen können diese Mehrdeutigkeiten vermeiden bzw. stark minimieren.

Bei der Verwendung von Form- und Lagetoleranzen sind normalerweise unterschiedliche Lösungen möglich, weshalb in den folgenden Beispielen immer mehrere Umsetzungsvarianten gezeigt werden.

8.5.3 Beispiele der geometrischen Tolerierung für Maße, die keine Größenmaße sind

Beispiel 1: Linearer Abstand von Flächen, die in die gleiche Richtung zeigen (Stufenmaß).

Beispiel 2: Linearer Abstand von Flächen, die räumlich versetzt sind.

Bild 1 und Bild 5: Plus-Minus-Toleranz und Veranschaulichung der Mehrdeutigkeit.

Bilder 2 und 3 sowie **Bilder 6 und 7**: Jeweils eine Fläche wird als Bezug A verwendet, um das Bauteil auszurichten. Die jeweils andere Fläche wird durch eine Positionstoleranz bei einem theoretisch exakten Abstand dazu toleriert.

Bild 4 und Bild 8: Die Bauteile werden durch die gleichzeitige Berücksichtigung der zwei senkrechten Flächen ausgerichtet. Beide Flächen werden mit Positionstoleranzen (mit theoretisch exaktem Abstand) in Bezug zueinander toleriert.

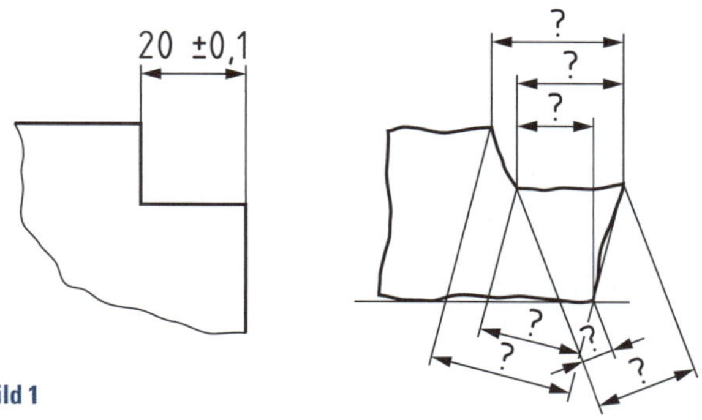

Bild 1

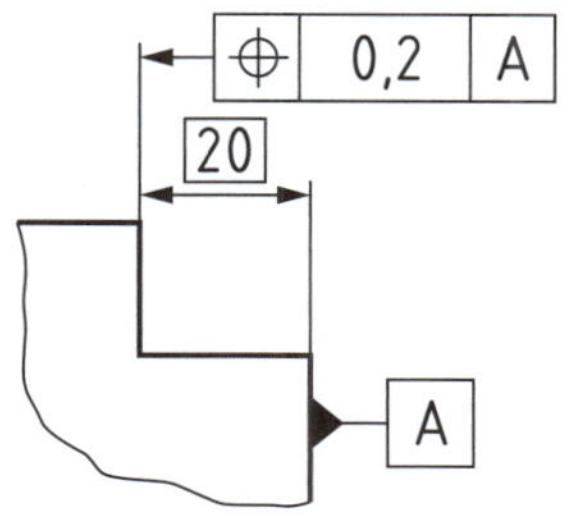

Bild 2

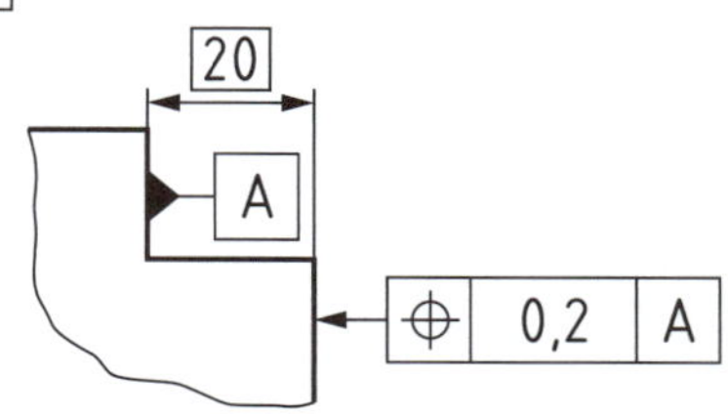

Bild 3

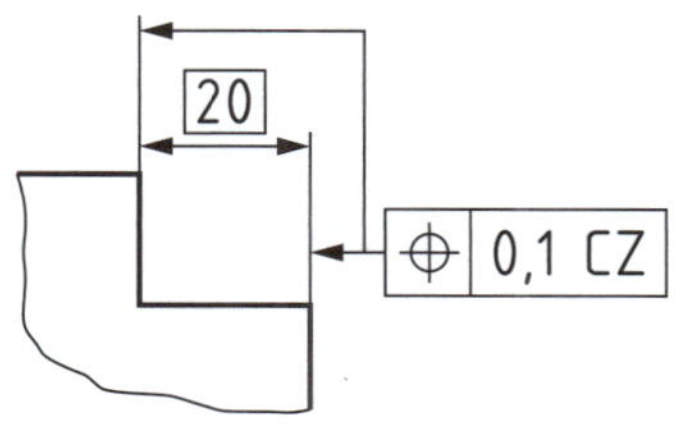

Bild 4

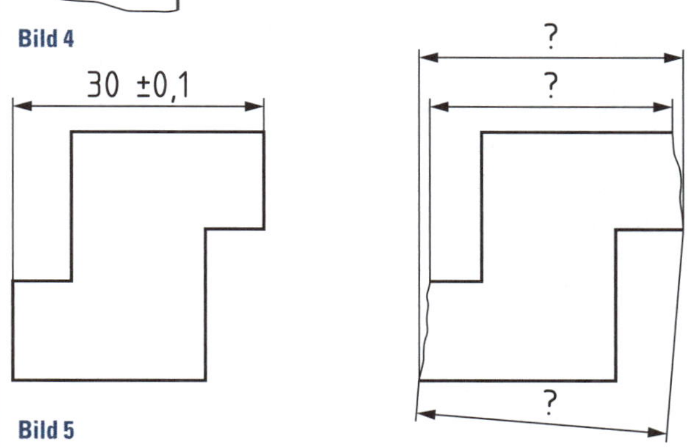

Bild 5

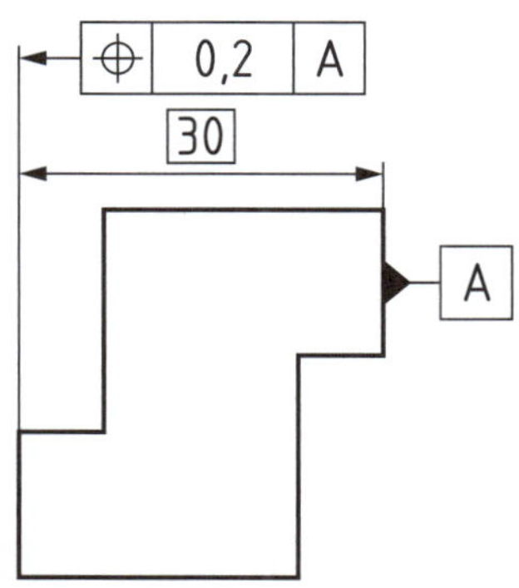

Bild 6

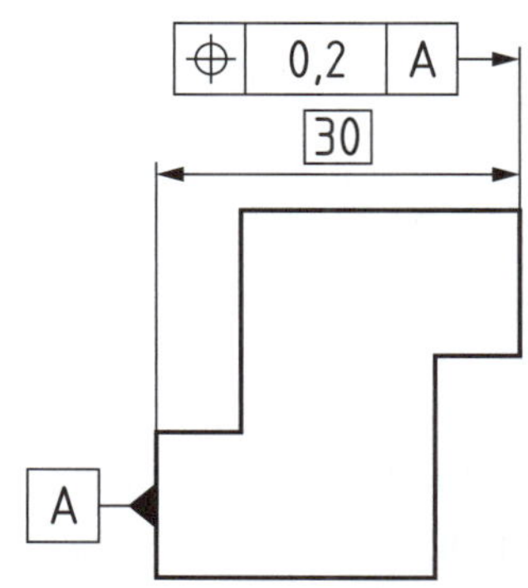

Bild 7

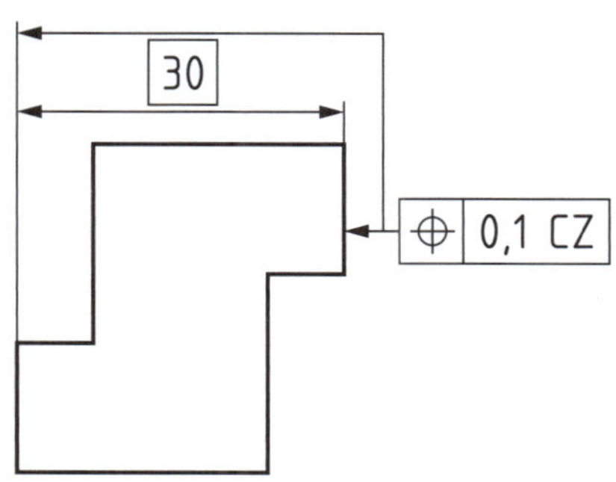

Bild 8

Beispiel 3: Linearer Abstand von Flächen zu einer Bohrungsachse

Bild 1: Plus-Minus-Toleranz und Veranschaulichung der Mehrdeutigkeit.

Bild 2: Die Fläche wird als Bezugsebene A verwendet, um das Bauteil auszurichten. Die Bohrungsachse wird durch eine Positionstoleranz bei einem theoretisch exakten Abstand dazu toleriert.

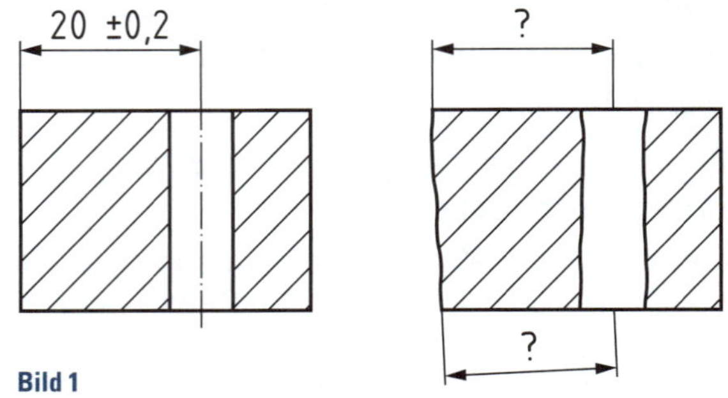

Bild 1

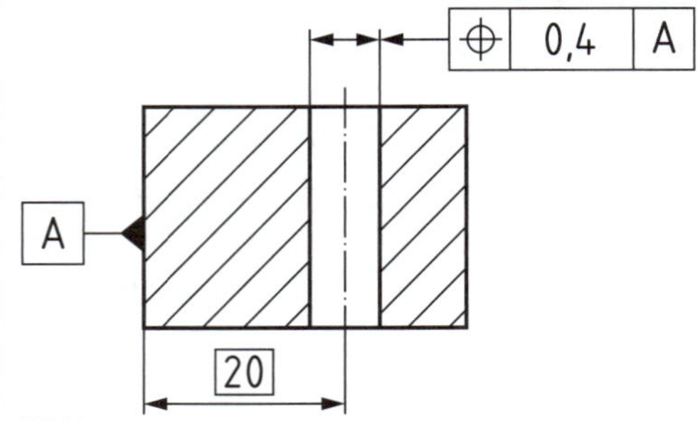

Bild 2

Beispiel 4: Linearer Abstand von zwei Bohrungsachsen

Bild 3: Plus-Minus-Toleranz und Veranschaulichung der Mehrdeutigkeit.

Bild 4: Eine der beiden Bohrungsachsen wird als Bezug A verwendet, um das Bauteil auszurichten. Die andere Bohrungsachse wird durch eine Positionstoleranz bei einem theoretisch exakten Abstand dazu toleriert.

Bild 5: Beide Bohrungsachsen werden mit Positionstoleranzen (mit theoretisch exaktem Abstand), die in Beziehung zueinander stehen, toleriert. Es ist kein Bezug eingetragen.

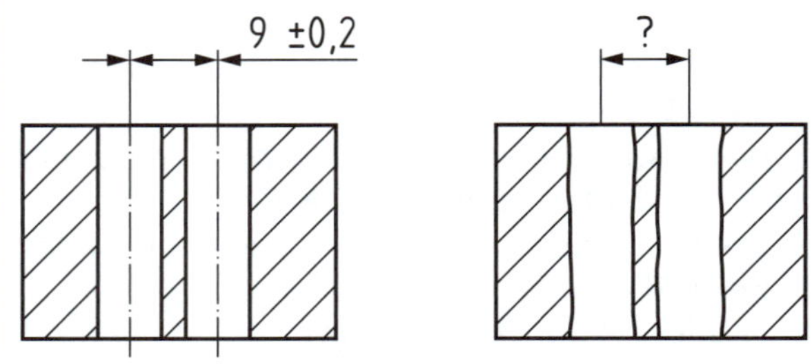

Bild 3

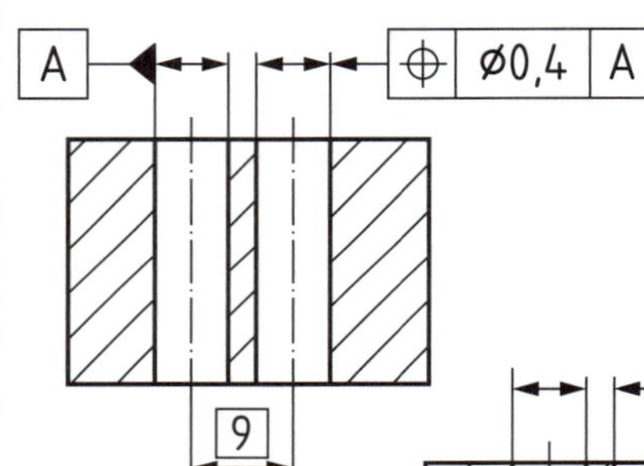

Bild 4

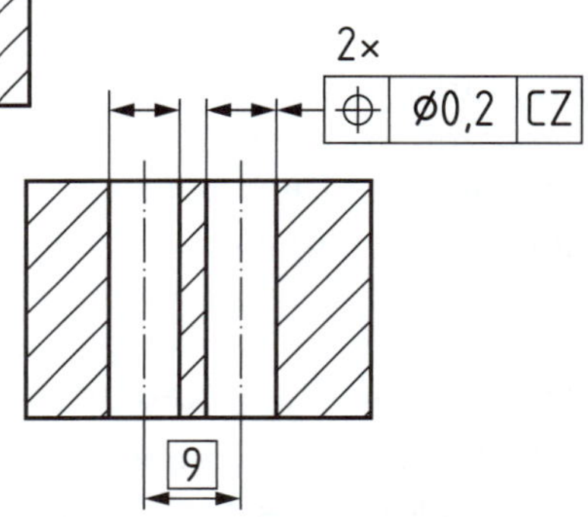

Bild 5

Beispiel 5: Radiales Maß

Bild 6: Plus-Minus-Toleranz an einem radialen Maß und Veranschaulichung der Mehrdeutigkeit

Bild 7: Tolerierung der Profilform (Fläche) bezüglich der theoretisch exakten Profilform mit Radius 25.

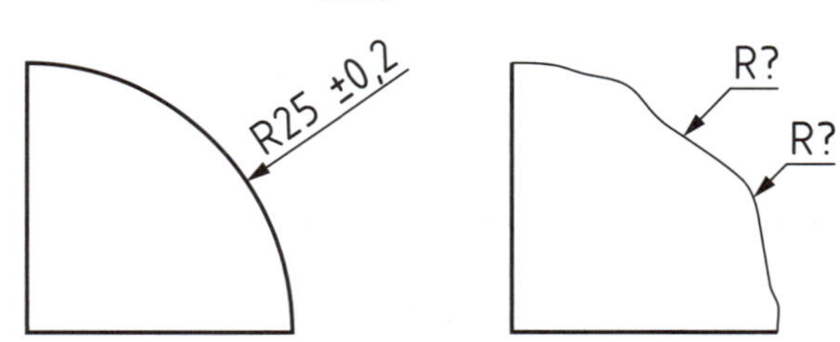

Bild 6

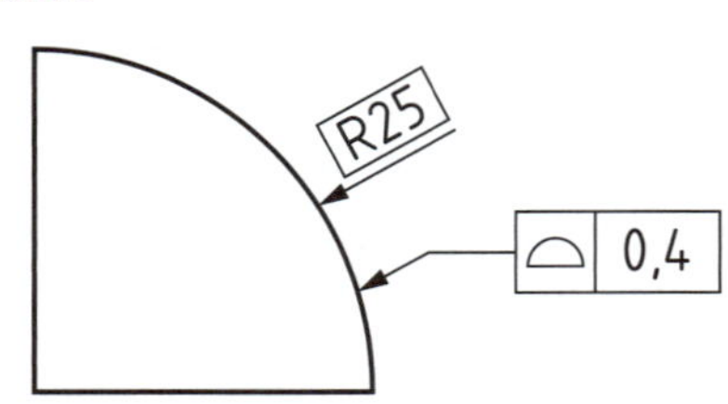

Bild 7

8.6 Oberflächenangaben in Zeichnungen

Oberflächen von Bauteilen haben neben der optischen Erscheinung auch unterschiedliche Funktionen z. B. als Dichtfläche, Fügefläche, Gleitfläche oder Haftfläche für eine Beschichtung zu erfüllen. Somit haben sie Einfluss auf die Funktion einzelner Bauteile oder Baugruppen. Sie müssen deshalb in der technischen Zeichnung, vergleichbar der maßlichen und geometrischen Tolerierungen, funktionsgerecht festgelegt und spezifiziert werden, sowie hinsichtlich der Auswertung definiert sein.

Oberflächenanforderungen wurden bis Dezember 2022 nach DIN EN ISO 1302 mit graphischen Symbolen und Textangaben in Zeichnungen eingetragen (**Tabelle 1**). Die dabei verwendeten Kenngrößen waren in DIN EN ISO 4287 (**Tabelle 2**) und die Regeln und Verfahren der Beurteilung in DIN EN ISO 4288 geregelt (**Tabelle 3**).

Seit Dezember 2022 wird die Oberflächenbeschaffenheit Profile in den Normen DIN EN ISO 21920-1, -2, -3 beschrieben.

Teil 1 legt die Regeln und Symbolik für die Angabe der profilhaften Oberflächenbeschaffenheit in technischen Zeichnungen fest und ersetzt DIN EN ISO 1302.

Teil 2 definiert Begriffe und Parameter der profilhaften Oberflächenbeschaffenheit z. T. neu und ersetzt u. a. die Norm DIN EN ISO 4287.

Teil 3 mit den Spezifikationsoperatoren und Standard-Regeln (Defaults) ersetzt die DIN EN ISO 4288.

8.6.1 Graphische Symbole für Oberflächenangaben

Die Eintragung einer Oberflächenanforderung nach DIN EN ISO 21920 erfolgt an einem vollständigen graphischen Symbol, das bereits Anforderungen an den Produktionsprozess beinhaltet (**Tabelle 4**).

Der zusätzlich enthaltene Balken am Symbol dient der Abgrenzung von einer flächenhaften Spezifikation und von Symbolen der Vorgängernorm 1302.

Die Größe und die Linienbreite der Symbole ist abhängig von der übrigen Beschriftung der Zeichnungen nach ISO 3098 (z. B. Maßangaben, Toleranzangaben). Die **Tabelle 5** enthält eine Auswahl an Schrifthöhen nach ISO 3098 und die zugehörigen Größenverhältnisse für das Symbol.

Beträgt die Schrifthöhe in der Zeichnung z. B. h = 3,5 mm, so ist die Eintragung wie in **Bild 1** vorzunehmen.

Tabelle 5: Maßverhältnisse für Oberflächensymbole nach DIN EN ISO 21920

Höhe Beschriftung h	2,5	3,5	5	7	10	14
Linienbreite Symbol d'	0,25	0,35	0,5	0,7	1	1,4
Höhe, H_1	3,5	5	7	10	14	20
Höhe, H_2	7,5	10,5	15	21	30	42
Höhe, H_3	2	2,5	3,5	5	7	10
Länge, l	3	4,5	6	8,5	12	17

[1] H_2 hängt von der Anzahl der Zeilen der Angabe ab.

Größen der Symbole

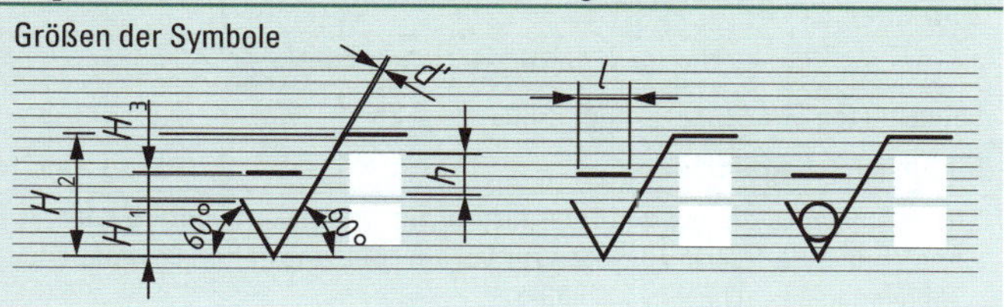

Tabelle 1: Symbole und Zusatzangaben
nach DIN EN ISO 1302 (zurückgezogen)

	**Grundsymbol** Herstellverfahren freigestellt (spanend oder spanlos). Das Grundsinnbild alleine ist nicht aussagefähig
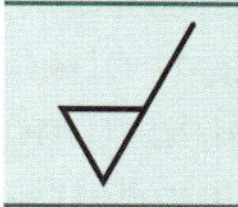	**Erweitertes Symbol** Herstellverfahren materialabtrennend (spanend)
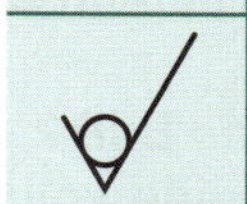	**Erweitertes Symbol** Materialabtrennung nicht zulässig: Oberfläche wird spanlos bearbeitet oder verbleibt im Anlieferzustand
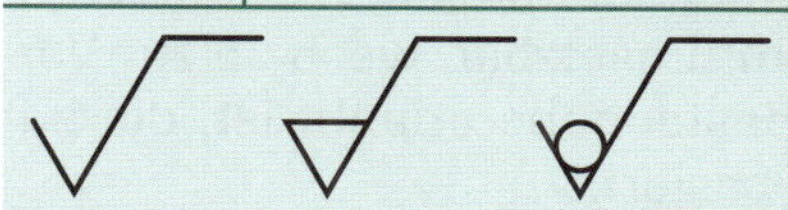	**Vollständige Symbole** mit zusätzlicher Linie für Eintrag der zusätzlichen Anforderungen
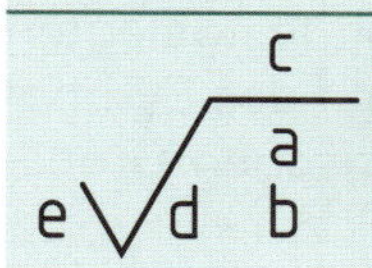	**Anordnung der verschiedenen Anforderungen** an die Oberflächenbeschaffenheit am vollständigen Symbol.

Tabelle 2: Oberflächenkenngrößen (Auswahl)
nach DIN EN ISO 4287 (zurückgezogen)

Pf, Wt, Rt	**„Gesamthöhe"** (des Primär- bzw. des Welligkeits- bzw. Rauheitsprofils) innerhalb der Gesamtmessstrecke
Ra	**„Ra-Wert"** (Arithmetischer Mittelwert der Profilordinaten) innerhalb der Einzelmessstrecke
Rz	**„Rz-Wert"** (Größte Höhe des Profils) innerhalb der Einzelmessstrecke

Tabelle 3: Kenngrößenermittlung und Vergleich mit den Toleranzgrenzen (Auswahl)
nach DIN EN ISO 4288 (zurückgezogen)

Vorabentscheidung, ob periodisch oder aperiodisches Profil vorliegt und Schätzung des Kenngrößenwertes für die Bestimmung der Grenzwellenlängen als Regelübertragungscharakteristik nach Tabellen.	
Rt 40 Rz 25	**Ermittlung von Kenngrößen** der - Gesamtmessstrecke immer über eine Gesamtmessstrecke - Einzelmessstrecke i. d. R. über fünf Einzelmessstrecken; ansonsten mit Angabe z. B. Rz7 25
Rz 25 Rz_{max} 25	**Akzeptanzregel beim Vergleich mit Vorgabe**: - „16 %-Regel" als Standard (ohne Angabe); - „max-Regel" als Höchstwertregel (mit Angabe)

Tabelle 4: Symbole für Oberflächenangaben
nach DIN EN ISO 21920

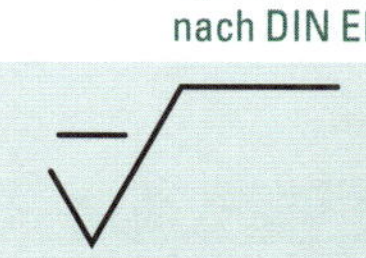	Vollständiges **graphisches Symbol**, profilhafte Oberflächenbeschaffenheit **Alle Fertigungsprozesse zulässig**
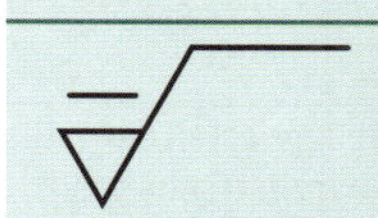	Vollständiges **graphisches Symbol**, profilhafte Oberflächenbeschaffenheit **Material muss abgetragen werden**
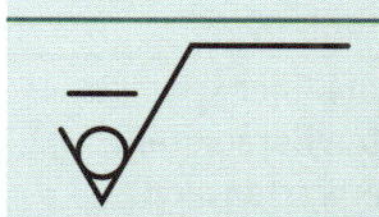	Vollständiges **graphisches Symbol**, profilhafte Oberflächenbeschaffenheit **Material darf nicht abgetragen werden**
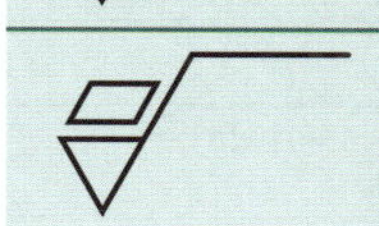	Vollständiges **graphisches Symbol**, flächenhafte Oberflächenbeschaffenheit **Material muss abgetragen werden**

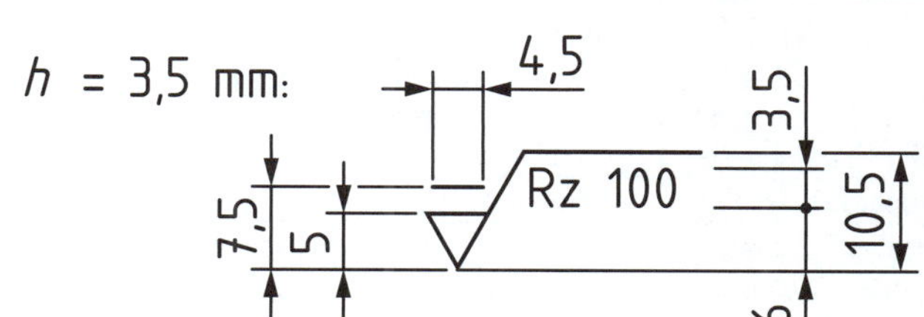

Bild 1

8.6.2 Angabe für Parameter aus dem Rauheitsprofil (R-Parameter)

Die **vollständige Angabe** aller Einstellungskriterien für eine Spezifikation des Parameters wird in einer Zeile angegeben (**Bilder 1 und 2**). Falls erforderlich, werden Angaben zum Fertigungsprozess (s, t) oberhalb am Symbol und die Angabe einer Profilrichtung (u) auf Höhe und zu Beginn der zweiten Zeile eingetragen (**Bilder 1 und 2**).

Tabelle 1 erläutert die Platzhalter in **Bild 1** und **Bild 2**.

In der Praxis der Zeichnungserstellung ist eine vollständige Angabe kaum umsetzbar, weshalb zur Vereinfachung eine Mindestangabe erlaubt ist, die auf Default-Einstellungen basiert.

Die **Mindestangabe** bei Parametern mit festgelegten Defaults (Ra, Rz, Rmax, Rp, Rv, Rt) ist auf das Symbol für den Parameter (b) und den numerischen Grenzwert (c) beschränkt (**Bild 3**).

Für Parameter ohne Defaults (Rk, Rpk, Rvk) umfasst die Mindestangabe die zusätzliche Nennung des Default-Wertes des Profil-L-Filters (**Bild 4** und **Tabelle 3**) oder alternativ der Einstellungsklassennummer (**Bild 5** und **Tabelle 3**).

Alle Angaben, die bei den Mindestangaben nicht explizit dargestellt werden, ergeben sich aus den Default-Einstellungen. Die Default-Einstellungen sind unterteilt in die **allgemeinen Default-Einstellungen** (**Tabelle 2**) und **Default-Einstellungen, die auf der Spezifikation basieren** (**Tabelle 3**).

Erläuterung der Oberflächenangabe in Bild 3 (unvollständig):

- Fertigungsprozess muss Material abtragen;
- Rz-Wert 25 µm;
- nach **Tabelle 2** und **Tabelle 3** gilt u. a.: Profil wird mechanisch erfasst; Toleranztyp ist die Obergrenze; Toleranzakzeptanzregel ist Tmax; Regelübertragungscharakteristik d. h. Gauß-Filter, $\lambda c = 2{,}5$ mm, $\lambda s = 8$ µm, Form wird nach der Methode der kleinsten Abweichungsquadrate entfernt; Regelauswertestrecke d. h. $le = 12{,}5$ mm ($= nsc \cdot lsc = 5 \cdot 2{,}5$ mm)

Tabelle 2: Allgemeine Default-Einstellungen (DIN EN ISO 21920-3)

Kriterium	Default-Einstellung
Verfahren der Profilerfassung	Mechanisches Profil
Profilrichtung	Die Richtung entspricht den Höchstwerten der Höhenparameter (senkrecht zur vorherrschenden Richtung der Bearbeitungsspuren)
Profilposition	Ort auf der Oberfläche, in dem die Höchstwerte (Mindestwerte) der spezifizierten Parameter-Obergrenze (-Untergrenze) zu erwarten sind
Toleranztyp	Obere Toleranzgrenze
Toleranzakzeptanzregel	Tmax; alle Messwerte müssen innerhalb der festgelegten Grenzen liegen
Profil-S-Filter-Typ	Gaußfilter nach ISO 16610-21
Profil-L-Filter-Typ (für R-Parameter) Profil-S-Filter-Typ (für W-Parameter)	Gaußfilter nach ISO 16610-21 Ausnahme: Default-L-Filter bei Rk, Rpk, Rvk, Rmrk, Rpq, Rmq, Rvq das Robuste Gauß-Filter zweiter Ordnung nach ISO 16610-31
F-Operator	Entfernung der Nennform
Typ des F-Operators	Insgesamt kleinste Abstandsquadrate
Nur für schnittbasierte R-Parameter und W-Parameter	Schnittlänge = Grenzwellenlänge λc des Profil-L-Filters (bei R-Parametern) oder λc des Profil-S-Filters (bei W-Parametern)

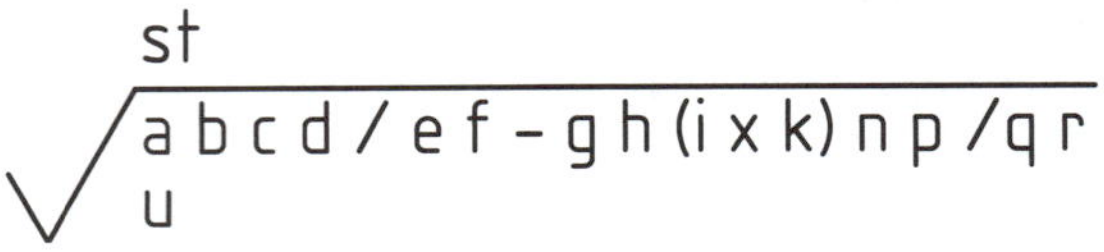

Bild 1

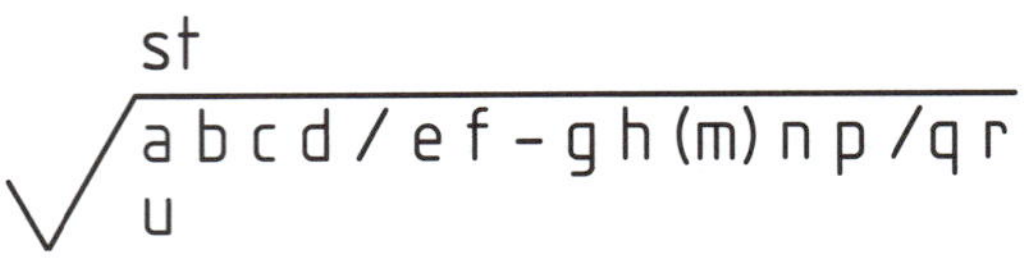

Bild 2

Tabelle 1: Bezeichnung der Platzhalter bei Parameterangaben, Bild 1 und 2

a	Toleranztyp	k[1]	Anzahl an Schnitten
b	Symbol für R-Parameter	m[2]	Auswertestrecke
c	numerischer Grenzwert des Parameters	n	Typ und Verfahren des Profil-F-Operators
d	Toleranzakzeptanzregel	p	Nesting-Index des Profil-F-Operators
e	Typ des Profil-S-Filters	q	Verfahren der Profilerfassung
f	Nesting-Index des Profil-S-Filters	r	Platzhalter für das OR(n)-Symbol für andere Anforderungen
g	Typ des Profil-L-Filters	s	Fertigungsprozess
h	Nesting-Index des Profil-L-Filters	t	Oberflächenrillen und Richtung der Bearbeitungsspuren
i[1]	Schnittlänge	u	Profilrichtung, falls in Bezug auf die Oberflächenrillen angegeben

[1] Angabe bei schnittlängenbasiertem Parameter z. B. Rz, Rmax, Rp
[2] Angabe bei **nicht** schnittlängenbasiertem Parameter z. B. Ra, Rt

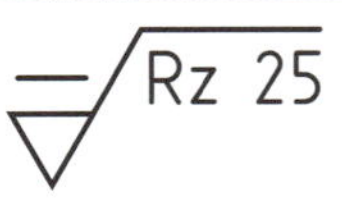

Bild 3

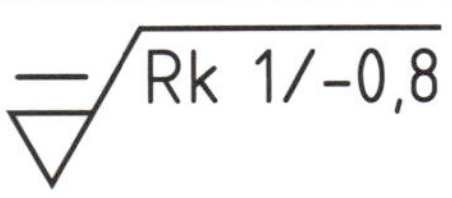

Bild 4

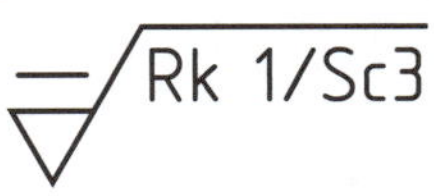

Bild 5

Tabelle 3: Default-Einstellungen für R-Parameter mit festgelegter oberer Toleranzgrenze[1] (DIN EN ISO 21920-3)

Spezifischer Parameter		Obergrenze (U) des spezifizierten Parameters in µm				
Rz	über		0,160	0,80	16,0	80
	bis	0,160	0,80	16,0	80	
Ra	über		0,020	0,10	2,0	10
	bis	0,020	0,10	2,0	10	
Rp	über		0,060	0,30	6,0	30
	bis	0,060	0,30	6,0	30	
Rv	über		0,100	0,50	10,0	50
	bis	0,100	0,50	10,0	50	
Rq	über		0,032	0,16	3,2	16
	bis	0,032	0,16	3,2	16	
Rmax	über		0,230	1,15	23,0	115
	bis	0,230	1,15	23,0	115	
Rt	über		0,260	1,30	26,0	130
	bis	0,260	1,3	26,0	130	
Einstellungsklasse Sc		**Sc1**	**Sc2**	**Sc3**	**Sc4**	**Sc5**
		Default-Einstellungskriterien ↓	↓	↓	↓	↓
Profil-L-Filter (Grenzwellenlänge λc)	in mm	0,08	0,25	0,8	2,5	8
Auswertestrecke l_e	in mm	0,4	1,25	4	12,5	40
Profil-S-Filter (Grenzwellenlänge λs)	in µm	0,8	0,8	2,5	8	25
Maximales Abtastintervall	in µm	0,15	0,15	0,5	1,5	5
Maximaler Spitzenradius	in µm	2	2	2	5	10
Nur für schnittbasierte Parameter						
Schnittlänge *lsc*	in mm	0,08	0,25	0,8	2,5	8
Anzahl an Schnitten *nsc*		5	5	5	5	5

[1] für festgelegte zweiseitige Toleranzgrenzen, festgelegte untere oder noch fehlende Toleranzgrenzen zur Vorabschätzung gelten abweichende Tabellen nach DIN EN ISO 21920-3.

Falls es notwendig ist, **mehrere Parameter** anzugeben, werden diese in der zweiten Zeile oder noch zusätzlichen Zeilen angegeben (**Bild 1**). Der Parameter in der ersten Zeile ist für die Bestimmung der Default-Einstellungen maßgebend. In **Bild 1** Einstellungsklasse Sc3 für Ra 2.

Wird für den Oberflächenparameter eine zweiseitige Toleranzgrenze vorgegeben, kann dies auf zwei verschiede Arten eingetragen werden: In getrennten Zeilen mit vorangestelltem Toleranztyp für die Obergrenze (U, engl. „upper“) und die Untergrenze (L, engl. „low“) (**Bild 2**).

In einer Zeile durch Verwendung der Intervallangabe in eckiger Klammer (**Bild 3**). Bei dieser einzeiligen Eintragung sind nur gleiche Einstellungen für Ober- und Untergrenze möglich.

8.6.3 Parameter der Rauheit (R-Parameter)

In Deutschland verwendet man als Kenngrößen des Rauheitsprofils vorzugsweise folgende Parameter:

Die **Gesamthöhe *Rt*** ist der vertikale Abstand des R-Profils innerhalb der Auswertestrecke *le* (**Bild 5**).

Die **mittlere arithmetische Höhe der Absolutwerte *Ra*** ist der arithmetische Mittelwert der absoluten Ordinatenwerte innerhalb der Auswertestrecke *le* (**Bild 4**). Er liefert sehr stabile Messwerte.

Die **mittlere Höhe *Rz*** ist der Mittelwert aus den größten Höhen über alle Schnittlängen *lsc* (**Bild 5**).

Die **maximale Höhe *Rmax*** ist der Höchstwert aus den größten Höhen über alle Schnittlängen *lsc* (**Bild 5**).

Beide „schnittlängenbasierten“ Werte sind einfach aus dem Profil zu ermitteln und werden in der Regel (Default, **Tabelle 3, Seite 106**) aus fünf Schnittlängen (Anzahl an Schnitten *nsc* = 5) ermittelt.

8.6.4 Regeln beim Vergleich der gemessenen Werte mit den Toleranzangaben (Toleranzakzeptanzregeln)

Für die Entscheidung, ob eine Oberfläche bei den als Anforderungen angegebenen Toleranzgrenzen zu akzeptieren ist, können drei verschiedene Akzeptanzregeln zur Anwendung kommen (**Tabelle 1**). Während die Höchstwert-Toleranzakzeptanzregel **Tmax** als Standard-Fall mit oder ohne Angabe gültig ist (**Bilder 1 bis 3**) sind die 16%-Toleranzakzeptanzregel mit dem Symbol **T16%** und die Median-Toleranzakzeptanzregel mit dem Symbol **Tmed** jeweils nach dem numerischen Wert der Toleranzgrenze anzugeben (**Bilder 6 und 7**).

8.6.5 Einschränkende Spezifikation und Angabe für nachfolgenden Produktionsprozess

Die Anforderungen gelten standardmäßig immer für die Oberfläche des gesamten Geometrieelements. Soll die Anforderung nur für einen begrenzten Bereich des Geometrieelements gelten, muss diese Einschränkung als breite Strich-Punkt-Linie dargestellt und mit theoretisch exakten Maßen bemaßt werden (**Bild 8**).

Die Oberflächenanforderungen gelten für den Endzustand der in der Zeichnung beschriebenen Produktionsphase. Anforderungen an einen nachfolgenden zusätzlichen Fertigungsschritt dürfen jedoch mit einer breiten Strich-Punkt-Linie angegeben werden (**Bild 9**).

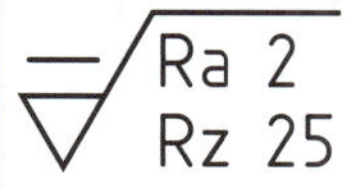

Bild 1

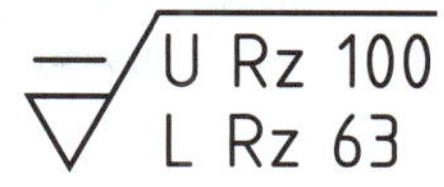

Bild 2

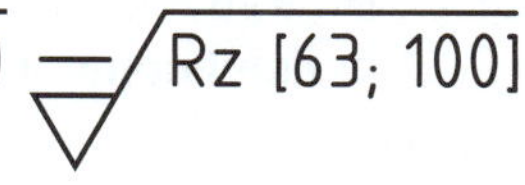

Bild 3

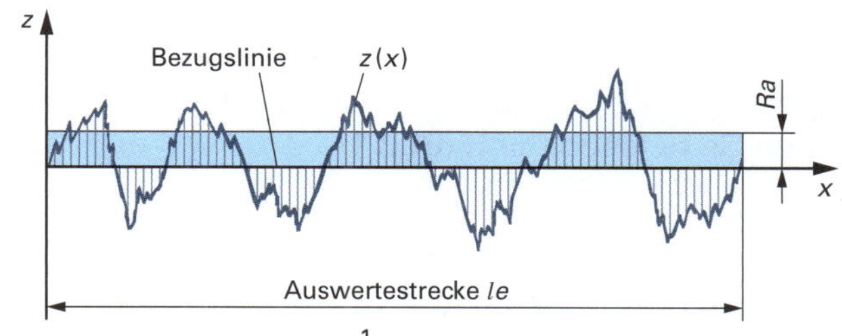

$$Ra = \frac{1}{le} \int_{le} |\, z(x) \,|\, dx$$

Bild 4

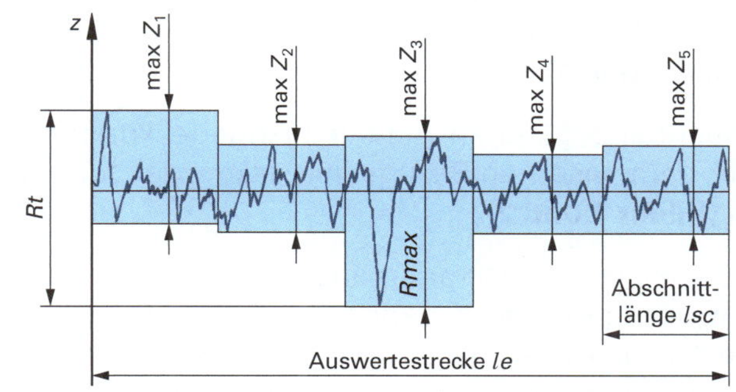

$$Rz = \frac{1}{nsc} \sum_{i=1}^{nsc} \max Z \qquad Rmax = \max_{i = 1 \ldots nsc} Z \qquad le = nsc \cdot lsc$$

Anzahl

Bild 5

Tabelle 1: Toleranzakzeptanzregeln

Symbol	Regel	Bedeutung
Tmax	Höchstwert-Toleranz-akzeptanzregel	Die obere oder untere Toleranzgrenze eines Parameters darf von keinem Messwert überschritten werden. Diese Regel stellt den Standard-Fall dar (**Default**).
T16%	16 %-Toleranz-akzeptanzregel	Die Toleranzgrenze eines Parameters darf von ca. 16 % aller Messwerte überschritten werden. Bei einer zweiseitigen Toleranz dürfen etwa 16 % aller Messwerte die Untergrenze unterschreiten.
Tmed	Median-Toleranz-akzeptanzregel	Der Medianwert aller Messwerte eines Parameters darf die Toleranzgrenze nicht überschreiten. Zur Bestimmung des Medians sind mindestens drei Messwerte nötig. Eine höhere Anzahl kann durch eine OR(n)-Anforderung festgelegt werden.

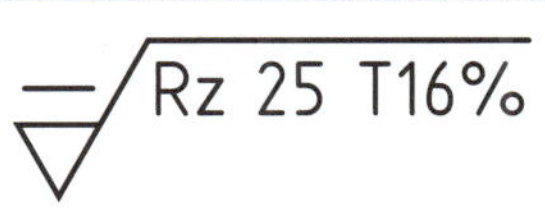

Bild 6

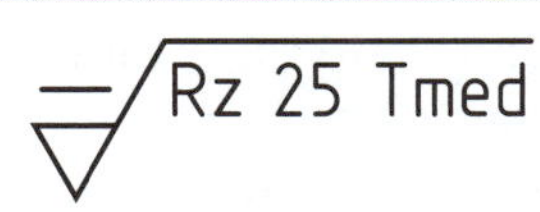

Bild 7

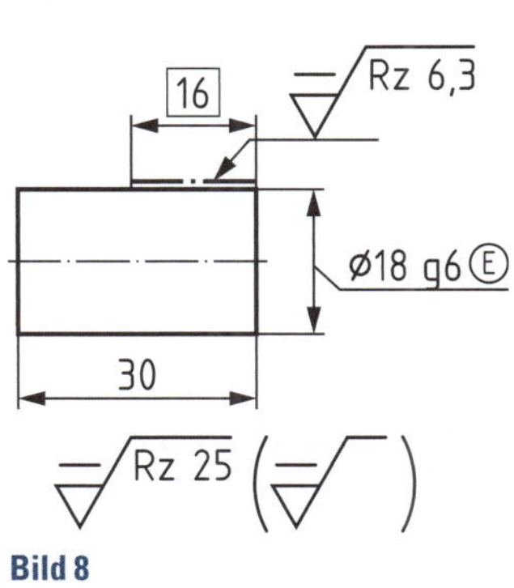

Bild 8

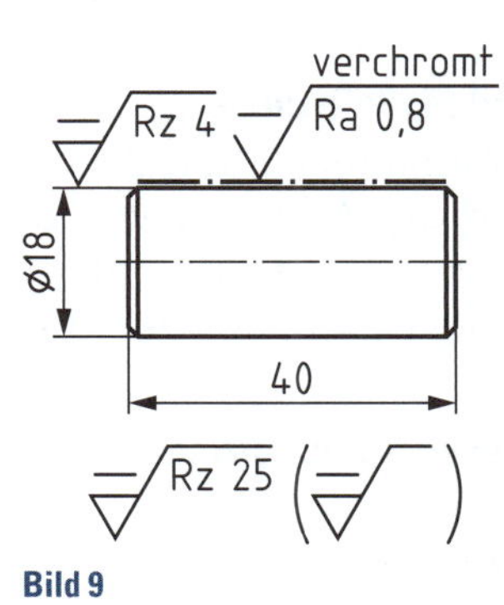

Bild 9

8.6.6 Anordnung der Symbole für Oberflächenangaben in Zeichnungen

Allgemeines

Die für eine Fläche geltenden Anforderungen sind jeweils nur einmal anzugeben.

Grundsätzlich sind die Sinnbilder und ihre Beschriftung so anzuordnen, dass sie von unten oder von der rechten Seite lesbar sind (**Bild 1**).

Die Sinnbilder werden in der Regel so eingetragen, dass sie von außerhalb des Materials des Werkstückes auf die Oberfläche oder auf deren Verlängerung zeigen (**Bilder 1 und 2**).

Sind von einem Werkstück mehrere Ansichten gezeichnet, so werden die Oberflächenangaben in der Ansicht eingetragen, in der die betreffende Fläche bemaßt ist (**Bild 1**).

Benachbarte Flächen gleicher Angabe können mit einer gemeinsamen Bezugslinie gekennzeichnet werden (**Bilder 1 und 2**).

Zylindrische als auch prismatische Oberflächen brauchen nur einmal angegeben werden, wenn die entsprechende Mittellinie eingezeichnet ist und dieselbe Anforderung für den ganzen Zylinder bzw. für jede prismatische Fläche gilt (**Bild 2**).

Sind die Anforderungen an die einzelnen prismatischen Flächen unterschiedlich, müssen die Oberflächenangaben einzeln erfolgen.

Auf einer Körperkante oder auf einer Bezugs- und Hinweislinie

Das Sinnbild für die Oberflächenangabe muss entweder direkt mit der Oberfläche bzw. deren Verlängerung oder mittels einer Bezugs-/Hinweislinie, welche in einem Maßpfeil oder Punkt endet, verbunden sein (**Bilder 1 bis 3**).

Auf Maßlinien verbunden mit einer Maßangabe

Die Oberflächenangabe darf zusammen mit der Maßangabe auf der Maßlinie eingetragen werden (**Bild 4**).

Bei Bedarf wird, z. B. bei Rundungen, die Maßlinie hierzu verlängert (**Bild 4**).

Die Rundung R8 in **Bild 5** muss ebenso wie der Durchmesser ⌀48 h6 spanend hergestellt werden. Für den *Rz*-Wert beträgt die Obergrenze am Radius 25 µm und am Durchmesser 6,3 µm.

Auf Maßhilfslinien

Sinnbilder für die Oberflächenangaben dürfen direkt auf der Maßhilfslinie angebracht werden oder mit dieser durch eine Hinweislinie, die mit einem Pfeil endet, verbunden sein (**Bild 5**).

Auf dem Toleranzindikator für geometrische Toleranzen

Sinnbilder für Oberflächenangaben dürfen über den Angaben für geometrische Toleranzen eingetragen werden (**Bilder 6 und 7**).

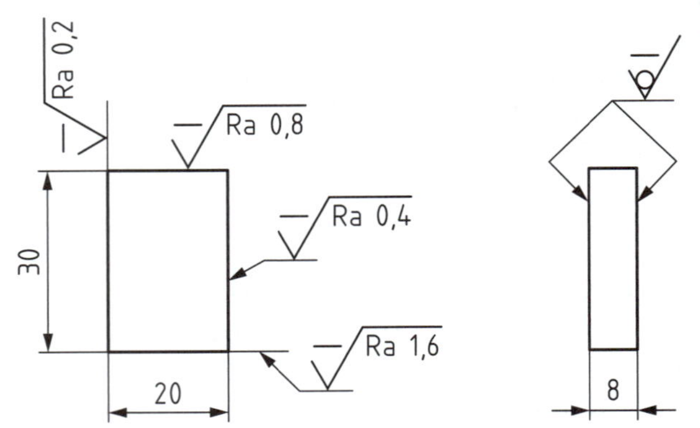

Bild 1

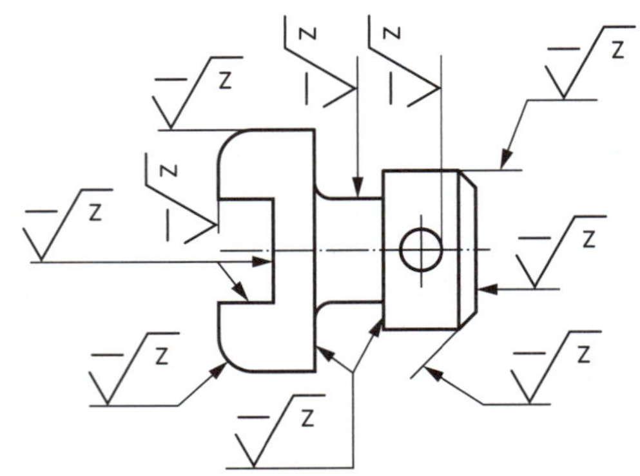

Bild 2

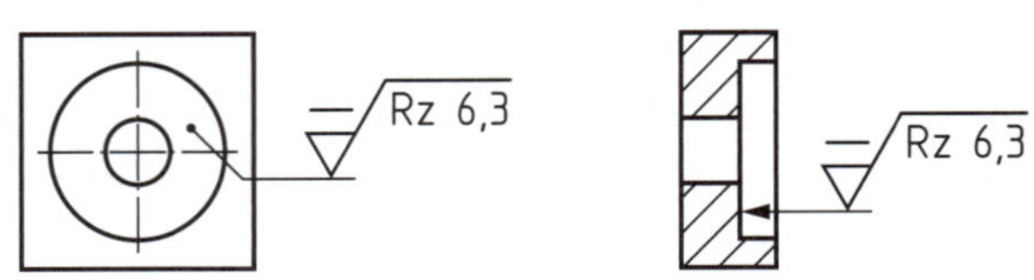

Bild 3

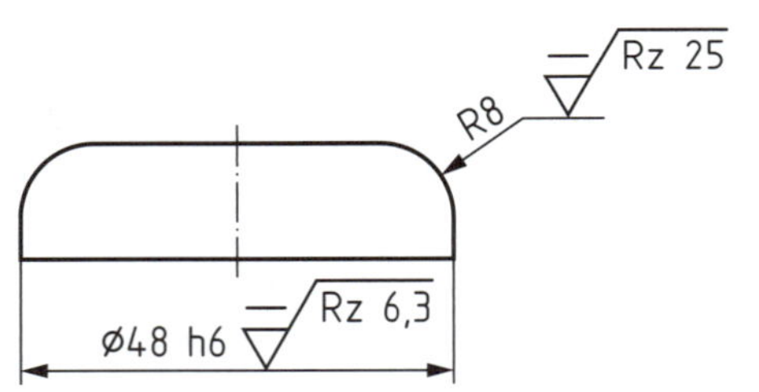

Bild 4

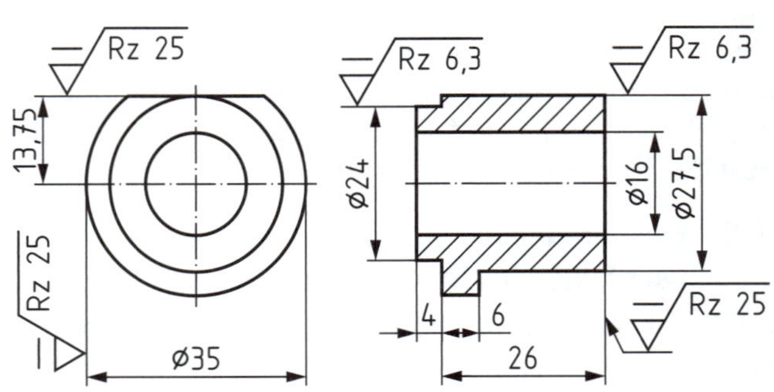

Bild 5

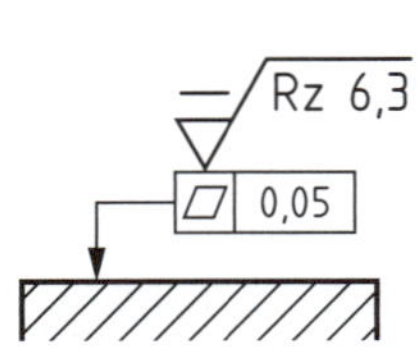

Bild 6

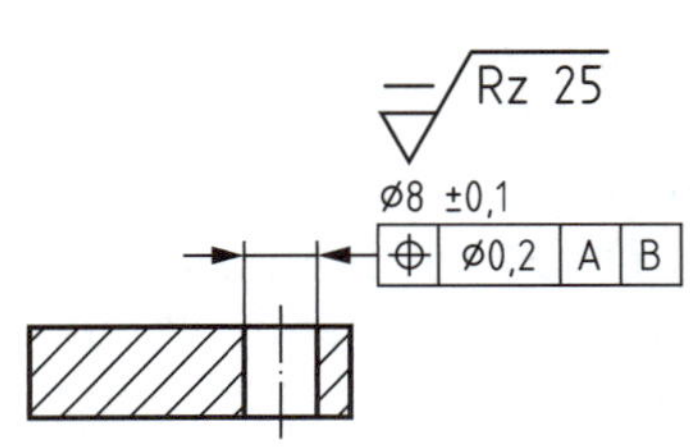

Bild 7

8.6.7 Vereinfachte Eintragungen für Oberflächenangaben in Zeichnungen

Gleiche Anforderungen an alle Oberflächen

Für Teile mit einheitlicher Oberflächenbeschaffenheit genügt eine Angabe in der Nähe des Teiles; (**Bilder 1 und 2**).

Bei dem in **Bild 1** dargestellten Werkstück können die Oberflächen spanend oder spanlos hergestellt werden. Die Obergrenze für den *Ra*-Wert beträgt 6,3 µm.

Bei dem in **Bild 2** dargestellten Werkstück müssen alle Oberflächen spanend hergestellt werden (z. B. durch Drehen, Sägen). Es darf deshalb z. B. kein blankgezogenes Rundmaterial mit dem größten Werkstückdurchmesser verwendet werden. Als Obergrenze für den *Rz*-Wert sind 25 µm gefordert.

Gleiche Anforderungen an die Mehrzahl der Oberflächen

Bei gleichen Anforderungen an die Mehrzahl der Oberflächen wird eine Sammelangabe gemacht. In der Klammer stehen dann nur das vollständige Symbol (**Bild 3**) oder alle einzelnen abweichenden Oberflächenangaben der Zeichnung (**Bild 4**).

Anforderungen, die von der allgemeinen Anforderung abweichen, sind direkt in der Zeichnung anzugeben.

Der Eintrag des vollständigen Symbols in der Klammer kann dazu führen, dass einzelne Oberflächenangaben übersehen werden. Deshalb ist ein solcher Eintrag in vielen Betrieben nicht erlaubt.

Besonders bei komplexen Zeichnungen ist zu empfehlen, die Oberflächenangaben am Werkstück in der Klammer zu wiederholen (**Bild 4**).

Angabe durch Symbol in Kombination mit einem Buchstaben

Wenn für mehrere Einzelflächen die gleiche Oberflächenbeschaffenheit gefordert wird und/oder wenn der Platz begrenzt ist, darf eine vereinfachte Bezugsangabe mit einem Buchstaben am Symbol erfolgen, um die mehrmaligen z. T. komplizierten Angaben zu vermeiden (**Bild 5**).

Die Bedeutung ist in der Nähe des Schriftfeldes der Zeichnung zu erklären (**Bild 5**).

8.6.8 Sinnbilder für die Rillenrichtung

Bild 6 zeigt Angaben von Rillenrichtungen.

Dabei bedeuten:

- M Rillen in vielen Richtungen (multidirektional)
- C Rillen annähernd zentrisch zum Mittelpunkt der gekennzeichneten Fläche
- R Rillen annähernd radial zum Mittelpunkt der gekennzeichneten Fläche
- ⊥ Rillen senkrecht zur Projektion der gekennzeichneten Fläche
- = Rillen parallel zur Projektion der gekennzeichneten Fläche
- X Rillen gekreuzt in zwei schrägen Richtungen zur Projektion der gekennzeichneten Fläche
- P Nichtrillige Oberfläche, ungerichtet oder muldig

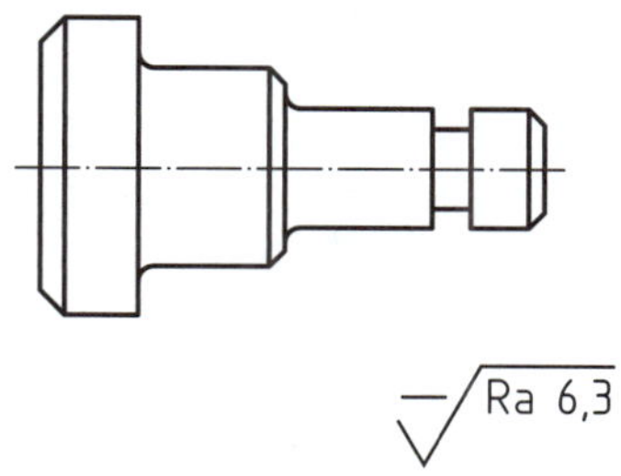

Bild 1

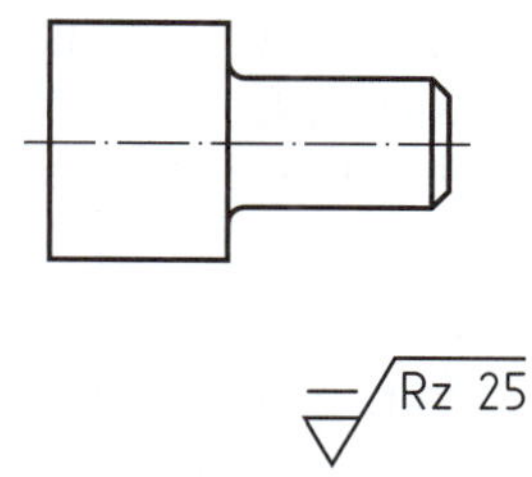

Bild 2

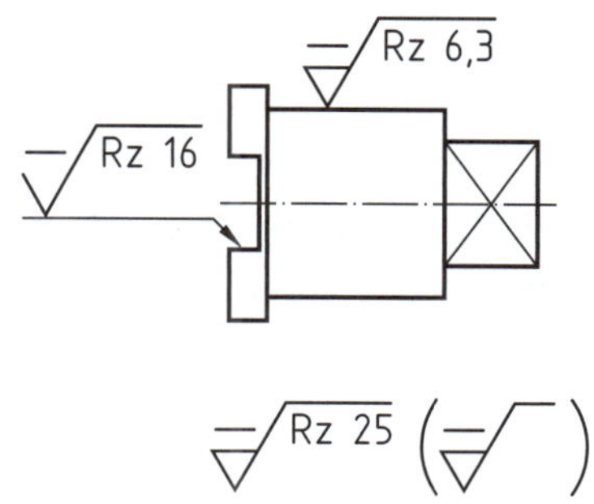

Bild 3

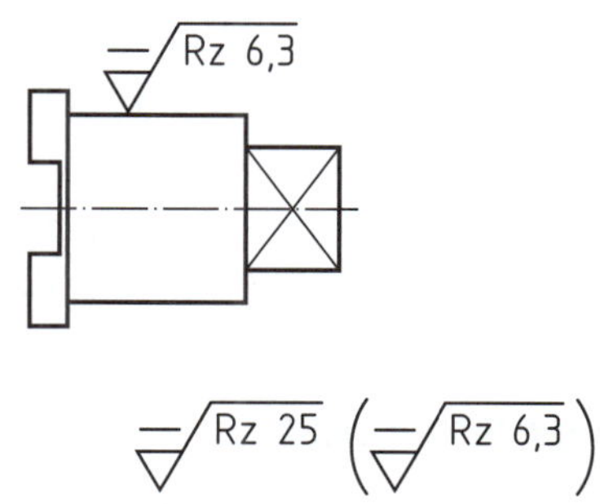

Bild 4

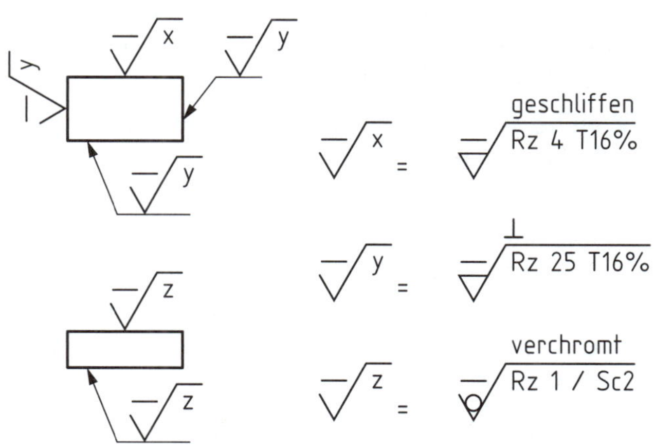

Bild 5

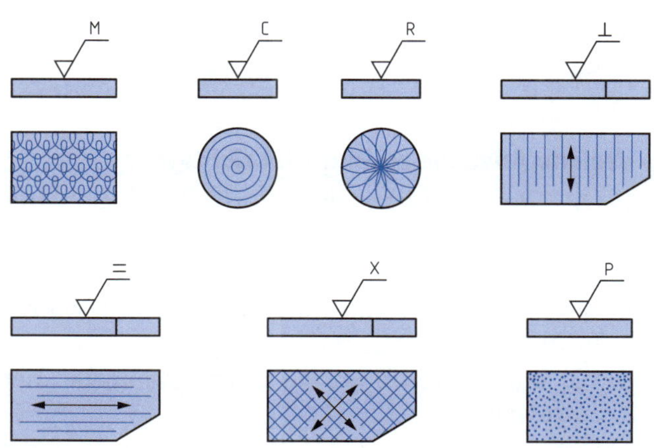

Bild 6

8.6.9 Angabe der Profilrichtung (Auswerterichtung)

Entsprechend der allgemeinen Default-Einstellungen (**Tabelle 2, Seite 106**) erfolgt die Auswertung in der Profilrichtung standardmäßig senkrecht zur vorherrschenden Richtung der Bearbeitungsspuren.

In Einzelfällen kann die Auswertung in einer abweichenden Profilrichtung gefordert werden.

Diese Profilrichtung kann in Bezug auf die Oberflächenrillen angegeben werden (**Tabelle 1** und **Bild 1**).

Alternativ kann die Profilrichtung auch mithilfe von Schnittebenindikatoren in Bezug auf ein Geometrieelement des Werkstücks angegeben werden (**Bild 2**).

8.6.10 Unterscheidungen, Symbole und Angaben, die nicht mehr verwendet werden

- Bei der Festlegung der Übertragungscharakteristik d. h. der Einstellungsklassen bzw. Filterlängen muss nicht mehr zwischen periodischen und aperiodischen Profilen unterschieden werden.
- Grundsymbol, erweiterte Grundsymbole (**Bild 3**) und die „Rundum"-Symbolergänzung für alle Oberflächen „rund um die Kontur" ist nicht mehr vorgesehen (**Bild 4**)
- Die Angabe einer Bearbeitungszugabe am Oberflächensymbol ist nicht mehr zulässig (**Bild 5**).

Tabelle 1: Symbole für die Angabe der Profilrichtung nach DIN EN ISO 21920

Symbol	Bedeutung
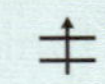	Senkrecht zur vorherrschenden Richtung (Default, gilt auch ohne Angabe)
	Parallel zur vorherrschenden Richtung
	Annähernd kreisförmig in Bezug auf den Mittelpunkt der Oberfläche, für die das Symbol gilt
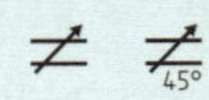	Unter einem festgelegten Winkel zur vorherrschenden Richtung (0° bis 90°), z. B. 45°

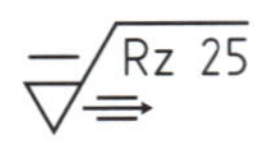

Bild 1

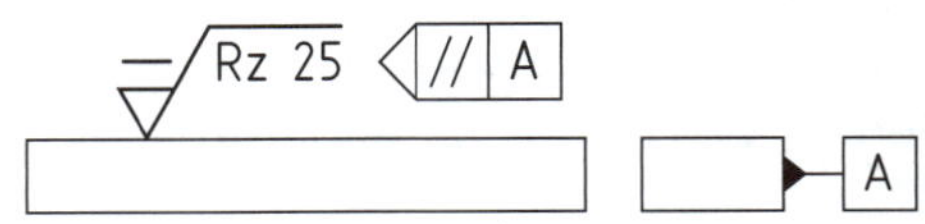

Bild 2

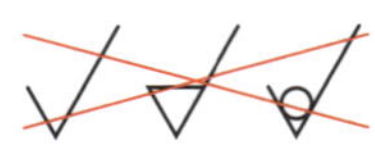
Bild 3

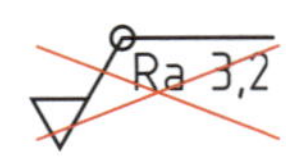

Bild 4

Bild 5

Tabelle 2: Oberflächenangaben

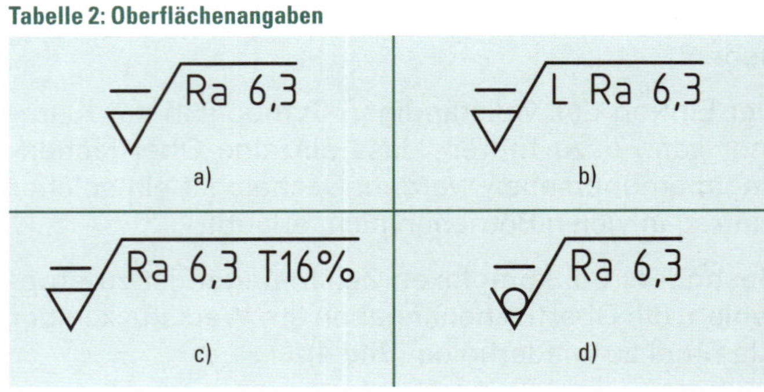

8.6.11 Überprüfen Sie Ihr Wissen:

1 An einem Werkstück soll eine Fläche materialabtrennend mit einer *Ra*-Obergrenze von 6,3 µm bearbeitet werden und nach der Höchstwert-Toleranzakzeptanzregel ausgewertet werden. Welche Angabe in Tabelle 2 ist hierzu richtig?

2 Welche Aussage zu der Oberflächenangabe in Tabelle 2, c) ist falsch?

a) Die Auswertestrecke beträgt 12,5 mm.
b) Der maximale Spitzenradius beträgt 5 µm.
c) Die Anzahl an Schnitten beträgt 6.
d) Es ist die Einstellungsklasse Sc4 anzuwenden.
e) Ca. 16 % aller Messwerte dürfen die Toleranzgrenze von 6,3 µm überschreiten.

3 An Werkstück Bild 6 sind Oberflächenanforderungen nach DIN EN ISO 21920 eingetragen. Welche Eintragung ist nicht normgerecht?

a) Ra 1,6
b) Ra 50
c) Ra 3,2
d) Ra 0,8
e) Ra 25

4 Welche Aussage zu Bild 7 ist richtig?

a) Die Sammelangabe der Oberflächenbeschaffenheit muss ohne Klammer eingetragen werden.
b) Für ø16 E8 muss ø16 e8 stehen.
c) Bei allen Symbolen muss eine Toleranzakzeptanzregel eingetragen werden.
d) Für die Breite 40 ist die Sammelangabe nicht zutreffend.
e) Die Länge 80 könnte z. B. durch Sägen hergestellt werden.

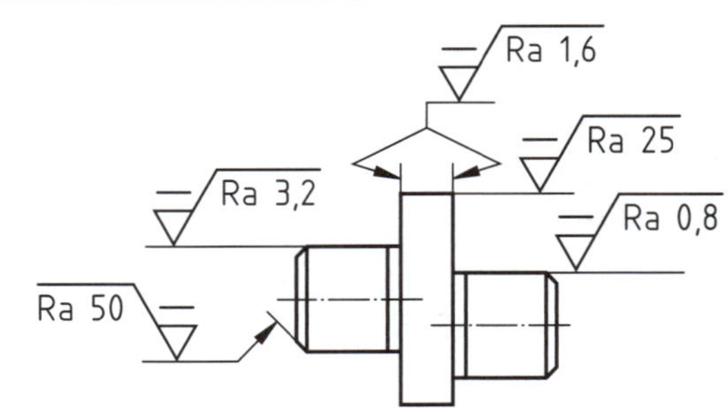

Bild 6

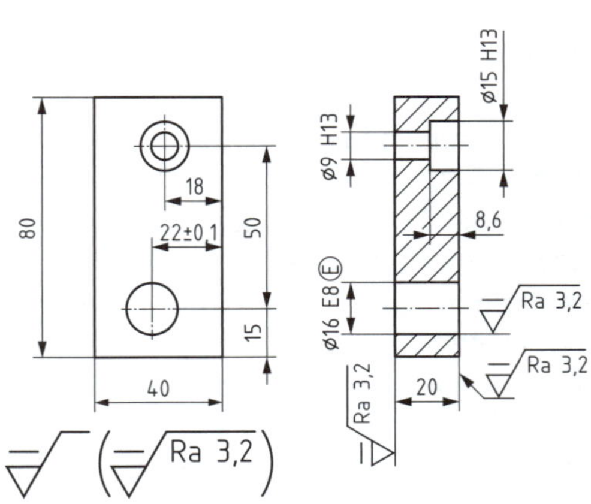

Bild 7

9 Darstellung von Maschinenelementen

9.1 Darstellung von Schraubenverbindungen

9.1.1 Zusammengeschraubte Teile

Zusammengeschraubte Teile werden im Schnitt stets so dargestellt, dass Außengewinde die Innengewinde verdecken (**Bilder 1 und 2**). Im Bereich der Verschraubung werden geschnittene Teile mit Innengewinden deshalb erst von den Gewindespitzen des Außengewindes an schraffiert (**Bilder 1 und 2**).

Die umlaufenden Kanten der Durchgangslöcher für Schrauben sind bei geschnittenen Teilen bis zum Schraubendurchmesser sichtbar (**Bild 1**).

Bei zusammengeschraubten Teilen wird in Achsrichtung bei vorstehendem Gewindebolzen das Außengewinde (**Bild 3**), bei zurückstehendem Bolzen das Innengewinde (**Bild 4**) gezeichnet.

9.1.2 Darstellung von Schlitzschrauben

Sind in den Schraubenköpfen Schlitze, so sind die Schlitzkanten beim Blick auf den Kopf in Richtung der Achse unter 45°, bei Sechskantschrauben unter 60° (30°) einzutragen. In den erforderlichen weiteren Ansichten wird der Schlitzquerschnitt ebenfalls gezeichnet (**Bilder 5 und 6**).

9.1.3 Vereinfachte Darstellung der Sechskantschraube

Schraubenverbindungen können vereinfacht dargestellt werden (**Bild 7**).

Dabei werden die Fasenkanten von Muttern, Schraubenköpfen und Scheiben sowie die Kegel- oder Linsenkuppen der Gewindeenden nicht gezeichnet (**Bild 7**).

Das **Eckenmaß *e*** entspricht dem doppelten Gewindenenndurchmesser d ($e = 2 \cdot d$). Die Breite einer Sechskantfläche wird dadurch so groß wie der Nenndurchmesser d.

Die **Schlüsselweite *s*** gibt den Abstand zweier gegenüberliegender paralleler Flächen an. Bei der vereinfachten Darstellung ergibt sich die Schlüsselweite durch Konstruktion aus dem Eckenmaß. Sie stimmt deshalb nicht mit dem Tabellenwert überein.

Die **Mutterhöhe *m*** entspricht dem 0,8fachen Gewindenenndurchmesser d ($m = 0{,}8 \cdot d$).

Die **Schraubenkopfhöhe *k*** entspricht dem 0,7fachen Gewindenenndurchmesser d ($k = 0{,}7 \cdot d$).

Der **Scheibenaußendurchmesser** wird in der vereinfachten Darstellung so groß wie das Eckenmaß e gezeichnet.

Die **Scheibenhöhe** entspricht etwa dem 0,2fachen Gewindenenndurchmesser.

Die **Fase** wird nicht dargestellt.

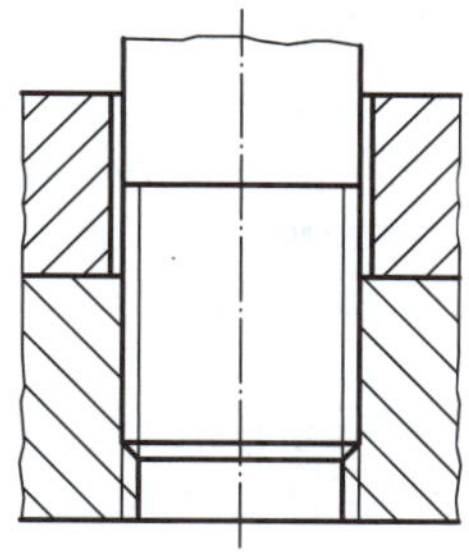

Bild 1

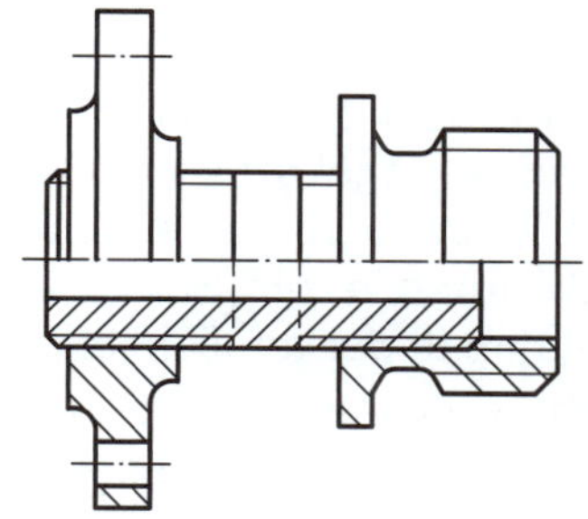

Bild 2

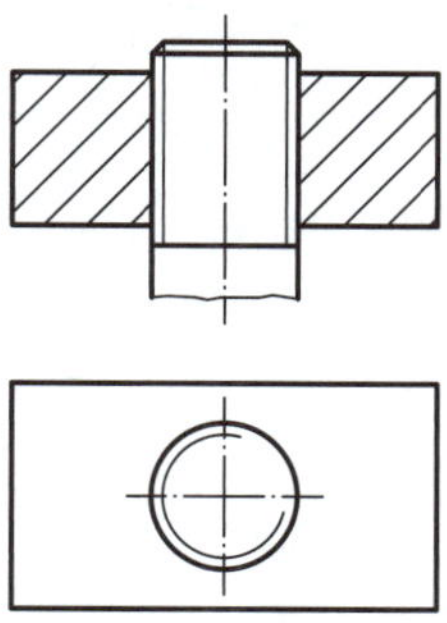

Bild 3

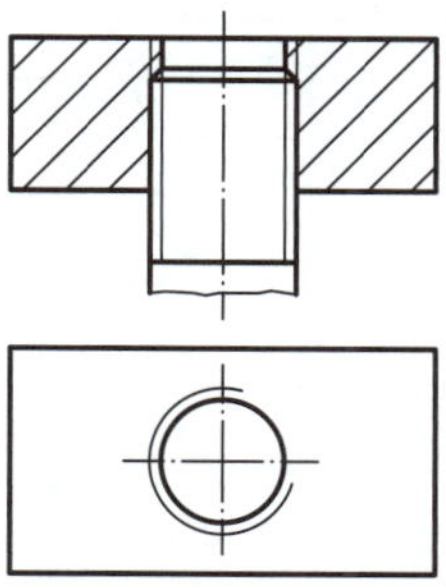

Bild 4

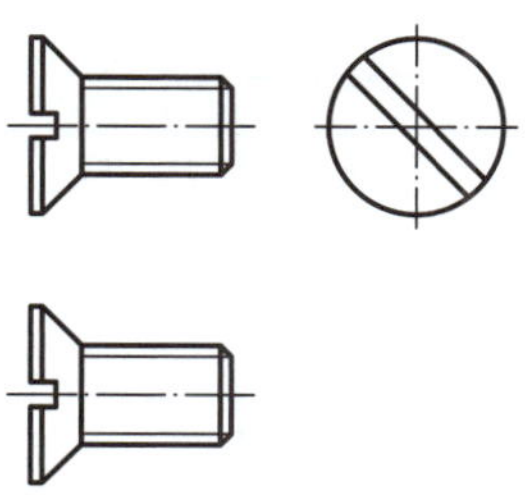

Bild 5

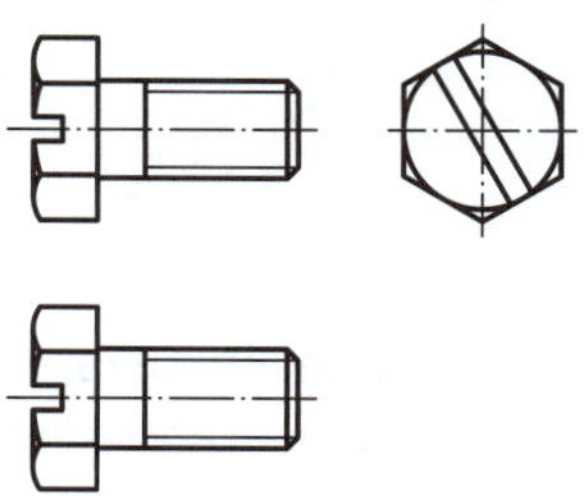

Bild 6

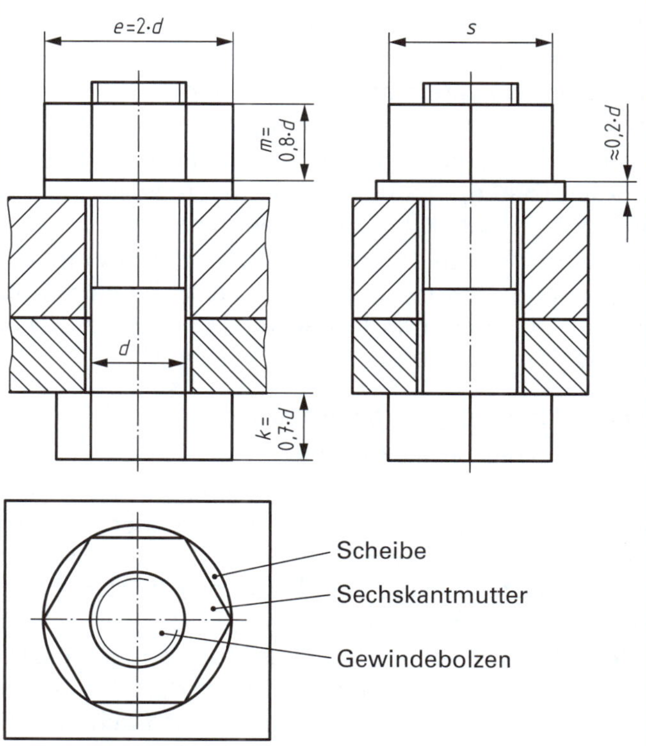

Bild 7

9.1.4 Ausführliche Darstellung der Sechskantschraube

Bei der ausführlichen Darstellung der Sechskantschraube werden die durch die Fase entstehenden Bearbeitungskurven als Kreisbogen gezeichnet. Die Maße für diese Radien sind **Bild 1** zu entnehmen. Das Eckenmaß *e*, die Schlüsselweite *s* und die Scheibe werden in der tatsächlichen Größe dargestellt.

Schlüsselweite *s* und Scheibenmaße werden Tabellen (**Tabelle 1**) entnommen. Das Eckenmaß kann Tabellen entnommen oder berechnet werden (**Bild 1**).

Tabelle 1: Schlüsselweite

Schlüsselweite (SW) Nennmaß *s*	Eckenmaß		
	Zweikant *d*	Vierkant e_1 1)	Sechskant e_2 1)
4	4,5	5,7	4,4
5	6	7,1	5,5
6	7	8,5	6,6
7	8	9,9	7,7
8	9	11,3	8,8
9	10	12,7	9,9
10	12	14,1	11,1
11	13	15,6	12,1
13	15	18,4	14,4
14	16	19,8	15,5
15	17	21,2	16,6
17	19	24,0	18,9
19	22	26,9	21,1
20	23	28,3	22,2
21	24	29,7	23,4
24	28	33,9	26,8
27	32	38,2	30,1
30	35	42,4	33,5

9.1.5 Vereinfachte Darstellungen von Schraubenverbindungen

Um bei der Erstellung von Baugruppenzeichnungen Zeit zu sparen und um die Übersichtlichkeit zu erhöhen, können Schraubenverbindungen vereinfacht dargestellt und bemaßt werden (**Bilder 2 bis 4**).

Bei Schraubenverbindungen werden die Einzelteile wie in **Bild 2** bezeichnet. **Bild 3** zeigt dieselben Verbindungen in vereinfachter Darstellung.

Anstelle der Normbezeichnung von Schrauben und Zubehörteilen kann die Positionsnummer gesetzt werden (**Bild 4**). Art und Größe der Teile sind in diesem Fall der Stückliste zu entnehmen.

Die Vereinfachte Darstellung und Bemaßung von Durchgangsbohrungen, Senkungen, Gewindebohrungen als Löcher ist in **Kapitel 7.13** bzw. **7.5.9** ausführlich beschrieben.

9.1.6 Darstellung der Scheiben und Schraubensicherungen

Scheiben, die zum Schutz. der Bauteiloberfläche dienen oder bei Langlöchern die Auflagefläche vergrößern, werden ebenso wie die Schrauben und Muttern im Längsschnitt in der Regel nicht geschnitten dargestellt (**Bilder 1, 2 und 4**).

Bilder 5 bis 7 zeigen Beispiele für formschlüssige Schraubensicherungen. Falls Details dargestellt werden sollen und Flächen oder Schnittflächen sehr schmal sind, werden diese geschwärzt dargestellt (**Bilder 6 und 7**).

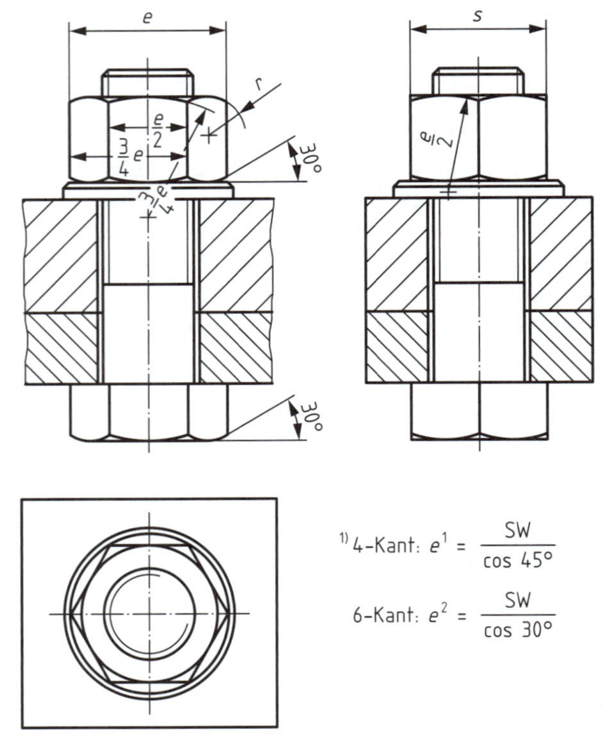

1) 4-Kant: $e^1 = \frac{SW}{\cos 45°}$

6-Kant: $e^2 = \frac{SW}{\cos 30°}$

Bild 1

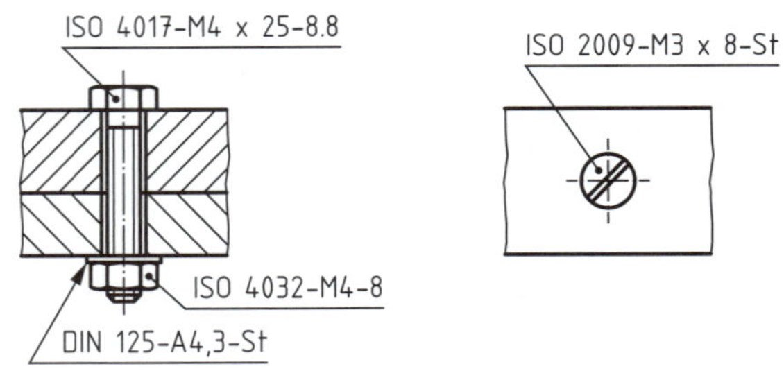

Bild 2

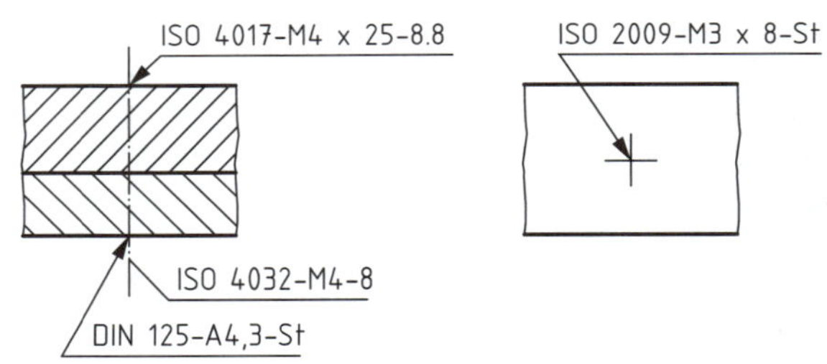

Bild 3

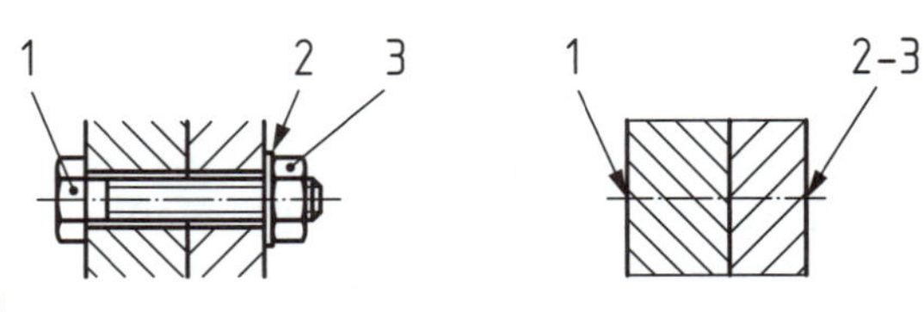

Bild 4

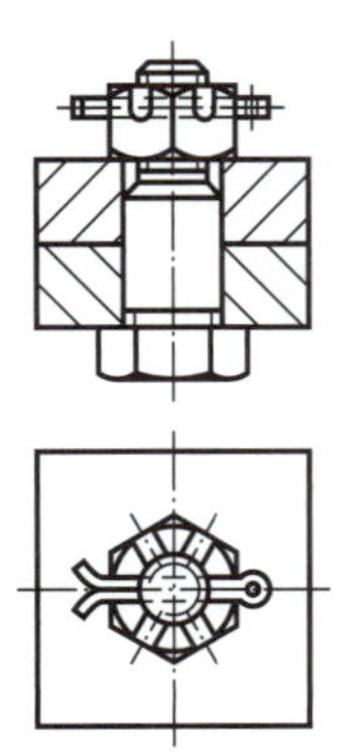

Bild 5

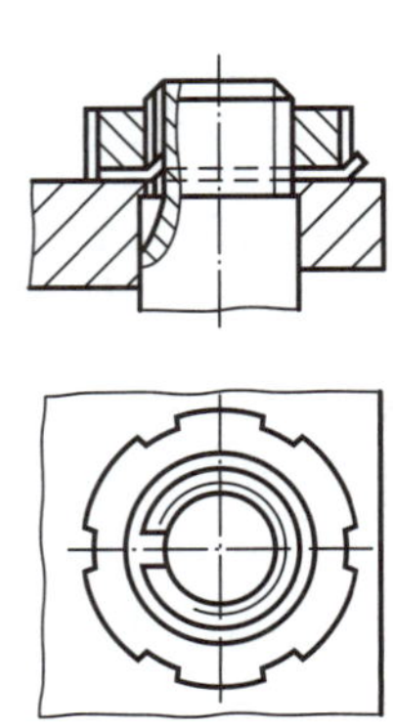

Bild 6

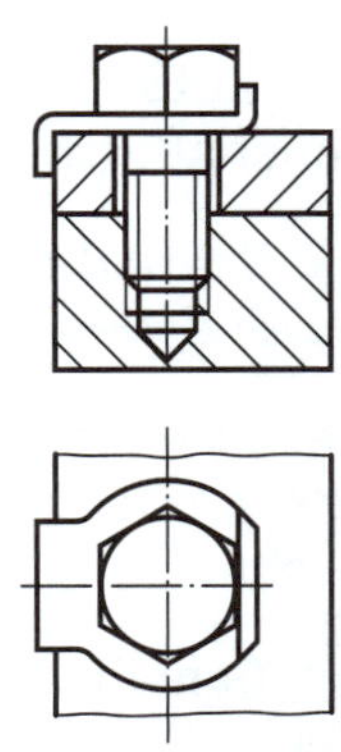

Bild 7

9.1.7 Senkungen

Senkungen werden zur Aufnahme kegeliger oder zylindrischer Schraubenköpfe benötigt.

Senkungen für Zylinderschrauben, Sechskantschrauben und Sechskantmuttern (vgl. DIN 974)

In die Zeichnung werden eingetragen (**Bilder 1 bis 3**):

- der Durchmesser d_1
- die Tiefe t der zylindrischen Senkung
- der Durchmesser d_h des Durchgangsloches

Die Maße werden Tabellen entnommen.

Bei zylindrischen Senkungen setzt sich die Tiefe t der Senkung zusammen aus

- der Schraubenkopfhöhe k
- der Scheibendicke h (falls eine Scheibe verwendet wird)
- der Zugabe z, die Tabellen entnommen wird oder die sich aus konstruktiven Gründen ergibt (**Bilder 1 und 3**)

$$t = k + h + z$$

Für die Senktiefe gelten die in der Zeichnung eingetragenen Allgemeintoleranzen.

Werkstücke, deren Oberflächen nicht rechtwinklig zur Achse eines Durchgangsloches liegen oder die an der Oberfläche einen zu großen Rauheitswert aufweisen, werden angesenkt.

Die Senktiefe t ist in diesem Falle lediglich so groß, dass durch die spanende Bearbeitung eine vollständige Kreisringfläche entsteht (**Bild 2**).

Senkungen für Senkschrauben

Im Maschinenbau unterscheidet man folgende Senkungen (**Bilder 4 und 5**):

- DIN EN ISO 15065 für die unterschiedlichen Senkschrauben mit Kopfform ISO 7721
- DIN 74 Form F für Senkschrauben mit Innensechskant nach DIN EN ISO 10642

Für den Stahlbau werden zusätzlich Senkungen nach folgender Norm verwendet (**Bild 6**):

- DIN 74 Form E für Senkschrauben für Stahlkonstruktionen DIN 7969

Darstellung und Bemaßung der Senkungen

Bei Senkungen sind folgende Möglichkeiten für die Darstellung und den Maßeintrag genormt:

- Vollständige Darstellung und vollständiger Maßeintrag der Maße. Die Maße für genormte Senkungen werden Tabellen entnommen (**Bild 7**).
- Vollständige Darstellung und Maßeintrag unter Verwendung von Eigenschaftsindikatoren nach DIN EN ISO 129-1, **Kapitel 7.5.9, Seite 57** (**Bild 8**).
- Vollständige Darstellung oder vereinfachte Darstellung und vereinfachte Bemaßung nach DIN ISO 15786, **Kapitel 7.13, Seite 68** (**Bild 9**).
- Vollständige Darstellung oder vereinfachte Darstellung mit Kurzbezeichnung nach DIN 74, **Kapitel 7.13, Seite 70** (**Bilder 10 und 11**).

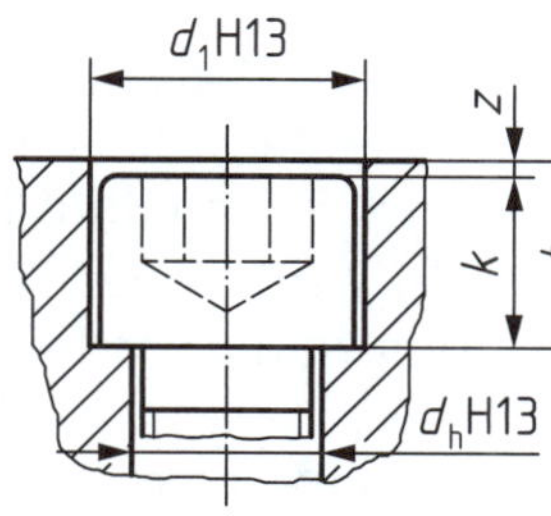

Bild 1

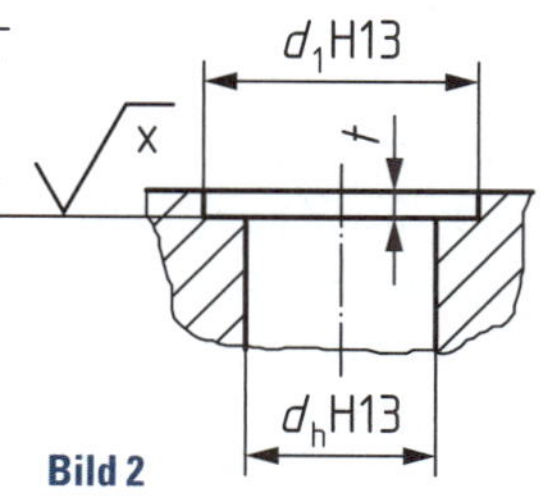

Bild 2

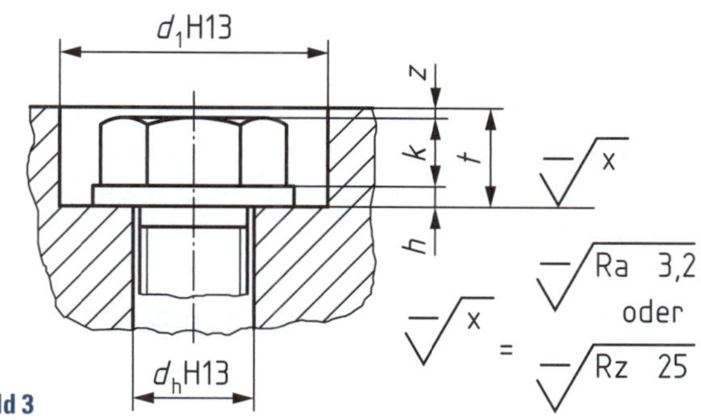

Bild 3

DIN EN ISO 15065

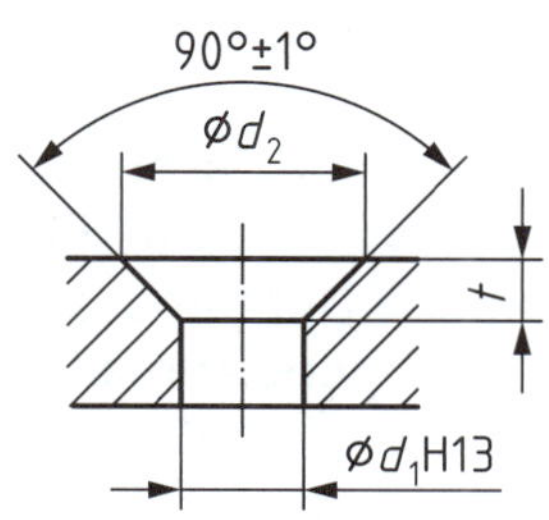

Bild 4

DIN 74 Form F

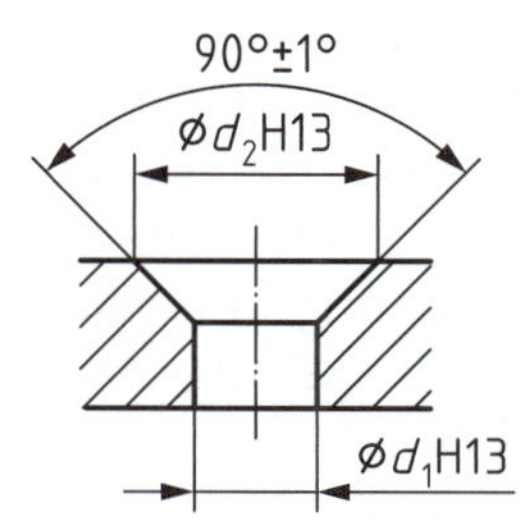

Bild 5

DIN 74 Form E

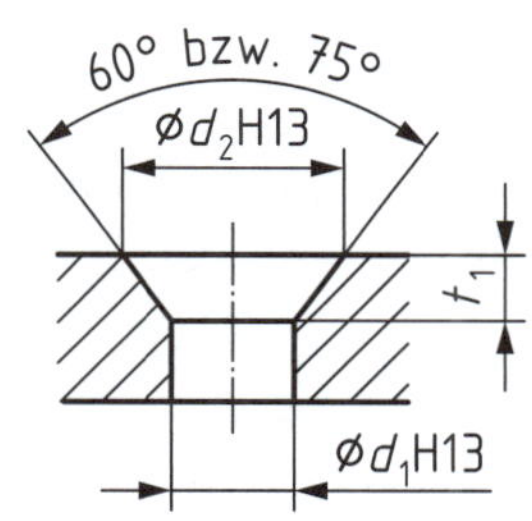

Bild 6

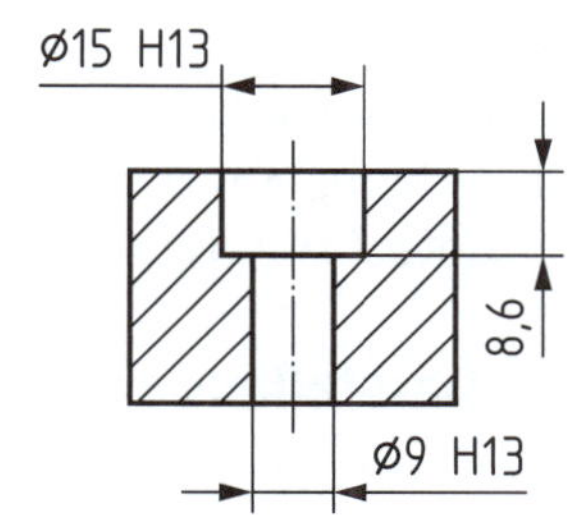

Bild 7

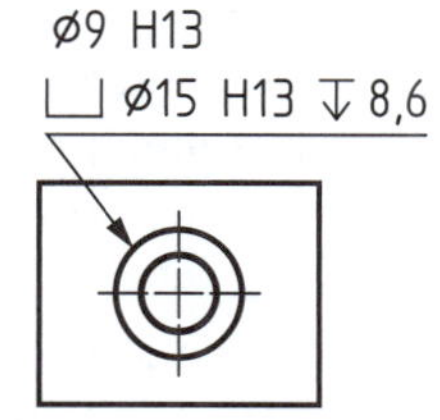

Bild 8

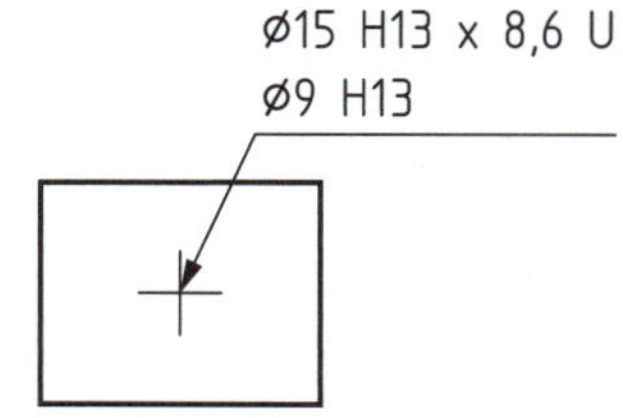

Bild 9

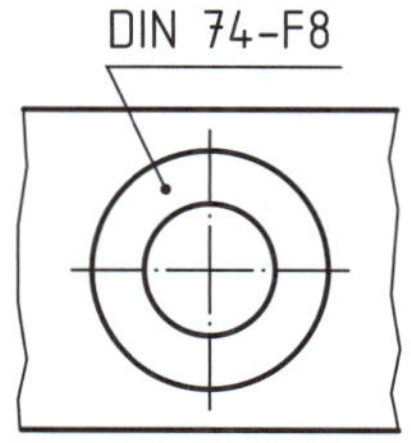

Bild 10

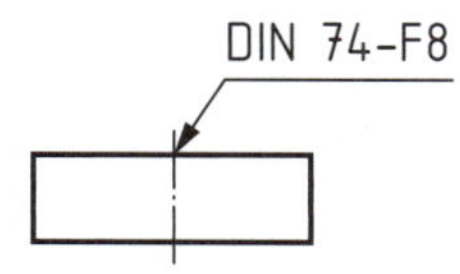

Bild 11

9.2 Darstellung von Stiften

Die Linsenkuppen von Zylinderstiften, Kegelstiften und Kerbstiften besitzen (Kugel-)Radien, die dem (Nenn-)Durchmesser des Stiftes entsprechen (**Bild 1**).

Bei Verbindungen mit Kegelstiften wird in der Ansicht, die die Kreisform des Stiftes zeigt, der Stift-Nenndurchmesser gezeichnet (**Bild 2**).

Die Aufnahmebohrungen für Stifte werden dimensionell i. d. R. durch die Toleranzklasse H7 und für die sichere Montierbarkeit mit der Hüllbedingung toleriert (**Bild 3**). Zusätzlich kann mit einer geometrischen Tolerierung, basierend auf theoretischen Maßen, eine Genauigkeit für die Position der Bohrungsachsen eingefordert werden (**Bild 3**). Entsprechend der Toleranzklasse sollte auch eine entsprechende Oberflächenanforderung an die Bohrungsoberfläche eingetragen werden (**Bild 3**).

9.3 Darstellung von Sicherungsringen

Sicherungsringe für Wellen und Bohrungen werden im Schnitt so gezeichnet, dass eine Seite den Querschnitt (schraffiert), die andere Seite den Stoß (keine Schraffur) zeigt (**Bilder 4 und 5**). Nutbreiten und Nutdurchmesser können den Normblättern oder Tabellen entnommen werden.

Das untere Abmaß des Einstech-Durchmessers d_2 bei Wellen ist immer negativ, das obere Abmaß 0 (**Bild 6**).

Bei Bohrungen erhält der Einstech-Durchmesser d_2 ein positives oberes Abmaß, das untere Abmaß ist 0 (**Bild 7**).

Aus Funktionsgründen gilt für die Bemaßung von Nuten für Sicherungsringe die Anlagefläche des zu sichernden Teiles als Bezugsfläche (**Bilder 6 und 7**).

Die Zapfenlänge bzw. die Länge der Lagerbohrung beträgt

$l = a + n +$ Fasenbreite.

Für a (= Wälzlagerbreite + Sicherungsringbreite) ist das untere Abmaß stets 0 (Null).

9.4 Darstellung von Rändel

Rändel werden in technischen Zeichnungen durch breite Volllinien dargestellt (**Bilder 8 bis 11**).

Bei allen Rändelarten, bei denen die Riefen nicht parallel bzw. rechtwinklig zur Achse verlaufen, beträgt der Drallwinkel 30° zur Werkstückachse (**Bild 9**).

Die Abstände der Riefen (≙ Teilung) sind gleichmäßig; sie können größer als die angegebenen Teilungen gezeichnet werden.

Der Rändel muss mit Form und Teilung nach DIN 82 bezeichnet werden (**Bilder 8 und 9**). Die Zahl hinter der Kurzbezeichnung gibt den Wert der Teilung in mm an.

Die in Fasen oder Rundungen hineinragenden Riefen werden nicht gezeichnet (**Bilder 8 bis 11**).

Wenn der Rändel an einer Rundung (Radius) ausläuft (**Bild 9**) oder nur einen Teil des Zylindermantels bedeckt (**Bild 11**), besitzt er keine seitliche Begrenzungslinie.

Es wird empfohlen, die Rändelstruktur nur teilweise zu zeichnen (**Bilder 10 und 11**).

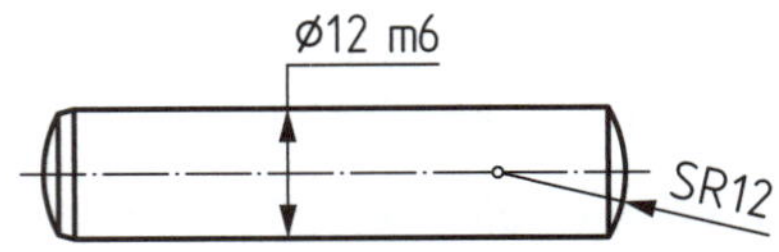

Bild 1

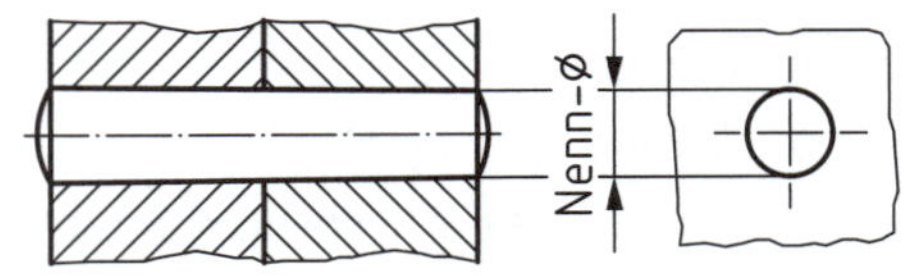

Bild 2

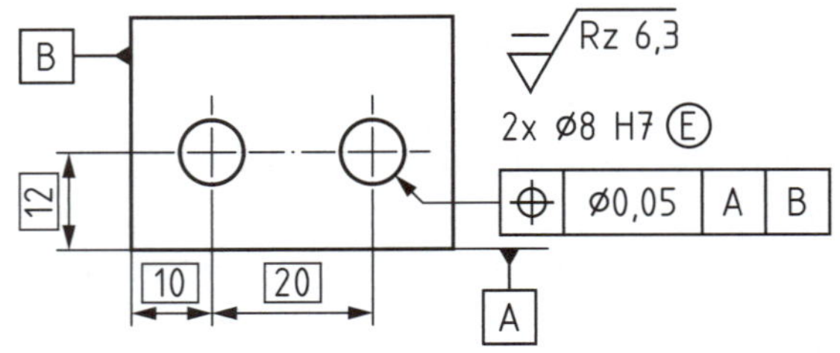

Bild 3

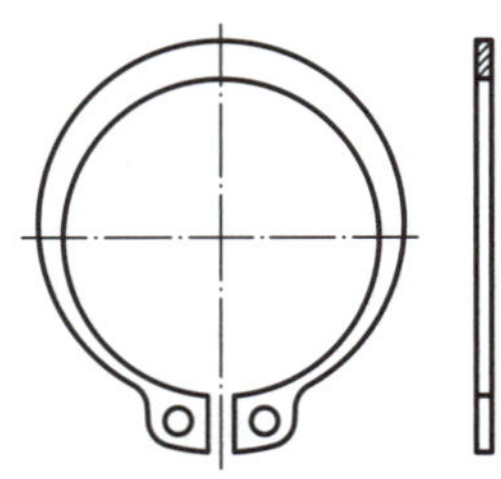
Bild 4

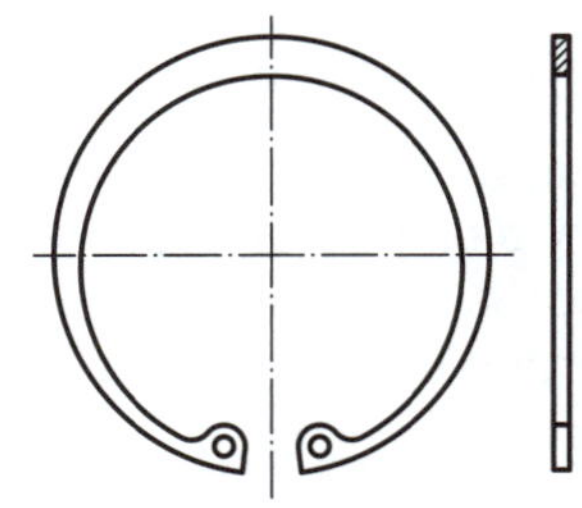
Bild 5

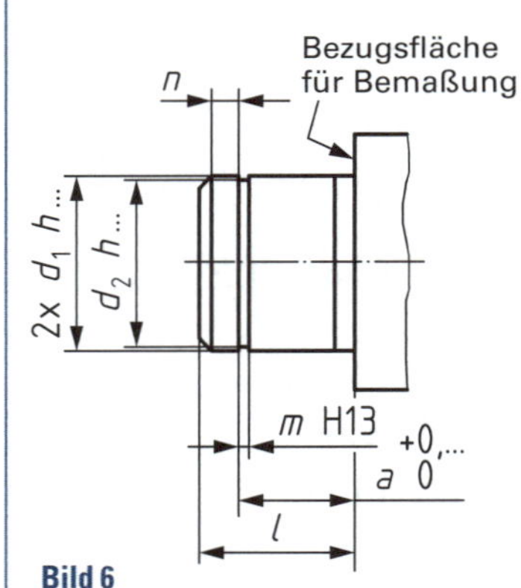

Bild 6

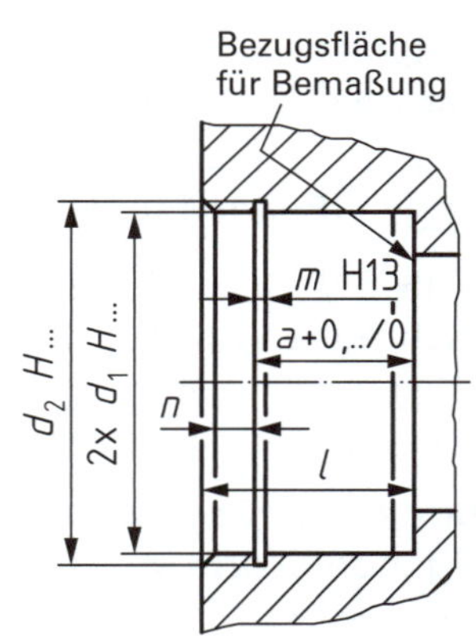

Bild 7

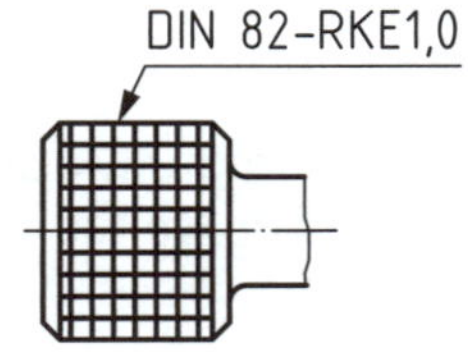

Bild 8

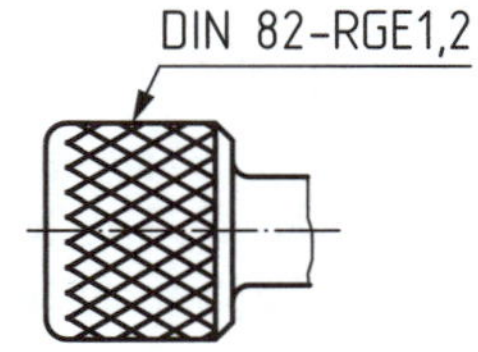

Bild 9

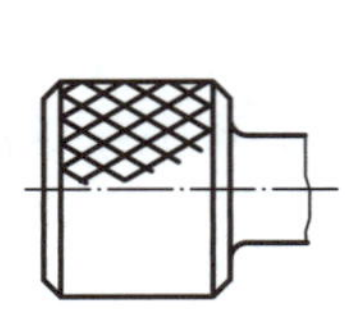
Bild 10

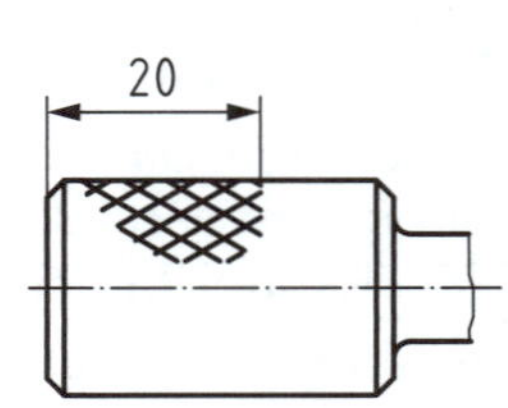

Bild 11

9.5 Darstellung von Passfederverbindungen

Passfedern sind genormt; sie werden deshalb nicht in einer Teilzeichnung dargestellt.

Die zeichnerische Darstellung von Passfeder-Nuten ist abhängig von der Fertigungsart der Nuten. So werden z. B. die Wellennuten für Passfedern mit abgerundeten Stirnflächen (Form A) mit Langlochfräsern gefertigt, während die Nuten für Passfedern mit geraden Stirnflächen (Form B) mit Scheibenfräsern hergestellt werden können.

Passfeder-Wellennuten können in drei Ansichten dargestellt werden (**Bild 1**).

Sofern die Eindeutigkeit der Darstellung gewährleistet ist, darf bei symmetrischen Teilen anstelle einer Gesamtansicht auch eine lokale Teilansicht verwendet werden (**Bild 2**).

Bei zurückspringenden Kanten (**Bild 1**) darf aus Vereinfachungsgründen die Umrisslinie gezeichnet werden (**Bild 2**).

Die Maße der Nuten sind durchmesserabhängig und können Tabellen entnommen werden. Eingetragen werden folgende Maße:

- Nutbreite
- Nuttiefe
- Nutlänge
- Nutlage z. B. durch Abstand der Nut von einer Planfläche und Tolerierung der Nutmittelebene symmetrisch zur Achse des Wellenabschnittes (**Bilder 1, 2, 4 und 5**).

Für einen festen Sitz der Passfeder wird die Nutbreite für Wellen und Naben mit der Toleranzklasse P9 bemaßt. Ein leichter Sitz ist erforderlich, wenn die Fügeteile längs verschiebbar sein sollen, z. B. bei Schaltgetrieben. In diesem Falle erhält die Breite von Wellennuten die Toleranzklasse N9, die Breite von Nabennuten die Toleranzklasse JS9.

Um die Montierbarkeit der Passfederverbindung zu gewährleisten, ist für die Nutbreite der Welle sowie der Nutbreite der Nabe die Hüllbedingung Ⓔ einzufordern (**Bilder 1, 2, 4 und 5**).

Die Toleranzen der Nuttiefen und der Nutlänge sind ebenfalls genormt und können Tabellen entnommen werden.

Wird die Passfedernut mit einem Scheibenfräser hergestellt, so ist in der Zeichnung die Länge anzugeben, auf der die Nut eine gleichbleibende Tiefe aufweisen muss (**Bild 3**).

Bei durchgehenden Wellennuten wird die Nuttiefe aus prüftechnischen Gründen vom Wellendurchmesser subtrahiert. Die Bemaßung erfolgt wie in **Bild 4**.

Nabennuten für Passfedern können wie in **Bild 5** dargestellt und bemaßt werden. Die Nabennuttiefe wird dabei aus prüftechnischen Gründen zum Bohrungsdurchmesser addiert und als Gesamtmaß in die Zeichnung eingetragen.

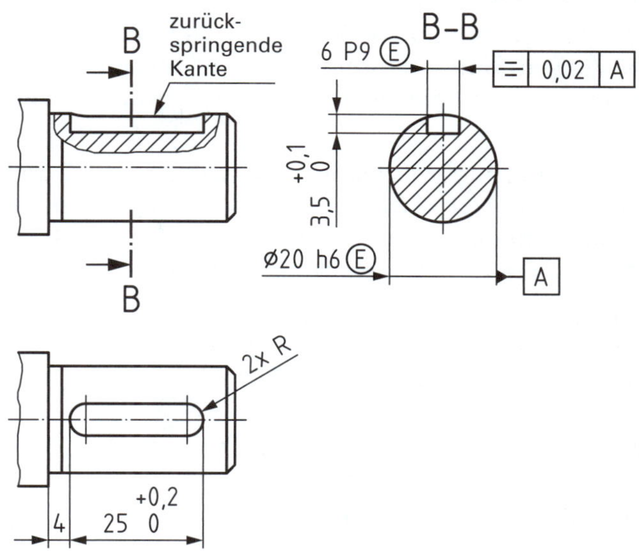

Bild 1

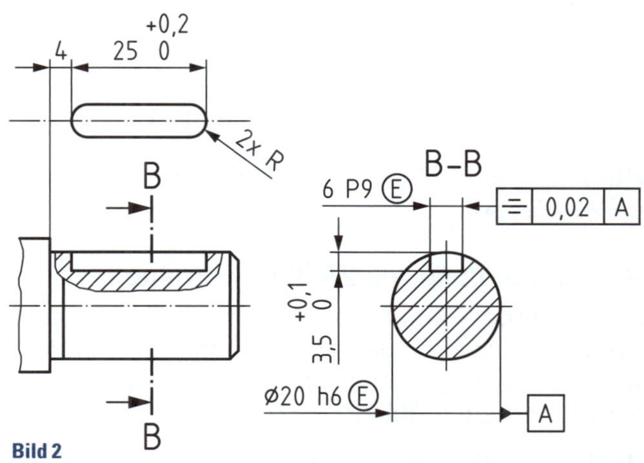

Bild 2

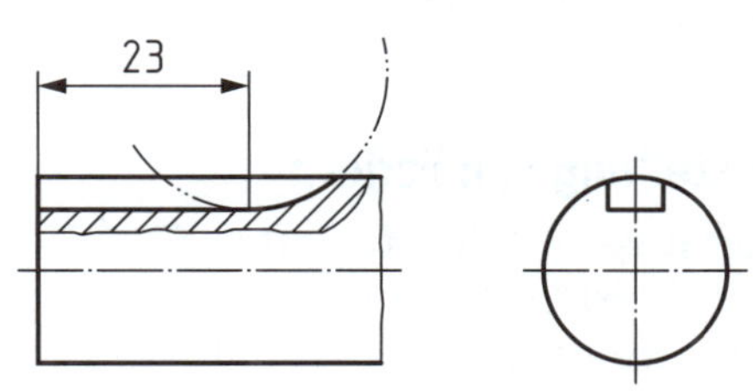

Bild 3

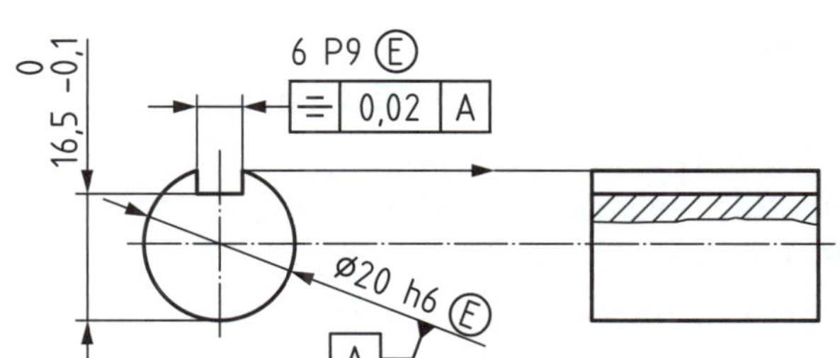

Bild 4

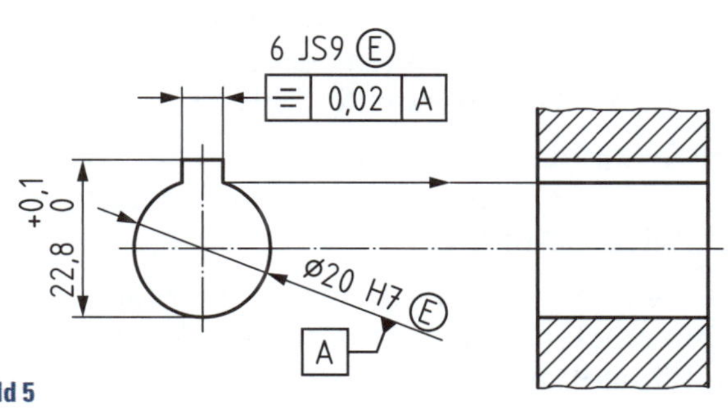

Bild 5

9.6 Darstellung von Wälzlagern

Bei der Darstellung von Wälzlagern im Schnitt erhalten Außen- und Innenring bzw. Wellen- und Gehäusescheibe stets dieselbe Schraffurrichtung (**Bilder 1 und 2**).

Nicht genormte Wälzlagermaße, wie z. B. die Durchmesser der Wälzkörper, werden vom Wälzlager-Hersteller festgelegt. Solche Maße sind daher z. B. den Wälzlagerkatalogen nicht zu entnehmen.

Zum Zeichnen von Wälzlagern können fehlende Wälzlagermaße folgendermaßen festgelegt werden:

Rillenkugellager (**Bild 3**):

$$d_W \approx \frac{1}{2} \cdot \frac{D-d}{2}; \quad x \approx \frac{1}{3} \cdot \frac{D-d}{2}; \quad r \approx 0{,}02 \cdot D$$

Axialrillenkugellager (**Bild 4**)

$$d_W \approx \frac{1}{2} \cdot T; \quad x \approx \frac{1}{3} \cdot T; \quad r \approx 0{,}02 \cdot D$$

Zylinderrollenlager (**Bild 5**):

$$d_W \approx \frac{1}{2} \cdot \frac{D-d}{2}; \quad x \approx \frac{1}{4} \cdot \frac{D-d}{2}$$

$$y \approx \frac{1}{3} \cdot \frac{D-d}{2}; \quad l \approx \frac{2}{3} \cdot B; \quad r \approx 0{,}02 \cdot D$$

Bild 6 zeigt die allgemein vereinfachte Darstellung von Wälzlagern.

9.7 Darstellung von Wellendichtringen

Geschnittene Radial-Wellendichtringe werden so gezeichnet, dass eingelegte Metallteile die üblichen Schraffurlinien, geschnittene Kunststoffteile Kreuzschraffur erhalten (**Bild 7**).

Bild 8 zeigt die vereinfachte Darstellung von Dichtungen. Der eingezeichnete Pfeil gibt dabei die Dichtrichtung an.

9.8 Darstellung von Federn

Wegen des hohen Zeitaufwandes für das Zeichnen von Federn werden diese in technischen Zeichnungen meist vereinfacht dargestellt. Federn können auch sinnbildlich dargestellt werden.

Tellerfedern

Tellerfedern werden wie in **Bild 9** dargestellt.

Tellerfederpakete bestehen aus Tellerfedern, die entweder gleichsinnig (**Bild 10**) oder wechselsinnig (**Bild 11**) geschichtet sind.

Bei einer größeren Anzahl von Tellern innerhalb eines Paketes werden bei gleichsinnig geschichteten Tellern jeweils zwei Endteller, bei wechselsinnig geschichteten Tellern zwei Endtellerpaare gezeichnet, die dazwischenliegenden mit durchgehend schmalen Strich-Punktlinien angedeutet (**Bild 11**).

In der Schnittdarstellung ändert sich bei Tellerfederpaketen die Schraffurrichtung aneinanderliegender Teller (**Bilder 10 und 11**).

Bei der sinnbildlichen Darstellung werden die Querschnitte der Tellerfedern mit breiten Volllinien dargestellt (**Bilder 9, 10, 11**): Der Neigungswinkel von Tellerfedern wird mit etwa 20° ... 30° dargestellt (**Bild 11**).

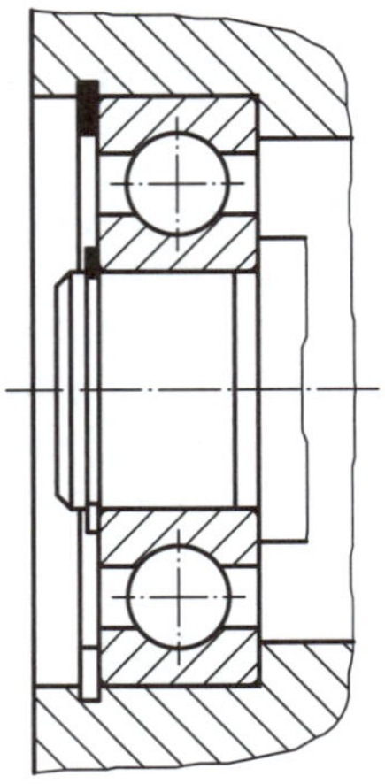

Bild 1

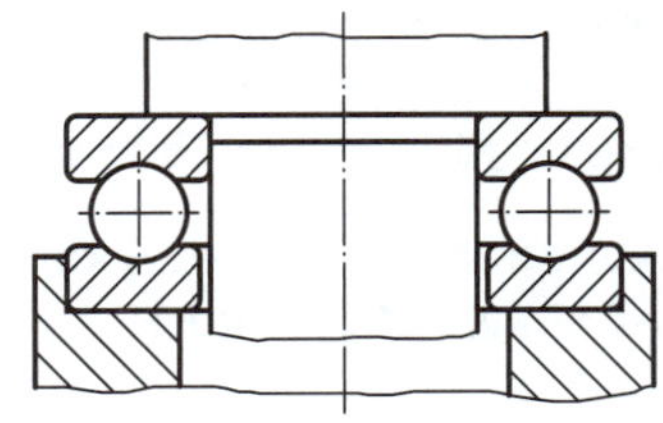

Bild 2

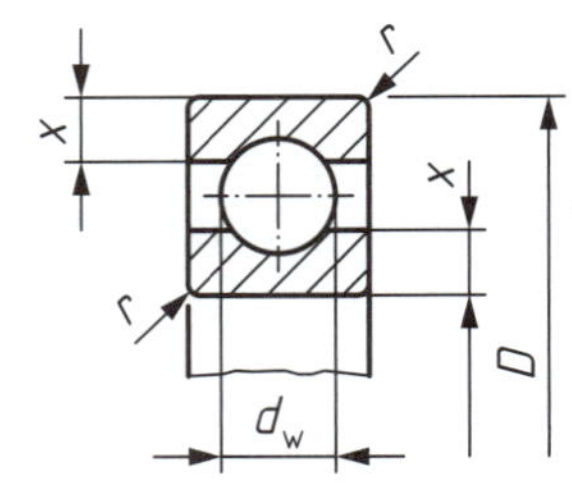

Bild 3

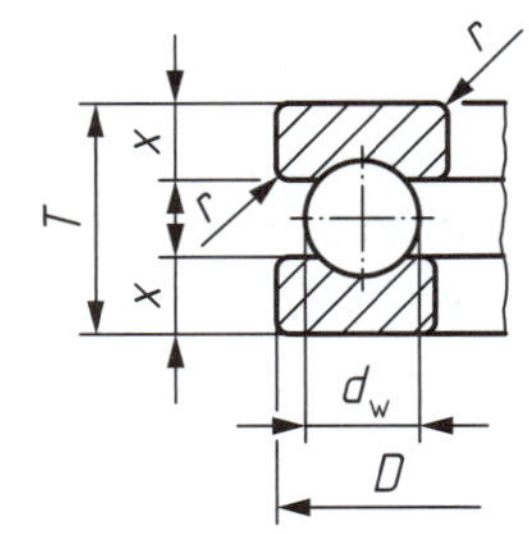

Bild 4

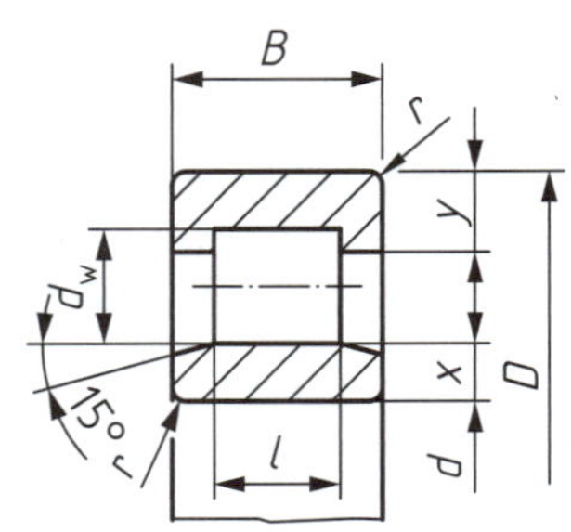

Bild 5

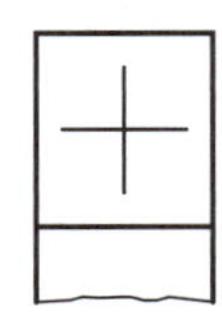

Bild 6

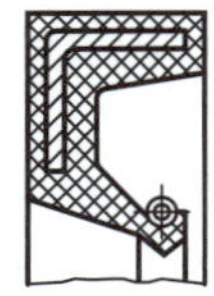

Bild 7

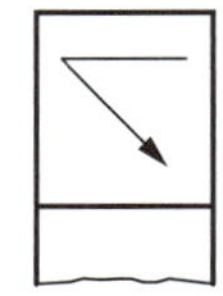

Bild 8

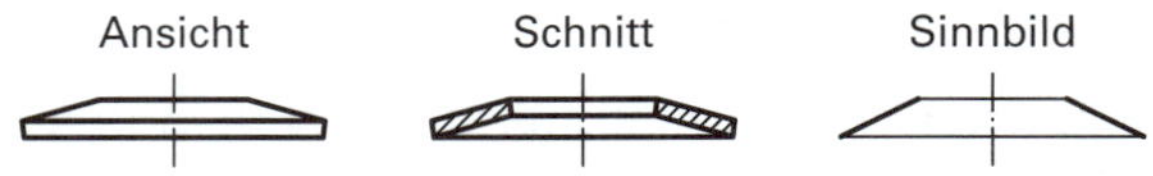

Bild 9

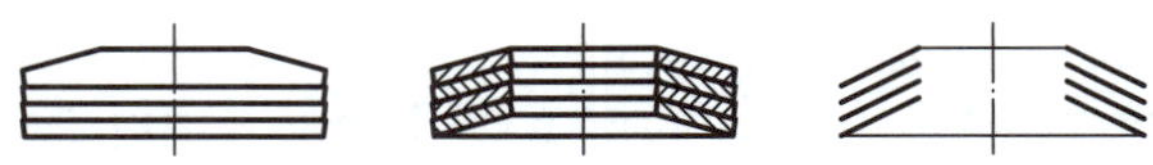

Bild 10

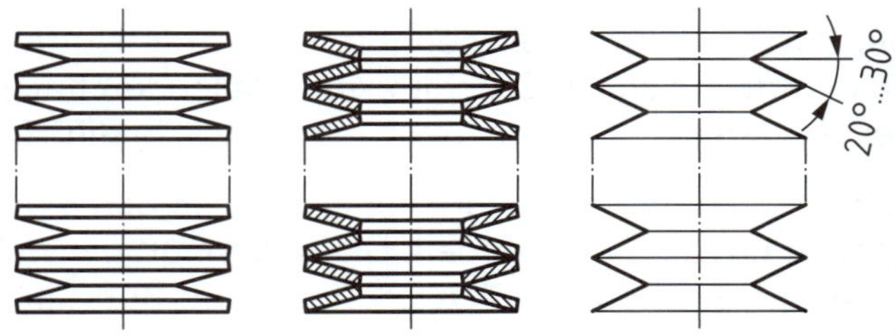

Bild 11

Zylindrische Schraubendruckfedern

Bei zylindrischen Schraubendruckfedern werden in Ansicht jeweils zwei bis drei Endwindungen gezeichnet. Die dazwischenliegenden Windungen werden mit durchgezogenen Mittellinien angedeutet (**Bild 1**, links).

Bei einer Schnittdarstellung verfährt man sinngemäß (**Bild 1**, Mitte).

Bei sinnbildlichen Darstellungen werden die Windungen bis zum mittleren Windungsdurchmesser gezeichnet. Der Steigungswinkel wird unabhängig von der Windungszahl gezeichnet und soll etwa 7° ... 10° betragen (**Bild 1**, rechts). Der Federdrahtquerschnitt wird dabei mit ø bzw. Rd (= Rundprofil) oder mit □ bzw. 4kt (= Vierkantprofil) angegeben (**Bild 1**, rechts).

Schraubendruckfedern sind wie Gewinde meist rechtssteigend. Sollen die Windungen ausnahmsweise linkssteigend verlaufen, so ist in der Federdarstellung „Wickelrichtung links" anzugeben.

Die Windungsenden sollen um 180° versetzt sein, sodass die Gesamtzahl der Windungen 6 ½, 7 ½ usw. beträgt.

Die Bemaßung einer Schraubendruckfeder enthält den Federdrahtdurchmesser *d*, den mittleren Windungsdurchmesser D_m und die Federlänge L_0 im ungespannten Zustand. Außerdem wird der äußere Windungsdurchmesser D_a angegeben, wenn sich die Feder in einer Bohrung befindet. Sitzt die Feder dagegen auf einem Bolzen, so muss der innere Windungsdurchmesser D_i angegeben werden.

Neben der Darstellung der Feder muss die Anzahl der federnden Windungen, die Gesamtzahl der Windungen sowie ein Hinweis für die Behandlung der Federenden angegeben werden (**Bild 2**).

Zylindrische Schraubenzugfedern

Zylindrische Schraubenzugfedern werden ähnlich wie Schraubendruckfedern gezeichnet (**Bild 3**). Zur Weiterleitung der Federkraft besitzen sie an ihren Enden meist deutsche Ösen, die durch Hochbiegen jeweils einer Endwindung entstehen. Die Lage der Ösenöffnung ist meist um 90° versetzt (**Bild 3**).

Außer den bei Druckfedern üblichen Angaben muss bei einer Schraubenzugfeder die Ösenöffnung *m* sowie die Länge L_K des unbelasteten Federkörpers bemaßt werden (**Bild 4**).

Bei sinnbildlichen Darstellungen von Schraubenzugfedern werden die Windungen bis zum mittleren Windungsdurchmesser, die Länge L_0 bis zu den Mitten des Ösendrahtes gezeichnet.

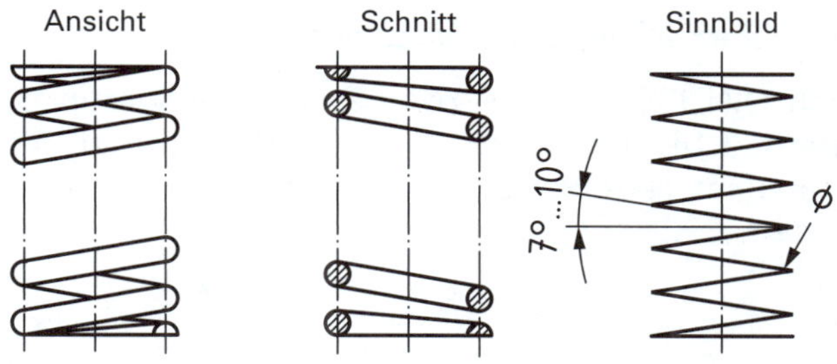

Bild 1

Je Ende eine Windung angebogen und auf *d*/4 abgeschliffen
Anzahl der federnde Windungen i_f = 5,5
Gesamtzahl der Windungen i_g = 7,5

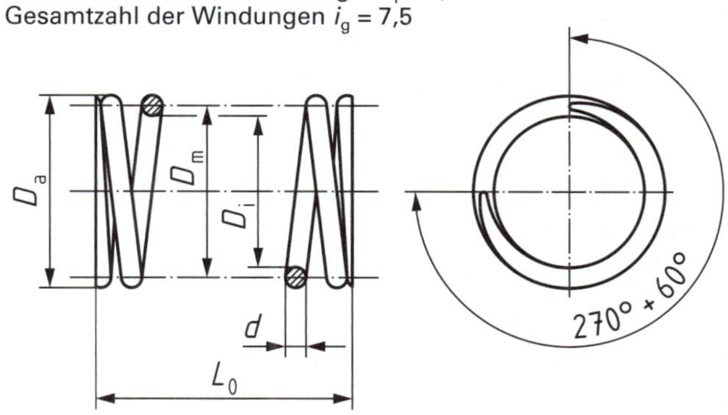

Bild 2

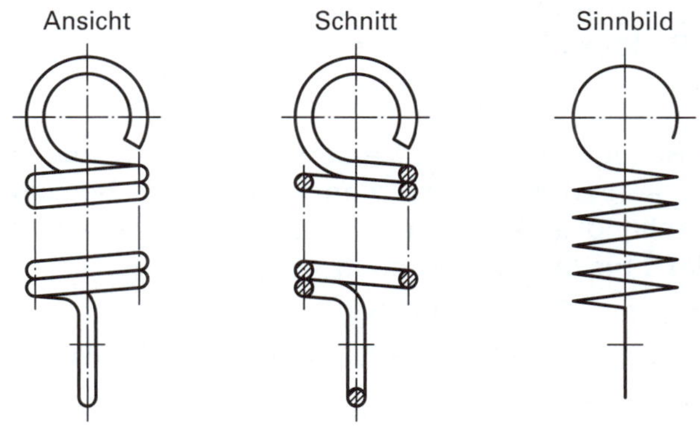

Bild 3

Anzahl der federnden Windungen i_f = 10,25
Je Ende eine ganze Öse angebogen

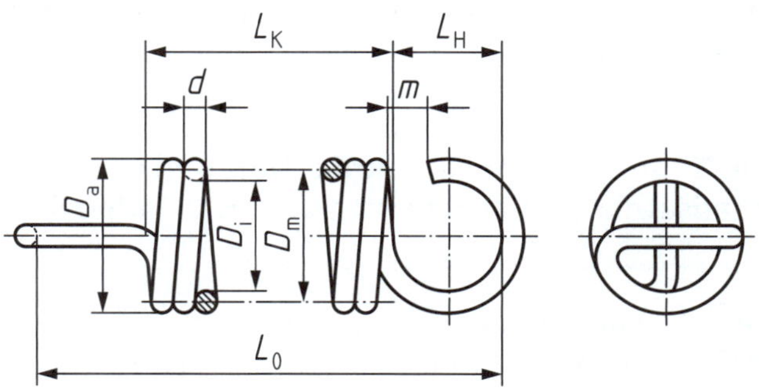

Bild 4

9.9 Darstellung von Zahnrädern

9.9.1 Darstellung einzelner Zahnräder

Nach DIN ISO 2203 werden Zahnräder wie in den **Bildern 1 bis 4** dargestellt. Bei Bedarf kann die Vorderansicht jeweils auch im Vollschnitt gezeichnet werden.

Die Umrisslinien und Körperkanten des Zahnrades werden in **Ansicht** so gezeichnet, dass sie ein volles, von der Kopffläche begrenztes Zahnrad darstellen (**Bilder 1 bis 4**).

In **Schnitt**zeichnungen werden Zahnräder so dargestellt, dass sich zwei ungeschnittene Zähne (Zahnlücken) gegenüberliegen (**Bild 5**). Dies gilt auch dann, wenn die Räder ungerade Zähnezahlen besitzen.

Verläuft die Zahnradachse rechtwinklig zur Zeichenebene, so werden

- der Kopfkreis als breite Volllinie
- der Teilkreis als schmale Strich-Punktlinie

sowie die übrigen sichtbaren Kanten gezeichnet. Der Fußkreis wird nicht dargestellt.

Vielfach genügt es, weitere Ansichten als Teileansichten auszuführen und in diesen nur wichtige Einzelheiten, z. B. Bohrung und Nut, zu zeichnen (**Bild 5**). Im Übrigen werden die Zahnräder in Achsrichtung wie in den **Bildern 1 bis 4** dargestellt.

Die Bezugsfläche der Verzahnung ist jeweils mit schmalen Strich-Punktlinien anzugeben. Bei einer Darstellung senkrecht zur Achse (Seitenansichten der **Bilder 1 bis 4**) ist zu zeichnen:

- bei einem Stirnrad der Teilkreis
- bei einem Kegelrad der Teilkreis am Rückenkegel
- bei einem Schneckenrad der Teilkreis in der Mitte der Verzahnungsbreite
- bei einer Zylinderschnecke der Mittenkreis.

Bei achsparalleler Darstellung (Halbschnitte der **Bilder 1 bis 3** und Teilschnitt von **Bild 4**) sind die sich ergebenden Schnittlinien der Bezugsfläche zu zeichnen. Diese Linien sind über die Körperkanten hinweg zu zeichnen.

Die Zahnfußfläche (Fußkreis-Durchmesser) wird grundsätzlich nur in Schnitten dargestellt (**Bild 5**).

Wenn ausnahmsweise einige Zähne des Zahnrades dargestellt werden müssen, so sind ihre Kanten mit breiten Volllinien zu zeichnen (**Bild 6**). Eine vereinfachte Konstruktion der Zahnflanken zeigt **Bild 7**.

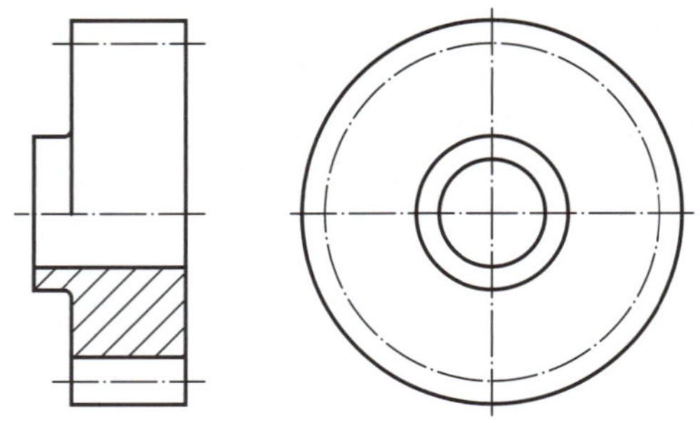
Bild 1

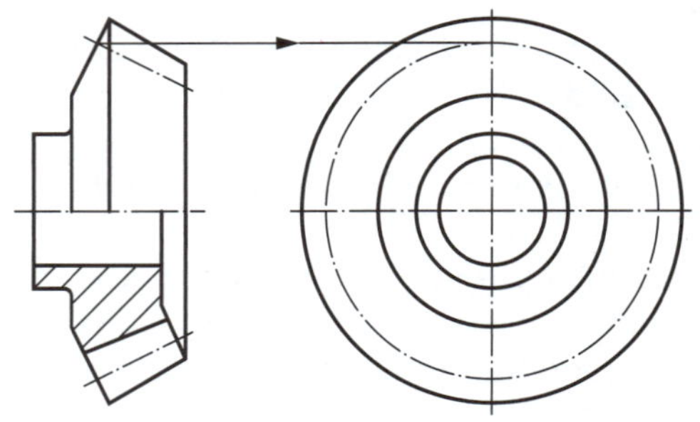
Bild 2

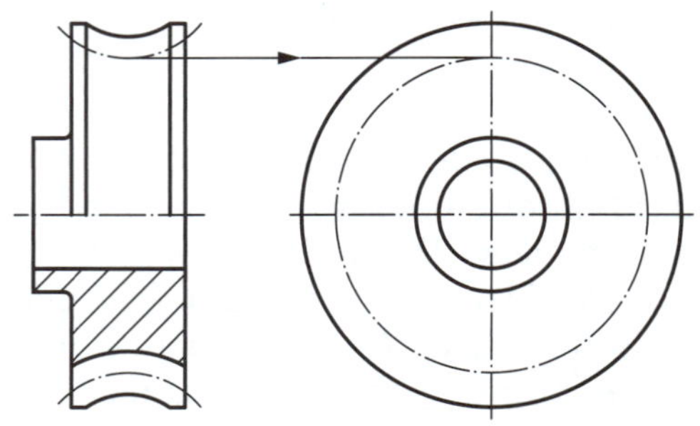
Bild 3

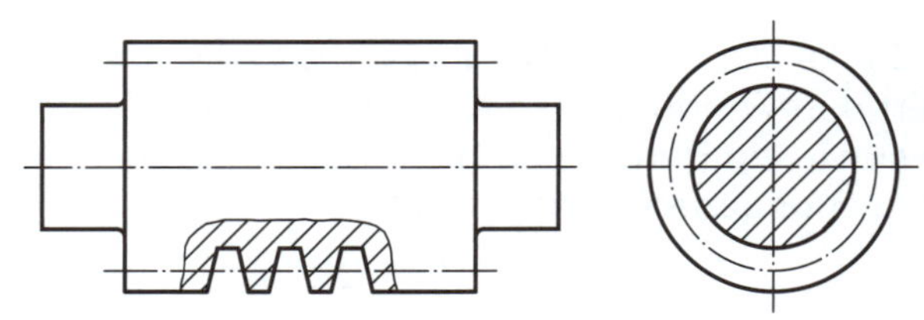
Bild 4

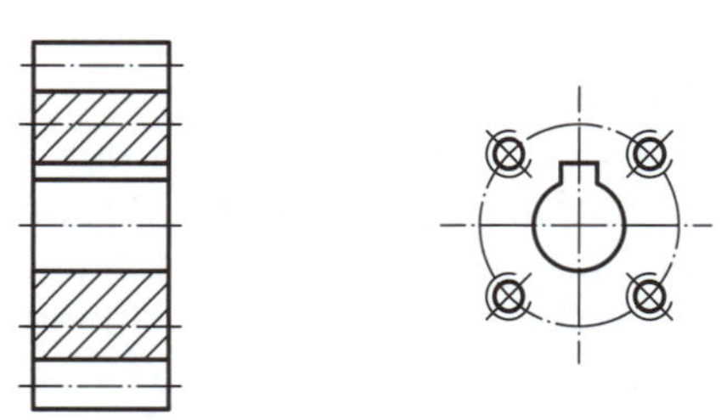
Bild 5

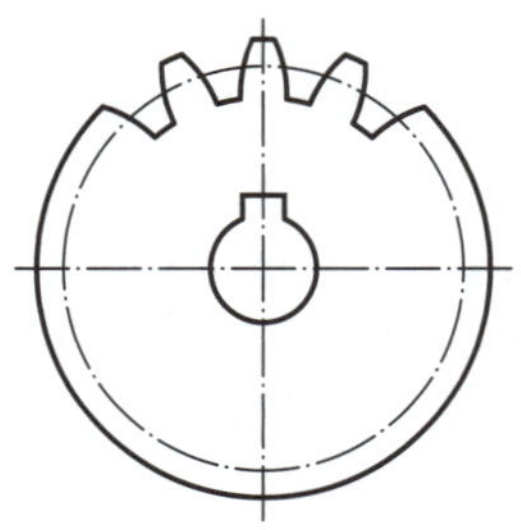
Bild 6

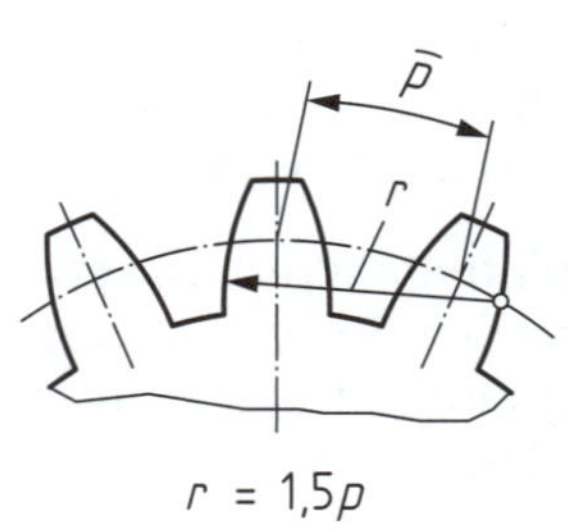

Bild 7

Die Flankenrichtung eines Rades oder einer Zahnstange kann in einer zur Radachse parallelen Ansicht bei Bedarf angegeben werden. Durch drei schmale Volllinien werden Form und Richtung angedeutet (**Bild 1**).

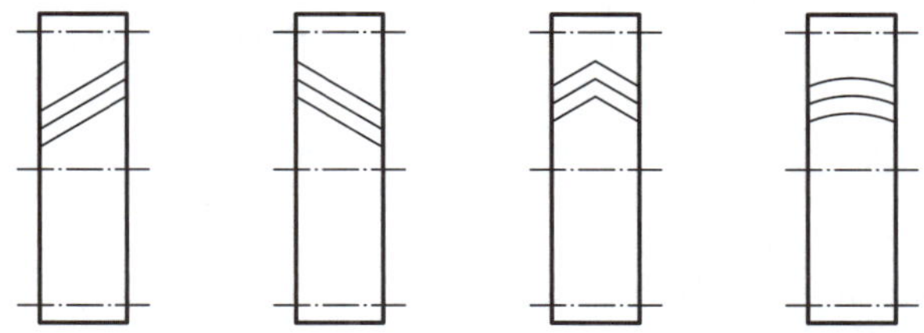

Schrägstirnrad linkssteigend | Schrägstirnrad rechtssteigend | Schrägstirnrad Pfeilverzahnung | Schneckenrad

Bild 1

9.9.2 Angaben für geradverzahnte Stirnräder in technischen Zeichnungen

Für geradverzahnte Stirnräder müssen in technischen Zeichnungen neben den Angaben über Werkstoff, Wärmebehandlung und Härte alle die Verzahnung betreffenden Maße (erforderlichenfalls mit Abmaßen) und Kennzeichen vorhanden sein (**Bild 2**):

(1.1) Kopfkreisdurchmesser d_a

(1.2) Fußkreis-Durchmesser d_f, wenn eine Angabe über die Zahnhöhe nicht vorhanden ist

(1.3) Zahnbreite b

(1.4) Kennzeichnung der Bezugselemente

(1.5) Rund- und Planlauftoleranz sowie Parallelität der Stirnflächen des Radkörpers

(1.6) Angabe der Oberflächenbeschaffenheit für die Zahnflanken nach DIN ISO 1302.

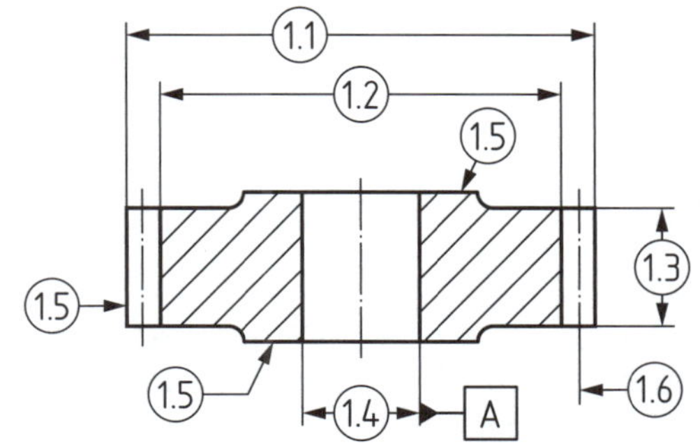

Bild 2

Außerdem sind alle übrigen Maße, die zur Herstellung des Radkörpers erforderlich sind, wie z. B. Bohrungsdurchmesser und Nutmaße, anzugeben.

In einer Tabelle, die sich auf der Zeichnung oder auf einem besonderen Blatt befinden kann, sind darüber hinaus die in **Tabelle 1** aufgeführten Mindestangaben zu machen.

Tabelle 1: Mindestangaben bei einem geradverzahnten Stirnrad

Stirnrad		außenverzahnt
Modul	m_n	4 mm
Zähnezahl	z	22
Bezugsprofil		DIN 867
Teilkreisdurchmesser	d	88 mm
Zahnhöhe	h	8,67 mm
Verzahnungsqualität, Toleranzfeld, Prüfgruppe nach DIN 3961		8 d 25

9.9.3 Darstellung von Zahnradpaaren

Die Regeln für die Darstellung einzelner Zahnräder gelten auch für die Darstellung von Zahnradpaaren.

Die beiden Bezugsflächen (Teilkreise) berühren sich dabei. In Ansichten wird auch im Bereich des gegenseitigen Eingriffs jedes der beiden Räder gezeichnet. In Schnitten ist der durch das Gegenrad verdeckte Zahn mit schmalen Strichlinien darzustellen (**Bilder 3 und 4**; **Seite 120 Bilder 1 und 2**).

Bei Bedarf ist in einer achsparallelen Ansicht die Flankenrichtung der Räder bzw. der Zahnstange durch Kennzeichen nach **Bild 1** einzutragen (**Bild 4**). Das Kennzeichen für die Flankenrichtung soll bei einer Zahnradpaarung nur an **einem** Zahnrad eingetragen werden.

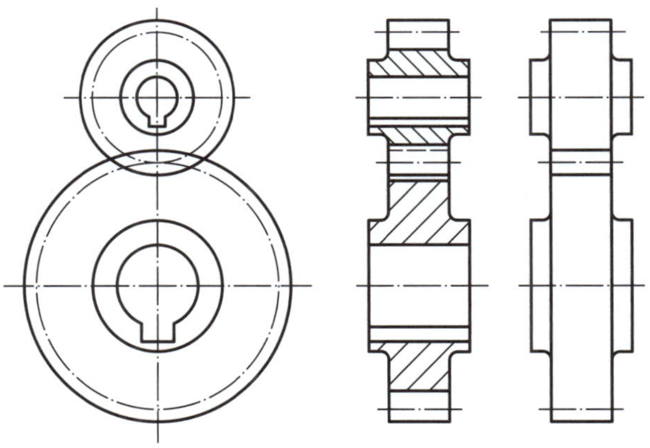

Stirnradpaarung

Bild 3

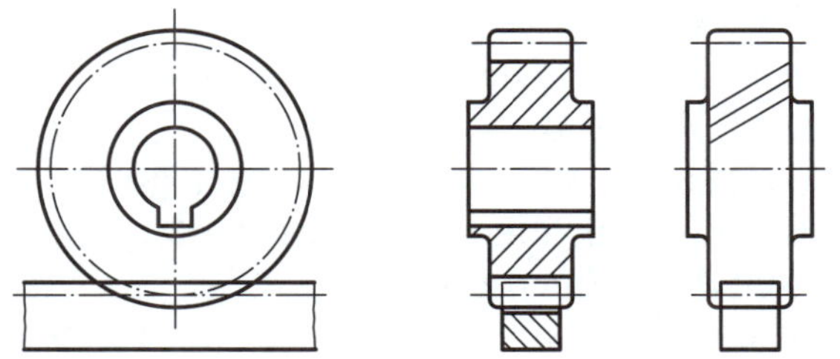

Stirnrad mit Zahnstange

Bild 4

Bei der Darstellung eines Kegelradpaares wird der durch den Radkörper des vorderen Rades verdeckte Teil des hinteren Rades weggelassen. Außerdem werden bei Kegelradpaaren, die in einer achsparallelen Projektion gezeigt werden, die Linien zur Angabe der Teilkegelflächen bis zum Schnittpunkt der Achsen verlängert (**Bild 1**).

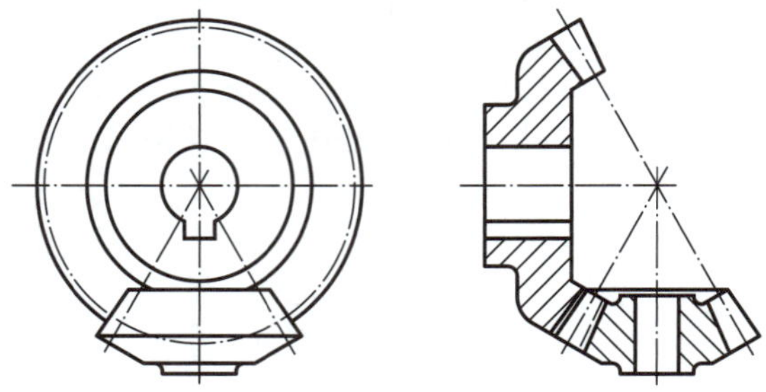

Kegelradpaarung

Bild 1

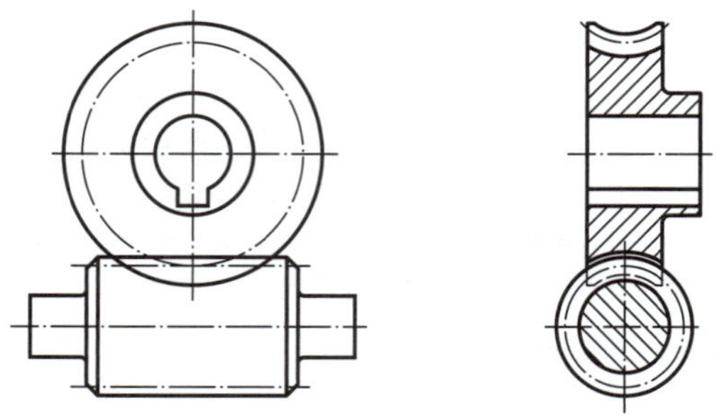

Schnecke mit Schneckenrad

Bild 2

In Gruppen- und Gesamtzeichnungen werden Zahnradpaarungen oft weiter vereinfacht dargestellt. Dabei werden außer den Teilkreisen nur die Kopfkreise bzw. die Außenkanten der Räder gezeichnet (**Bilder 3 bis 6**). Für Übersichtsdarstellungen wird teilweise auch nur der Teilkreis gezeichnet.

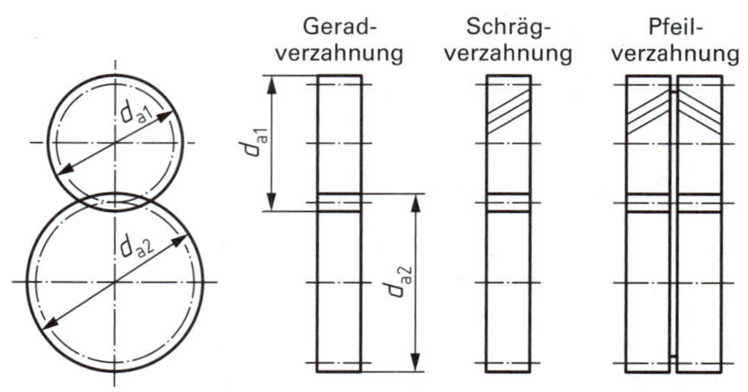

Stirnradpaarung - vereinfachte Darstellung

Bild 3

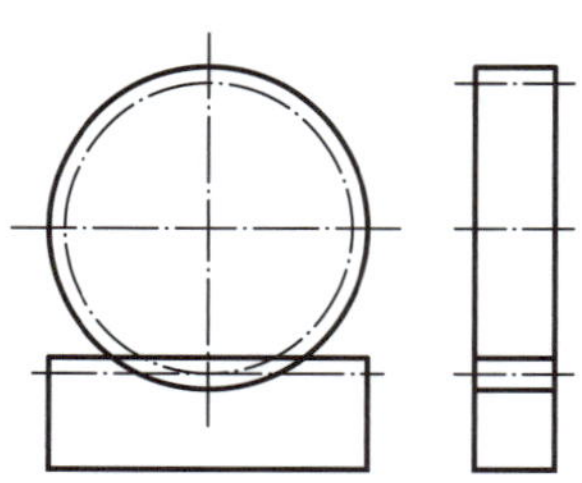

Stirnrad mit Zahnstange – vereinfachte Darstellung

Bild 4

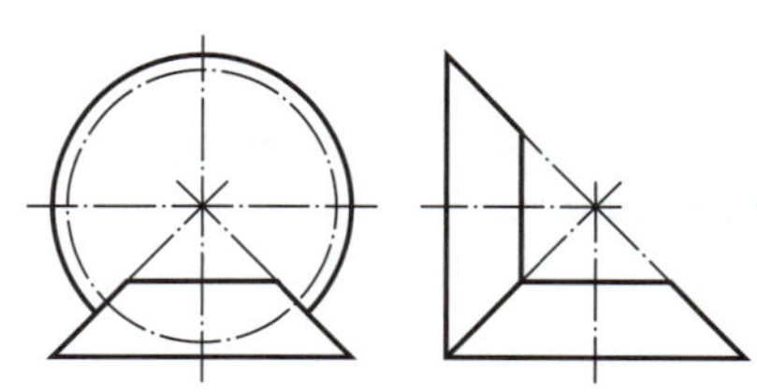

Kegelradpaarung – vereinfachte Darstellung

Bild 5

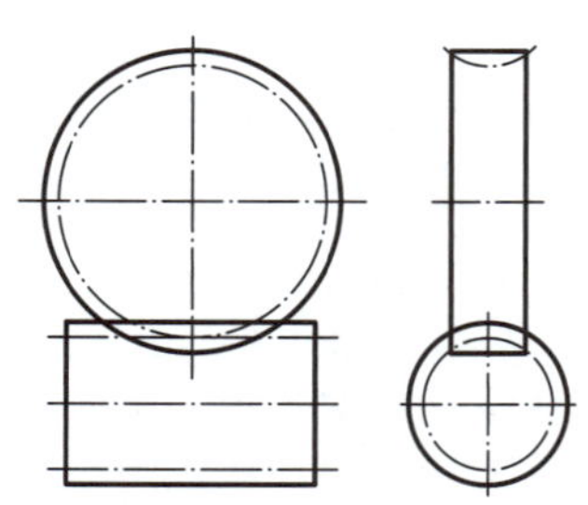

Schnecke und Schneckenrad – vereinfachte Darstellung

Bild 6

9.10 Überprüfen Sie Ihr Wissen:

1 Das in Bild 7 abgebildete Zahnrad ist fehlerhaft dargestellt, weil ...

a) der Fußkreis in der Seitenansicht fehlt.

b) die Bohrung keine Nut besitzt.

c) die Schnittlinien der Bezugsfläche (Strich-Punktlinien) über die Körperkanten hinweg zu zeichnen sind.

d) in der Seitenansicht die einzelnen Zähne nicht eingezeichnet sind.

e) Zahnkopf- und Zahnfußlinie in der Vorderansicht nicht parallel verlaufen.

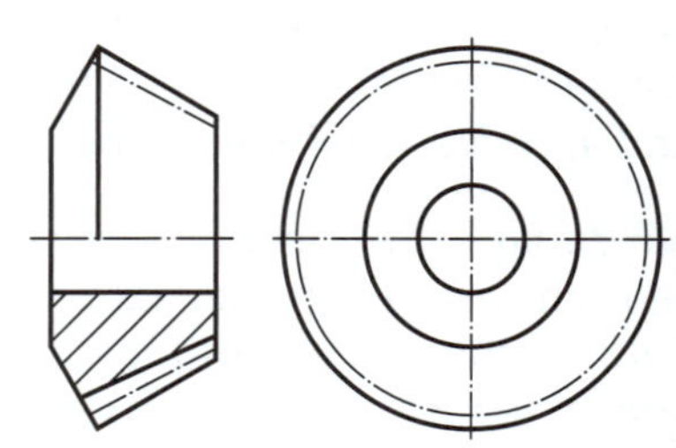

Bild 7

2 In welchem Bild ist das Zahnrad normgerecht dargestellt?

a) **Bild 1**
b) **Bild 2**
c) **Bild 3**
d) **Bild 4**
e) **Bild 5**

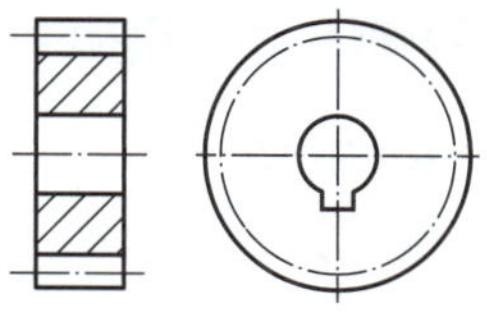
Bild 1

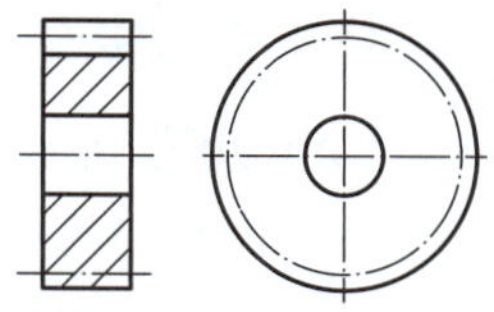
Bild 2

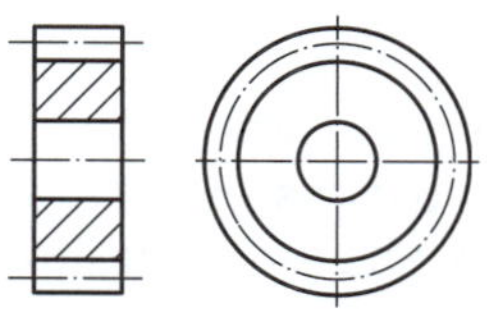
Bild 3

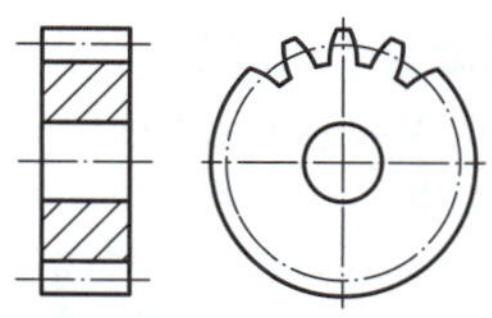
Bild 4

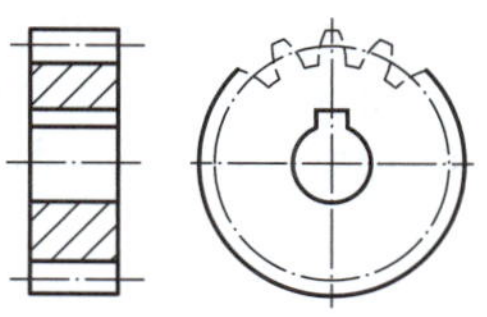
Bild 5

3 Welche Antwort ist richtig?

Die eingekreisten Zahlen in Bild 6 geben Auskunft über folgende Maße und Kennzeichen:

a) ① kennzeichnet die Rundlauftoleranz.
b) ② kennzeichnet die Planlauftoleranz.
c) ③ gibt den Teilkreisdurchmesser an.
d) ④ gibt den Fußkreisdurchmesser an.
e) ⑤ kennzeichnet die Steigung des Zahnrades.

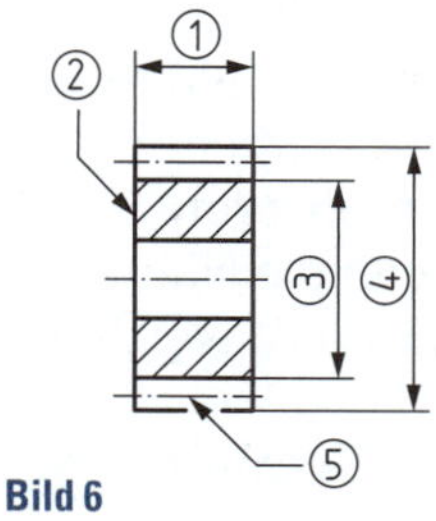

Bild 6

4 In welchem Bild ist das Zahnradpaar normgerecht dargestellt?

a) **Bild 7**
b) **Bild 8**
c) **Bild 9**
d) **Bild 10**
e) **Bild 11**

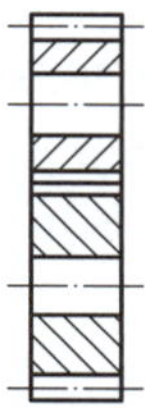
Bild 7

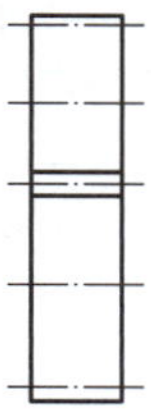
Bild 8

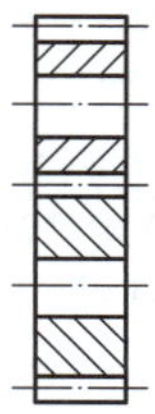
Bild 9

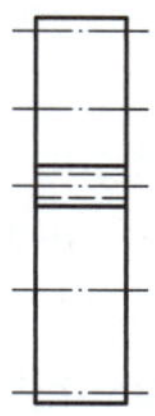
Bild 10

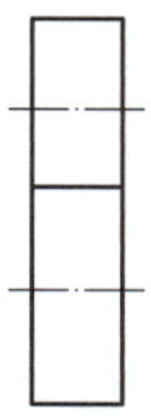
Bild 11

5 Welche Antwort zu Bild 12 ist richtig?

Für die Bemaßung von Nuten für Sicherungsringe gilt bei Wälzlagereinbau:

a) Bezugsfläche ist die mit ① bezeichnete Fläche.
b) Bezugsfläche ist die mit ② bezeichnete Fläche.
c) Bezugskante ist die mit ③ bezeichnete Kante.
d) Das Maß ④ ist abhängig von der Fasenbreite; es ist für die Lage des Einstiches bedeutungslos.
e) Für die Nutbreite ⑤ gilt DIN ISO 2768-m.

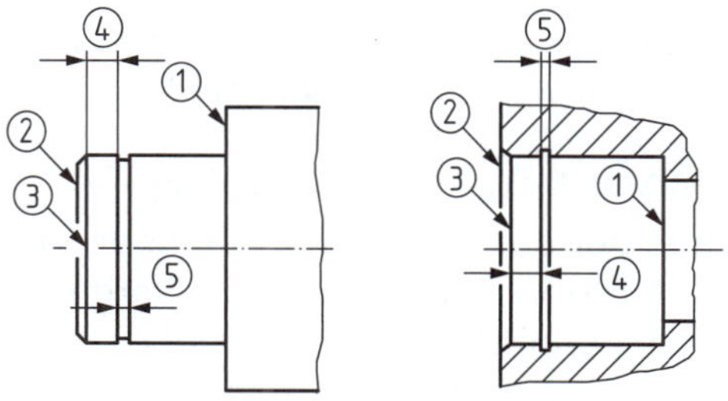

Bild 12

6 In welchem Bild ist ein Wälzlager im Schnitt normgerecht dargestellt?

a) **Bild 13**
b) **Bild 14**
c) **Bild 15**
d) **Bild 16**
e) **Bild 17**

Bild 13

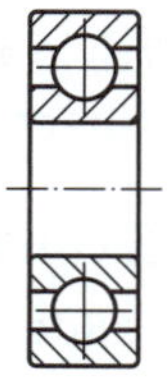
Bild 14

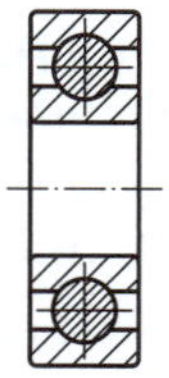
Bild 15

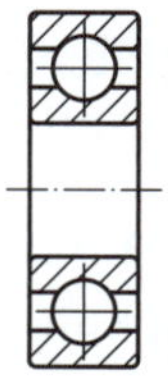
Bild 16

Bild 17

7 In welchem Bild ist ein Links-Rechtsrändel normgerecht dargestellt?

a) **Bild 18**
b) **Bild 19**
c) **Bild 20**
d) **Bild 21**

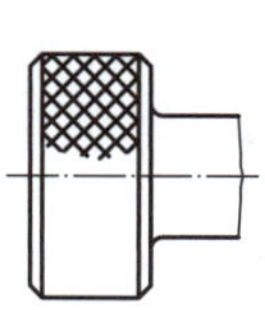
Bild 18

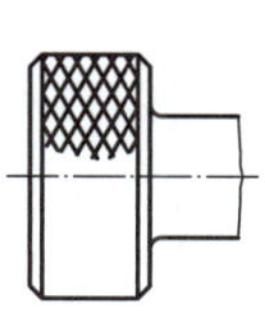
Bild 19

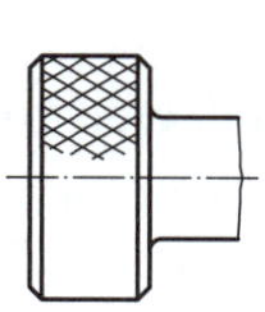
Bild 20

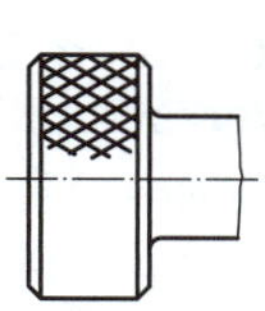
Bild 21

10 Darstellung unlösbarer Verbindungen

10.1 Schweiß- und Lötnähte allgemein

Die Nähte der unlösbaren Verbindungen (Schweiß- und Lötnähte) können nach den üblichen Zeichenregeln gezeichnet und entsprechend bemaßt werden. Die Nähte dürfen dann mit Raupen angedeutet werden; Schnittflächen werden durchgehend geschwärzt (**Bilder 1 und 2**).

Aus Vereinfachungsgründen werden Schweiß- und Lötnähte jedoch meist sinnbildlich dargestellt. Mit der sinnbildlichen Darstellung sollen alle notwendigen Angaben über die Naht kurz und klar zum Ausdruck gebracht werden. Oft kann auch durch die sinnbildliche Darstellung auf eine zusätzliche Zeichnungsansicht verzichtet werden.

Wenn eine eindeutige Darstellung durch Sinnbilder und Kurzzeichen zu schwierig (z. B. bei Kombination von mehreren Sinnbildern) oder nicht möglich ist, müssen die Nähte gesondert gezeichnet und vollständig bemaßt werden.

10.2 Sinnbilder für Schweiß- und Lötnähte

Die sinnbildliche Darstellung erfolgt durch Grundsinnbilder, die bei Bedarf durch Zusatz- und Ergänzungssinnbilder sowie durch Maßangaben und weitere Angaben ergänzt werden können (**Abschnitt 10.6**).

Sofern nur dargestellt werden soll, dass eine Naht geschweißt oder gelötet werden soll, ist das in **Bild 3** gezeigte Sinnbild zu verwenden.

10.2.1 Grundsinnbilder

Die verschiedenen Nahtarten werden durch Sinnbilder gekennzeichnet, die meist formgleich mit den zu fertigenden Nähten sind (**Bild 4**).

Falls erforderlich, dürfen Kombinationen von Grundsinnbildern angewendet werden (**Bild 5**).

10.2.2 Zusatz- und Ergänzungssinnbilder

Grundsinnbilder dürfen durch Sinnbilder, welche die Form der Nahtoberfläche oder die Nahtausführung kennzeichnen, ergänzt werden. In **Bild 6** ist eine hohle (konkave) Kehlnaht mit dem entsprechenden Zusatzsinnbild dargestellt. Wenn kein Zusatzsinnbild angegeben ist (**Bilder 4 und 5**), so darf die Form der Nahtoberfläche beliebig ausgeführt werden.

Ergänzungssinnbilder geben Hinweise auf den Verlauf der Nähte oder auf Montagenähte (**Abschnitt 10.6**).

10.3 Bezugszeichen für Schweiß- und Lötnähte

Mit Bezugszeichen werden die Sinnbilder den jeweiligen Nähten zugeordnet.

Das Bezugszeichen besteht aus der Bezugslinie und der Pfeillinie, die von der Bezugslinie schräg zum Stoß führt. Die Pfeillinie soll bevorzugt auf die „Obere Werkstückfläche" weisen.

Die Bezugslinie besteht aus einer Bezugs-Volllinie und einer parallel zu dieser liegenden Bezugs-Strichlinie (**Bild 7**). Die Strichlinie kann oberhalb oder unterhalb der Volllinie angeordnet werden.

Bild 1

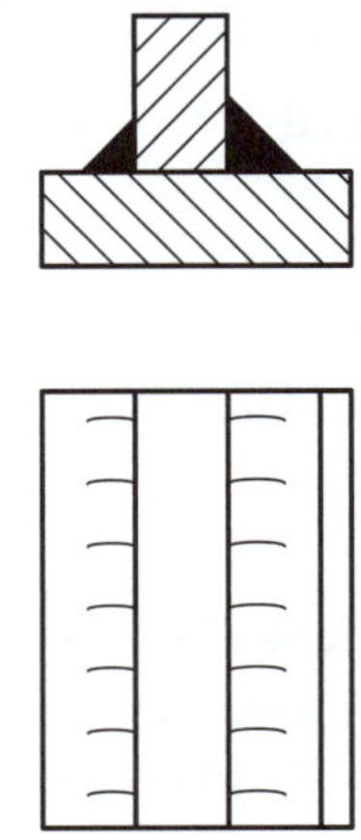

Bild 2

Bild 3

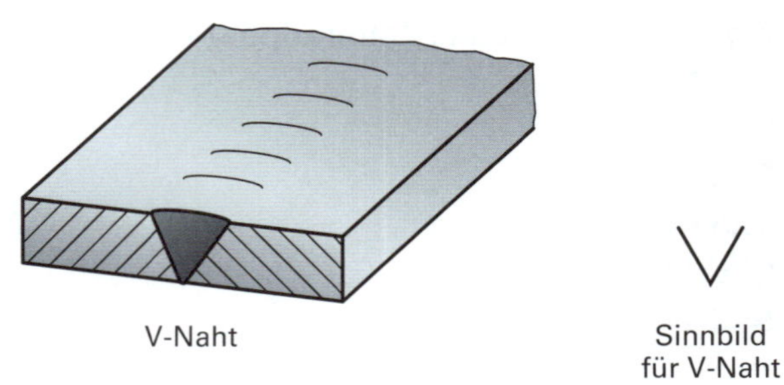

Bild 4

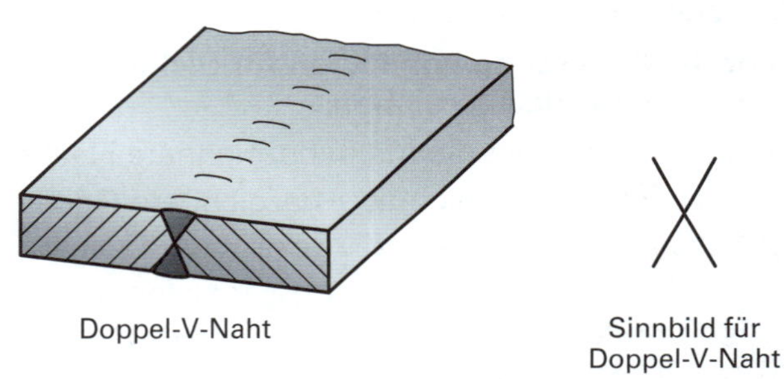

Bild 5

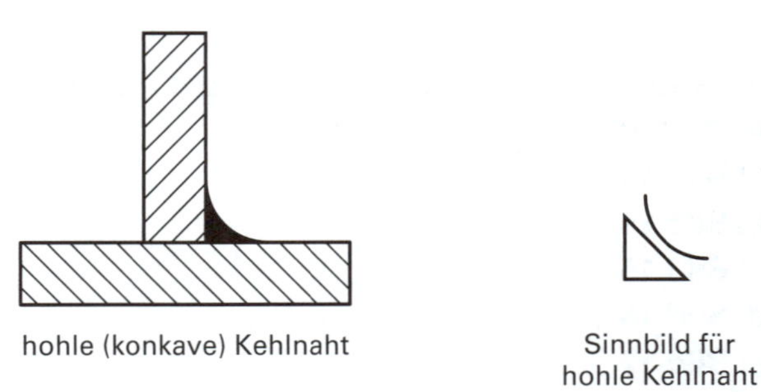

Bild 6

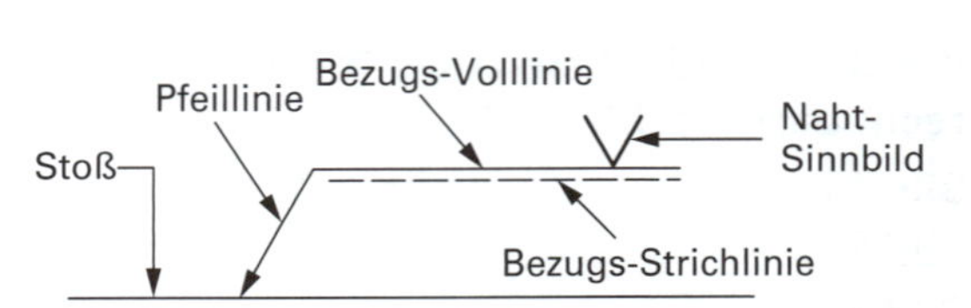

Bild 7

Bei Nähten, die beidseitig hergestellt werden, wie z. B. Doppel-V-Nähte, entfällt die Bezugs-Strichlinie (**Bild 8**).

Die Bezugslinie wird an ihrem Ende dann durch eine Gabel ergänzt, wenn weitere Angaben, z. B. über das anzuwendende Schweiß-Verfahren, eingetragen werden müssen (**Abschnitt 10.6**).

Die Bezugslinie ist vorzugsweise in Leserichtung der Zeichnung (waagrecht) anzuordnen, ansonsten senkrecht.

Die Breite der Pfeil- und Bezugslinien entspricht der Breite von schmalen Volllinien, z. B. Maßhilfslinien. Die Breite der Linien für Sinnbilder und Beschriftung entspricht der Linienbreite der Maßeintragung.

10.4 Lage und Eintrag von Sinnbildern für Schweiß- u. Lötnähte

Die Lage der Naht am Stoß wird durch die Stellung des Sinnbilds angegeben. Diejenige Seite des Stoßes, auf die die Pfeillinie hinweist, heißt „Pfeilseite", die andere Seite des Stoßes bezeichnet man als „Gegenseite" (**Bilder 1, 2 und 3**).

Das Sinnbild kann über oder unter die Bezugslinie gesetzt werden (**Bilder 4 bis 7**). Befindet sich das Sinnbild auf der Seite der Bezugs-Volllinie, dann befindet sich die Naht (Nahtoberfläche) auf der Pfeilseite des Stoßes (**Bilder 4 und 5**). Wird das Sinnbild auf die Seite der Bezugs-Strichlinie gesetzt, so befindet sich die Naht (Nahtoberfläche) auf der Gegenseite des Stoßes (**Bilder 6 und 7**). Trotz dieser vier Möglichkeiten des Sinnbildeintrags soll, um Missverständnisse zu vermeiden, innerhalb einer Zeichnung nur eine der möglichen Darstellungsarten verwendet werden. Bevorzugt soll

- das Sinnbild immer an der Bezugs-Volllinie angeordnet werden
- für im Schnitt oder in der Ansicht von vorn dargestellte Nähte das Sinnbild so angeordnet werden, dass der Nahtquerschnitt mit der Stellung des Sinnbilds übereinstimmt.

Bei Nähten, die beidseitig hergestellt werden, wie z. B. eine Doppel-V-Naht, oder die sich innerhalb der zu verbindenden Werkstücke befinden, wie z. B. bei einer Punktnaht, entfällt die Bezugs-Strichlinie. Das Sinnbild wird in solchen Fällen symmetrisch zur Bezugs-Volllinie eingetragen (**Bild 8**).

Die Richtung der Pfeillinie zur Naht ist bei symmetrischen Nähten beliebig. Bei unsymmetrischer Nahtfuge zeigt die Pfeillinie zu dem Teil, an dem die Nahtvorbereitung vorgenommen wird (**Bild 9**).

Zur eindeutigen Kennzeichnung des zu bearbeitenden Teils kann die Pfeillinie auch gewinkelt dargestellt werden (**Bild 10**).

10.5 Bemaßung der Schweiß- u. Lötnähte

Bei der sinnbildlichen Darstellung von Nähten wird die Nahtdicke (bei Kehlnähten bevorzugt *a*) vor dem Sinnbild, die Nahtlänge *l* hinter dem Sinnbild eingetragen (**Bild 11**).

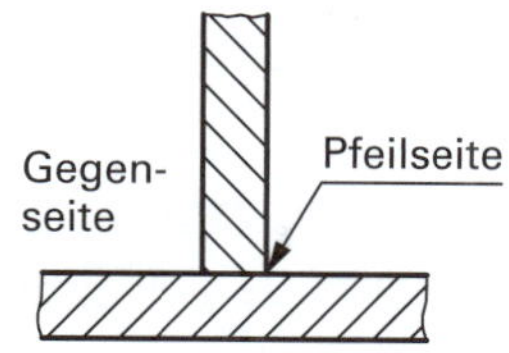

Bild 1

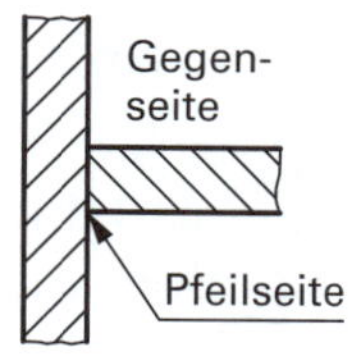

Bild 2

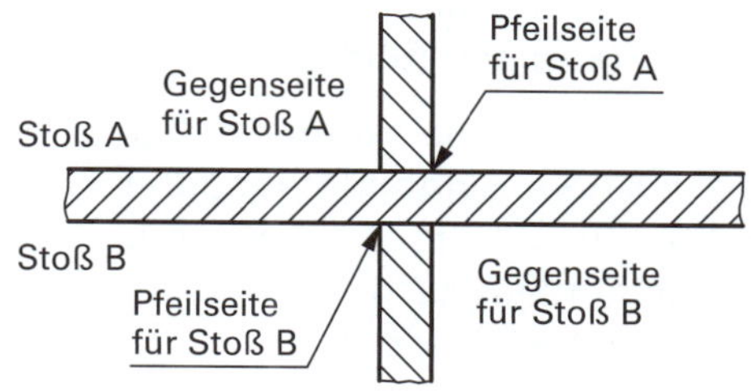

Bild 3

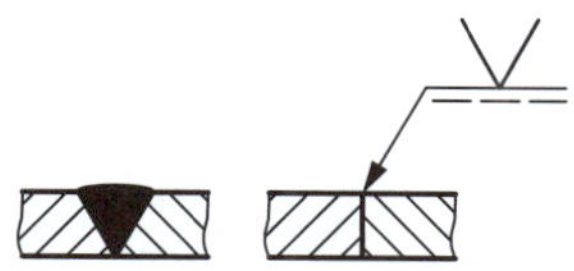
Bild 4

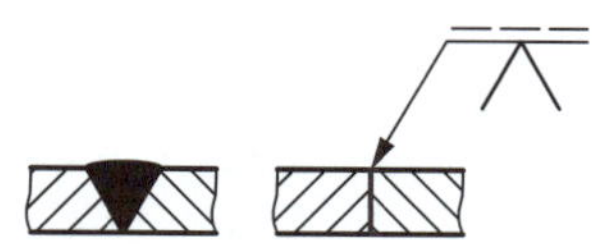
Bild 5

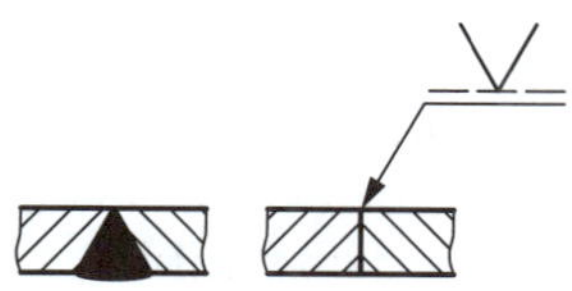
Bild 6

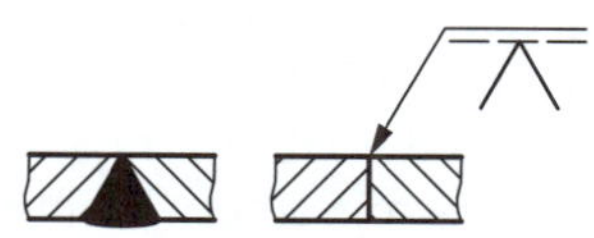
Bild 7

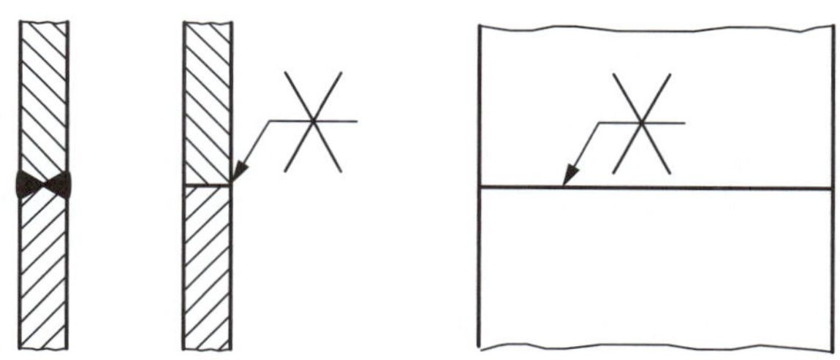
Bild 8

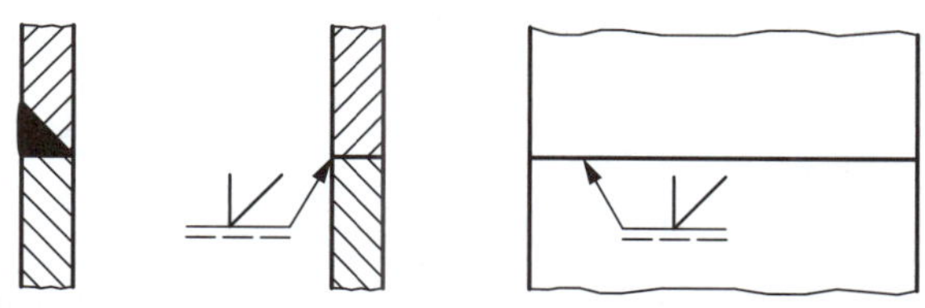
Bild 9

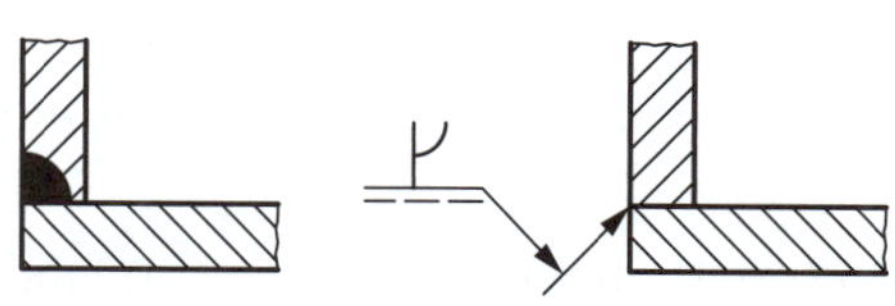
Bild 10

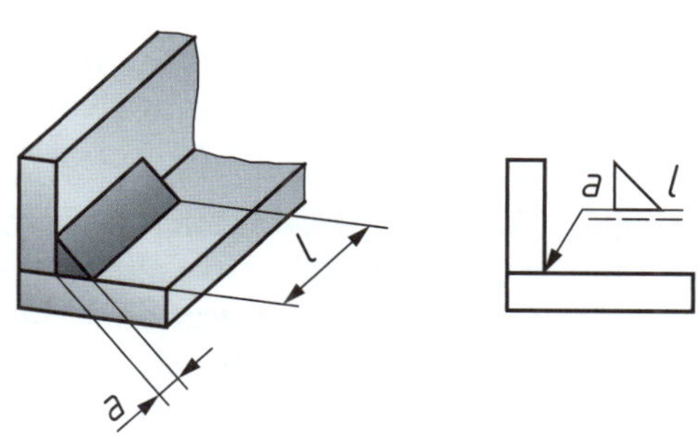

Bild 11

Bei Stumpfnähten wird die Nahtdicke nur dann eingetragen, wenn die Naht nicht durchgehend ist (**Bilder 1 und 2**).

Die Nahtlänge wird immer dann eingetragen, wenn die Naht nicht über die ganze Stoßlänge verlaufen soll (**Bild 3**).

Bei Nähten, die nicht am Stoßanfang beginnen, wird das Maß vom Stoßanfang bis zum Nahtanfang in die Zeichnung eingetragen (**Bild 4**).

Bei Kehlnähten kann die Nahtdicke *a* oder die Schenkellänge *z* vor dem Sinnbild angegeben werden (**Bilder 5 und 6**). Zur Unterscheidung muss deshalb vor das entsprechende Maß der Buchstabe *a* oder *z* gesetzt werden (**Bilder 7 und 8**).

In Deutschland wird bei Kehlnähten die Kehlnahtdicke *a* angegeben.

10.6 Ergänzende Angaben für Schweiß- und Lötnähte

Zur Kennzeichnung von Nähten, die ganz um ein Teil herumgeführt werden sollen, wird das Bezugszeichen an der Übergangsstelle von Bezugs-Volllinie und Pfeillinie mit einem kleinen Kreis ergänzt (**Bild 9**).

Nähte, die erst auf der Baustelle oder bei Montage gefertigt werden, erhalten an derselben Stelle eine kleine Fahne (**Bild 10**).

Das anzuwendende Schweiß- oder Lötverfahren wird bei Bedarf mithilfe einer Kennzahl, die zwischen den Schenkeln der Gabel eingetragen wird, angegeben (**Bild 11**).

In der Gabel können weitere Angaben gemacht werden (**Seite 125, Bilder 1 und 2**). Dies geschieht in folgender Reihenfolge:

1. Schweißprozess (Schweißverfahren)
2. Bewertungsgruppe
3. Position
4. Zusatzwerkstoff

Die einzelnen Angaben werden durch Schrägstriche voneinander abgegrenzt.

Der **Schweißprozess** (Schweißverfahren) wird mit einer Kennzahl nach DIN EN ISO 4063 angegeben (**Bild 11**).

Die **Schweißposition** wird durch die Lage der Naht im Raum und durch die Richtung bestimmt.

Der **Zusatzwerkstoff** wird durch sein Werkstoffkurzzeichen mit vorangestellter Normblatt-Nummer angegeben.

Die zusätzlichen Angaben dürfen auch außerhalb der Gabel gemacht werden. In diesem Falle muss in der Gabel eine Bezugsangabe eingetragen werden. Die Gabel ist dabei zu schließen (**Bild 12**). Die Erklärungen für diese Bezugsangaben sind in der Nähe des Schriftfeldes zu geben.

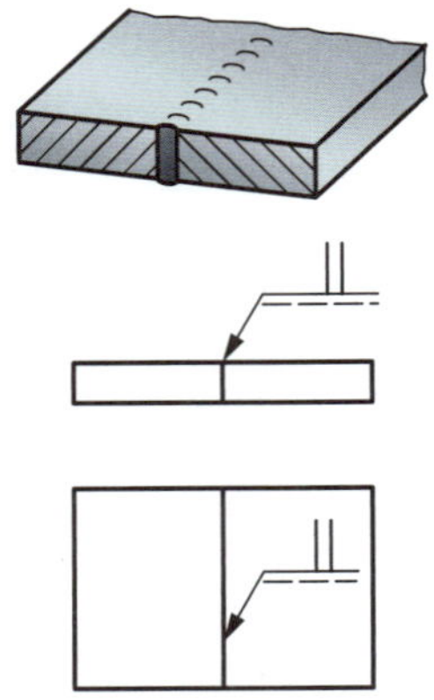

Bild 1

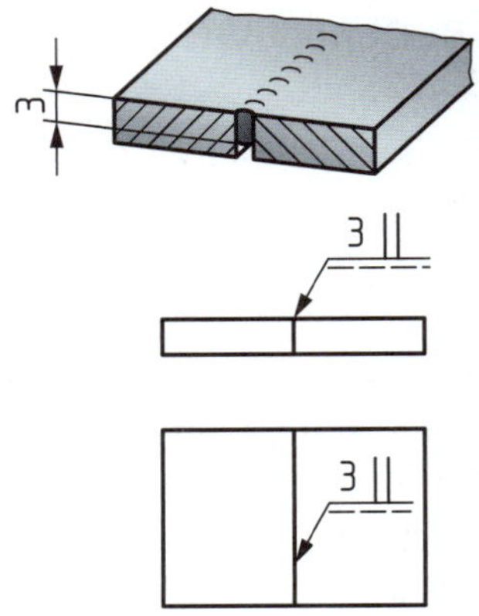

Bild 2

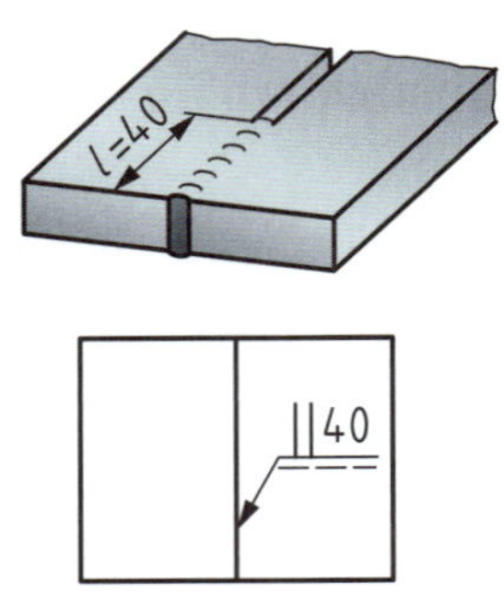

Bild 3

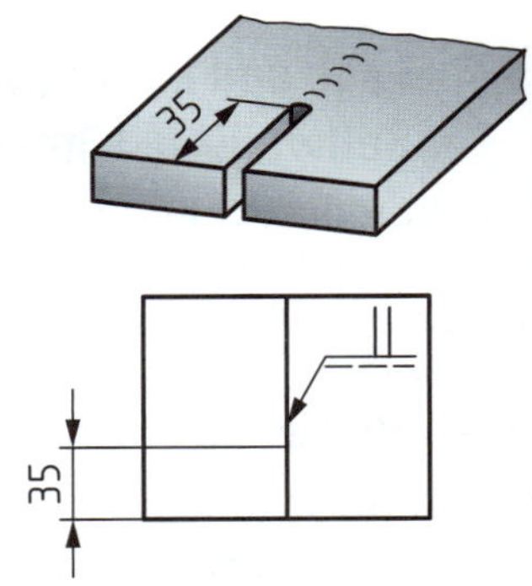

Bild 4

Kehlnahtdicke *a*

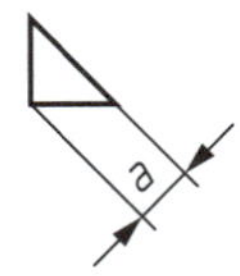

Bild 5

Schenkellänge *z*

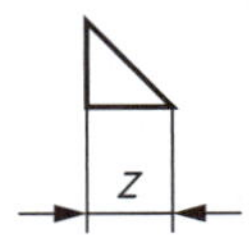

Bild 6

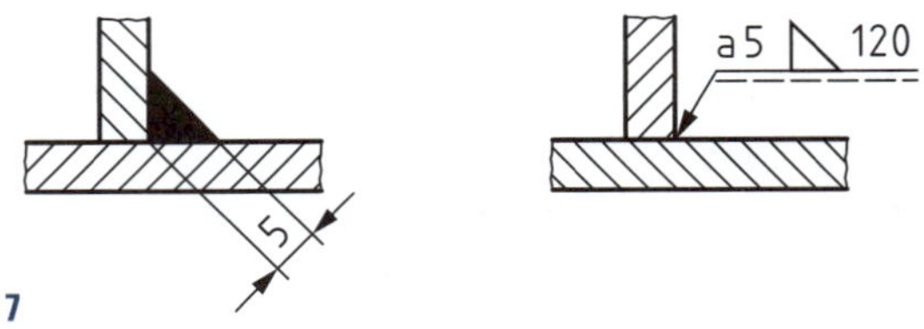

Bild 7

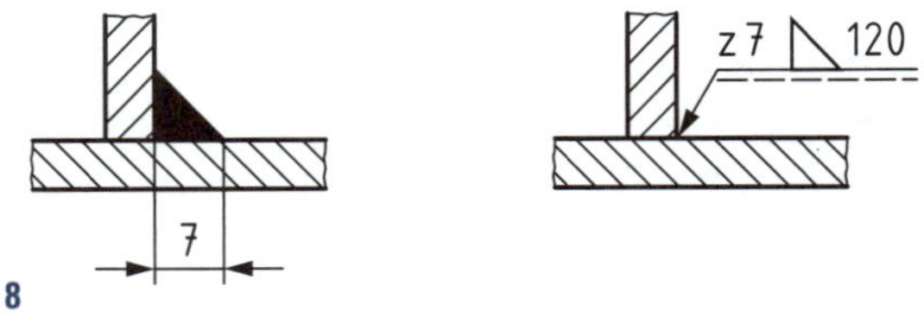

Bild 8

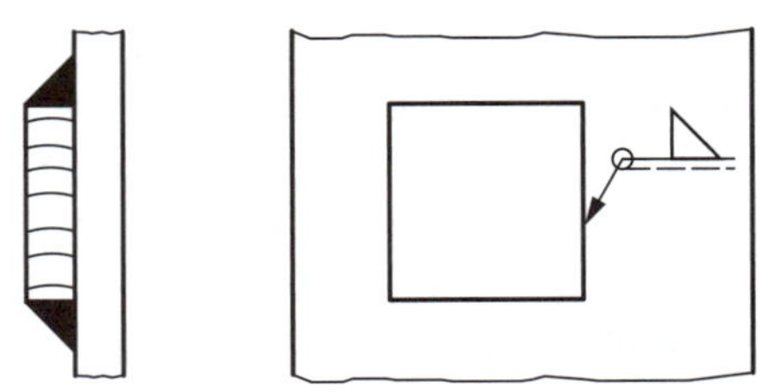

Bild 9

Bild 10

Bild 11

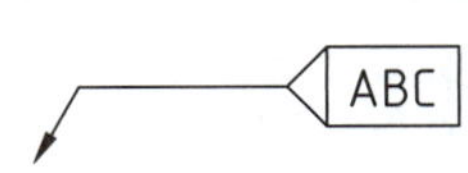

Bild 12

Die **Bewertungsgruppe** legt die noch zulässigen Fehler für lichtbogengeschweißte Stahlverbindungen fest. Sie kann darüber hinaus auch für andere Schmelzschweiß-Verbindungen angewendet werden.

Nach ISO 5817 unterscheidet man drei Bewertungsgruppen, die mit den Großbuchstaben B, C und D bezeichnet werden. Die noch zulässigen Fehler der Schweißverbindung sind bei B hoch, bei C mittel und bei D niedrig (**Bilder 1 und 2**).

Soll die gleiche Bewertungsgruppe für alle in einer Zeichnung aufgeführten Nähte gelten, so kann sie auch in ein dafür vorgesehenes Feld auf der Zeichnung eingetragen werden.

10.7 Beispiele für Schweiß- und Lötnähte

Die **Bilder 1 und 2** zeigen Beispiele für die vollständige Bezeichnung einer Schweiß- bzw. Lötnaht.

Beispiel 1 (**Bild 1**)

Durchgeschweißte V-Naht mit Gegenlage, hergestellt durch Lichtbogenhandschweißen (Kennzahl 111 nach DIN EN ISO 4063); geforderte Bewertungsgruppe C nach ISO 5817; Wannenposition PA nach ISO 6947; verwendete Stabelektroden E 42 0 RR nach DIN EN ISO 2560-A.

Beispiel 2 (**Bild 2**)

Doppelkehlnaht, Nahtdicke auf der Bezugsseite 5 mm, auf der Gegenseite 4 mm, hergestellt durch Metall-Aktivgasschweißen (Kennzahl 136 nach DIN EN ISO 4063); geforderte Bewertungsgruppe B nach ISO 5817; Wannenposition PA nach ISO 6947; verwendete Drahtelektroden G 42 3 C G3Si1 nach ISO 14341-A.

10.8 Klebeverbindungen

Klebeverbindungen müssen ohne Darstellung des Klebemittels angegeben werden.

Die Kennzeichnung von Klebeverbindungen erfolgt durch Sinnbilder (**Tabelle 1**). Das Sinnbild wird auf der Bezugslinie eingetragen (**Bilder 3 und 4**). Eine Hinweislinie verbindet die Bezugslinie mit der gezeichneten Werkstücknaht. Die Hinweislinie endet mit einem Pfeil (**Bilder 3 und 4**).

Klebeverbindungen, die rund um die Kontur eines Werkstücks erzeugt werden müssen, erhalten einen Kreis am Verbindungspunkt der Hinweislinie mit der Bezugslinie (**Bild 5**).

Bei Klebeverbindungen, die auf einen bestimmten Bereich begrenzt sind, muss der Klebebereich durch eine Strich-Zweipunktlinie angegeben werden (**Bild 6**).

Falls erforderlich, dürfen auf der Bezugslinie zusätzlich zum Sinnbild folgende Angaben eingetragen werden (**Bild 8**):

- Die Maße des Horizontalschnittes (Breite und Höhe - **Bild 7**) links vom Sinnbild
- Andere Merkmale, z. B. Bezeichnungen der Werkstoffe, rechts vom Sinnbild
- Ergänzende Angaben in der Gabel

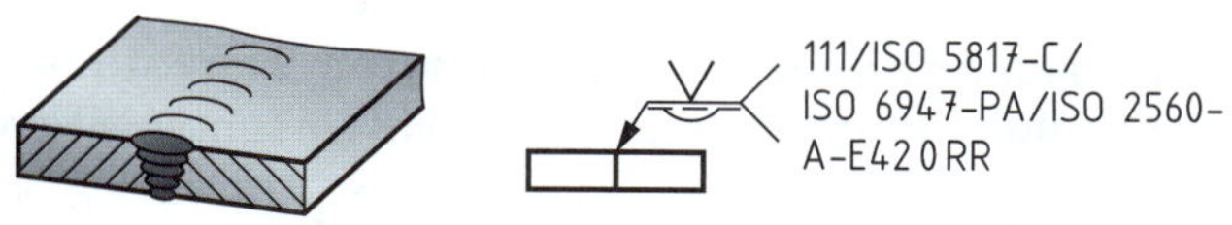

Bild 1

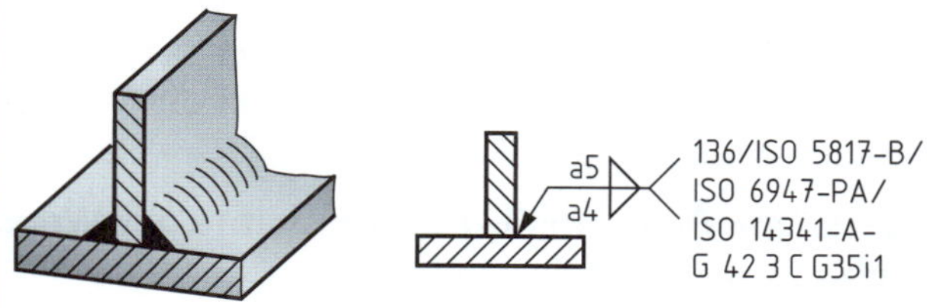

Bild 2

Tabelle 1: Sinnbilder für Klebenähte

Flächennaht	Schrägnaht
=	//

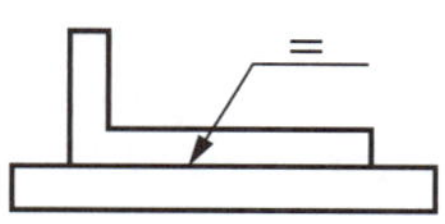
Bild 3

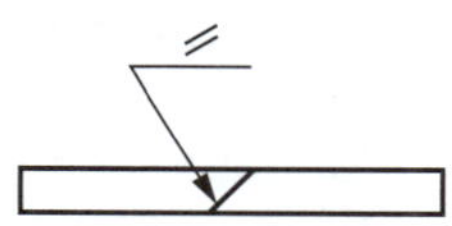
Bild 4

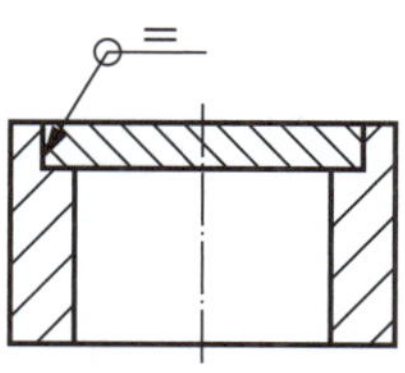
Bild 5

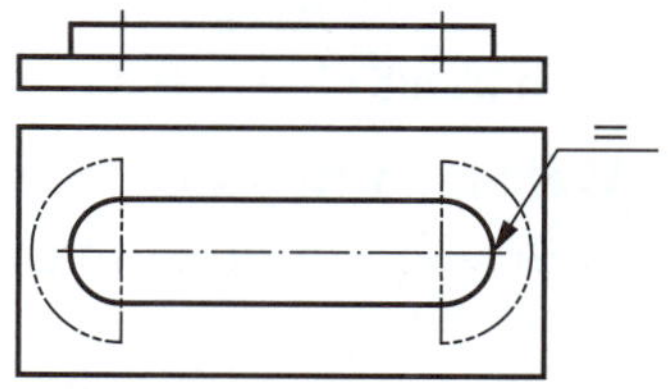
Bild 6

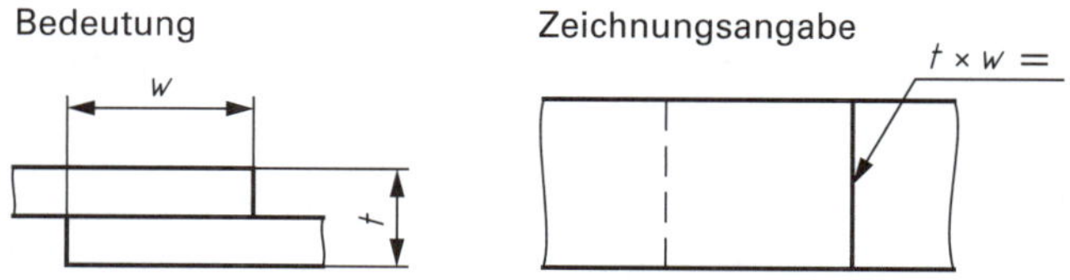

Bild 7

Bild 8

10.9 Überprüfen Sie Ihr Wissen

1 In welcher Kehle des abgebildeten Werkstücks Bild 1 muss nach dem eingetragenen Sinnbild geschweißt werden?

a) In Kehle 1
b) In Kehle 2
c) In Kehle 3
d) In Kehle 4
e) In allen Kehlen

2 In welcher Kehle des abgebildeten Werkstücks Bild 2 muss nach dem eingetragenen Sinnbild geschweißt werden?

a) In den Kehlen 1 und 4
b) In den Kehlen 1 und 2
c) In den Kehlen 1 und 3
d) In den Kehlen 2 und 3
e) In den Kehlen 2 und 4

3 In welchem Bild sind die Schweißnähte des Werkstücks Bild 3 sinnbildlich richtig dargestellt?

a) **Bild 4**
b) **Bild 5**
c) **Bild 6**
d) **Bild 7**
e) **Bild 8**

4 Welche Bedeutung hat die im Bild 9 eingetragene sinnbildliche Darstellung einer Schweißnaht?

a) Der kleine Kreis an der Verbindungsstelle von Bezugslinie und Pfeillinie versinnbildlicht das anzuschweißende Werkstück.
b) Die Fahne zeigt an, dass die Naht im Freien geschweißt werden muss.
c) Der Buchstabe a sagt aus, dass die Schenkellänge der Schweißnaht 3 mm betragen muss.
d) Das Sinnbild besagt, dass eine V-Naht geschweißt werden muss.
e) Die Naht muss auf der Pfeilseite ausgeführt werden.

5 Welche Antwort ist *falsch?*

a) Das Sinnbild (**Bild 10**) bedeutet, dass die Naht erst bei Montage gefertigt wird.
b) Das Sinnbild (**Bild 12**) bedeutet, dass die Naht in 23 Minuten geschweißt werden muss (Akkord-Vorgabe).
c) Die Maßangabe rechts vom Sinnbild (**Bild 11**) bedeutet, dass die Nahtlänge 100 mm beträgt.
d) Die Maßangabe links vom Sinnbild (**Bild 11**) bedeutet, dass die Nahtdicke 4 mm beträgt .
e) Bei unsymmetrischer Nahtfuge zeigt die Pfeillinie (**Bild 13**) auf das Werkstück, an dem die Nahtvorbereitung vorzunehmen ist.

6 Welche Antwort ist *richtig*?

a) Schweiß- und Lötnähte dürfen nur sinnbildlich dargestellt werden.
b) Grundsinnbilder dürfen untereinander nicht kombiniert werden.
c) Zusatzsinnbilder geben z. B. Hinweise auf Montagenähte.
d) Wenn kein Zusatzsinnbild angegeben ist, so ist die Oberflächenform der Naht freigestellt.
e) Ergänzungssinnbilder dürfen nicht mit Grundsinnbildern kombiniert werden.

7 Welche Antwort ist *richtig*?

a) Das Bezugszeichen besteht nur aus einer Pfeillinie.
b) Das Bezugszeichen besteht nur aus einer Bezugslinie.
c) Die Bezugslinie besteht immer aus einer Bezugs-Volllinie und einer Bezugs-Strichlinie.
d) Das Bezugszeichen besteht aus Pfeillinie und Bezugslinie; falls erforderlich, wird die Bezugslinie durch eine Gabel ergänzt.
e) Die Pfeillinie des Bezugszeichens ist immer nach unten abgewinkelt.

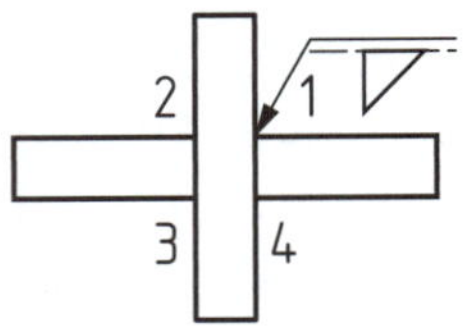

Bild 1

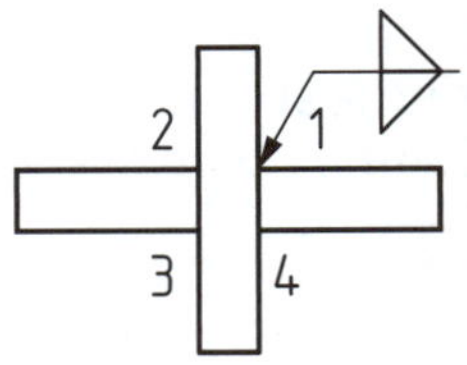

Bild 2

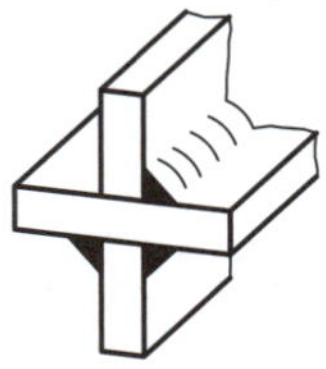
Bild 3

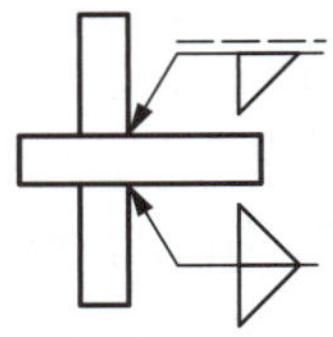
Bild 4

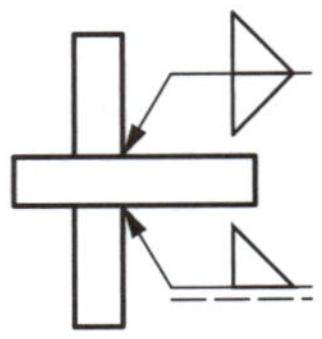
Bild 5

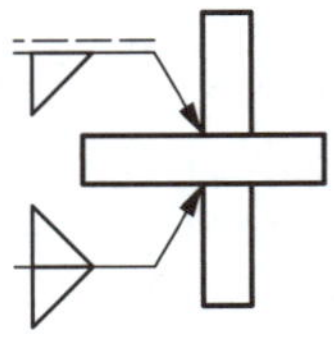
Bild 6

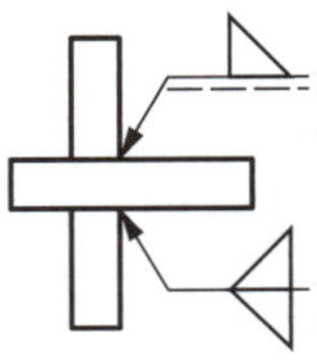
Bild 7

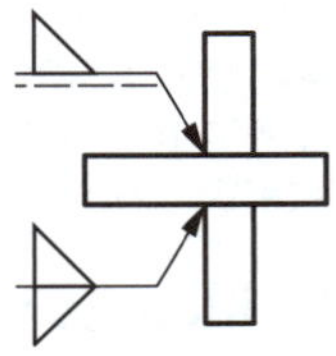
Bild 8

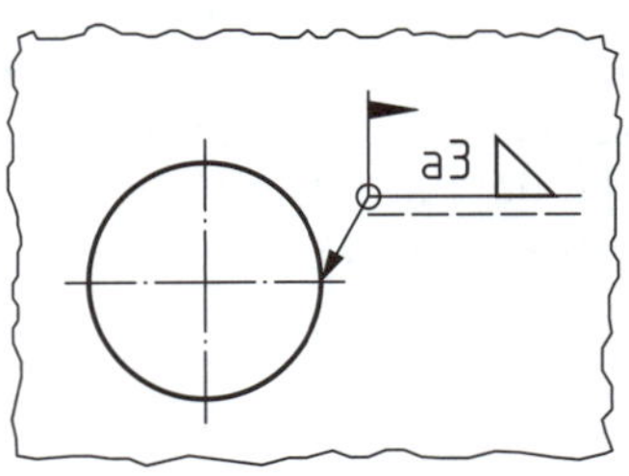

Bild 9

Bild 10

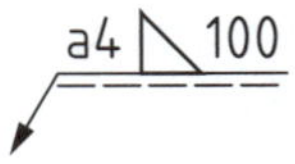

Bild 11

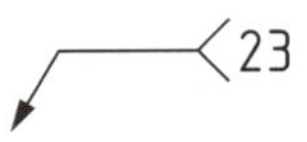

Bild 12

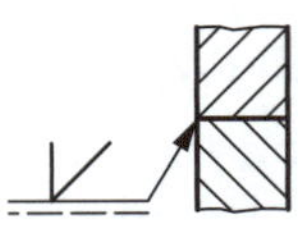
Bild 13

11 Schaltungsunterlagen

11.1 Übersicht

Schaltungsunterlagen dienen

- zur **Darstellung des Zusammenhangs** von Anlagenteilen, z. B. der Verbindung zwischen Pneumatik- und Elektrobauteilen,
- zur **Veranschaulichung von Abläufen**, z. B. der einzelnen Schritte in einer Ablaufsteuerung,
- zum **Aufzeigen von Wirkzusammenhängen**, z. B. der Wirkung einer Regelung. Die Darstellungsmittel für Schaltungsunterlagen sind aus diesem Grunde sehr vielfältig.

Mit **Blockschaltbildern** kann das Zusammenwirken von Anlagenteilen sehr einfach dargestellt werden (**Bild 1**).

Schaltpläne stellen die Betriebsmittel durch genormte Schaltzeichen dar und zeigen auf, wie diese miteinander verbunden sind. Für die einzelnen Medien (elektrischer Strom, Druckluft, Druckflüssigkeit) werden getrennte Schaltpläne gezeichnet (**Bilder 2 bis 4**).

In der Versorgungstechnik dienen **Rohrleitungsplan** und **Strangschema** zur Darstellung von Ver- und Entsorgungsleitungen (**Bild 5**). Um die Höhenlage der Rohrleitung besser erkennen zu können, werden Rohrpläne vielfach räumlich (isometrisch) gezeichnet.

Ein **Programmablaufplan** (**Bild 6**) zeigt den geplanten Ablauf eines programmierten Vorganges. Er wird vielfach in der Informationstechnik, z. B. der elektronischen Datenverarbeitung, für die Erstellung von Computerprogrammen eingesetzt.

Das **Struktogramm** (**Bild 7**) zeigt auf anschauliche Weise die Struktur eines programmierten Ablaufes. Es wird wie der Programmablaufplan in der Informationstechnik eingesetzt. Daneben dient es auch zur Darstellung technischer Abläufe, z. B. von Pneumatiksteuerungen oder Diagnoseprogrammen.

Funktionsdiagramme zeigen den Ablauf von technischen Vorgängen, z. B. der Steuerung einer Montagevorrichtung. In der Form des Zustandsdiagramms (**Bild 8**) lassen Funktionsdiagramme den Betätigungszustand und den Signalfluss für jeden Schritt einer Ablaufsteuerung erkennen. (Darstellung ist nicht mehr genormt.)

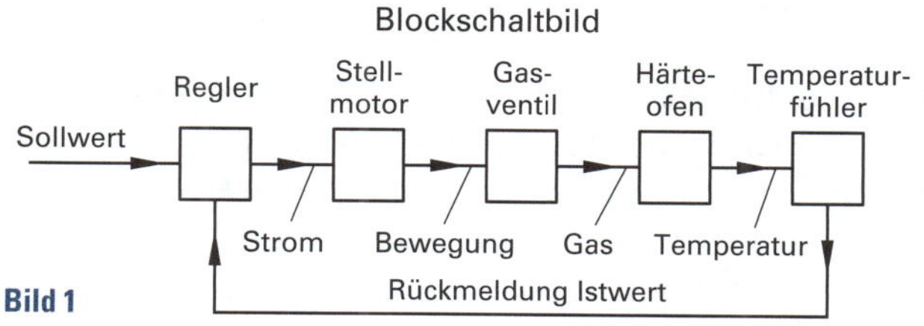

Bild 1

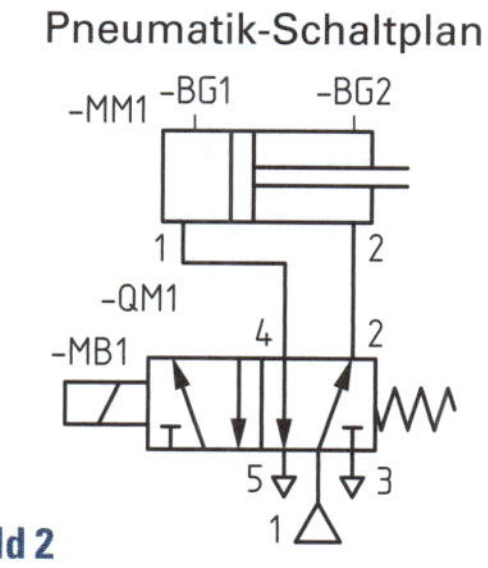

Bild 2

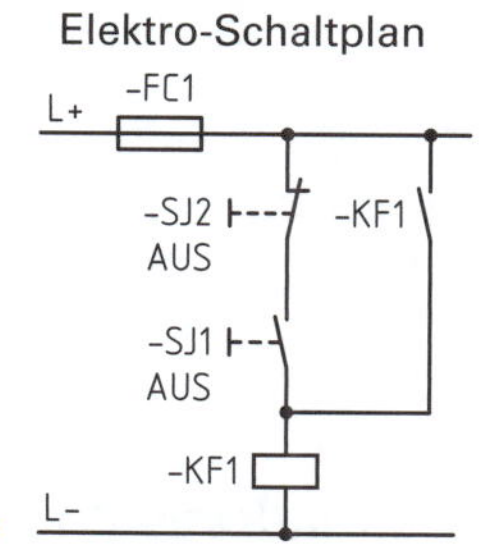

Bild 3

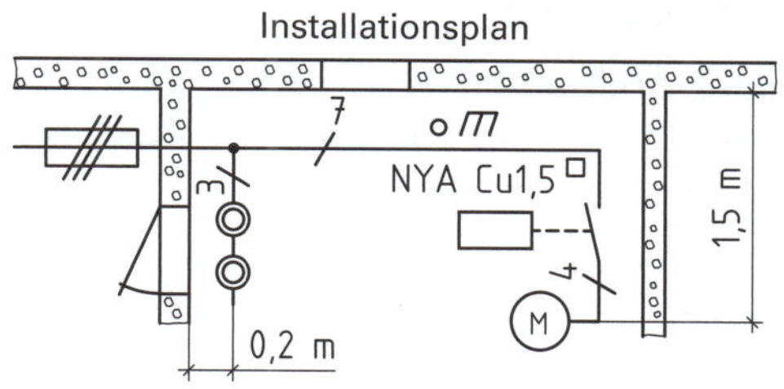

Bild 4

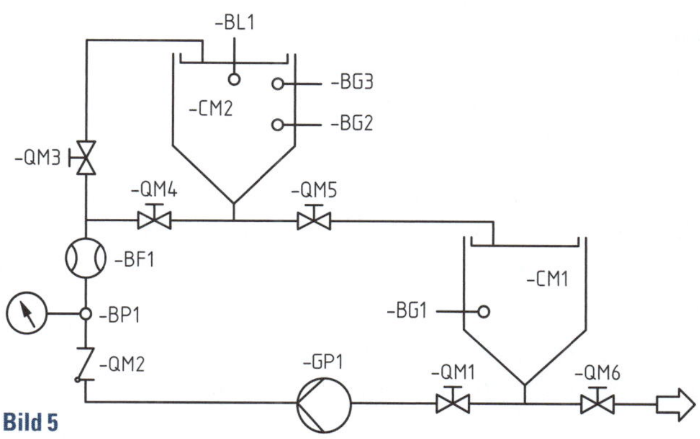

Bild 5

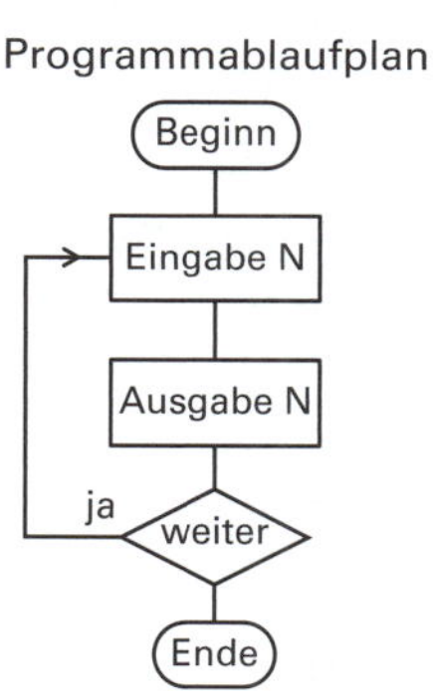

Bild 6

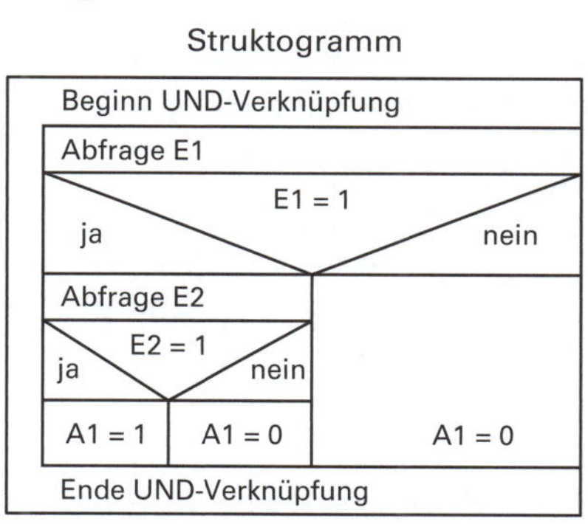

Bild 7

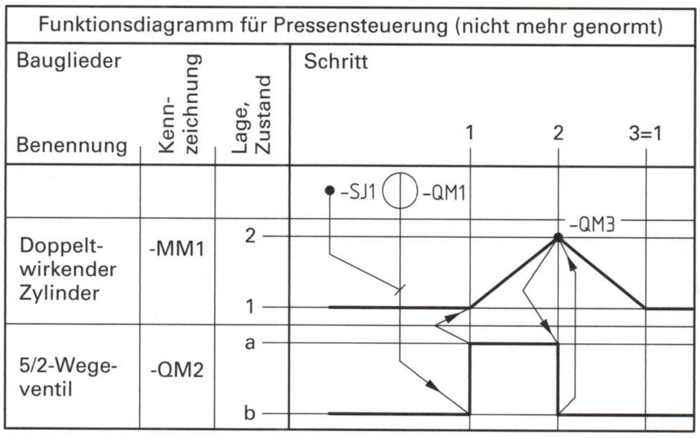

Bild 8

Funktionspläne zeigen bei Ablaufsteuerungen die schrittweise Ausführung von Programmen mit den jeweils erforderlichen Bedingungen für das Fortsetzen des Programmablaufs (**Bild 1**). Mit Funktionsplänen für Verknüpfungssteuerungen kann man, unabhängig von der Art der Bauelemente, den logischen Zusammenhang darstellen und erkennen (**Bild 2**).

Teil eines Funktionsplanes für Ablaufsteuerung

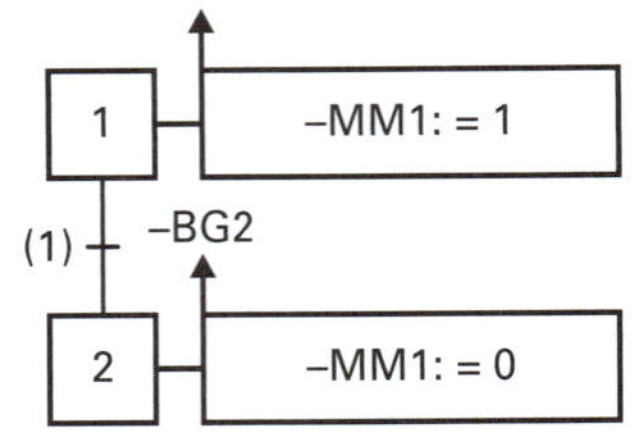

Bild 1

Funktionsplan für Verknüpfungssteuerung

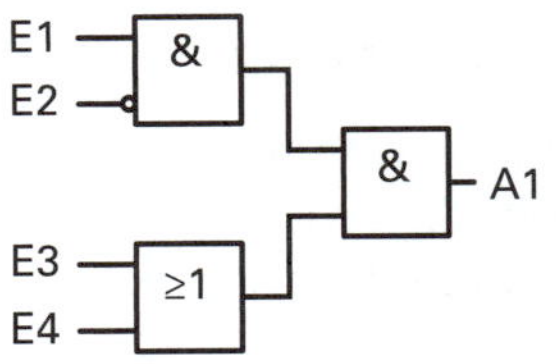

Bild 2

Mithilfe von **Schaltalgebra** (**Bild 3**) und **Logiktabellen** (**Bild 4**) ist es möglich, logische Verknüpfungen mathematisch zu beschreiben.

Schaltalgebra-Gleichung

$$(E1 \wedge \overline{E2}) \wedge (E3 \vee E4) = A1$$

Bild 3

E2	E1	A1
0	0	0
0	1	0
1	0	0
1	1	1

Bild 4

11.2 Grundregeln für das Zeichnen von Schaltplänen

Schaltpläne sollen **übersichtlich** und im **ausgeschalteten** (drucklosen, spannungslosen) Zustand gezeichnet werden.

Geräte werden in ihrer **Grundstellung** (Ausgangsstellung) gezeichnet. Abweichungen davon sind anzugeben.

Leitungen sollen **rechtwinklig** und nach Möglichkeit **kreuzungsfrei** gezeichnet werden. Ist dies nicht möglich, so ist an den Kreuzungsstellen auf eindeutige Darstellung zu achten.

In einem Schaltplan sind vorzugsweise **gleiche Linienbreiten** zu verwenden. Durch verschiedene Linienarten können unterschiedliche Leitungen dargestellt werden (**Bild 5**).

Leitungsverzweigungen (Verbindungen) werden durch einen Punkt gekennzeichnet (**Bild 6**).

Leitungskreuzungen werden, wenn sie nicht zu vermeiden sind, wie in **Bild 7** gezeichnet, d.h. ohne besondere Kennzeichnung.

Anschlüsse von Leitungen an ein Betriebsmittel werden nicht besonders gekennzeichnet. Die Verbindungslinien werden nur an das betreffende Schaltzeichen herangeführt (**Bild 8**).

Bild 5

Leitungs-verzweigung

Bild 6

Leitungs-kreuzung

Bild 7

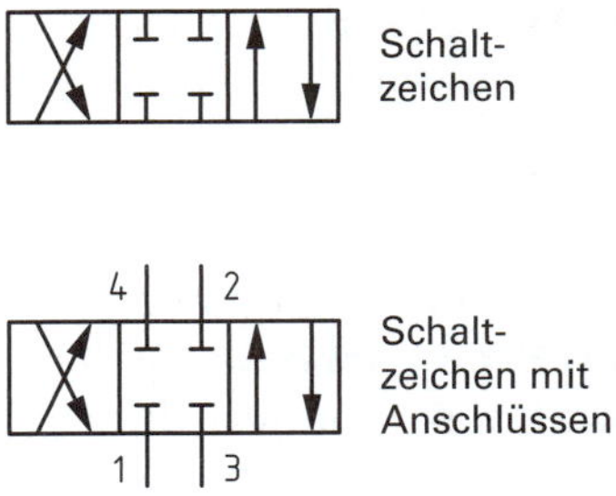

Bild 8

11.3 Pneumatische und hydraulische Schaltpläne

Pneumatische und hydraulische Schaltpläne (fluidtechnische Schaltpläne) zeigen den Energiefluss in der Anlage (**Bild 9**). Die Steuerung wird in einzelne Schaltkreise aufgeteilt. Die Schaltung ist so gezeichnet, dass sie in Ausgangsstellung druckbeaufschlagt ist. In rein pneumatischen Steuerungen können die Schaltzeichen nach DIN ISO 1219-1 verwendet werden (Tabellenbuch). Erfolgt die Steuerung elektrisch, z.B. für Magnetventile, so ist ein zusätzlicher Stromlaufplan zu erstellen.

Zu den Schaltungsunterlagen in der Fluidtechnik gehören neben den Schaltplänen häufig noch Funktionspläne, Funktionsdiagramme und Gerätelisten.

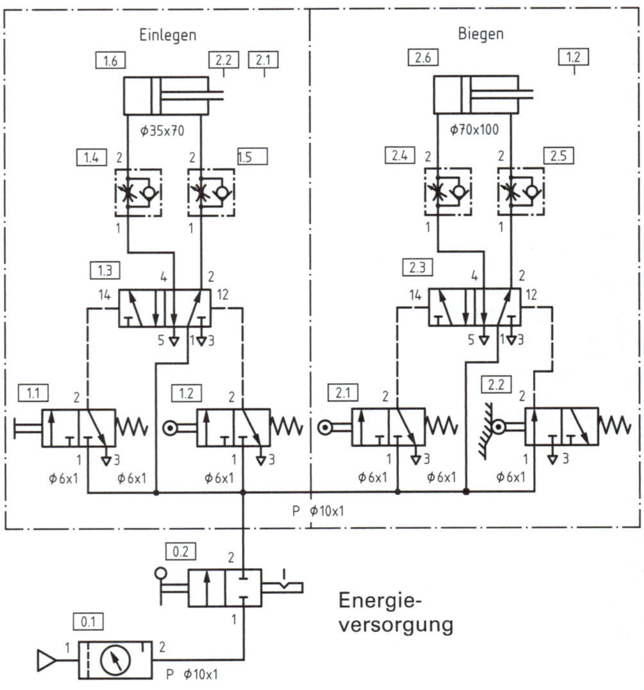

Bild 9

11.3.1 Kennzeichnung der Bauteile

Die Kennzeichnung der Bauteile in pneumatischen, elektropneumatischen, hydraulischen Anlagen steht in der Nähe der Bauteile und wird nicht mehr eingerahmt. Sie erfolgt nach einem genormten Schlüssel (**Bild 2**):

Die Referenzkennzeichnung in Eingangsklassen mit einem Buchstaben ist für jedes Objekt aus verschiedenen Technologiebereichen anwendbar.

Eingangsklassen (Auszug) als Objektaufgabe nach DIN EN 81346-2 (2020-10):

- B Erfassung und Darstellung von Informationen
- K Verarbeitung von Eingangssignalen und Bereitstellung eines Ausgangs
- M Ausübung mechanischer Bewegung oder Kraft durch
- Q Steuerung von Zugang oder Durchfluss
- R Begrenzen oder Stabilisieren
- S Erkennen einer menschlichen Handlung und Bereitstellung einer Reaktion

Häufig ist es notwendig, eine detailliertere Kennzeichnung eines Objektes (**Bild 1**) vorzusehen (Auszug):

- BG für Abstand, Stellung, Lage (z. B. Positionssensor, rollenbetätigtes Ventil)
- KF zur Weiterleitung elektrischer Signale (z. B. Relais)
- MM lineare Kraft aus fluidischer Kraft (z. B. Fluidzylinder, Fluidmotor)
- RN durch Durchflussbegrenzung (z. B. Drossel-Rückschlagventil)
- SJ durch Fingerbetätigung (z. B. Taster, Schalter, Druckknopfventil)

Signalaufnehmer, die von Zylindern betätigt werden (Sensoren, Grenzschalter), erhalten an der Betätigungsstelle einen Strich (**Bild 1**).

11.3.2 Kennzeichnung der Leitungen

Die Kennzeichnung der Leitungen erfolgt entsprechend ihrer Funktion:

- **P** Druckleitungen
- **L** Leckleitungen (Hydraulik)
- **T** Rücklaufleitungen (Hydraulik)

Druckleitungen mit unterschiedlichen Drücken erhalten zusätzlich eine Zählnummer, beginnend mit 1, z. B. P1, P2 (**Bild 3**).

11.3.3 Kennzeichnung von Anschlüssen und Leitungsverbindungen

Anschlüsse müssen im Schaltplan mit den Angaben gekennzeichnet werden, wie sie am Bauteil oder der zugehörigen Grundplatte vorhanden sind.

Dies sind z. B. bei Anschlüssen für

Arbeitsleitungen:	A, B oder 2, 4
Druckleitung:	P oder 1
Entlüftung, Rückleitung:	R, S, T oder 3, 5, 7
Steuerleitungen:	X, Y, Z oder 12, 14

Bild 4 zeigt Beispiele für die Kennzeichnung von Anschlüssen an Ventilen.

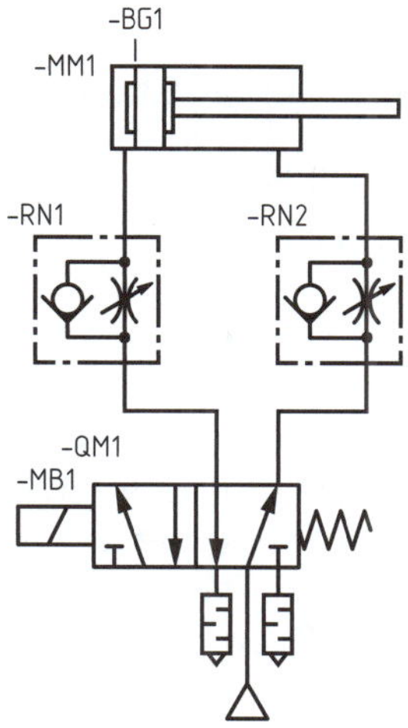

Bild 1

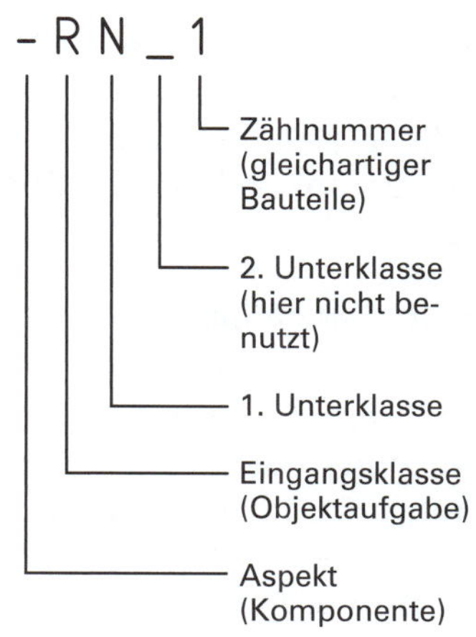

Bild 2

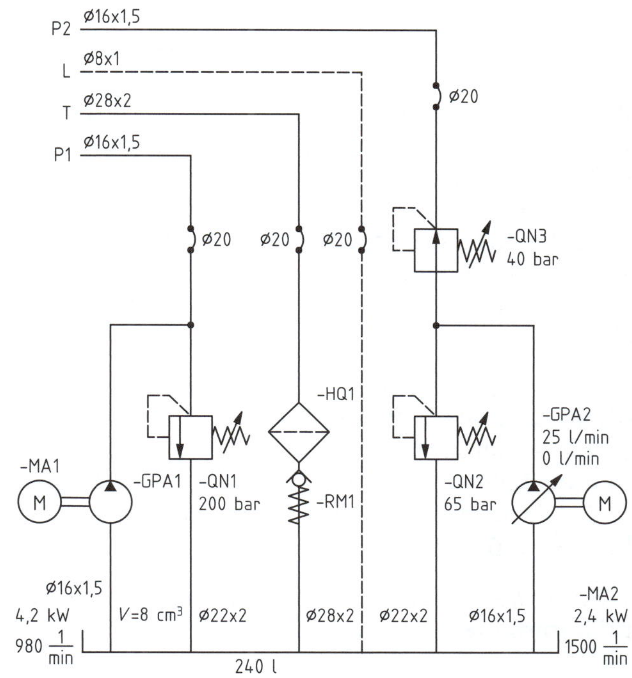

Bild 3

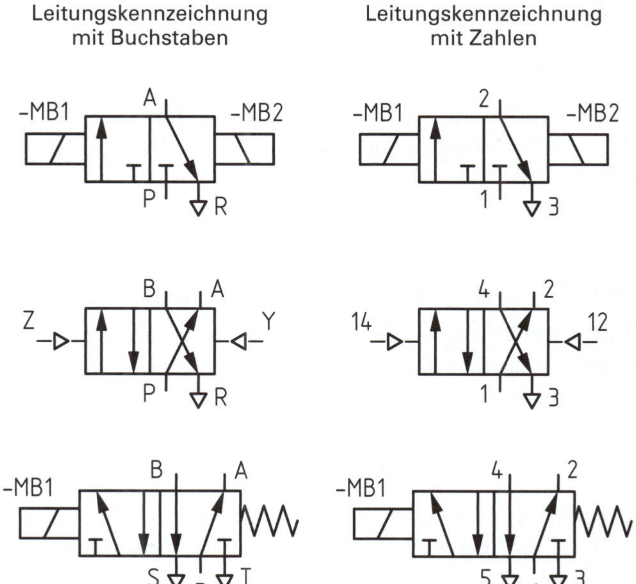

Bild 4

11.4 Stromlaufpläne

Elektrische Kontaktsteuerungen werden in Stromlaufplänen dargestellt. Werden in einer Steuerung mehrere Energiearten verwendet, z. B. Druckluft und elektrischer Strom in elektropneumatischen Steuerungen, so wird für jede Energieart ein eigener Schaltplan gezeichnet.

11.4.1 Darstellung elektrischer Betriebsmittel

Die Bauteile elektrischer Steuerungen nennt man Betriebsmittel. Leitungen und Betriebsmittel werden mit genormten Schaltzeichen dargestellt und mit Kurzzeichen gekennzeichnet (**Tabelle 1** und Tabellenbuch). Die Betriebsmittel werden in der Ausgangsstellung der Steuerung gezeichnet. Kontakte, die in der Ausgangsstellung betätigt sind, werden durch einen Doppelpfeil gekennzeichnet (**Tabelle 1**).

11.4.2 Gestaltung von Stromlaufplänen

Stromlaufpläne werden in einen **Steuerstromkreis** (**Bild 1**) und einen **Hauptstromkreis** (**Bild 2**) unterteilt (aufgelöste Darstellung). Der Steuerstromkreis enthält die Betriebsmittel für die Signaleingabe und die Signalverarbeitung, z. B. Schalter und Relais. Im Hauptstromkreis zeichnet man die Stellglieder und die elektrischen Arbeitsglieder ein (**Bild 2**). Spannung und Stromart können für die Stromkreise verschieden sein. Sie werden im Stromlaufplan eingetragen (**Bild 3**).

Für jedes Betriebsmittel zeichnet man einen **senkrechten Stromweg** (**Bild 3**). Dabei bleibt die räumliche Zusammengehörigkeit unberücksichtigt. Zusammengehörige Teile eines Betriebsmittels, z. B. Relaisspule und Relaiskontakt, erhalten das gleiche Kurzzeichen, z. B. –KF1 in **Bild 3**.

Die Stromwege werden von links nach rechts **fortlaufend nummeriert** (**Bild 3**).

Eine **Schaltgliedertabelle** unterhalb des Stromweges lässt erkennen, welche Kontakte zu einem Relais gehören und in welchen Stromwegen sie zu finden sind (**Bild 3**).

11.5 Funktionspläne

Mit Funktionsplänen werden Steuerungsabläufe und logische Verknüpfungen dargestellt. Funktionspläne sind unabhängig von einer bestimmten Geräte- oder Energieart. Die Sinnbilder für die Darstellung sind genormt.

11.5.1 Funktionspläne für Ablaufsteuerungen

Ablaufsteuerungen werden in Schritte unterteilt und schrittweise dargestellt. Die Sinnbilder für die einzelnen Schritte eines Steuerungsablaufes werden untereinander gezeichnet und mit dem Sinnbild für Befehle verbunden (**Bild 1, Seite 131**).

Zwischen den einzelnen Sinnbildern für Schritte werden die Linien für die Wirkverbindung gezeichnet (**Bild 4**). Ist die Wirkverbindung ausnahmsweise von unten nach oben, so muss ein Pfeil eingetragen werden (**Bild 4, Seite 131**).

Tabelle 1: Darstellung von Betriebsmitteln, Beispiele

Darstellung	Bedeutung
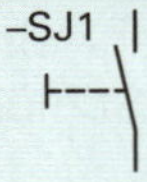 –SJ1	Schaltkontakt –SJ1 Schließer, mit Handbetätigung, kehrt selbsttätig in Ausgangslage zurück
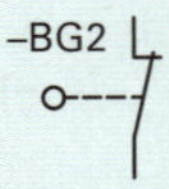 –BG2	Schaltkontakt –BG2 Öffner, Betätigung durch Rolle
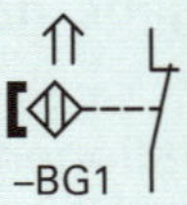 –BG1	Berührungsfreier Sensor –BG1 Schließer, magnetisch betätigt, dargestellt im betätigten Zustand
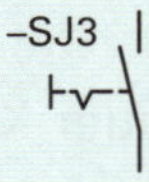 –SJ3	Stellschalter –SJ3 Schließer mit Handbetätigung, keine selbsttätige Rückkehr in Ausgangslage
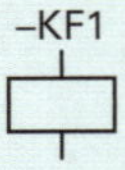 –KF1	Relais oder Schütz –KF1
 –KF1	Öffner, betätigt durch Relais –KF1 öffnet verzögert beim Betätigen durch –KF1

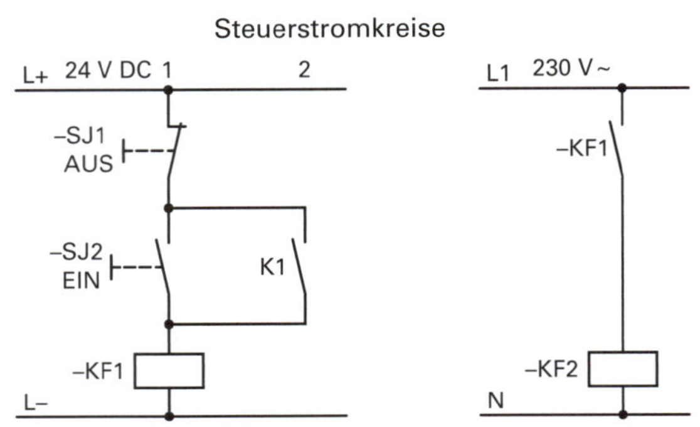

Bild 1

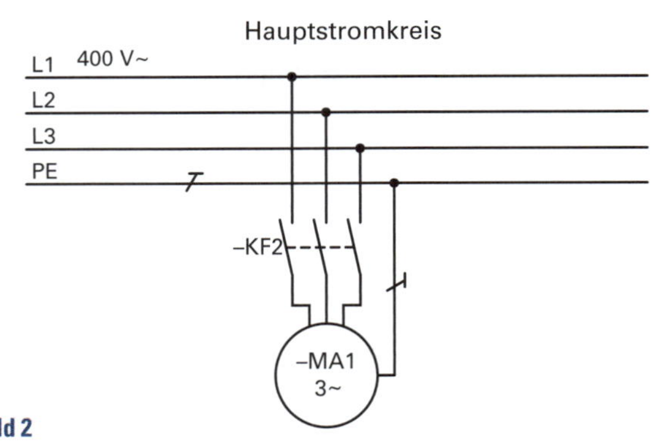

Bild 2

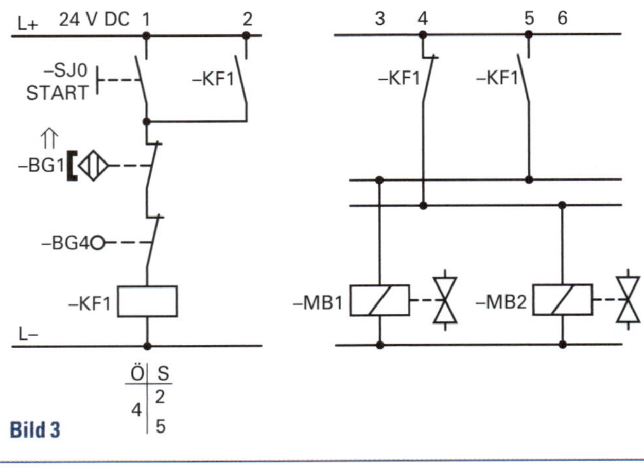

Bild 3

Ein Querstrich kennzeichnet den Übergang von einem Schritt zum anderen (**Bild 6**). In seiner Nähe wird die Bedingung für diesen Übergang, d. h. die Bedingung für das Weiterschalten von einem Schritt zum nächsten, angegeben.

Die Angabe der Übergangsbedingung kann mit erklärenden Texten, mit Schaltalgebragleichungen oder mit Funktionsbausteinsprache (**Seite 133, Bild 2**) erfolgen.

Die europäische DIN EN 60848 (GRAFCET) ersetzt in Deutschland die nationale DIN 40719, Teil 6 (Funktionsplan). Die Struktur von Grafcet-Plänen wird durch Schritte und Transitionen dargestellt. Schritte sind entweder aktiv oder inaktiv. Dieser Zustand wird durch die Werte „1" und „0" bzw. „true" und „false" gekennzeichnet (**Bild 2**). Der Name der Variablen wird durch den Buchstaben „X" und die Nummer des Schrittes gebildet (**Bild 3**). Kommentare sind mit Anführungszeichen gekennzeichnet. Aktionen werden an einen Schritt angefügt.

Eine kontinuierliche Aktion wirkt so lange, wie der Schritt aktiv ist (**Bild 1**), eine gespeicherte Aktion wirkt so lange, bis ein Signal diese Aktion beendet. Das Schalten eines Impulsventils über eine Magnetspule wird durch eine kontinuierliche Aktion ausgelöst. Die Ansteuerung eines federrückgestellten Ventils muss durch eine gespeicherte Aktion gehalten werden (**Bild 2**), sonst stellt die Feder das Ventil wieder zurück. Zeitabhängige Zuweisungsbedingungen werden über die Zeitangabe und den darauf folgenden aktivierten oder auch deaktivierten Schritt X gekennzeichnet (**Bild 3**).

Wirkverbindungen können auch verzweigt werden. In **Bild 4** ist eine ODER-Verzweigung (Alternativübergang), in **Bild 5** eine UND-Verzweigung (Parallelübergang) dargestellt.

In **Bild 6** ist der Funktionsplan für eine hydropneumatische Vorschubeinheit dargestellt.

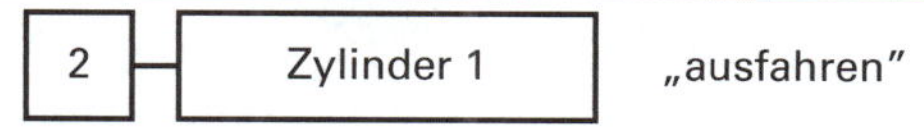

Bild 1

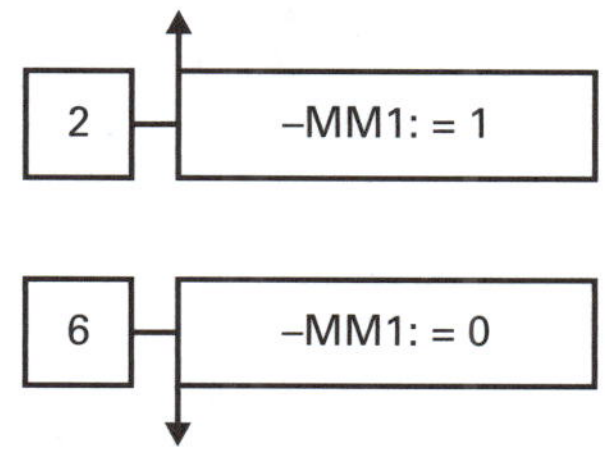

Bild 2

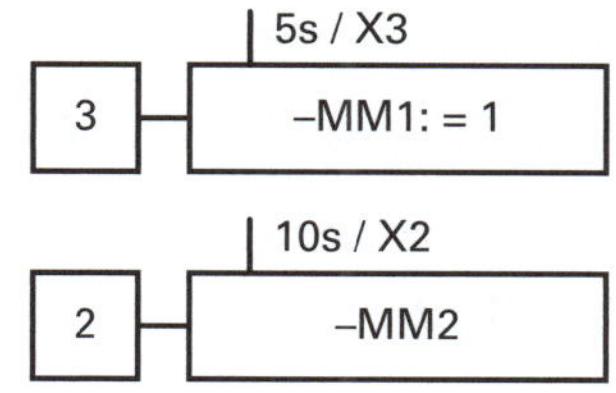

Bild 3

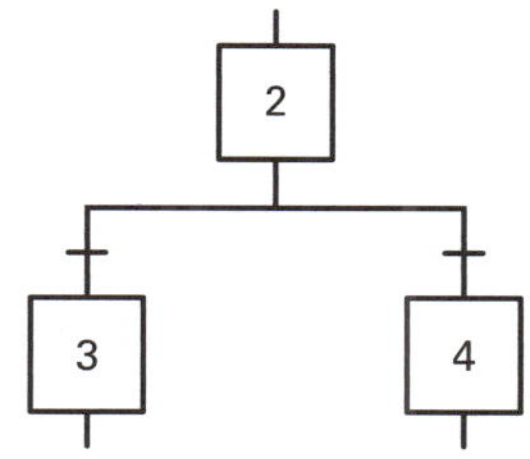

Bild 4

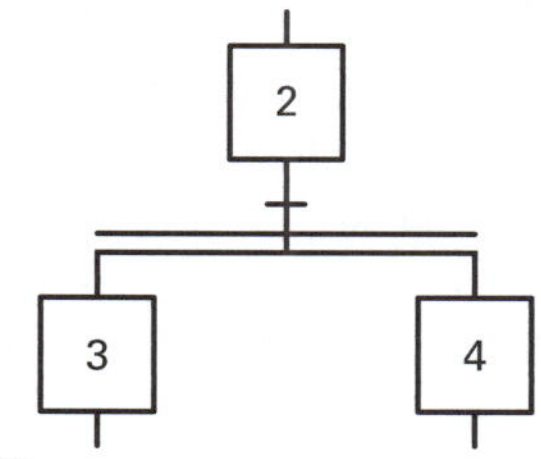

Bild 5

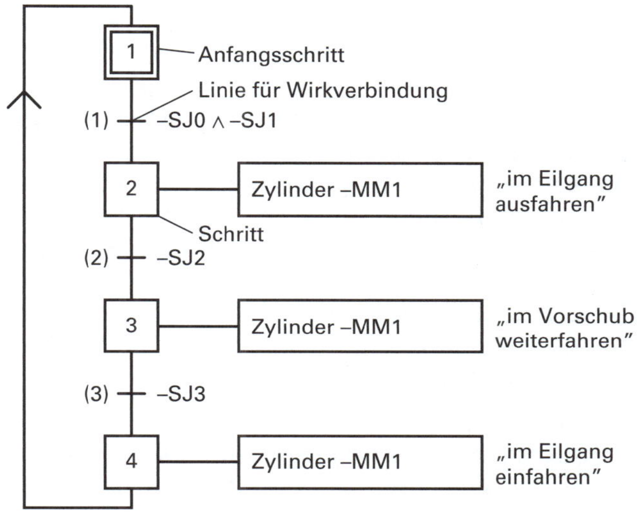

Bild 6

ODER UND NICHT

$(E1 \vee E2) \wedge \overline{E3} = A1$

Bild 7 (E1 ODER E2) UND NICHT E3 IST A1

11.6 Schaltalgebra

Signalverknüpfungen lassen sich durch die Zeichen der Schaltalgebra in Form von Gleichungen mathematisch darstellen (**Bild 7**). Die Signalverknüpfungen werden durch die Zeichen ∧ für UND, ∨ für ODER und ‾ (Überstreichung) für NICHT dargestellt (**Tabelle 1**).

Tabelle 1: Zeichen der Schaltalgebra

Zeichen	Bedeutung
∧	UND
∨	ODER
‾	NICHT

11.7 Logiktabelle

In einer Logiktabelle werden für binäre Schaltungen alle Zustandskombinationen der Eingangswerte und die zugehörigen Ausgangswerte tabellarisch aufgezeigt (**Tabelle 2**). Die Werte werden mit den Ziffern 0 für AUS (spannungslos, nicht betätigt) und 1 für EIN (Spannung liegt an, betätigt) eingetragen.

Die zur Erstellung der Tabelle erforderliche Zeilenzahl beträgt 2^n, wobei n der Anzahl der Eingänge entspricht. Für 3 Eingänge sind also $2^3 = 8$ Zeilen erforderlich. Die Nummerierung der Zeilen beginnt mit 00; dies entspricht der Zählweise der binären Speicherstellen. Die Nummerierung der Zeilen kann bei kurzen Logiktabellen auch entfallen.

Tabelle 2: Logiktabelle

Zeile	Sinnbild			Ausgang
	E3	E2	E1	A1
00	0	0	0	0
01	0	0	1	1
02	0	1	0	1
03	0	1	1	1
04	1	0	0	0
05	1	0	1	0
06	1	1	0	0
07	1	1	1	0

$(E1 \vee E2) \wedge \overline{E3} = A1$

Um alle möglichen Zustandskombinationen der Eingänge darzustellen, werden die Ziffern 0 und 1 bei den einzelnen Eingängen jeweils 2^{n-1} mal eingetragen. Die Reihenfolge der Ziffern bei 3 Eingängen ist daher

beim Eingang E1 0 – 1 – 0 – 1 – 0 – 1 – 0 – 1

beim Eingang E2 0 – 0 – 1 – 1 – 0 – 0 – 1 – 1

beim Eingang E3 0 – 0 – 0 – 0 – 1 – 1 – 1 – 1

(**Tabelle 2**)

11.8 Speicherprogrammierte Steuerungen (SPS)

11.8.1 Aufbau und Wirkungsweise der SPS

SPS-Steuerungen besitzen 8 bis 16 Signaleingänge (Eingangsklemmen) und ebenso viele Signalausgänge (Ausgangsklemmen). Die Bezeichnung der Ein- und Ausgänge ist herstellerabhängig, z. B. E0.1 bis E0.8 oder I 0.0 bis I 0.8 für Eingänge und A0.1 bis A0.8 oder 2.1 bis 2.8 oder Q0.0 bis Q0.8 für Ausgänge.

SPS-Steuerungen fragen den Zustand ihrer Eingänge ab, verarbeiten die Signale nach einem Programm und geben die programmgemäß ermittelten Ausgangssignale weiter. Das in die SPS in Binärcode eingelesene und gespeicherte Programm wird fortlaufend mit hoher Taktfrequenz durchlaufen. Jede Zustandsänderung der Eingangssignale oder der intern gespeicherten Signale bewirkt die dem Programm entsprechende Änderung der Ausgangssignale. Für die Signalverarbeitung stehen die Funktionen UND, ODER, NICHT, Speicherfunktionen (Merker setzen und rücksetzen), Zeitfunktionen (Verzögerung) und Zählfunktionen zur Verfügung.

Die Signalelemente einer Steuerung (Schalter, Sensoren) werden an die Eingangsklemmen der SPS, die Arbeitselemente oder Ventilmagnete (Aktoren) an die Ausgangsklemmen angeschlossen (**Bild 1**). Den Zusammenhang zwischen den Ein- und Ausgangsbezeichnungen der SPS und den daran angeschlossenen Bauelementen stellt eine Zuordnungsliste her (**Bild 2** und **Tabelle 1**).

11.8.2 Signalgeber und Eingangszustand

Für die Programmierung einer SPS ist der Unterschied zwischen dem Zustand eines Signalgebers und dem Zustand des angeschlossenen SPS-Eingangs zu beachten. Als Signalgeber können Öffner oder Schließer verwendet werden. Das Eingangssignal der SPS ist 0 bei einem unbetätigten Schließer und einem betätigten Öffner; es ist 1 bei einem betätigten Schließer und einem unbetätigten Öffner (**Bild 3** und **Tabelle 2**).

Aus Sicherheitsgründen sollten bei der Planung einer Steuerungsaufgabe die Folgen eines Drahtbruches beachtet werden.

Das Eingangssignal der SPS ist bei einem Drahtbruch stets 0, unabhängig von der Art und dem Betätigungszustand des Signalgebers. Signale für Start und Startvoraussetzungen, z. B. Kontakte eines Schutzgitters, sind stets durch Schließer zu geben. Signale für Programmunterbrechungen, z. B. NOT-AUS-Schaltung, werden durch einen Öffner gegeben.

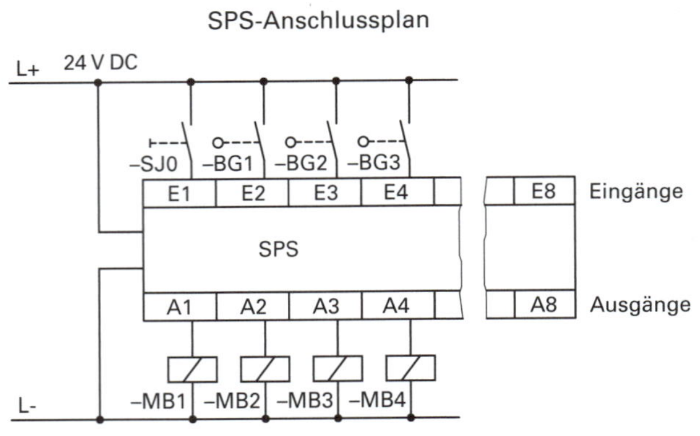

Bild 1

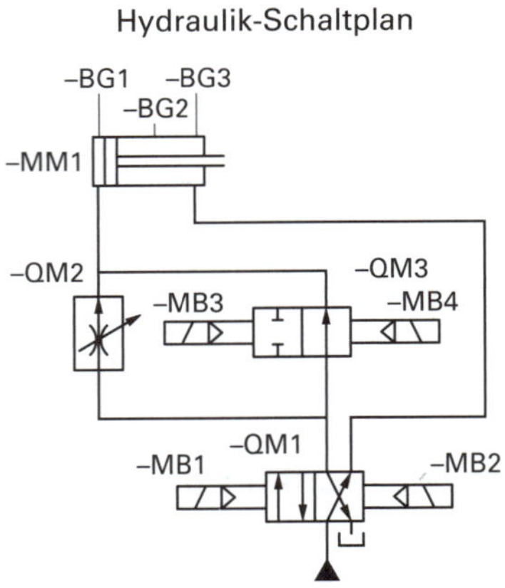

Bild 2

Tabelle 1: Zuordnungsliste

Bauelemente		Eingang, Ausgang
Bezeichnung	**Kennziffer**	
Taster START	–SJ0	E1
Endschalter eingef.	–BG1	E2
Umschalter Vorschub	–BG2	E3
Endschalter ausgef.	–BG3	E4
4/2-Wegeventil a	–MB1	A1
4/2-Wegeventil b	–MB2	A2
2/2-Wegeventil a	–MB3	A3
2/2-Wegeventil b	–MB4	A4

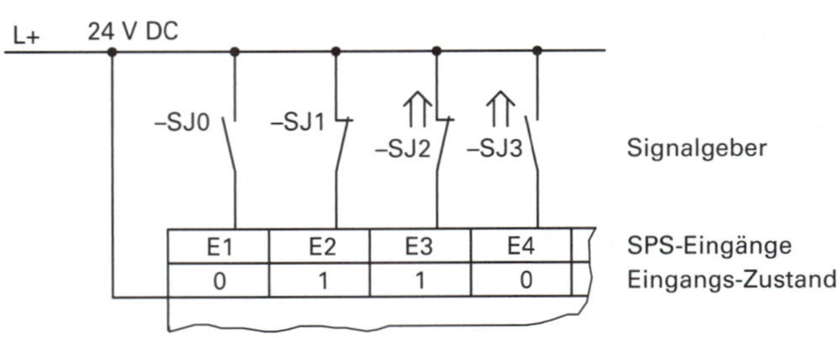

Bild 3

Tabelle 2: Zustand von Signalgebern und SPS-Eingängen

Signalgeber			SPS-Eingangszustand
Kennzeichen	**Art**	**Zustand**	
–SJ0	Schließer	unbetätigt	0
–SJ1	Öffner	unbetätigt	1
–SJ2	Schließer	betätigt	1
–SJ3	Öffner	betätigt	0

11.8.3 Programmiersprachen für SPS-Steuerungen

Für die Programmierung von SPS-Steuerungen werden grafische Sprachen und Textsprachen verwendet. Grafische Sprachen sind der Kontaktplan (KOP) und die Funktionsbaustein-Sprache (FBS), Textsprachen sind die Anweisungsliste (AWL) und der Strukturierte Text (ST). Ihre Auswahl ist abhängig von dem verwendeten Programmiergerät und der zugehörigen Software.

Kontaktplan (KOP)

Der Aufbau eines Kontaktplans gleicht einem einfachen Stromlaufplan in waagrechter Darstellung (**Bild 1**). Die Zeichen des Kontaktplanes sind mit den Zeichen des ASCII-Codes jedes Computers darstellbar.

Funktionsbaustein-Sprache (FBS)

Die Funktionsbaustein-Sprache erlaubt eine besonders anschauliche Darstellung des Programmablaufs (**Bild 2**). Die verwendeten Sinnbilder sind genormt (**Tabelle 1** und Tabellenbuch).

Anweisungsliste (AWL)

Die Anweisungsliste dient zur Programmeingabe für SPS-Steuerungen mit einfachen Programmiergeräten, z. B. Handprogrammiergeräten. Die Darstellung der Verknüpfung geschieht in Tabellenform (**Tabelle 2** und Tabellenbuch).

Jede Zeile der Anweisungsliste entspricht einer Speicherstelle (Adresse) der SPS. Ihnen wird mithilfe von Kurzzeichen eine Anweisung (Operator) und eine Bestimmung (Operand) zugeordnet.

Das Programmiergerät übersetzt die Anweisung jeder Zeile in den Binärcode und speichert sie in der Adresse der SPS ab.

Strukturierter Text (ST)

Der strukturierte Text ist eine Programmiersprache ähnlich PASCAL, bei der den einzelnen Variablen (Eingänge, Ausgänge, Merker) in Abhängigkeit vom Zustand der SPS-Steuerung Werte zugewiesen werden. Beispiel:

Strukturierter Text für $(E1 \vee E2) \wedge \overline{E3} = A1$:

%QA1:=(%IE1 OR %IE2) ANDN %IE3

11.9 Beispiele für die Lösung von Steuerungsaufgaben

11.9.1 ODER-Verknüpfung von Signalen

Eine ODER-Verknüpfung ist z. B. erforderlich, wenn ein Bauelement von zwei verschiedenen Signalgebern aus angesteuert werden soll. Der Ausgang (A1) erhält den Wert 1, wenn **mindestens ein Eingang** den Wert 1 hat (**Bild 3**). Die ODER-Verknüpfung wird in der Pneumatik mit einem Wechselventil, in der Elektrotechnik mit einer Parallelschaltung verwirklicht. Für die verschiedenen Programmiersprachen bei SPS-Steuerungen zeigt **Bild 3** die Darstellung der ODER-Verknüpfung.

Kontaktplan (KOP)

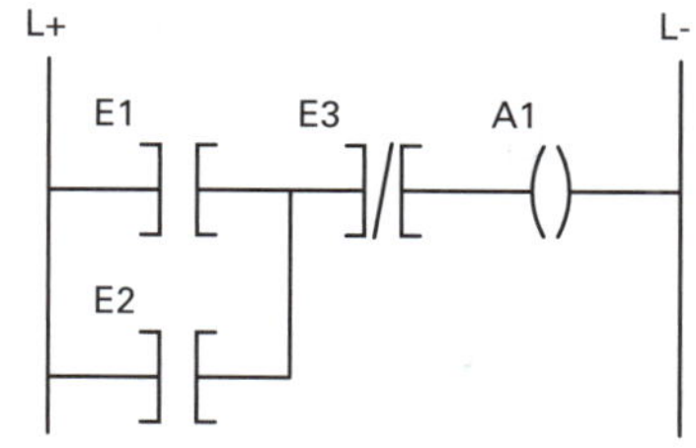

Bild 1

Funktionsbaustein-Sprache (FBS)

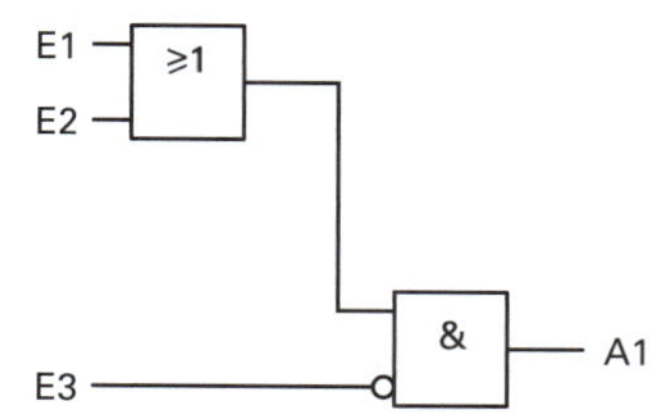

Bild 2

Tabelle 1: Sinnbilder für Funktionsbaustein-Sprache (FBS)

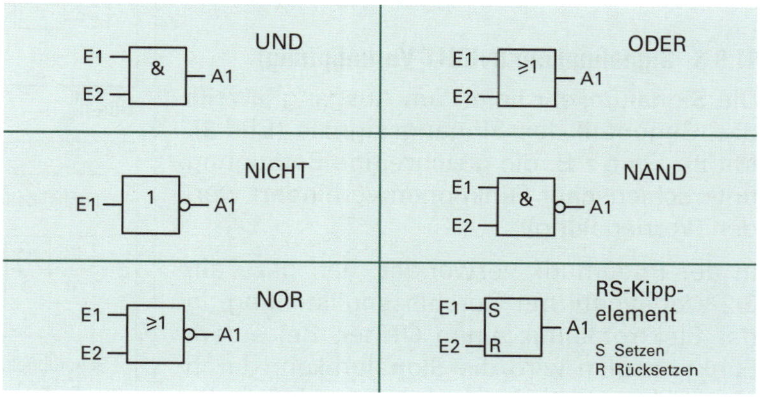

Tabelle 2: Beispiel für SPS-Anweisungsliste

Anweisung $(E1 \vee E2) \wedge \overline{E3} = A1$				Erläuterung
nach DIN EN 61131		nach DIN VDI 2880[1]		
Operator	Operand	Operator	Operand	
LD(	%IE1	L(		Abfragen der Eingänge E1 und E2 und Verknüpfen mit ODER
OR	%IE2	O	E1	
)		O)	E2	
ANDN	%IE3	UN	E3	Verknüpfen mit UND NICHT E3
ST	%QA1	=	A1	Speichern in Ausgang A1

[1] VDI 2880 ist zwar durch DIN EN 61131 ersetzt, wird aber in vielen der vorhandenen SPS-Steuerungen noch verwendet

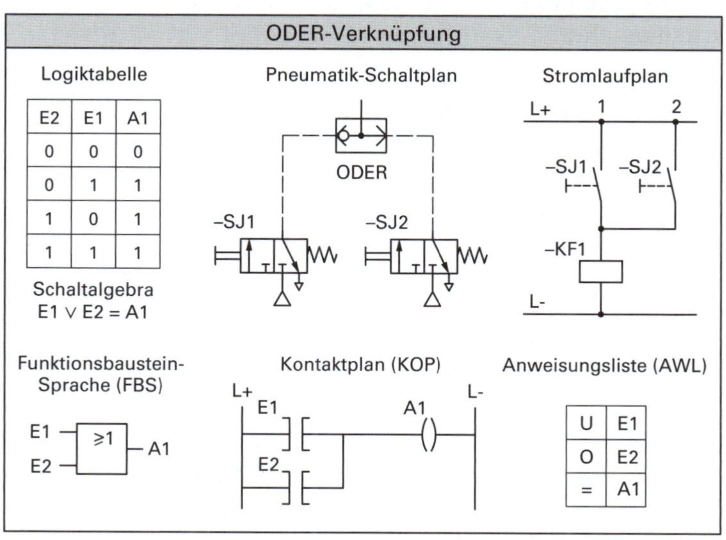

Bild 3

11.9.2 UND-Verknüpfung von Signalen

Eine UND-Verknüpfung ist z. B. erforderlich, wenn ein Bauelement nur dann betätigt werden darf, wenn von zwei verschiedenen Signalgebern aus ein Signal eingeht. Der Ausgang erhält den Wert 1, wenn **alle Eingänge** den Wert 1 haben (**Bild 1**).

Die UND-Verknüpfung wird in der Pneumatik mit einem Zweidruckventil, in der Elektrotechnik mit einer Reihenschaltung verwirklicht. Für die verschiedenen Programmiersprachen bei SPS-Steuerungen zeigt **Bild 1** die Darstellung der UND-Verknüpfung.

11.9.3 Signalumkehr (NICHT-Verknüpfung)

Die Signalumkehr liefert am Ausgang jeweils das Gegenteil des Eingangssignals (**Bild 2**). Mit ihr kann z.B. die gleichzeitige Betätigung unterschiedlicher Funktionen verhindert werden (Verriegelung).

In der Pneumatik verwendet man dazu ein 3/2-Wegeventil mit Durchlassnullstellung, in der Elektrotechnik einen Öffner. Bei einem Funktionsplan wird die Signalumkehr durch einen kleinen Kreis an der Anschlussstelle des Sinnbildes gekennzeichnet, bei einem Kontaktplan durch einen Schrägstrich, in der Anweisungsliste durch den Operator N für NICHT.

11.9.4 Signalspeicherung

Bei vielen Steuerungsaufgaben müssen kurzzeitig vorliegende Signale, z. B. beim Betätigen eines Tasters, in Dauersignale, z.B. zum Betrieb eines Motors, umgewandelt werden. Das Eingangssignal muss so lange gespeichert werden, bis es durch ein anderes Signal wieder aufgehoben (rückgesetzt) wird.

Pneumatische oder hydraulische Wegeventile ohne Federrückstellung bleiben so lange in der jeweils geschalteten Stellung, bis sie wieder rückgesetzt werden (**Bild 3**). Sie wirken als Signalspeicher.

Bei Kontaktsteuerungen verwendet man die **Selbsthalteschaltung** (**Bild 4**). Beim Einschalten des Relais –KF1 über den Taster –SF1 wird der Selbsthaltekontakt in Strompfad 2 durch das Relais geschlossen. Nach dem Loslassen des Tasters –SF1 bleibt der Relaisstromkreis so lange geschlossen, bis Taster –SF2 betätigt wird.

In SPS-Steuerungen übernehmen RS-Kippschaltungen das Speichern von Signalen. Sie werden durch die Steuerung gesetzt (S) und rückgesetzt (R). Das Rücksetzen kann durch Schließer (**Bilder 5 bis 7**) oder Öffner (**Bilder 8 bis 10**) erfolgen. Kontaktpläne werden teilweise auch als Selbsthalteschaltung programmiert (**Bild 9**).

UND-Verknüpfung

Logiktabelle

E2	E1	A1
0	0	0
0	1	0
1	0	0
1	1	1

Schaltalgebra
E1 ∧ E2 = A1

Pneumatik-Schaltplan

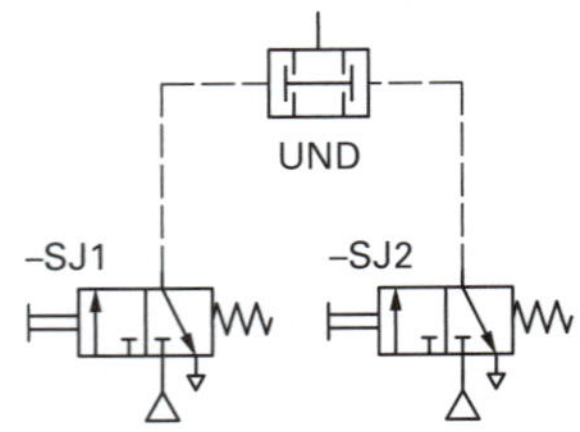

Stromlaufplan

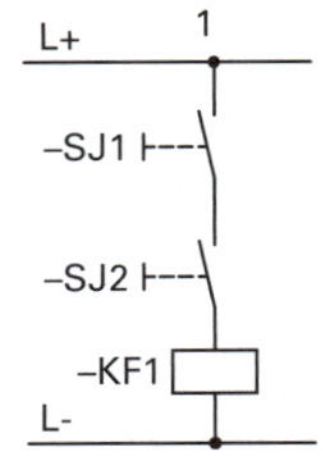

Funktionsbaustein-Sprache (FBS)

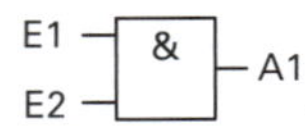

Kontaktplan (KOP)

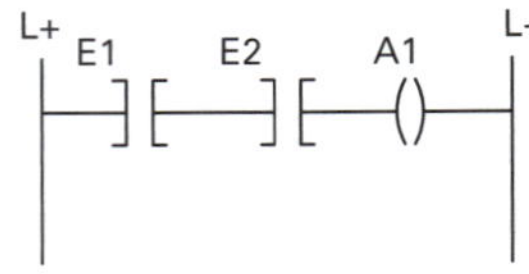

Anweisungsliste (AWL)

U	E1
U	E2
=	A1

Bild 1

NICHT-Verknüpfung

Logiktabelle

E1	A1
0	0
1	0

Schaltalgebra
E1 = A1

Pneumatik-Schaltplan

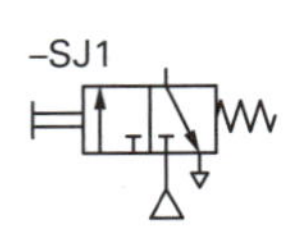

Stromlaufplan

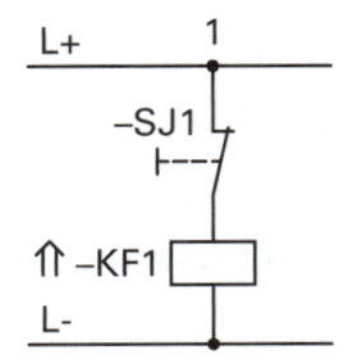

Funktionsbaustein-Sprache (FBS)

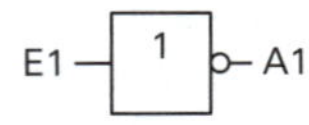

Ausgang negiert

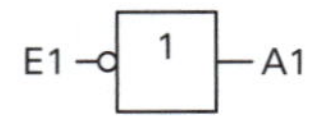

Eingang negiert

Kontaktplan (KOP)

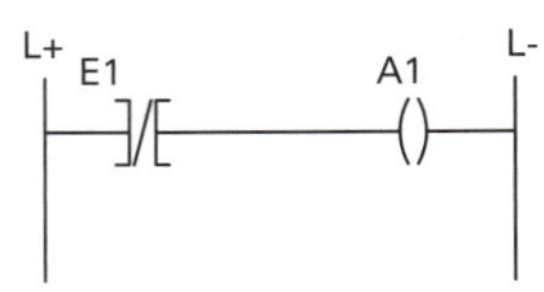

Anweisungsliste (AWL)

UN	E1
=	A1

Bild 2

Pneumatik-Schaltplan

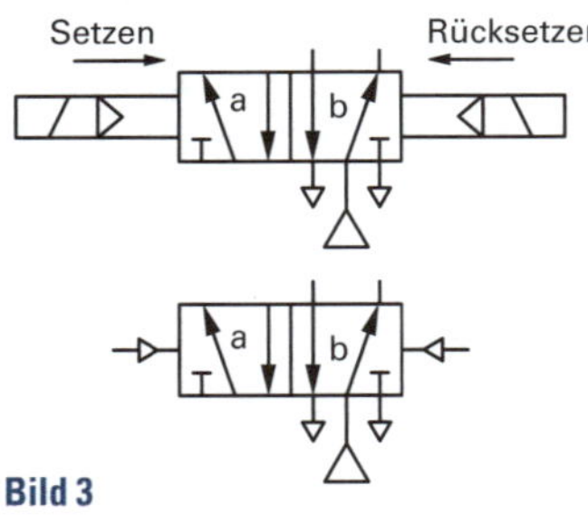

Bild 3

Stromlaufplan

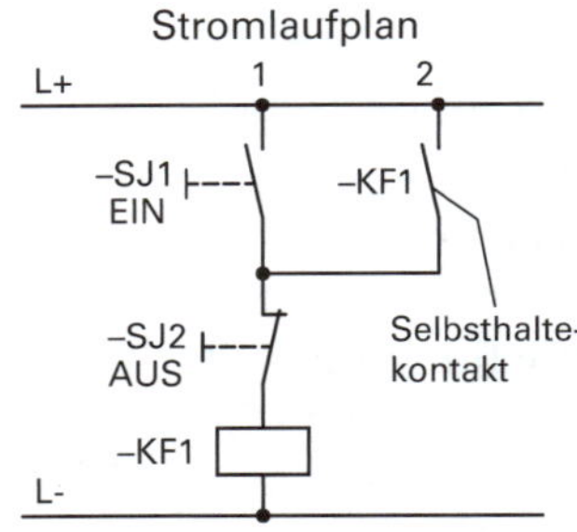

Bild 4

Funktionsbaustein-Sprache (FBS)
Schließer an E2

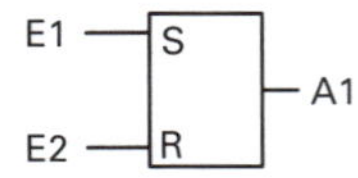

Bild 5

Kontaktplan (KOP)
Schließer an E2

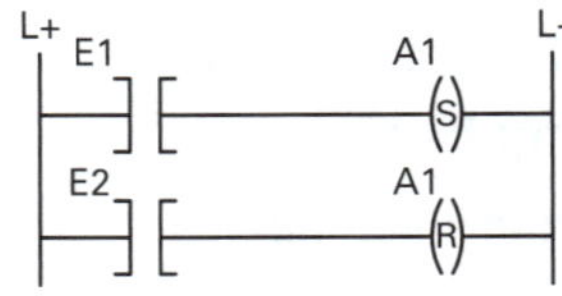

Bild 6

Anweisungsliste (AWL)
Öffner an E2

U	E1
S	A1
U	E2
R	A1

Bild 7

Funktionsbaustein-Sprache (FBS)
Öffner an E2

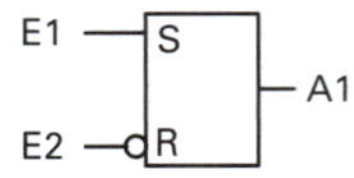

Bild 8

Kontaktplan (KOP)
Öffner an E2

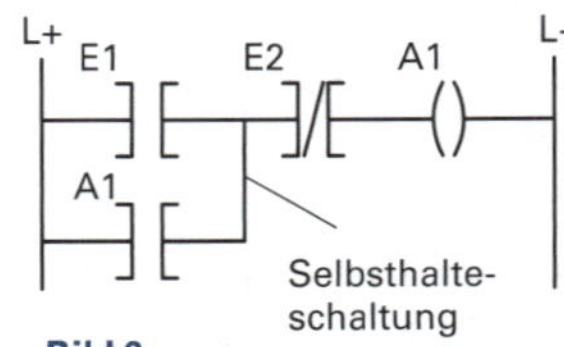

Bild 9

Anweisungsliste (AWL)
Öffner an E2

U	E1
S	A1
UN	E2
R	A1

Bild 10

11.10 Überprüfen Sie Ihr Wissen

In Leihbüchern bitte **keine** Eintragungen vornehmen!

1 Wie werden die Bauelemente von 1.1 bis 1.3 im Schaltplan Bild 1 bezeichnet?

a) Arbeitselemente
b) Energieelemente
c) Versorgungselemente
d) Steuerungselemente
e) Antriebselemente

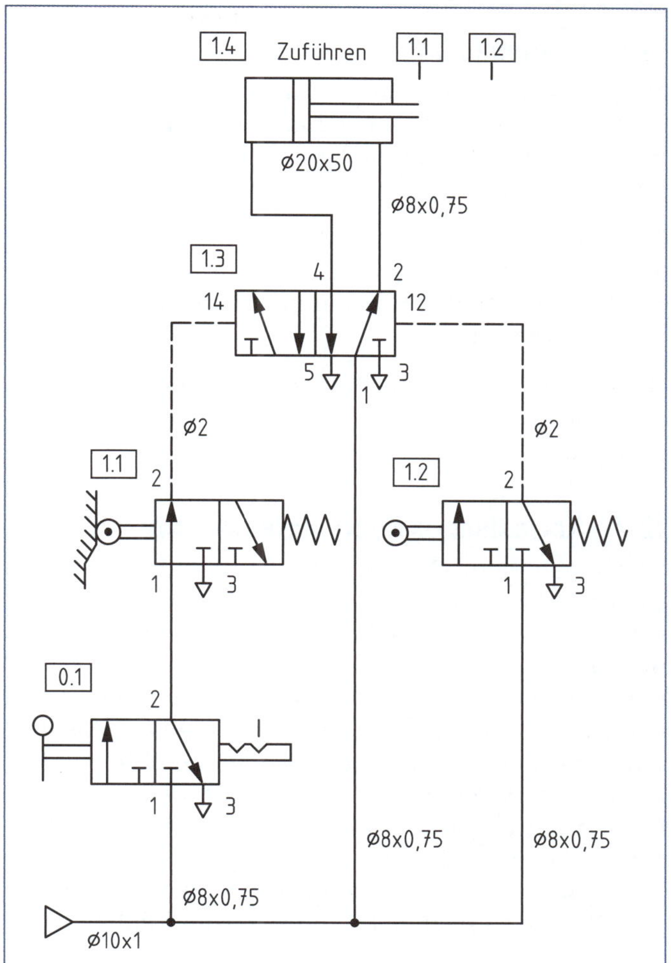

Bild 1

2 In welchem Bild ist ein elektromagnetisch betätigter Schließer dargestellt?

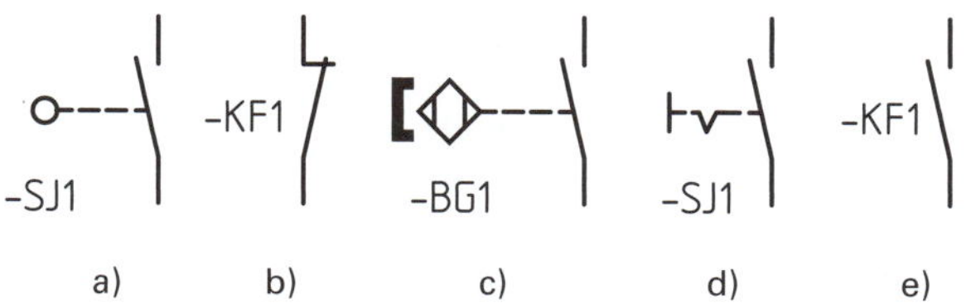

3 In welchem Bild ist ein mechanisch betätigter Schließer im betätigten Zustand dargestellt?

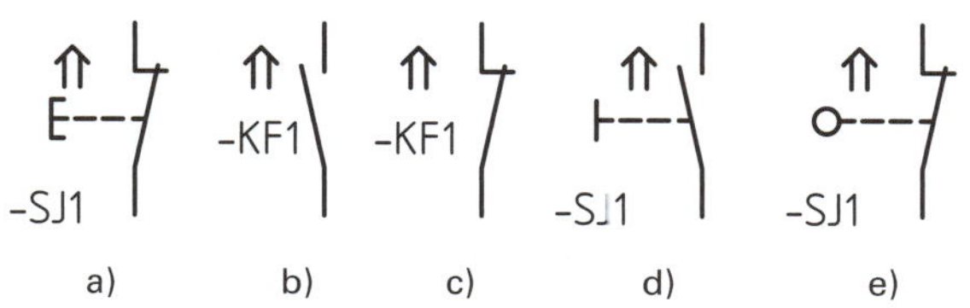

4 In welchem Bild ist ein Magnetventil dargestellt?

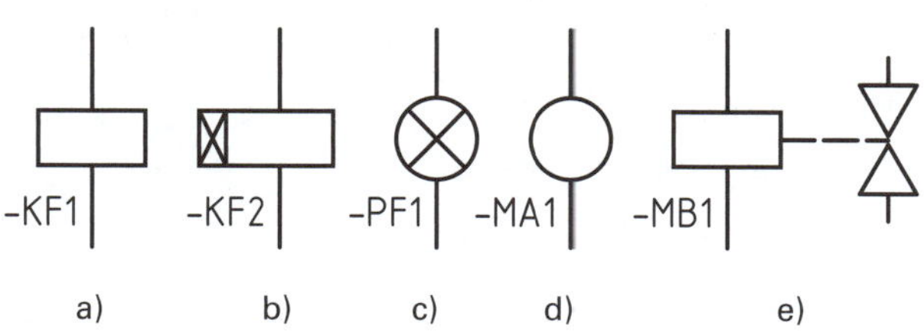

5 Bei welchem SPS-Eingang ist der falsche Eingangszustand zugeordnet?

a) E1
b) E2
c) E3
d) E4
d) E5

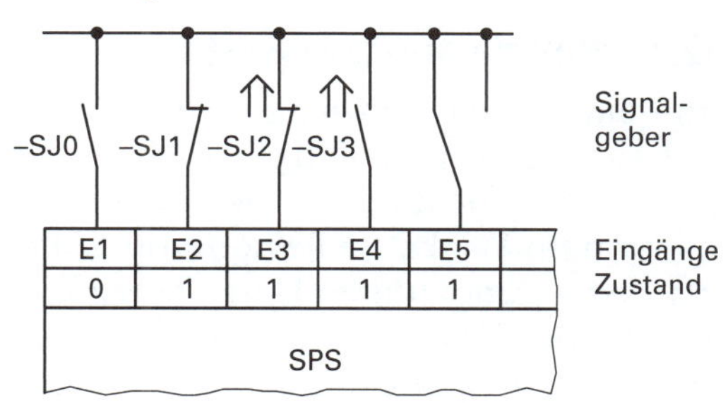

6 In welchem der Bilder ist eine Selbsthalteschaltung richtig dargestellt?

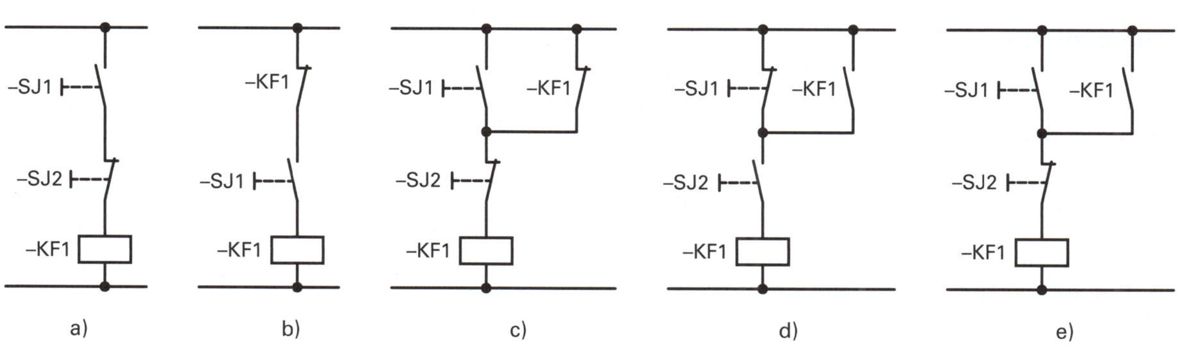

12 Grafische Darstellungen

12.1 Allgemeines

Mit grafischen Darstellungen werden wertmäßige Zusammenhänge zwischen veränderlichen Größen **bildhaft** aufgezeigt. Dadurch können solche Zusammenhänge schnell erkannt und beurteilt werden.

Kompliziertere Zusammenhänge werden meist mit (Linien-)Diagrammen oder Nomogrammen dargestellt. Für einfache Darstellungen verwendet man Flächendiagramme.

Diagramme sind grafische Darstellungen im kartesischen Koordinatensystem, im Polarkoordinatensystem oder in Form von Flächen.

12.2 Kartesisches Koordinatensystem

Im ebenen rechtwinkligen kartesischen Koordinatensystem schneiden sich die waagrechte Achse (Abszisse) und die senkrechte Achse (Ordinate) im Nullpunkt (**Bild 1**). Zunehmende Werte werden von diesem Nullpunkt aus nach rechts bzw. oben, abnehmende Werte nach links bzw. unten abgetragen. Je eine Pfeilspitze am Ende der waagrechten und senkrechten Achse zeigt an, in welcher Richtung die Koordinate wächst. Die Formelzeichen der abzutragenden Größen müssen in diesem Fall unter der waagrechten und links neben der senkrechten Pfeilspitze stehen bzw. vor den Pfeilspitzen parallel zu den Achsen (**Bild 2**).

Die zu den Zahlenwerten gehörenden Einheitenzeichen stehen am rechten Ende der Abszisse und am oberen Ende der Ordinate zwischen den beiden letzten Zahlen der Skalen (**Bild 2**). Sie können auch nach der Bezeichnung der Größe eingetragen werden.

12.3 Polarkoordinatensystem

Im Polarkoordinatensystem wird eine (Kreis-) Fläche mit einer 360°-Einteilung versehen. Die vom Mittelpunkt nach rechts gehende waagrechte Achse wird meist dem Winkel null zugeordnet. Positive Winkel werden entgegen dem Uhrzeigersinn, negative Winkel im Uhrzeigersinn abgetragen. Radien werden vom Nullpunkt (Pol) aus gezeichnet. Zur leichteren Abtragung der Werte werden um den Nullpunkt konzentrische Kreise gezeichnet, deren Abstände meist einer linearen Skale entsprechen (**Bild 3**).

12.4 Flächendiagramme

Flächendiagramme stellen Zahlenwerte durch Flächen dar. Sie eignen sich besonders für einen anschaulichen Vergleich verschiedener Werte. Man unterscheidet Säulendiagramme, Kreisflächendiagramme (**Bild 4**) und Sankey-Diagramme (**Bild 5**).

Mit **Säulendiagrammen** werden die darzustellenden Größen als waagrechte oder senkrechte, jeweils gleichdicke Balken gezeigt. Durch unterschiedlich schraffierte oder gefärbte Balken kann die Anschaulichkeit erhöht werden (**Bild 6**).

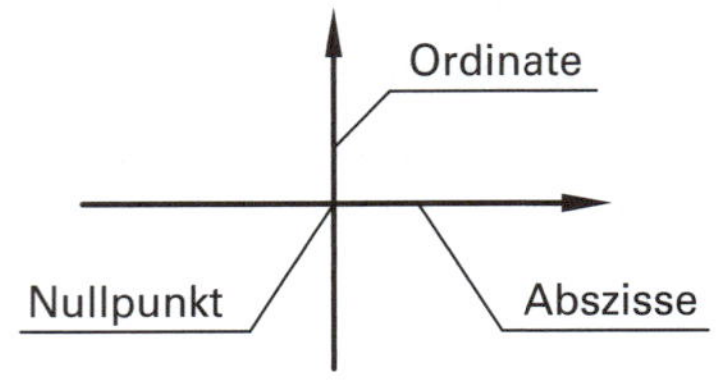

Bild 1

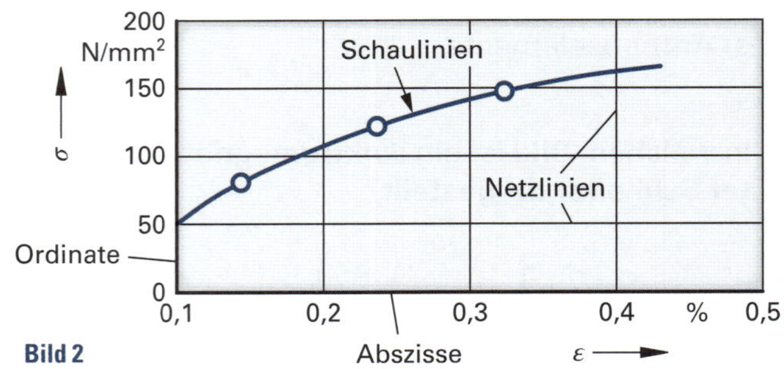

Bild 2

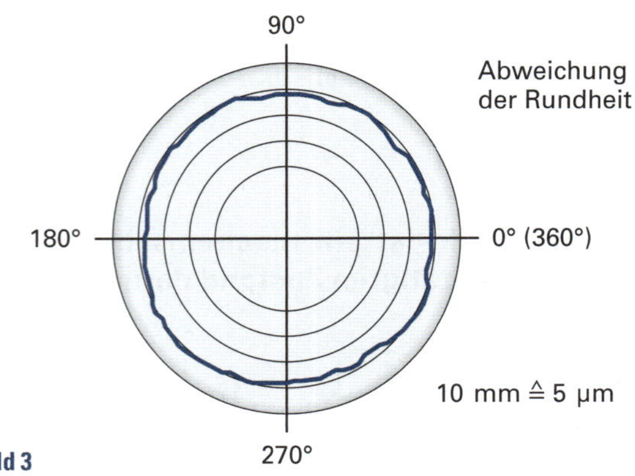

Bild 3

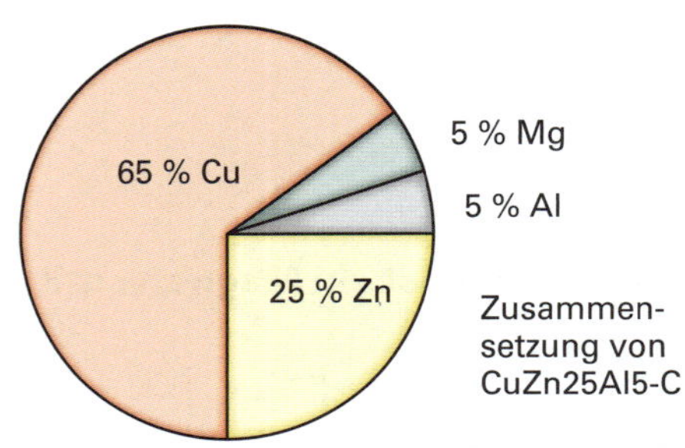

Bild 4

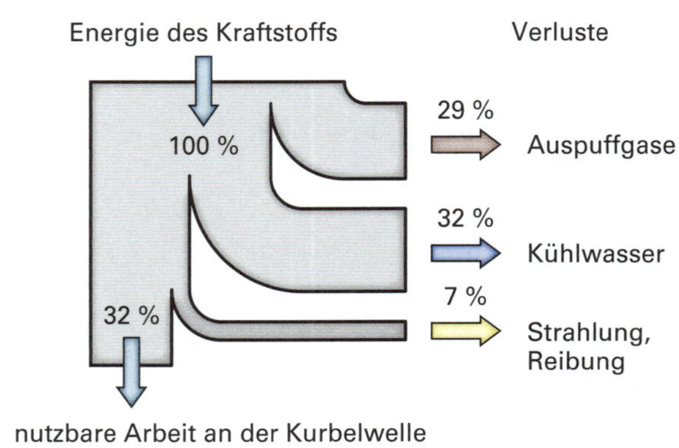

Bild 5

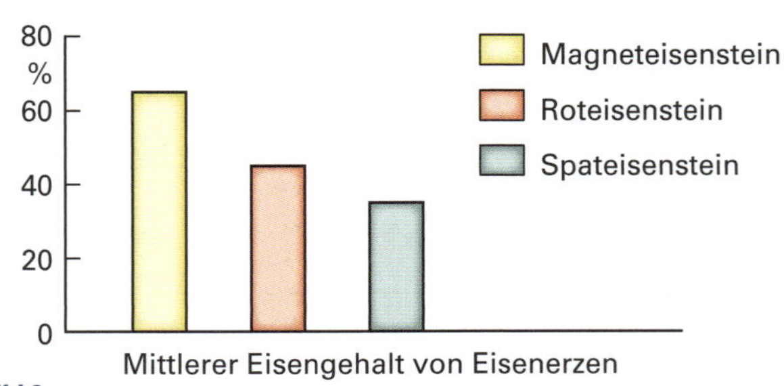

Bild 6

12.5 Grafische Werkzeuge des Qualitäts- und Projektmanagements

Im Bereich des Qualitäts- und Projektmanagementes werden grafische Analysemethoden und Dokumentationsmethoden angewendet. Diese werden auch als Qualitätswerkzeuge (englisch: Tools) bezeichnet. Diese grafischen Methoden eignen sich besonders, um Sachverhalte, Wirkzusammenhänge, Gewichtungen oder Abläufe zu visualisieren. Durch die Anwendung der grafischen Werkzeuge werden auch die Mitarbeiter besser in den Verbesserungsprozess mit einbezogen.

12.5.1 Flussdiagramm (Bild 1)

Flussdiagramme stellen grafisch den Ablauf aller verknüpften Tätigkeiten bzw. Arbeitsschritte eines Prozesses dar. Vom Startpunkt aus wird jeder Schritt als Rechteck und jede Verzweigung als Raute dargestellt. Verbindungspfeile symbolisieren den möglichen Ablauf des Prozesses. Flussdiagramme können komplexe Prozessabläufe verständlicher und übersichtlicher darstellen als eine Textbeschreibung. Die Handlungsschritte und Handlungsmöglichkeiten werden überschaubar und auf Vollständigkeit und eventuelle Denkfehler prüfbar. In **Bild 1** sind vereinfacht die Ablaufschritte für die spanende Bearbeitung und Lackierung von Bauteilen dargestellt.

12.5.2 Fehlersammelkarte (Bild 2)

Die Fehlersammelkarte ist eine einfache Methode zur Erfassung von Fehlern nach deren Art und Anzahl. In einer Tabelle werden die zu erwartenden Fehlerarten aufgelistet. Festgestellte Fehler werden z.B. durch einen Zählstrich protokolliert. Eine zusätzliche Leerzeile für unvorhergesehene, neue Fehlerarten ist sinnvoll. Fehlersammelkarten eignen sich als übersichtliche Datenerfassung und -statistik nur für eine begrenzte Anzahl von Fehlerarten. Sie dienen meist als Grundlage für eine Pareto-Analyse. In der Fehlersammelkarte **Bild 2** wurden die aufgetretenen Fehler bei einer Gehäusefertigung über vier Kalenderwochen, sortiert nach Fehlerart, durch den Eintrag von Zählstrichen durch den Mitarbeiter erfasst.

12.5.3 Pareto-Analyse (ABC-Analyse) (Bilder 3 und 4)

Die Pareto-Analyse, auch als ABC-Analyse bezeichnet, klassifiziert Fehler oder Fehlerursachen nach ihrer Häufigkeit. Die Pareto-Analyse zeigt, dass sich unter vielen Fehlern meist nur wenige als besonders häufig hervorheben. Das bedeutet, dass durch das Beheben sehr weniger aber wichtiger Probleme oder Fehler schon eine große Verbesserung zu erreichen ist. Fehler bis zur Fehlersumme von 80 % werden als Fehler A, von 80 % bis 95 % als Fehler B und von 95 % bis 100 % als Fehler C klassifiziert. Das Diagramm hilft also bei der Entscheidung, welche Probleme oder Fehlerursachen vorrangig zu lösen sind und welche Verbesserung durch eine Problemlösung zu erwarten ist.

Im **Bild 3** sind die Fehlerhäufigkeiten und im **Bild 4** die Summe der Fehler der Gehäusefertigung dargestellt. Es wird deutlich, dass zuerst die Fehler F7 und F4 (Fehlerklasse A) behoben werden müssen, da sie einen Anteil von 68,2 % der gesamten Fehler ausmachen.

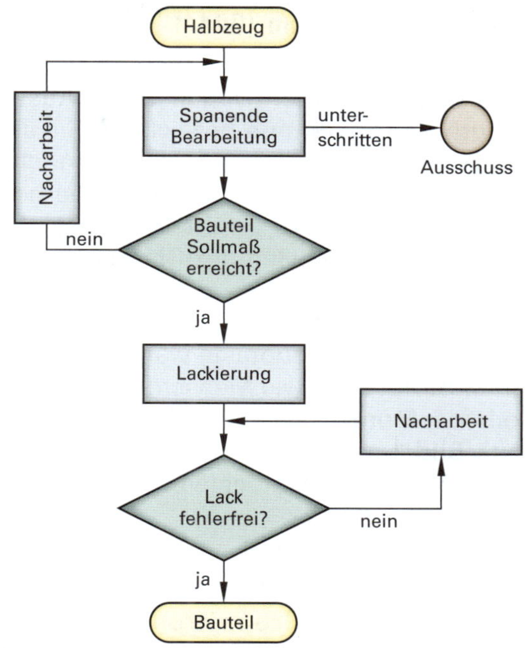

Bild 1

Fehlersammelliste		**Bauteil:** Gehäuse		**Artikelnr.:** 2004-OG-0603		
Fertigungsauftrag: 230308-11		**Prüfplan:** 1.2 Gehäuse rechts		**Zeitraum:** KW10 bis KW13		
Fehler	**Fehlerart**	**KW10**	**KW11**	**KW12**	**KW13**	**Σ**
F1	Gusskontur K_1 zu tief	卌 III	III	卌	III	19
F2	Gusskontur K_2 unsymmetrisch		I	I		2
F3	Abmaß Länge l_1	II	I		I	4
F4	Passmaß Länge l_2	卌 II	卌 I	卌 卌	卌 III	31
F5	Passmaß Bohrung d_1	I		I		2
F6	Zylinderform Bohrung d_1	I	II	I		4
F7	Winkligkeit Bohrung 3 zu 1	卌 卌	卌 卌 II	卌 卌 I	卌 IIII	42
F8	Gehäuse nicht druckdicht		I	II		3
	Gesamt der Fehler:	29	26	31	21	107

Bild 2

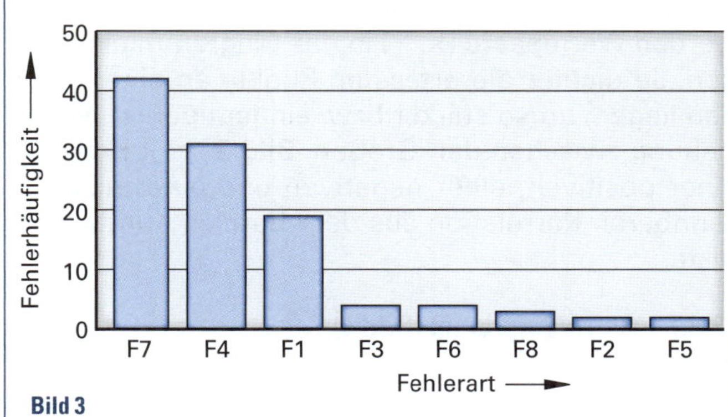

Bild 3

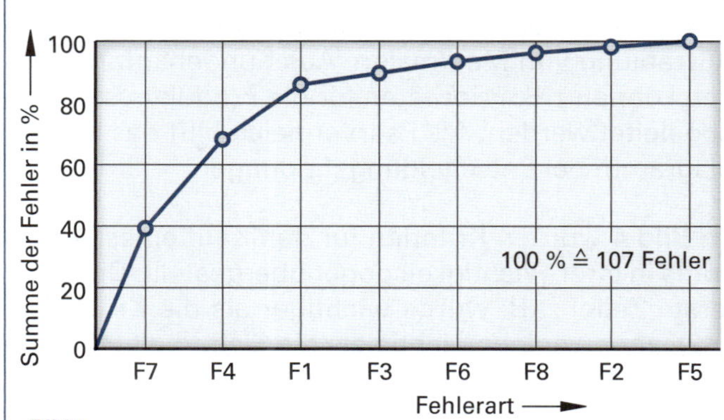

Bild 4

12.5.4 Ursache-Wirkungs-Diagramm (Ishikawa-Diagramm) (Bild 1)

Ursache-Wirkungs-Diagramme werden auch als Ishikawa-Diagramme oder wegen ihres Aussehens als **Fischgräten-Diagramme** bezeichnet. Sie sind ein gutes Hilfsmittel, um mögliche und z. T. noch unerkannte Einflüsse (Ursachen) auf eine zu bearbeitende Problematik (Wirkung) zu ermitteln und strukturiert darzustellen. Beim Erstellen des Diagramms werden alle Einflussgrößen, Ursachen einer Problematik (Wirkung), als Einzeläste am Hauptast eingetragen. Für die Gliederung durch Hauptäste wählt man die sogenannten M-Störgrößen wie Mensch, Maschine, Material, Methode, Money, Marketing, Motivation, Mitwelt (Umwelt). **Bild 1** zeigt mögliche Ursachen für einen vorzeitigen Zahnflankenverschleiß.

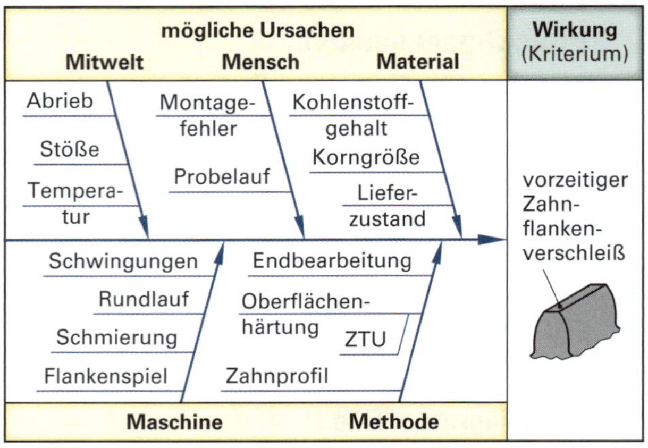

Bild 1

12.5.5 Baumdiagramm (Bild 2)

Baumdiagramme verdeutlichen die hierarchischen Abhängigkeiten und Gruppierungen der Einzelelemente ausgehend vom Stamm über die Hauptäste in immer kleiner werdende Zweige. Baumdiagramme finden beispielsweise bei Tätigkeits- und Funktionsanalysen Anwendung, die in einer Abhängigkeit stehen und einer bestimmten Abfolge bedürfen. Als Fehlerbaumanalyse hilft das Diagramm, Probleme systematisch auf mögliche Ursachen oder Lösungsmöglichkeiten hin zu untersuchen. **Bild 2** zeigt ein Baumdiagramm zum Thema Kundenzufriedenheit.

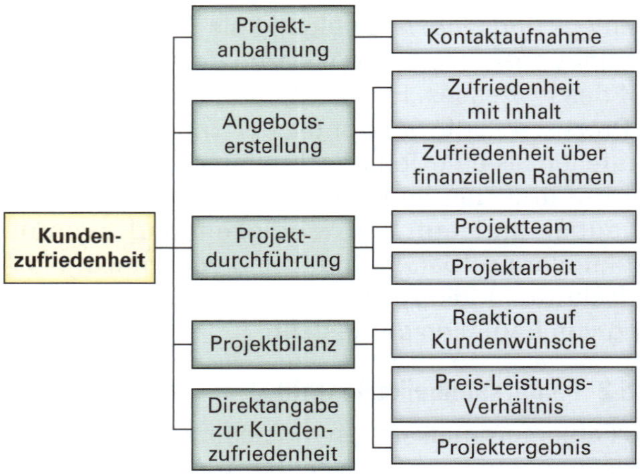

Bild 2

12.5.6 Korrelationsdiagramm (Bild 3)

Die Diagramme zeigen, ob eine vermutete Beziehung (Korrelation) zwischen den beiden Größen, die auf den Achsen aufgetragen sind, besteht und welche Stärke (Eindeutigkeit) sie aufweist. Zur Erstellung eines Korrelationsdiagrammes (Streudiagrammes) werden Wertepaare (X, Y) in das Diagramm eingetragen. Je dichter die erfassten Punkte an einer Geraden liegen, umso stärker bzw. eindeutiger ist die Beziehung zwischen den Größen. **Bild 3** zeigt Beispiele einer positiven, einer negativen und einer nicht erkennbaren Korrelation aus dem Bereich Kundenkontakte.

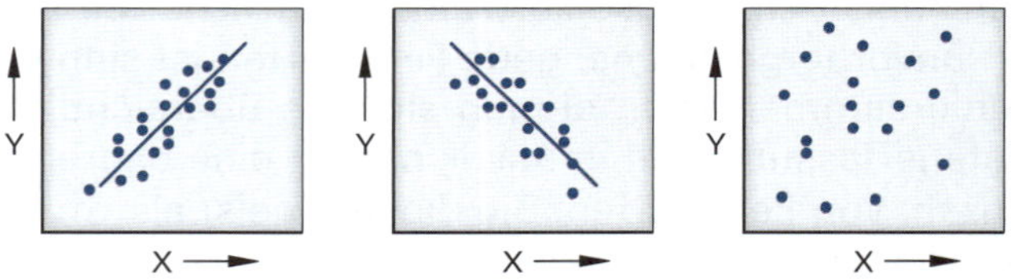

positive Korrelation
Beispiel:
X = Anzahl Reklamationen
Y = Mehrkosten für Nacharbeit

negative Korrelation
Beispiel:
X = Anzahl Funktionstests vor Auslieferung
Y = Anzahl Reklamationen

keine Korrelation
Beispiel:
X = Anzahl Mitarbeiter
Y = Kundenzufriedenheit

Bild 3

12.5.7 Matrixdiagramm (Bild 4)

In Matrixdiagrammen werden Wechselwirkungen und Zusammenhänge von mindestens zwei Themenbereichen dargestellt und wenn nötig bewertet bzw. gewichtet. Jeder Themenbereich enthält dabei eine Aufzählung von Merkmalen. Aus Kundenanforderungen können z. B. Prioritäten für die Produktgestaltung abgeleitet werden. Als Paarvergleich hilft das Matrixdiagramm bei Entscheidungsfindungen.

Im **Bild 4** wurden Kriterien für den Kauf eines Wandkrans in ihrer Wichtigkeit gegenübergestellt. Der Preis (erste Zeile) z. B. wurde wichtiger als die Kraglänge (= 2), aber weniger wichtig als die Sicherheit (= 0) eingestuft. An der Zeilensumme lässt sich erkennen, dass die Sicherheit das wichtigste Kriterium für den Kauf des Wandkrans darstellt.

Kriterien	Preis	Kraglänge	Sicherheit	Motor-leistung	max. Hubkraft	Ver-arbeitung	Farbe	**Summe**
Preis		2	0	2	0	2	2	**8**
Kraglänge	0		0	2	0	2	2	**6**
Sicherheit	2	2		2	2	2	2	**12**
Motorleistung	0	0	0		0	0	2	**2**
max. Hubkraft	2	2	0	2		2	2	**10**
Verarbeitung	0	0	0	2	0		2	**4**
Farbe	0	0	0	0	0	0		**0**

2 = wichtiger als…; 0 = weniger wichtig als…

▭ → wichtigste Kriterien

Bild 4

12.5.8 Netzdiagramm (Spinnennetzdiagramm)

Netzdiagramme werden aufgrund des Aussehens auch als Polar- oder Radardiagramme bezeichnet. Sie visualisieren quantitative (variable) Bewertungen und Einschätzungen.
Mit zuvor festgelegten Kriterien lassen sich Zielüberprüfungen durchführen. Mehrere Netzdiagramme ermöglichen eine Vergleichsbetrachtung.
Bild 1 zeigt das Beispiel eines Kompetenzprofils für einen Projektmitarbeiter.
Um ein Netzdiagramm zu erstellen, werden die festgelegten Kriterien auf strahlenförmigen gleich skalierten Linien eingetragen, die alle von einem Mittel (-null-)punkt ausgehen (**Bild 1**). Für jedes Kriterium sind die negativen und positiven Einschätzungen in Bewertungsziffern entsprechend der gewählten Skalierung umzuwandeln.
Tabelle 1 zeigt z. B. einen Bewertungsmaßstab für die Kompetenzbewertungen in **Bild 1**.
In der Regel stehen dabei Zahlenwert und Größe der Qualität proportional zueinander, d. h. der größte Zahlenwert symbolisiert die größte Qualität. Durch Verbinden der eingetragenen Koordinatenwerte ergibt sich ein Bewertungsprofil bzw. Bewertungsstruktur (**Bild 1**).
Die Gesamtbewertung wird als kreisartige Bewertungsstruktur visuell wahrgenommen:

- Außen liegende Bewertungen, große Kreisformdurchmesser bedeuten „positiv" z. B. das verbesserte Produkt im **Bild 2**.
- Innen, nahe am Mittelpunkt liegende Bewertungsstruktur bedeutet „negativ".
- Starke Abweichungen von der Kreisform zeigen Unausgewogenheiten z. B. am Erstprodukt im **Bild 2**.
- Übereinandergelegte Bewertungsprofile ermöglichen Analysen und Vergleiche.

Bild 2 zeigt das Beispiel einer Produktentwicklung vom Produktstart über das bestehende zum angestrebten nachhaltigen Produkt.
In ähnlicher Weise lassen sich auch verschiedene Produkte z. B. Konkurrenzprodukte vergleichen.
Das Netzdiagramm bietet eine gute Übersichtlichkeit bei ca. vier bis acht Kriterienachsen. Weniger als vier Achsen ergeben eine geringe Erfassungsqualität, da die Achsen zu weit auseinanderliegen. Zu viele Achsen verschlechtern die Übersichtlichkeit.

12.5.9 Verlaufsdiagramm

Verlaufsdiagramme stellen eine einfache Methode dar, um Entwicklungen und Tendenzen einer zu untersuchenden Größe über einen bestimmten Zeitraum darzustellen und auszuwerten (**Bild 3**). Die horizontale Achse kann dabei die Kalenderzeit, Uhrzeit oder Prozesszeit sein. Aufgrund der bereits erfassten und eingetragenen Daten lassen sich auch Prognosen für den weiteren Verlauf der Größe aufstellen. Sie werden zur Darstellung von weitreichenden Geschäftsentwicklungen, z. B. Umsatzentwicklung, Gewinnentwicklung, Kostengrößen, Produkt- und Personalentwicklungen einer Firma genauso verwendet wie als Qualitätsregelkarten zur Überwachung von einzelnen Merkmalswerten in der Fertigung.
Bild 3 zeigt den Verlauf der Schmieröltemperatur über die ersten fünf Betriebsstunden einer Maschine.

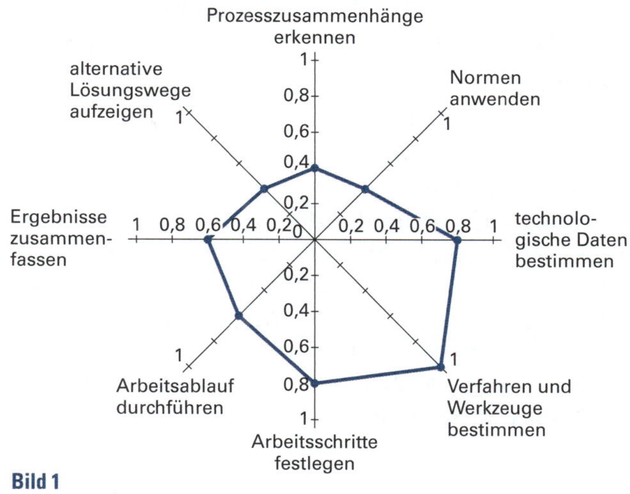

Bild 1

Tabelle 1

Bewertungsmaßstab	
0,0	Kompetenz nicht erworben
0,2	Kompetenzschwächen noch große
0,4	Kompetenz schwach ausgeprägt
0,6	Kompetenz ist vorhanden und gut ersichtlich
0,8	Kompetenz gut ausgeprägt
1,0	Kompetenz besonders ausgeprägt

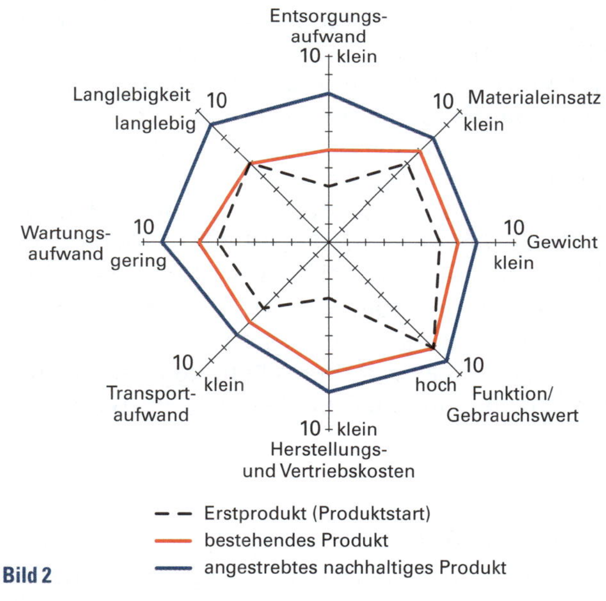

Bild 2

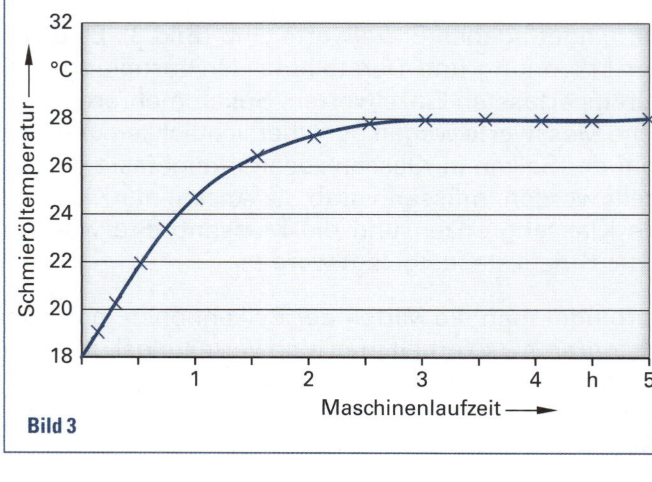

Bild 3

12.6 Grafische Hilfsmittel der statistischen Auswertung kontinuierlicher Merkmale

12.6.1 Urwertkarte, Urliste

Die Urwertkarte oder Urliste dient der Erfassung und Dokumentation aller Beobachtungs- bzw. Messwerte während einem bestimmten Beobachtungszeitraum in der Reihenfolge, in der die Werte anfallen. Als Verlaufsdiagramm geführt spricht man von der Urwertkarte (**Bild 1**). Um die Urwertkarte führen zu können, muss die Ordinate mit den möglichen Werten bzw. dem zu erwartenden Wertebereich vorbereitet werden. **Bild 1** und **Tabelle 1** zeigen Messwerte aus einer Fertigung von Verschlussdeckeln.

Werden die Werte in tabellarischer Form erfasst, z. B. bei einer Stichprobenauswertung oder Maschinenfähigkeitsuntersuchung, wird von der Urliste gesprochen (**Tabelle 1**). Die Urliste liefert allerdings keine gute Übersicht über die Verteilung der erfassten Einzelwerte.

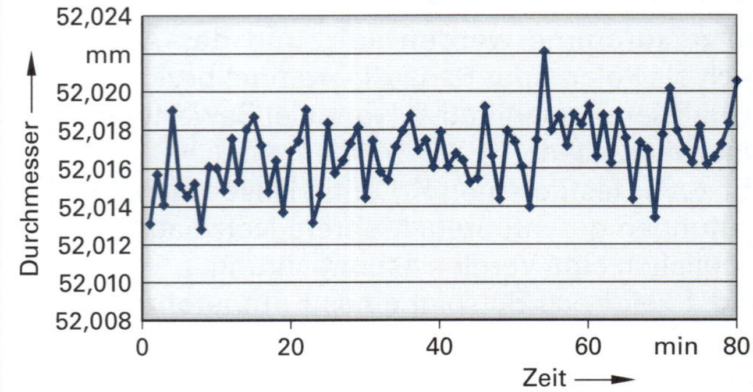

Bild 1

Tabelle 1

Stichprobenumfang: 50 Teile Prüfmerkmal: ∅ 52m6			Bauteil: Verschlussdeckel Gemessen in: mm	
52,016	52,010	52,014	52,016	52,019
52,020	52,018	52,018	52,019	52,014
52,016	52,015	52,017	52,012	52,019
52,018	52,016	52,013	52,019	52,017
52,015	52,018	52,014	52,014	52,015
52,015	52,016	52,019	52,016	52,018
52,020	52,021	52,017	52,015	52,015
52,013	52,017	52,015	52,017	52,017
52,018	52,016	52,017	52,018	52,016
52,017	52,023	52,016	52,012	52,018

12.6.2 Strichliste

Die Strichliste ermöglicht eine übersichtlichere Darstellung der Werte und eine Einteilung in Klassen (Wertebereiche) mit bestimmter Klassenweite (**Bild 2**). Die Anzahl der Klassen errechnet sich dabei aus der Anzahl der Einzelwerte. Es sollten jedoch mindestens sieben Klassen zur Verfügung stehen. Ist die Anzahl der Klassen bestimmt, kann die Klassenweite aus der Spannweite und Anzahl Klassen bestimmt werden. Strichlisten dienen in der Regel als Vorbereitung für das Erstellen eines Histogramms und geben einen ersten Überblick über die Häufigkeiten der Messwerte. Für jede Klasse lässt sich die absolute Häufigkeit zusammenzählen (5. Spalte, **Bild 2**). Strichlistenformulare enthalten z. T. noch eine weitere Spalte, in der die relative Häufigkeit, also die Häufigkeit bezogen auf die Gesamtzahl der erfassten Werte eingetragen werden kann. Dies erfordert allerdings eine Rechnerunterstützung, um die Strichliste führen zu können.

Klasse Nr.	Preis		Strichliste	absolute Häufigkeit
	≥	≤		
1	2	2	|	1
2	0	0	|||	3
3	2	2	𝍸 𝍸 |	11
4	0	0	𝍸 𝍸 𝍸 ||	17
5	2	2	𝍸 𝍸 |||	13
6	0	0	|||	3
7	0	0	|	1

Bild 2

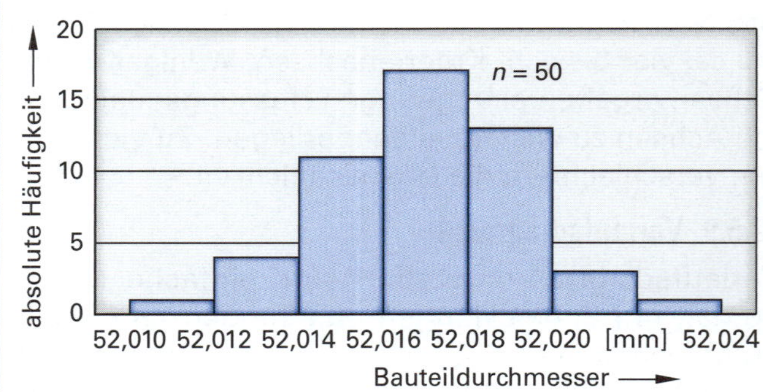

Bild 3

12.6.3 Histogramm

Das Histogramm ist ein Balkendiagramm, bei dem die Höhen der Balken proportional zu den Häufigkeiten der eingetragenen Einzelwerte sind (**Bild 3**). Es dient der Erkennung und Darstellung der Verteilung von bereits erfassten Einzelwerten. Sollen mehrere mögliche Messwerte wegen der Übersichtlichkeit und Anzahl der Balken in Klassen zusammengefasst dargestellt werden, müssen vorab die Anzahl der Klassen, die Klassengrenzen und die Klassenbreite wie bei einer Strichliste festgelegt werden.

Verbindet man die Mitten der Balkenhöhen in einem Histogramm, so erhält man eine Verteilungskurve der Häufigkeiten, die die Verteilung d. h. Lage der Verteilung und Streuung der Einzelwerte charakterisiert (**Bild 4**).

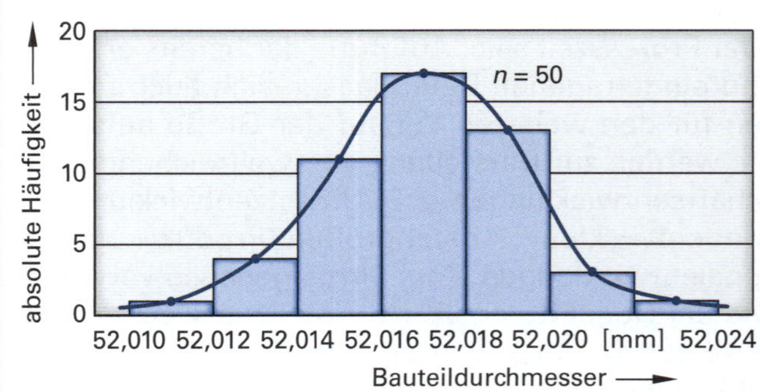

Bild 4

12.6.4 Wahrscheinlichkeitsnetz

Bild 1 zeigt das Wahrscheinlichkeitsnetz und die Summenlinie für die Urliste und Strichliste **Seite 140**. Die Summenlinie im Wahrscheinlichkeitsnetz ist eine einfache und anschauliche grafische Methode, um das Vorliegen einer Gauß´schen Normalverteilung (**Bild 2**) zu überprüfen. Hierzu werden im Wahrscheinlichkeitsnetz auf der Abszisse die Klassengrenzen und Toleranzgrenzen (UGW und OGW) eingetragen. Im **Bild 1** sind dies die Grenzmaße für das Passmaß ⌀52m5 (52,011 und 52,024). Auf der Ordinate werden dann die Summen der relativen Häufigkeiten der Klassenobergrenzen bei logarithmischer Skalenteilung aufgetragen. Zusätzlich enthält die Ordinate eine Variable *u* für prozentuale Häufigkeitsanteile entsprechend der Gauß´schen Normalverteilung. Ergeben die Summen der relativen Häufigkeiten im so eingeteilten Wahrscheinlichkeitsnetz angenähert eine Gerade, so kann auf eine Normalverteilung der Einzelwerte geschlossen werden, d.h. es darf eine weitere Auswertung nach der Gauß´schen Normalverteilungstheorie erfolgen.

Zusätzlich können anhand des Wahrscheinlichkeitsnetzes wichtige Kenngrößen der Stichprobe und des Gesamtloses abgeschätzt werden (**Bild 1**). Anhand F_j = 50 % der Arithmetische Mittelwert der Stichprobe ($\bar{x}$ ≈ 52,017 mm). Als Abstand der Variable *u* die Standardabweichung (*s* ≈ 0,002 mm) der Stichprobe. Anhand der Grenzwerte lassen sich auch die Überschreitungsanteile für das Gesamtlos (≈ 0,2 % zu kleine und ≈ 0,05 % zu große Verschlussdeckel) abschätzen.

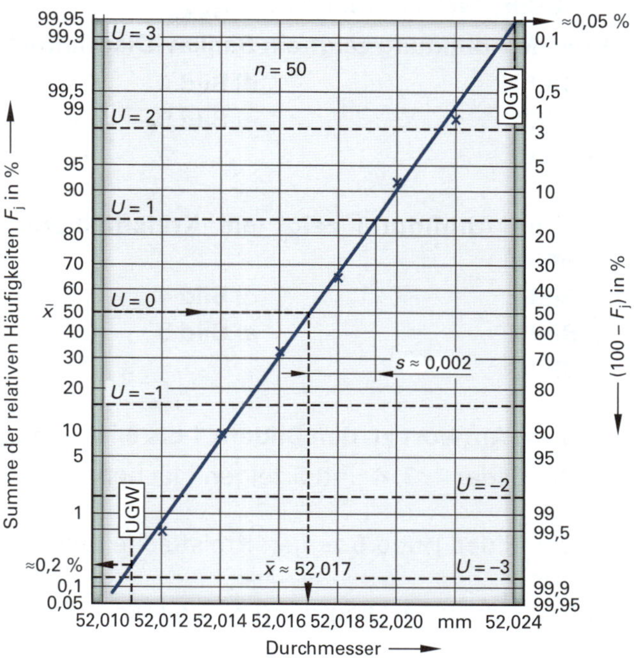

Bild 1

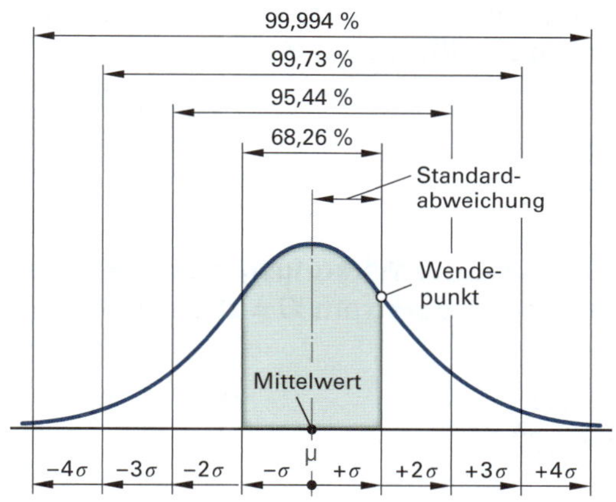

Bild 2

12.6.5 Gauß´sche Normalverteilung, Mischverteilung

Kontinuierliche Merkmalswerte, die durch zufällige Einflüsse beeinflusst werden, wie z.B. Messwerte, weisen in ihrer Verteilung häufig eine Charakteristik auf, die sich mit dem Modell der Gauß´schen Normalverteilung näherungsweise mathematisch beschreiben lässt (**Bild 2**). Für unendlich viele Einzelwerte ergibt die Wahrscheinlichkeitsdichte einer Normalverteilung die typische Glockenkurve (**Bild 2**). Diese symmetrische und stetige Verteilungskurve wird durch folgende Parameter eindeutig beschrieben:

Der Mittelwert μ liegt beim Kurvenmaximum und kennzeichnet die Lage der Verteilung.

Die Standardabweichung σ kennzeichnet die Streuung (das Abweichverhalten vom Mittelwert).

Systematische Einflüsse auf Merkmale verhindern eine Normalverteilung. Dadurch entstehen statistisch nicht auswertbare Mischverteilungen (**Bild 3**).

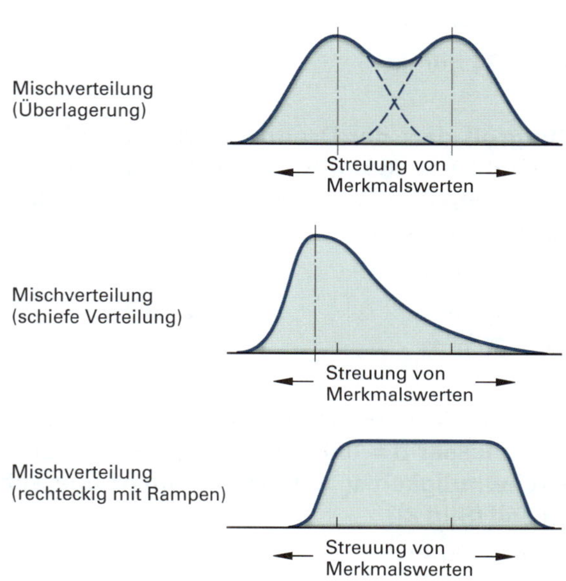

Bild 3

12.7 Überprüfen Sie Ihr Wissen

1 Welche Abbildung zeigt ein Sankey-Diagramm?

a) **Bild 1**
b) **Bild 2**
c) **Bild 3**
d) **Bild 4**
e) **Bild 5**

2 Welche Abbildung zeigt ein Kreisflächendiagramm?

a) **Bild 1**
b) **Bild 2**
c) **Bild 3**
d) **Bild 4**
e) **Bild 5**

3 Welche Antwort zu den Bildern 1 bis 5 ist richtig?

a) Die Bilder 1, 3, 4 und 5 zeigen Flächendiagramme.
b) Die Bilder 1 und 5 zeigen Kreisflächendiagramme.
c) Bild 5 zeigt ein Diagramm im Polarkoordinatensystem.
d) Bild 2 zeigt ein Diagramm im kartesischen Koordinatensystem.
e) Bild 4 zeigt ein Säulendiagramm.

4 Wie groß ist der Zinkanteil in der dargestellten Legierung CuPb15Sn-C, Bild 6?

a) Etwa 2,5 %
b) Etwa 7,5 %
c) Etwa 15 %
d) Etwa 25 %
e) Etwa 40 %

5 Wie groß ist der Wirkungsgrad der Kreiselpumpe bei einem Förderstrom $Q = 20$ l/s, Bild 7?

a) $\mu \approx 0{,}12$
b) $\mu \approx 0{,}22$
c) $\mu \approx 0{,}32$
d) $\mu \approx 0{,}48$
e) $\mu \approx 0{,}58$

6 Wie groß ist die Schnittgeschwindigkeit in m/min, wenn die Drehzahl $n = 250$/min und der Drehdurchmesser $d = 30$ mm betragen (Bild 8)?

a) $v_c \approx 12$ m/min
b) $v_c \approx 18$ m/min
c) $v_c \approx 24$ m/min
d) $v_c \approx 30$ m/min
e) $v_c \approx 36$ m/min

7 Wie groß darf der Drehdurchmesser d bei einer Drehzahl $n = 180$/min sein, wenn die Schnittgeschwindigkeit $v_c = 35$ m/min nicht überschritten werden soll (Bild 8)?

a) $d \approx 50$ mm
b) $d \approx 65$ mm
c) $d \approx 80$ mm
d) $d \approx 100$ mm
e) $d \approx 120$ mm

8 Wie hoch darf die Drehzahl n sein, wenn der Drehdurchmesser $d = 100$ mm beträgt und die Schnittgeschwindigkeit $v_c = 20$ m/min nicht überschreiten soll (Bild 8)?

a) $n \approx 250$/min
b) $n \approx 180$/min
c) $n \approx 125$/min
d) $n \approx 90$/min
e) $n \approx 63$/min

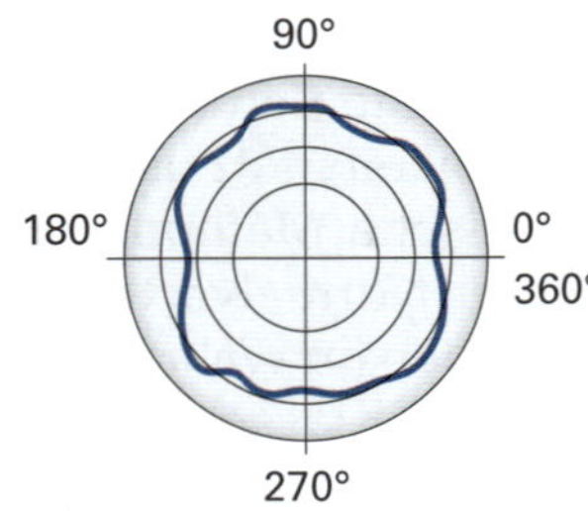

Bild 1

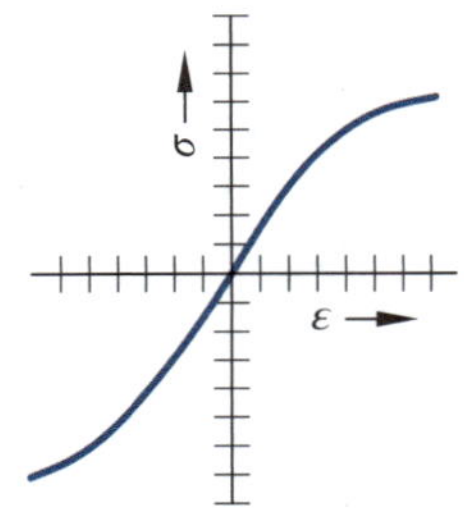

Bild 2

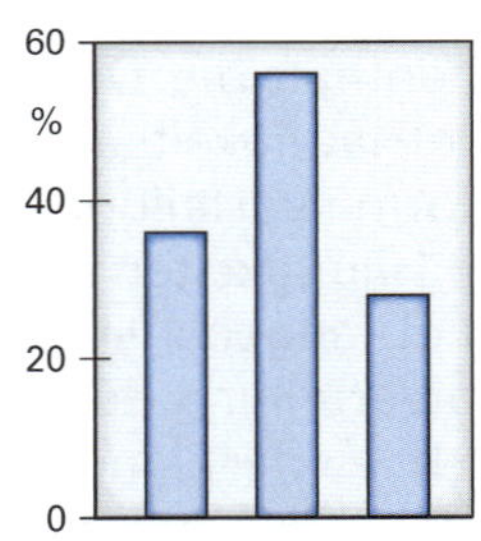

Bild 3

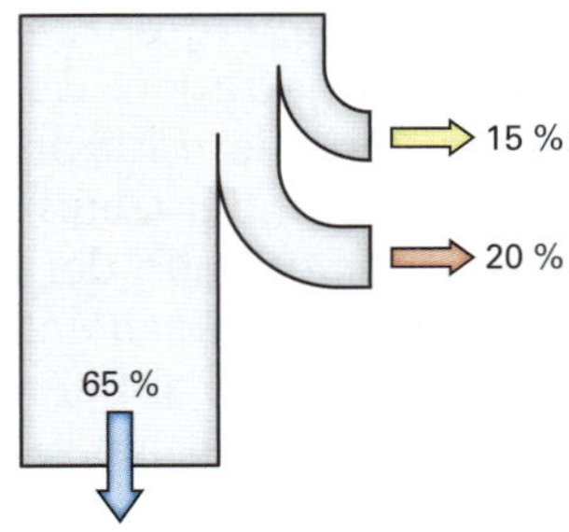

Bild 4

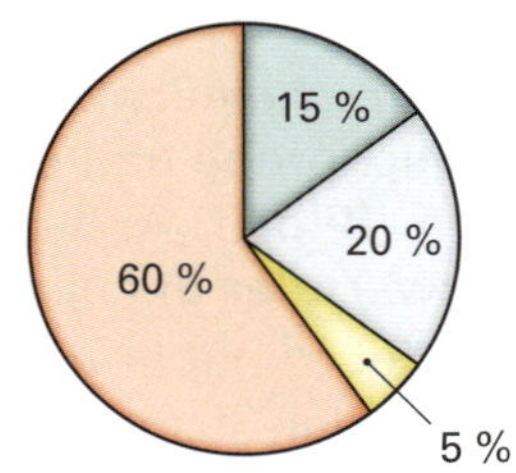

Bild 5

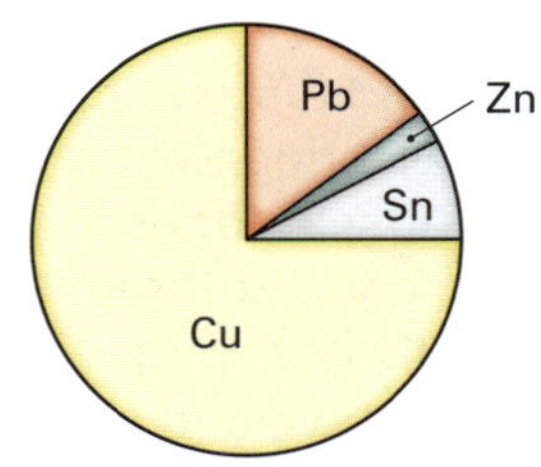

Bild 6

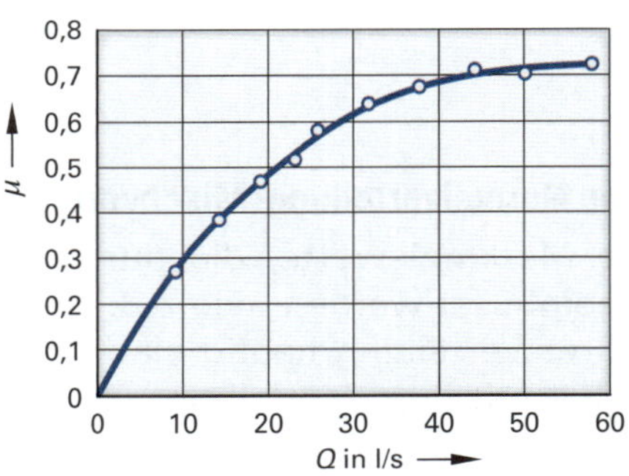

Bild 7

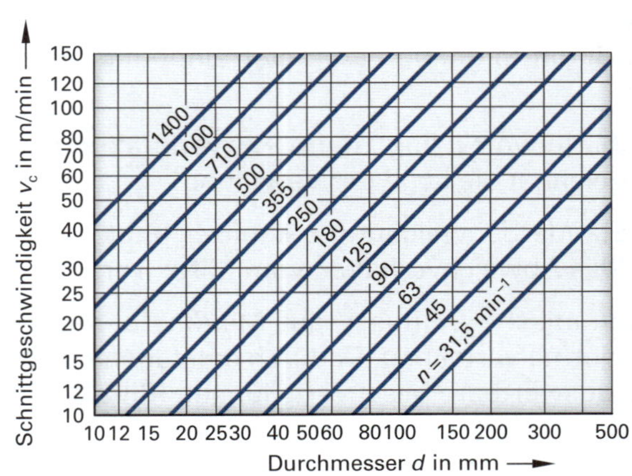

Bild 8

13 CAD/CAM

Unter **CAD** (**C**OMPUTER **A**IDED **D**ESIGN) versteht man das rechnerunterstützte Zeichnen und Konstruieren. Hierbei kommen 2D- und 3D-CAD-Systeme zur Anwendung. Die Arbeitsweise in 2D-Systemen ähnelt in groben Zügen derer bei der manuellen Zeichnungserstellung, unterstützt durch die vom CAD-System bereitgestellten Befehle und Tools. Die Arbeitsweise in 3D-CAD-Systemen hingegen weicht grundlegend davon ab. Bevor es dazu kommt, dass Zeichnungen oder sonstige Technische Unterlagen erstellt werden können, muss ein 3-dimensionales Modell erstellt werden. Dieses Modell, z. B. eines Bauteils oder einer Baugruppe, benötigt alle für folgende Prozessschritte erforderlichen Informationen. Dazu gehören z. B. Informationen über Geometrie, Größe, Werkstoff, Toleranzen, Oberflächenbeschaffenheit. Aus dem Modell können dann Technische Unterlagen wie Teil-, Baugruppen-, Explosionszeichnungen oder Stücklisten usw. abgeleitet werden.

Darüber hinaus werden die in einem CAD-Modell enthaltenen Daten häufig auch in anderen Systemen wie z. B. **CAM** (**C**OMPUTER **A**IDED **M**ANUFACTURING) weiterverarbeitet. So wird eine rechnergestützte Produktion ermöglicht, die sowohl Transport-, Lager- als auch Planungs- und Fertigungsvorgänge steuert. Auf Basis der in den Modellen gespeicherten Daten werden z. B. in der Arbeitsvorbereitung computerunterstützt die erforderlichen Arbeits-, Prüf- und Montagepläne sowie die für NC- und CNC-Maschinen erforderlichen Programme erstellt.

Häufig wird auch von CAD/CAM-Systemen gesprochen, da beide Systeme in der Praxis eng miteinander verknüpft sind.

13.1 Handhabung von CAD-Systemen

CAD-Systeme arbeiten, wie auch die allgemeine Datenverarbeitung, nach dem **EVA**-Prinzip: **E**ingabe, **V**erarbeitung, **A**usgabe.

Auch die grundlegende Arbeitsweise der gängigen CAD-Systeme ähnelt sich häufig, da jedoch die Benutzeroberflächen teils sehr unterschiedlich sind, bedarf es hier meist einer intensiven Einarbeitung. Nur so ist gewährleistet, dass die erstellten Modelle den hohen Anforderungen gerecht werden, die an sie gestellt sind. Diese umfassen den geometrischen Aufbau, interne bzw. externe Abhängigkeiten, die Modellstruktur sowie die Gesamtheit weiterer im Modell enthaltenen Daten (**Bild 1**).

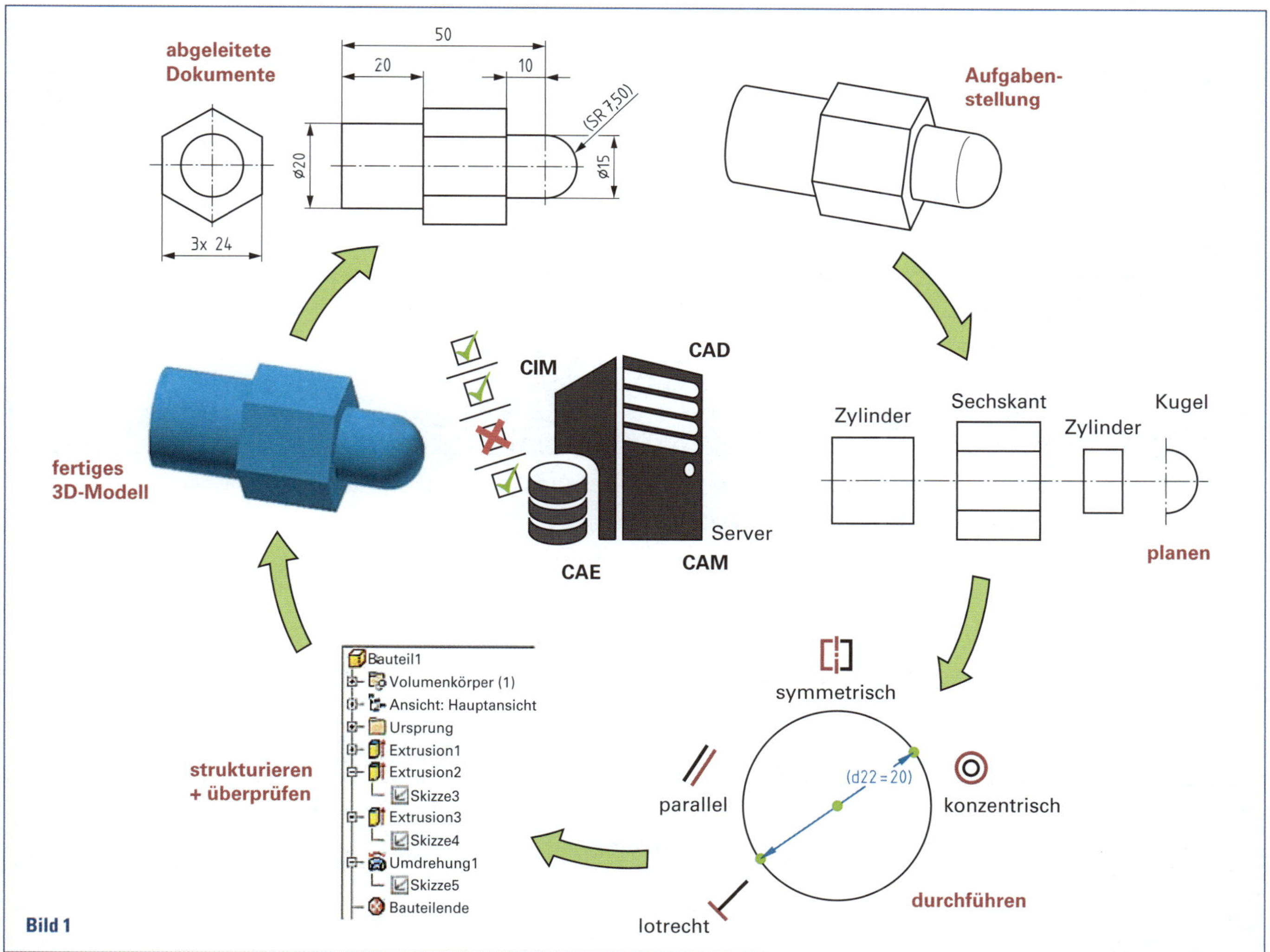

Bild 1

13.2 CAD-Austauschformate

Aufgrund der Probleme, die beim Austausch von Daten aufgrund der unterschiedlichen Dateiformate entstehen, wurden **Datenaustauschformate** entwickelt. Sie gelten als systemneutral.

Tabelle 1 stellt die gängigen Formate im Detail dar.

Tabelle 1: Merkmale von CAD-Austauschformaten

STEP: Standard for the Exchange of Product Model Data (.stp, .step)

- Es handelt sich um eine von der ISO initiierte Schnittstellennorm, die über den reinen Geometriedatenaustausch (wie über DXF oder IGES) hinausgeht.
- Möglichst alle Produktdaten, die während der Produktlebensdauer anfallen, können dargestellt und zwischen unterschiedlichen CAx-Systemen übertragen werden.
- In der Geometriebeschreibung können sämtliche Formen (Draht-, Flächen-, Volumenmodelle) von CAD-Datenmodellen integriert werden.
- Es besteht die Möglichkeit, bei Zusammenbauten Informationen über die hierarchische Struktur weiterzugeben.

STL: Standard Tessellation Language (.stl)

- Beschreibt Oberflächen von 3D-Körpern mithilfe von Dreiecksfacetten. Eine Dreiecksfacette wird durch die drei Eckpunkte und die zugehörige Flächennormale des Dreieckes charakterisiert.
- Gekrümmte Oberflächen werden durch die Dreiecke nur angenähert.
- Die Datenmenge kann enorme Größen erreichen.
- Häufige Anwendung im Bereich 3D-Druck.

VRML: Virtual Reality Modeling Language (.vrml, .wrl, .wrz)

- Weist triangulierte (in Dreiecke aufgeteilte) Oberflächen auf.
- Vermeidet Redundanzen (Wiederholungen von Informationen, die ohne Informationsverlust entfernt werden können).
- Es gibt zwei nummerierte Listen: die erste umfasst Koordinaten der Dreieckseckpunkte, in der zweiten werden die Dreiecke anhand der Positionsnummer der Punkteliste definiert.
- Geometrieelement ist erforderlich, um Innen- und Außenseite unterscheiden zu können.
- Kann Oberflächen mit Farben oder Texturen versehen.
- VRML ist klar im Vorteil gegenüber STL, wird jedoch nicht von allen Systemen korrekt erzeugt oder gelesen.

IGES: Initial Graphics Exchange Specification (.igs, .iges)

- Ist ein ANSI-kompatibles, nicht herstellergebundenes Public Domain-Dateiformat.
- Dient zum Austausch von Produktdefinitionsdaten zwischen verschiedenen CAD/CAM-Systemen.
- Wurde vorwiegend für die Übertragung von Geometriedaten entwickelt.
- Seit Version 5.3 verfügt IGES auch über Volumenelemente.

DXF: Drawing Exchange Format (.dxf)

- Ist ein ASCII- oder binäres Dateiformat zum Austausch von Vektor-Daten zwischen CAD-Programmen.
- Wurde von Autodesk entwickelt, spielt vorwiegend als Schnittstelle von und nach AutoCAD eine Rolle.

ACIS: ACIS-Textdatei (.sat)

- ACIS ist in der objektorientierten Programmiersprache C++ geschrieben und zeichnet sich durch eine offene Systemarchitektur aus.
- Draht- und Flächenmodelle können verwaltet und manipuliert werden.
- Importierte Modelle können mit ungenauer Geometriebeschreibung korrekt weiterverarbeitet werden.

Tabelle 2 zeigt die im Bereich Konstruktion gängigen CAD-Systeme und deren Dateiformate.

Tabelle 2: Systemspezifische Dateiformate

Hersteller	Autodesk		3DS	PTC	Siemens PLM	
System	Inventor	AutoCAD	SolidWorks, CATIA	Creo Parametric	Solid Edge	NX
Dateiformate						
Bauteil	.ipt	.dwg	.SLDPRT, .CATPart	.prt	.par	.dpv
Baugruppe	.iam		.SLDASM, .CATProduct	.asm	.asm	.assy

13.3 Rechnergestütztes Konstruieren

Unter rechnergestütztem Konstruieren versteht man die Produktgestaltung und -entwicklung, bei der als Arbeitsmittel Computer zum Einsatz kommen. Dazu gehört nicht nur die Gestaltung der Geometrie, sondern auch das Simulieren von Eigenschaften und Verhalten der zu entwickelnden Produkte.

Bei der Arbeit mit modernen Design-Systemen werden Produkte als räumliche Geometriedaten virtuell erzeugt und am Bildschirm optisch dargestellt. Datenmodelle sind die Ergebnisse der CAD-Konstruktionen.

Bei technischen CAD-Anwendungen werden diese Modelle als **Volumenkörper** abgebildet. Diesen Körpern können physikalische Eigenschaften zugeordnet werden, z. B. eine **Dichte**, eine **Festigkeit** oder **optische Eigenschaften**. Die virtuellen Körper können im Rechner mit simulierten Einflüssen wie **Kräften, Beschleunigungen** oder **Beleuchtung** in Wechselwirkung gebracht werden. Man spricht hier von **virtuellen Prototypen**, die mittels **FEM** (**F**inite-**E**lemente-**M**ethode) analysiert werden.

Die **Finite-Elemente-Methode (FEM)** ist ein numerisches Verfahren zur Festkörperberechnung.

Mithilfe der FEM können virtuelle Bauteile am Computer berechnet sowie Verformungen und Spannungen unter Krafteinfluss simuliert werden.

Tatsächlich werden umfangreiche Tests an virtuellen Prototypen durchgeführt, die Aufschluss auf die späteren realen Eigenschaften eines Produktes geben.

Ein anderer Anwendungsbereich der CAD-Konstruktion ist die Darstellung von Oberflächen, z. B. um eine möglichst realitätsnahe Darstellung von Gegenständen, Umgebungen oder Personen zu erhalten. Eine weit verbreitete Anwendung solcher Oberflächendaten ist bei den 3D-Welten von Computerspielen zu finden. Auch kommerzielle Nutzungen sind verbreitet, wie z. B. Objektpräsentation in der Architektur, der Küchenplanung oder die fotorealistische Präsentation von neu geplanten Fahrzeugen.

Die **Gründe für den Einsatz von CAD-Anwendungen** sind vielfältig:

- CAD soll die Erstellung von Konstruktions- und Einzelteilzeichnungen effizienter machen und somit die Kosten der Konstruktion senken.
- CAD soll die Qualität der Konstruktion und damit des Produktes erhöhen.
- CAD soll die zu fertigenden Produkte EDV-mäßig erfassen und für andere DV-Systeme zur Verfügung stellen, z. B. für die NC-Programmierung.
- CAD soll Änderungsvorgänge vereinfachen und aufgrund der vorhandenen Abhängigkeiten durchgängiger machen.
- CAD soll zur Vermeidung von Fehlern beitragen.

13.3.1 Allgemeine Grundlagen der Konstruktion

Die Konstruktion einer Maschine oder Anlage definiert die Eigenschaften, die prinzipiellen Herstellungsverfahren, den Gebrauch, die Umweltbeziehungen und nicht zuletzt die Kosten eines Produktes. Eine gute Konstruktion ist die wesentliche Voraussetzung für den Produkterfolg.

Unter **Konstruieren** versteht man das vorwiegend schöpferische, auf Wissen und Erfahrung gegründete und optimale sowie kostengünstige Lösungen anstrebende Vorausdenken technischer Erzeugnisse, Ermitteln ihres funktionellen und strukturellen Aufbaus und das Erstellen der erforderlichen Fertigungsunterlagen. Als Teil des Entwickelns umfasst es das gedankliche und darstellende Gestalten, die Wahl der Werkstoffe und Fertigungsverfahren und ermöglicht eine technisch und wirtschaftlich vertretbare stoffliche Verwirklichung.

Die **Ergebnisse des Konstruierens** sind Fertigungsunterlagen mit Zeichnungen, Stücklisten und Erzeugnisgliederungen, möglichst auf der Basis von gesicherten Berechnungen, Erfahrungen und Erprobungen mit Modellen. Dabei müssen die verfügbaren Ressourcen an Werkstoffen und Produktionsmitteln beachtet werden.

13.3.2 Konstruktionsarten

Im Wesentlichen werden drei Konstruktionsarten unterschieden (**Bild 1**):

Variantenkonstruktion

Hierbei wird das Lösungskonzept einer bestehenden Konstruktion übernommen. Es werden lediglich Maße geändert (Dimension), Details weggelassen oder ergänzt (Geometrie). Oft erfolgt die Variantenkonstruktion durch Verändern von variablen Werten (Parametern).

Anpassungskonstruktion

Hierunter versteht man die Änderung bereits bestehender Konstruktionen, z. B. zur Beseitigung von Mängeln oder zur Anpassung an andere Randbedingungen. Bei der „Anpassungskonstruktion" wird das Konzept beibehalten und das Produkt an geänderte Anforderungen angepasst.

Neukonstruktion

Ein neues Bauteil wird mittels systematischer Konstruktionsmethodik entwickelt. Ähnliche Lösungen waren bisher noch nicht bekannt.

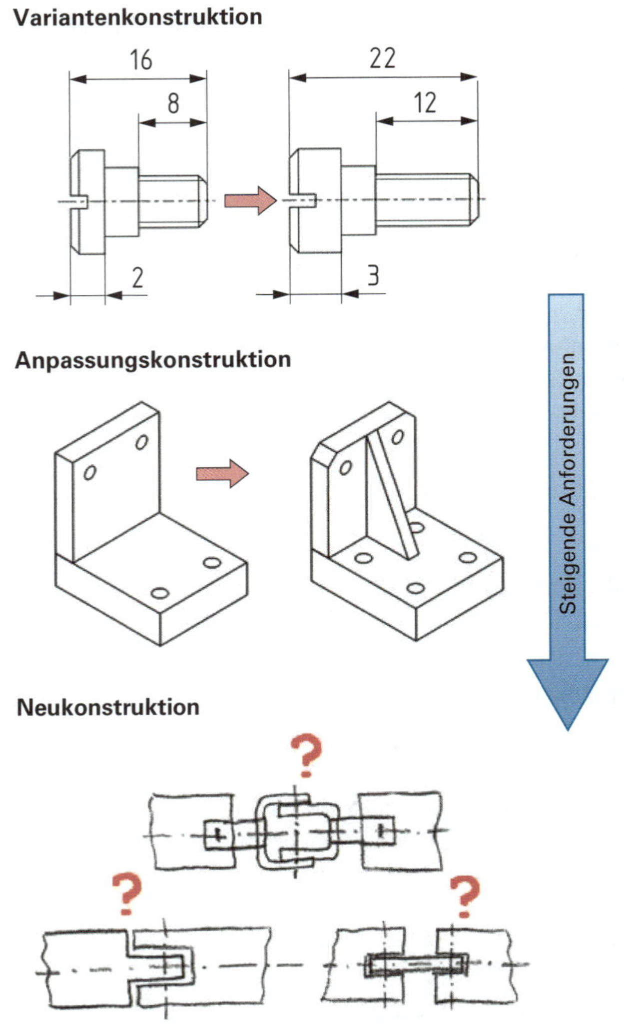

Bild 1

13.3.3 Konstruktionsmethodik

Der Ablauf einer Konstruktion kann **intuitiv, iterativ** oder **diskursiv** erfolgen:

Intuitives und **iteratives Konstruieren** basieren auf einer einzigen Lösungsidee, dem sogenannten „ersten Gedanken" oder „Geistesblitz". Es erfolgt keine systematische Ideenfindung. Beide Vorgehensweisen sind nicht mehr zeitgemäß und werden daher hier nicht weiter erläutert.

Das **diskursive Konstruieren** (auch: systematisches Konstruieren) hat sich als Methode durchgesetzt. Es beinhaltet einen systematischen Ablauf beim Lösen technischer Probleme durch Unterteilung in zeitlich aufeinanderfolgende Arbeitsschritte, sogenannte Problemlösungsphasen. Im Fokus dieses Prozesses steht die systematische Suche nach Lösungsmöglichkeiten und deren Bewertung (**Bild 2**).

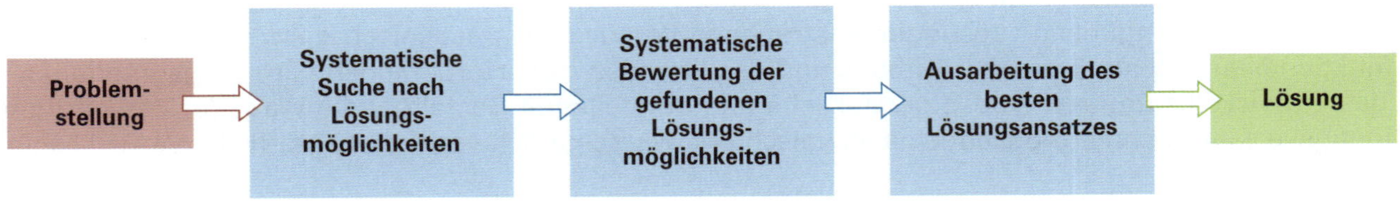

Bild 2

13.3.4 Konstruktionsmethoden

Bei der computerunterstützten Konstruktion von Bauteilen und Baugruppen gibt es, wie auch in der klassischen Konstruktion, zwei grundlegende Konstruktionsmethoden (**Bild 1**):

Bottom-Up-Methode

Die Bottom-Up-Methode (von unten nach oben; englisch: *bottom*, unten; *up*, oben) ist eine auf Bauteile fokussierte Methode, bei der einzelne Bauteile unabhängig von einem anderen Bauteil bzw. einer anderen Baugruppe entworfen werden. Die so erstellten Bauteile können dann in nachfolgenden Arbeitsschritten in übergeordneten Objekten verwendet werden. Diese Methode wird oft verwendet in der Absicht, Bauteile zu erhalten, die z.B. als Standardbauteil in verschiedenen Baugruppen verwendet werden können.

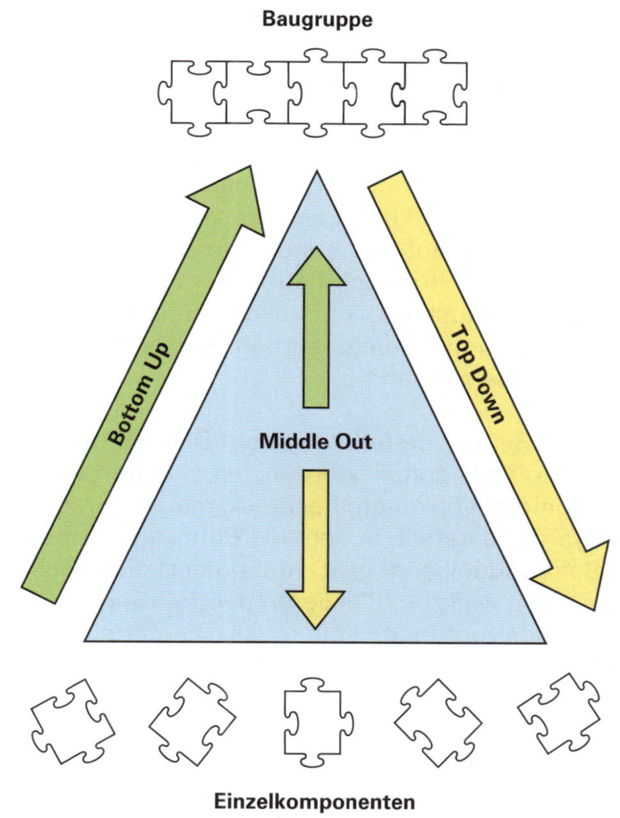

Bild 1

Top-Down-Methode

Die Top-Down-Methode (von oben nach unten; englisch: *top*, oben; *down*, unten) ist eine auf übergeordnete Bauteile oder Baugruppen fokussierte Methode. Bauteile werden im Kontext übergeordneter Objekte definiert. Bei diesem Verfahren wird z.B. zuerst ein Baugruppenlayout erstellt, das anschließend zum Definieren von Geometrie und Position der einzelnen Teile verwendet wird.

Bei dieser Methode werden meist neue Bauteile entworfen, deren Verwendung auf die übergeordneten Objekte begrenzt ist. Ein gutes Beispiel ist die Konstruktion einer Schutzhaube, die nur in einer speziellen Baugruppe Anwendung findet.

Der Vorteil der Top-Down-Konstruktion besteht darin, dass weniger Wiederholungsarbeit nötig ist, wenn Konstruktionsänderungen erforderlich sind. Wird z. B. das grundlegende Layout einer Baugruppe verändert, passen sich die Bauteile automatisch an, weil die Geometrien voneinander abhängig gemacht wurden.

Werden z.B. bei der Konstruktion eines technischen Gerätes zuerst die Größe und die Gestalt des Gehäuses festgelegt, müssen alle Bauteile, die sich später im Inneren befinden, darauf abgestimmt werden. Das Gehäuse ist das bestimmende Objekt (Top-Down).

Werden jedoch erst alle innenliegenden Bauteile konstruiert, muss die Größe und Gestalt des Gehäuses nach den vorhandenen Bauteilen ausgelegt werden (Bottom-Up).

Middle-Out-Methode

In der Praxis kommt es häufig zu einer Kombination beider Verfahren, die **Middle-Out-Methode** (aus der Mitte; englisch: *middle*, mittig; *out*, heraus) genannt wird. Bei der Middle-Out-Methode werden teils vorhandene Bauteile verwendet, teils werden neue Bauteile im Kontext eines übergeordneten Bauteils oder einer übergeordneten Baugruppe erstellt.

13.3.5 Geometrische Grundlagen der rechnergestützten Konstruktion

Aufgrund der Vielfalt der am Markt befindlichen 3D-Programme werden die Grundlagen der rechnergestützten Konstruktion in diesem Buch **systemneutral** behandelt!

Beim Modellieren dreidimensionaler Bauteile werden diese meist in geometrische Grundkörper zerlegt, welche sinnvoll miteinander kombiniert die Geometrie des kompletten Bauteils ergeben. Häufig werden im ersten Schritt zweidimensionale Skizzen erstellt, die einen Teil der Form des Bauteils definieren. Zum Skizzieren gehören die Erstellung von Linien, Bögen, Kreisen und Bemaßungen, vergleichbar mit der Erstellung einer Handskizze. Beim rechnergestützten Skizzieren werden jedoch zusätzlich Beziehungsinformationen bei der Erstellung einer Skizze erfasst. Diese Beziehungen (oder Abhängigkeiten) vereinfachen bei richtiger Anwendung die weiteren Bearbeitungsprozesse erheblich.

Aus den erstellten 2D-Skizzen werden im zweiten Schritt durch unterschiedliche Modellierungsverfahren räumliche Modelle erzeugt. Auch bei den Modelltypen gilt es Unterschiede zu beachten.

Bei der **3D-Modellerstellung** spielt die sinnvolle Reihenfolge der einzelnen Schritte eine wesentliche Rolle. Bei 2D-Konstruktion kann die Geometrie in jeder beliebigen Reihenfolge erstellt werden. Die 3D-Modellierung ähnelt jedoch häufig der Fertigung eines physischen Bauteils. Die Erstellung eines Elements ist in der Regel von einem oder mehreren bereits erstellten Elementen abhängig.

Beispiel: Bei der Erstellung einer 2D-Zeichnung kann zuerst ein Kreis erstellt werden, der eine Bohrung darstellt, gefolgt von einem Rechteck, das den umgebenden Körper darstellt, in dem die Bohrung positioniert ist. Beim Modellieren in 3D funktioniert diese Reihenfolge nicht, weil zum Platzieren der Bohrung zunächst der Körper vorhanden sein muss. Die Erstellungsreihenfolge ähnelt somit der realen Fertigung eines solchen Bauteiles.

Auch wenn das Arbeiten mit dem Computer und der entsprechenden CAD-Software die Arbeit in vielerlei Hinsicht erleichtert, ist das Arbeitsergebnis bei der Erstellung eines 3D-Modells in hohem Maß davon abhängig, wie strukturiert der Anwender gearbeitet hat. Die **Struktur eines Modells** beeinflusst maßgeblich dessen Verhalten bei Änderungen sowie seinen Wert im Hinblick auf die weitere Verwendung, z. B. für die Baugruppenerstellung oder als Informationsträger in der automatisierten Fertigung.

Auch den **geometrischen Grundlagen** kommt beim rechnerunterstützten Konstruieren eine besondere Bedeutung zu.

Die Baugruppe Rollenlagerung (**Bild 1**) besteht aus mehreren Bauteilen. Um die Baugruppe erstellen zu können, müssen zuerst die Bauteile modelliert werden. Hierzu ist es wichtig zu erkennen, aus welchen geometrischen Grundkörpern ein Bauteil zusammengesetzt ist.

Die Aufnahme (**Bild 2a**) setzt sich z. B. zusammen aus einem Quader (Grundkörper), einem weiteren Quader (Aussparung für die Rolle) sowie zwei Zylindern (Bohrungen). Hinzu kommen noch die Fasen an den oberen Ecken, die geometrisch betrachtet Dreieck-Prismen sind.

Die Achse (**Bild 2b**) hingegen setzt sich aus verschiedenen Zylindern und einem quaderförmigen Ansatz zusammen, während die Rolle (**Bild 2c**) ausschließlich aus zylindrischen Elementen besteht.

Bei diesen einfachen Bauteilen ist der geometrische Aufbau meist auf den ersten Blick zu erkennen. Bei komplexen Bauteilen jedoch bedarf dies einiger Erfahrung.

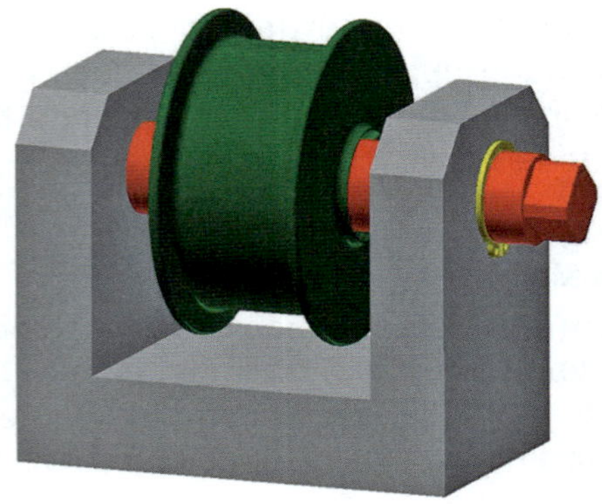

Bild 1

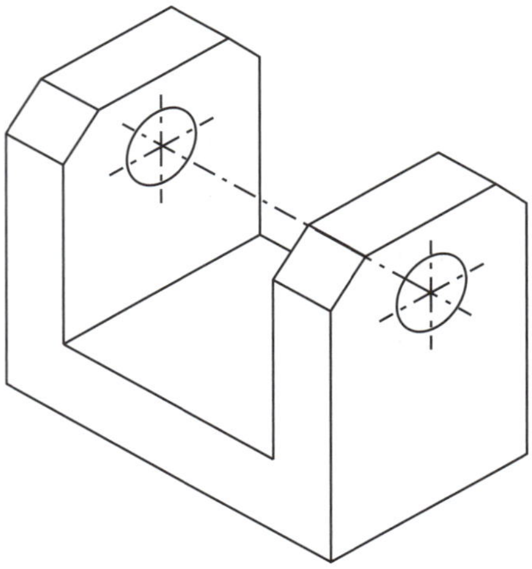

a) Aufnahme

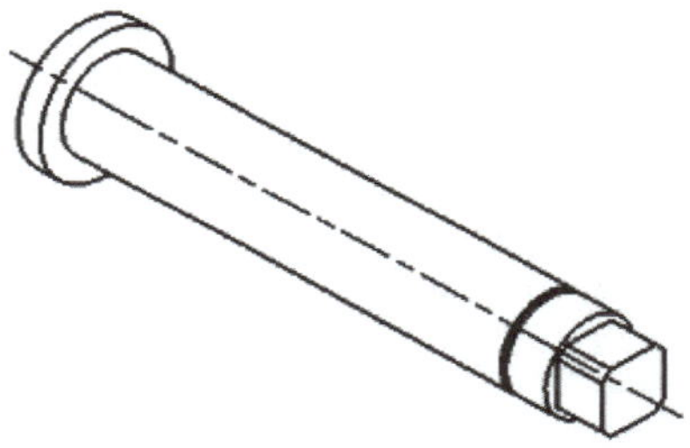

b) Achse

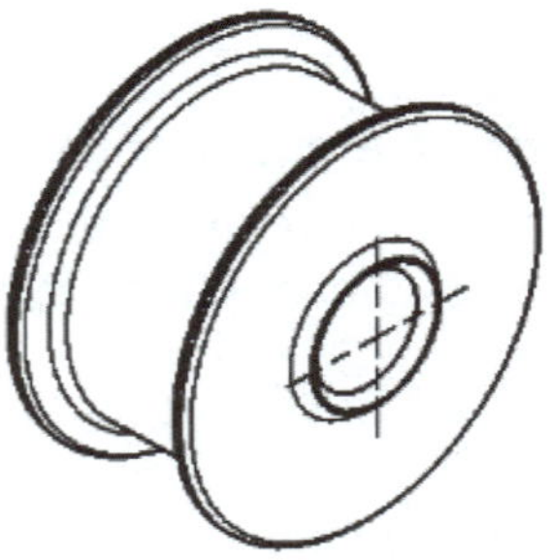

c) Rolle

Bild 2

Tabelle 1 zeigt eine Übersicht möglicher Grundkörper.

Tabelle 1: Geometrische Grundkörper

Grundkörper	Beschreibung	Beispiel
Quader	Ein Quader besteht aus gleichen rechteckigen Grund- und Deckflächen. Alle Seitenflächen sind rechteckig. Jeweils zwei gegenüberliegende Seitenflächen sind gleich groß.	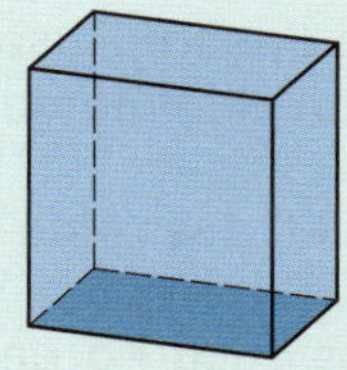
Würfel	Ein Würfel ist ein besonderer Quader, alle Kanten sind gleich lang. Grundfläche, Deckfläche und die Seitenflächen sind quadratisch und gleich groß.	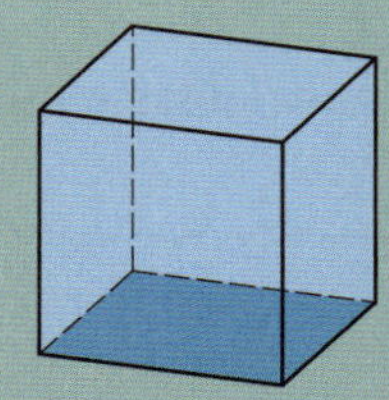
Prisma	Ein Prisma besteht aus gleichen eckigen Grund- und Deckflächen.	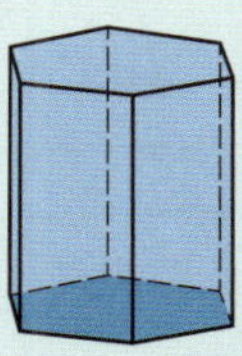 Sechseck-Prisma 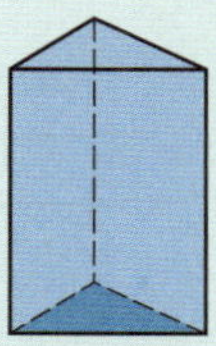 Dreieck-Prisma
Pyramide	Eine Pyramide wird von einer Grundfläche (Vieleck) und Dreiecken begrenzt, die alle einen Punkt, die Spitze der Pyramide, gemeinsam haben.	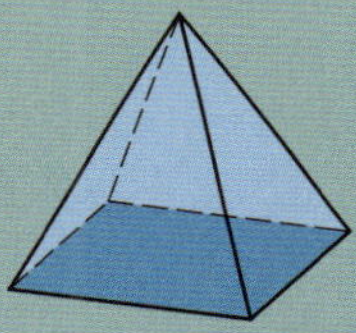 Viereck-Pyramide 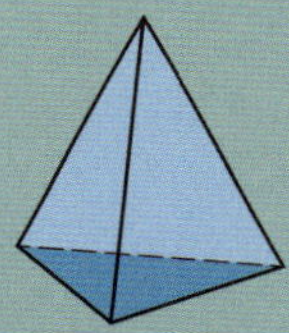 Dreieck-Pyramide
Zylinder	Ein Zylinder besteht aus gleichen kreisförmigen Grund- und Deckflächen.	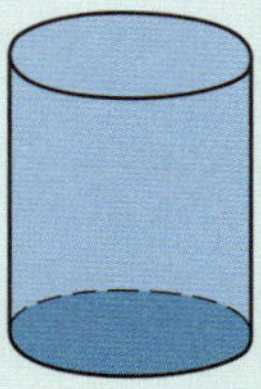
Kegel	Ein Kegel besitzt eine kreisförmige Grundfläche und eine Spitze. Liegt die Spitze nicht über dem Mittelpunkt der Grundfläche, spricht man von einem schiefen Kegel.	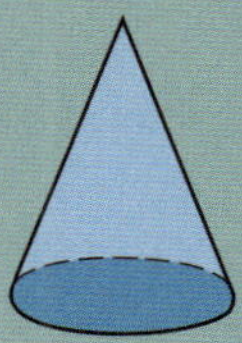 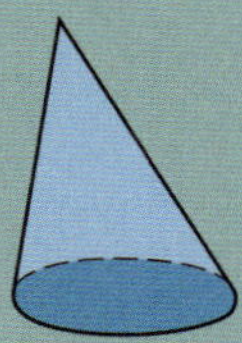 Schiefer Kegel
Kugel	Eine Kugel besitzt keine Ecken und Kanten. Alle Punkte der Oberfläche sind vom Mittelpunkt gleich weit entfernt.	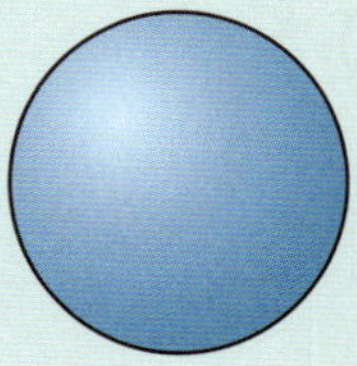

13.4 Modellierungsverfahren bei der rechnergestützten Konstruktion

In Abhängigkeit von der geometrischen Grundform eines Körpers wird das Modellierungsverfahren gewählt. Ist die Grundform z. B. ein Quader oder ein Prisma, bietet sich die **Extrusion** (**Bild 1**) an. Ist die Grundform ein Zylinder, ein Kegel oder eine Kugel, also ein rotationssymmetrischer Körper, erzeugt man diesen mittels der **Rotation** (**Bild 2**).

Extrusion (auch lineare Austragung) bedeutet, dass eine Skizze senkrecht zur Skizzierebene „verschoben" wird und dadurch ein Volumenkörper entsteht.

Rotation bedeutet, dass eine Skizze um eine **Drehachse** rotiert wird. Das Ergebnis ist ein Volumenkörper.

Natürlich gibt es auch Körper, die sich durch Kombination einfacher geometrischer Grundkörper schlecht beschreiben lassen. Ein einfaches Beispiel hierzu ist ein Bügelgriff. Dieser kann mittels des **Sweeping-Verfahrens** erzeugt werden (**Bild 3**).

Sweeping bedeutet, dass eine Skizze entlang einer skizzierten **Leitlinie (Leitkurve)** geführt wird.

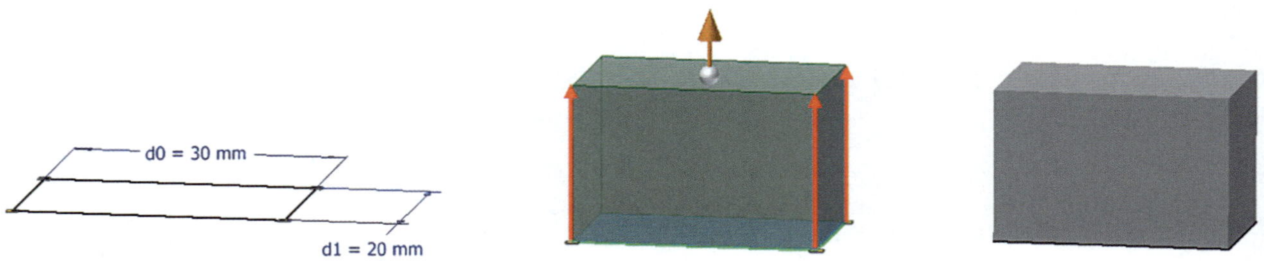

a) Skizze b) Extrusion c) Volumenkörper

Bild 1

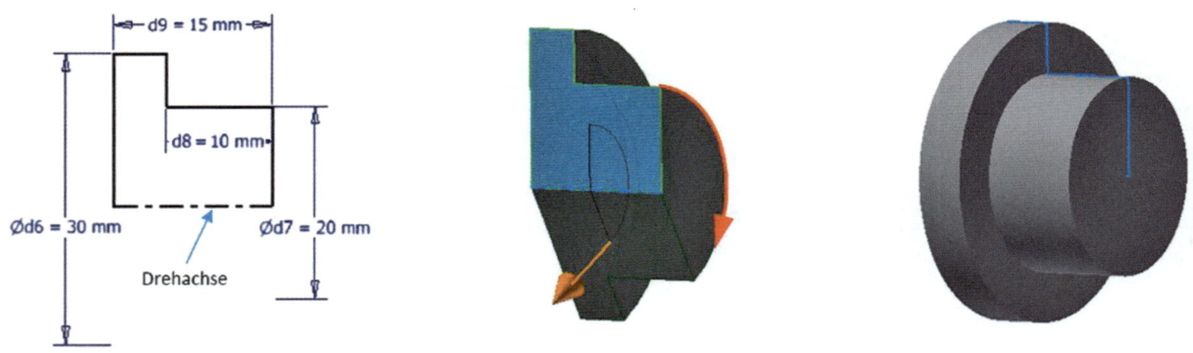

a) Skizze b) Rotation c) Volumenkörper

Bild 2

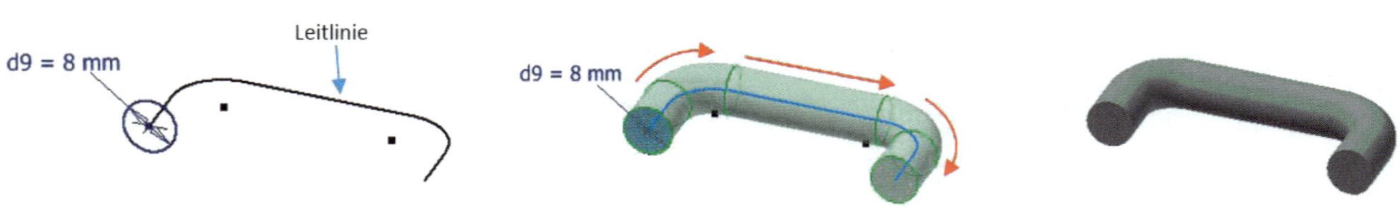

a) Skizze b) Sweeping c) Volumenkörper

Bild 3

13.5 Boolesche Operationen

Bei der Achse der Rollenlagerung (**Bild 2b, Seite 148**) wurden zwei Modellierungsverfahren angewendet. Die Achse ohne Vierkant wurde durch Rotation erstellt. Der Vierkant wurde anschließend durch eine Extrusion auf die vordere Planfläche aufgesetzt. Das Aufsetzen des Vierkantansatzes erfolgte mittels einer **Booleschen Operation**.

Eine **Boolesche Operation** ist eine mathematische Methode zur Darstellung von Beziehungen mithilfe von **logischen Operatoren** wie **OR, NOT** oder **AND**.

Bei der 3D-Modellierung werden Boolesche Operatoren auf Volumenkörper angewendet, wodurch **Vereinigungen** (OR), **Differenzen** (NOT) oder **Schnittmengen** (AND) entstehen (**Bild 1**).

Folgende Vorgänge können dadurch ausgeführt werden:

- Neue Volumenkörper erstellen (Vereinigung).
- Mehrere Volumenkörper zu einem Volumenkörper zusammenfassen (Vereinigung).
- Bereiche aus einem Volumenkörper entfernen (Differenz).
- Die Schnittmenge mehrerer Volumenkörper erzeugen (Schnittmenge).

Wie mittels der Kombination der verschiedenen Operationen ein komplexeres Volumenmodell erzeugt werden kann, zeigt **Bild 2**.

Durch **Kombination eines geeigneten Modellierungsverfahrens** (Extrusion, Rotation usw.) **mit einer Booleschen Operation** wird aus einer Skizze ein Volumenkörper erzeugt oder ein Bereich eines Volumenkörpers wird entfernt.

Ein **komplex aussehendes Modell** ist demnach meist nichts anderes als einfache geometrische Grundkörper, die mittels Boolescher Operationen sinnvoll miteinander in Beziehung gesetzt (verknüpft) wurden.

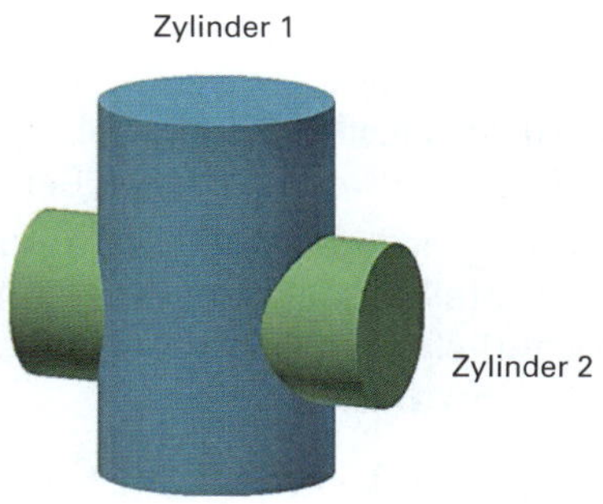

a) **Vereinigung ∪ OR**
Zylinder 1 oder Zylinder 2
Material wurde hinzugefügt

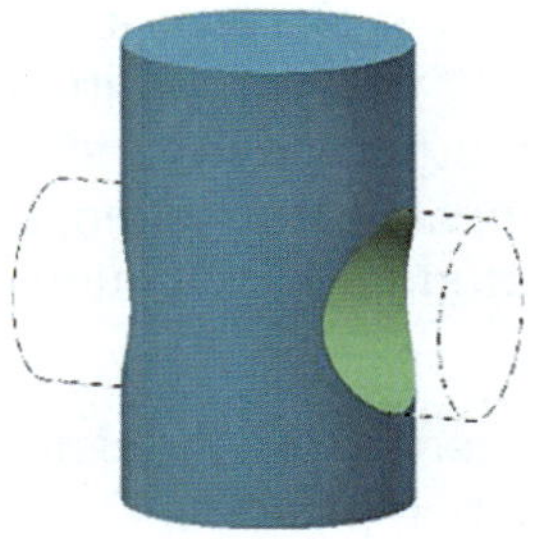

b) **Differenz \ NOT**
Zylinder 1 und nicht Zylinder 2
Material wurde entfernt

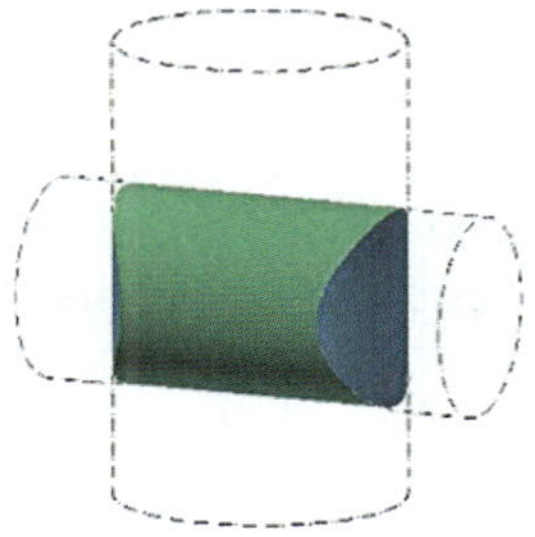

c) **Schnittmenge ∩ AND**
Zylinder 1 und Zylinder 2
Material wurde entfernt

Bild 1

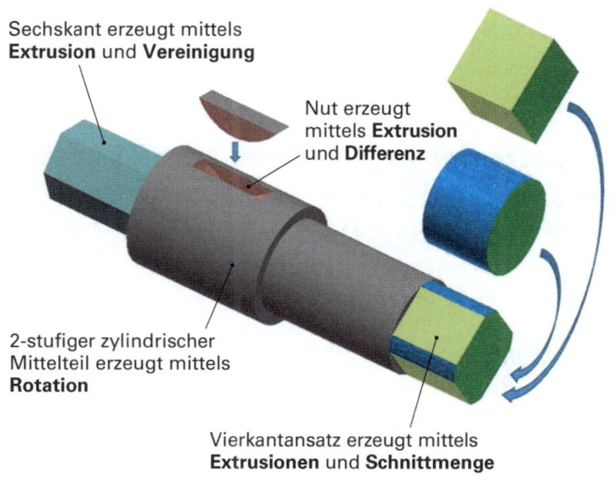

Bild 2

13.6 Modelltypen

Es gibt drei Arten von 3D-Modelltypen:

Drahtmodell (Kantenmodell/Wireframe)
(englisch: *wireframe*; *wire*, Draht; *frame*, Gerippe)
Dieses Modell wird lediglich durch Körperkanten definiert. Zur Erstellung ist nur eine geringe Rechenleistung erforderlich, der Informationsgehalt ist jedoch ebenfalls gering (**Bild 1**).

Berechnungen von verdeckten Kanten, Durchdringungen usw. sind nicht möglich.

Flächenmodell (Surface)
(englisch: *surface*, Oberfläche)
Dieses Modell wird durch aneinandergefügte Flächen definiert. Basis ist ein Kantenmodell, über das die Flächen „gespannt" werden. Informationen wie Flächeninhalte oder -eigenschaften sind enthalten. Die erforderliche Rechenleistung ist entsprechend höher als die Rechenleistung zur Erstellung eines Drahtmodells (**Bild 2**).

Die Flächenmodellierung wird meist in solchen Fällen angewendet, in denen nicht die Funktion des Bauteiles im Vordergrund steht, sondern Form bzw. Design. Oft handelt es sich dabei um komplex geformte Flächen, die geometrisch nicht zu beschreiben sind.

Volumenmodell (Solid)
(englisch: *solid*, massiv, fest, Festkörper)
Zusätzlich zu den in einem Flächenmodell enthaltenen Informationen wird die Information gespeichert, auf welcher Seite der jeweiligen Fläche sich Material befindet. Das bedeutet, eine Fläche wird als Begrenzungsfläche eines Volumens betrachtet. Dieser Modelltyp entspricht einem realen Modell. Der Informationsgehalt ist erheblich höher als bei den anderen Modelltypen, damit auch die erforderliche Rechenleistung. Neben den geometrischen Informationen werden im Volumenmodell auch physikalische Informationen gespeichert (**Bild 3**).

Den **Unterschied** zwischen einem Flächenmodell und einem Volumenmodell erkennt man bei einem Blick in das Innere: Während das Flächenmodell im Inneren **hohl** ist, ist das Innere des Volumenmodells **ausgefüllt**.

13.6.1 Skizzen bei der rechnergestützten Konstruktion

Ein Volumenmodell wird in den meisten Fällen aus einer 2D-Skizze erzeugt. Die Skizze ist quasi das Fundament des Volumenkörpers. Daher muss eine solche Skizze sorgfältig erstellt werden.

Bei der Erstellung von Skizzen in 3D-CAD-Systemen ist es sinnvoll, eine gewisse Reihenfolge der Arbeitsschritte einzuhalten. In Einzelfällen kann ein Abweichen von diesen Empfehlungen jedoch auch sinnvoll sein. Je nach Firma sind die Anforderungen an Skizzen auch in Konstruktionsrichtlinien festgehalten. **Skizzen** bilden die Ausgangsbasis eines Modells.

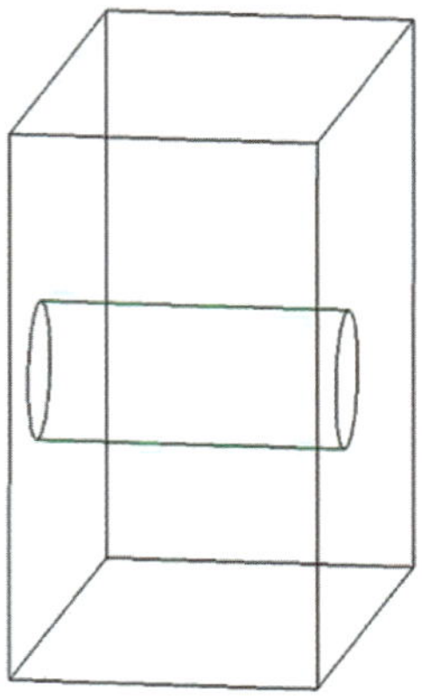

Bild 1

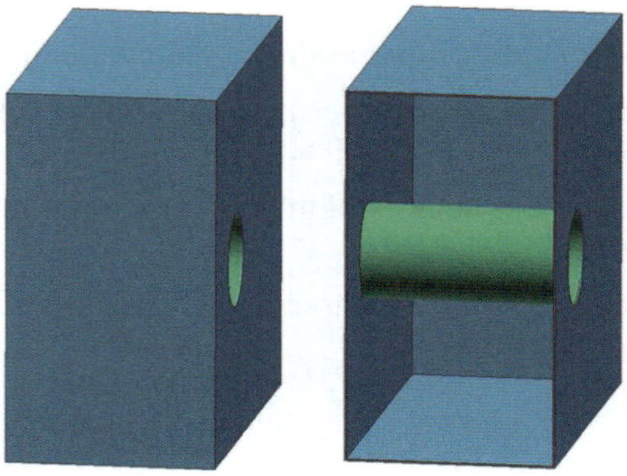

Bild 2

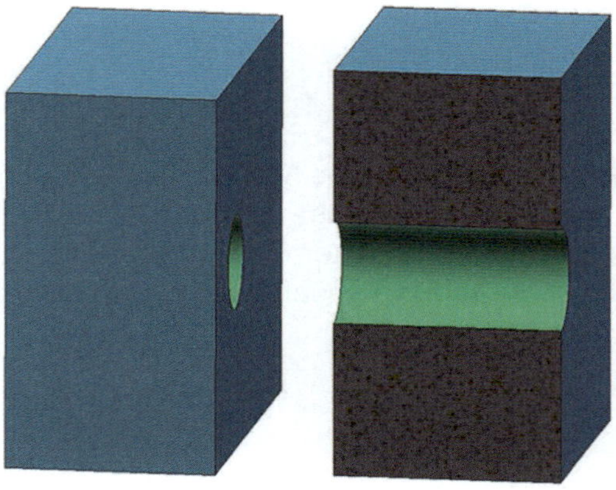

Bild 3

Folgende **Vorgehensweise** wird bei der **Erstellung von Skizzen** empfohlen:

1. Referenzen festlegen

Skizzen müssen auf einer **Ursprungsebene**, einer zusätzlich erstellten Arbeitsebene oder einer ebenen Fläche eines bereits bestehenden Körpers platziert werden. Die **Platzierung** der ersten Skizze in einem Modell beeinflusst bei der späteren Zeichnungsableitung die Zuordnung der Ansichten. Je nach CAD-System kann voreingestellt sein, dass die erste Skizze eines neuen Modells automatisch auf eine Ebene platziert wird. Häufig ist dies die xy-Ebene (**Bild 1**).

Mit zur Verfügung stehenden Tools können zusätzlich Ebenen, Achsen und Punkte erzeugt werden, falls dies erforderlich ist.

Zur Erstellung einer Skizze wird zuerst eine **Skizzierebene** festgelegt. Bei der ersten Skizze eines Bauteils geschieht dies in Abhängigkeit von den Systemeinstellungen ggf. automatisch.

2. Geometrie skizzieren

Die skizzierte Geometrie sollte so einfach wie möglich gehalten werden. Rundungen, Fasen und Bohrungen sollten nicht Bestandteil einer Skizze sein. Diese lassen sich im Nachgang mit vorhandenen Werkzeugen einfacher, effizienter und vor allem änderungsfreundlicher erstellen.

Es gilt der **Grundsatz**: Besser mehrere einfache als wenige umfangreiche Skizzen verwenden!

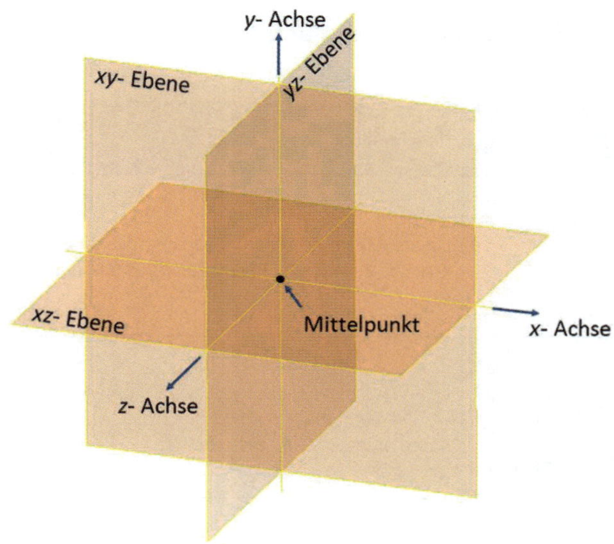

Bild 1

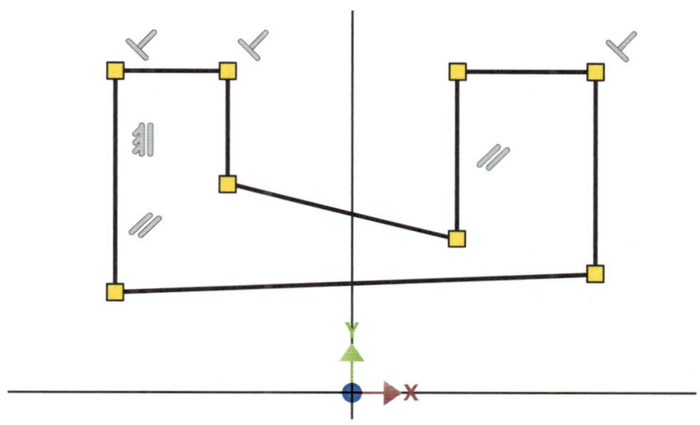
Bild 2

Während des Skizzierens muss noch nicht darauf geachtet werden, dass Maße oder geometrische Bedingungen eingehalten werden. Wenn systemseitig jedoch sinnvolle Vorschläge gemacht werden (z. B. senkrechter Verlauf einer Linie sollten diese auch genutzt werden. Nicht selten können diese Automatismen aber auch die weitere Bearbeitung einer Skizze erschweren, wenn systemseitig Annahmen getroffen wurden, die nicht der späteren Geometrie entsprechen. Dann kann es vorkommen, dass automatisch erstellte Abhängigkeiten für die weitere Bearbeitung einer Skizze wieder entfernt werden müssen.

Bild 2 zeigt eine Skizze, die auf der xy-Ebene erstellt wurde. Die Symbole zeigen an, dass systemseitig bereits bestimmte Annahmen getroffen und Bedingungen definiert wurden. Größe, Lage und Form sind noch nicht vollständig definiert und können noch manipuliert werden, weil noch mehrere erforderliche **Abhängigkeiten** fehlen.

Die Geometrie einer Skizze sowie deren Lage auf der gewählten Skizzierebene werden so weit wie möglich durch **Abhängigkeiten** definiert.

Um die Position einer Skizze auf der Skizzierebene festzulegen, kann diese auf Ursprungsachsen oder den Mittelpunkt des Koordinatensystems referenziert werden. Handelt es sich um eine Skizze, die im fertigen Zustand Symmetrien aufweist, sollte dieser Aspekt bereits zu diesem Zeitpunkt berücksichtigt werden. Um zu wissen, welche Abhängigkeiten in welcher Situation sinnvoll sind, sollten bereits geometrische Grundkenntnisse vorhanden sein. Begriffe wie parallel, tangential, koaxial usw. können bereits zu Beginn der Ausbildung, z. B. durch das Anfertigen von geometrischen Grundkonstruktionen, vermittelt werden.

Durch Festlegung der **geometrischen Bedingungen** (Vergabe von Abhängigkeiten) wird eine Skizze geometrisch beschrieben.

Eine Übersicht der gängigen Abhängigkeiten zeigt **Tabelle 1**.

Tabelle 1: Abhängigkeiten

Symbol	Beschreibung	Anwendungsbeispiel vorher	Anwendungsbeispiel nachher
 horizontal	Linien, Achsen oder Punktpaare werden parallel zur x-Achse des Koordinatensystems ausgerichtet.	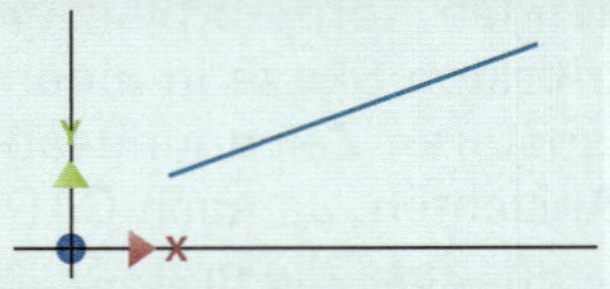	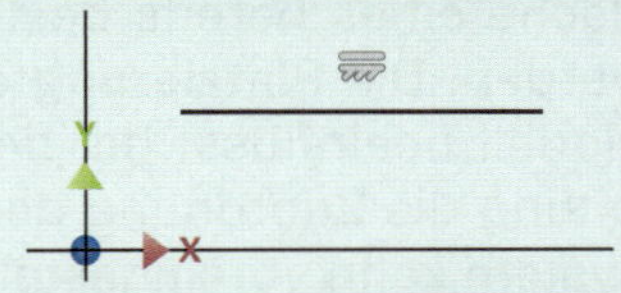
 vertikal	Linien, Achsen oder Punktpaare werden parallel zur y-Achse des Koordinatensystems ausgerichtet.	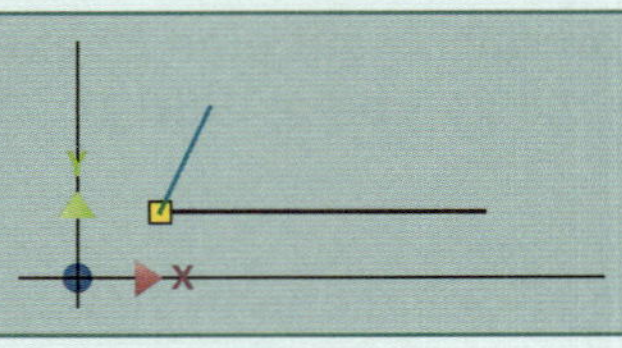	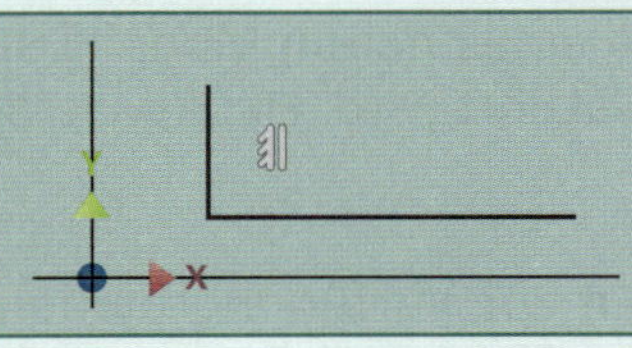
 lotrecht	Ordnet die ausgewählten linearen Geometrien lotrecht zueinander an.	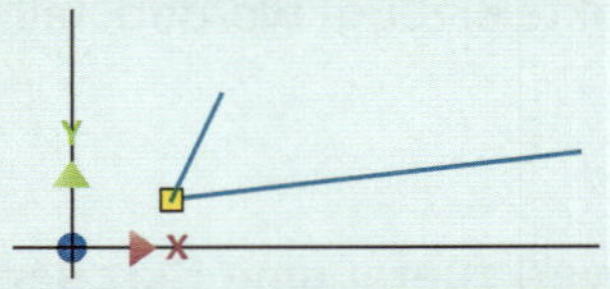	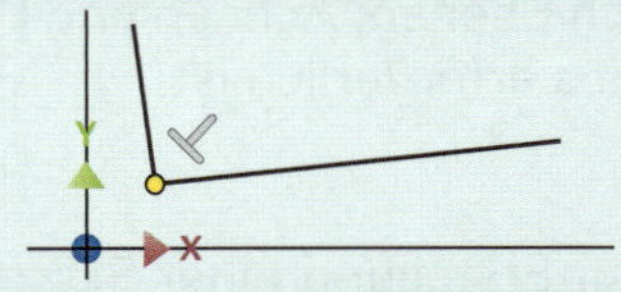
 parallel	Ordnet die ausgewählten linearen Geometrien parallel zueinander an.	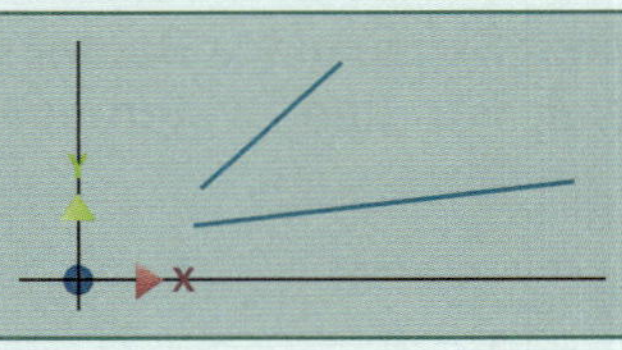	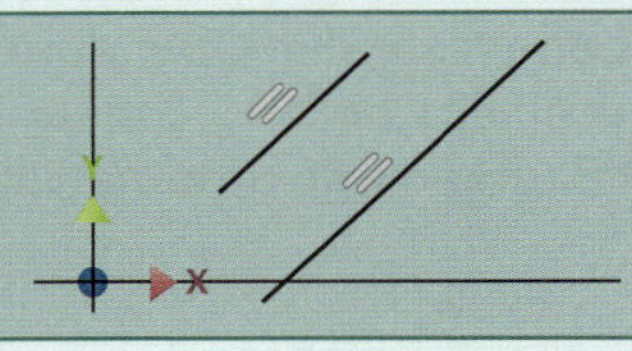
 kollinear	Bewirkt, dass zwei oder mehrere lineare Geometrien auf einer Linie liegen.	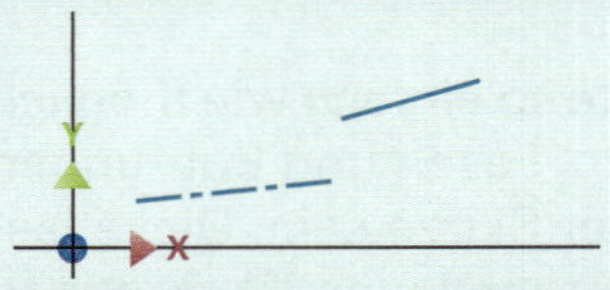	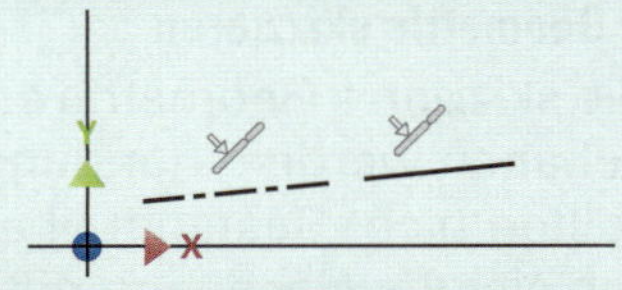
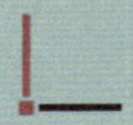 koinzident	Macht Punkte von anderen Geometrien abhängig. (= zusammentreffend/zusammenfallend)	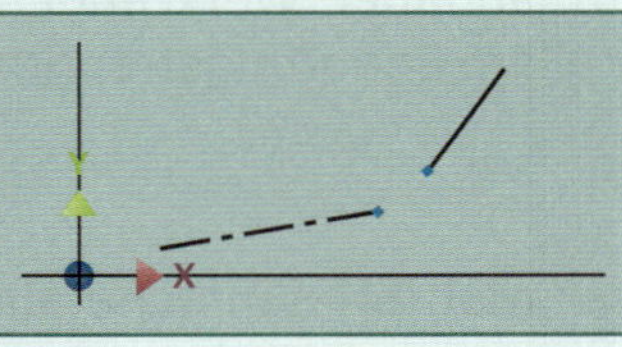	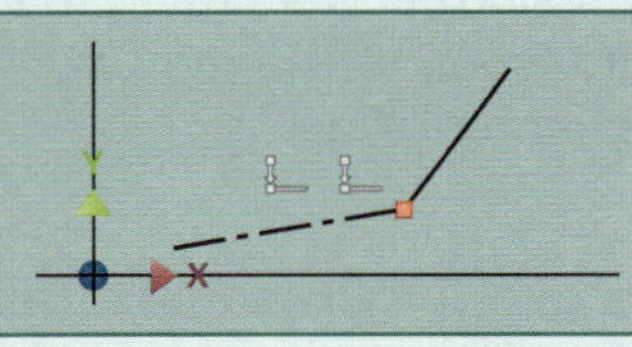
 symmetrisch	Erstellt für ausgewählte Linien oder Kurven eine symmetrische Abhängigkeit zu einer ausgewählten Linie.	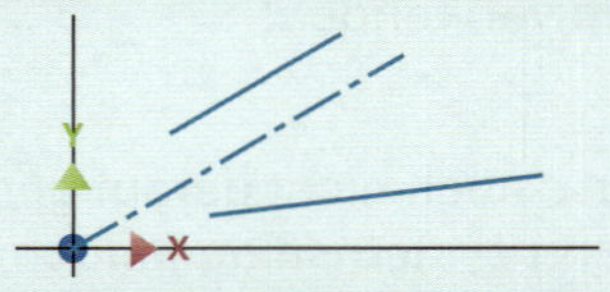	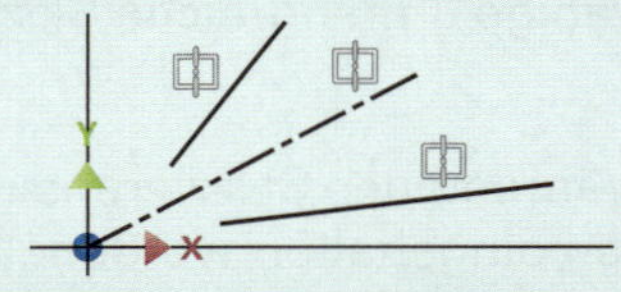
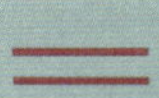 gleich	Bewirkt, dass ausgewählte Kreise oder Bögen den gleichen Radius erhalten und ausgewählte Linien die gleiche Länge.		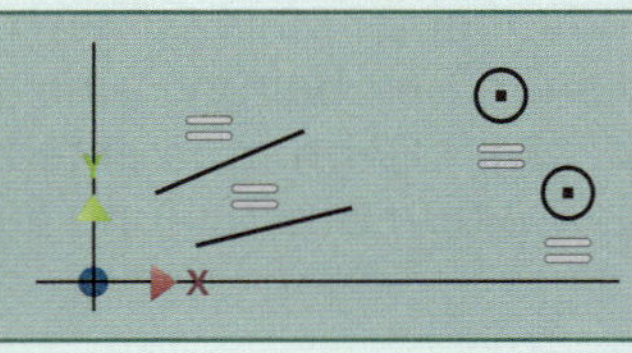
 tangential	Ordnet Geraden, Kreise oder Kurven tangential zueinander an.	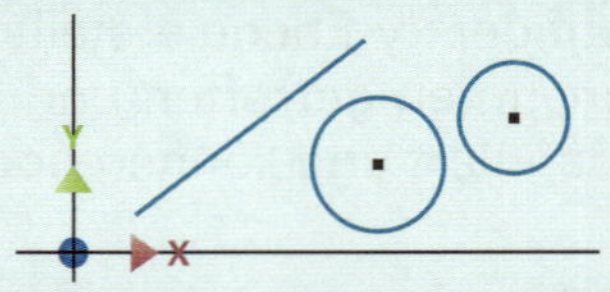	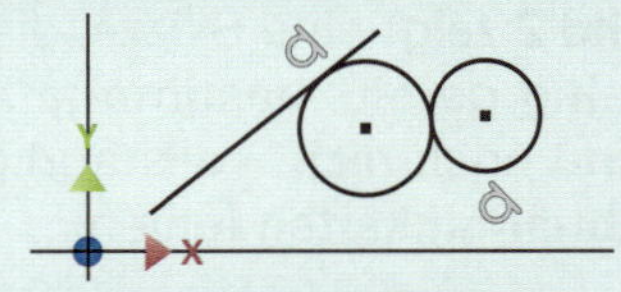
 konzentrisch	Macht zwei Bögen, Kreise oder Ellipsen vom gleichen Mittelpunkt abhängig.	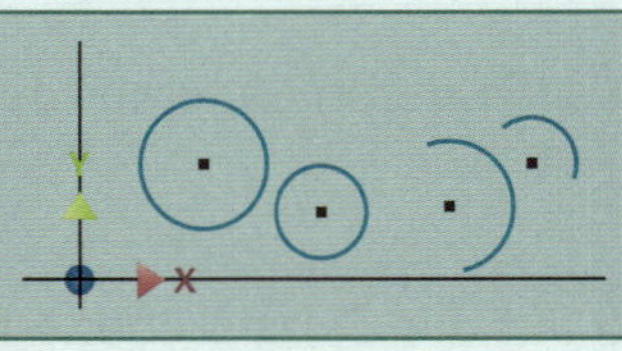	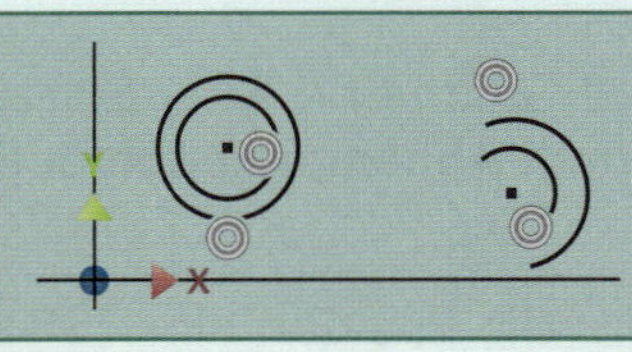
 stetig	Bewirkt, dass der Übergang zwischen zwei oder mehreren Kurven einen stetigen Übergang bekommt.	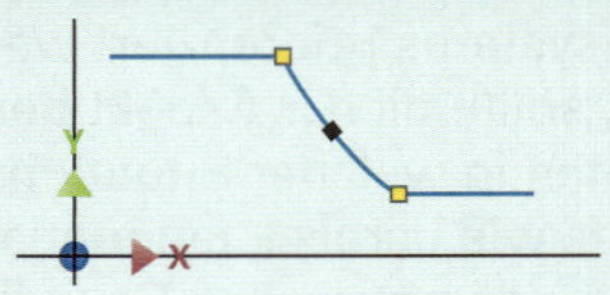	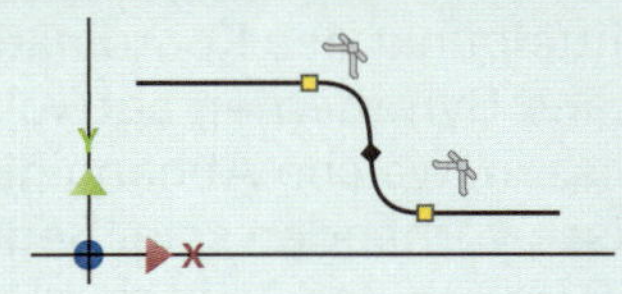

Man unterscheidet zwischen **absoluten** und **relativen Abhängigkeiten**. Immer wenn etwas ohne Bezug zu einer anderen Größe steht, ist es absolut. Besteht hingegen ein Bezug zu einer oder mehreren anderen Größen, spricht man von **relativ**.

- Die Bedingung horizontal ist absolut, weil sie nicht von einem anderen Element abhängig ist.
- Die Bedingung parallel ist hingegen eine relative Abhängigkeit, da ein Element parallel zu einem anderen liegt.

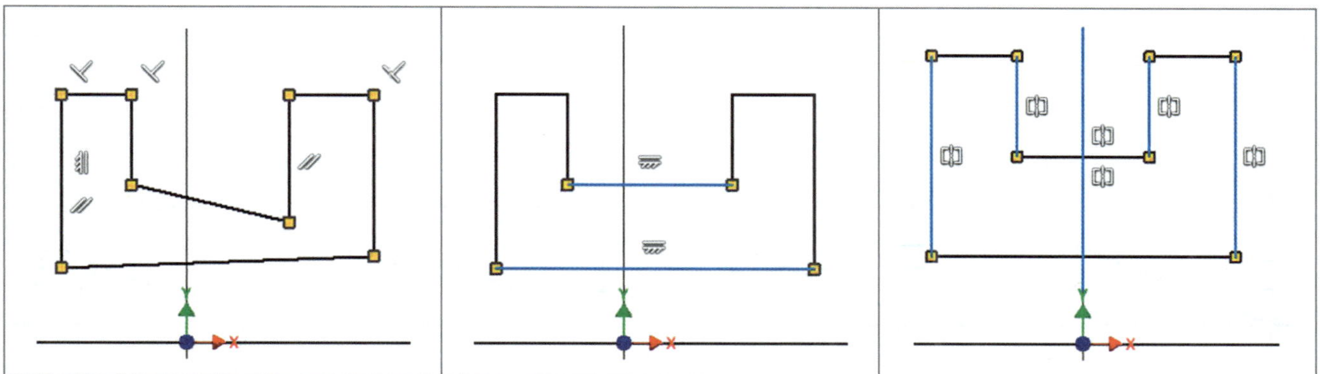

a) Diese Skizze hat nach ihrer Erstellung bisher nur **automatisch** erstellte Abhängigkeiten (**vgl. Seite 153**).

b) In diesem Schritt wurden die beiden unteren waagerechten Linien vom Anwender zusätzlich **horizontal** ausgerichtet.

c) Um die Symmetrie der Skizze zu bestimmen, wurden die senkrechten Linien **symmetrisch** zur yz-Ebene ausgerichtet.

Bild 1

Ein beispielhaftes Vorgehen, eine Skizze bestmöglich mit geometrischen Abhängigkeiten zu bestimmen, zeigt **Bild 1**.

Da die Lage der Skizze zum Koordinatensystem bisher unbestimmt war, wurde der Mittelpunkt der unteren Kante durch die Abhängigkeit **koinzident** mit dem Mittelpunkt des Koordinatensystems verknüpft (**Bild 2**). Bei Skizzen, die keine Symmetrie aufweisen, kann auch ein anderer sinnvoller Punkt mit dem Koordinatenursprung verknüpft werden.

Die Skizze ist nun mit geometrischen Abhängigkeiten bestmöglich bestimmt. Lediglich die Größe ist noch nicht definiert.

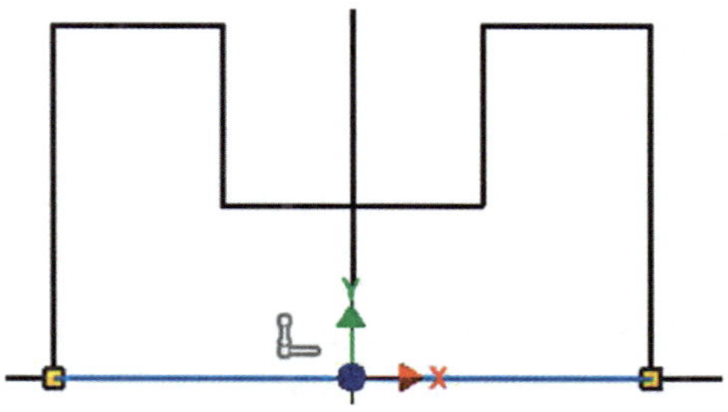

Bild 2

3. Maße festlegen

Um eine vollbestimmte Skizze zu erhalten, werden nun die Maße der Skizze eingetragen. Die Anordnung der Maße sollte bereits in der Skizze so erfolgen, wie sie auch in der späteren Zeichnung sinnvoll wäre (**Bild 3**).

Mit den so hinzugefügten Abhängigkeiten sowie einer sinnvollen Bemaßung der Skizze ist die Grundlage gelegt, um mit dieser Skizze effektiv weiterzuarbeiten.

Abhängigkeiten und Maße werden auch als **Constraints** bezeichnet. Mit Constraints (englisch: *constraint*, Einschränkung) werden Bedingungen definiert (auch Abhängigkeiten, Beziehungen oder Randbedingungen genannt). Sie dienen der Bestimmung der Geometrie, Lage und Größe einer Skizze.

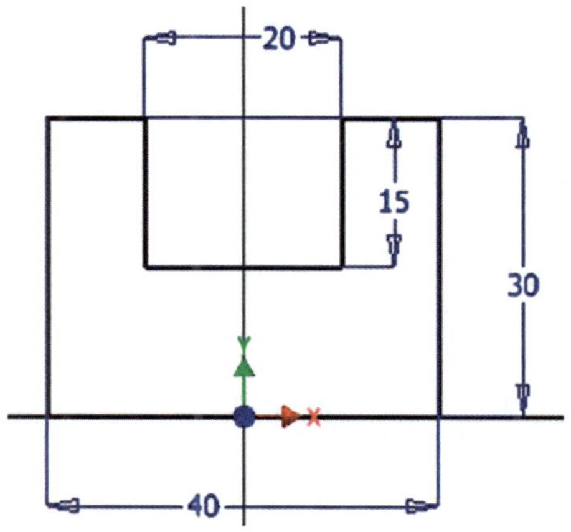

Bild 3

Bei Abhängigkeiten spricht man von **impliziten Constraints**, bei Maßen von **expliziten Constraints**:

- Implizite Constraints oder Geometrie-Constraints definieren die Lage der einzelnen Elemente im Geometriemodell zueinander. Sie sind in der Skizze enthalten.
- Explizite oder Bemaßungs-Constraints definieren die Größe der einzelnen Elemente untereinander. Sie werden der Skizze bewusst von außen zugeführt.

Die Summe aller Constraints, die auf ein Element angewendet werden, bezeichnet man als **Constraint-System**. Dieses kann unbestimmt, unterbestimmt, bestimmt und überbestimmt sein (**Bild 1**).

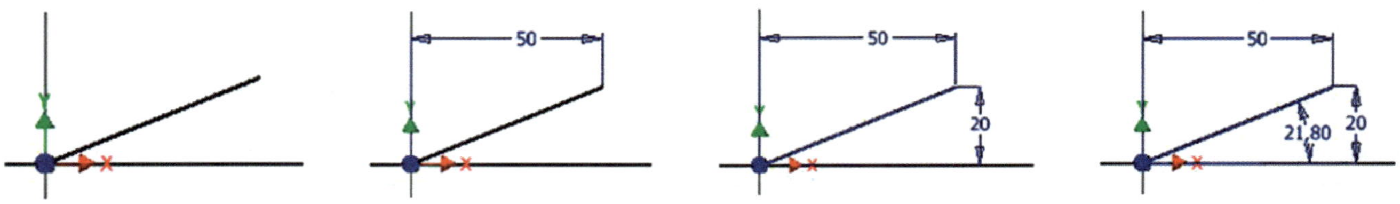

a) unbestimmt
Größe und Lage sind nicht definiert

b) unterbestimmt
Größe und Lage sind nicht ausreichend definiert

c) bestimmt
Größe und Lage sind eindeutig definiert

d) überbestimmt
Größe und Lage sind überdefiniert

Bild 1

Explizite Constraints, also Bemaßungen einer Skizze, können auf unterschiedliche Weise angegeben werden:

Direkte Werteingabe

Das skizzierte Rechteck wurde durch die Bemaßung von Breite und Höhe in der Größe bestimmt (**Bild 2**).

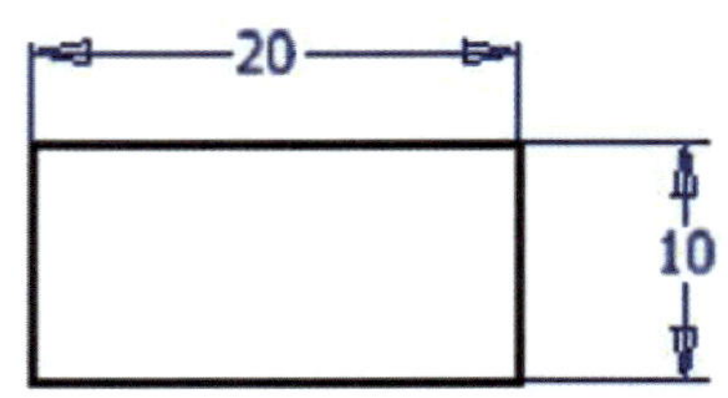

Bild 2

Wenn ein Maß erzeugt wird, wurde genaugenommen ein Parameter erzeugt und diesem ein Wert zugewiesen. Deutlich wird das bei der Bemaßungsdarstellung in **Bild 3**.

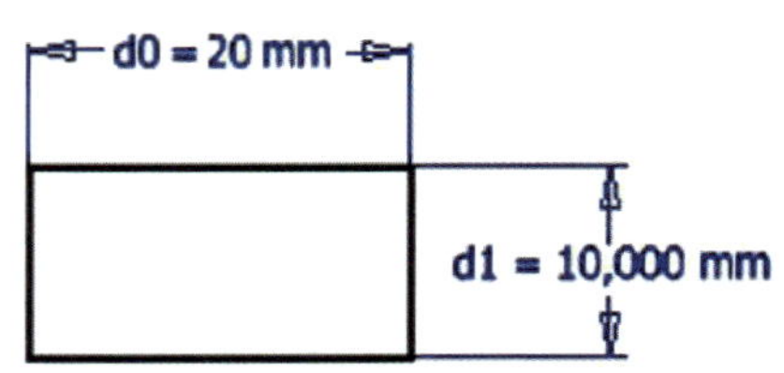

Bild 3

Die Breite des Rechtecks ist mit dem Parameter *d0* bezeichnet und hat den Wert 20 mm zugewiesen bekommen. Der Parameter für die Höhe hat die Bezeichnung *d1* und den Wert 10 mm.

Gleichungsangabe

Einem Parameter wird eine Gleichung (Formel) zugewiesen.

Die Breite des Rechtecks soll abhängig von der Höhe sein. Die Formel lautet $d0 = 2\ oE \cdot d1$ (**Bild 4**). Je nach System ist die Darstellung jedoch unterschiedlich. (*oE* steht hier für einen einheitenlosen Wert.) Ändert man den Wert von *d1*, ändert sich auch automatisch der Wert von *d0*.

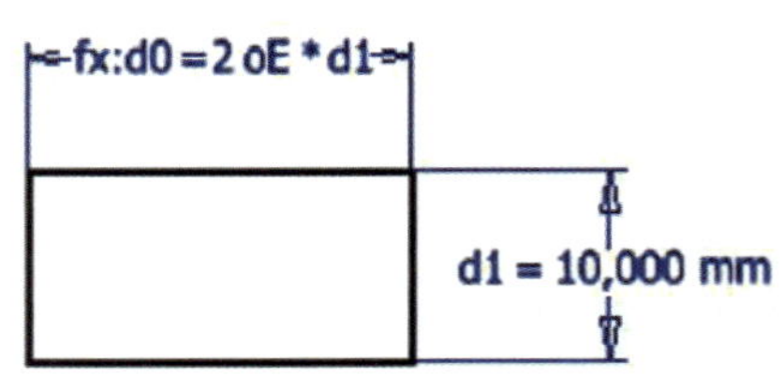

Bild 4

Beispiel:
Wird der Wert von *d1* geändert auf 30 mm, ändert sich *d0* automatisch auf einen Wert von 60 mm.

Wertetabelle

Eine weitere Möglichkeit besteht darin, den Parametern in einer Skizze Werte durch die Verknüpfung mit einer Wertetabelle zuzuweisen. Beispielsweise können die Werte in einer Excel-Tabelle aufgelistet sein (**Bild 1**) und mittels Verknüpfung die Größe der Skizze steuern. Hierbei sind die jeweiligen Systemvorgaben zu berücksichtigen.

	A	B	C
1	Parametername	Wert	Einheit
2	d0	30	mm
3	d1	20	mm
4			

Bild 1

Durch die Nutzung von Parametern ergeben sich vielfältige Möglichkeiten bei der Erzeugung von Skizzen zur Erzeugung von Bauteilmodellen. Ein einfaches, aber auch interessantes Beispiel ist ein Schraubenschlüssel (**Bild 2**). Die gesamte Geometrie ist mit Parametern geschickt definiert. Dies ermöglicht es, lediglich durch Ändern der Schlüsselweite den gesamten Schraubenschlüssel in der Größe anzupassen. Auf diese Weise kann ein kompletter Satz Schraubenschlüssel erstellt werden – eine sogenannte **Teilefamilie**.

Wichtig ist, dass die bearbeitete Skizze durch die vergebenen geometrischen Abhängigkeiten voll bestimmt ist. Sonst würde sich die Geometrie der Skizze bei Änderung der Schlüsselweite in ungewollter Form ebenfalls ändern.

Durch die **Erstellung parametrischer Bemaßung** wird die Skizze in ihrer Größe bestimmt.

Ziel ist immer eine **vollbestimmte Skizze**. Eine Skizze gilt als voll bestimmt, wenn sie sich hinsichtlich Form, Größe, Ausrichtung und Lage nicht mehr verändern lässt.

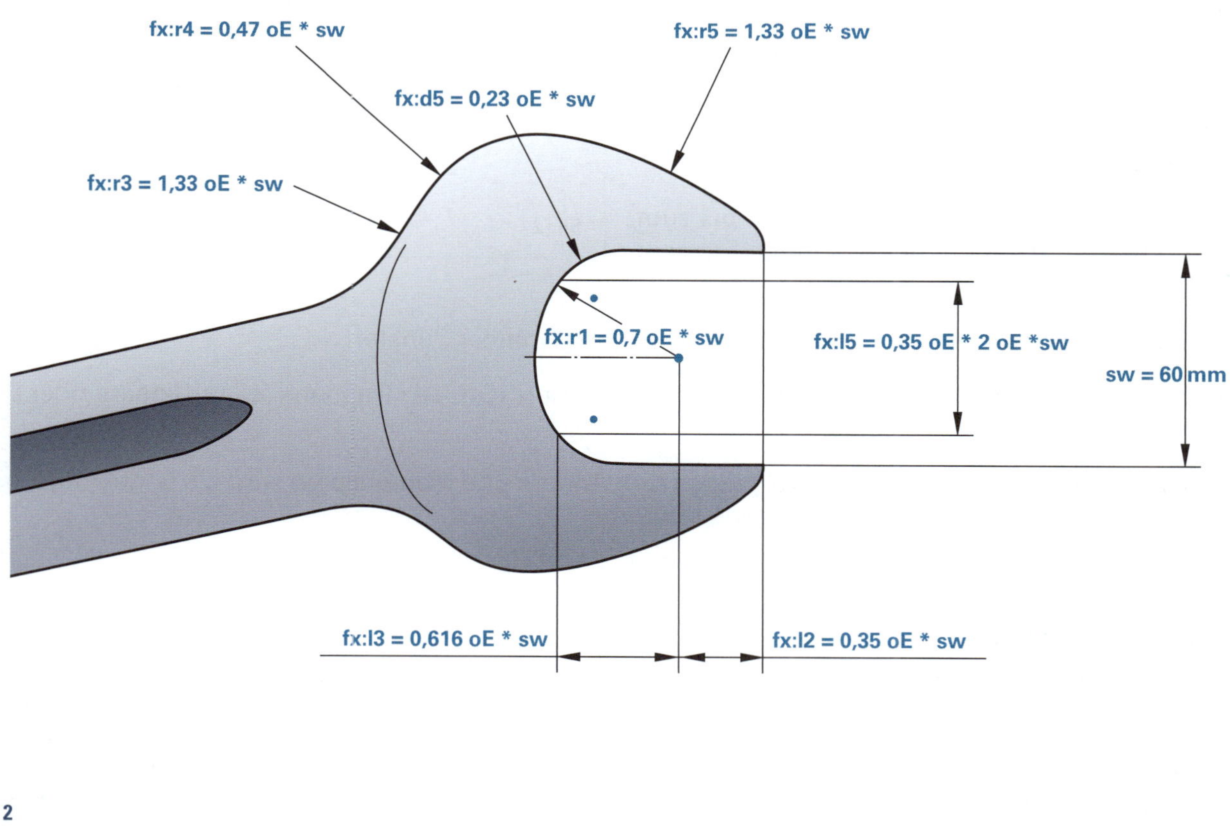

Bild 2

13.7 Skizzierwerkzeuge

Zur Erstellung einer Skizze stehen diverse Werkzeuge zur Verfügung. Die unterschiedlichen Erzeugungsmethoden von **Linien, Rechtecken, Kreisen, Ellipsen, Bögen, Splines** und anderen Werkzeugen ermöglichen es, nahezu jede Form in einer Skizze abzubilden.

So kann beispielsweise ein Bogen mittels Anfangspunkt, Mittelpunkt und Endpunkt erzeugt werden, oder mittels dreier Bogenpunkte. Ein Rechteck kann mittels zweier Eckpunkte oder durch Mittelpunkt und Eckpunkt erzeugt werden (**Bild 1**)

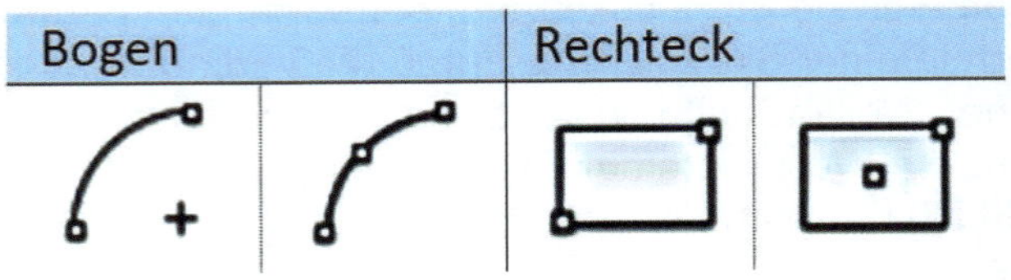

Bild 1

Werkzeuge zum Ändern/Manipulieren

Darüber hinaus gibt es vielfältige Möglichkeiten, erstellte Skizzengeometrien zu ändern bzw. zu manipulieren. Die entsprechenden Werkzeuge sind in ihrer Benennung und Anwendung systemspezifisch.

Die bei den meisten CAD-Systemen gängigen Befehle sind:

Verschieben: Verschiebt die ausgewählte Skizziergeometrie von einem Punkt an einen anderen angegebenen Punkt mit der Möglichkeit zu kopieren.

Kopieren: Kopiert die ausgewählte Skizziergeometrie und platziert eine oder mehrere Kopien.

Spiegeln: Erstellt eine gespiegelte Kopie einer ausgewählten Skizziergeometrie über eine Spiegelachse hinweg.

Drehen: Dreht die ausgewählte Skizziergeometrie oder eine Kopie davon relativ zu einem gegebenen Mittelpunkt.

Skalieren: Erhöht oder verringert die Größe einer ausgewählten Skizziergeometrie proportional.

Stutzen (Trimmen): Kürzt ein gewähltes Element bis zum nächsten schneidenden oder ausgewählten Element (**Bild 2**).

Dehnen: Verlängert ein gewähltes Element bis zum nächsten schneidenden oder ausgewählten Element (**Bild 2**).

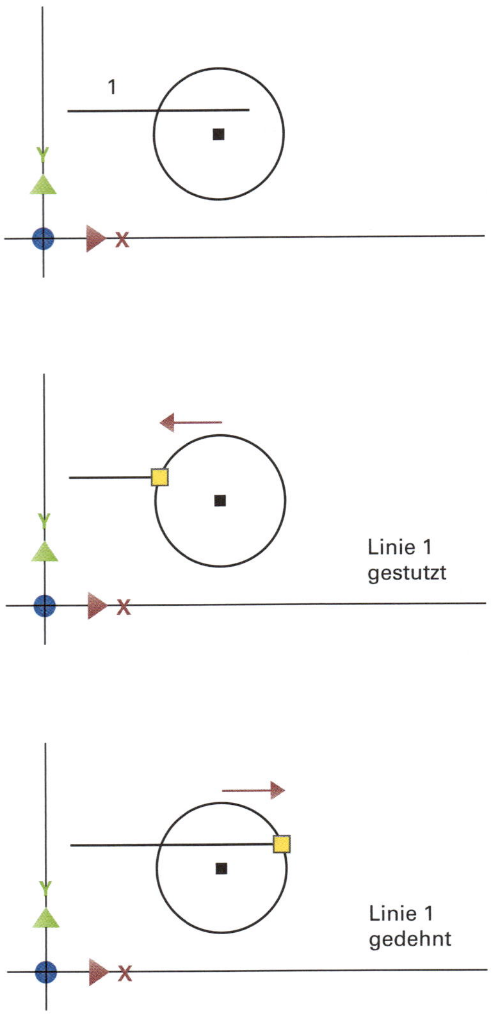

Bild 2

Strecken: Streckt die ausgewählte Geometrie anhand ausgewählter Punkte.

Darüber hinaus gibt es zahlreiche weitere Befehle, wie Versatz (Offset), Trennen (Teilen), lineare oder polare Anordnung (Skizzenmuster), Verlängern usw.

Mithilfe der Skizzierwerkzeuge und der Werkzeuge zum Ändern und Manipulieren wird die ungefähre Skizzenkontur erstellt. Meist ist dies eine geschlossene Kontur.

13.8 Platzierte Elemente

Konstruktionselemente, die häufig benötigt werden, können ohne eine vorab zu erstellende Skizze erzeugt werden. Hierzu stehen systemabhängig entsprechende Tools (Features) zur Verfügung. Der Anwender gibt hierzu in der Regel nur die Position des zu erzeugenden Elementes und einige Bemaßungen an. Beispiele für solche platzierten Elemente sind Rundungen, Fasen, Bohrungen und Gewinde. Je nach System können auch geometrische Grundkörper, wie Quader, Zylinder oder Torus, ohne vorherige Skizze erzeugt werden. Platzierte Elemente sind skizzierten Elementen vorzuziehen.

Ein Praxisbeispiel für die Anwendung von platzierten Elementen zeigt **Tabelle 1**.

Tabelle 1: Kombination von skizzierten und platzierten Elementen am Beispiel der Erstellung eines Halters

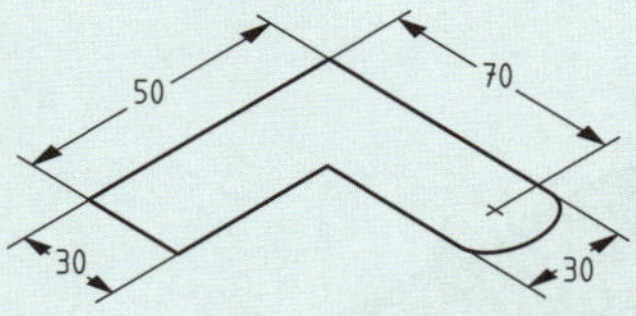	**Skizze** für die Grundform des Bauteils wird erstellt und mittels **Abhängigkeiten** und parametrischer **Maße** voll bestimmt.
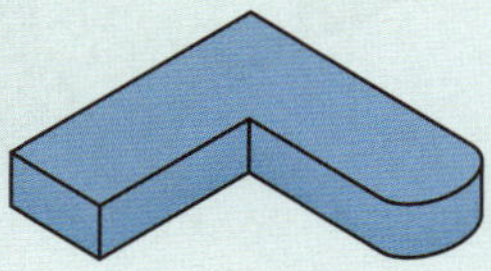	**Volumenkörper** wird mittels **Extrusion** aus der Skizze erzeugt.
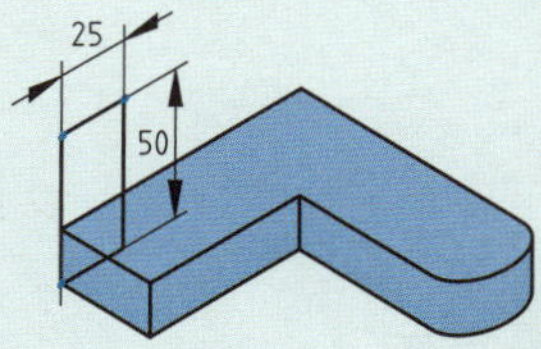	**Skizze** für eine seitliche Lasche wird erstellt und mittels **Abhängigkeiten** und parametrischer **Maße** voll bestimmt.
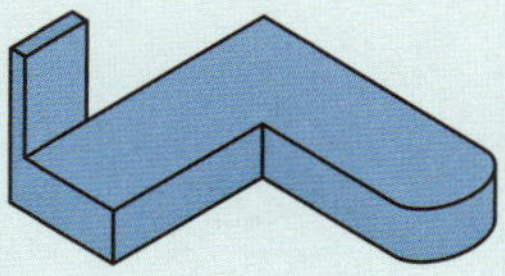	**Volumenkörper** wird mittels **Extrusion** und dem Booleschen Operator **Vereinigung** aus der Skizze erzeugt.
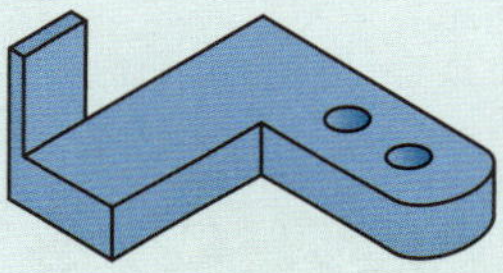	Mittels **platzierter Elemente** werden Bohrungen erstellt. Dies erfolgt automatisch mittels **Extrusion** und dem Booleschen Operator **Differenz**. Hierzu ist keine Skizze erforderlich.
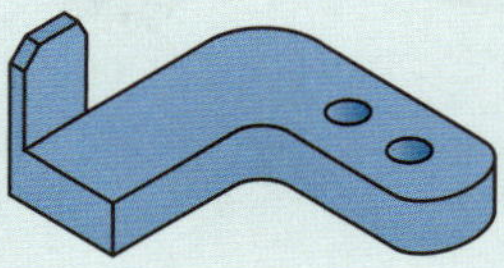	Mittels **platzierter Elemente** werden Rundungen und Fasen erstellt. Dies erfolgt bei Außenradius bzw. Außenfase automatisch mittels **Extrusion** und dem Booleschen Operator **Differenz**. Bei Innenradius bzw. Innenfase wird automatisch der Boolesche Operator **Vereinigung** angewendet. Hierzu ist keine Skizze erforderlich.

13.9 Baugruppenabhängigkeiten

Neben den Abhängigkeiten, die bei der Erstellung von Skizzen oder der Anwendung platzierter Elemente erforderlich sind, gibt es auch **Abhängigkeiten**, die für die **Zusammenstellung** von **Baugruppen** erforderlich sind.

Mithilfe dieser **Baugruppenabhängigkeiten** werden einzelne Komponenten in bestimmter Weise miteinander verbunden. So werden **Lage** und **Position** eines Bauteiles innerhalb einer Baugruppe bestimmt. Gleichzeitig wird dadurch festgelegt, welche **Freiheitsgrade** eines Bauteils eingeschränkt werden bzw. erhalten bleiben. Somit werden die **Bewegungsmöglichkeiten** eines Bauteils innerhalb einer Baugruppe bestimmt.

Ein Bauteil hat **sechs Freiheitsgrade** im Raum (**Bild 1**). Entlang der Achsen x, y und z kann ein Bauteil geradlinig **verschoben** werden (Translation). Zusätzlich kann es um jede der drei Achsen A, B und C **gedreht** werden (Rotation).

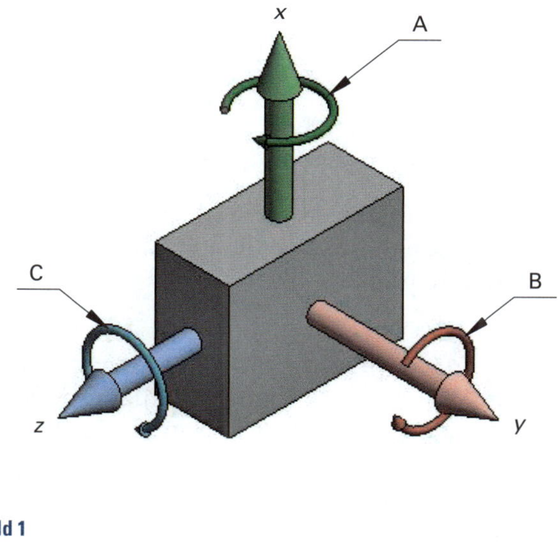

Bild 1

Bild 1 zeigt beispielhaft, wie **Freiheitsgrade** durch die Vergabe von Abhängigkeiten **eingeschränkt** werden können. In **Bild 1a** wurden beide Bauteile, ohne Abhängigkeiten zu vergeben, frei im Raum positioniert. Beide Bauteile können frei und unabhängig voneinander im Raum bewegt werden. Die Lage der beiden Bauteile zueinander ist nicht definiert.

In **Bild 1b** wurde für die beiden Bauteile eine Abhängigkeit vergeben. Die Mittelachse der Schraube muss koaxial zu der Mittelachse der Bohrung liegen.

Durch diese Bedingung wurden die Freiheitsgrade der Schraube eingeschränkt. Sie kann nur noch in Richtung ihrer Längsachse verschoben werden und sich um diese drehen, besitzt also nur noch zwei Freiheitsgrade. Das Bauteil mit der Gewindebohrung besitzt weiterhin alle sechs Freiheitsgrade und lässt sich frei im Raum bewegen. Die Schraube führt die Bewegungen dieses Bauteils mit aus, die räumliche Lage der beiden Bauteile zueinander bleibt erhalten.

Bei der Erstellung einer Baugruppe ist es empfehlenswert, das **Basisteil der Baugruppe** (meist erste Komponente, die in die Baugruppe geladen wird) mittels Abhängigkeiten mit den **Ursprungsebenen** zu verknüpfen. Häufig erfolgt diese Verknüpfung automatisch, wenn dies in den Systemeinstellungen so konfiguriert ist. Der Vorteil dieser Arbeitsweise besteht darin, dass unerwartete Verschiebungen bzw. Bewegungen von Komponenten beim Hinzufügen von Verknüpfungen vermieden werden.

Eine weitere Möglichkeit ist das **Fixieren** der ersten Komponente. Hierbei liegt diese allerdings nicht auf den Ursprungsebenen, die relative Lage zur Ursprungsebene ist aber fest bestimmt.

Die grundlegendsten Abhängigkeiten, um Komponenten in einer Baugruppe zu verknüpfen und somit Lage, Position und Bewegungsmöglichkeiten zu definieren, sind:

- die Verknüpfung von ebenen, parallelen **Flächen** oder **Ebenen** miteinander, ohne (**Bild 2a**) oder mit Abstand (**Bild 2b**).
- die Verknüpfung von **Mittelachsen** miteinander (**Bild 2c**).
- die Verknüpfung von **winklig** zueinander **stehenden** ebenen **Flächen** oder **Ebenen** (**Bild 2d**).
- die Verknüpfung von **tangential** zueinander liegenden **zylindrischen** oder **ebenen Flächen** sowie **Ebenen** (**Bilder 2e und 2f**).

Freiheitsgrade definieren die Bewegungsmöglichkeiten eines Bauteils. Werden Freiheitsgrade eingeschränkt, werden auch die Bewegungsmöglichkeiten des Bauteils eingeschränkt. Gleichzeitig werden Lage und Position des betroffenen Bauteils durch die angewendeten Abhängigkeiten definiert.

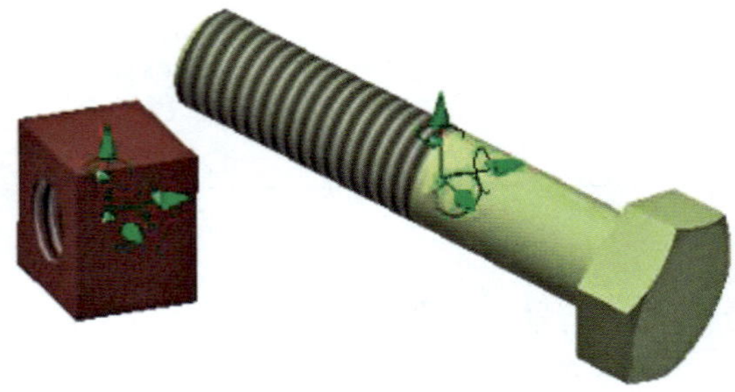

a)

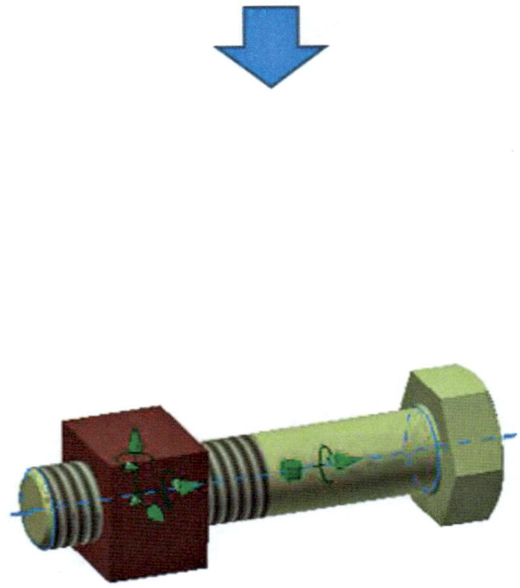

b)

Bild 1

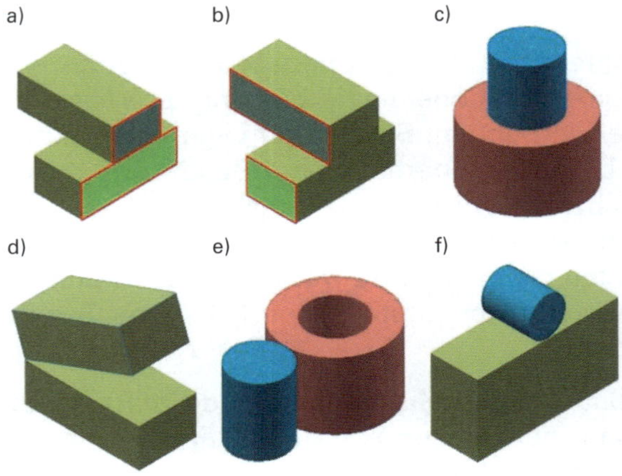

Bild 2

13.10 Strukturierungsmethoden

Aufgrund der vielfältigen Möglichkeiten, die dem Technischen Produktdesigner zur Verfügung stehen, ergeben sich unweigerlich die verschiedensten Arbeitsweisen. Wenn mehrere Personen das gleiche Modell erstellen, werden sich sehr wahrscheinlich die Vorgehensweisen und der Modellaufbau bei allen unterscheiden.

Um aber zu gewährleisten, dass nicht nur der Ersteller, sondern auch andere Personen den Aufbau eines Modells verstehen und dieses ggf. bearbeiten können, ist ein **strukturiertes Arbeiten** erforderlich. Daher gibt es verschiedene **Strukturierungsmethoden**.

Darunter versteht man die Summe aller **Methoden** oder **Arbeitsweisen**, die angewendet werden, um eine **systematische** und leicht **anpassbare Modellstruktur** zu erhalten. **Modellgeometrie** soll **funktionsbezogen** und **fertigungsbezogen** erzeugt werden.

Durch Abhängigkeiten und parametrische Maße vollbestimmte Skizzen tragen ebenso zur Modellstruktur bei wie die richtige Vorüberlegung zu den geometrischen Grundkörpern und die Auswahl des geeigneten Modellierungsverfahrens.

Ein weiteres Mittel, um die Modellstruktur zu optimieren, ist die **Benennung** der erstellten Komponenten im **Modell- oder Strukturbaum**. Darin werden die einzelnen Befehle und die Modellierschritte innerhalb der Konstruktionshistorie eines Bauteils dargestellt (**Bild 1**).

Um bei umfangreichen Modellen die Übersicht zu behalten ist es empfehlenswert, die Objekte im Strukturbaum sinnvoll zu benennen (**Bild 2**). Dies erleichtert das weitere Bearbeiten bzw. Ändern, besonders für Mitarbeiter, die das Modell nicht selbst erstellt haben.

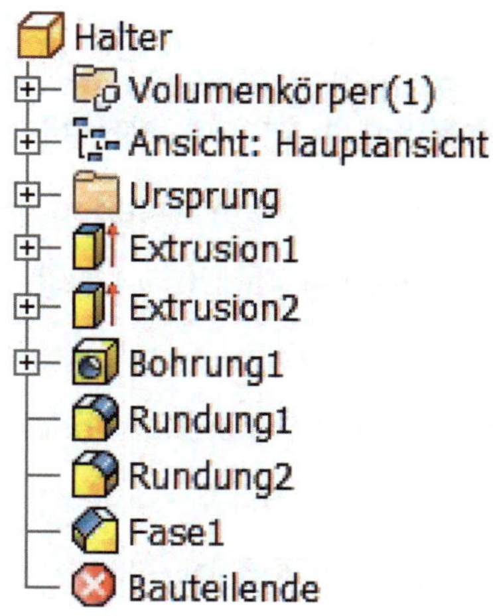

Bild 1

Bild 2

Im weiteren Sinne gehören zu den Strukturierungsmethoden auch alle Festlegungen, die den **Erstellungsprozess** für technische Dokumente regeln, **Gestaltungsregeln** definieren und die **Datensicherung** und den **Datenaustausch** regeln. Meist gibt es dazu **Konstruktionsrichtlinien** in mehr oder weniger ausgeprägter Form.

Prinzipien für die Bereitstellung von Daten bzw. Informationen

- **Gliederungsprinzip:**
  Informationen in übersichtliche und leicht zu verarbeitende Einheiten gliedern.
- **Relevanzprinzip:**
  Nur thematisch zusammengehörige und für den Nutzer wesentliche Informationen bereitstellen.
- **Betitelungsprinzip:**
  Daten mit einem Titel versehen, der Zweck, Funktion oder Inhalt bezeichnet.
- **Einheitlichkeitsprinzip:**
  Ähnliche Informationen, Gliederungen oder Formate einheitlich behandeln.
- **Prinzip der Gleichwertigkeit der Informationsträger:**
  Diagramme, Bilder, Tabellen und Text müssen sich ergänzen.
- **Prinzip der Verfügbarkeit von Einzelheiten:**
  Einzelheiten dem Nutzer an der Stelle zur Verfügung stellen, an der er sie braucht.
- **Prinzip der systematischen Gliederung und Betitelung:**
  Gliederung und Betitelung systematisch auf allen Hierarchieebenen anwenden.

Möglich wird eine solche Datenverwaltung erst durch die Verwendung eines entsprechenden Systems (**Bild 1**). Bezeichnungen für Datenverwaltungssysteme sind **EDM** (**E**lektronisches **D**okumenten-**M**anagement), **DMS** (**D**okumenten-**M**anagement-**S**ystem), **CMS** (**C**ontent-**M**anagement-**S**ystem) oder auch **ILM** (**I**nformation **L**ifecycle **M**anagement). Vereinfacht betrachtet handelt es sich bei allen diesen Systemen um eine datenbankgestützte Verwaltung elektronischer Dokumente.

Vorteile elektronischer Datenverwaltungssysteme sind:

- **zentraler** und **einfacher Zugriff** auf Dokumente aus allen Abteilungen bzw. Geschäftsstellen
- Möglichkeiten zum **Einrichten** und **Pflegen** von **Zugriffsberechtigungen**
- **Vermeidung** von **Mehrfachablage** (jedes Dokument ist nur einmal vorhanden)
- Zugriffsmöglichkeit auf alte **Versionsstände**
- **Vermeidung** unnötiger **Arbeitsschritte** sowie **Kosteneinsparungen** durch effizientere Arbeitsweise
- **Sicherstellung** gesetzlicher **Aufbewahrungsfristen**

Für den **strukturierten Aufbau** von Daten sowie für die **strukturierte Ablage** und **Bereitstellung** von Daten bedarf es einer strukturierten Arbeitsweise auf Basis eines geeigneten Datenverwaltungssystems.

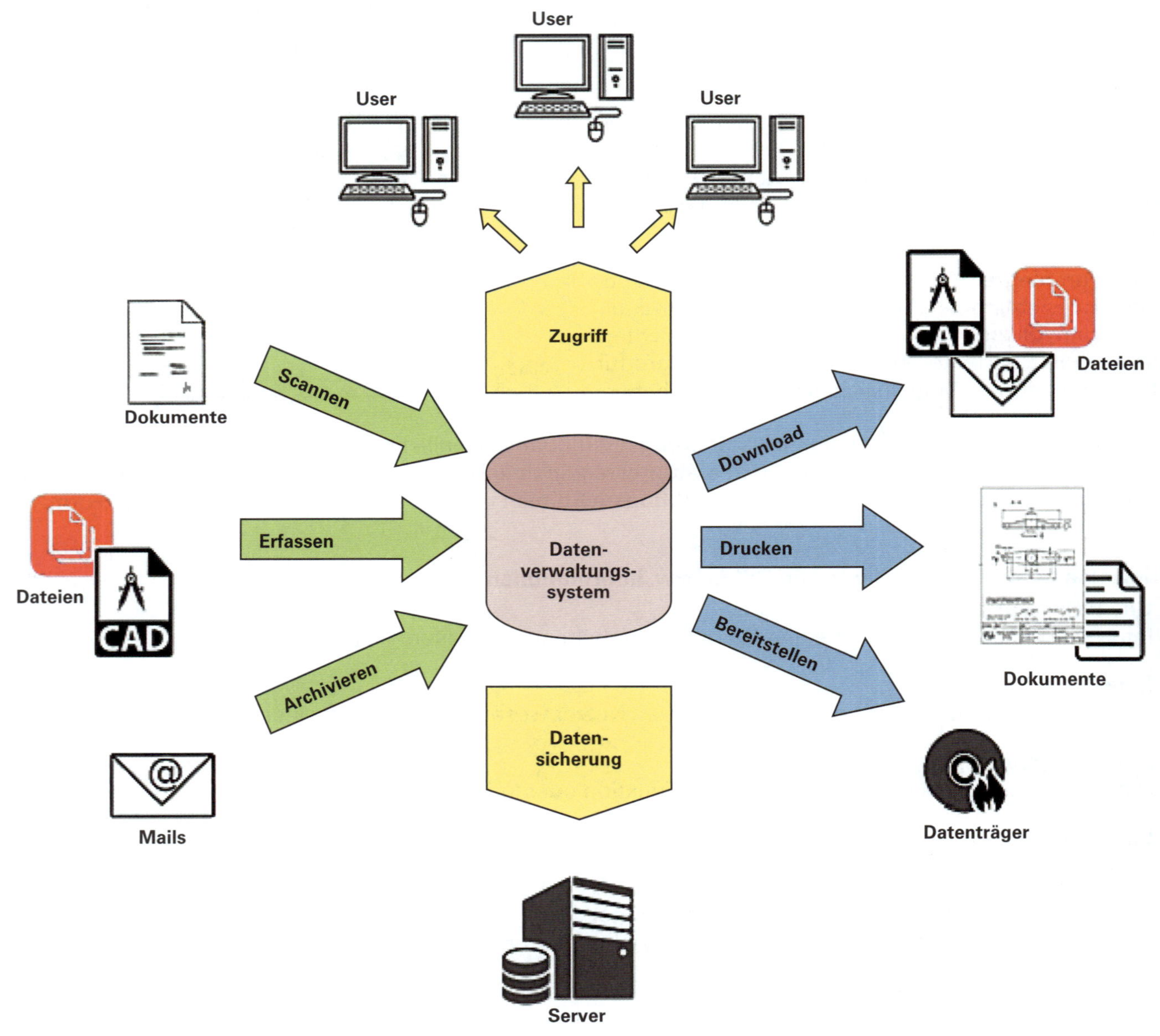

Bild 1

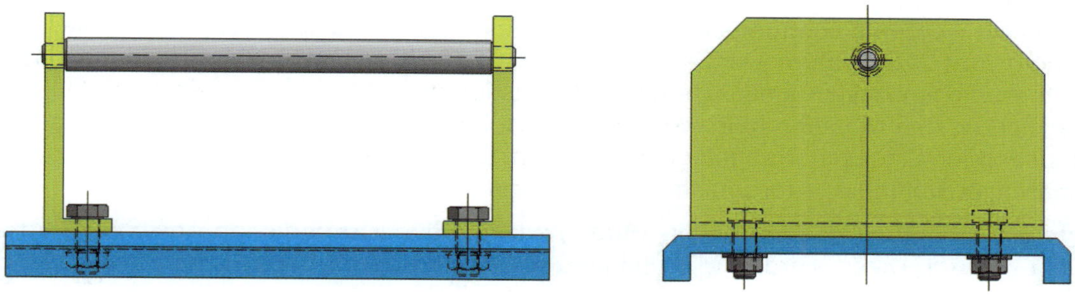

Bild 1

Ausschnitte aus älteren vorhandenen Transparentzeichnungen

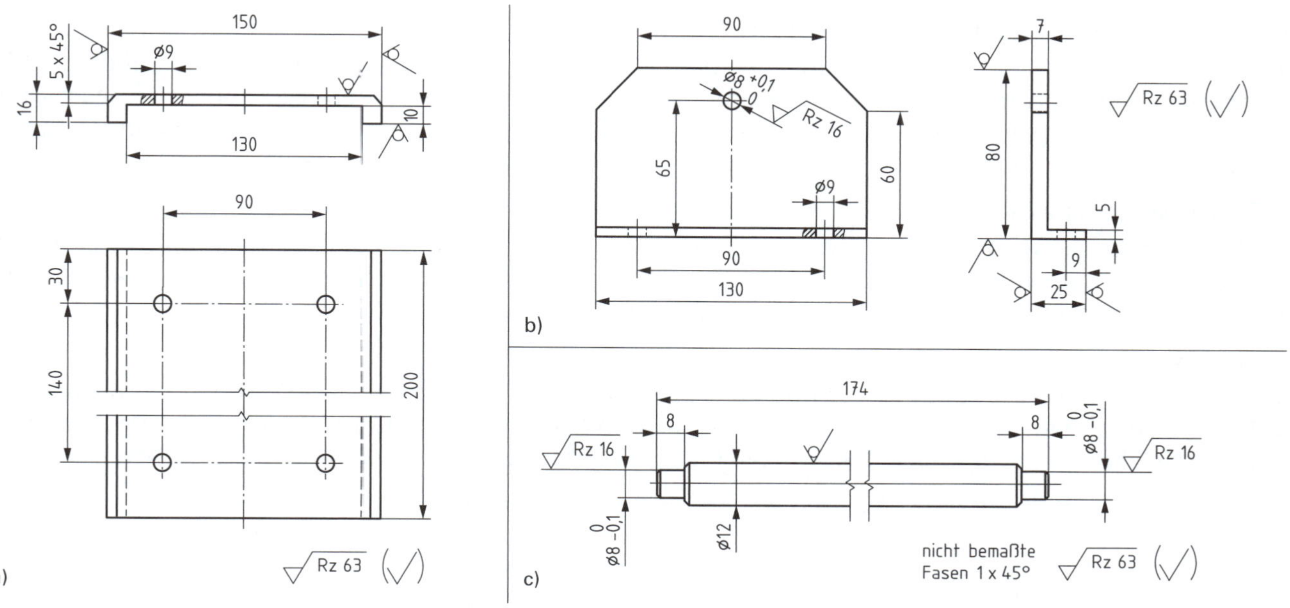

Bild 2

13.11 Datensätze für Bauteile und Baugruppen nach Vorgaben erstellen

Anhand des folgenden Beispiels soll eine mögliche Vorgehensweise bei der Erstellung von Datensätzen aufgezeigt werden:

Im Rahmen der **Zeichnungsübernahme** alter Transparentzeichnungen wird der Auftrag erteilt, in einem 3D-CAD-System Modelle und Zeichnungsableitungen für die Baugruppe Achshalterung (**Bild 1**) und die darin enthaltenen Bauteile zu erstellen.

Die dafür erforderlichen Unterlagen liegen in Form von Transparentzeichnungen vor.

13.12 Einzelteilmodelle

Im ersten Schritt werden die erforderlichen Modelle für die Einzelteile Grundplatte (**Bild 2a**), Seitenteil (**Bild 2b**) und Achse (**Bild 2c**) auf Basis der vorhandenen Zeichnungen erstellt. Hierbei kommen die in diesem Kapitel bereits behandelten Grundlagen zur Anwendung. Die Arbeitsweise variiert je nach verwendetem CAD-System.

Die Hauptgeometrie der 3D-Modelle wird durch **Skizzen** und **Extrusionen** erzeugt. Bei der Achse bietet sich die Modellierung mittels **Rotation** an. Bohrungen und Fasen werden in der Regel mittels platzierter Elemente erstellt. Das fertige Modell des Seitenteils zeigt **Bild 3**.

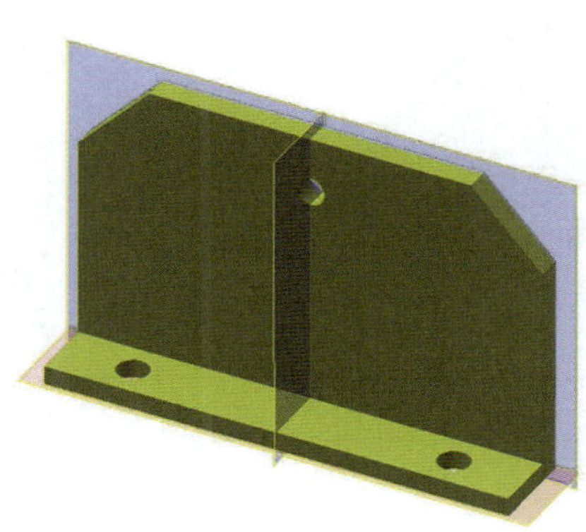

Bild 3

13.13 Zeichnungsableitung Einzelteil

Im nächsten Schritt werden **Zeichnungsableitungen** der erstellten Modelle erzeugt. Auch dieser Arbeitsgang variiert abhängig vom CAD-System. Der Begriff Zeichnungsableitung lässt bereits erkennen, dass die für eine Zeichnung erforderlichen **Ansichten** aus dem bereits existierenden Modell **abgeleitet** werden. Dabei werden Zeichnungsansichten und Modell miteinander **verknüpft**. Für die Zeichnungsansichten müssen letztlich nur noch die darstellenden Eigenschaften festgelegt werden. Dies sind z. B. **Maßstab**, Darstellung mit oder ohne **verdeckte Kanten, Mittellinien**, erforderliche **Schnitte** usw.

Für die Zeichnungsableitung des Seitenteils **(Bild 1)** wurden die erforderlichen Ansichten und eine isometrische Ansicht erzeugt. Diese wurden Mittellinien und Teilschnitte im Bereich der Bohrungen ergänzt. Die „zeichnerische" Darstellung ist damit erledigt.

Um eine brauchbare Fertigungszeichnung zu erhalten, muss die Zeichnung um alle **zur Fertigung erforderlichen Angaben** ergänzt werden. Dies sind:

Maßeintragung mit dimensioneller und geometrischer Tolerierung

Maße werden, so wie schon die Ansichten, aus dem Modell abgeleitet. Je nach Programm können die Maße **automatisch** oder auch **von Hand** einzeln abgerufen werden. Erforderliche Toleranzen können je nach Arbeitsweise ebenfalls bereits im Modell enthalten sein, werden aber häufig erst in der Zeichnung angegeben. Im Rahmen der Maßeintragung stehen entsprechende Tools für die Angabe von Toleranzen zur Verfügung.

Oberflächenangaben (grün in Bild 1)

Auch Oberflächenangaben können je nach CAD-System bereits im Modell festgelegt werden und ähnlich wie Bemaßung abgerufen werden. Häufig werden die erforderlichen Oberflächenangaben jedoch erst im Rahmen der Zeichnungserstellung angegeben, wofür entsprechende Tools zur Verfügung stehen.

Ergänzende Angaben

Weitere zur Fertigung eines Bauteils erforderliche Angaben sind Angaben zu **Werkstoff** und **Halbzeug** (gelb in **Bild 1**), Angaben zu den in der Zeichnung anzuwendenden Normen (rot in **Bild 1**), Angaben zur **Beschaffenheit von Werkstückkanten** (blau in **Bild 1**) sowie die im Schriftfeld einzutragenden **organisatorischen Angaben**.

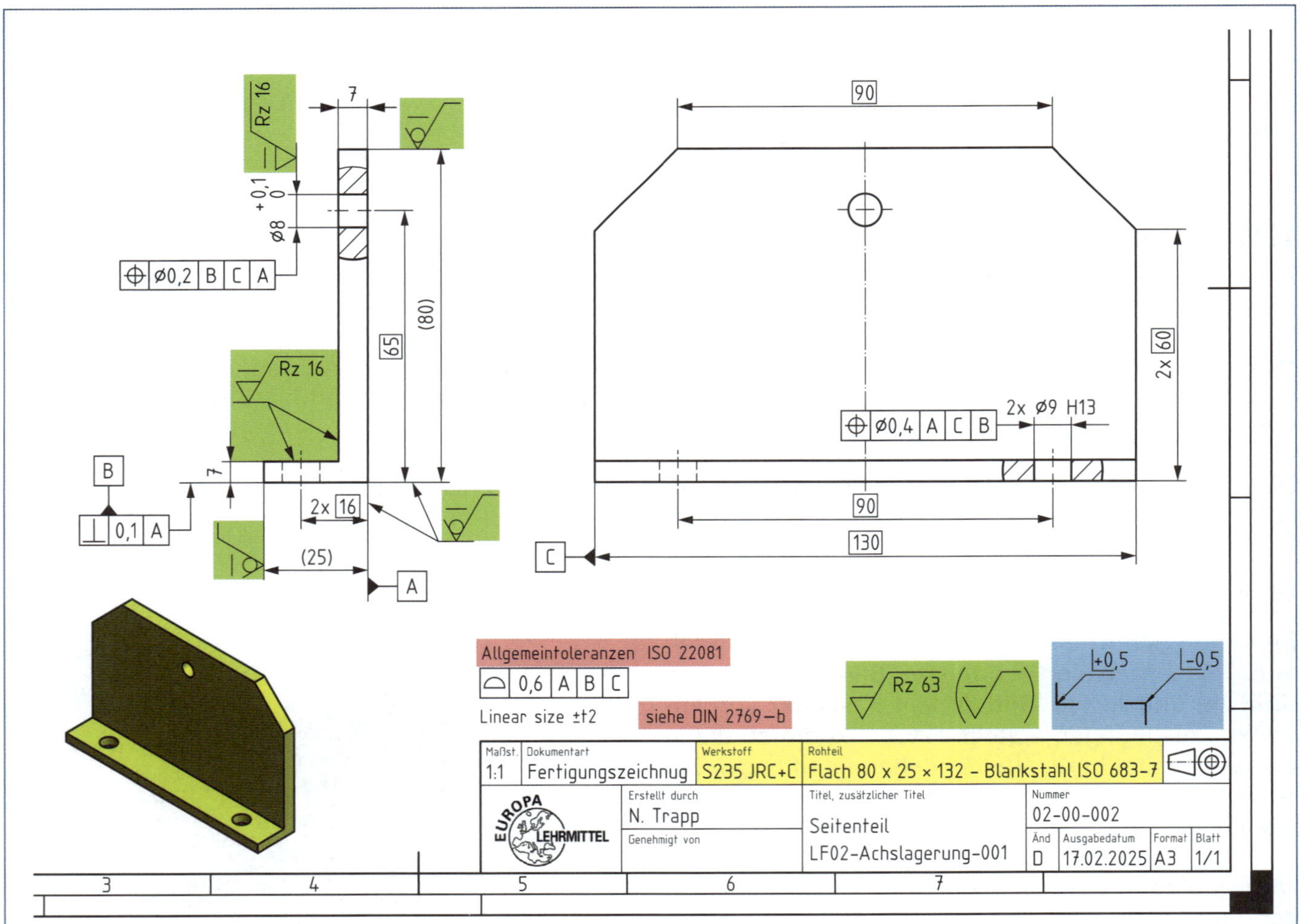

Bild 1

Bei der Anfertigung von Fertigungszeichnungen sind sowohl die für die Darstellung als auch die für die zur Fertigung erforderlichen Angaben geltenden **Normen** und **Regeln** zu beachten!

13.14 Baugruppenmodelle

Nachdem die für die Baugruppe Achshalterung erforderlichen Bauteilmodelle erstellt wurden, werden diese zu einer **Baugruppe** zusammengefügt. Die **Platzierung** der Bauteile innerhalb der Baugruppe erfolgt mittels **Abhängigkeiten**. Hierzu wird zuerst die Grundplatte in eine neue Baugruppendatei eingefügt und auf den **Ursprungsebenen platziert** (**Bild 1**).

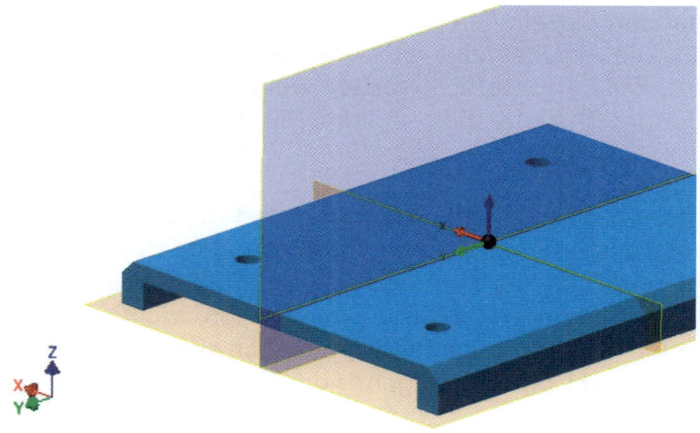

Bild 1

Die Grundplatte ist jetzt im Raum **fest positioniert**. Als zweites Bauteil wird nun ein Seitenteil in die Baugruppe eingefügt. Die Positionierung des Seitenteils erfolgt beispielsweise, indem die Mittelachsen der Anschraubbohrungen der beiden Teile **abhängig** gemacht werden. Die Lage des Seitenteils in z-Richtung wird durch eine Abhängigkeit zwischen Unterseite Seitenteil und Oberseite Grundplatte definiert (**Bild 2**). Das zweite Seitenteil kann auf dem gleichen Weg verbaut werden. Es gibt auch die Möglichkeit, dieses durch eine **gespiegelte Kopie** zu platzieren.

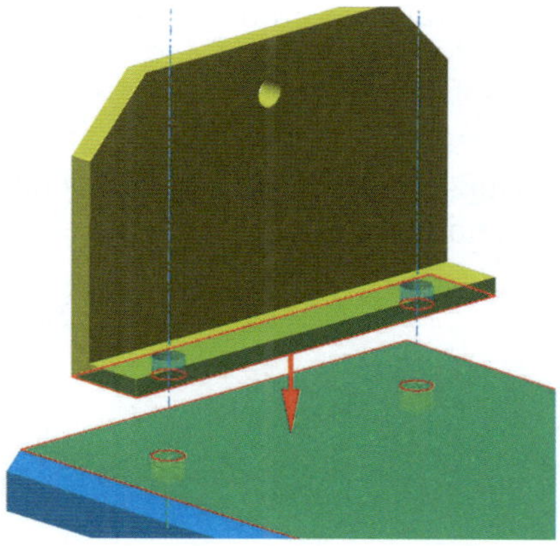

Bild 2

Nachdem auch die Achse in ähnlicher Weise positioniert wurde, fehlen noch die Bauteile für die Schraubenverbindungen. Die dazu erforderlichen Schrauben, Scheiben und Muttern müssen nicht modelliert werden, weil sie in der Regel in **systemeigenen** oder **firmenspezifischen Bibliotheken** bereitgestellt werden.

Aus den von der Baugruppe existierenden Unterlagen geht hervor, dass folgende Teile für die Schraubenverbindung benötigt werden:

- **Sechskantschraube** DIN EN ISO 4017 – M8 x 20 – 8.8
- **Sechskantmutter** DIN EN ISO 4032 – M8 – 8
- **Scheibe** DIN EN ISO 7092 – 8 – 200 HV

Bild 3

Über entsprechende Befehle können diese Bauteile in einer zur Verfügung stehenden **Bibliothek** ausgewählt und in die Baugruppe eingefügt werden. Die Positionierung kann **manuell** mittels vergebener Abhängigkeiten erfolgen, häufig bieten CAD-Programme aber **automatische** Einbauroutinen für solche **Verbindungselemente**. Grundlegende Kenntnisse über **Verbindungsarten**, deren Aufbau und Verwendung sind von Vorteil. **Bild 3** zeigt eine der Schraubenverbindungen vor und nach der vollständigen Positionierung. Abhängig vom verwendeten CAD-Programm gibt es weitere Optionen für den Einbau von Verbindungselementen.

Da in dieser Baugruppe die identische Schraubenverbindung viermal verwendet wird, kann sie einmal erstellt und dann **kopiert** oder **gemustert** werden. Manche Programme erkennen die Anzahl der zusammengehörigen Bohrungen automatisch und positionieren die Bauteile in entsprechender Anzahl. Hierbei spielt es allerdings eine Rolle, mit welcher Methode zusammengehörige Bohrungen im Bauteil erstellt wurden, z. B. durch Mustern oder Anordnen.

13.15 Zeichnungsableitung Baugruppen

Wie bei den Einzelteilen wird auch nach der Fertigstellung des Baugruppenmodells (**Bild 1**) eine Zeichnung erstellt. Die Arbeitsweise ist weitgehend gleich. Die erforderlichen Ansichten werden aus dem Modell abgeleitet. Falls erforderlich werden weitere zur besseren Darstellung der Baugruppe erforderliche Elemente hinzugefügt (Schnitte, Einzelheiten, Mittellinien usw.).

Im Unterschied zu einer Fertigungszeichnung werden in einer Zusammenbauzeichnung Informationen eingetragen, die für die Montage und die Funktion der Baugruppe erforderlich sind. Dies können wichtige Funktions- oder Montagemaße, aber auch eine Stückliste (Teileliste) mit den zugehörigen Positionsnummern sein.

Bei der **Anfertigung von Baugruppenzeichnungen** sind die für die Darstellung und die Stückliste inklusive der Positionsnummern geltenden Normen und Regeln zu beachten!

Bild 2 zeigt einen Ausschnitt der fertigen Zeichnung der Baugruppe Achshalterung.

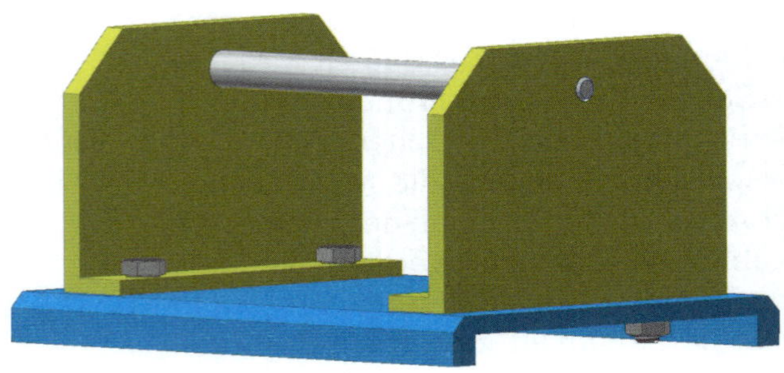

Bild 1

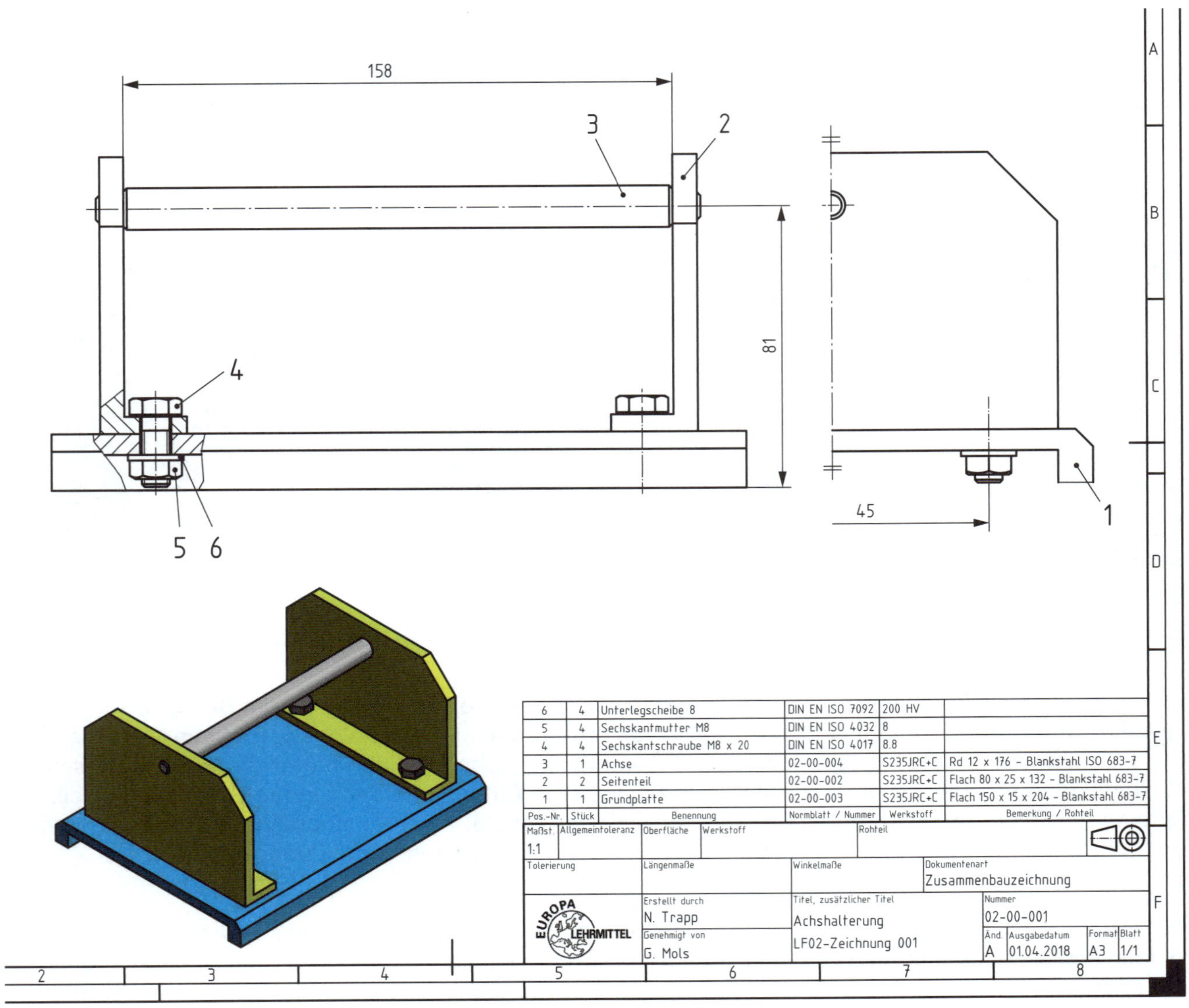

Bild 2

13.16 Überprüfen Sie Ihr Wissen

In Leihbüchern bitte **keine** Eintragungen vornehmen!

1 Was versteht man unter einem Flächenmodell?

a) Das Flächenmodell wird aus einer 2-D-Skizze erzeugt.
b) Das Modell wird durch aneinandergefügte Flächen definiert.
c) Die Berechnung von Durchdringungen ist möglich.
d) Ein Kantenmodell ist zur Erzeugung nicht notwendig.

2 Welche Aussage über den Begriff „Extrusion" trifft zu?

a) Ein Volumenkörper wird erzeugt durch Rotieren einer Skizze um eine Drehachse.
b) Die Skizze wird entlang einer Leitlinie geführt.
c) Eine Skizze wird senkrecht zur Skizzierebene verschoben.
d) Volumenkörper wird aus einzelnen Flächen durch „Zoomen" erzeugt.

3 Welche Antwort enthält ausschließlich geometrische Abhängigkeiten?

a) tangential, symmetrisch, relativ
b) horizontal, kollinear, stetig
c) koinzident, parametrisch, explizit
d) unterbestimmt, unbestimmt, überbestimmt

4 Welche Behauptung über den Begriff Variantenkonstruktion ist richtig?

a) Varianten sind Normteile.
b) Varianten sind unterschiedliche Linienarten.
c) Varianten sind Darstellungen von Baugruppen in unterschiedlichen Positionen.
d) Varianten werden häufig durch Verändern von variablen Werten (Parametern) erzeugt.

5 Welche Aussage zu den Freiheitsgraden eines 3D-Modells trifft nicht zu?

a) Freiheitsgrade bestimmen die Bewegungsmöglichkeiten eines Bauteils in einer Baugruppe.
b) Ein 3D-Modell hat 6 Freiheitsgrade.
c) Freiheitsgrade lassen sich durch Abhängigkeiten einschränken.
d) Ein 3D-Modell hat 4 translatorische und 2 rotatorische Freiheitsgrade.

6 Welche Aussage über 3D-Objekte trifft zu?

a) Sie besitzen zwei Koordinaten X und Y.
b) Sie sind meist isometrisch dargestellt.
c) Sie lassen sich im Raum drehen.
d) Sie werden aus verschiedenen Ansichten erstellt.

7 Eine Welle erhält eine Passfedernut. Welche Kombination aus Modellierungsverfahren und Boolescher Operation wird dazu angewendet?

a) Rotation und Differenz
b) Extrusion und Differenz
c) Rotation und Vereinigung
d) Extrusion und Schnittmenge
e) Sweeping und Vereinigung

14 Schnitte und Durchdringungen

14.1 Grundlagen

Unter einem **Schnitt** versteht man die Trennung eines Körpers oder eines Werkstückes (Prisma, Pyramide, Zylinder, Kegel, Kugel) mithilfe einer ebenen Fläche, der sogenannten **Schnittebene**.

Am Werkstück entsteht dadurch eine zusätzliche Fläche, die so genannte **Schnittfläche** (**Bild 1**).

Zur Konstruktion der Schnittfläche in der Seitenansicht (S) aus gegebener Vorderansicht (V) und gegebener Draufsicht (D) verwendet man vorzugsweise die Projektionshilfslinie. Diese Projektionshilfslinie verläuft unter 45° zu den Achsen (**Bild 1**).

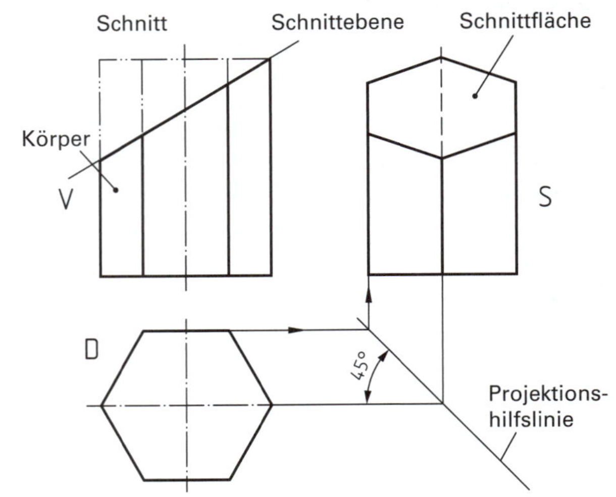

Bild 1

Von einer **Durchdringung** spricht man, wenn ein Körper (Werkstück) in einen anderen Körper eindringt oder einmündet (**Bild 2**), oder wenn durch Bearbeitung eines Körpers in diesem ein Hohlkörper entsteht (**Bild 3**). Bei einer Durchdringung entstehen Durchdringungslinien oder **Bearbeitungskurven**. Besitzen die sich durchdringenden Körper ebene Oberflächen (z. B. Vierkant), so sind die Durchdringungslinien geradlinig. Besitzt einer oder beide der durchdringenden Körper gewölbte Oberflächen (z. B. Zylinder), so sind die Durchdringungslinien Kurven.

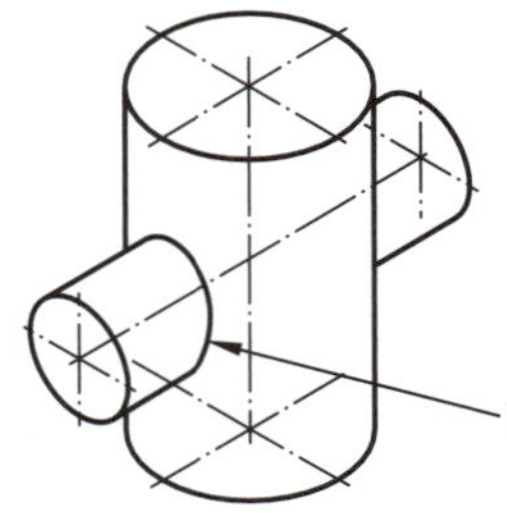

Bild 2

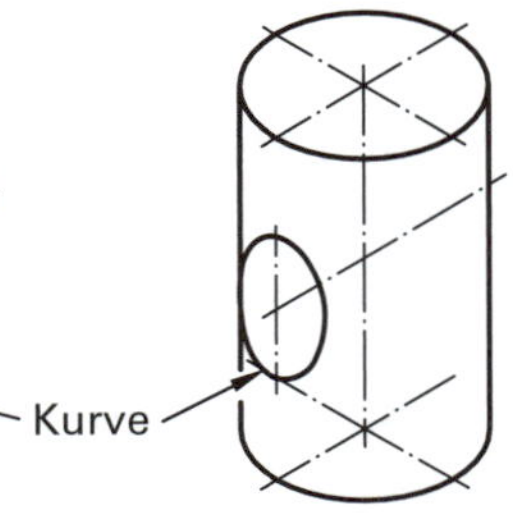

Bild 3

Hinweis: Bei der Durchdringung von Körpern darf auf die Darstellung sehr flacher Durchdringungslinien bzw. Bearbeitungskurven verzichtet werden (**Bild 4**).

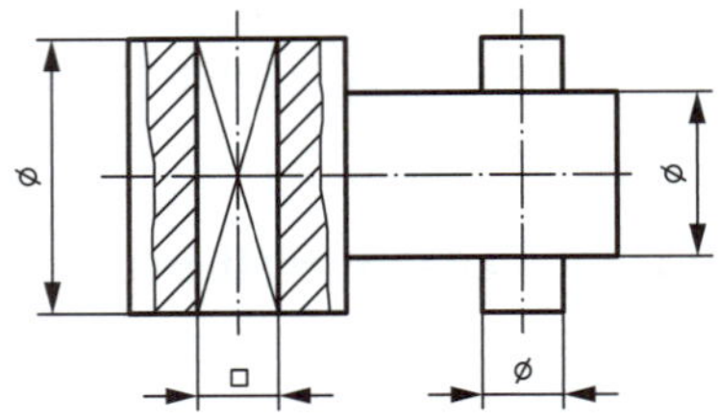

Bild 4

Für die Konstruktion der Schnittflächen und Bearbeitungskurven werden beim Zeichnen vielfach **Hilfsschnitte** verwendet. Die Werkstücke werden dabei in Scheiben aufgeteilt (Scheibenschnittmethode). Die Hilfsschnitte können parallel (**Bild 5**) oder rechtwinklig (**Bild 6**) zur Körperachse gelegt werden.

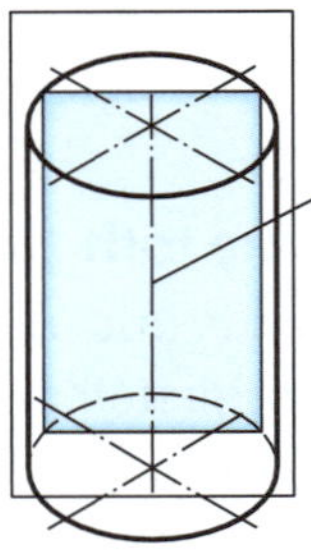

Bild 5

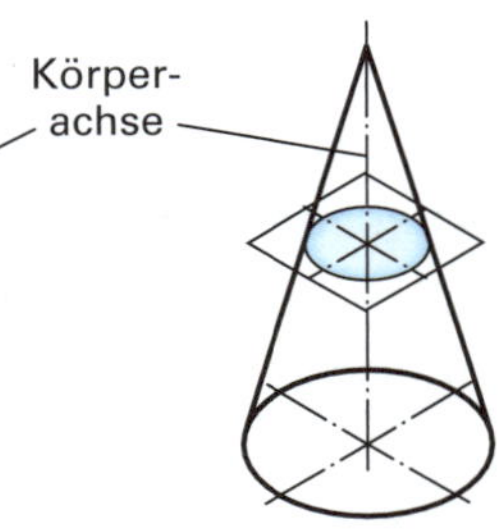

Bild 6

14.2 Schnitte und Durchdringungen an prismatischen Werkstücken

14.2.1 Schnitte

Die Konstruktion von Schnitten erfolgt in Teilschritten, die annähernd den Stufen der Fertigung entsprechen.

1. Zunächst zeichnet man in schmalen Volllinien die Form des Werkstückes in den erforderlichen Ansichten auf. Ausgangspunkt für die Konstruktion der Schnittfläche ist diejenige Ansicht des Werkstückes, die seine Querschnittsform erkennen lässt (**Bild 7**, Draufsicht). Die Eckpunkte der Schnittfläche in dieser Ansicht werden fortlaufend nummeriert (**Bild 7**). Anschließend wird die Schnittebene eingezeichnet und es werden die auf der waagrechten Körperachse liegenden Punkte in allen Ansichten bestimmt (Konstruktionslinien I bis IV ergeben Punkt 1 und 4).

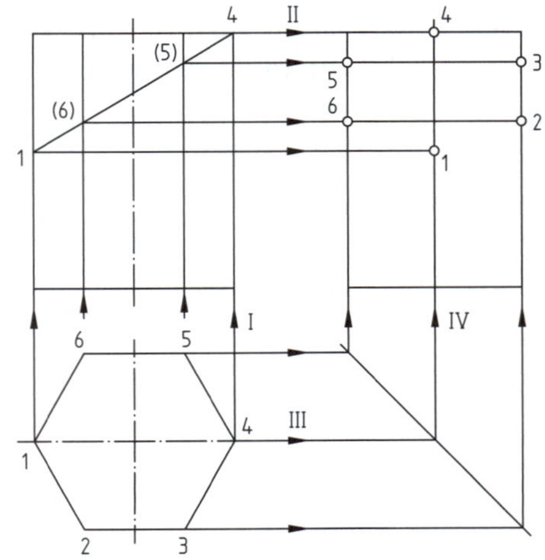

Bild 7

2. Durch Verbinden benachbarter Konstruktionspunkte erhält man die Projektion der Schnittfläche (**Bild 1**, Seitenansicht).

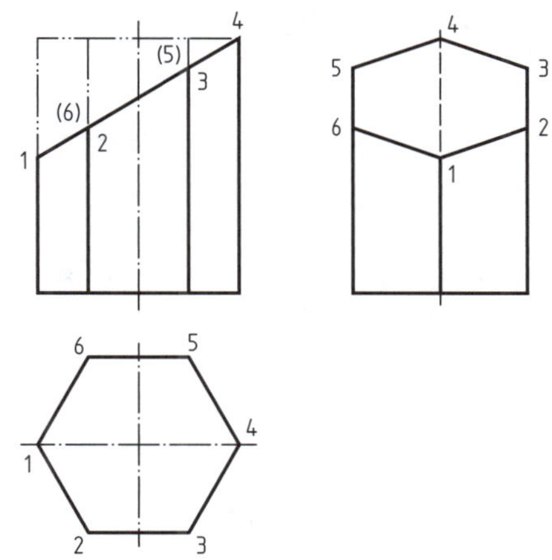

Bild 1

14.2.2 Durchdringungen an prismatischen Werkstücken

Die Konstruktion der Durchdringung erfolgt ähnlich wie die Konstruktion von Schnitten.

1. Vorzeichnen der Werkstücke in den erforderlichen Ansichten (meistens Vorderansicht, Seitenansicht und Draufsicht). Ausgangspunkt für die Konstruktion der Durchdringung ist diejenige Ansicht, welche die Querschnittsform erkennen lässt (**Bild 2**, Vorderansicht). Die Eckpunkte der Durchdringung in dieser Ansicht werden fortlaufend nummeriert. Die Punkte auf der Körperachse werden in die übrigen Ansichten übertragen; dabei ist die Reihenfolge I bis IV zu beachten.

2. Durch waagrechte und senkrechte Projektionslinien wird die Lage der Eckpunkte in den übrigen Ansichten konstruiert (**Bild 2**, Draufsicht und Seitenansicht).

3. Verbindet man die Konstruktionspunkte der Reihe nach durch gerade Linien, so erhält man die Durchdringungslinien (**Bild 3**, Seitenansicht).

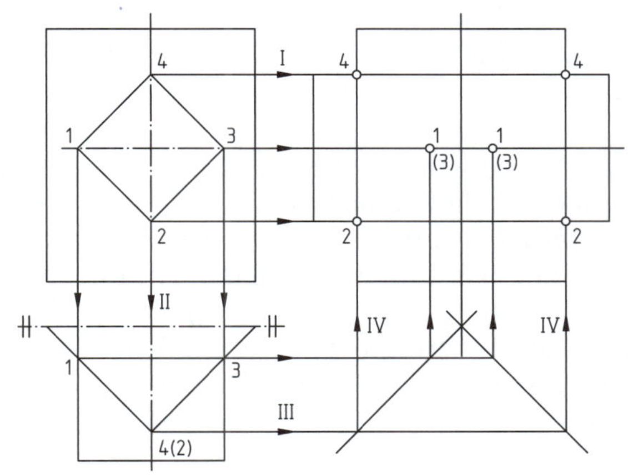

Bild 2

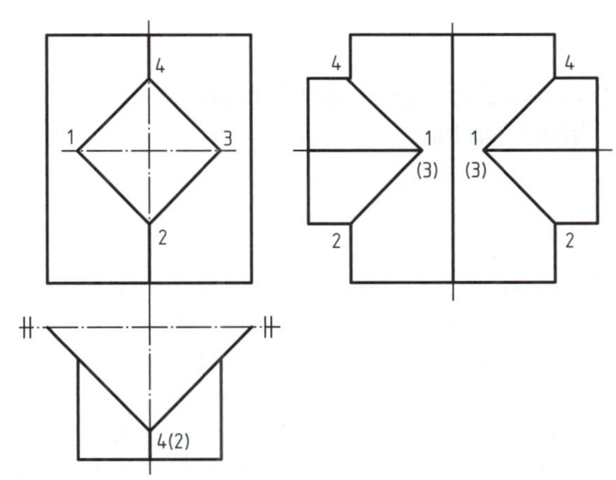

Bild 3

14.3 Schnitte und Durchdringungen an zylindrischen Werkstücken

14.3.1 Allgemeines

Wird ein Zylinder geschnitten oder durchdrungen, so sind die Umrisslinien der Schnittfläche bzw. die Durchdringungslinien (Bearbeitungskurven) gekrümmte Linien (Ausnahme: Schnitt parallel zur Zylinderachse). Die Schnitte am Zylinder können rechtwinklig, parallel oder schräg zur Achse geführt werden (**Bild 4**). Bei einem Schnitt rechtwinklig zur Achse entsteht als Schnittfläche ein **Kreis**, bei einem Schnitt parallel zur Achse entsteht ein **Rechteck** und bei einem Schnitt schräg zur Achse entsteht eine **Ellipse**. Verläuft der Schnitt unter 45° zur Achse, so ist die Projektion der Schnittfläche ein Kreis.

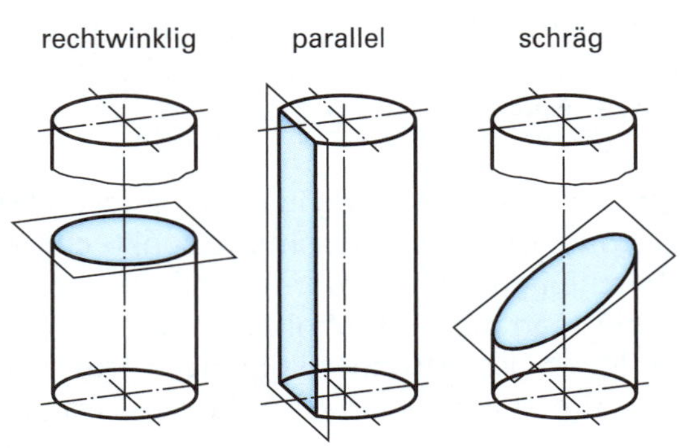

Bild 4

In der rechtwinkligen Parallelprojektion wird nicht die tatsächliche Form der Ellipsen, sondern ihre Projektion gezeichnet (**Bild 1**).

Bei einem Schnitt unter 45° zur Achse (Schnitt II in **Bild 1**) sind Projektionshöhe und Zylinderdurchmesser gleich groß ($h = d$), die Projektion ergibt daher einen Kreis. Schnitt I und Schnitt III in **Bild 1** ergeben in der Projektion Ellipsen.

Für die Konstruktion von Schnitten und Durchdringungen an zylindrischen Werkstücken werden vorzugsweise Hilfsschnitte parallel zur Zylinderachse gelegt. Dadurch wird der Zylinder in Scheiben zerlegt (**Bild 2**). Durch dieses Schneiden entstehen an der Schnittfläche Eckpunkte (**Bild 2**). Diese Eckpunkte bzw. Konstruktionspunkte werden wie bei den prismatischen Werkstücken auf die übrigen Ansichten übertragen. Die Hilfsschnitte können an beliebiger Stelle vorgenommen werden.

Vorteilhaft ist es jedoch, die Schnitte so zu legen, dass der Zylinderumfang gleichmäßig auf die „Scheiben" verteilt wird. Dies erreicht man durch eine geradzahlige Einteilung des Umfanges (**Bild 3**). Im Allgemeinen reicht eine Unterteilung in zwölf gleiche Teile aus. Die Unterteilung erfolgt entweder mithilfe des Zirkels (**Bild 3** links) oder mit dem 60°-Zeichendreieck (**Bild 3** rechts).

14.3.2 Konstruktion schräger Schnitte an zylindrischen Werkstücken

Die Konstruktion der Projektion von Zylinderschnitten erfolgt in drei Stufen:

1. Nach dem Vorzeichnen der Grundform in den erforderlichen Ansichten in schmalen Volllinien erfolgt die Einteilung des Kreisumfanges in zwölf gleiche Teile (**Bild 4**). Gleichzeitig legt man in allen Ansichten die Kurvenpunkte fest, die auf der Achse oder auf dem Körperumriss liegen (Konstruktionslinien I bis IV ergeben Punkte 0, 3, 6, 9). Alle Punkte, die in der Vorderansicht am Körperumriss liegen, befinden sich in der Seitenansicht auf der Achse. Alle Punkte, die in der Vorderansicht auf der Achse (Mittellinie) liegen, sind in der Seitenansicht am Körperumriss.

2. Erfolgt die Kreiseinteilung in der Draufsicht (**Bild 4**), so zeichnet man die Hilfsschnitte senkrecht; erfolgt die Einteilung in der Vorder- oder Seitenansicht, so zeichnet man die Hilfsschnitte waagrecht. Die sich ergebenden Konstruktionspunkte werden entweder mit Projektionslinien oder durch Abtragen ihrer Abstände, z. B. Maß x, mit dem Zirkel in die übrigen Ansichten übertragen (**Bild 5**)

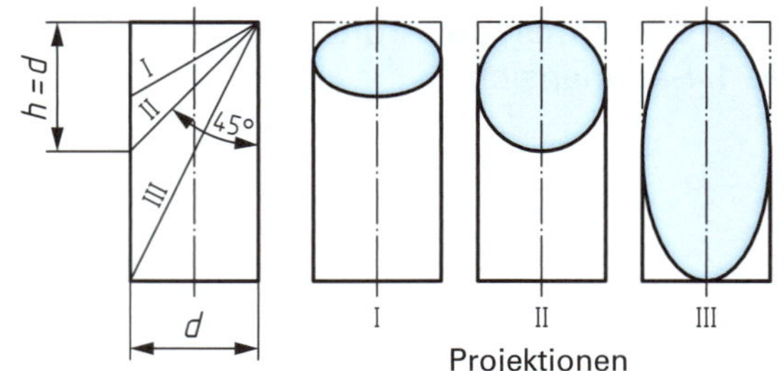

Bild 1

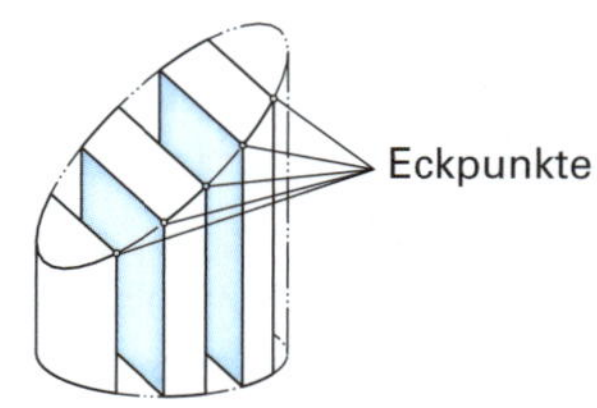

Bild 2

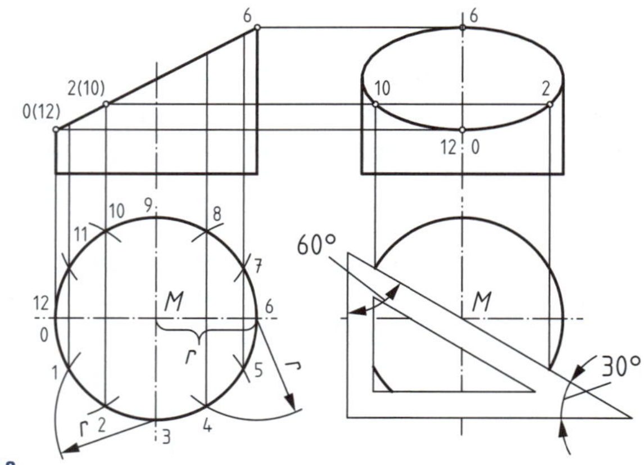

Bild 3

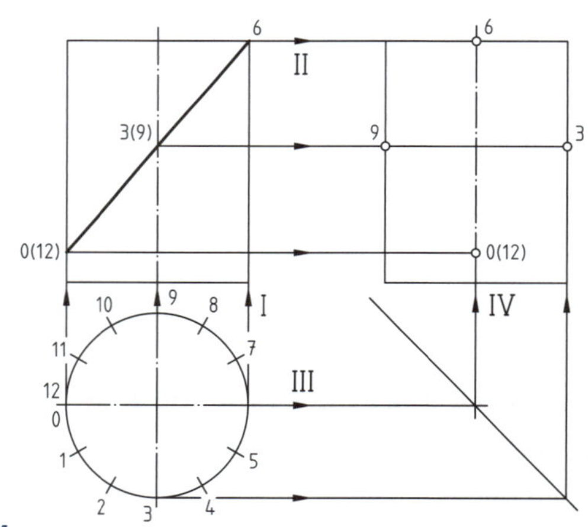

Bild 4

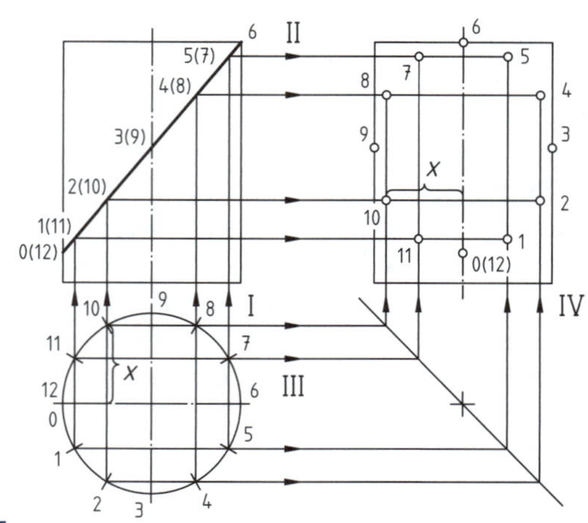

Bild 5

3. Die Verbindung der Konstruktionspunkte 0 bis 12 in ihrer Reihenfolge in **Bild 5, Seite 170** ergibt die Projektion der Schnittfläche (**Bild 1**).

   Gibt man zur Erhöhung der Übersichtlichkeit die frühere Form des Körpers an, so geschieht dies mit schmalen Strich-Zweipunktlinien.

   Hinweis: Erfolgt der Schnitt unter 45° zur Achse, so ergibt die Projektion der elliptischen Schnittfläche einen Kreis.

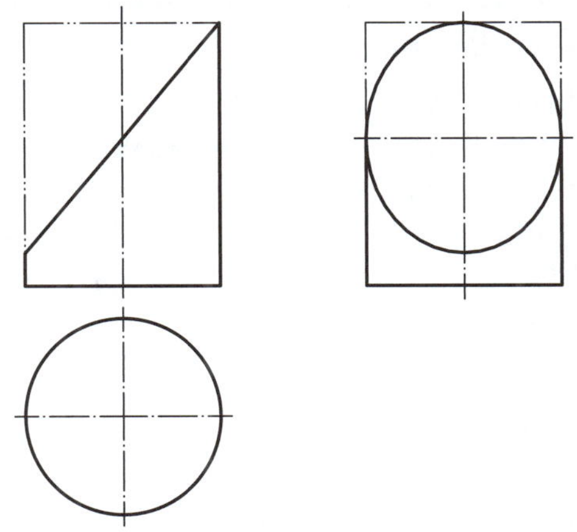

Bild 1

14.3.3 Durchdringungen an zylindrischen Werkstücken

Die Konstruktion von Durchdringungen am Zylinder erfolgt ähnlich wie die Konstruktion von Schnitten am Zylinder.

1. Vorzeichnen der sich durchdringenden Körper in Vorderansicht, Seitenansicht und Draufsicht. Gleichzeitig wird die Lage derjenigen Durchdringungspunkte in der Seitenansicht und in der Draufsicht gesucht, die in der Vorderansicht auf der waagrechten Achse liegen (Konstruktionslinien I bis IV ergeben Punkte 1, 2, 3, 4, 5, 6 in **Bild 2**).

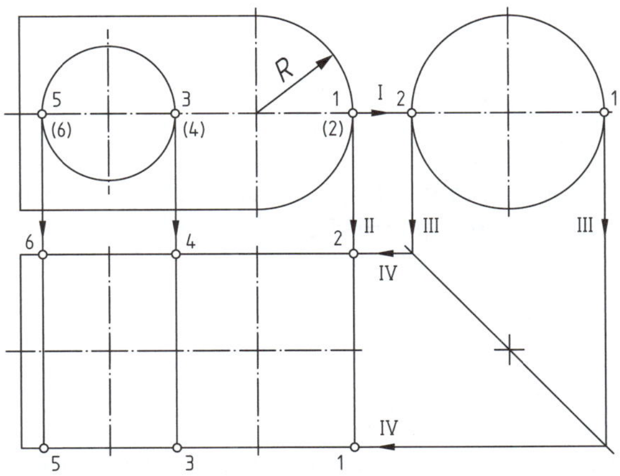

Bild 2

2. Jetzt sucht man diejenigen Durchdringungspunkte in der Seitenansicht und in der Draufsicht, welche auf der senkrechten Durchdringungsachse der Vorderansicht liegen (Punkte 7, 8, 9, 10, 11, 12 in **Bild 3**). Die Reihenfolge I bis IV ist zu beachten.

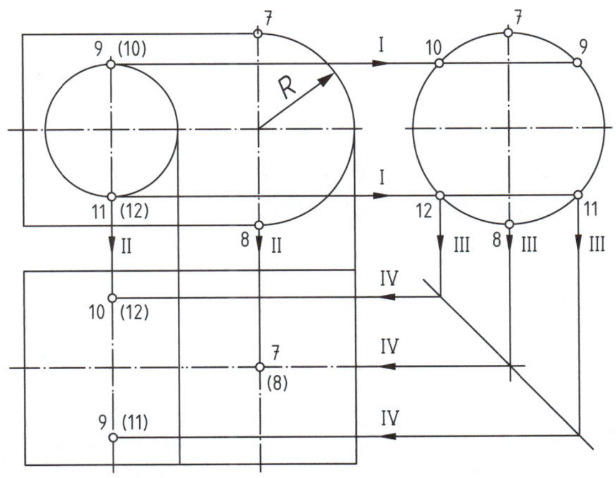

Bild 3

3. Nun legt man in der Vorderansicht der sich durchdringenden Körper beliebige Punkte fest (Punkte 13, 14, 15, 16 in **Bild 4**). Diese Punkte werden in der Reihenfolge I bis IV in die Seitenansicht und in die Draufsicht übertragen.

   Die Lage der Punkte in der Draufsicht (z. B. Punkt 15) kann auch durch Abtragen der Strecken mit dem Zirkel aus der Seitenansicht erfolgen (z. B. Maße *a* in **Bild 4**).

   Durch Verbinden der einzelnen Konstruktionspunkte in ihrer Reihenfolge erhält man die Durchdringungslinien (**Bild 4**, Draufsicht).

   Hinweis: Bei der rechtwinkligen Durchdringung von zwei Zylindern mit gleichem Durchmesser ergibt die Projektion der Durchdringungslinien eine Gerade (**Bild 4**, rechte Kurve der Draufsicht).

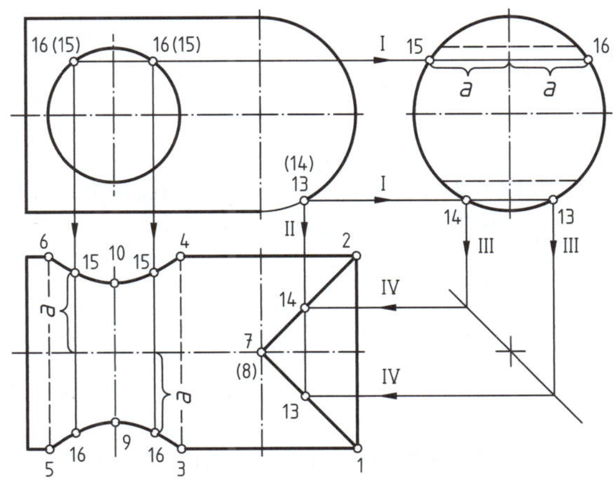

Bild 4

14.4 Schnitte und Durchdringungen an kegeligen Werkstücken

14.4.1 Allgemeines

Wird ein Kegel von einer Ebene geschnitten, so können sieben verschiedene geometrische Figuren entstehen: Punkt, Linie, Dreieck, Kreis, Hyperbel, Parabel, Ellipse.

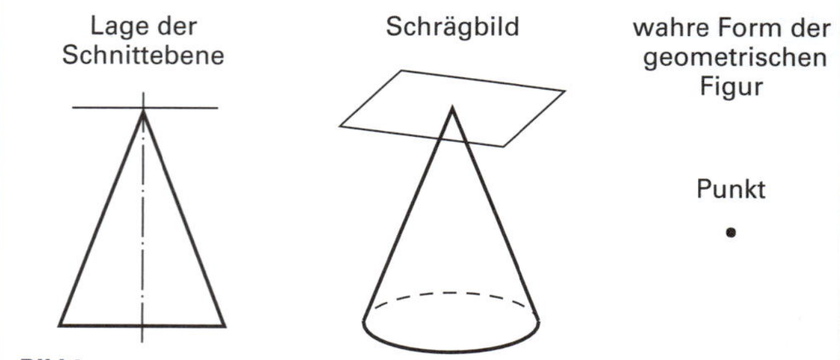

Bild 1

Ein Punkt entsteht, wenn die Schnittebene nur die Spitze des Kegels berührt (**Bild 1**).

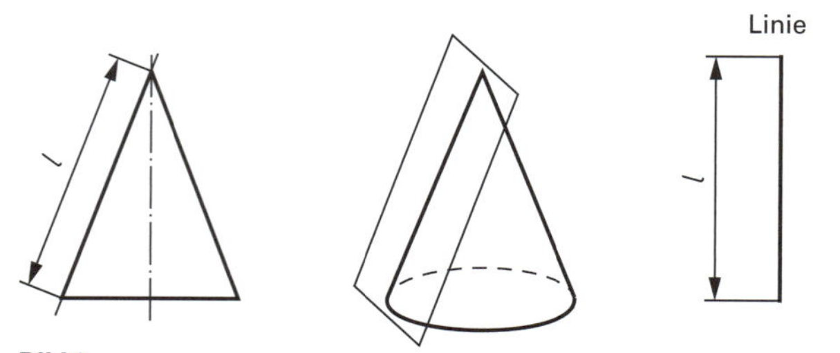

Bild 2

Eine Linie entsteht, wenn die Schnittebene nur den Kegelmantel berührt (**Bild 2**).

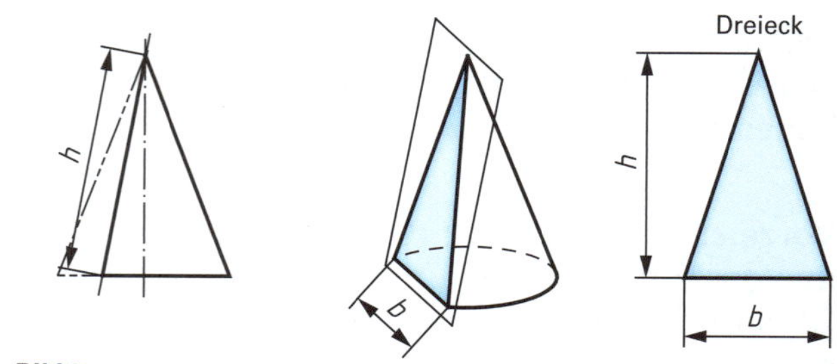

Bild 3

Ein Dreieck entsteht, wenn die Schnittebene durch die Spitze des Kegels verläuft (**Bild 3**).

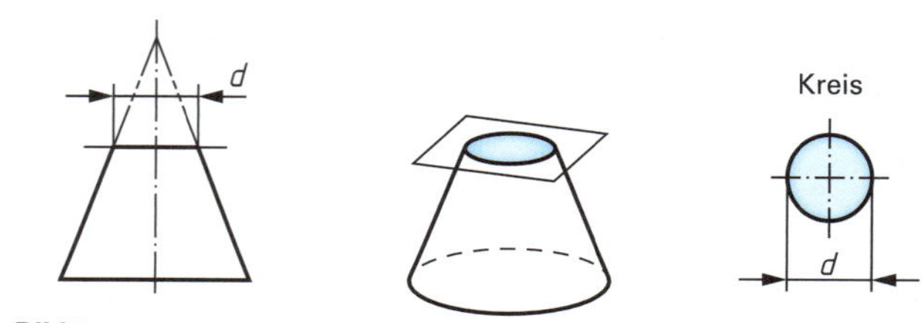

Bild 4

Ein Kreis entsteht, wenn die Schnittebene rechtwinklig zur Kegelachse verläuft (**Bild 4**).

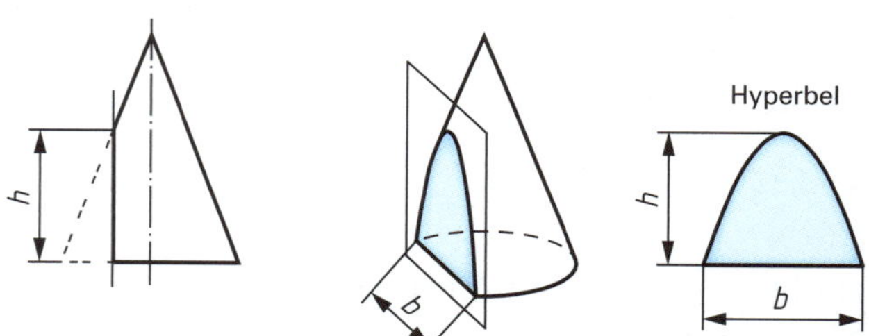

Bild 5

Eine Hyperbel entsteht, wenn die Schnittebene parallel zur Kegelachse verläuft, aber nicht mit dieser zusammenfällt (**Bild 5**).

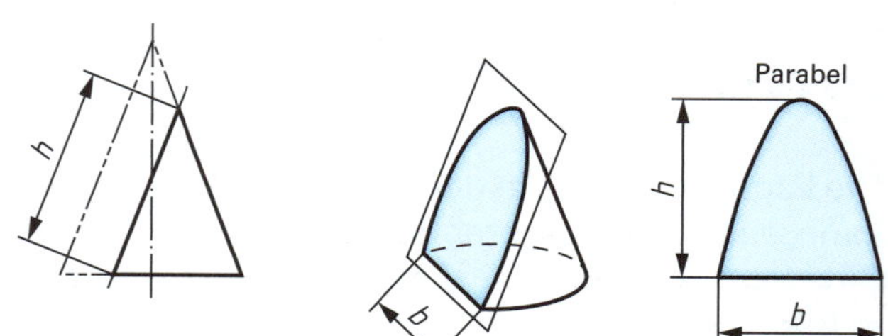

Bild 6

Eine Parabel entsteht, wenn die Schnittebene parallel zur Kegelmantellinie verläuft (**Bild 6**).

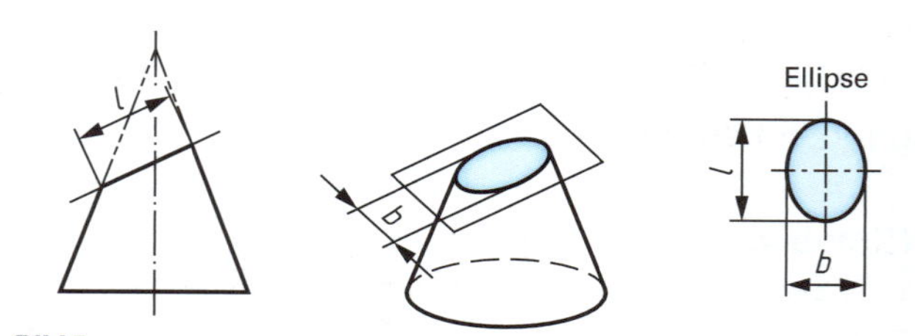

Bild 7

Eine Ellipse entsteht, wenn die Schnittebene schräg zur Kegelachse verläuft (**Bild 7**) und nicht zu der Mantellinie parallel ist

Für die Konstruktion der Schnittfläche und der Durchdringungskurven an kegeligen Werkstücken werden vorwiegend drei Verfahren verwendet:

Konstruktion mit der Scheibenschnitt-Methode:

Dabei werden Hilfsschnitte rechtwinklig zur Kegelachse gelegt. Der Kegel wird in Scheiben (Scheibenschnitt-Methode) zerlegt (**Bild 1**). Durch die Hilfsschnitte (H) entstehen an der Schnittfläche Konstruktionspunkte (1, 2 usw.), die auf die übrigen Ansichten übertragen werden.

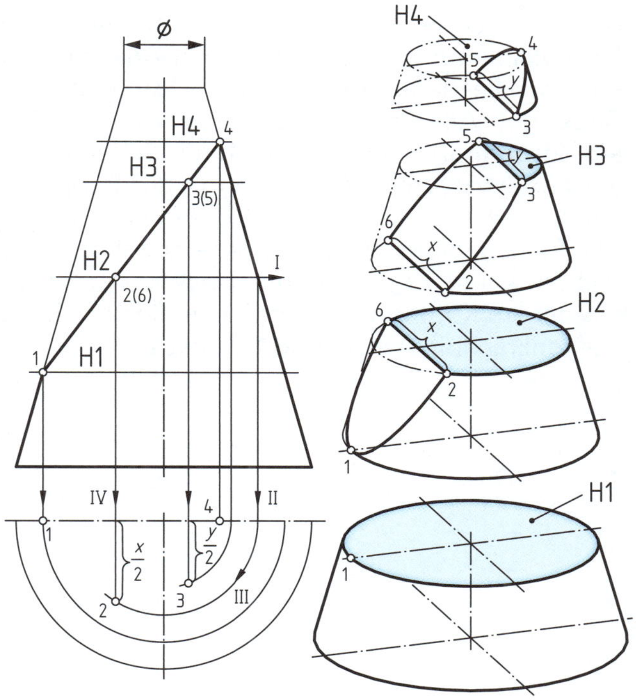

Bild 1

Hinweis: Bei den folgenden Konstruktionen in diesem Lehrgang werden die Schnittflächen und Durchdringungskurven mittels der Scheibenschnitt-Methode ermittelt.

Konstruktion mit Mantellinien:

Die Verbindung zwischen Kegelspitze S und Grundkreis wird als Kegelmantellinie bezeichnet. Die Schnittpunkte zwischen diesen Mantellinien und der Schnittebene (z. B. Punkt A) bzw. den sich durchdringenden Körpern ergeben die Konstruktionspunkte in den anderen Ansichten (**Bild 2**). Punkt A liegt in der Vorderansicht auf der Linie 1 bzw. 11; er muss auch in der Draufsicht und in der Seitenansicht auf den Linien 1 und 11 liegen. Das Mantellinienverfahren wendet man vorzugsweise dann an, wenn außer den Ansichten noch die Abwicklung zu zeichnen ist.

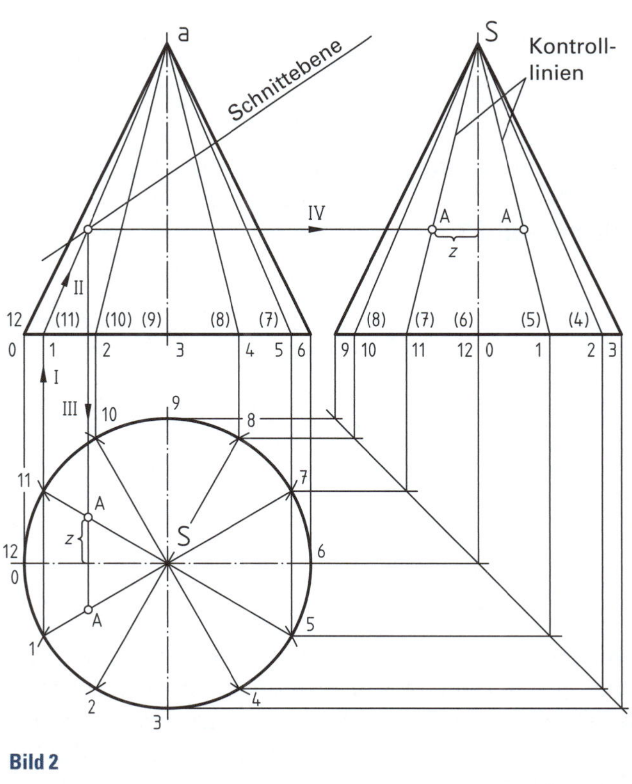

Bild 2

14.4.2 Schnitte an kegeligen Werkstücken

Die Konstruktion der Schnittfläche erfolgt in drei Stufen.

1. Nach dem Vorzeichnen der Grundform mit schmalen Volllinien in den erforderlichen Ansichten erfolgt die Festlegung der äußeren Kurvenpunkte. Dabei gilt: Alle Punkte, die in der Vorderansicht am Körperumriss liegen, sind in der Seitenansicht auf der senkrechten Achse und in der Draufsicht auf der waagrechten Achse (z. B. Punkte 1 und 3). Alle Punkte, die in der Vorderansicht auf der senkrechten Achse liegen, befinden sich in der Seitenansicht am Körperumriss und in der Draufsicht auf der senkrechten Achse (**Bild 1**, Punkt 2).

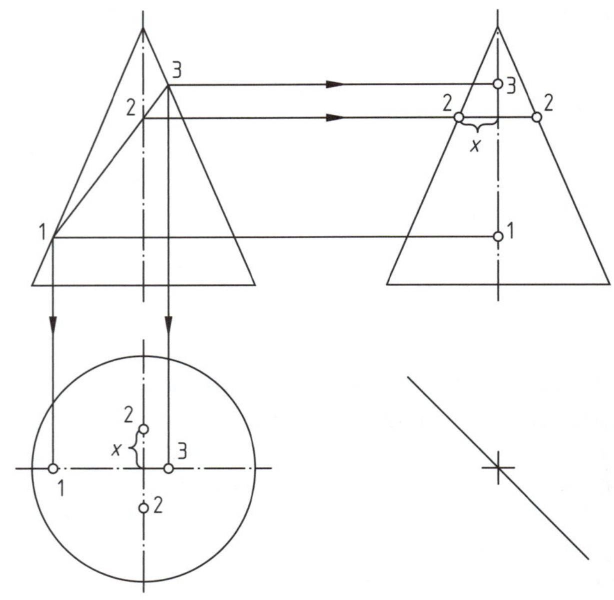

Bild 1

2. Auf der Schnittebene werden beliebig viele Punkte festgelegt (z. B. Punkt 4 in **Bild 2**). Mittels der Scheibenschnitt-Methode bestimmt man die Lage des Punktes in der Seitenansicht und in der Draufsicht. Dabei ist nach der Reihenfolge I bis VI zu verfahren.

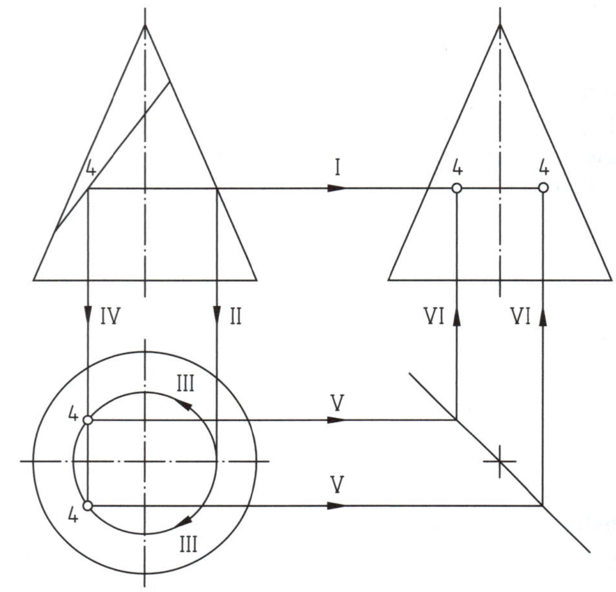

Bild 2

3. Durch Verbinden der einzelnen Kurvenpunkte (z. B. 1 – 4 – 2 – 3 – 2 – 4) entsteht der Umriss der Schnittfläche (**Bild 3**).

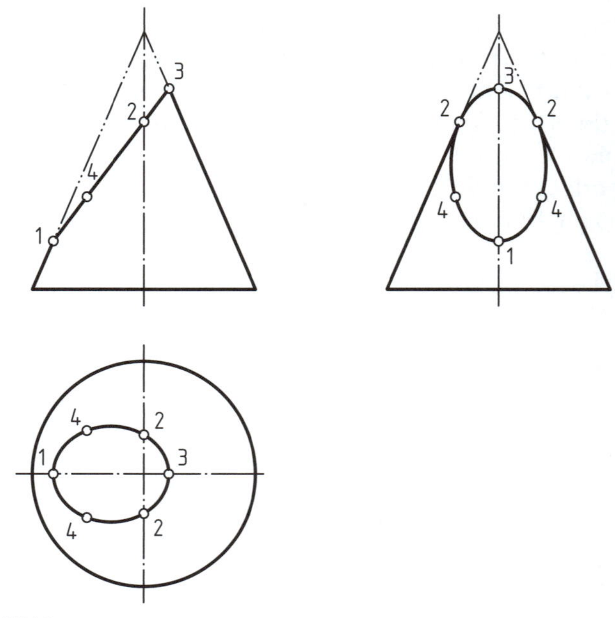

Bild 3

Hinweis: Um den Verlauf einer Schnittkurve möglichst genau zeichnen zu können, ist es erforderlich, in den Bereichen starker Kurvenkrümmung mehr Hilfsschnitte zu legen als in den Bereichen mit flachem Kurvenverlauf.

14.4.3 Durchdringungen an kegeligen Werkstücken

Die Konstruktion der Durchdringungen am Kegel erfolgt ähnlich wie die Konstruktion der Schnitte am Kegel.

1. Vorzeichnen der sich durchdringenden Körper in den drei Ansichten. Beliebige Punkte in der Ansicht festlegen, in der die Querschnittsform erkennbar ist (z. B. Punkt 3 in **Bild 1**, Seitenansicht). Die Punkte 1 und 2 liegen in der Seitenansicht auf der senkrechten Achse, sie müssen in der Vorderansicht am Körperumriss und in der Draufsicht auf der waagrechten Mittellinie liegen. Die Lage des Punktes 3 wird in der Vorderansicht und in der Draufsicht nach der Reihenfolge I bis VI ermittelt.

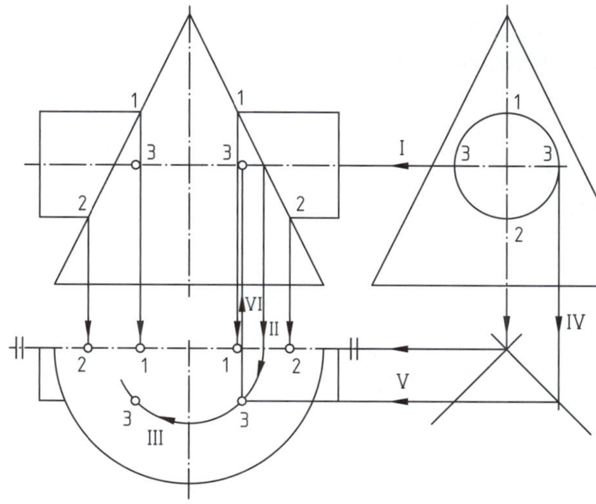

Bild 1

2. Mittels weiterer Scheibenschnitte werden nun die anderen Punkte (z. B. Punkt 4) der Seitenansicht in der Vorder- und Draufsicht bestimmt. Es ist die Reihenfolge I bis VI zu beachten (**Bild 2**).

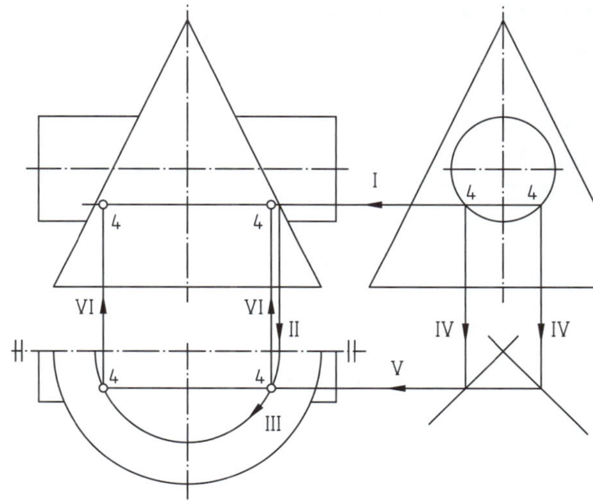

Bild 2

3. Durch Verbinden der einzelnen Durchdringungspunkte (z. B. 1 – 3 – 4 – 2) entsteht die Durchdringungskurve (**Bild 3**).

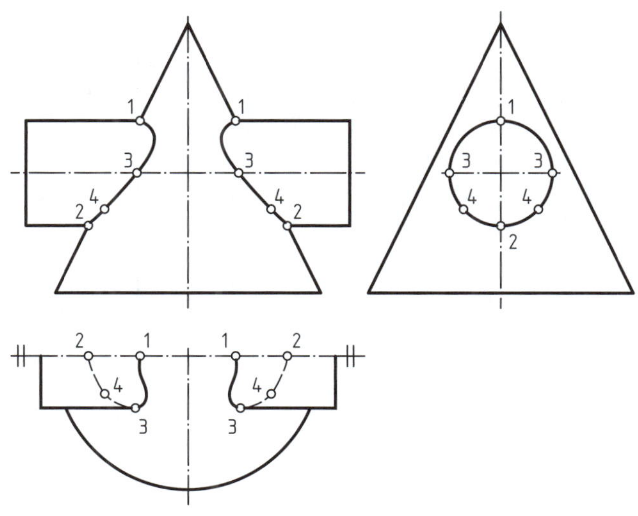
Bild 3

14.5 Überprüfen Sie Ihr Wissen

1 Welches Bild zeigt die richtige Seitenansicht zu diesem Werkstück?

a) Bild 1
b) Bild 2
c) Bild 3
d) Bild 4
e) Bild 5

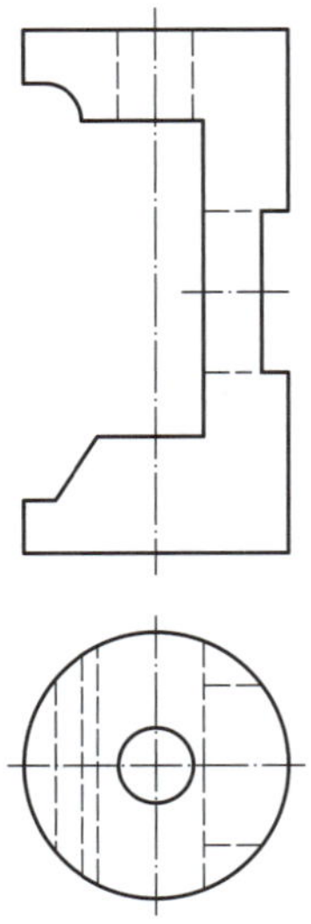

2 Welches Bild zeigt die richtige Seitenansicht dieses Werkstückes?

a) Bild 6
a) Bild 7
a) Bild 8
a) Bild 9
a) Bild 10

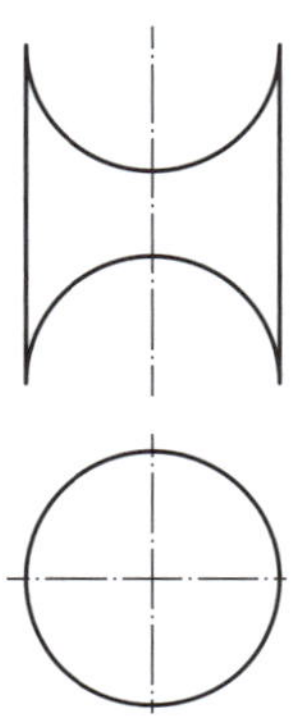

3 Welches Bild zeigt die richtige Seitenansicht dieses Werkstückes?

a) Bild 11
b) Bild 12
c) Bild 13
d) Bild 14
e) Bild 15

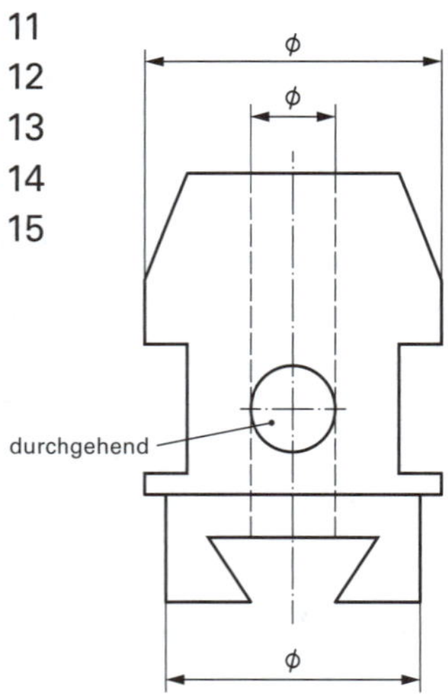

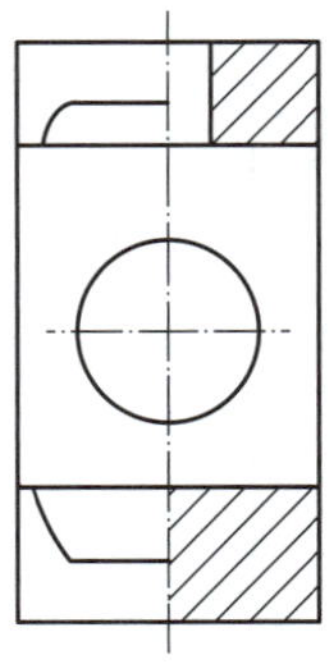
Bild 1

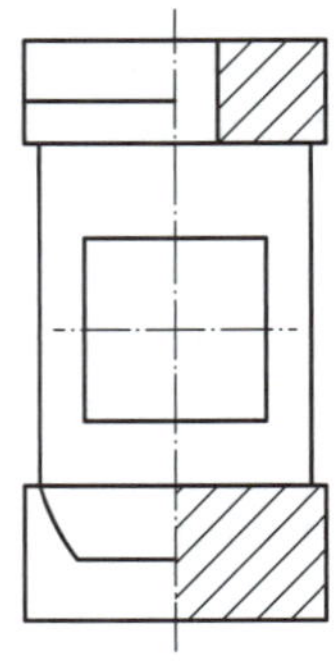
Bild 2

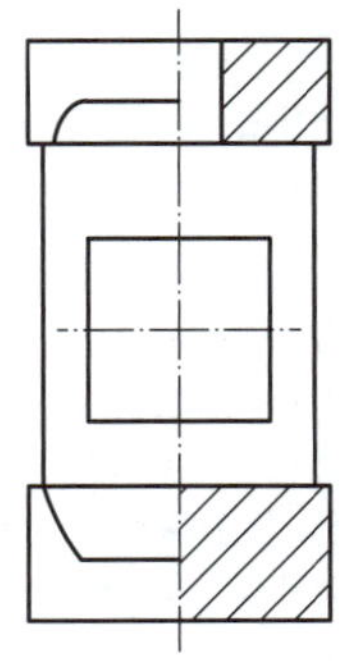
Bild 3

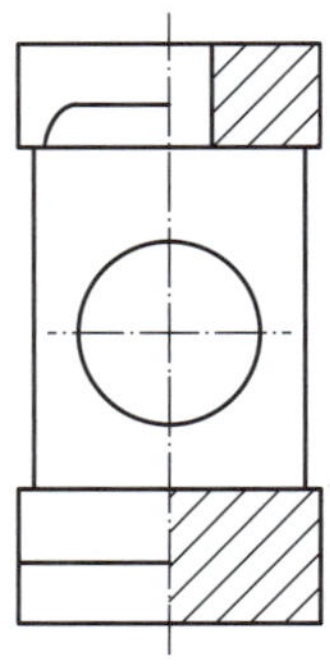
Bild 4

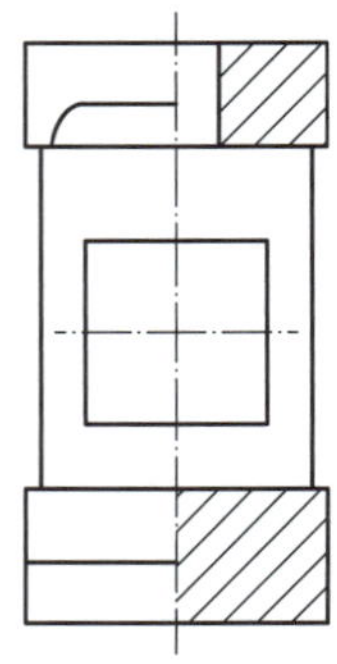
Bild 5

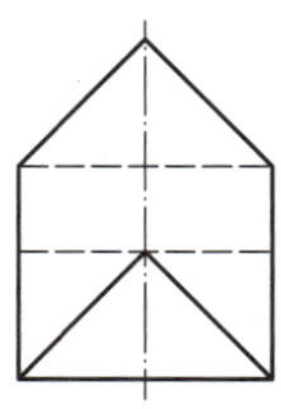
Bild 6

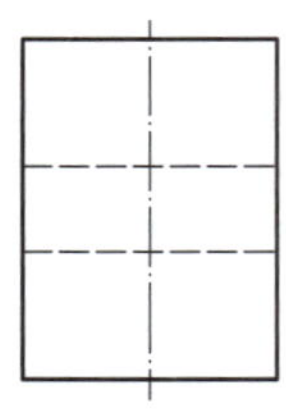
Bild 7

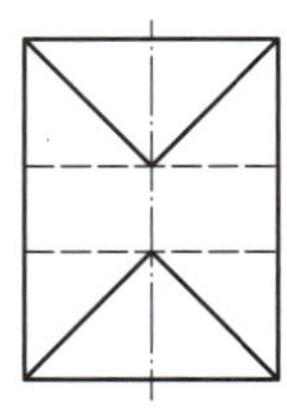
Bild 8

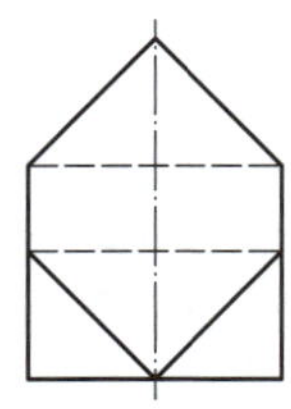
Bild 9

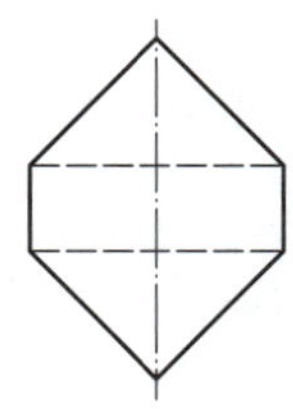
Bild 10

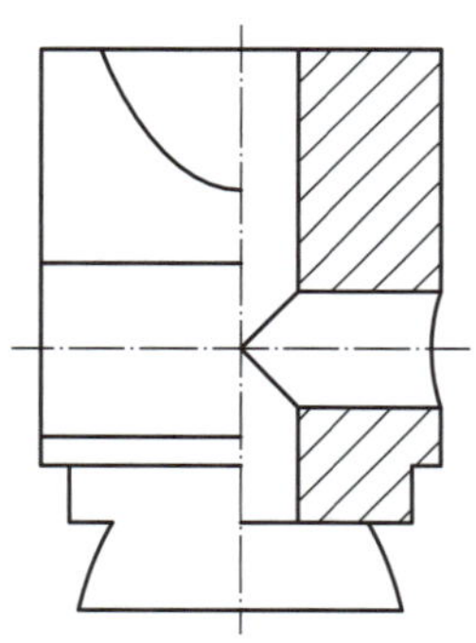
Bild 11

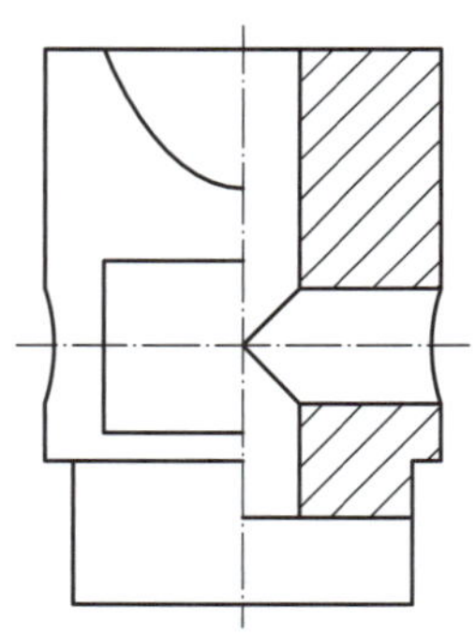
Bild 12

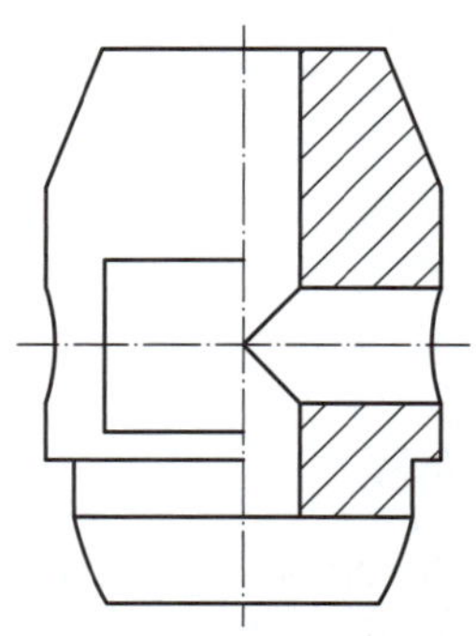
Bild 13

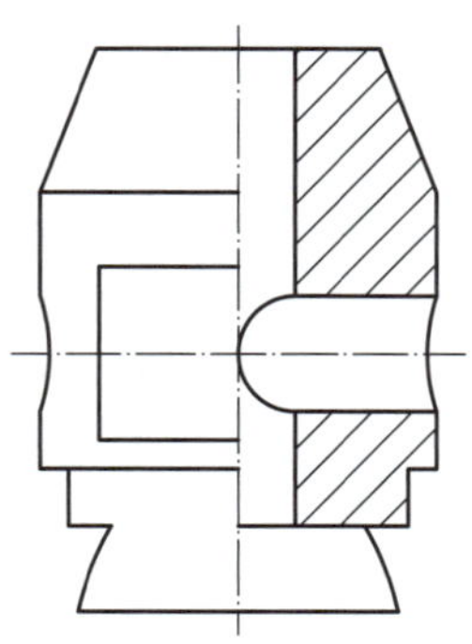
Bild 14

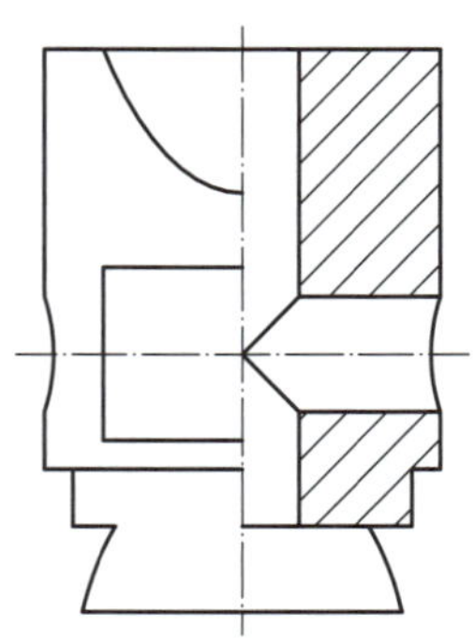
Bild 15

4 Welches Bild zeigt die richtige Seitenansicht von diesem Werkstück?

a) Bild 1
b) Bild 2
c) Bild 3
d) Bild 4
e) Bild 5

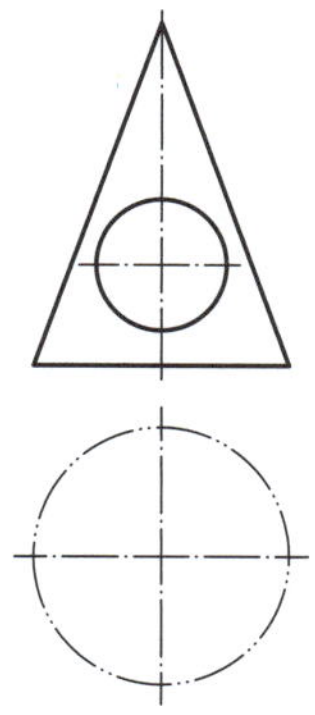

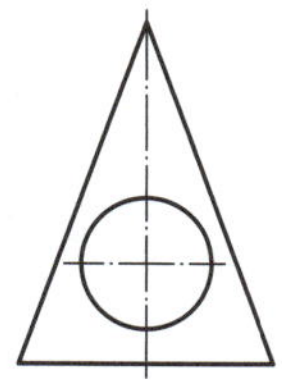

Bild 1

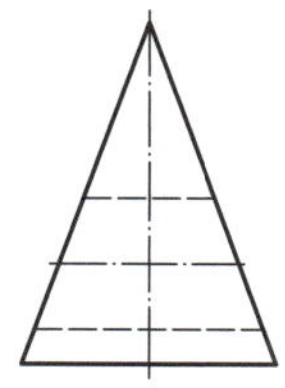

Bild 2

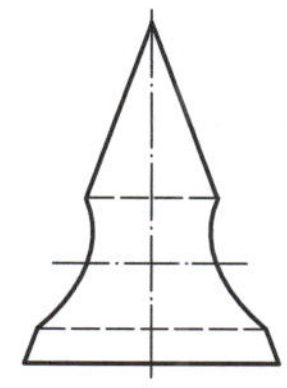

Bild 3

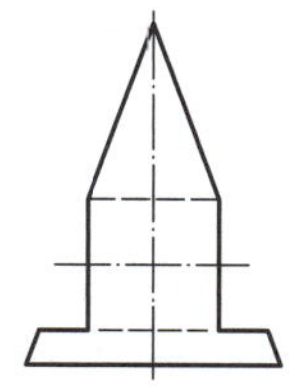

Bild 4

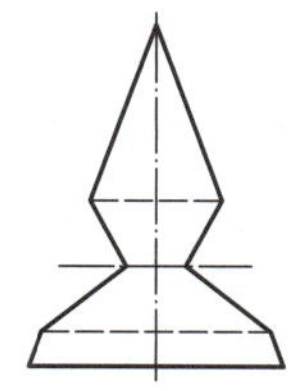

Bild 5

5 Welches Bild zeigt die richtige Seitenansicht von diesem Werkstück?

a) Bild 6
b) Bild 7
c) Bild 8
d) Bild 9
e) Bild 10

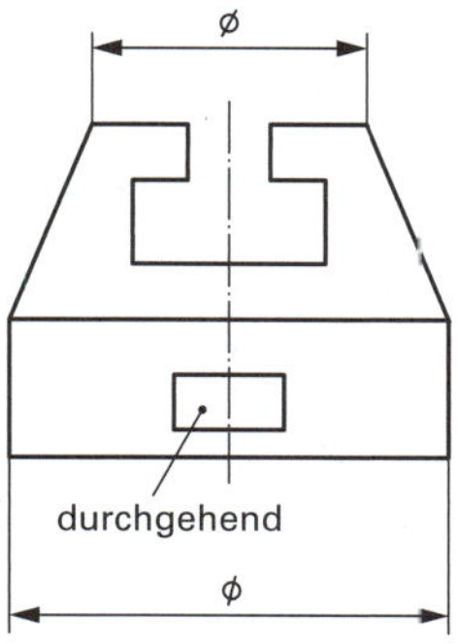

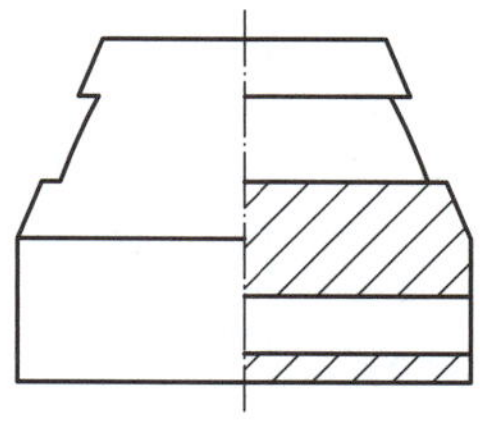

Bild 6

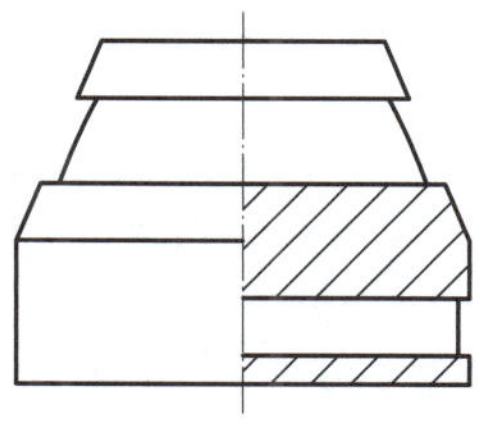

Bild 7

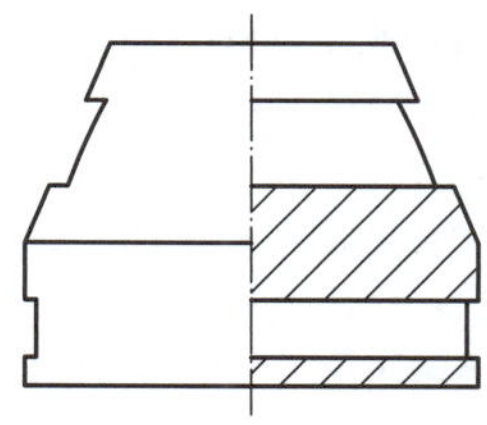

Bild 8

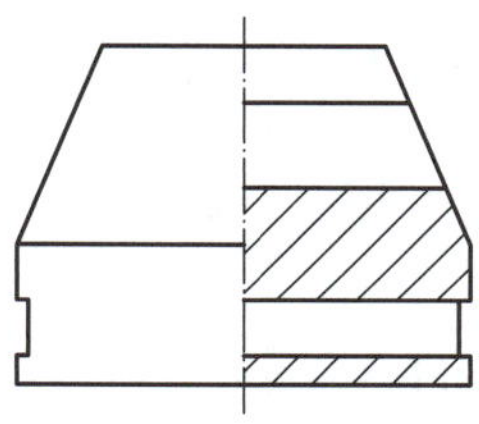

Bild 9

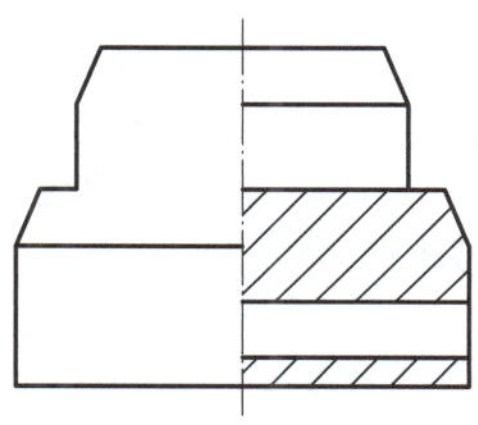

Bild 10

6 Welches Bild zeigt die richtige Seitenansicht von dieser Durchdringung Kegel-Zylinder?

a) Bild 11
b) Bild 12
c) Bild 13
d) Bild 14
e) Bild 15

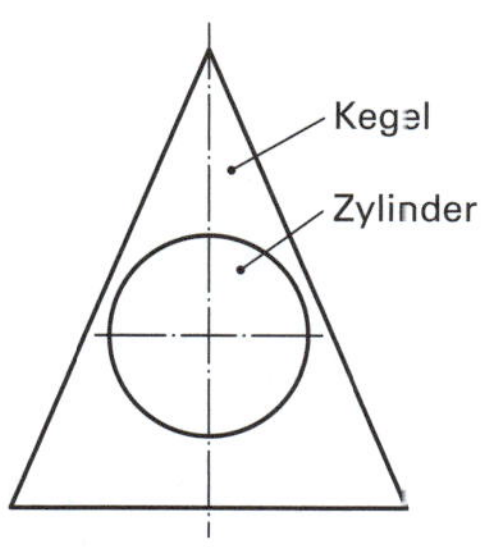

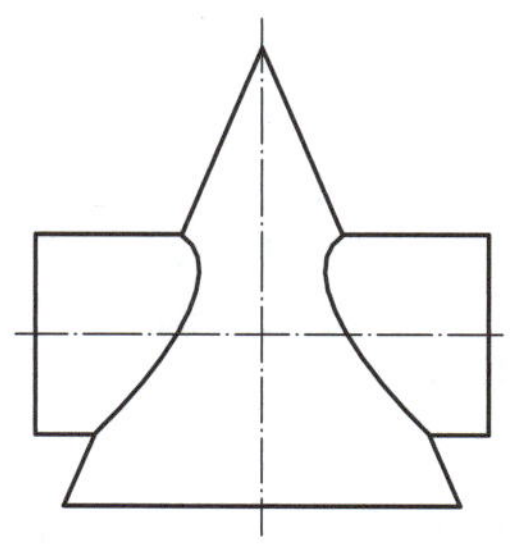

Bild 11

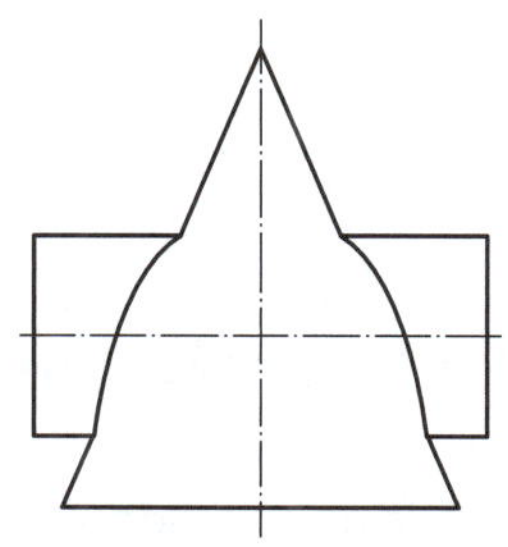

Bild 12

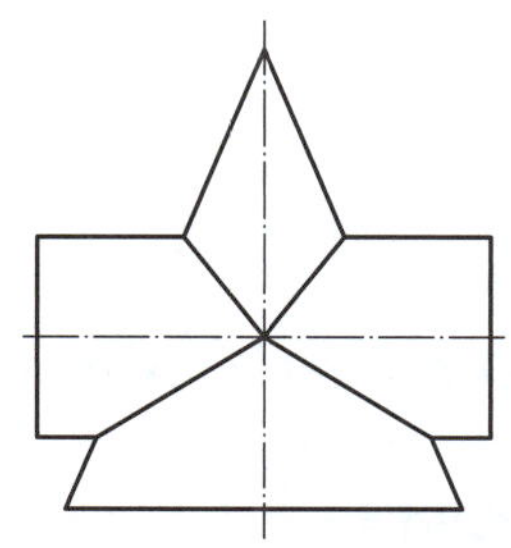

Bild 13

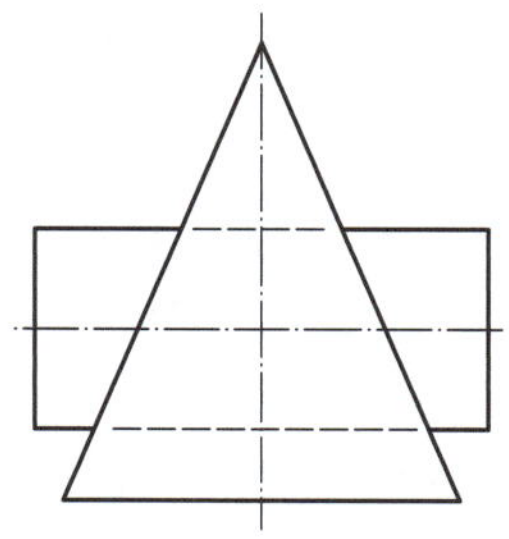

Bild 14

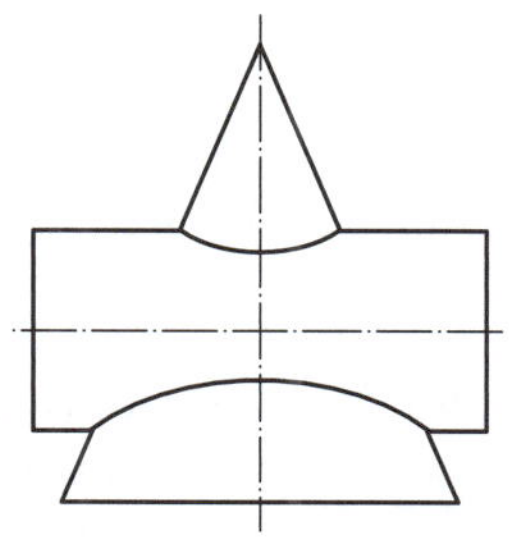

Bild 15

15 Abwicklungen

15.1 Wahre Länge von Strecken oder Kanten

Eine Strecke $\overline{AB}$ wird nur in der Ansicht (Projektionsebene) in wahrer Länge abgebildet, zu der sie im Raum (in der Raumecke) **parallel** verläuft. In den anderen Ansichten erscheint die Strecke $\overline{AB}$ verkürzt.

15.1.1 Strecken, parallel zu einer Ansichtsebene

In **Bild 1** verläuft die Strecke $\overline{AB}$ parallel zur Vorderansichtsebene, zur Seitenansichts- und zur Draufsichtsebene ist sie geneigt (Raumbild links). Durch Projektion auf die drei Ebenen erhält man in der Vorderansicht die Strecke $\overline{AB}$ in wahrer Länge, in der Seitenansicht die verkürzte Stecke $\overline{A'B'}$ und in der Draufsicht die verkürzte Strecke $\overline{A''B''}$ (**Bild 1**, rechts).

In **Bild 2** verläuft die Strecke $\overline{AB}$ parallel zur Seitenansichtsebene, zur Vorderansichts- und zur Draufsichtsebene ist sie geneigt (Raumbild links). Durch Projektion auf die drei Ebenen erhält man in der Seitenansicht die Strecke $\overline{AB}$ in wahrer Länge, in der Vorderansicht die verkürzte Strecke $\overline{A'B'}$ und in der Draufsicht die verkürzte Strecke $\overline{A''B''}$ (**Bild 2**, rechts).

In **Bild 3** verläuft die Strecke $\overline{AB}$ parallel zur Draufsichtsebene, zur Vorderansichts- und zur Seitenansichtsebene ist sie geneigt (Raumbild links). Durch Projektion auf die drei Ebenen erhält man in der Draufsicht die Strecke $\overline{AB}$ in wahrer Länge, in der Vorderansicht die verkürzte Strecke $\overline{A'B'}$ und in der Seitenansicht die verkürzte Strecke $\overline{A''B''}$ (**Bild 3**, rechts).

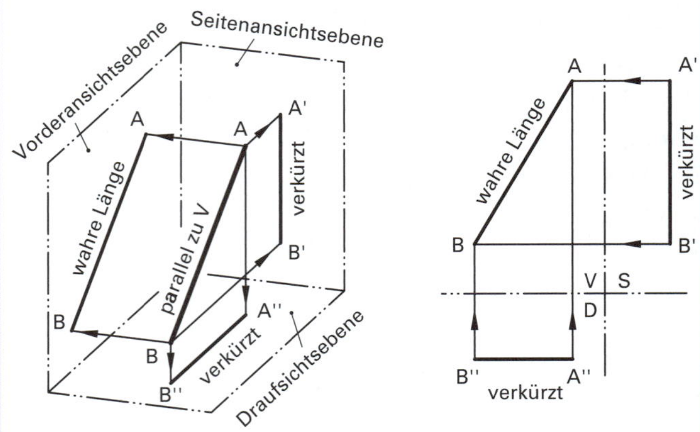

Bild 1

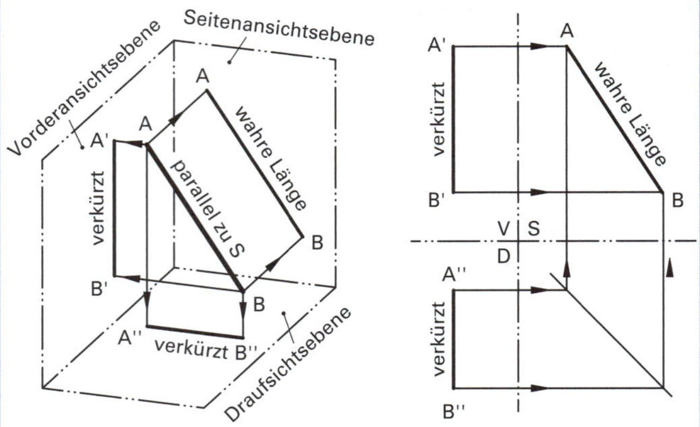

Bild 2

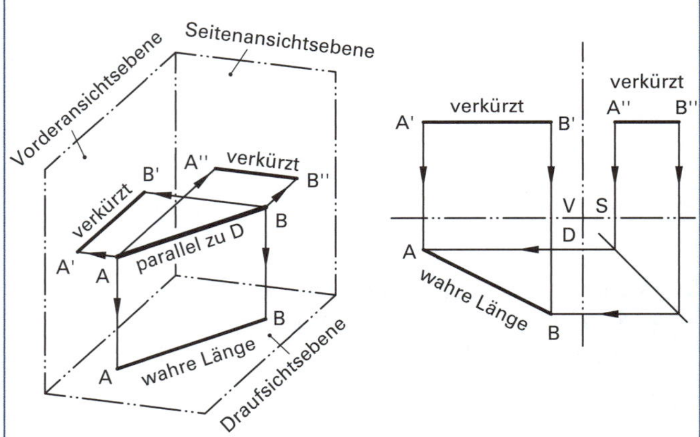

Bild 3

15.1.2 Strecken, die zu allen Ansichtsebenen geneigt sind

In **Bild 4** ist die Strecke $\overline{AB}$ (Kante eines Zeichendreiecks) zu keiner der Ansichtsebenen parallel dargestellt. Durch Projektion auf die drei Ebenen erscheint die Strecke $\overline{AB}$ in jeder der drei Ansichten verkürzt (**Bild 4**).

Um die wahre Länge der Strecke $\overline{AB}$ darzustellen, ist es notwendig, die Strecke im Raum so weit zu schwenken, dass sie zu einer der Ansichtsebenen parallel ist.

In **Bild 5** wurde die Strecke $\overline{AB}$ (Kante des Zeichendreiecks) geschwenkt, bis sie zur Vorderansichtsebene parallel ist. Damit wird sie in der Vorderansicht in wahrer Länge abgebildet (**Bilder 5 und 1**).

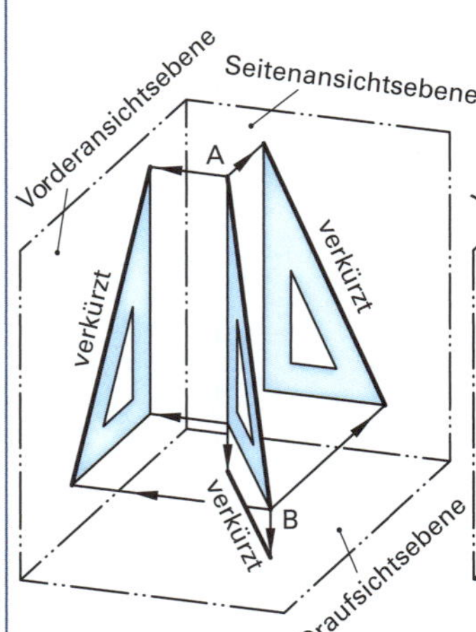

Bild 4

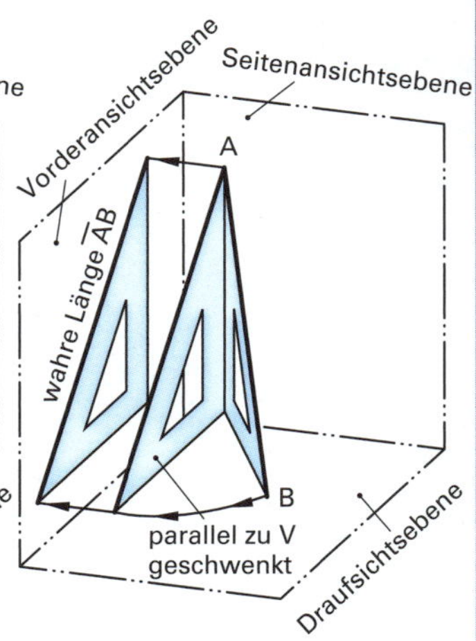

Bild 5

Die **Bilder 1 bis 3** zeigen, wie durch Schwenken bis zur Waagrechten oder Senkrechten und anschließendes Projizieren die wahre Länge einer Strecke ermittelt werden kann. Das Schwenken und anschließende Projizieren kann von jeder Ansicht aus erfolgen.

In **Bild 1** ist die verkürzte Strecke $\overline{A''B''}$ in der Draufsicht bis zur Waagrechten geschwenkt worden. Die anschließende Projektion in die Vorderansicht ergibt die wahre Länge der Strecke $\overline{AB}$.

In **Bild 2** ist die verkürzte Strecke $\overline{AB}$ in der Vorderansicht bis zur Senkrechten geschwenkt worden. Die anschließende Projektion in die Seitenansicht ergibt die wahre Länge der Strecke $\overline{AB}$.

In **Bild 3** ist die verkürzte Strecke $\overline{AB}$ in der Vorderansicht bis zur Waagrechten geschwenkt worden. Die anschließende Projektion in die Draufsicht ergibt die wahre Länge der Strecke $\overline{AB}$.

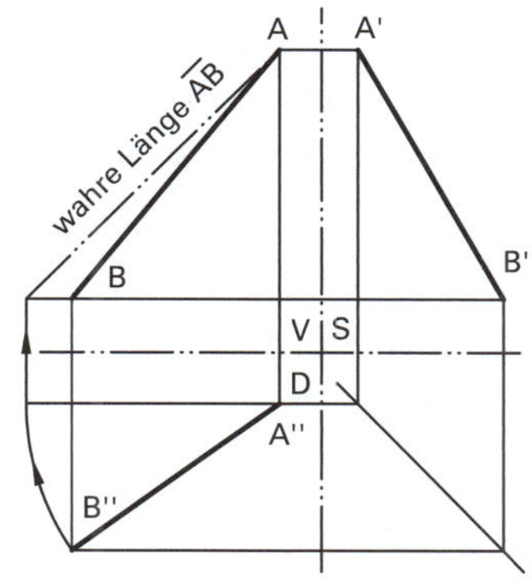

Bild 1

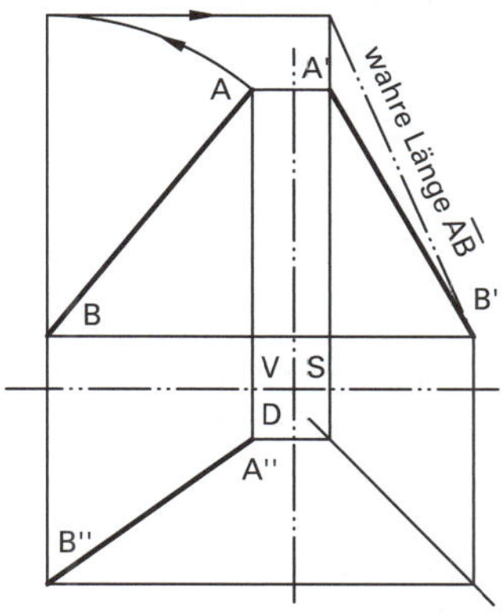

Bild 2

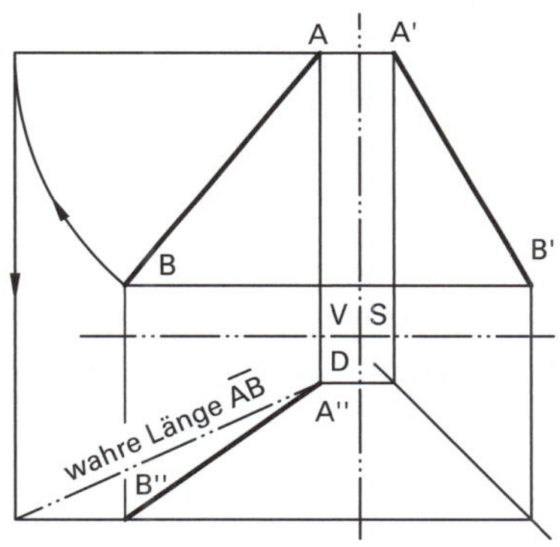

Bild 3

15.1.3 Berechnung der wahren Länge einer Strecke

Die rechnerische Kontrolle der ermittelten wahren Längen erfolgt mithilfe des Pythagoreischen Lehrsatzes

$c^2 = a^2 + b^2 \qquad c = \sqrt{a^2 + b^2}$

Strecken, parallel zu einer Ansichtsebene

Beispiel:

In **Bild 4** ist die verkürzte Strecke $\overline{A''B''}$ in der Draufsicht **parallel** zur Vorderansichtsebene dargestellt. In die Vorderansicht projiziert entspricht $\overline{A''B''}$ der waagrechten Kathete a = 40 mm. Die wahre Länge der Strecke AB ist:

$$c = \sqrt{a^2 + b^2} = \sqrt{(40\ \text{mm})^2 + (20\ \text{mm})^2}$$
$$= \sqrt{2000\ \text{mm}^2} = 44{,}721\ \text{mm}$$

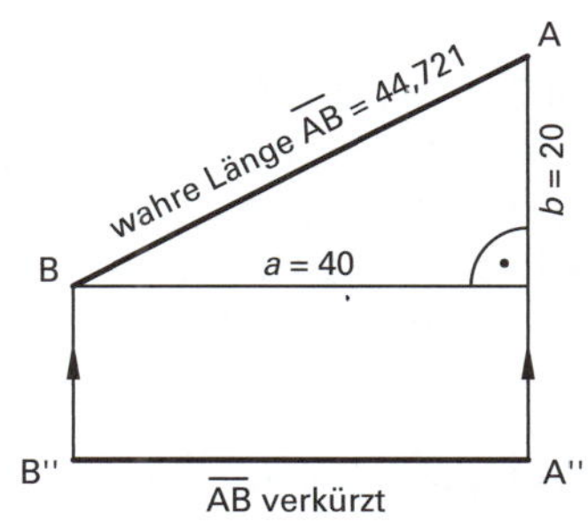

Bild 4

Strecken, schräg zu den Ansichtsebenen

Beispiel:

In **Bild 5** ist die verkürzte Strecke $\overline{A''B''}$ in der Draufsicht **schräg** zur Vorderansichtsebene dargestellt. Sie entspricht der Hypotenuse c_1 in dem Dreieck mit den Katheten a_1 = 40 mm und b_1 = 25 mm.

Schritt 1: Berechnung von c_1:

$$c = \sqrt{(a_1)^2 + (b_1)^2} = \sqrt{(40\ \text{mm})^2 + (25\ \text{mm})^2}$$
$$= \sqrt{2225\ \text{mm}^2} = 47{,}14\ \text{mm}$$

Schritt 2: Berechnung von c_2:

Durch Schwenken der Strecke c_1 bis zur Parallelität mit der Vorderansichtsebene und Projizieren in die Vorderansicht entsteht ein rechtwinkliges Dreieck mit den Katheten $a_2 = c_1$ = 47,14 mm und b_2 = 20 mm. Die Hypotenuse c_2 ist die wahre Länge der Strecke $\overline{AB}$.

$$c_2 = \sqrt{(a_2)^2 + (b_2)^2} = \sqrt{(47{,}14\ \text{mm})^2 + (20\ \text{mm})^2}$$
$$= \sqrt{2625\ \text{mm}^2} = 51{,}23\ \text{mm}$$

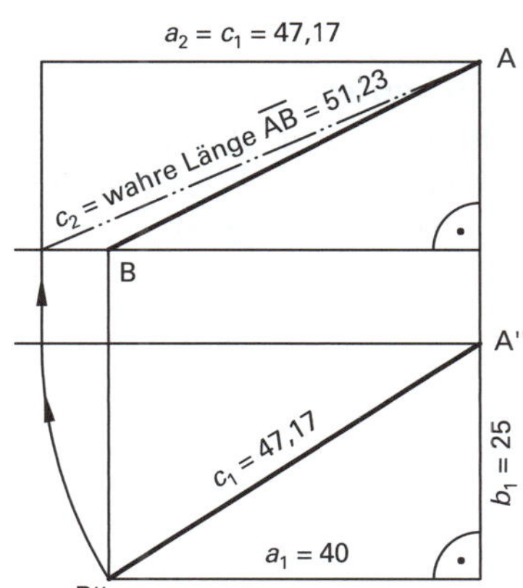

Bild 5

15.2 Grundlagen der Abwicklungen

Beim Abwickeln wird die gesamte Oberfläche eines Werkstückes (volle oder hohle Körper) in einer Ebene ausgebreitet. Eine zeichnerisch so dargestellte Werkstückoberfläche bezeichnet man als **Abwicklung** (**Bild 1**).

Abwicklungen von Körpern mit ebenen Oberflächen (Prisma, Pyramide) sind geradlinig begrenzt.

Zum Abwickeln der Werkstücke benötigt man nur diejenigen Ansichten, aus denen alle wahren Größen entnommen oder konstruiert werden können. Für die in **Bild 2** dargestellte schräggeschnittene Sechskantsäule sind Vorderansicht und Draufsicht ausreichend.

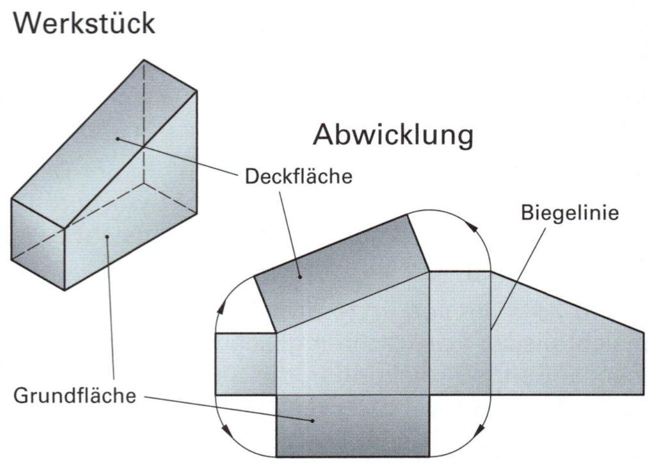

Bild 1

Werden beim Abwickeln Grund- und Deckfläche nicht mitgezeichnet, so entsteht die abgewickelte Mantelfläche (**Bild 2**).

Vorteilhaft ist es, die Unterkante der Abwicklung auf die gleiche Höhe wie die Unterkante der Vorderansicht zu legen (**Bild 2**). Die Höhen der Kanten können dann direkt in die Abwicklung projiziert werden. Ist die Abwicklung an einer anderen Stelle der Zeichenfläche angeordnet, so müssen die notwendigen Abmessungen mit dem Zirkel übertragen werden.

Die zwischen den einzelnen Flächen eingezeichneten Linien werden als Biegelinien bezeichnet. Sie sind als schmale Volllinien auszuführen (**Bilder 1 und 2**).

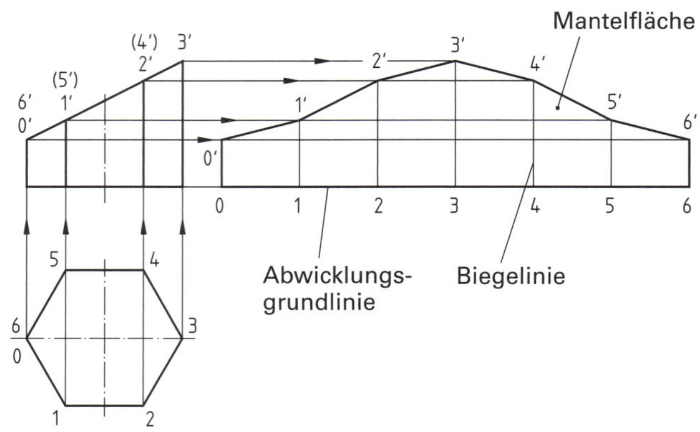

Bild 2

Bei schräggeschnittenen Werkstücken ist die Deckfläche größer als die Grundfläche. Bei Bedarf werden Grund- und Deckfläche an die Mantelfläche angehängt (**Bild 1**) oder die Deckfläche wird im rechten Winkel über der geneigten Schnittebene konstruiert (**Bild 3**).

Die Symmetrielinien der zu konstruierenden Deckfläche liegen parallel bzw. rechtwinklig zur geneigten Schnittebene.

Beim Abwickeln symmetrischer Werkstücke wird aus Ersparnisgründen oft nur die halbe Mantelfläche gezeichnet. Dies wird durch die Eintragung des Symmetriesinnbildes verdeutlicht (**Bild 3**).

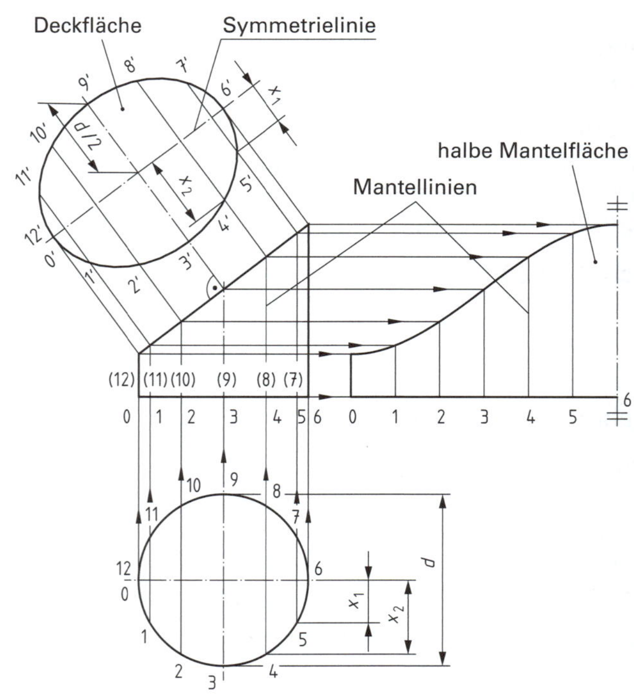

Bild 3

15.3 Abwicklungen von prismatischen Werkstücken

Soll die gesamte Oberfläche einer schräggeschnittenen Sechskantsäule abgewickelt werden, so ist wie folgt zu verfahren (**Bild 1**):

1. Aufzeichnen der Ansichten, aus denen alle wahren Größen entnommen werden können. In **Bild 1** sind dies Vorderansicht und Draufsicht (auch die **halbe** Draufsicht würde ausreichen).

2. Kennzeichnen der Eckpunkte in Draufsicht und Vorderansicht

3. Konstruieren der wahren Größe der Deckfläche

   Zuerst werden die Symmetrielinien parallel bzw. senkrecht zur Schnittebene gezeichnet. Die Eckpunkte werden im rechten Winkel zur Schnittebene projiziert.

   Die Punkte 1′ (5′) und 2′ (4′) werden durch Übertragen des Abstandes *x* aus der Draufsicht gefunden (**Bild 1**). Durch Verbindung der Eckpunkte erhält man die wahre Größe der Deckfläche.

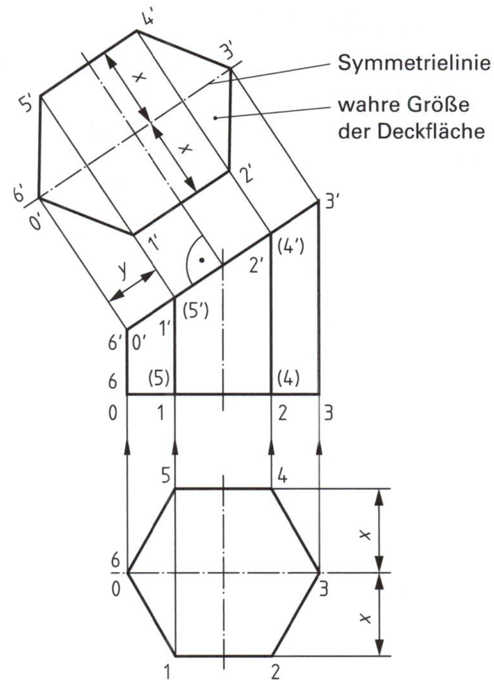

Bild 1

4. Abwickeln der Mantelfläche

   Zuerst wird die Unterkante der Mantelfläche gezeichnet. Ihre Länge entspricht dem Umfang der Sechskantsäule. Sie setzt sich aus sechs gleich langen Teilstücken zusammen, deren Längen aus der Draufsicht entnommen werden. Über den Punkten 0 bis 6 werden senkrecht die Biegelinien gezeichnet. Ihre Höhe kann aus der Vorderansicht abgetragen werden. Die Mantelfläche erhält man, wenn man die Konstruktionspunkte in ihrer Reihenfolge miteinander verbindet (**Bild 2**).

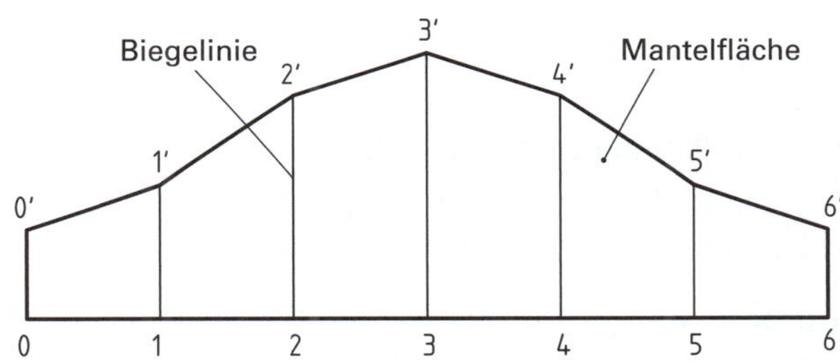

Bild 2

5. Abwickeln der gesamten Oberfläche

   Soll die Abwicklung der gesamten Oberfläche gezeichnet werden, so können Grund- bzw. Deckfläche an ein beliebiges Teilstück der Unter- bzw. Oberkante der Mantelfläche angehängt werden. Zunächst wird die Mantelfläche wie in Punkt 4 beschrieben gezeichnet. Die Grundfläche kann aus der Draufsicht übertragen werden. Für die Konstruktion der Deckfläche werden z. B. über den Punkten 1′ und 2′ im Abstand 2 *x* die Punkte 4′ und 5′ gefunden. Durch Übertragen des Abstandes *y* aus der Vorderansicht und des Abstandes *x* aus der Draufsicht (**Bild 1**) erhält man die Punkte 3′ und 6′ (**Bild 3**).

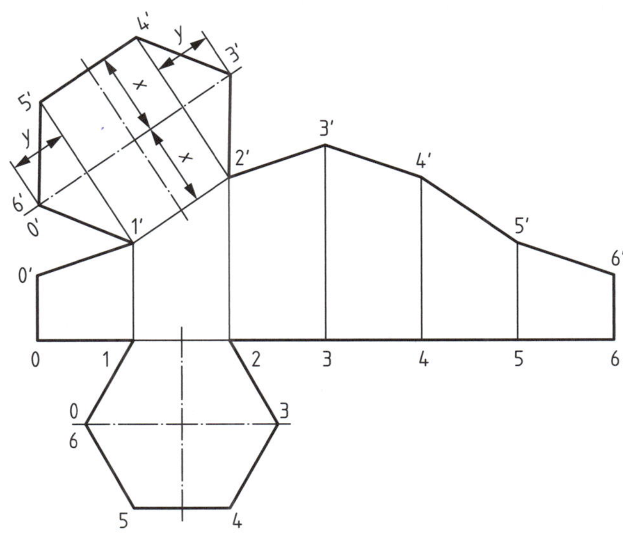

Bild 3

15.4 Abwicklungen von pyramidenförmigen Werkstücken

Pyramidenförmige Werkstücke kann man entweder durch Umklappen der Seitenflächen um die Kanten der Grundfläche oder mit den wahren Längen der Seitenkanten abwickeln.

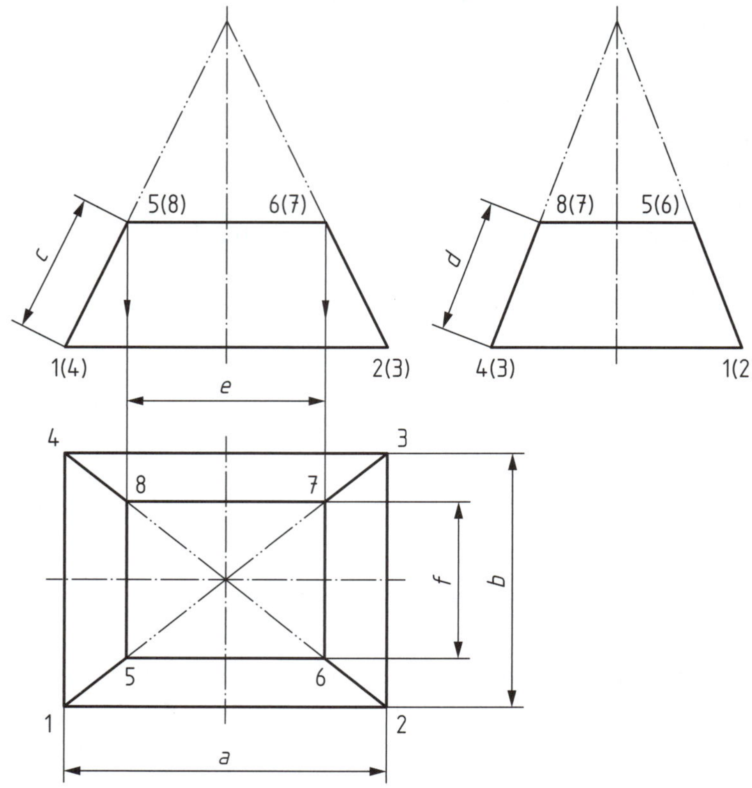

Bild 1

15.4.1 Abwickeln durch Umklappen

Hierzu sind Vorderansicht, Seitenansicht und Draufsicht erforderlich (**Bild 1**).

Zunächst wird die Grundfläche mit den Abmessungen *a* und *b* gezeichnet (**Bild 2**). Im Abstand *c* von den Kanten 1–4 bzw. 2–3 werden die Kanten 5–8 bzw. 6–7 mit der Länge *f* gezeichnet. Entsprechend werden die Vorder- und Rückseite an die Kanten 1–2 und 3–4 gezeichnet. Die Deckfläche wird an eine beliebige Oberkante, z. B. an die Kante 5–6, gezeichnet.

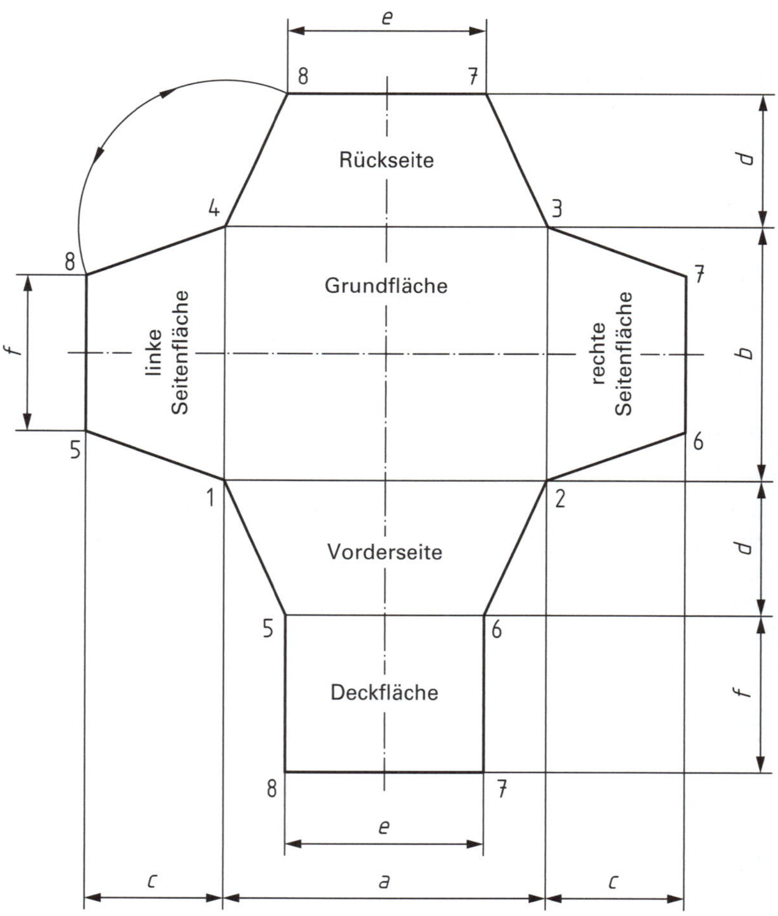

Bild 2

15.4.2 Abwickeln mit den wahren Längen der Seitenkanten

Für die Konstruktion von Abwicklungen mithilfe der wahren Längen wird vom Grundkörper ausgegangen (**Bild 1**). Die Abwicklung wird folgendermaßen konstruiert (**Bild 2**):

1. Aufzeichnen der Ansichten und Kennzeichnen der Eckpunkte

2. Konstruieren der wahren Größe der Deckfläche (**Seiten 180** und **181**)

3. Konstruieren der wahren Kantenlängen

   Die wahre Länge l einer Seitenkante des Grundkörpers, z. B. S–0, wird in die Vorderansicht eingezeichnet.
   Zugleich ist sie auch die wahre Länge der Kanten S–1, S–2 und S–3. Um die wahren Kantenlängen 4–0 bzw. 5–1, die wiederum gleichlang sind wie 7–3 bzw. 6–2 zu erhalten, projiziert man sie durch waagrechte Linien auf l. l setzt sich demzufolge aus $l_1 + l_2 + l_3$ zusammen. Somit sind alle wahren Kantenlängen gefunden (**Bild 1**).

4. Konstruieren der Mantelfläche (**Bild 2**)

   Mit l schlägt man um S einen Kreisbogen. Die Eckpunkte 0 bis 3 erhält man durch abwechselndes Abtragen der Längen a und b. Die Schnittpunkte verbindet man mit dem Punkt S. Die Punkte 4 bis 7 erhält man durch Abtragen der Längen l_1 bzw. $l_1 + l_2$ auf den Verbindungslinien.

Soll die Abwicklung der gesamten Oberfläche gezeichnet werden, so können Grund- bzw. Deckfläche an ein beliebiges Teilstück der Unter- bzw. Oberkante der Mantelfläche angehängt werden.

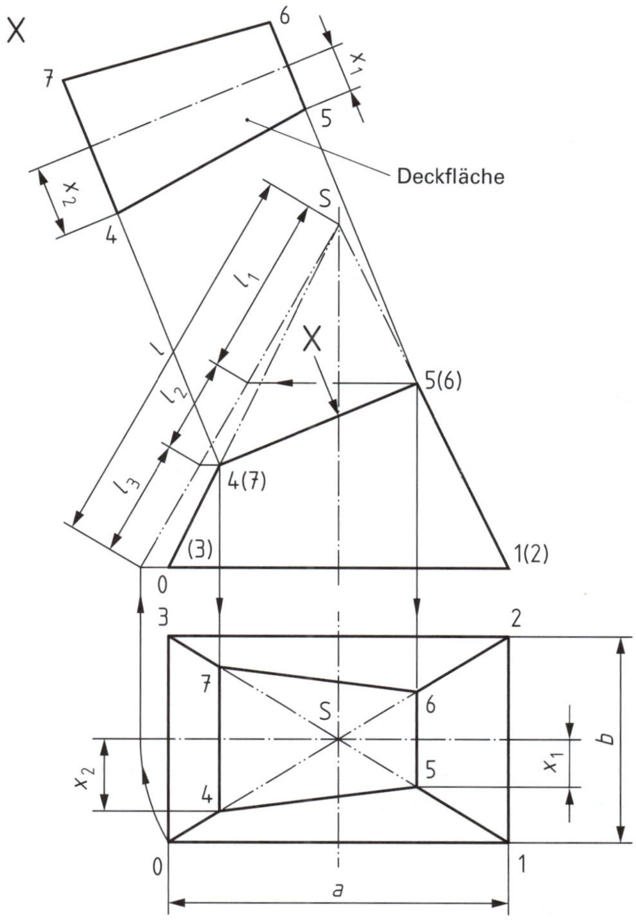

Bild 1

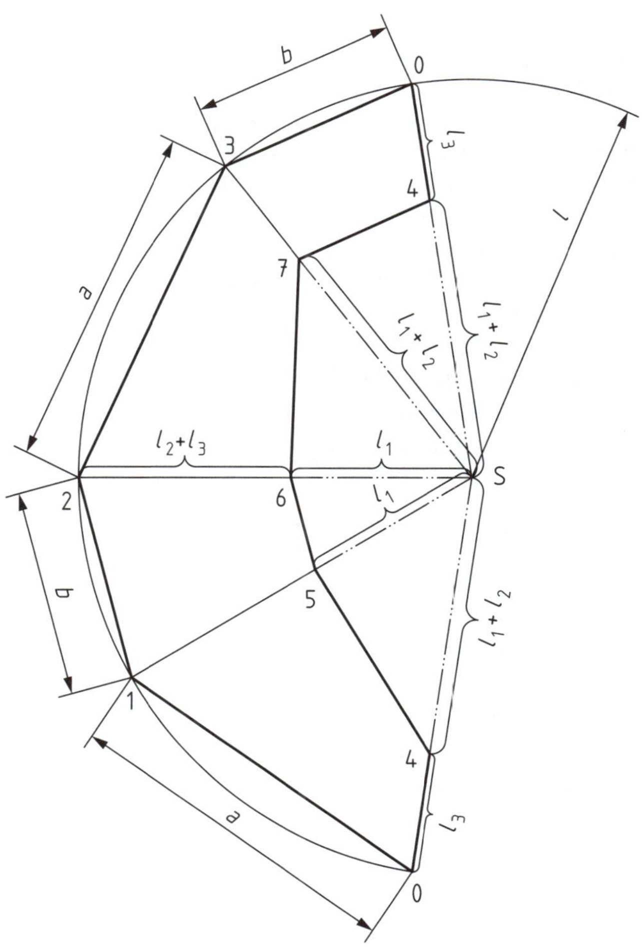

Bild 2

15.5 Abwicklungen von zylindrischen Werkstücken

Zylindrische Werkstücke, z. B. Rohre mit geringer Wanddicke, werden vielfach aus Blechen gebogen und vorzugsweise an der kürzesten Mantellinie gefügt.

15.5.1 Rundsäule

Die Abwicklung der Mantelfläche einer Rundsäule ist ein Rechteck mit der Breite $U = \pi \cdot d$ und der Höhe H (**Bild 2**).

15.5.2 Schräggeschnittene Rundsäule

Die Abwicklung der Mantelfläche einer schräggeschnittenen Rundsäule wird folgendermaßen konstruiert:

1. Zeichnen von Vorderansicht und Draufsicht (**Bild 1**)
2. Abtragen der Länge der Mantelfläche (**Bild 2**)

   Auf der Unterkante der Abwicklung – die Länge entspricht dem Umfang des Grundkreises ($U = \pi \cdot d$) – werden die 12 gleichen Abstände der Mantellinien aus der Draufsicht mit dem Zirkel abgetragen. Da hierbei die Sehnen statt der Bogenlängen abgetragen werden, wird die Mantellänge geringfügig kürzer. Die Länge der Unterkante kann auch mit dem Maßstab abgetragen werden. Die Einteilung in Teilstücke erfolgt dann mit Hilfe der Verhältnisteilung (**Seite 16, Bild 6**).
3. Konstruieren der oberen Begrenzungslinie

   Nach dem Einteilen werden über den Teilpunkten die senkrechten Mantellinien errichtet und deren Höhen (1–1'; 2–2' usw.) aus der Vorderansicht übertragen. Die verschiedenen Höhenpunkte werden nun miteinander verbunden. Hierzu ist ein Kurvenlineal vorteilhaft. Die entstandene Kurve ist eine Sinuskurve (**Bild 2**).

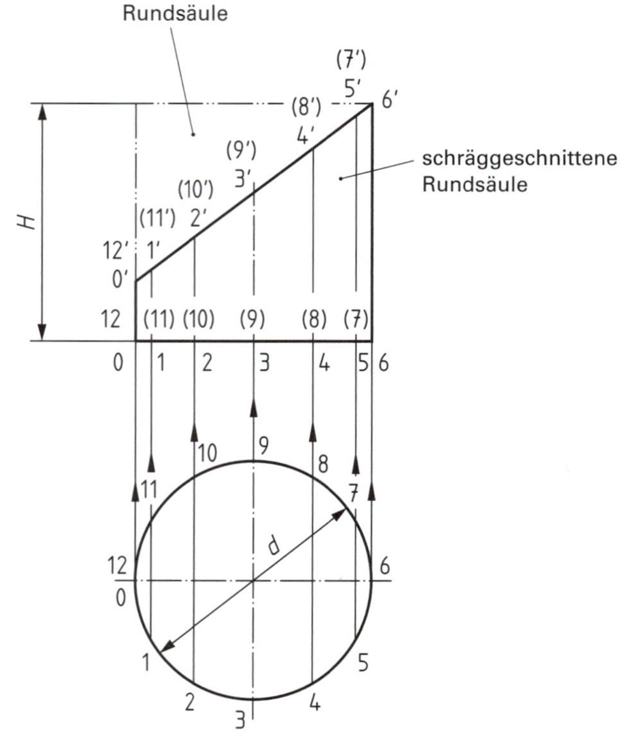

Bild 1

Mantelfläche ohne Grund- und Deckfläche

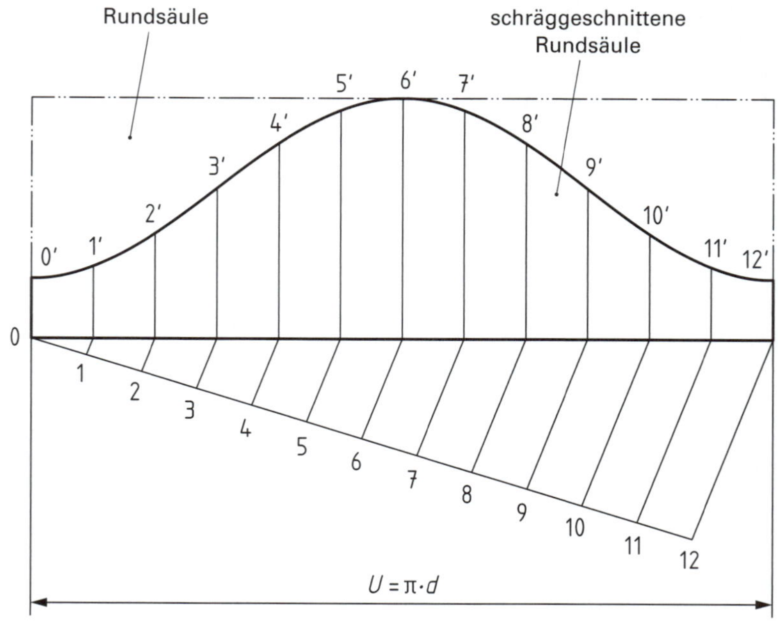

Bild 2

15.6 Abwicklungen von kegeligen Werkstücken

Abwicklungen von kegeligen Werkstücken werden besonders häufig im Behälterbau und in der Blechschlosserei benötigt. Die einfachste Methode ist die Abwicklung mithilfe von Mantellinien. Die Abwicklung eines Kegels ergibt einen Kreisausschnitt. Beim Zeichnen der Mantelabwicklung von geraden Kegeln kann zur Kontrolle der Mittelpunktswinkel α berechnet werden.

$$\left.\begin{array}{l}\text{Bogenlänge } l_B\\ \text{der Abwicklung}\end{array}\right\} = \left\{\begin{array}{l}\text{Kreisumfang } U\\ \text{der Kegelgrund-}\\ \text{fläche}\end{array}\right.$$

$$\frac{2 \cdot L \cdot \pi \cdot \alpha}{360°} = \pi \cdot D$$

$$\alpha = \frac{\pi \cdot D \cdot 360°}{2 \cdot L \cdot \pi}$$

$$\alpha = \frac{D \cdot 180°}{L}$$

Beispiel: $D = 60$ mm; $L = 67$ mm

$$\alpha = \frac{60 \cdot 180°}{67}$$

$\alpha = 161{,}2° \approx$ **161°**

Die Mantelabwicklung eines schräggeschnittenen Kegels wird folgendermaßen konstruiert:

1. Einteilen des Kegels (**Bild 1**)

   Nach dem Zeichnen von Vorderansicht und Draufsicht wird der Grundkreis in meist zwölf Teile unterteilt. Anschließend werden die Mantellinien eingezeichnet.

2. Zeichnen der Mantelfläche des Grundkörpers (**Bild 2**)

   Um die Spitze S wird ein Kreisbogen mit dem Radius L gezeichnet. L ist die wahre Länge einer Mantellinie des Grundkörpers; sie wird der Vorderansicht entnommen. Auf dem Kreisbogen werden die zwölf Teilstrecken 0 bis 12 abgetragen, die aus der Draufsicht zu entnehmen sind. Die Teilungspunkte 0 bis 12 werden mit Punkt S verbunden.

3. Einzeichnen der Mantellinien

   Die Schnittpunkte der Mantellinien mit der schrägen Schnittebene der Vorderansicht werden waagrecht bis zur äußeren Mantellinie des Grundkörpers geführt.

4. Konstruieren der Schnittkurve

   Die einzelnen Teilstrecken l an dieser äußersten Mantellinie sind wahre Längen. Sie werden in der Abwicklung von S aus abgetragen. Die Verbindung der einzelnen Punkte erfolgt mit einem Kurvenlineal.

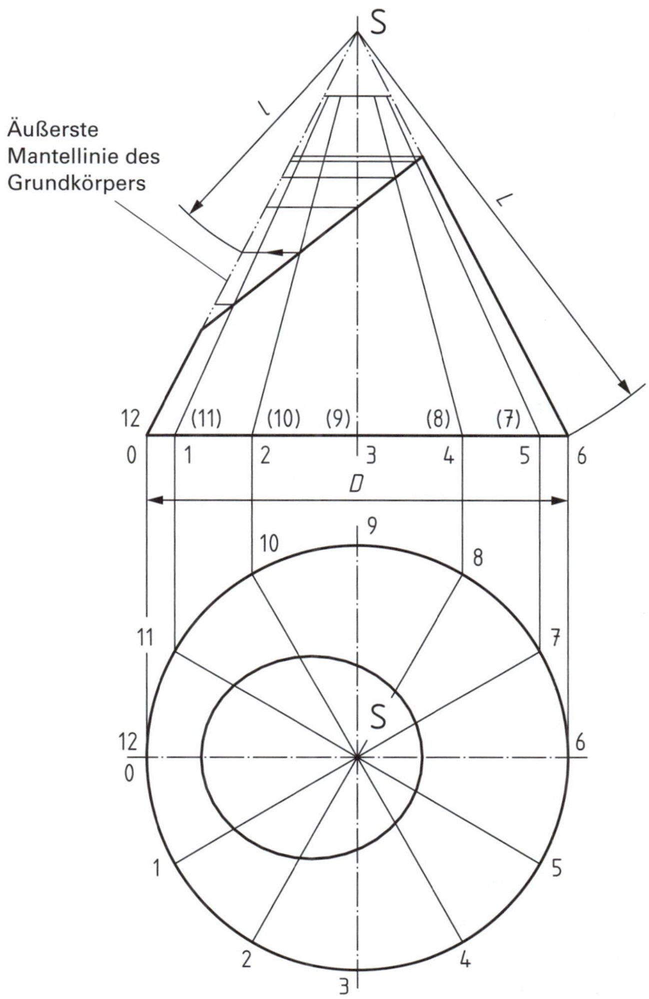

Bild 1

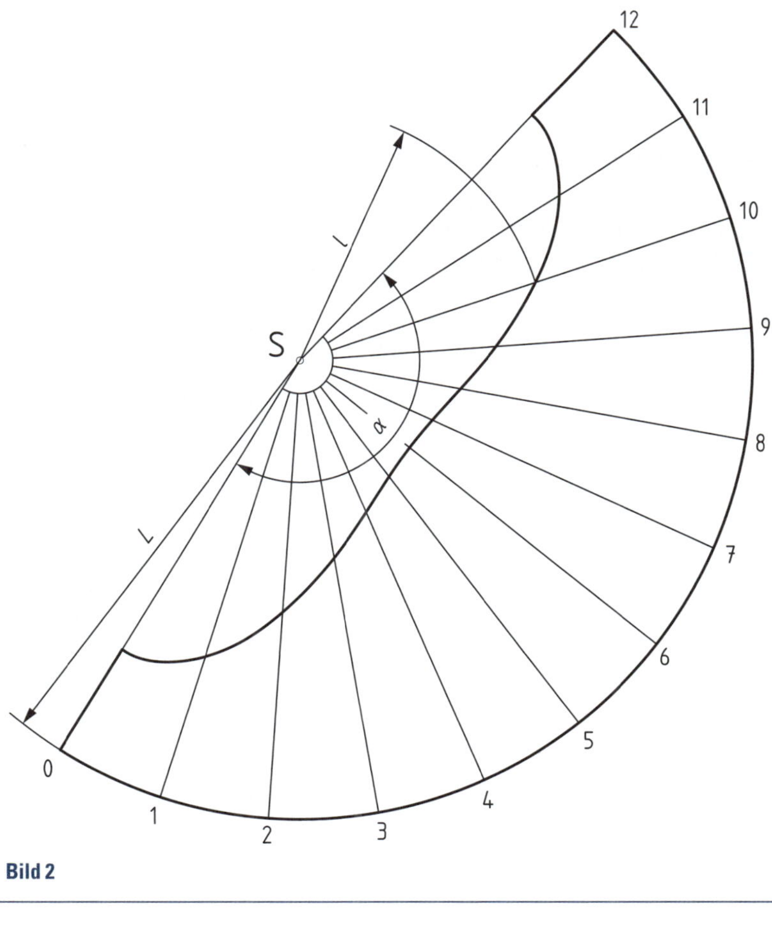

Bild 2

15.7 Abwicklung eines Rohrabzweiges

Werkstücke solcher Art sind meist aus Blechen hergestellt, die nach dem Rundbiegen an der kürzesten Kante gefügt werden.

Die Mantelabwicklungen der Rohrstücke 1 und 2 werden folgendermaßen konstruiert:

1. Zeichnen der Vorderansicht (**Bild 1**)

   In die Vorderansicht wird der halbe Rohrumfang eingezeichnet und in 6 gleiche Teile unterteilt. Die Teilungspunkte werden nummeriert und als Mantellinien auf die Rohre übertragen.

2. Zeichnen der Mantelflächen der Grundkörper (**Bild 2**)

   In die beiden Rechtecke mit den Abmessungen U und H bzw. H_1 werden die Mantellinien eingezeichnet, wobei die kürzesten Schweißnähte möglichst außen liegen sollen.

3. Konstruieren der Schnittlinien (**Bild 2**)

   Durch Übertragen der jeweiligen Längen der Mantellinien a bis g erhält man die Kurvenpunkte der Abwicklungen.

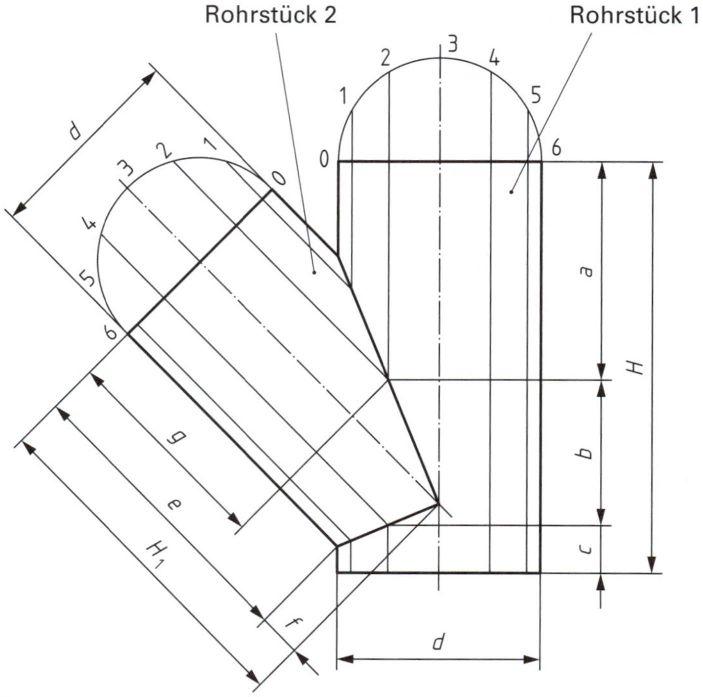

Bild 1

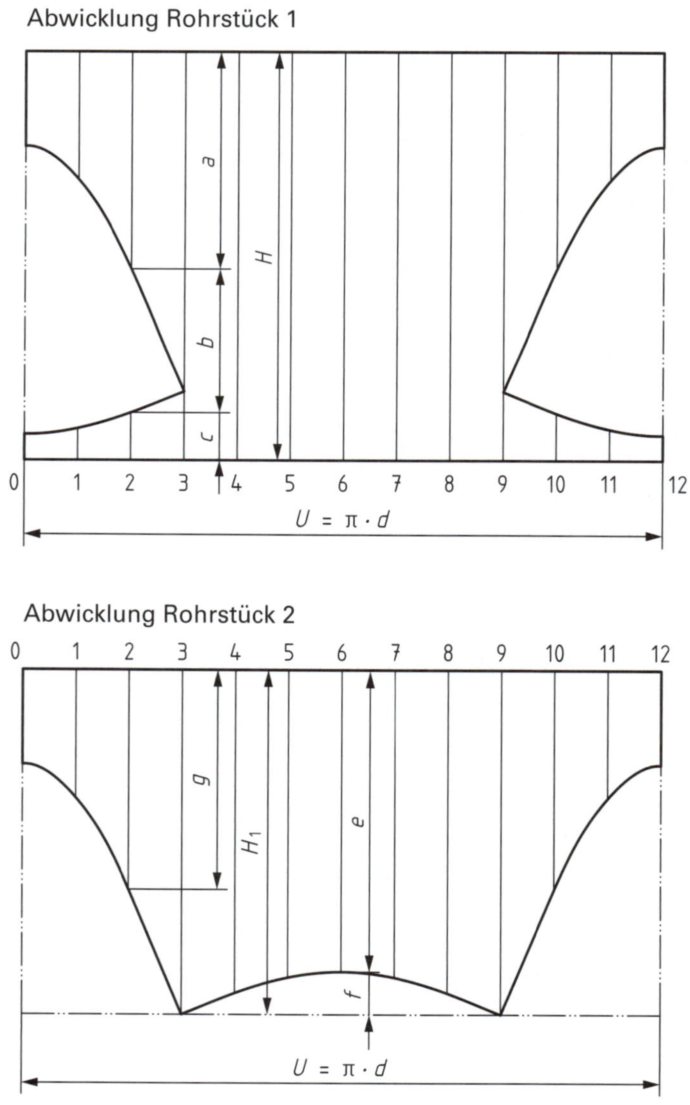

Bild 2

15.8 Abwicklung eines Übergangskörpers

Von Übergangskörpern spricht man, wenn z. B. ein geradliniges Flächenstück in ein gekrümmtes Teil übergeht. In **Bild 1** ist ein Werkstück dargestellt, das oben einen rechteckigen Anschluss hat und unten mit einem kreisförmigen Querschnitt weitergeführt wird.

Die halbe Abwicklung eines Übergangsstückes wird nach dem Dreiecksverfahren folgendermaßen konstruiert:

1. Zeichnen der Vorderansicht und der Draufsicht (**Bilder 2 und 3**)
2. Festlegen der Eckpunkte A, B, C und D
3. Festlegen der Teilpunkte 1 bis 12 am Kreis.

   Der Kreis wird beispielsweise in zwölf Teile geteilt (**Bild 3**). Von den Teilpunkten 0, 1, 2 und 3 werden Strahlen zum Punkt B gezogen. Die Teilpunkte 3, 4, 5 und 6 werden mit C verbunden.
4. Konstruieren der wahren Längen

   Für die einzelnen Strahlen sind die wahren Längen festzulegen. Dies geschieht wie auf den Seiten 181 und 182 beschrieben.

   Durch Anhäufung der einzelnen wahren Längen in der Vorderansicht könnte es zu Verwechslungen beim Abtragen kommen. Um dies zu vermeiden, verwendet man Hilfsdreiecke (**Bild 2**).
5. Zeichnen der Abwicklung (**Bild 4**)

   Die Strecke $\overline{BC}$ ist in wahrer Länge vorhanden und kann direkt abgetragen werden. Mit den wahren Längen $\overline{B3}$ und $\overline{C3}$ werden von B bzw. C aus Kreisbögen geschlagen. Vom Schnittpunkt 3 aus wird mit *r* ein Kreisbogen gezogen. Die wahre Länge $\overline{B2}$ schneidet den Kreisbogen in 2. Die Punkte 1 und 0 sowie 4, 5 und 6 findet man in ähnlicher Weise.

   Die Strecken $\overline{BA}$ und $\overline{CD}$ sind wahre Längen und können aus der Draufsicht direkt von B und C aus mit Kreisbögen abgetragen werden. Schnittpunkte mit dem rechten Winkel (6–D–C bzw. 0–A–B) ergeben die Abwicklungspunkte A und D.

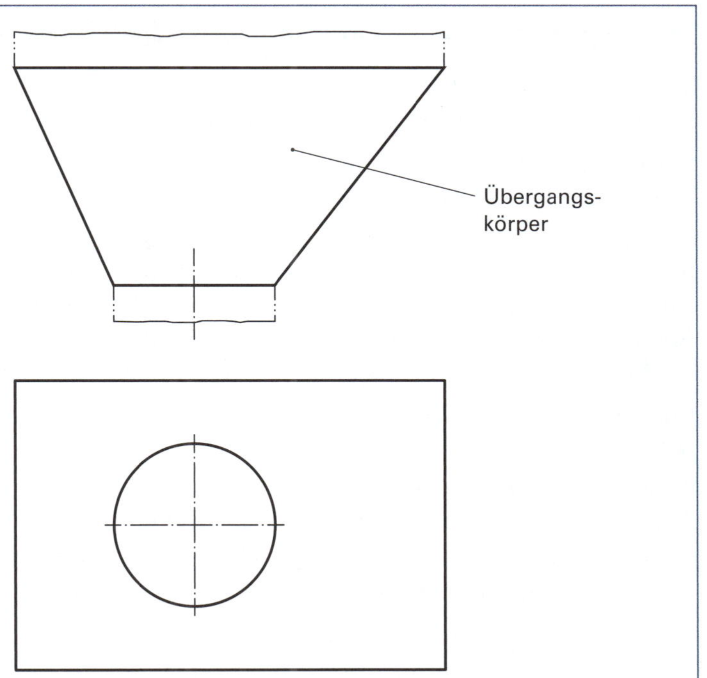

Bild 1

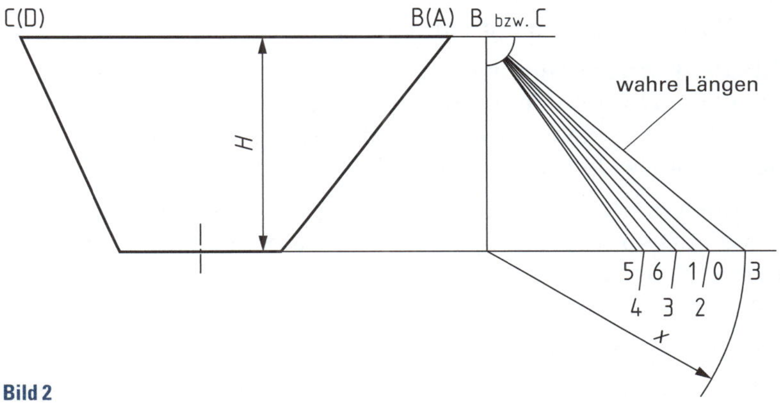

Bild 2

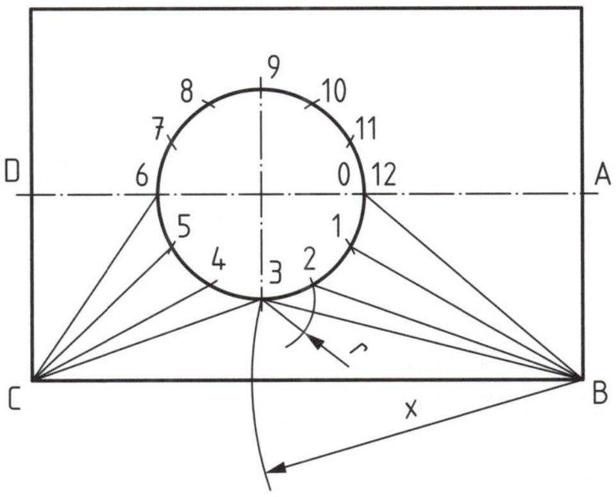

Bild 3

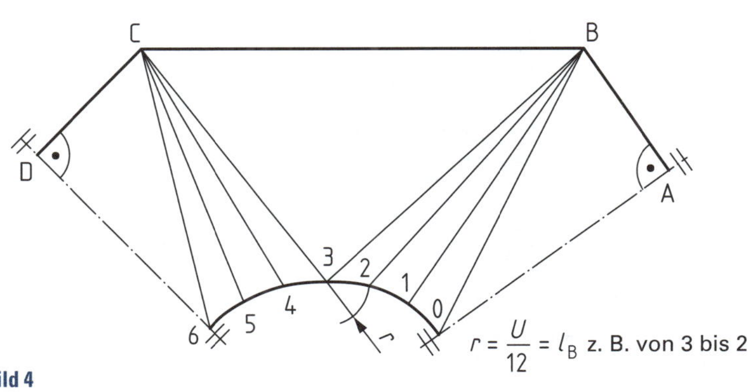

Bild 4

16 Anwenden von Tabellen- und Normblattwerten

In den Stücklisten der Gesamt- und Baugruppenzeichnungen sind neben Werkstücken auch Normteile aufgeführt. Tabelle 1 zeigt die Stückliste zur Baugruppe Bohrspindellagerung in Bild 1.

Für **Werkstücke** werden Teilzeichnungen mit allen notwendigen Fertigungsangaben (z.B. Werkstoff, Maße, Toleranzen und Oberflächenangaben) erstellt.

Normteile (z.B. Schrauben, Sicherungsringe, Wälzlager) werden meist in großen Stückzahlen von Spezialfirmen gefertigt und von diesen gekauft. Für Normteile sind keine Teilzeichnungen erforderlich. In der Stückliste sind sie durch die Normblattnummer (z.B. ISO 4762) und eine Kurzbezeichnung (z.B. M8 x 25-8.8) zu erkennen. Auch für einzelne Formelemente von Werkstücken (z.B. Freistriche und Gewinde) werden innerhalb von Teilzeichnungen Normangaben zur Festlegung der Form und Ausführung verwendet (z.B. DIN 509-E0,8 x 0,3).

Aus den **Norm-Kurzbezeichnungen** können Informationen über die Form und die Hauptabmessungen erkannt werden.

Beispiel: ISO 4762-M8 x 25-8.8

ISO 4762: Zylinderschraube mit Innensechskant

M8 x 25: Metrisches Regelgewinde mit 8 mm Nenndurchmesser, Schaftlänge 25 mm

8.8: Mindestzugfestigkeit $R_m \approx 800$ N/mm^2
Mindeststreckgrenze $R_e \approx 640$ N/mm^2

Weitere Informationen, z.B. Technische Lieferbedingungen, Werkstoffangaben, Einzelmaße und Anschlussmaße, sind den **Normblättern** zu entnehmen.

Tabellenbücher können wegen der großen Anzahl von dargestellten Normen deren Inhalte nur auszugsweise und vereinfacht wiedergeben. Sie sind daher als Nachschlagewerke, nicht aber als Unterlagen für die Konstruktion geeignet.

Bei der Einarbeitung von Normblatt- und Tabellenwerten in die Fertigungsunterlagen, z.B. Teilzeichnungen, Arbeitspläne, ist besonders auf **funktionsgerechtes Umsetzen** zu achten.

Tabelle 1: Stückliste für Bohrspindellagerung

Pos.	Menge Einheit	Benennung	Werkstoff/ Normkurzzeichen
1	1	Bohrspindel	37Cr4+QT120
2	1	Zweilochmutter	M27 × 1
3	1	Axial-Rillenkugellager	DIN 711-512 06
4	1	Nadellager	DIN 617-RNA 4906
5	1	Sicherungsring	DIN 472-47 × 1,75
6	1	Axial-Rillenkugellager	DIN 711-511 08
7	1	Laufscheibe	DIN 722-XWX 406003.5
8	1	Nadellager	DIN 617-NA 4911
9	1	Labyrinthdichtung	E295
10	1	Lagerdeckel	E295
11	6	Zylinderschraube	ISO 4762-M5 × 16-8.8

Umsetzungsfehler verursachen hohe Kosten, wie z.B.
- Änderungen von Zeichnungen, Zeichnungssätzen und Stücklisten,
- Material-, Maschinen- und Lohnkosten bei Neufertigung von Werkstücken,
- Terminüberschreitungen und Umsatzeinbußen bei Lieferverträgen.

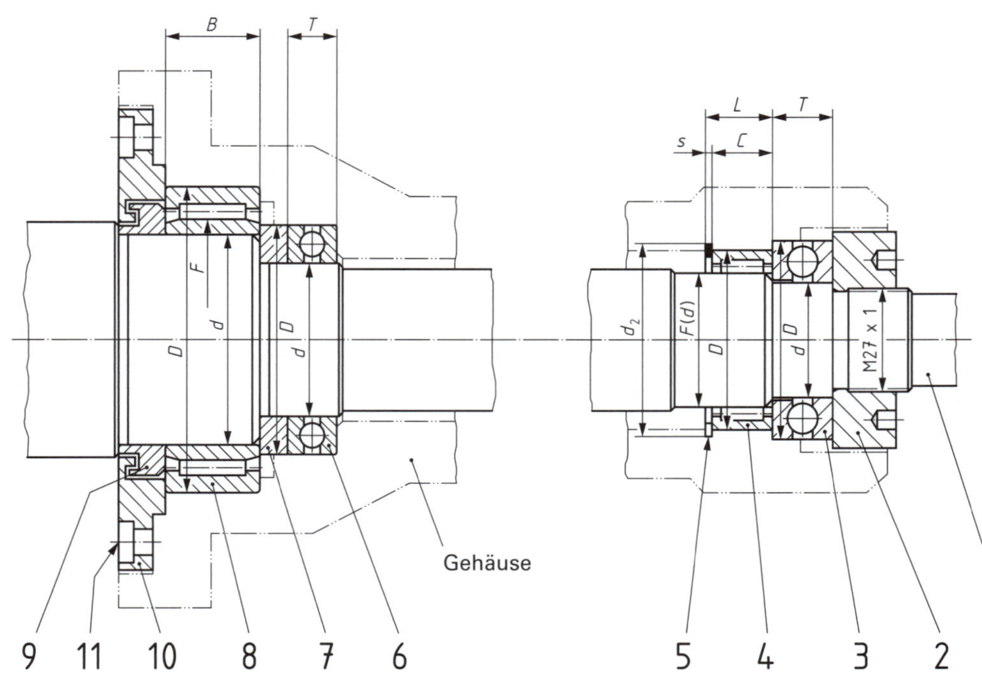

Bild 1

Beispiele für die Anwendung von Tabellen- und Normblattwerten

Beispiel 1: Anschlussmaße für Axial-Rillenkugellager

Wie groß sind bei den Positionen 3 und 6 der Bohrspindellagerung (**S. 188, Bild 1**) die Maße *d*, *D* und *T*?

Erläuterung: Nach der Stückliste der Bohrspindellagerung (**S. 188, Bild 1**) ist Pos. 3 ein Axial-Rillenkugellager DIN 711-51206, also ein Lager der Baureihe 512 (**Tabelle 1**). Pos. 6 ist ebenfalls ein Axial-Rillenkugellager nach DIN 711, gehört aber zur Baureihe 511. Nach **Tabelle 1** ist für alle Baureihen (511, 512, 513 und 514) bei der Bohrungskennziffer 06 der Durchmesser *d* = 30 mm. Die veränderlichen Größen *D* und *T* sind nach den Baureihen gestaffelt. So sind für d = 30 mm in

Baureihe 511: *D* = 47 mm und *T* = 11 mm;

Baureihe 512: *D* = 52 mm und *T* = 16 mm;

Baureihe 513: *D* = 60 mm und *T* = 21 mm;

Baureihe 514: *D* = 70 mm und *T* = 28 mm.

Lösung:

Im Bereich von Pos. 3 ist
- *d* der Bohrspindel (Pos. 1) = 30 mm;
- *D* für das Gehäuse = 52 mm;
- und die Lagerbreite *T* = 16 mm.

Im Bereich von Pos. 6 ist
- *d* der Bohrspindel = 40 mm;
- *D* für das Gehäuse = 60 mm;
- und die Lagerbreite *T* = 13 mm.

Beispiel 2: Anschlussmaße für Nadellager

Wie groß sind bei der Bohrspindellagerung (**S. 188, Bild 1**) für die Positionen 4 und 8

a) die Nenndurchmesser *d* der Bohrspindel (Pos. 1),

b) die Gehäusedurchmesser *D*,

c) die Nadellagerbreiten *B* bzw. *C*?

Erläuterung: Tabelle 1 enthält Nadellager der Form NA (mit Innenring) und Nadellager der Form RNA (ohne Innenring).

Pos. 4 ist nach Stückliste (**Bild 1**) ein Nadellager RNA 4906 (ohne Innenring). Das Maß *F* in der Tabelle ist demnach identisch mit dem Nenndurchmesser *d* der Bohrspindel Pos. 1.

Lösung für den Bereich der Pos. 4:

a) Nenndurchmesser der Bohrspindel $d = 35$ mm ($d \triangleq F_w$)

b) Gehäusedurchmesser $D = 47$ mm

c) Nadellagerbreite $C = 17$ mm

Lösung für den Bereich der Pos. 8:

a) Nenndurchmesser der Bohrspindel $d = 55$ mm

b) Gehäusedurchmesser $D = 80$ mm

c) Nadellagerbreite $B = 25$ mm

Hinweis: Die eingetragenen Nennmaße *d*, *D* und *F* sind Passmaße

Tabelle 1: Axial-Rillenkugellager (Auszug) vgl. DIN 711 (1988-02)

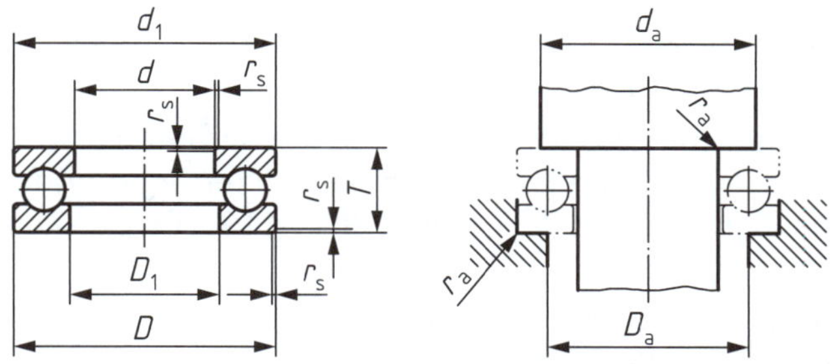

Bezeichnung eines einseitig wirkenden Axial-Rillenkugellagers mit $d = 30$ mm Bohrungsdurchmesser der Wellenscheibe und $D = 60$ mm Manteldurchmesser der Gehäusescheibe:
Axial-Rillenkugellager DIN 711-513 06

Kurzzeichen	Abmessungen in mm						Anschlussmaße in mm		
	d	D	T	d_1 max.	D_1 min.	r_s min.	d_a min.	D_a max.	r_a max.
511 02	15	28	9	28	16	0,3	23	20	0,3
512 02		32	12	32	17	0,6	25	22	0,6
511 04	20	35	10	35	21	0,3	29	26	0,3
512 04		40	14	40	22	0,6	32	28	0,6
511 05	25	42	11	42	26	0,6	35	32	0,6
512 05		47	15	47	27	0,6	38	34	0,6
513 05		52	18	52	27	1	41	36	1
514 05		60	24	60	27	1	46	39	1
511 06	30	47	11	47	32	0,6	40	37	0,6
512 06		52	16	52	32	0,6	43	39	0,6
513 06		60	21	60	32	1	48	42	1
514 06		70	28	70	32	1	54	46	1
511 07	35	52	12	52	37	0,6	45	42	0,6
512 07		62	18	62	37	1	51	46	1
513 07		68	24	68	37	1	55	48	1
514 07		80	32	80	37	1,1	62	53	1
511 08	40	60	13	60	42	0,6	52	48	0,6
512 08		68	19	68	42	1	57	51	1
513 08		78	26	78	42	1	63	55	1
514 08		90	36	90	42	1,1	70	60	1

Tabelle 2: Nadellager (Maßreihe 49) vgl. DIN 617 (1993-01)

Nadellager **mit** Innenring — Nadellager **ohne** Innenring

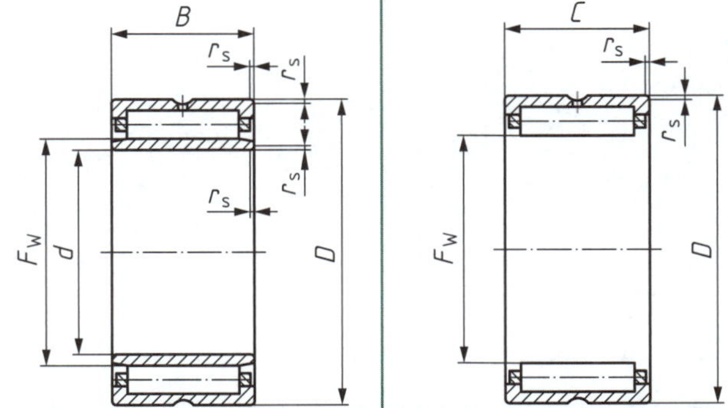

Kurzzeichen	Abmessungen in mm					Kurzzeichen	Abmessungen in mm			
	d	F_w	D	B	r_s min.		F_w	D	C	r_s min.
NA 4904	20	25	37	17	0,3	RNA 4904	25	37	17	0,3
NA 4905	25	30	42	17	0,3	RNA 4905	30	42	17	0,3
NA 4906	30	35	47	17	0,3	RNA 4906	35	47	17	0,3
NA 4907	35	42	55	20	0,6	RNA 4907	42	55	20	0,6
NA 4908	40	48	62	22	0,6	RNA 4908	48	62	22	0,6
NA 4909	45	52	68	22	0,6	RNA 4909	52	68	22	0,6
NA 4910	50	58	72	22	0,6	RNA 4910	58	72	22	0,6
NA 4911	55	63	80	25	1,0	RNA 4911	63	80	25	1,0
NA 4912	60	68	85	25	1,0	RNA 4912	68	85	25	1,0
NA 4913	65	72	90	25	1,0	RNA 4913	72	90	25	1,0

Beispiel 3: Lage und Durchmesser einer Nut für Sicherungsring DIN 472

Wie groß sind bei der Pos. 4 der Bohrspindellagerung die Maße L und d_2?

Erläuterung: Das Maß L setzt sich zusammen aus der Nadellagerbreite C von Pos. 4 und der Sicherungsringdicke s von Pos. 5. Nach **Tabelle 1**, **Seite 189**, ist für RNA 4906 die Breite $C = 17$ mm.

Für die Festlegung der Sicherungsringdicke braucht man zunächst das Bohrungsmaß D. Nach **Tabelle 1**, **Seite 189**, ist für RNA 4906 der Durchmesser $D = 47$ mm.

Nach Normblatt DIN 472 (Sicherungsringe für Bohrungen; **Tabelle 1**) ist $s = 1{,}75$ mm ($D = 47$ mm $\triangleq d_1$ der **Tabelle 1**).

Für die Bestimmung von d_2 ist der Bohrungsdurchmesser d_1 (Nennmaß in **Tabelle 1**) maßgebend. Unter Nennmaß $d_1 = 47$ mm ($d_1 \triangleq D$ für RNA 4906) ist in den Angaben für die Nut d_2 mit 49,5 mm und einem positiven Grenzabmaß von 0,25 mm abzulesen.

Lösung: Im Bereich von Pos. 4 ist

$L = C + s = 17$ mm $+ 1{,}75$ mm $= 18{,}75 + \ldots$ mm,

$d_2 = 49{,}5 + 0{,}25$ mm.

Hinweise: Das Maß L erhält als unteres Grenzabmaß 0 (Null) und ein von der Baugröße abhängiges positives oberes Grenzabmaß, damit der Ring leichter in die Nut eingesetzt werden kann. Die Toleranz kann unterschiedlich groß sein (funktions- und herstellerabhängig).

Für Sicherungsringe für Wellen (DIN 471) und Sicherungsringe für Bohrungen (DIN 472) können die Nenndurchmesser der Wellen d bzw. der Bohrungen D und die Sicherungsdicken s aus der Normkurzbezeichnung entnommen werden.

Beispiele:

DIN 471-30 x 1,5: Wellendurchmesser $d = 30$ mm, Sicherungsringdicke $s = 1{,}5$ mm;

DIN 472-62 x 2: Bohrungsdurchmesser $D = 62$ mm, Sicherungsringdicke $s = 2$ mm.

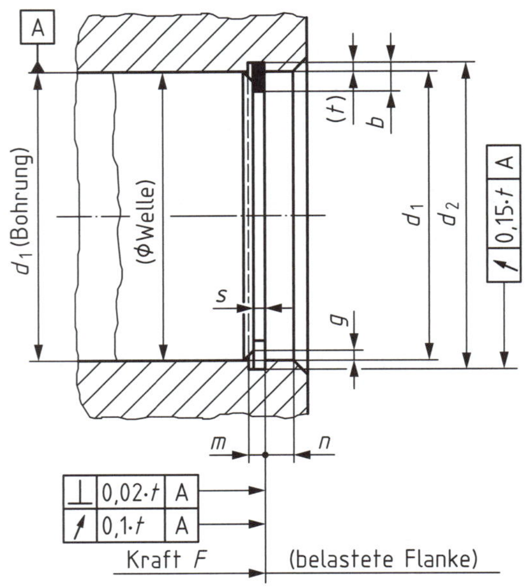

Bild 1

Bezeichnung eines Sicherungsringes für Bohrungsdurchmesser (Nennmaß) $d_1 = 40$ mm und Ringdicke $s = 1{,}75$ mm:

Sicherungsring DIN 472 - 40 x 1,75

Oberflächen-Rautiefen für Nutgrund und belastete Flanke sind im Einzelfall festzulegen.

1) F_N Tragfähigkeit der Nut

2) F_R Tragfähigkeit des Sicherungsringes

3) F_{Rg} Tragfähigkeit des Sicherungsringes bei Fase g

Tabelle 1: Sicherungsringe für Bohrungen (Regelausführung) (Auszug) vgl. DIN 472 (1981-9)

Bohrungs-durch-messer d_1 Nennmaß	Ring				Nut					Ergänzende Daten			
	s		b	Gewicht für 1000 Stück in kg	d_2		m	t	n	F_N 1)	F_R 2)	g	F_{Rg} 3)
		zul. Abw.	≈	≈		zul. Abw.	H13		min.	kN	kN		kN
8	0,08	−0,05	1,1	0,14	8,4	H11	0,9	0,2	0,6	0,86	2,00	0,5	1,50
10	1	−0,06	1,4	0,18	10,4		1,1	0,2	0,6	1,08	4,00	0,5	2,20
⋮	⋮	⋮	⋮	⋮	⋮	⋮	⋮	⋮	⋮	⋮	⋮	⋮	⋮
32	1,2	−0,06	3,2	2,21	33,7	+0,25 (H12)	1,3	0,85	2,6	14,6	13,8	1	4,70
35	1,5		3,4	3,54	37		1,6	1	3	18,8	26,9	1,5	6,40
36	1,5		3,5	3,70	38		1,6	1	3	19,4	26,4	1,5	6,40
37	1,5		3,6	3,74	39		1,6	1	3	19,8	27,1	1,5	6,50
40	1,75		3,9	4,70	42,5		1,85	1,25	3,8	27,0	44,6	2	8,30
42	1,75		4,1	5,40	44,5		1,85	1,25	3,8	28,4	44,7	2	8,40
45	1,75		4,3	6,00	47,5		1,85	1,25	3,8	30,2	43,1	2	8,20
47	1,75		4,4	6,10	49,5		1,85	1,25	3,8	31,4	43,5	2	8,30
50	2	−0,07	4,6	7,30	53	+0,30 (H12)	2,15	1,5	4,5	40,5	60,8	2	12,1
52	2		4,7	8,20	55		2,15	1,5	4,5	42,0	60,25	2	12,0
55	2		5	8,30	58		2,15	1,5	4,5	44,4	60,3	2	12,5
58	2		5,2	10,5	61		2,15	1,5	4,5	46,7	60,8	2	12,7
60	2		5,4	11,1	63		2,15	1,5	4,5	48,3	61,0	2	13,0
62	2		5,5	11,2	65		2,15	1,5	4,5	49,8	60,9	2	13,0
63	2		5,6	12,4	66		2,15	1,5	4,5	50,6	60,8	2	13,0
65	2,5		5,8	14,3	68		2,65	1,5	4,5	51,8	121	2,5	20,8
70	2,5		6,2	16,5	73		2,65	1,5	4,5	56,2	119	2,5	21,0
72	2,5		6,4	18,1	75		2,65	1,5	4,5	58,0	119,2	2,5	21,0
75	2,5		6,6	18,8	78		2,65	1,5	4,5	60,0	118	2,5	21,0

Beispiel 4: Wellenabsatz mit einer Nut für Sicherungsring DIN 471

Für den Sicherungsring Pos. 5 ist die vollständige und funktionsgerechte Maßeintragung an dem Wellenabsatz Pos. 2 festzulegen. Die Fase am Wellenende ist 1 x 45°.

Erläuterung: Pos. 3 ist ein Rillenkugellager DIN 625-6206, mit d = 30 mm (Passmaß) und B = 16,000 mm max., Pos. 4 ist 8 – 0,1 breit.

Maße für Pos. 5 nach **Tabelle 1**: Nennmaß $d_1 = d$ = 30 mm, s = 1,5 – 0,06 mm, d_2 = 28,6 – 0,21 (h12) mm, m = 1,6 H13 mm, n_{min} = 2,1 mm.

Die kleine Lastseitenfläche von Pos. 2 muss die Kraft F aufnehmen, die von den Pos. 3, 4 und 5 übertragen wird.

Damit Pos. 5 problemlos eingebracht werden kann, muss L_2 von der Anlagefläche bis zur Lastseite (belastete Flanke) mit einer Plustoleranz ausgeführt sein und die Pos. 3, 4 und 5 müssen eine Minustoleranz aufweisen.

Das Maß n wird nur überprüft, aber nicht in die Zeichnung eingetragen.

n_{max} = 30,3 – (25,5 + 0,9) = 3,9 mm

n_{min} = 29,7 – (25,6 + 1,1) = 3,0 mm

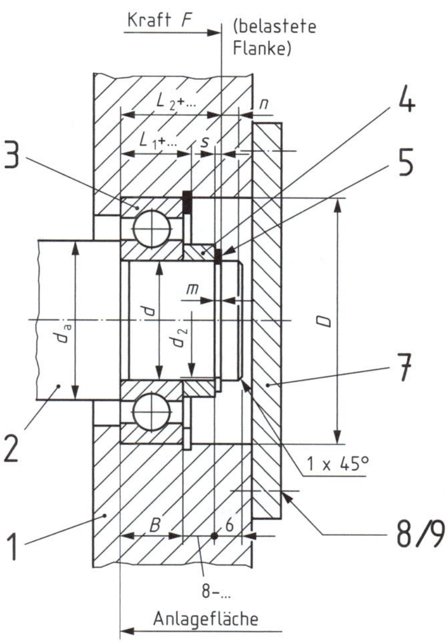

Lösung:

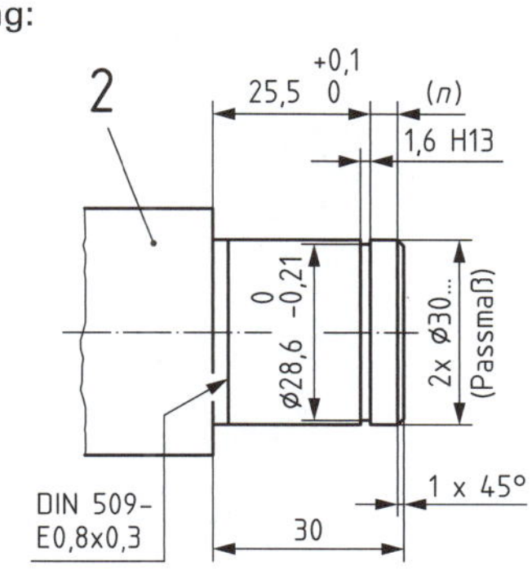

Bild 1

Tabelle 1: Sicherungsringe für Wellen (Regelausführung) (Auszug) vgl. DIN 471 (1981-9)

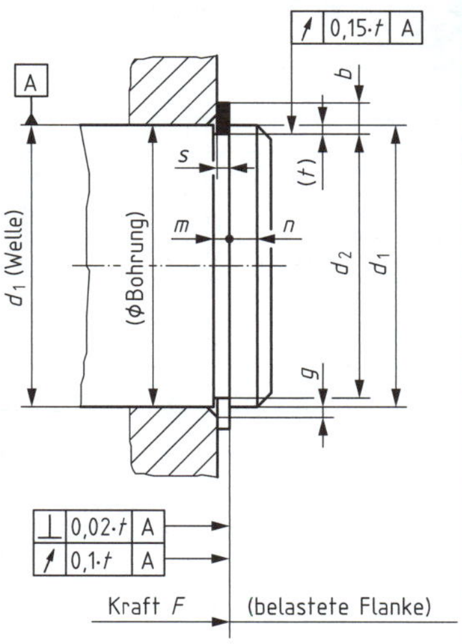

Wellendurchmesser d_1 Nennmaß	Ring s	s zul. Abw.	b ≈	Gewicht für 1000 Stück in kg ≈	Nut d_2	d_2 zul. Abw.	m H13	t	n min.	F_N [1)] kN	Ergänzende Daten F_R [2)] kN	g	F_{Rg} [3)] kN	n_{abl} min^{-1}
4	0,4	0 −0,05	0,9	0,022	3,8	0 −0,048 (h10)	0,5	0,1	0,3	0,20	0,50	0,5	0,30	211000
6	0,7		1,3	0,084	5,7		0,8	0,15	0,6	0,46	1,45	0,5	0,90	114000
8	0,8		1,5	0,158	7,6	0 −0,06 (h10)	0,9	0,2	0,6	0,81	3,00	0,5	2,00	96000
10	1	0 −0,06	1,8	0,340	9,6		1,1	0,20	0,6	1,01	4,00	1	2,40	84000
12	1		1,8	0,500	11,5	0 −0,11 (h11)	1,1	25	0,8	1,53	5,00	1	2,40	75000
15	1		2,2	0,670	14,3		1,1	0,35	1,1	2,66	6,90	1	2,40	50000
18	1,2		2,3	1,11	17		1,3	0,5	1,5	4,58	17,0	1,5	3,75	39000
20	1,2		2,6	1,30	19	0 −0,13 (h11)	1,3	0,5	1,5	5,06	17,1	1,5	3,85	32000
22	1,2		2,8	1,50	21		1,3	0,5	1,5	5,65	16,9	1,5	3,80	27000
25	1,2		3	1,90	23,9	0 −0,21 (h12)	1,3	0,55	1,7	7,05	16,2	1,5	3,70	25000
28	1,5		3,2	2,92	26,6		1,6	0,7	2,1	10,00	32,1	1,5	7,50	21200
30	1,5		3,5	3,31	28,6		1,6	0,7	2,1	10,73	32,1	1,5	7,65	18900
32	1,5		3,6	3,54	30,3	0 −0,25 (h12)	1,6	0,85	2,6	13,85	31,2	2	5,55	16900
35	1,5		3,9	4,00	33		1,6	1	3	17,80	30,8	2	5,55	15500
38	1,75		4,2	5,62	36		1,85	1	3	19,30	49,5	2	9,10	13600
40	1,75		4,4	6,03	37,5		1,85	1,25	3,8	25,30	51,0	2	9,50	14300
45	1,75		4,7	7,50	42,5		1,85	1,25	3,8	28,60	49,0	2	9,35	11400
50	2	0 −0,07	5,1	10,2	47		2,15	1,5	4,5	38,00	73,3	2	14,4	10500

Bezeichnung eines Sicherungsringes für Bohrungsdurchmesser (Nennmaß) d_1 = 40 mm und Ringdicke s = 1,75 mm:

Sicherungsring DIN 472 - 40 x 1,75

Oberflächen-Rautiefen für Nutgrund und belastete Flanke sind im Einzelfall festzulegen.

1) F_N Tragfähigkeit der Nut

2) F_R Tragfähigkeit des Sicherungsringes

3) F_{Rg} Tragfähigkeit des Sicherungsringes bei Fase g

Beispiel 5: Senkungsmaße für Schrauben mit Zylinderkopf

Für Pos. 10 (Lagerdeckel) ist die Form der Senkung, für Pos. 11 (Zylinderschraube mit Innensechskant ISO 4762-M5 × 16) die Bohrspindellagerung **Bild 1, Seite 188**, zu bestimmen. Außerdem sind die Maße für die Zeichnungseintragung festzulegen. Im Schriftfeld der Zeichnung steht die Angabe: ISO 2768-m.

Nach **Tabelle 1** ist für Zylinderschrauben mit Innensechskant ISO 4762 die Reihe 1 vorgesehen. Für die Festlegung der Zeichnungsmaße ist außer der Senkungsform noch der Gewindedurchmesser maßgebend. Für den Gewindedurchmesser M5 (ISO 4762-M5 × 16) sind für die Reihe 1 die Maße d_1, d_h sowie t mit ihren zulässigen Abweichungen abzulesen. Zu beachten ist dabei die Angabe ISO 2768-m.

Lösung:

Aus Tabellen ist zu ermitteln:

$k\,(k_{max}) = 5$ mm; $Z = 0{,}4$ mm

Die Zeichnungsmaße sind:

d_h mittel = ⌀5,5 H13,

d_1 = ⌀10 H13 und

t = $k + Z = 5$ mm + 0,4 mm = 5,4 mm

Tabelle 1: Senkungen für Senkschrauben und Senk-Blechschrauben vgl. DIN 74-1 (2020-01)

Form A: Senkschrauben DIN 7995 und DIN 7997

Form E: Senkschrauben für Stahlkonstruktionen DIN 7969

Form F: Senkschrauben mit Innensechskant DIN EN ISO 10642

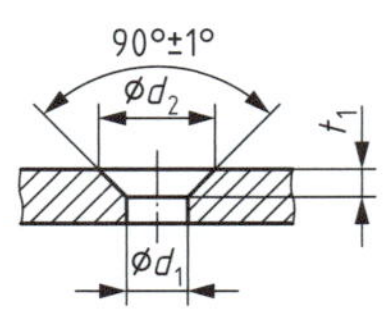

Form A

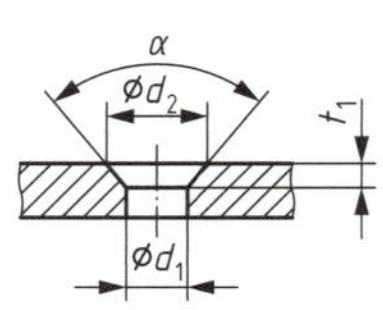

Form E und F

Form A	Für Gewindedurchmesser	1,6	2	2,5	3	3,5	4	4,5	5	5,5	6	7	8
	d_1[a] H13	1,8	2,4	2,9	3,4	3,9	4,5	5	5,5	6	6,6	7,6	9
	d_2 H13	3,7	4,6	5,7	6,5	7,6	8,6	9,5	10,4	11,4	12,4	14,4	16,4
	t_1 ≈	0,9	1,1	1,4	1,6	1,9	2,1	2,3	2,5	2,7	2,9	3,3	3,7

[a] Durchgangsloch mittel nach DIN EN 20273

Form E	Für Gewindedurchmesser	10	12	16	20	22	24
	d_1[a] H13	10,5	13	17	21	23	25
	d_2[a] H13	19	24	31	34	37	40
	t_1 ≈	5,5	7	9	11,5	12	13
	α ±1°	75°			60°		

[a] Durchgangsloch mittel nach DIN EN 20273

Form F	Für Gewindedurchmesser	3	4	5	6	8	10	12	14	16	20
	d_1[a] H13	3,4	4,5	5,5	6,6	9	11	13,5	15,5	17,5	22
	d_2[a] H13	6,94	9,18	11,47	13,71	18,25	22,73	27,21	31,19	33,99	40,71
	t_1 ≈	1,8	2,3	3,0	3,6	4,6	5,9	6,9	7,8	8,2	9,4
	α ±1°	90°									

[a] Durchgangsloch mittel nach DIN EN 20273

Bezeichnung einer Senkung Form A, für Gewindedurchmesser 4 mm: **Senkung DIN74-A4**
Anmerkung: Sind bei einer Senkung in Sonderfällen andere Senktiefen t_1 erforderlich, so ist die Senktiefe (z. B. 3 mm für die obige Senkung A4) in der Bezeichnung anzugeben: Senkung DIN74- A4×3

Tabelle 2: Senkungen für Schrauben mit Zylinderkopf vgl. DIN 974-1 (2008-02)

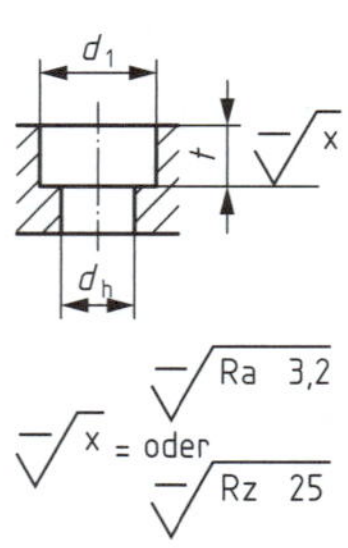

	d	3	4	5	6	8	10	12	16	20	24	27	30	36
	d_h H13	3,4	4,5	5,5	6,6	9	11	13,5	17,5	22	26	30	33	39
d_1 H13	Reihe 1	6,5	8	10	11	15	18	20	26	33	40	46	50	58
	Reihe 2	7	9	11	13	18	24	–	–	–	–	–	–	–
	Reihe 3	6,5	8	10	11	15	18	20	26	33	40	46	50	58
	Reihe 4	7	9	11	13	16	20	24	30	36	43	46	54	63
	Reihe 5	9	10	13	15	18	24	26	33	40	48	54	61	69
	Reihe 6	8	10	13	15	20	24	33	43	48	58	63	73	–
	Zugabe Z	0,4				0,6					0,8		1,0	

Reihe 1: Schrauben ohne Unterlegteile nach ISO 1207 (DIN 84), ISO 4762 (DIN 912), DIN 6912, DIN 7984

Reihe 2: Schrauben ohne Unterlegteile nach ISO 1580 (DIN 85), ISO 7045 (DIN 7985)

Reihe 3: Zylinderschrauben mit Federringen DIN 7980

Reihe 4: Zylinderschrauben mit Scheiben DIN 433-1 und DIN 433-2, Federscheiben DIN 137-A, Federringe DIN 128 und DIN 6905, Zahnscheiben DIN 6797, Fächerscheiben DIN 6798 und DIN 6907

Reihe 5: Zylinderschrauben mit Scheiben DIN 125, DIN 6902-A, Federscheiben DIN 137-B und DIN 6904

Reihe 6: Zylinderschrauben mit Spannscheiben DIN 6796 und DIN 6908

Berechnung der Senktiefe *t*:

t	Senktiefe
$k\,(k_{max})$	Kopfhöhe der Schraube (maximale Kopfhöhe)
$h\,(h_{max})$	Höhe des Unterlegteiles (maximale Höhe)
Z	Zugabe nach Tabelle

Senktiefe

$$t = k_{max} + h_{max} + Z$$

Beispiel: Zylinderschraube ISO 4762 M12 x 80 (k = 12 mm) mit Scheibe DIN 433-13-300HV (h = 2,2 mm):
$t = k_{max} + h_{max} + Z$ = 12 mm + 2,2 mm + 0,6 mm = **14,8 mm**

Für die Senktiefe t gilt der in der Zeichnung eingetragene Toleranzgrad nach ISO 2768.

Beispiel 6: Maße für Gewindefreistiche an Wellen

Für die Bohrspindel (Pos. 1) in **Bild 1, Seite 188**, ist im Bereich von Pos. 2 und 3 ein Gewindefreistich nach DIN 76-B mit $\alpha = 60°$ anzubringen. Zu bestimmen sind: d_g, g_2 und r.

Erläuterung: Tabelle 1 enthält Gewindefreistiche der Form A (Regelfall) und Form B (kurz). Der Gewindenenndurchmesser der Zweilochmutter (Pos. 2) ist aus der Stückliste **Tabelle 1, Seite 188**, mit M27 × 1 abzulesen. Zur Bestimmung der Maße d_g, g_2 und r ist die Tabellenspalte für die Gewindesteigung P heranzuziehen. Für M27 × 1 ist P = 1 mm, demnach $d_g = d - 1{,}6$ mm = 25,4 mm; als Toleranz gilt h13 für Gewinde über 3 mm Nenndurchmesser. Das Maß g_2 ist für Form B (kurz) mit 2,5 mm und r mit ≈ 0,6 mm angegeben.

Lösung:

Der Gewindefreistich DIN 76-B im Bereich von Pos. 2 und Pos. 3 hat folgende Maße:

d = M27 × 1

d_g = 25,4 h13

g_2 = 2,5 mm

r = 0,6 mm

α = 60° (für die Bohrspindel vorgeschrieben).

Anwendungsbereich

Diese Norm enthält Festlegungen über Gewindeausläufe und Gewindefreistiche für Schrauben und ähnliche Teile mit metrischem ISO-Gewinde (Regel- und Feingewinde) nach DIN 13 Teil 1 und Teil 12. Sie gilt für alle Normteile, soweit auf diese Norm hingewiesen ist. Im Bedarfsfall können die angegebenen Kurzzeichen verwendet werden. Es wird empfohlen, die Norm auch für nicht genormte Schrauben und ähnliche Teile mit metrischem ISO-Gewinde zu verwenden.

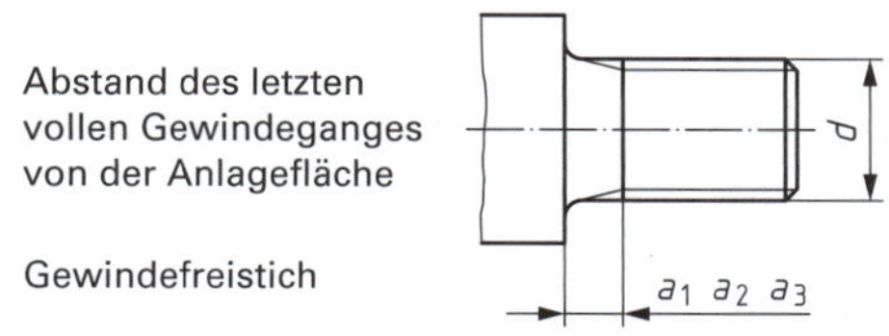

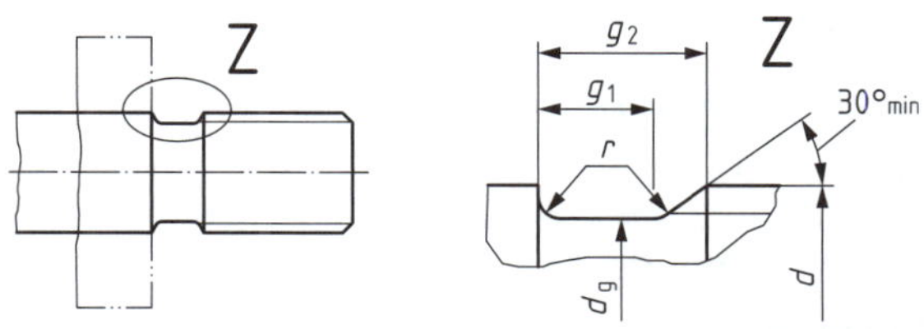

Bezeichnung eines Gewindefreistiches Form B: **Gewindefreistich DIN76-B**

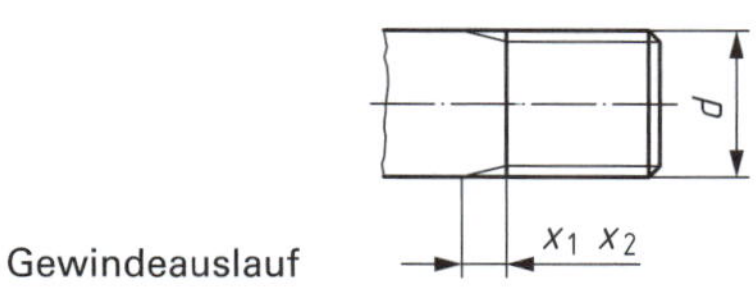

Tabelle 1: Gewindeausläufe, Gewindefreistiche für metrische ISO-Gewinde nach DIN 13 vgl. DIN 76-1 (2004-06)

Gewinde-Steigung P	Gewinde Nenndurchmesser (Regelgewinde) d	Gewindefreistich d_g h13[1]	g_1 min. A Regel[2]	g_1 min. B kurz[3]	g_2 max. A Regel[2]	g_2 max. B kurz[3]	r	Gewindeauslauf max. x_1 Regel[4]	x_2 kurz[5]	Abstand a_1 Regel[6]	a_2 max. kurz[7]	a_3 lang[8]
0,2	–	d–0,3	0,45	0,25	0,7	0,5	0,1	0,5	0,25	0,6	0,4	–
0,25	1	d–0,4	0,55	0,25	0,9	0,6	0,12	0,6	0,3	0,75	0,5	–
0,3		d–0,5	0,6	0,3	1,05	0,75	0,16	0,75	0,4	0,90	0,6	–
0,35	1,6	d–0,6	0,7	0,4	1,2	0,9	0,16	0,9	0,45	1,05	0,7	–
0,4	2	d–0,7	0,8	0,5	1,4	1	0,2	1	0,5	1,2	0,8	–
0,45	2,5	d–0,7	1	0,5	1,6	1,1	0,2	1,1	0,6	1,35	0,9	–
0,5	3	d–0,8	1,1	0,5	1,75	1,25	0,2	1,25	0,7	1,5	1	–
0,6		d–1	1,2	0,6	2,1	1,5	0,4	1,5	0,75	1,8	1,2	–
0,7	4	d–1,1	1,5	0,8	2,45	1,75	0,4	1,75	0,9	2,1	1,4	–
0,75	5	d–1,2	1,6	0,9	2,6	1,9	0,4	1,9	1	2,25	1,5	–
0,8	6	d–1,3	1,7	0,9	2,8	2	0,4	2	1	2,4	1,6	3,2
1		d–1,6	2,1	1,1	3,5	2,5	0,6	2,5	1,25	3	2	4
1,25	8	d–2	2,7	1,5	4,4	3,2	0,6	3,2	1,6	3,75	2,5	5
1,5	10	d–2,3	3,2	1,8	5,2	3,8	0,8	3,8	1,9	4,5	3	6
1,75	12	d–2,6	3,9	2,1	6,1	4,3	1	4,3	2,2	5,25	3,5	7
2	16	d–3	4,5	2,5	7	5	1	5	2,5	6	4	8
2,5	20	d–3,6	5,6	3,2	8,7	6,3	1,2	6,3	3,2	7,5	5	10
3	24	d–4,4	6,7	3,7	10,5	7,5	1,6	7,5	3,8	9	6	12
3,5	30	d–5	7,7	4,7	12	9	1,6	9	4,5	10,5	7	14
4	36	d–5,7	9	5	14	10	2	10	5	12	8	16
4,5	42	d–6,4	10,5	5,5	16	11	2	11	5,5	12,5	9	18
5	48	d–7	11,5	6,5	17,5	12,5	2,5	12,5	6,3	15	10	20
5,5	56	d–7,7	12,5	7,5	19	14	3,2	14	7	16,5	11	22
6	64	d–8,3	14	8	21	15	3,2	15	7,5	18	12	24
Die angegebenen Maße entsprechen ≈		–	–	–	3,5 P	2,5 P	0,5 P	2,5 P	1,25 P	3 P	2 P	4 P

[1] Toleranzfeld h12 für Gewinde bis 3 mm Nenndurchmesser.
[2] Gewindefreistich Form A gilt immer, wenn in den einzelnen Normen oder Zeichnungen keine anderen Angaben gemacht sind. Abweichend von ISO 4755 – 1983 gilt $g_2 = 3{,}5\,P$ statt $3\,P$.
[3] Gewindefreistich Form B nur für die Fälle, bei denen aus technischen Gründen ein kurzer Gewindefreistich erforderlich ist. Dieser Gewindefreistich bedingt Sonderwerkzeuge zur Gewindeherstellung. Er ist in ISO 4755 – 1983 nicht enthalten.
[4] Gewindeauslauf x_1 gilt immer, wenn in den einzelnen Normen oder Zeichnungen keine anderen Angaben gemacht sind.
[5] Gewindeauslauf x_2 nur für die Fälle, bei denen aus technischen Gründen ein kurzer Gewindeauslauf erforderlich ist.
[6] Abstand a_1 gilt immer, wenn in den einzelnen Normen oder Zeichnungen keine anderen Angaben gemacht sind.
[7] Abstand a_2 für Schlitz- und Kreuzschlitzschrauben und für die Fälle, bei denen aus technischen Gründen ein kurzer Abstand erforderlich ist.
[8] Abstand a_3 nur für Schrauben in Produktklasse C (früher Ausführung g).

Beispiel 7: Maße für Freistiche an Wellen

Am Wellenabsatz der Bohrspindel (Pos. 1) ist im Bereich von Pos. 7 (**Bild 1**, **Seite 188**) ein Freistich nach DIN 509 in vereinfachter Darstellung eingezeichnet.

a) Welche Abmessungen haben *r*, t_1 und *f*, wenn für *r* die Reihe 1 verwendet wird?

b) Welche Bezeichnung ist in die Zeichnung einzutragen, wenn übliche Beanspruchung vorliegt?

Vorbemerkung: DIN 509 unterscheidet zwischen den gebräuchlichen Formen E und F und den Formen G und H für genormte Wendeschneidplatten. Form E wird verwendet, wenn am Gegenstück eine ausreichend große Rundung oder Fase vorhanden ist und die Planfläche nicht geschliffen werden muss. Dies trifft in diesem Beispiel zu.

Erläuterung: Der Nenndurchmesser d (≙ d_1 in **Tabelle 1**) der Bohrspindel (Pos. 1) im Bereich von Pos. 6 und 7 kann für diese Wälzlagergröße aus der Wälzlagerkurzbezeichnung 511 08 direkt errechnet (indem man die letzten beiden Ziffern des Kurzzeichens mit 5 multipliziert; 08 · 5 = 40) oder aus **Tabelle 1**, **Seite 189**, abgelesen werden.

Nach der in **Tabelle 1** empfohlenen Zuordnung mit üblicher Beanspruchung fällt ⌀40 in den Bereich von „über 18 bis 80". Hierfür ist *r* = 0,8 mm, t_1 = 0,3 mm und *f* = 2,5 mm. Die Toleranzen für *r*, t_1 und *f* sind in **Tabelle 1** ersichtlich.

Lösung:

a) *r* (Reihe 1) = 0,8 mm oder 0,8 mm,
t_1 = 0,3 + 0,1 mm, *f* = 2,5 mm.

b) Als Bezeichnung in die Zeichnung ist einzutragen:
DIN 509-E0,8 × 0,3

Anmerkung: Beim Drehen entsteht an der Bohrspindel (Pos. 1) der ⌀d_2 = 40 mm – (2 × 0,3) mm = 40 mm – 0,6 mm = ⌀39,4 mm.

Der Durchmesser d_2 ist mit 39,4 mm – 0,2 mm zu bemaßen.

(Die Toleranz für t_1 mit + 0,1 mm ist am ⌀40 zweimal vorhanden. Sie ist mit – 0,2 mm einzutragen.)

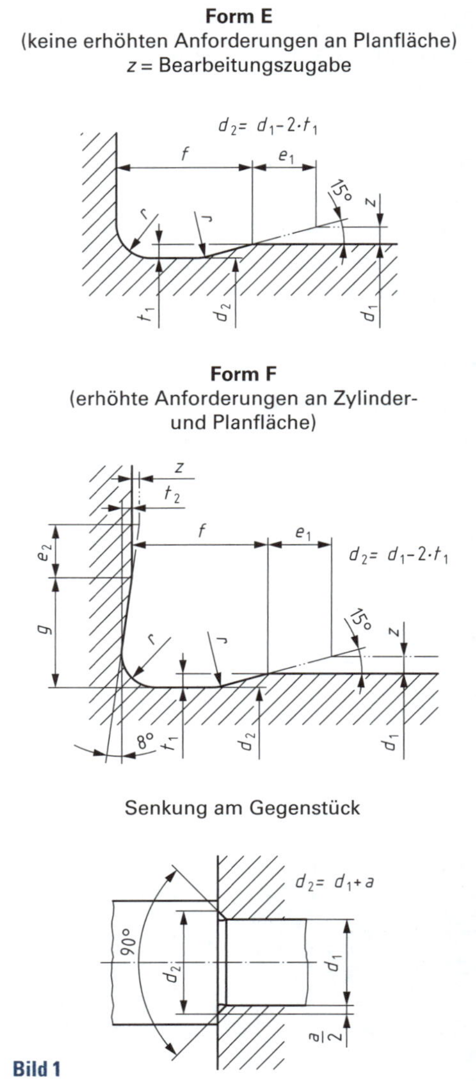

Bild 1

Tabelle 1: Freistiche Form E und Form F vgl. DIN 509 (2006-12)

Bezeichnung eines Freistiches Form E mit Radius *r* = 0,8 mm und Tiefe t_1 = 0,3 mm: **Freistich DIN 509-E0,8 x 0,3**

Freistichmaße in mm

empfohlene Zuordnung zum Durchmesser d_1 für Werkstücke: mit üblicher Beanspruchung	mit erhöhter Wechselfestigkeit	*r* ±0,1: Reihe 1[1]	Reihe 2	t_1 +0,1 0	*f* +0,2 0	*g*	t_2 +0,05 0	*a* min: Form E	Form F
über 1,6 bis 3	–	–	0,2	0,1	1	(0,9)	0,1	0,2	0
über 3 bis 10	–	0,4	–	0,2	2	(1,1)	0,1	0,3	0
über 10 bis 18	–	–	0,6	0,2	2	(1,4)	0,1	0,5	0,15
über 18 bis 80	–	–	0,6	0,3	2,5	(2,1)	0,2	0,4	0
		0,8	–	0,3	2,5	(2,4)	0,2	0,6	0,5
über 80	–	–	1	0,4	4	(3,2)	0,3	0,7	0
		1,2	–	0,4	4	(3,4)	0,3	0,9	0,1
–	über 18 bis 50	–	1	0,2	2,5	(1,8)	0,1	0,9	0,45
		1,2	–	0,2	2,5	(2)	0,1	1,1	0,6
–	über 50 bis 80	1,6	–	0,3	4	(3,1)	0,2	1,4	0,6
–	über 80 bis 125	2,5	–	0,4	5	(4,8)	0,3	2,2	1,0
–	über 125	4	–	0,5	7	(6,4)	0,3	3,6	2,1

[1] Freistiche der Reihe 1 sind zu bevorzugen.

Auswirkungen der Zugabe *z* auf die Maße e_1 und e_2

z	0,1	0,15	0,2	0,25	0,3	0,4	0,5	0,6	0,7	0,8	0,9	1,0
e_1	0,37	0,56	0,75	0,93	1,12	1,49	1,87	2,24	2,61	2,99	3,36	3,73
e_1	0,71	1,07	1,42	1,78	2,14	2,85	3,56	4,27	4,98	5,69	6,40	7,12

Beispiel 8: Anschlussmaße für Passfedern an Wellen und Naben

In **Bild 1** der nebenstehenden Zeichnung ist mit Pos. 2 eine Passfeder DIN 6885 – A-8 × 7 × 30 aufgeführt. Anhand der **Tabelle 1, Seite 196**, soll geprüft werden, ob der Querschnitt und die Länge der Passfeder richtig gewählt wurden und welche Maßeintragungen für die Wellen- und Nabennut in den Teilzeichnungen vorzunehmen sind.

Vorbemerkung: Bei Passfedern nach DIN 6885, Form A, werden die Maße *b* und *h* mit ISO-Toleranzen hergestellt. Die Breite *b* wird mit der Toleranz h9, die Höhe *h* mit der Toleranz h9 bzw. h11, je nach Größe, gefertigt. Beim Fügen mit der Wellen- bzw. Nabennutbreite *b*, ausgeführt mit der Toleranz P9, ergibt das einen festen Sitz. Wird die Wellen- bzw. Nabennutbreite *b* mit der Toleranz N9 oder JS9 ausgeführt, so ergibt das einen leichten Sitz. Wenn nichts anderes vorgeschrieben wird, werden Passfedern immer mit Rückenspiel eingebaut.

Erläuterung: Die Anordnung der Passfeder (Pos. 2) in **Bild 1**, zeigt eine axial nicht verschiebbare Mitnehmerverbindung. Aus diesem Grund wird die Wellennut- bzw. Nabennutbreite *b* mit P9 toleriert. Passfederquerschnitte (*b* × *h*) sind, von konstruktiven Ausnahmen abgesehen, den Wellendurchmessern zugeordnet. Das Pendelkugellager (Pos. 9) hat das Kurzzeichen 22**06**, folglich ist das Nennmaß ø30 mm (**06** × 5 = 30). Der abgesetzte Wellendurchmesser d_1 ist mit ø25 angegeben. In der Spalte für d_1 (**Tabelle 1, Seite 196**) ist im Durchmesserbereich zwischen 22 mm und 30 mm für den Passfederquerschnitt die Breite *b* mit 8 mm und die Höhe *h* mit 7 mm angegeben. Die Wellennuttiefe t_1 mit Rückenspiel beträgt 4 mm, die Nabennuttiefe t_2 bei Rückenspiel beträgt 3,3 mm. Nach **Tabelle 1** erhalten beide Maße ein positives Grenzabmaß von 0,2 mm. Die Passfederlänge *l* = 30 mm (A-8 × 7 × **30**) ist nicht richtig. In **Tabelle 1** sind nur die Längen 28 mm oder 32 mm aufgeführt. Die Stücklistenangabe muss **von A-8 × 7 × 30 in A-8 × 7 × 28** geändert werden! Die Länge der Wellennut erhält für den Längenbereich von 6 mm bis 28 mm ein positives Grenzabmaß von 0,2 mm.

Lösung:

Der Querschnitt der Passfeder mit 8 x 7 ist richtig gewählt. Die Wellennuttiefe t_1 für ø25 beträgt 4 + 0,2 mm, die Wellennutlänge beträgt 28 + 0,2 mm.

Die Nabennuttiefe für ø25 setzt sich zusammen aus d_1 + t_2 = 25 mm + 3,3 mm = 28,3 mm. Nach **Seite 196, Tabelle 1** erhält die Nabennuttiefe ein positives Grenzabmaß von 0,2 mm. In die Zeichnung wird eingetragen: 28,3 + 0,2.

Die Stücklistenposition 2 (Passfeder) muss geändert werden von A-8 x 7 x 30 in A-8 x 7 x 28 (**Bild 1**).

Stückliste für Kreissägewelle mit Lagerung

Pos.	Menge Einheit	Benennung	Werkstoff/ Normkurzzeichen
01	1	Kreissägewelle	E295
02	1	Passfeder	DIN 6885-A-8 × 7 × 30
03	1	Anlage	S275JR
04	1	Spannscheibe	S275JR
05	1	Scheibe	DIN EN ISO 7090-20-200 HV
06	1	Sechskantmutter	ISO 8673-M20 × 1,5-8-LH
07	1	Lagergehäuse	EN-GJL-300
08	1	Schmiernippel	DIN 71 412-AM6
09	1	Pendelkugellager	DIN 630-2206 TV
10	1	Deckel	S275JR
11	6	Sechskantschraube	ISO 4014-M6 × 16-8.8

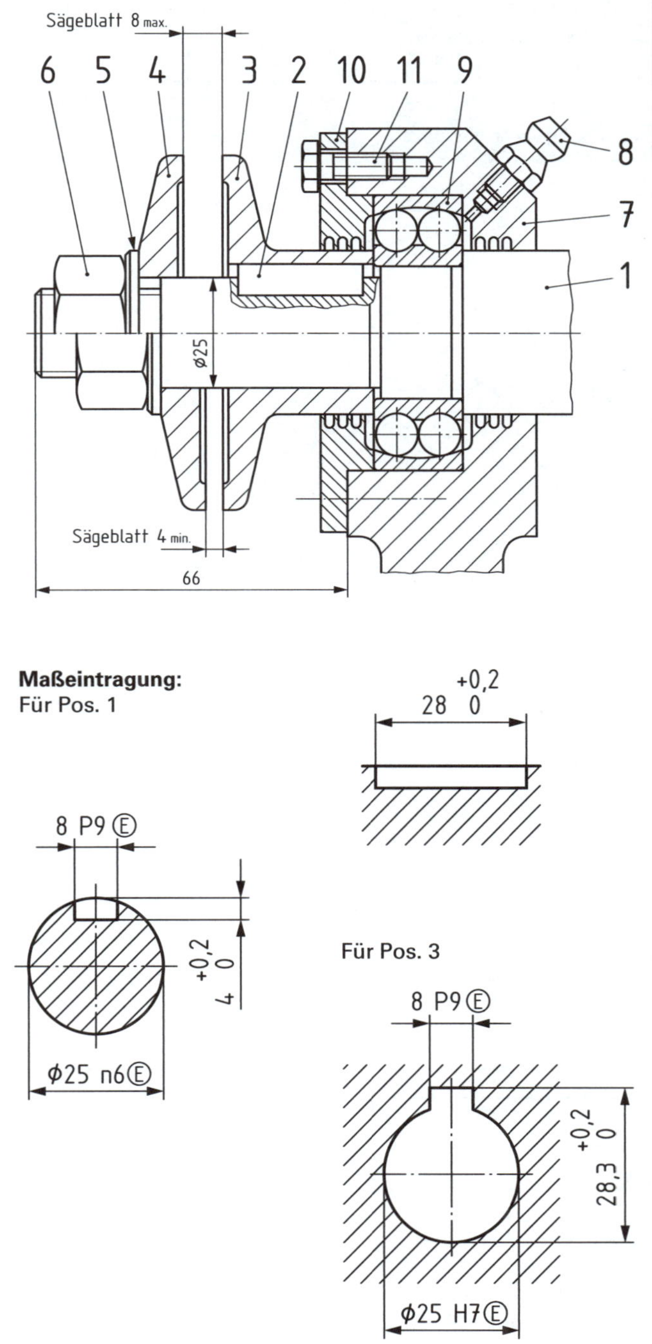

Bild 1

Tabelle 1: Passfedern (hohe Form) vgl. DIN 6885-1 (1968-08)

Passfeder-Querschnitt	Breite *b*	2	3	4	5	6	8	10	12	14	16	18	20	22	25
Passfeder-Querschnitt	Höhe *h*	2	3	4	5	6	7	8	8	9	10	11	12	14	14
Für Wellendurchmesser d_1	über	6	8	10	12	17	22	30	38	44	50	58	65	75	85
Für Wellendurchmesser d_1	bis	8	10	12	17	22	30	38	44	50	58	65	75	85	95
Wellennut: Breite *b* fester Sitz P9, leichter Sitz N9		2	3	4	5	6	8	10	12	14	16	18	20	22	25
Wellennut: Tiefe t_1 mit Rückenspiel oder Übermaß		1,2	1,8	2,5	3	3,5	4	5	5	5,5	6	7	7,5	9	9
Wellennut: Tiefe t_1	zul. Abw.	+0,1					+0,2								
Nabennut: Breite *b* fester Sitz P9, leichter Sitz JS9		2	3	4	5	6	8	10	12	14	16	18	20	22	25
Nabennut: Tiefe t_2 bei Rückenspiel		1	1,4	1,8	2,3	2,8	3,3	3,3	3,3	3,8	4,3	4,4	4,9	5,4	5,4
Nabennut: Tiefe t_2 bei Rückenspiel	zul. Abw.	+0,1					+0,2								
Nabennut: Tiefe t_2 bei Übermaß		0,5	0,9	1,2	1,7	2,2	2,4	2,4	2,4	2,9	3,4	3,4	3,9	4,4	4,4
Nabennut: Tiefe t_2 bei Übermaß	zul. Abw.	+0,1					+0,2								
Kantenbrechung für Passfeder Schrägung oder Rundung der Passfeder, allseitig r_1	min.	0,16			0,25			0,40					0,6		
Kantenbrechung für Passfeder Schrägung oder Rundung der Passfeder, allseitig r_1	max.	0,25			0,40			0,60					0,8		
Rundung des Nutgrundes für Welle und Nabe r_2	max.	0,16			0,25			0,40					0,6		
Rundung des Nutgrundes für Welle und Nabe r_2	min.	0,08			0,16			0,25					0,4		

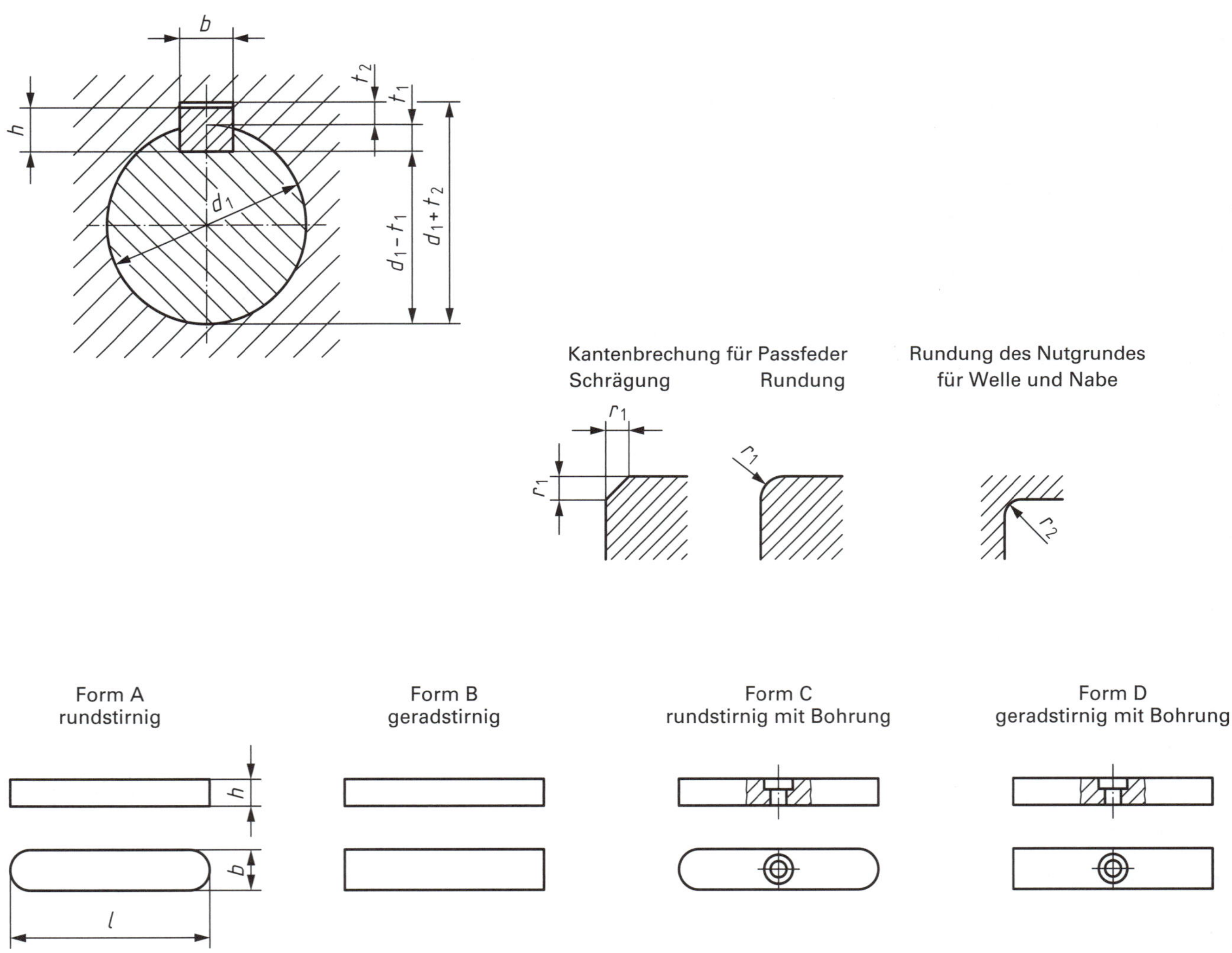

Bezeichnung einer Passfeder Form A mit b = 10 mm, h = 8 mm und l = 32 mm:
Passfeder DIN 6885-A-10 × 8 × 32

Bild 1

16.1 Überprüfen Sie Ihr Wissen

Erlaubtes Hilfsmittel: Tabellenbuch

1 Für Pos. 3 in Bild 1 soll ein Rillenkugellager DIN 625-6204 gewählt werden.

Welche Nenndurchmesser *d* und *D* in mm müssten bei den Pos. 1 und 2 eingetragen werden?

a) $d = 15$; $D = 35$
b) $d = 15$; $D = 42$
c) $d = 20$; $D = 42$
d) $d = 20$; $D = 47$

2 Für Pos. 3 in Bild 1 soll ein Rillenkugellager DIN 625-6004 gewählt werden.

Welche rechnerischen Längenmaße (Nennmaße in mm) L_1 und L_2 müssten bei den Pos. 1 und 2 eingetragen werden? (Pos. 5: Sicherungsringdicke *s* = 1,2 mm; Pos. 6: Sicherungsringdicke *s* = 1,75 mm, Pos. 4: B = 8 – 0,1)

a) $L_1 = 13{,}75$; $L_2 = 21{,}2$
b) $L_1 = 15{,}75$; $L_2 = 23{,}2$
c) $L_1 = 13{,}75$; $L_2 = 25{,}2$
d) Keine der genannten Lösungen ist richtig.

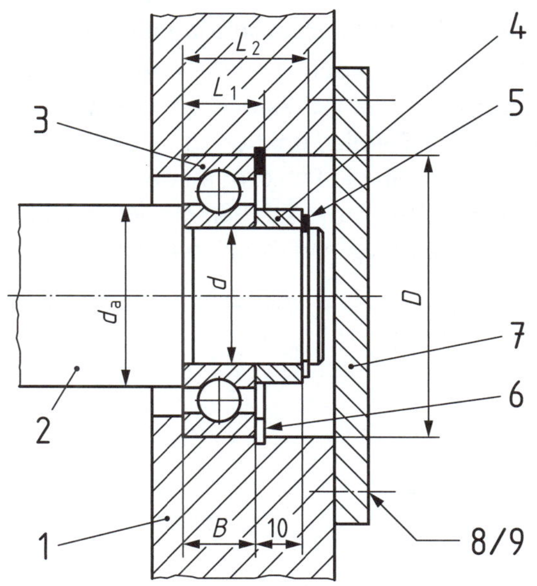

Bild 1

3 Anstelle des Rillenkugellagers Pos. 3 in Bild 1 soll ein Zylinderrollenlager mit dem Kurzzeichen NU 307 verwendet werden.

Welche Nenndurchmesser *d* und *D* in mm müssten bei den Pos. 1 und 2 eingetragen werden?

a) $d = 30$; $D = 62$
b) $d = 30$; $D = 72$
c) $d = 35$; $D = 80$
d) $d = 35$; $D = 100$
e) $d = 40$; $D = 90$

4 Anstelle des Rillenkugellagers Pos. 3 in Bild 1 soll ein Axial-Rillenkugellager DIN 711 mit dem Kurzzeichen 51306 verwendet werden.

Welche Abmessungen *d, D* und *T* in mm sind richtig?

a) $d = 30$; $D = 47$; $T = 11$
b) $d = 30$; $D = 52$; $T = 16$
c) $d = 30$; $D = 47$; $T = 17{,}8$
d) $d = 30$; $D = 60$; $T = 21$
e) Keine der genannten Lösungen ist richtig.

5 Für ein Rillenkugellager sollen in den Zeichnungen der Pos. 1 und 2 (Bild 1) Freistiche Form E nach DIN 509 für übliche Beanspruchungen eingetragen werden.

Welche Eintragung ist normgerecht?

a) DIN 509-E0,6 × 0,4
b) DIN 509-E0,4 × 0,3
c) DIN 509-E1 × 0,4
d) DIN 509-E1 × 0,2
e) DIN 509-E0,8 × 0,3

6 Pos. 7 in Bild 1 soll in Zukunft mit Senkschrauben ISO 10642 – M6x16-8.8 befestigt werden.

Welche Zeichnungseintragung für die Senkung nach DIN 74, Ausführung mittel, ist richtig?

a) DIN 74-Hf6
b) DIN 74-F6
c) DIN 74-Rm6
d) DIN 74-Af6
e) DIN 74-E6

7 Welche der dargestellten Bilder enthalten normgerechte bzw. funktionsgerechte Maßeintragungen?

a) Nur Bilder 1, 2 und 4
b) Nur Bilder 2, 3 und 5
c) Nur Bilder 3, 4 und 6
d) Nur Bilder 4, 5 und 6
e) Alle Bilder

Passfeder DIN 6885
(Hohe Form, Welle ø30)

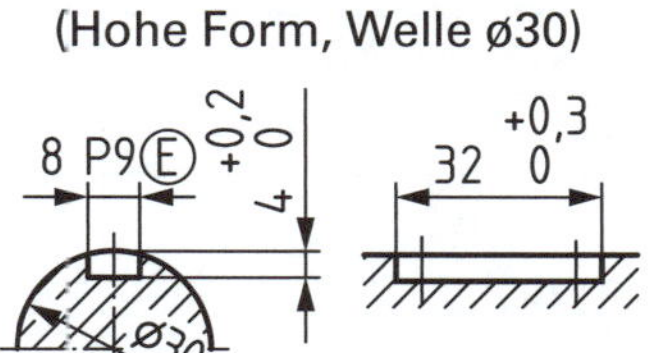

Bild 2

Sicherungsring DIN 471 (Regelausführung)
(Gesichert ist ein Wälzlager DIN 628-3209 mit $B = 30{,}2$ mm)

Sicherungsring DIN 472 (Regelausführung)
(Gesichert sind drei Teile mit einer Länge von 38,0 mm in einer Bohrung ø65 H11)

Senkung DIN 974
(Zyl. Schraube ISO 4762)

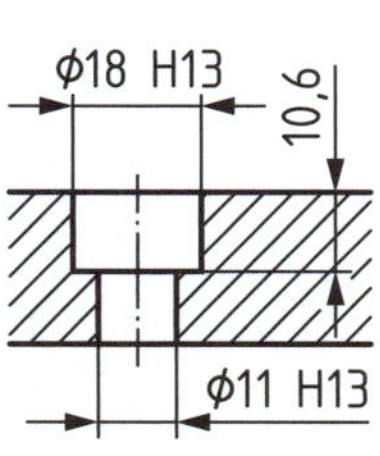

Bild 1

Passfeder DIN 6885
(Hohe Form, Bohrung ø22)

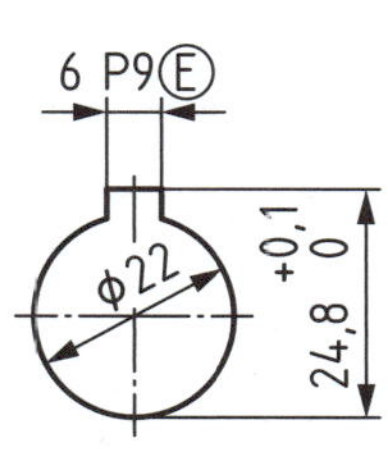

Bild 3

Freistich DIN 509
(Form E, Welle ø78)

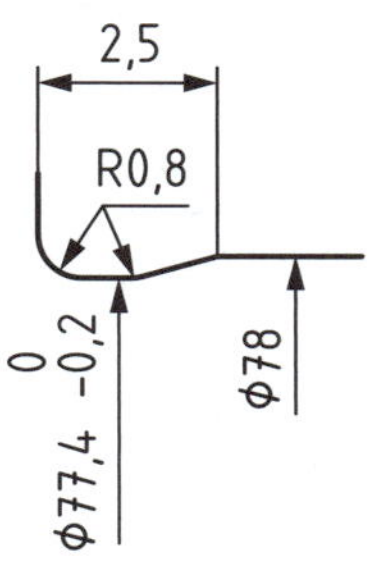

Bild 4

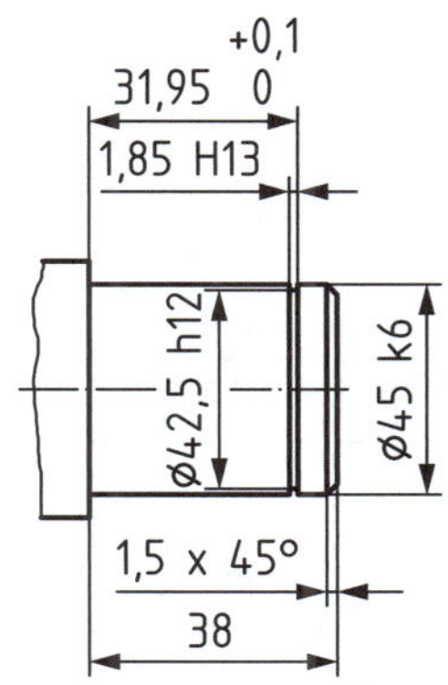

Bild 5

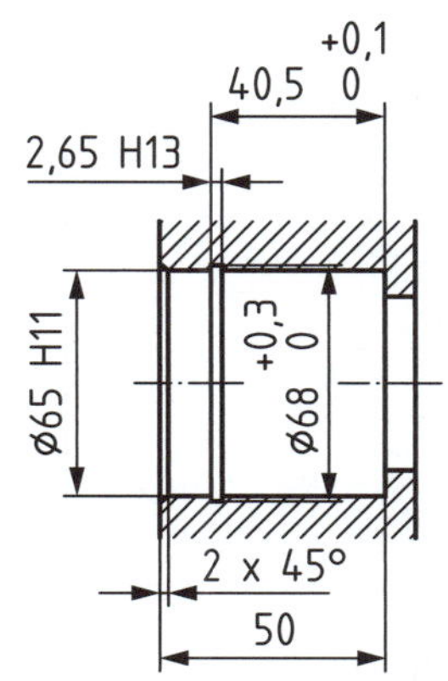

Bild 6

8 Aufgaben zur Prüfungseinheit Spannteil (Bild 1). Erlaubte Hilfsmittel: Tabellenbuch, Taschenrechner Arbeitsblätter zur Bearbeitung der Aufgaben muss der Benutzer selbst stellen.

a) Welche Aufgaben kann die Baugruppe Spannteil erfüllen?
b) Warum ist die Werkstückhöhe begrenzt?
c) Erklären Sie die Funktionen der Teile 5 und 9!
d) Erklären Sie die Funktionen der Teile 6 und 7!
e) Welche Bedeutung haben die Maße 24,5 mm und 31 mm?
f) Beschreiben Sie in möglichst kurzer Form die Reihenfolge der Fertigmontage!

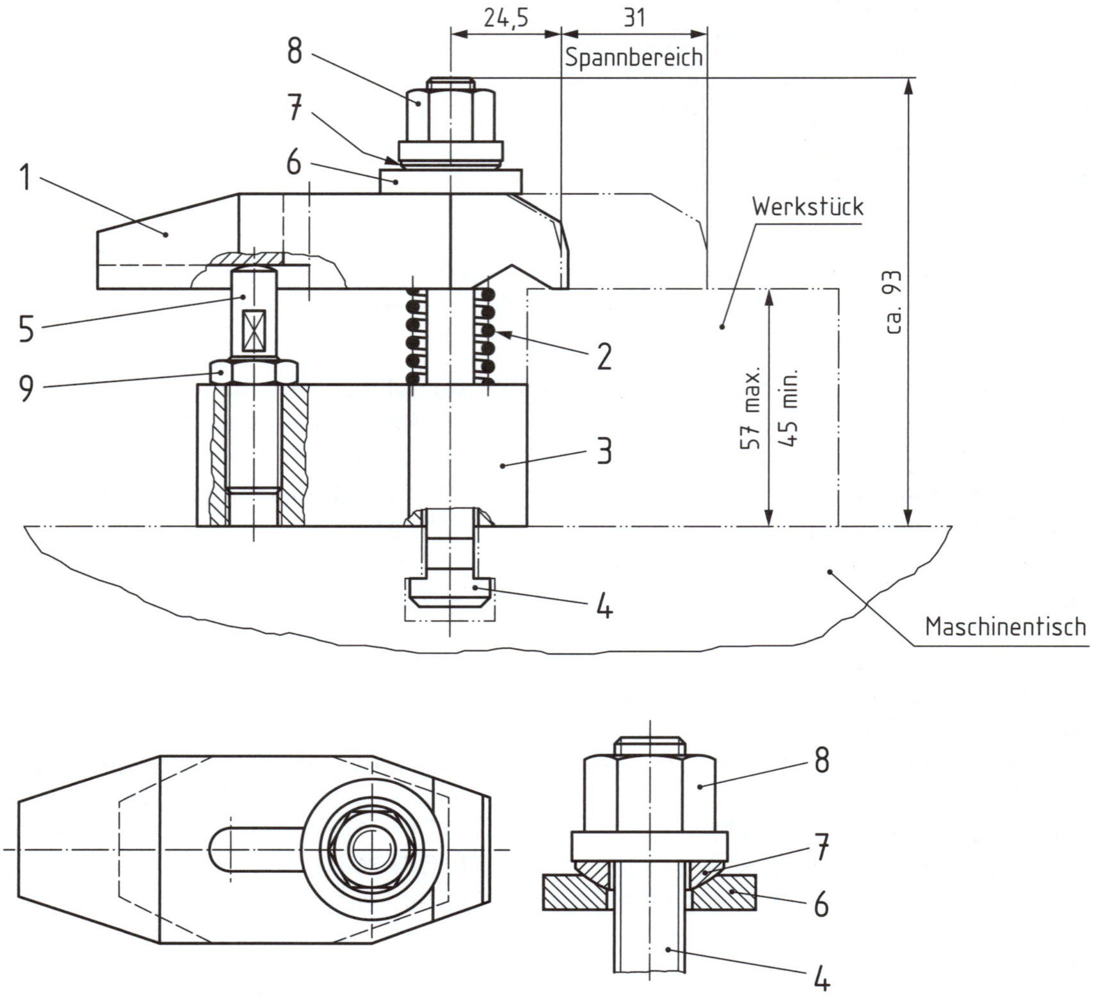

Pos.-Nr.	Menge/Einheit	Benennung	Werkstoff/Norm-Kurzbezeichnung	Bemerkung
9	1	Sechskantmutter	ISO 8675-M10 x 1-04	
8	1	Sechskantmutter	DIN 6331-M10-10	
7	1	Kugelscheibe	DIN 6319-C10,5	
6	1	Kegelpfanne	DIN 6319-G12	
5	1	Abstandschraube	46Cr2+QT	Rd 12 x 45
4	1	Schraube	DIN 787-M10 x 10 x 100-8.8	
3	1	Unterlage	S235JRC+C	Bl 32 x 75
2	1	Druckfeder	DIN 2098-2 x 16 x 30-LH	
1	1	Spanneisen	C60E+QT	Fl 45 x 25

Verantwortl. Abtlg.	Technische Referenz	Erstellt durch	Genehmigt von			
EUROPA LEHRMITTEL		Dokumentenart	Dokumentenstatus			
		Titel, Zusätzlicher Titel: Spannteil	Änd.	Ausgabedatum: 2022-01-15	Spr.: de	Blatt: 1

Bild 1

17 Fertigungs- und Arbeitsplanung

17.1 Grundlagen

Für die Fertigung der Werkstücke, für den Zusammenbau (die Montage) der Teile, für die Bedienung und Wartung von Maschinen und Geräten, werden Pläne erstellt.

In Fertigungsplänen (Arbeitsplänen) werden die aufeinanderfolgenden Schritte zur Herstellung des Werkstücks festgelegt. Dazu müssen u. a. folgende Fragen geklärt werden:

- In welcher Form (Halbzeug, Gussteil) muss der Werkstoff zur Verfügung gestellt werden?
- Welche Werkzeuge und Prüfmittel sind erforderlich?
- Welche Maschinen kommen zum Einsatz?

Wenn zur Herstellung Werkzeugmaschinen erforderlich sind, müssen außerdem die Einstellwerte, z. B. Drehzahl und Vorschub, vorgegeben werden.

Grundlage zur Erstellung eines Arbeitsplanes ist die technische Zeichnung des herzustellenden Teiles (Teilzeichnung). Bei einfachen Werkstücken werden die Arbeitspläne meist von den Facharbeitern in der Werkstätte festgelegt. In größeren Betrieben ist die Abteilung Arbeitsvorbereitung für die Erstellung der Fertigungspläne zuständig.

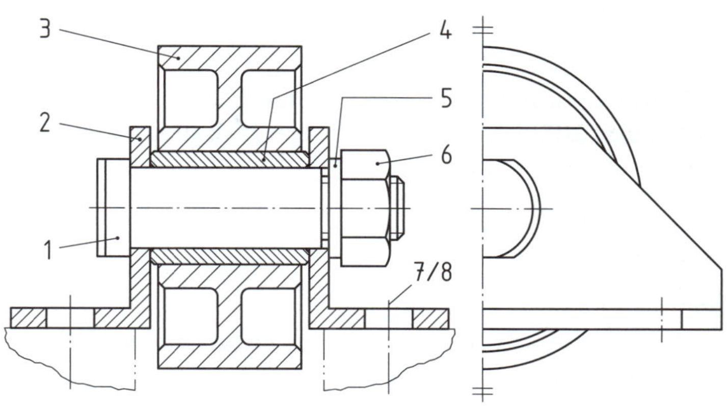

Stückliste A425-07700-111		Benennung Rollenlagerung			Auftrag
Pos.-Nr.	Sach- bzw. Zeichnungsnummer	Benennung/Norm-Kurzzeichen	Werkstoff	Menge	
0	A425-07700-111	Rollenlagerung-Zusammenbau		1	
1	A425-07712-402	Bundbolzen	C45E+N	1	
2	A425-07715-224	Winkel DIN 1022-LS 50x5	S235JRC+C	2	
3	A425-07789-123	Rolle	EN-GJL-250	1	
4	A425-07720-831	Buchse (in Pos. 3 eingepresst)	CuZn40Pb2 R360	1	
5	N701-16012-318	Scheibe ISO 8738-20-St		1	
6	N701-22038-110	Sechskantmutter ISO 4032-M16-10		1	
7	N701-02168-982	Sechskantschraube ISO 4017-M10x25-5.6		4	
8	N701-16012-250	Scheibe DINENISO 7090-10-200HV		4	

Bild 1

Über Montage, Bedienung und Wartung geben die Baugruppenzeichnungen (Zusammenbauzeichnungen) Auskunft. Die Funktion der einzelnen Teile oder der gesamten Gruppe ist ebenfalls aus der Baugruppenzeichnung zu ersehen.

17.2 Planung eines Arbeitsauftrages

Für die auf konventionellen Maschinen herzustellenden Teile der Baugruppe Rollenlagerung (**Bild 1**) sollen Pläne erstellt werden.

17.2.1 Bestimmung der Rohteilabmessungen

Aus der Stückliste werden Positionsnummer, Stückzahl, Bezeichnung und, wenn angegeben, die Rohabmessungen entnommen.

Die Rohabmessungen kommen folgendermaßen zustande:

Zu den Fertigmaßen werden einige Millimeter dazugegeben. Wenn Lagerlisten vorhanden sind, so wählt man die kleinstmögliche Abmessung, die aber mindestens dem Fertigungsdurchmesser plus Zugabe entsprechen muss.

Für Teil 4 z. B. ist dies eine Rundstange aus CuZn40Pb2R360 mit einem Durchmesser von 32 mm (**Tabelle 1**).

Tabelle 1: Lagerliste Sachgruppe 02

Rundstangen aus Schwermetall			
Durchmesser	Werkstoff	Sachnummer	Gewicht kg/m
30	CuAl10Ni5Fe4 R680 CuSn12-C	02.51135-0024 02.40504-0014	5,40 6,08
32	CuZn40Pb2 R360 CuSn5Zn5Pb5-C	02.23004-2063 02.40514-0016	6,76 8,24
35	CuSn5Zn5Pb5-C CuZn40Pb2 R360	02.40514-0017 02.23004-2075	8,37 8,08

Tabelle 2: Lagerliste Sachgruppe 01

Rundstangen aus Gusseisen			
Durchmesser	Werkstoff	Sachnummer	Gewicht kg/m
45	EN-GJL-250	01.00555-0015	11,53
75	EN-GJL-250	01.00555-0021	32,03
90	EN-GJL-250	01.00555-0024	46,12

Tabelle 3: Lagerliste Sachgruppe 01

Rundstahl warmgewalzt			
Durchmesser	Werkstoff	Sachnummer	Gewicht kg/m
30	16MnCr5+N 42CrMo4+QT	01.52013-2050 01.52052-4050	5,55 5,55
32	C45+N X20Cr13+QT750	01.42005-1052 01.62028-4052	6,31 6,31

Die Rohmaßlänge richtet sich nach der Herstellart. Üblich sind 3 mm bis 5 mm Zugabe.

Bei 3 mm (Mindest-)Zugabe ergeben sich aus den Maßen der Teilzeichnungen (**Bild 1, Bilder 1 und 2, Seite 201** sowie **Bild 1, Seite 202**) und den Lagerlisten (**Tabellen 1 bis 3, Seite 199**) folgende Rohabmessungen:

Pos. 1: Rd 35 × 83

Pos. 3: Rd 90 × 39

Pos. 4: Rd 32 × 43

Pos. 2: Hierfür verwendet man einen scharfkantigen Winkelstahl DIN 1022-L50 × 5.

Für das Längenmaß ist nur eine spanende Bearbeitung ohne Angabe eines Rauheitswertes vorgeschrieben. Daher werden die Winkel auf Fertigmaß 120 abgesägt.

Die Teile 5 bis 8 sind Normteile. Für diese Kaufteile dient die Normbezeichnung als Bestellangabe.

17.2.2 Planung der Arbeitsmittel

Zur Herstellung der Pos. 1 bis 4 werden folgende Arbeitsmittel benötigt:

Maschinen: Universaldrehmaschine, Hubsäge, Ständerbohrmaschine, Rundschleifmaschine.

Spannmittel: Dreibackenfutter mit harten und weichen Backen, Schnellwechselhalter, Maschinenschraubstock, Spannpratzen.

Werkzeuge: Bohrer ø25 mit Wendeschneidplatten, Schneidstoff HC-K15, verschiedene Drehmeißel mit Wendeschneidplatten, Spiralbohrer ø11, ø18 und ø20, Zentrierbohrer (Form A), verschiedene Reibahlen, Handbügelsäge.

Prüf- und Messmittel: Grenzlehrdorn für Durchmesser 20 H8 und 28 H7, Lehrringe für Durchmesser 20 f7 und 28 r6, Messschieber, Maßstab, 3D-Messmaschine.

Anreißmittel: Reißnadel mit Lineal, Spitzzirkel, Höhenreißer

17.2.3 Ermitteln der Einstellwerte für die Rolle (Pos. 3, Bild 1)

Vorbohren ø25 für Passbohrung ø28 H7

Bohren in Gusseisen mit Hartmetall-Bohrer mit Schneidplatte HC-K15

$v_c = 70...100$ m/min, gewählt $v_c = 85$ m/min

$v_c = \pi \cdot d \cdot n; \Rightarrow n = v_c / \pi \cdot d$

$$n = \frac{85 \text{ m/min}}{\pi \cdot 0{,}025 \text{ m}} = 1082/\text{min} \quad \text{gewählt: } 1120/\text{min}$$

Längsdrehen ø80 (Schlichten)

Drehen mit Hartmetall-Wendeschneidplatten HC-K15

$v_c = 230...370$ m/min; gewählt 300 m/min

$$n = \frac{300 \text{ m/min}}{\pi \cdot 0{,}08 \text{ m}} = 1193/\text{min} \quad \text{gewählt: } 1120/\text{min}$$

Planeinstechdrehen ø68

Wegen der geringen Stabilität des Werkzeuges und des schlechten Spanabflusses sind eine reduzierte Schnittgeschwindigkeit und ein kleiner Vorschub erforderlich.

v_c gewählt 150 m/min

$$n = \frac{150 \text{ m/min}}{\pi \cdot 0{,}068 \text{ m}} = 702/\text{min} \quad \text{gewählt: } 710/\text{min}$$

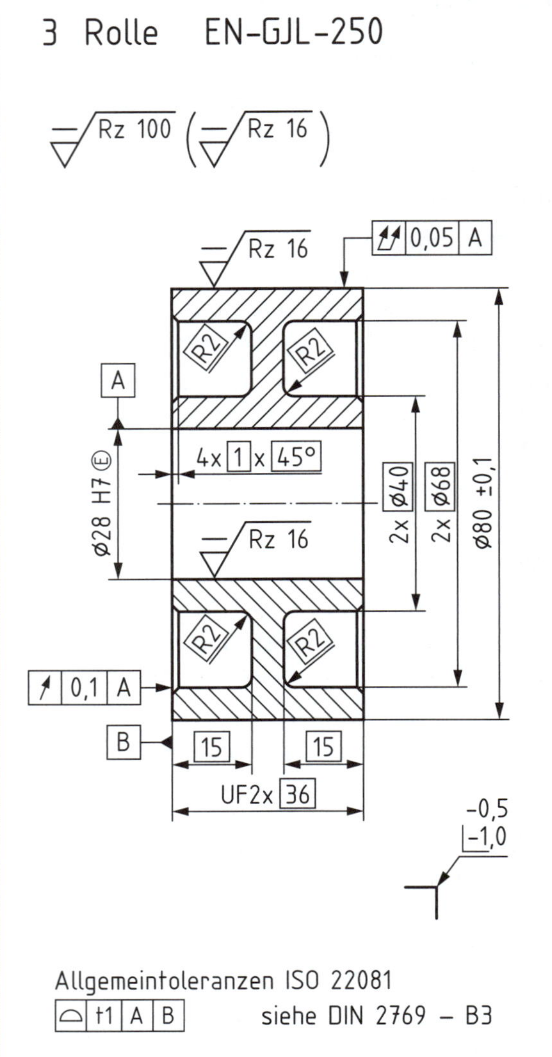

Bild 1

Arbeitsplan: Rolle Pos. 3 (Bild 1)

Nr.	Arbeitsschritt	Einstellwerte v_c m/min	n min^{-1}	f mm
1	Absägen auf Länge 39			
2	Vorbohren ø25 für Passbohrung ø28 H7	85	1120	0,3
3	Drehen einer Planseite und Vordrehen ø82 bis Mitte	200	710	0,5
4	Fertigdrehen der Planseite und ø80	300	1120	0,25
5	Planeinstich ø40 / ø68; 15 tief vor- und fertigdrehen	150	710	0,1
6	Werkstück umspannen (weiche, ausgedrehte Spannbacken)			
7	Länge 36 und ø80 fertigdrehen	300	1120	0,25
8	2. Planeinstich vor- und fertigdrehen	150	710	0,1
9	Passdurchmesser ø28 H7 fertigdrehen	170	1800	0,1
10	Fasen anbringen und entgraten			

Innendrehen der Passbohrung ø28 H7

Bei der Wahl der Schnittgeschwindigkeit und des Vorschubes muss auf schwingungsfreies Arbeiten mit dem Innendrehmeißel geachtet werden.

v_c gewählt 170 m/min

$$n = \frac{170\ \text{m/min}}{\pi \cdot 0{,}028\ \text{m}} = 1932/\text{min} \quad \text{gewählt: } 1800/\text{min}$$

17.2.4 Erstellen eines Arbeitsplanes

Aufgrund der zuvor ermittelten Arbeitsmittel und Einstellwerte werden die Arbeitsschritte zur Fertigung eines Bauteils in der richtigen Reihenfolge in einem Arbeitsplan aufgelistet (unten und **Seite 200, 202**).

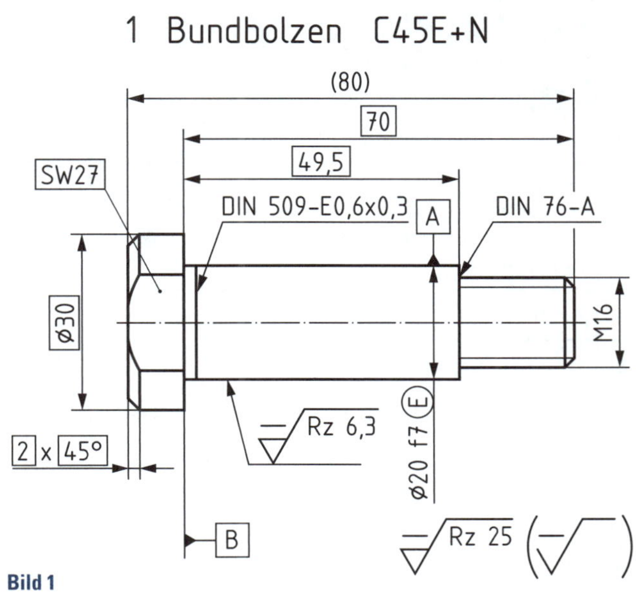

Bild 1

Arbeitsplan: Bundbolzen Pos. 1 (Bild 1)

Nr.	Arbeitsschritt	Einstellwerte		
		v_c m/min	n min^{-1}	f mm
1	Rundstahl ø35 vorschieben, spannen			
2	Stirnfläche plandrehen	(250)	2400	0,2
3	ø21 vordrehen für ø20 f7	(190)	2400	0,25
4	Bund ø30 und Fase 2 x 45° fertigdrehen	(300)	2400	0,1
5	Passdurchmesser 20 f7 fertigdrehen	(300)	2400	0,1
6	Freistich ø19,4 fertigdrehen			
7	Auf Fertiglänge abstechen	135	1400	0,1
8	Gewinde schneiden und Gewindefreistich DIN 76 - A drehen.			
9	Schlüsselweite SW 27 fräsen	(50)	2400	0,019

Hinweis: Werte für v_c teilweise in Klammern, da n_{max} = 2400/min als Maschinenwert vorgegeben ist.

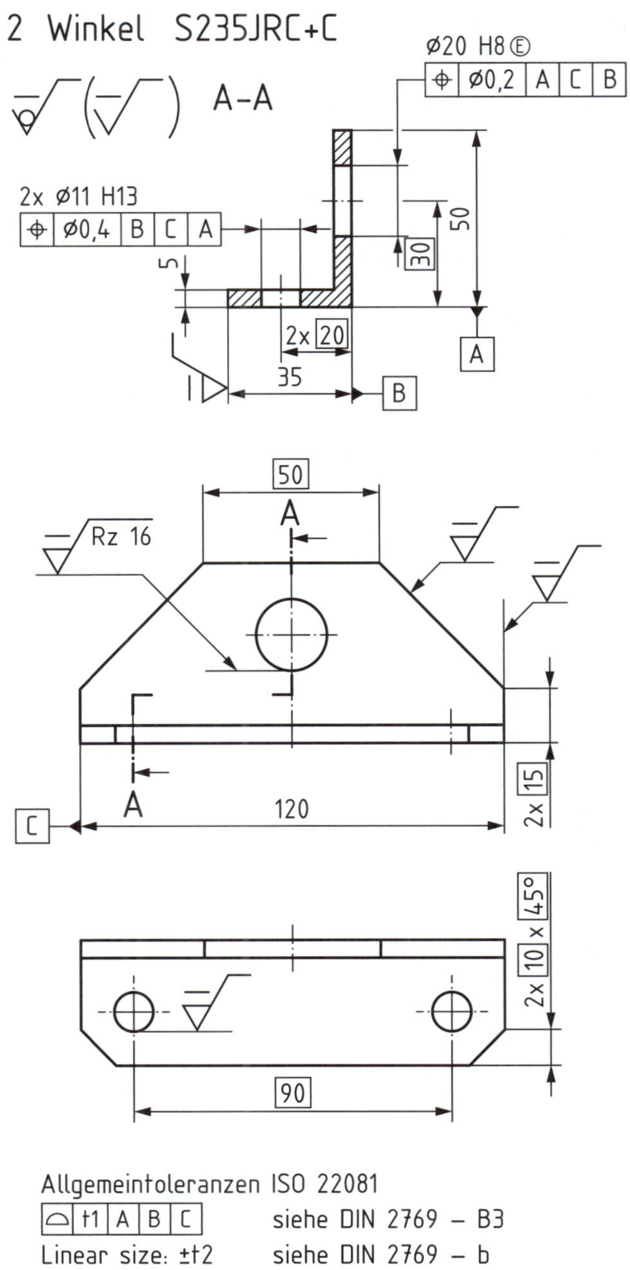

Bild 2

Arbeitsplan: Winkel Pos. 2 (Bild 2)

Nr.	Arbeitsschritt	Einstellwerte		
		v_c m/min	n min^{-1}	f mm
1	Halbzeug Winkelstahl LS 50 x 5 DIN 1022 auf Fertiglänge 120 sägen, entgraten (2 x)			
2	Breite 35, Schrägen und Fasen anreißen, sägen und entgraten (2 x)			
3	Bohrungen ø11 und ø20 anreißen und körnen (2 x)			
4	Für ø20 beide Teile gemeinsam mit ø11 vorbohren	50	1400	0,2
5	20 H8 gemeinsam fertigbohren und reiben	50	710	0,1
6	ø11 bohren (4 x)	50	1400	0,2
7	Werkstück entgraten, prüfen			

Arbeitsplan: Buchse Pos. 4 (Bild 1)

Nr.	Arbeitsschritt	Einstellwerte		
		v_c m/min	n min^{-1}	f mm
1	Stange ø32 vorschieben und spannen			
2	Stirnfläche plandrehen	(355)	2400	0,3
3	Außendurchmesser ø28 r6 auf ø29 vordrehen	(270)	2400	0,3
4	Zentrieren und ø18 vorbohren	56	900	0,2
5	Innendurchmesser vordrehen auf ø19,5	(250)	2400	0,1
6	Innendurchmesser fertigdrehen ø20 H8	(400)	2400	0,1
7	Außendurchmesser fertigdrehen ø28 r6	(440)	2400	0,1
8	Außen- und Innenfase drehen			
9	Abstechen, Fasen drehen, entgraten			

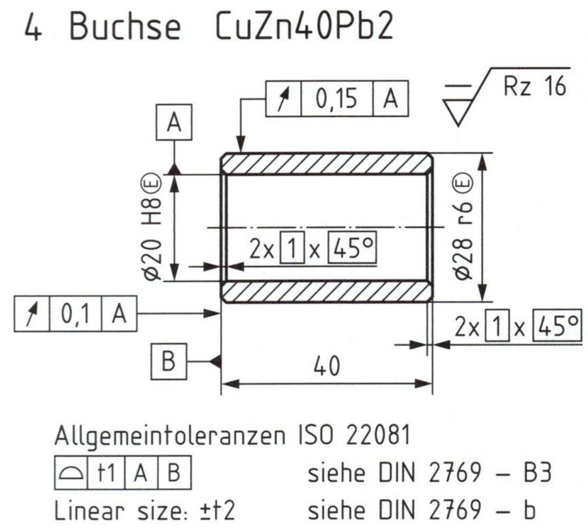

Bild 1

17.3 Planung der Montage

Aus Zusammenbauzeichnungen (Gesamtzeichnungen, Montagezeichnungen) kann man die verschiedenen Funktionen der Einzelteile herauslesen und ihr gesamtheitliches Zusammenwirken erkennen (**Bild 2**).

Danach können Funktionsbeschreibungen erstellt werden. Ebenso lässt sich aus den Gesamtzeichnungen die günstigste Zusammenbaufolge ablesen.

17.3.1 Funktionsbeschreibung

Die Rolle (Pos. 3) dreht sich auf der Buchse (Pos. 4). Der Bundbolzen (Pos. 1) ist in der Buchse gelagert und verspannt diese mit der Sechskantmutter (Pos. 6) und Scheibe (Pos. 5) gegen die Winkel (Pos. 2).

17.3.2 Fertigmontage

Einer der beiden Winkel (Pos. 2) wird mit dem kurzen Schenkel voran auf den Bundbolzen (Pos. 1) geschoben. Jetzt werden die Buchse (Pos. 4) und die Rolle (Pos. 3) auf den Bundbolzen aufgeschoben. Danach folgen der zweite Winkel (Pos. 2) und die Scheibe (Pos. 5). Mit der Sechskantmutter (Pos. 6) werden die Winkel (Pos. 2) mit der Buchse (Pos. 4) verspannt.

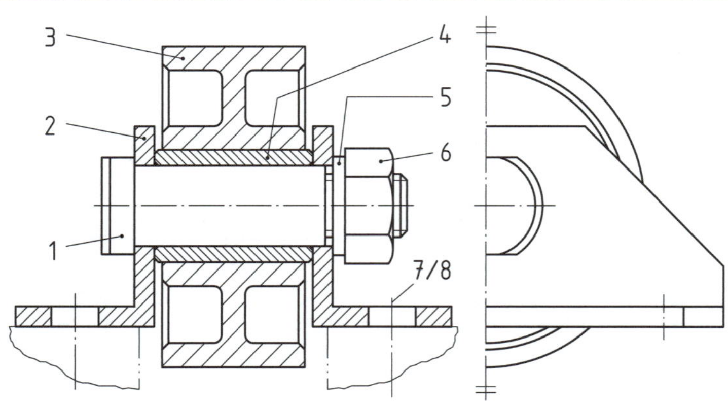

Stückliste A425-07700-111		Benennung Rollenlagerung			Auftrag
Pos.-Nr.	Sach- bzw. Zeichnungsnummer	Benennung/Norm-Kurzzeichen	Werkstoff	Menge	
0	A425-07700-111	Rollenlagerung-Zusammenbau		1	
1	A425-07712-402	Bundbolzen	C45E+N	1	
2	A425-07715-224	Winkel DIN 1022-LS 50x5	S235JRC+C	2	
3	A425-07789-123	Rolle	EN-GJL-250	1	
4	A425-07720-831	Buchse (in Pos. 3 eingepresst)	CuZn40Pb2 R360	1	
5	N701-16012-318	Scheibe ISO 8738-20-St		1	
6	N701-22038-110	Sechskantmutter ISO 4032-M16-10		1	
7	N701-02168-982	Sechskantschraube ISO 4017-M10x25-5.6		4	
8	N701-16012-250	Scheibe DINENISO 7090-10-200HV		4	

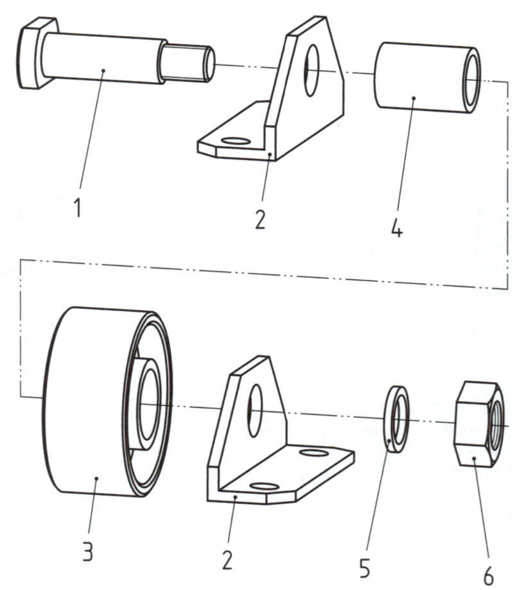

Bild 2

17.4 Fertigungsplanung für ein Kegelradritzel

Für das Kegelradritzel (**Bild 1**, ähnlich Pos. 01 **Seite 207**) sollen Pläne zur Fertigung erstellt werden. Das Rohteil ist geschmiedet; daher ist der erste Arbeitsschritt das Zentrieren des Schmiederohlings.

17.4.1 Planung der Arbeitsfolgen

Arbeitsplan A für einfache Drehmaschinen

1. Zentrieren beidseits
2. Vordrehen allseits mit 3 mm Schnittzugabe
3. Vergüten (30CrMoV9 + A)
4. Sandstrahlen
5. Vordrehen Schaftdurchmesser ø65 und ø67,5, restliche Maße allseits mit 1 mm Schnittzugabe
6. Spannungsarmglühen
7. Sandstrahlen
8. Fertigdrehen des Schaftdurchmessers ø65 auf ø65,4, Aussparung fertigdrehen, Passstelle ø50 mit Schleifzugabe, Bohren, Gewindeschneiden und zentrieren.
9. Schleifen ø65 auf ø65,1h6 und egalisieren der Anlageseite, Kontrolldurchmesser und Kontrollstirnseite
10. Vor- und Fertigfräsen der Kegelradverzahnung nach Verzahnungsanweisung
11. Entgraten der Zähne
12. Nitrieren (Gewindebohrung abdecken)
13. Entfernen der Abdeckmasse und 1 Gewinde nachschneiden
14. Schleifen der Passstellen mit Egalisieren der Anlageseite
15. Läppen der Zähne nach Verzahnungsanweisung
16. Waschen (Reinigen)
17. Kontrollieren der Verzahnung und protokollieren
18. Fertigungsendprüfung
19. Anliefern an: ...

Arbeitsplan B für NC-Fertigung

1. Zentrieren beidseits
2. Voreinstellen von Werkzeugen
3. Vordrehen allseits mit 3 mm Schnittzugabe mit Spannansatz an Kegelradseite nach Programm
4. Vergüten (30CrMoV9 + A)
5. Sandstrahlen
6. Voreinstellen von Werkzeugen
7. Vordrehen Schaftdurchmesser (ø65) mit ø67,5. Restliche Maße allseits mit 1 mm Schnittzugabe mit Spannansatz an Kegelradseite nach Programm
8. Spannungsarmglühen
9. Sandstrahlen
10. Voreinstellen von Werkzeugen
11. Fertigdrehen des Schaftdurchmessers (ø65) mit ø65,4, Aussparung fertigdrehen, Passstelle ø50 mit Schleifzugabe nach Programm
12. Voreinstellen von Werkzeugen
13. Bohren, Gewindeschneiden und Zentrieren der Schaftseite nach Programm
14. Voreinstellen von Werkzeugen
15. Fertigdrehen der Schüssel an Kegelradseite mit Zentrieren nach Programm
16. Schleifen des ø65 auf ø65,1h6 und egalisieren der Anlageseite, Kontrolldurchmesser und Kontrollstirnseite
17. Vor- und Fertigfräsen der Kegelradverzahnung nach Verzahnungsanweisung
18. Entgraten der Zähne
19. Nitrieren (Gewindebohrung abdecken)
20. Entfernen der Abdeckmasse und 1 Gewinde nachschneiden
21. Schleifen der Passstellen mit Egalisieren der Anlageseite
22. Läppen der Zähne nach Verzahnungsanweisung
23. Waschen (Reinigen)
24. Kontrollieren der Verzahnung und protokollieren
25. Fertigungsendprüfung
26. Anliefern an: ...

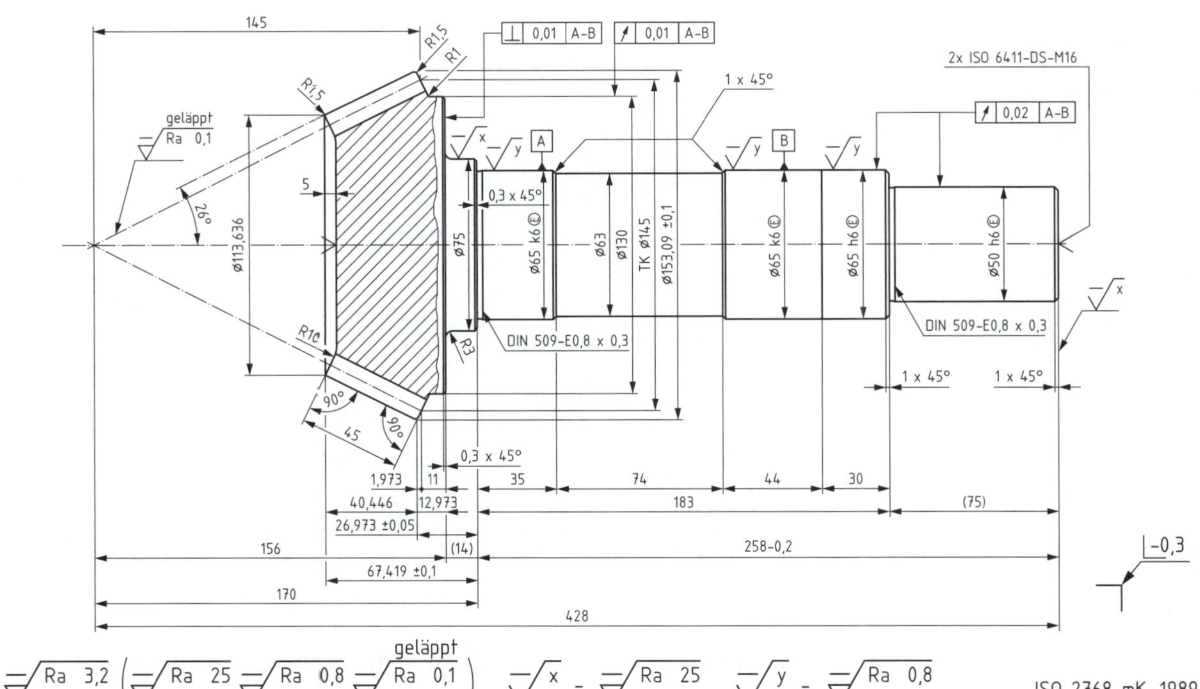

Bild 1

Zusatzangaben zur Arbeitsplanung: Kegelradritzel 31CrMoV9 + QT + NT; Verzahnungsart: Klingelnberg-Spiralverzahnung; $z = 22$; $m_n = 4{,}5$ mm; Eingriffswinkel = 20°; Stirnmodul = 6,59091 mm.
Zähne vorgefräst; spannungsarmgeglüht; vergütet auf 850 N/mm² bis 900 N/mm²; fertiggefräst. Zähne nitriert und geläppt; Rauheitswert 0,1 µm; NHD = 0,3 + 0,1/0 (650 + 100/0) HV1. Einflankenwälzprüfung nach DIN 3965 in Qualität 5.

17.4.2 Planung der Fertigungszeit und der Fertigungskosten

In industriellen Arbeitsplänen werden außer den Identitätsmerkmalen (Benennung, Sach- bzw. Zeichnungsnummer) des Fertigteils noch viele andere Eintragungen vorgenommen, z. B. die Rüstzeit *tr*, die Zeit je Einheit *te*, die Kostenstelle (Arbeitsplatz) und die Lohngruppe (*tr* und *te* sind meistens in Minuten angegeben). Der Aufbau der Pläne ist firmenspezifisch unterschiedlich.

In der Rüstzeit werden Arbeitsplatz, Maschine und Werkzeuge für den Auftrag vorbereitet (gerüstet) und wieder in den ursprünglichen Zustand zurückversetzt. Die Rüstzeit wird je Auftrag bzw. Werkstück nur einmal gewährt.

Die Zeit für die Ausführung der Arbeit an einem Werkstück wird als Zeit je Einheit bezeichnet. Sie wird von Zeitnehmern ermittelt und muss mit der Anzahl der Gesamtteile *m* multipliziert werden. Die Auftragszeit ist demnach $T = tr + m \times te$.

Für das Kegelradritzel wurden folgende *tr*- und *te*-Zeiten aus den Arbeitsplänen entnommen.

Tabelle 1: Fertigungszeiten für ein Kegelradritzel (Bild 1, Seite 181)

Arbeitsplan A (für Stückzahlen **unter** 5 Stück)			**Arbeitsplan B** (für Stückzahlen **über** 5 Stück)		
Arbeitsfolge	***tr***	***te***	**Arbeitsfolge**	***tr***	***te***
1. Zentrieren beidseits	7	2,90	1. Zentrieren beidseits	7	2,90
2. Vordrehen allseits	30	100,00	2. Voreinstellen von Werkzeugen	40	
3. Vergüten			3. Vordrehen allseits	5	27,30
4. Sandstrahlen		4,50	4. Vergüten		
5. Vordrehen Schaftdurchmesser	30	65,00	5. Sandstrahlen		4,50
6. Spannungsarmglühen			6. Voreinstellen von Werkzeugen	40	
7. Sandstrahlen		4,50	7. Vordrehen Schaftdurchmesser	50	11,31
8. Fertigdrehen Schaftdurchmesser	35	120,00	8. Spannungsarmglühen		
9. Schleifen ø65	15	13,00	9. Sandstrahlen		4,50
10. Vor- und Fertigfräsen	130	112,00	10. Voreinstellen von Werkzeugen	40	
11. Entgraten der Zähne		29,60	11. Fertigdrehen Schaftdurchmesser	60	15,60
12. Nitrieren			12. Voreinstellen von Werkzeugen	40	9,93
13. Entfernen der Abdeckmasse	5	10,00	13. Bohren, Gewindeschneiden	60	
14. Schleifen der Passstellen			14. Voreinstellen von Werkzeugen	40	
15. Läppen der Zähne	12	17,80	15. Fertigdrehen der Schlüssel	60	12,22
16. Waschen			16. Schleifen ø65	15	13,00
17. Kontrollieren der Verzahnung			17. Vor- und Fertigfräsen	130	112,00
18. Fertigungs-Endprüfung			18. Entgraten der Zähne		29,60
			19. Nitrieren		
			20. Entfernen der Abdeckmasse	5	10,00
			21. Schleifen der Passstellen	20	19,00
			22. Läppen der Zähne	12	17,80
Summe	264	479,30	Summe	624	289,66

Bei den Arbeitsfolgen Vergüten, Spannungsarmglühen und Nitrieren fehlen die *tr*- bzw. *te*-Zeiten. Diese Arbeitsfolgen werden nach Gewicht berechnet.

Aus den Herstellzeiten, bezogen auf die Einzelfertigung nach dem Arbeitsplan A, können folgende Vergleiche angestellt werden:

> Für 20 Kegelradritzel nach Arbeitsplan A beträgt die Herstellzeit 479,30 min x 20 + 264 min = 9850 min, nach Arbeitsplan B = 6417,2 min. Einsparung der reinen Herstellzeit ≈ 35 %.

Herstellkosten setzen sich zusammen aus: Werkstoffkosten + Fertigungskosten + Sonderkosten der Fertigung.

17.4.3 Planung der NC-Programmerstellung

Für die Kegelradritzel (**Bild 1, Seite 203**) soll ein Programm zum Fertigdrehen der rechten Werkstückseite (**Bild 1**) erstellt werden. Die rechte Planseite sowie die Rückseite der Verzahnung (einschließlich Zylinder ø75) bleiben ohne Schlichtschnitt. Der Schlichtschnitt beginnt daher mit der Fase an der rechten Planseite und endet an der Planseite der Einzelheit Y.

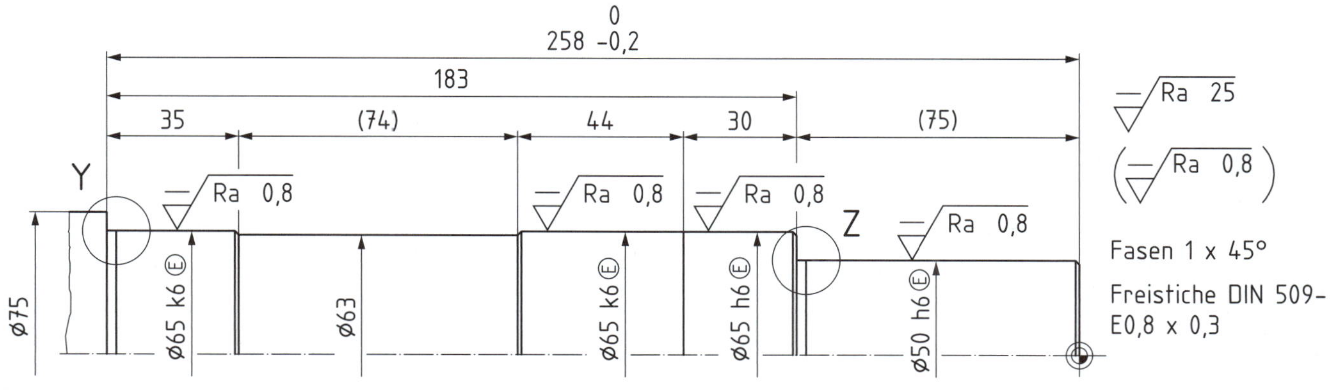

Bild 1

Der Programmaufbau bei NC-Steuerungen ist teilweise genormt (DIN 66025). Alle Steuerungs- und Maschinenhersteller verwenden zusätzlich zu den genormten Programmteilen Zusatzfunktionen, z. B. Zyklen. Der Aufbau dieser Programmteile ist herstellerabhängig.

Für die Bearbeitung vorgesehen ist eine Drehmaschine mit Schrägbett (Werkzeuge hinter Drehmitte). Folgende Wegbedingungen stehen zur Verfügung: G00, G01, G02, G03, G40, G41, G42, G70, G71, G90, G91, G94, G95, G96, G97. Im Einschaltzustand der Steuerung sind die Wegbedingungen G40, G71, G90, G95, G97 wirksam. Das Programm ist zunächst in Einzelschritten nach DIN (ohne Arbeitszyklen), anschließend mit den Zyklen G85 und G88 (Erklärung unten), zu erstellen. Für Passmaße wird bei NC-Fertigung nicht das Nennmaß, sondern der Mittelwert zwischen Höchst- und Mindestmaß programmiert.

Der Revolverkopf der Drehmaschine ist mit acht Werkzeugen bestückt (**Bild 2**):

Platz Nr.	1	2	3	4
Werkzeug Nr.	1	2	3	12
Werkzeugform				
Platz Nr.	5	6	7	8
Werkzeug Nr.	5	16	7	8
Werkzeugform		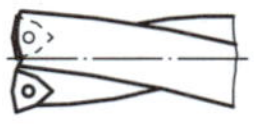	 Spiralbohrer ø10,0	 NC-Anbohrer

Bild 2

Darstellung der Einzelheiten Z und Y von Bild 1.

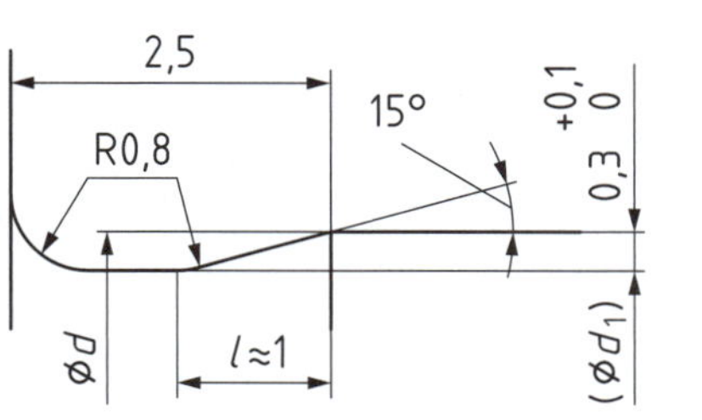

Z

ød = 50 h6

($ød_1$) = 49,4 – 0,2

Y

ød = 65 k6

($ød_1$) = 64,4 – 0,2

$$l = \frac{0{,}3\text{ mm}}{\tan 15°} = \frac{0{,}3\text{ mm}}{0{,}26795} = \approx 1\text{ mm}$$

Bild 3

Passungstabelle zu Bild 1 und Bild 3

Passmaß	oberes Grenzabmaß µm	unteres Grenzabmaß µm	mittlerer Durchmesser
ø50 h6	0	–16	49,992
ø65 h6	0	–19	64,991
ø65 k6	+21	+2	65,012

Arbeitszyklen für den Schlichtvorgang zu Bild 1:

G85

Längsdrehen mit Freistich DIN 509 Form E

Z Wellenlänge (mit Freistich)

Startpunkt: X = Wellendurchmesser;
Z = Wellenanfang

Endpunkt: X = Wellendurchmesser;
Z = Wellenende

Die Freistichmaße werden dem Technologiespeicher der Steuerung entnommen.

G 88

Querplandrehen mit Fase 45°

X Wellendurchmesser R Fasenbreite

Startpunkt: Planfläche

Endpunkt: X = Wellendurchmesser;
Z = Planfläche – R

NC-Programm zu Bild 1, Seite 183 (Teil 1)

NC-Programmsätze (ohne Zyklen)										Erläuterung
%001										Programm Nr. 001
N01	G96						T0202		M06	Konstante Schnittgeschwindigkeit, Werkzeug 02 auf Platz 02, Werkzeugwechsel
N02	G00	G42	X46	Z1	F0.25	S250		M04	M08	Eilgang, Werkzeugbahnkorrektur rechts, Vorschub 0,25 mm, Schnittgeschwindigkeit 250 m/min, Spindel LINKS EIN, Kühlmittel EIN
N03	G01		X49.992	Z-1						Drehen Fase 1 × 45°
N04	G01			Z-72.5	F0.1					Längsdrehen ø50h6
N05	G01		X49.3	Z-73.5						Freistich drehen, Radius ist durch Schneideneckenradius gegeben
N06	G01			Z-75						
N07	G01		X63		F0.25					Querdrehen
N08	G01		X64.991	Z-76						Fase 1 × 45°
N09	G01			Z-105	F0.1					Längsdrehen ø65 h6
N10	G01		X65.012							Querdrehen ø65 k6
N11	G01			Z-149						Längsdrehen ø65 k6
N12	G01		X63	Z-150	F0.25					Fase 1 × 32° (Einstellwinkel der Nebenschneide)
N13	G01			Z-222						Längsdrehen ø63
N14	G01		X65.012	Z-223						Fase 1 × 45°
N15	G01			Z-255.5	F0.1					Längsdrehen ø65 k6
N16	G01		X64.3	Z.256.5						Freistich drehen, Radius ist durch Schneideneckenradius gegeben
N17	G01			Z-258						
N18	G01		X76		F0.25			M05	M09	Querdrehen, Spindel AUS, Kühlmittel AUS
N19	G00	G40	X200	Z100				M30		Schneidenradiuskorrektur AUS, im Eilgang zum Werkzeugwechselpunkt, Programmende

NC-Programm zu Bild 1, Seite 183 (Teil 2)

NC-Programmsätze (mit Zyklen)										Erläuterung
%002										Programm Nr. 002
N01	G96						T0202		M06	Konstante Schnittgeschwindigkeit, Werkzeug 02 auf Platz 02, Werkzeugwechsel
N02	G00	G42	X48	Z1	F0.25	S250		M04	M08	Eilgang, Werkzeugbahnkorrektur rechts, Vorschub 0,25 mm, Schnittgeschwindigkeit 250 m/min, Spindel LINKS EIN, Kühlmittel EIN
N03	G01			Z0						Anfahren Planfläche
N04	G88		X49.992	R1						Drehen Fase 1 × 45°
N05	G85			Z-75	F0.1					Längsdrehen ø50 h6 mit Freistich
N06	G88		X64.991	R1	F0.25					Querdrehen mit Fase 1 × 45°
N07	G01			Z-105	F0.1					Längsdrehen ø65 h6
N08	G01		X65.012							Querdrehen ø65 k6
N09	G01			Z-149						Längsdrehen ø65 k6
N10	G01		X63	Z-150	F0.25					Fase 1 × 32° (Einstellwinkel der Nebenschneide)
N11	G01			Z-222						Längsdrehen ø63
N12	G01		X65.012	Z-223						Fase 1 × 45°
N13	G85			Z-258	F0.1					Längsdrehen ø65 k6
N14	G01		X76		F0.25			M05	M09	Querdrehen, Spindel AUS, Kühlmittel AUS
N15	G00	G40	X200	Z100				M30		Schneidenradiuskorrektur AUS, im Eilgang zum Werkzeugwechselpunkt, Programmende

17.5 Planung der Montage eines Winkelgetriebes

Das Winkelgetriebe (**Bild 1** und **Seite 208**) soll montiert werden.

Zuerst werden zusammengehörende Teilgruppen vormontiert. Bei der anschließenden Fertigmontage werden die Teilgruppen mit den restlichen Teilen zur Baugruppe vereint.

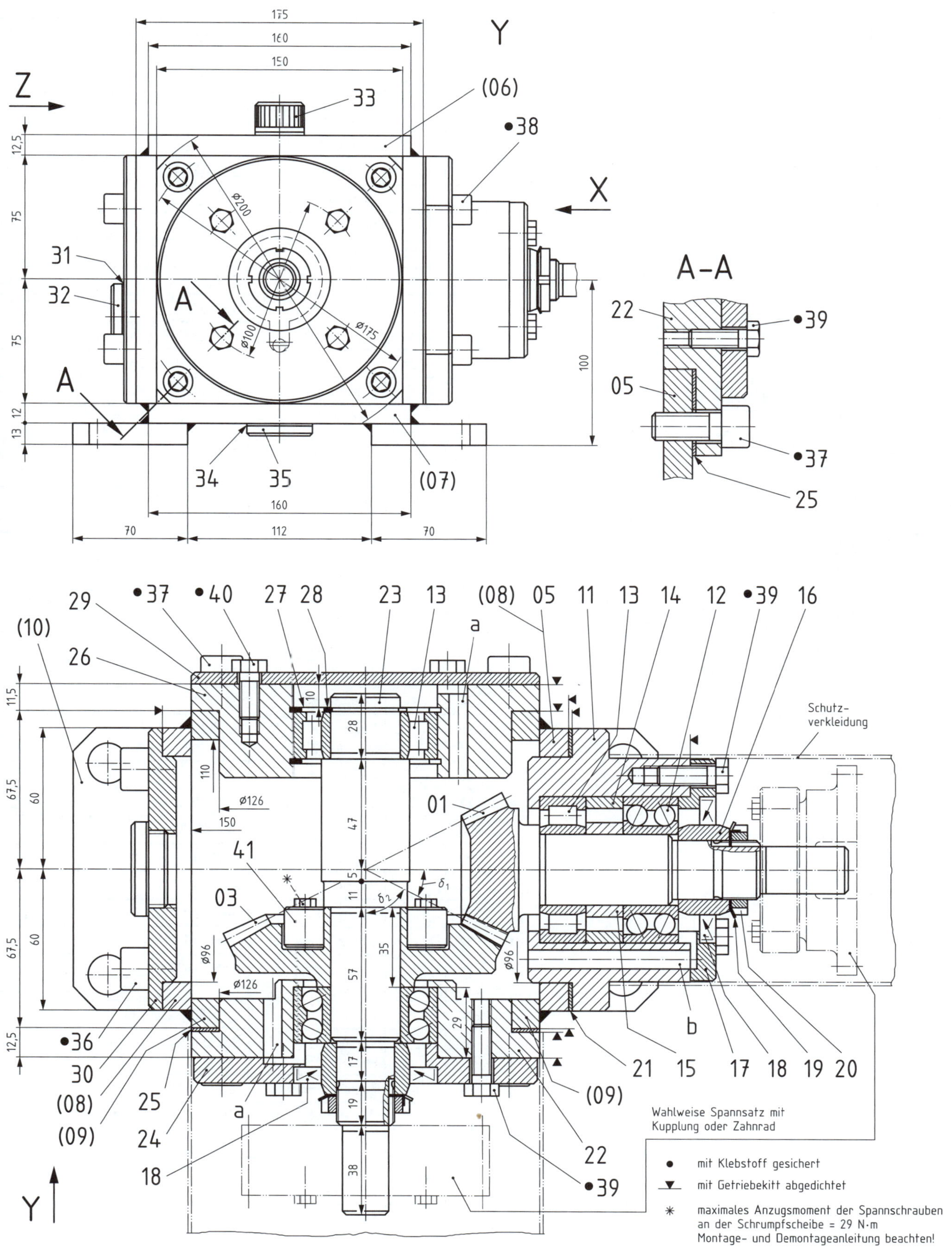

Bild 1

Forts. Gesamtzeichnung Winkelgetriebe

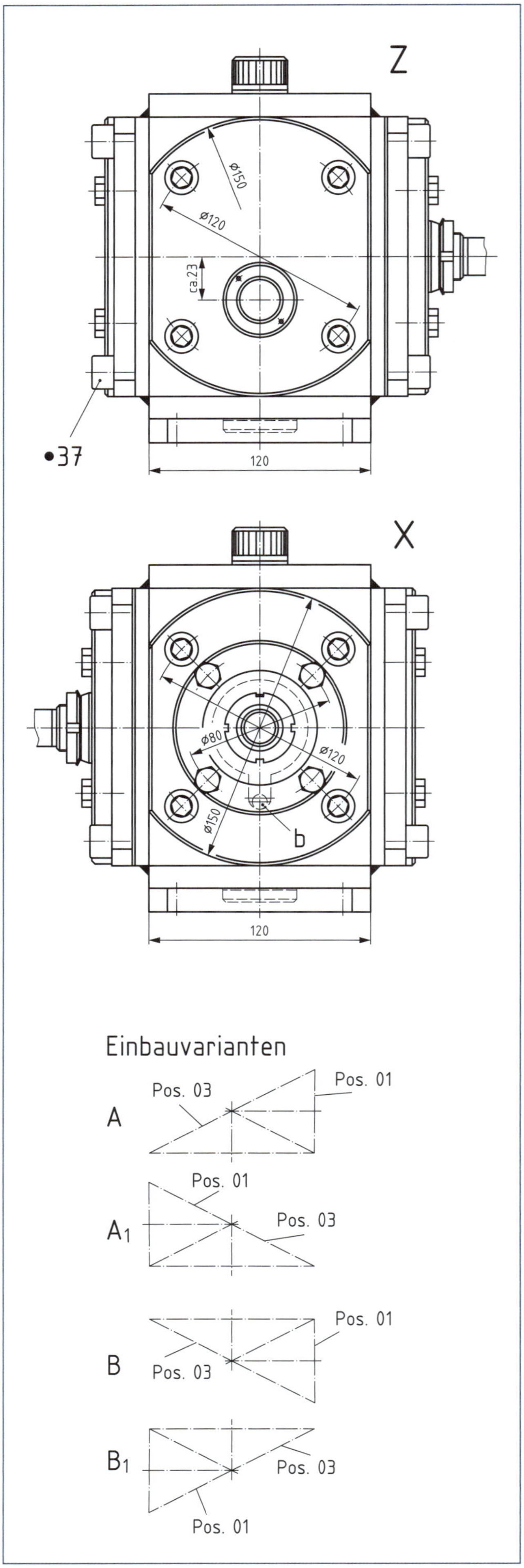

Stückliste der Baugruppe Winkelgetriebe

Pos. Nr.	Menge	Benennung	Werkstoff Normbezeichnung	Bemerkung Rohmaße
00	–	Winkelgetriebe Ausführung A		Ausführung A
01	1	Kegelradritzel	31CrMoV9	$m = 3$ mm; $z_1 = 20$
02	–	–		
03	1	Kegelrad	31CrMoV9	$m = 3$ mm; $z_2 = 40$
04	–	–		
05	1	Getriebegehäuse besteht aus Pos. 06 bis Pos. 10		
06	1	Deckblech	S235JRC+C	Bl 16
07	1	Bodenblech	S235JRC+C	Bl 12
08	2	Seitenteil	S235JRC+C	Bl 16
09	2	Seitenteil	S235JRC+C	Bl 16
10	2	Halter	S235JRC+C	Bl 16
11	1	Lagergehäuse	S235J0	
12	2	Schrägkugellager	DIN 628-3206	
13	2	Zylinderrollenlager	DIN 5412-NU2206	
14	1	Distanzring	S235J0	
15	1	Distanzring	S235J0	
16	2	Buchse	S235J0	
17	1	Lagerdeckel	S235J0	
18	2	Radialwellendichtring	DIN 3760-AS38 × 62 × 8	
19	2	Sicherungsblech	DIN 5406-MB5	
20	2	Nutmutter	DIN 981-KM5	
21	1	Distanzblech, zweiteilig	S235JR	
22	1	Lagergehäuse	S235J0	
23	1	Welle	C60E+N	
24	1	Lagerdeckel	S235J0	
25	1	Distanzblech, zweiteilig	S235JR	
26	1	Lagergehäuse	S235J0	
27	2	Sicherungsring	DIN 472-62 × 2	
28	1	Sicherungsring	DIN 471-30 × 1,5	
29	1	Lagerdeckel	S235J0	
30	1	Deckel	S235JR	
31	1	Flachdichtring	DIN 7603-A35 × 41	M33 × 2
32	1	Sichtscheibe	DIN 6279-BG1A-Ms58	
33	1	Entlüftungsschraube	GN552-R ½-A1	bezogen von...
34	1	Dichtring	DIN 7603-A33 × 39	
35	1	Verschlussschraube	DIN 908-G1A	
36	4	Zylinderschraube	ISO4762-M12 × 20-8.8	
37	8	Zylinderschraube	ISO4762-M12 × 25-8.8	
38	4	Zylinderschraube	ISO4762-M12 × 30-8.8	
39	8	Sechskantschraube	ISO4017-M8 × 25-8.8	
40	4	Sechskantschraube	ISO4017-M8 × 20-8.8	
41	1	Spannsatz	RFN 4171-36 × 30	bezogen von...

17.5.1 Vormontage der Teilgruppe A (Bild 1)

Zur Teilgruppe A gehören z. B. alle Teile, die mit dem Kegelradritzel (Pos. 01) in dem Lagergehäuse (Pos. 11) in Verbindung stehen.

Hinweise zur Wälzlagermontage:

Bei der Montage der Wälzlager ist darauf zu achten, dass bei allen im Winkelgetriebe eingebauten Wälzlagern die Innenringe Umfangslast aufnehmen müssen. Die Passungen sind deshalb zwischen den Wellen und den Innenringen enger. Dadurch werden die Fügekräfte für die Innenringe größer. Aus diesem Grund werden nach Möglichkeit zuerst die Innenringe auf die Wellen aufgebracht.

Beim Schrägkugellager (Pos. 12 der Baugruppe A) ist dies nicht möglich, weil das Kegelradritzel (Pos. 01) mit dem Wälzlager nicht gemeinsam von rechts in das Lagergehäuse (Pos. 11) eingesetzt werden kann.

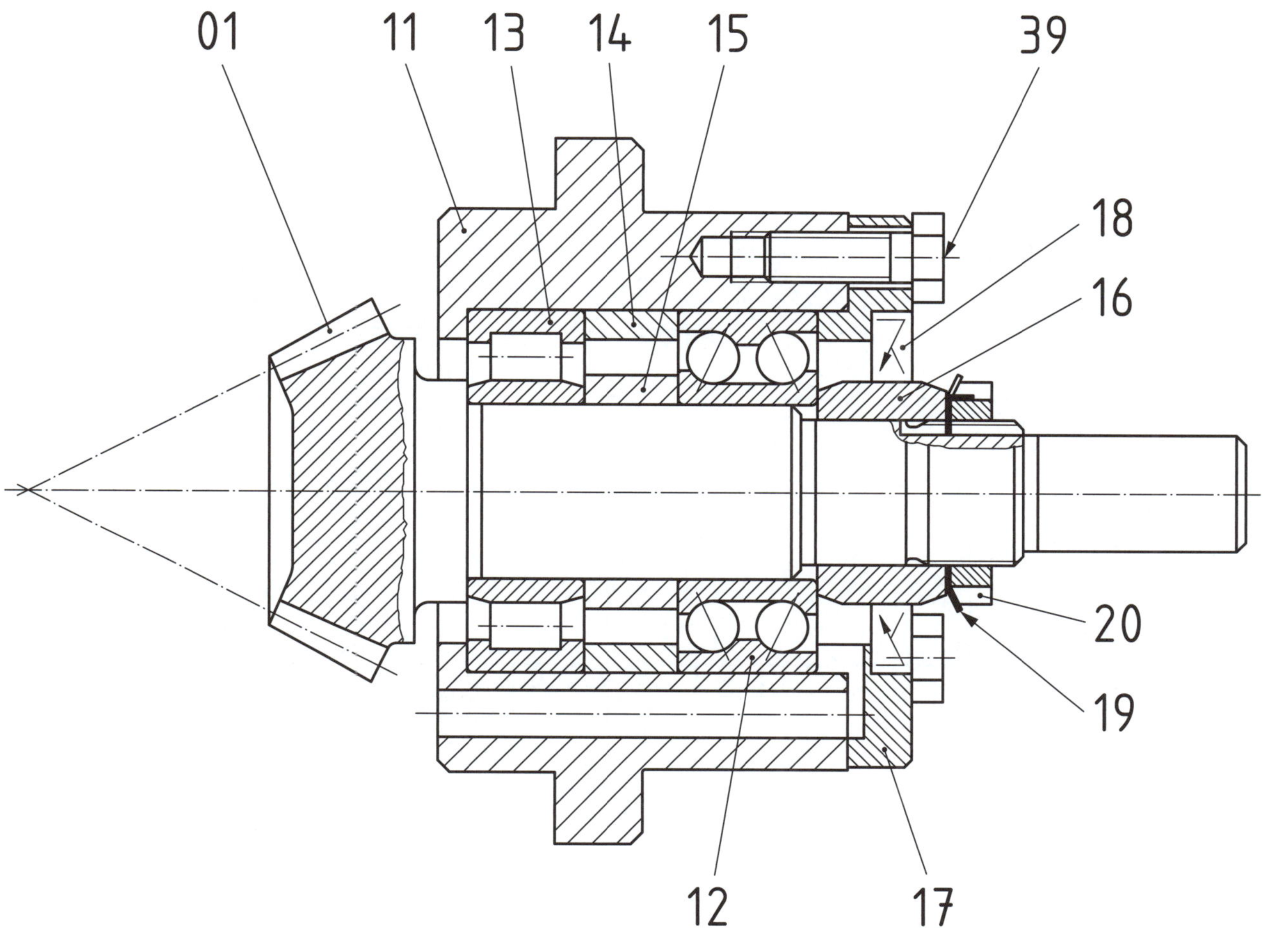

Bild 1

Die Montageanleitung lautet:

1. Lagerinnenring des Zylinderrollenlagers (Pos. 13) auf das Kegelradritzel (Pos. 01) pressen
2. Äußeren Lagerring mit Rollkörper (Pos. 13) in das Lagergehäuse (Pos. 11) schieben
3. Ritzel mit aufgepresstem Lagerring in das Gehäuse (Pos. 11) schieben, dabei die Ritzelwelle drehen und die Rollkörper bzw. den Lagerring zuvor einölen
4. Distanzringe (Pos. 14, 15) einschieben
5. Kegelradritzel gegenhalten und das Schrägkugellager (Pos. 12) einpressen
6. Radialwellendichtring (Pos. 18) in Lagerdeckel (Pos. 17) einpressen
7. Buchse (Pos. 16) auf die Ritzelwelle (Pos. 01) schieben
8. Buchse und Dichtringlippen leicht einölen
9. Lagerdeckel (Pos. 17) mit eingepresstem Dichtring über die Buchse schieben und an das mit Dichtmasse bestrichene Lagergehäuse (Pos. 11) anschrauben
10. Nutmutter (Pos. 20) anziehen und Sicherungsblech (Pos. 19) umbiegen
11. Überprüfen, ob Ritzelwelle leicht umläuft und axial fest ist

17.5.2 Vormontage der Teilgruppe B (Bild 1)

Hierzu zählen alle Teile, die auf der Welle (Pos. 23) und mit dem Lagergehäuse (Pos. 22) in Verbindung stehen.

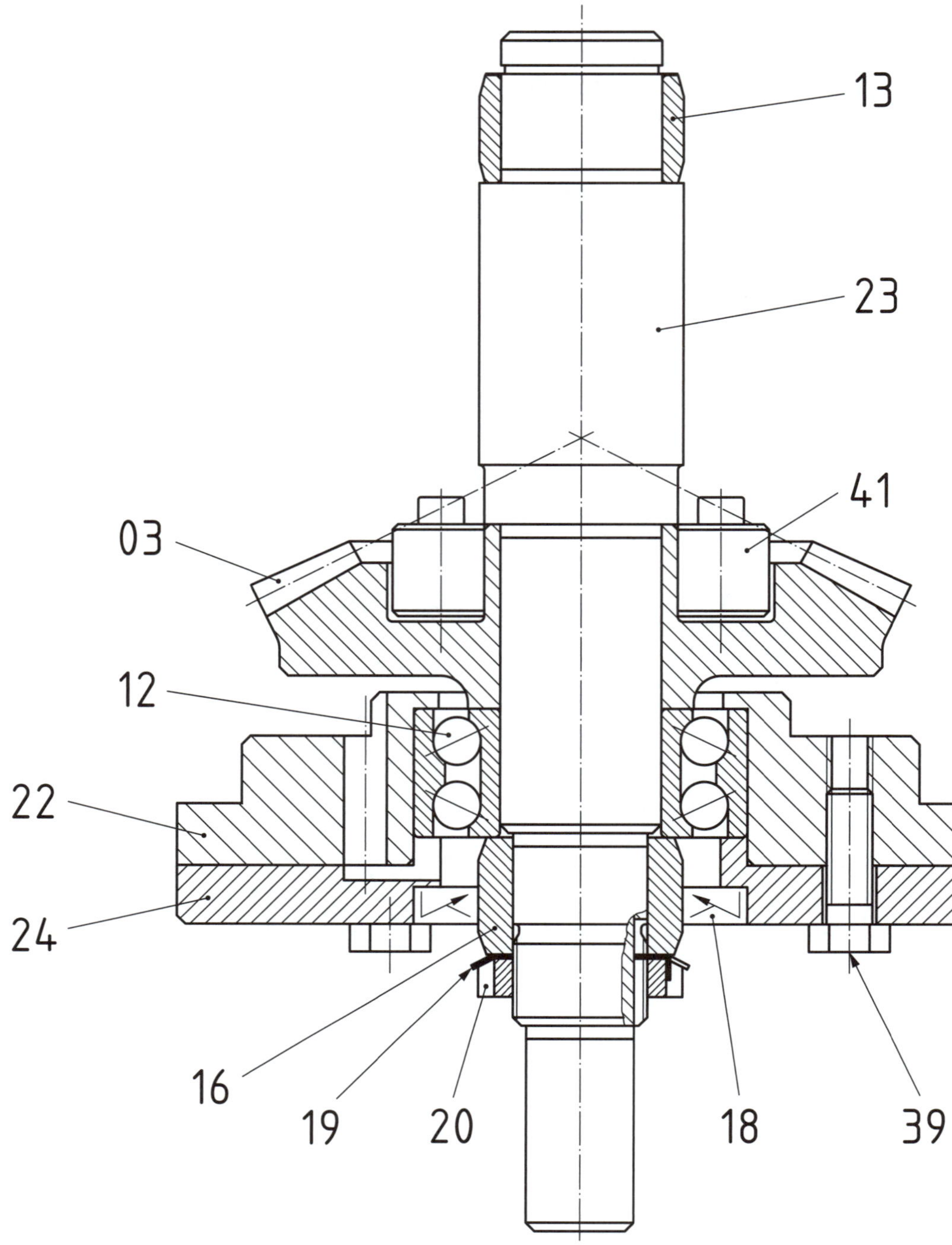

Bild 1

Die Montageanleitung lautet:

1. Lagerinnenring des Zylinderrollenlagers (Pos. 13) auf den Wellenzapfen pressen
2. Spannsatz (Pos. 41) auf Kegelradbund schieben
3. Kegelrad (Pos. 03) auf die Welle (Pos. 23) schieben und mit dem Spannsatz befestigen (Einbauvorschrift für Spannsätze beachten)
4. Schrägkugellager (Pos. 12) in Lagergehäuse (Pos. 22) einschieben
5. Lagergehäuse mit eingebautem Lager auf die Welle (Pos. 23) schieben, bis Lagerinnenring am Kegelrad anliegt
6. Buchse (Pos. 16) auf die Welle schieben
7. Radialwellendichtring (Pos. 18) in den Lagerdeckel (Pos. 24) einpressen
8. Buchse und Dichtring einölen
9. Lagerdeckel (Pos. 24) mit Dichtmasse am Lagergehäuse (Pos. 22) festschrauben
10. Nutmutter (Pos. 20) anziehen und Sicherungsblech (Pos. 19) umbiegen

17.5.3 Fertigmontage der Baugruppe Winkelgetriebe

Die Teilgruppen A und B werden mit den restlichen Teilen zur Baugruppe Winkelgetriebe zusammengebaut. Dies geschieht nach den vom Kunden bestellten Varianten (**Bild, Seite 208**).

Montageplan: Fertigmontage der Baugruppe Winkelgetriebe

Nr.	Arbeitsschritt	Werkzeuge, Hilfsmittel
1	Inneren Sicherungsring (Pos. 27) in Lagergehäuse (Pos. 26) einbauen	Zange für Sicherungsring DIN 5256-C40
2	Äußeren Lagerring (Pos. 13) ölen und in das Lagergehäuse (Pos. 26) einbauen	Getriebeöl nach Vorschrift des Wälzlagerherstellers
3	Äußeren Sicherungsring (Pos. 27) einbauen	Zange für Sicherungsring DIN 5256-C40
4	Lagergehäuse (Pos. 26) mit Dichtmasse am Getriebegehäuse festschrauben	Getriebekitt, Pinsel, Winkelschraubendreher SW 6
5	Baugruppe B einbauen	Handkraft, mit leichter Drehbewegung montieren
6	Sicherungsring (Pos. 28) einbauen	Zange für Sicherungsring DIN 5254-A19S
7	Lagerdeckel (Pos. 29) an Lagergehäuse (Pos. 26) anschrauben	Getriebekitt, Pinsel, Ringschlüssel SW 13
8	Baugruppe A einsetzen	Handkraft, leichte Drehbewegung
9	Zahnflankenspiel und Tragbild kontrollieren	Tuschierfarbe
10	Abstand zwischen Getriebegehäuse (Pos. 05) und Lagergehäuse (Pos. 11 bzw. Pos. 22) ausmessen	Fühlerlehre
11	Zweiteilige Distanzbleche (Pos. 21 bzw. Pos. 22) nach Stichmaß schleifen	Flachschleifmaschine mit Magnetspannplatte
12	Baugruppen A und B ausbauen, Zahnräder reinigen	Lösungsmittel für Tuschierfarbe
13	Baugruppen A und B einbauen, zusammen mit Distanzringen festschrauben	Getriebekitt, Pinsel, Winkelschraubendreher SW 6
14	Kegelradritzel (Pos. 01) hin- und herdrehen und nach Gehör auf Lauf kontrollieren	Handkraft
15	Deckel (Pos. 30) am Gehäuse (Pos. 05) festschrauben	Getriebekitt, Pinsel, Winkelschraubendreher SW 6
16	Sichtscheibe (Pos. 32) mit Dichtung (Pos. 31) in Deckel (Pos. 30) einschrauben	Verstellbarer Schlüssel für Zweilochmutter
17	Verschlussschraube (Pos. 35) mit Dichtring (Pos. 34) in das Getriebegehäuse (Pos. 05) einschrauben	Winkelschraubendreher SW 17
18	Öl einfüllen bis zur Mitte der Sichtscheibe	Getriebeöl nach Vorschrift des Zahnradherstellers
19	Entlüftungsstutzen (Pos. 33) einschrauben	Handkraft
20	Anliefern zur Endkontrolle an ...	–

17.5.4 Aufgaben zum Winkelgetriebe

Ausarbeitungshinweise:

Erlaubte Hilfsmittel: Tabellenbuch, Taschenrechner, Tabellen in diesem Buch.

Die in der Gesamtzeichnung eingetragenen Konstruktionsmaße müssen normgerecht in die zu erstellenden Zeichnungen übertragen werden.

1. Welche Aufgabe hat dieses Getriebe?
2. Welches Übersetzungsverhältnis i und welchen Achsenwinkel Σ hat das dargestellte Getriebe (Pos. 1 ist treibend)?
3. Mit welcher Drehzahl läuft das Kegelradritzel (Pos. 1), wenn an der Welle (Pos. 23) eine Drehzahl n = 216/min gemessen wird?
4. Für die Pos. 01 und 03 sind zu berechnen:
   a) Die Teilkreisdurchmesser d_1 und d_2
   b) Die Teilkreiswinkel δ_1 und δ_2
   c) Die Außendurchmesser d_{a1} und d_{a2}
5. Nach folgendem Beispiel ist je eine Skizze der Variante B im Maßstab 1 : 2 für Modul 3 mm und 3,5 mm mit unveränderten Zähnezahlen zu erstellen.

   Beispiel: Skizze für Ausführung A1, mit Modul 2,5 mm und den Zähnezahlen z = 20 und z = 40.

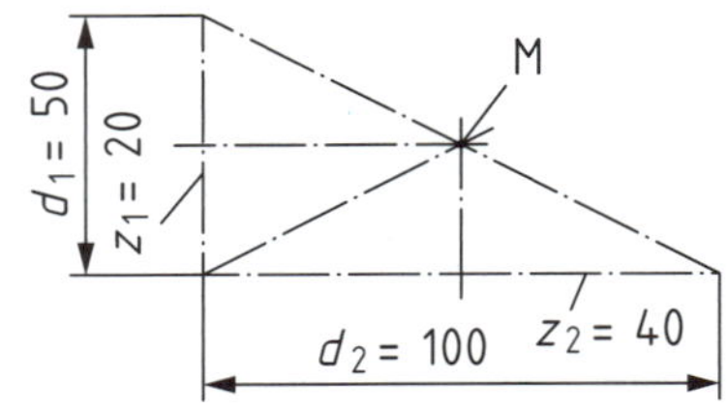

6. Welche Schmierstoffart könnte für dieses Getriebe verwendet werden?
7. Warum ist die Mitte der Sichtscheibe (Pos. 32) ca. 23 mm unterhalb der Mitte der Kegelräder angeordnet?
8. Welche Innen- und Außendurchmesser haben die Wälzlager Pos. 12 und 13?
9. Das Schrägkugellager (Pos. 12) hat die Bezeichnung DIN 628-3206. Welche Informationen können dieser Kurzbezeichnung entnommen werden?
10. Zur Aufnahme der Wälzlager müssen die entsprechenden Durchmesser von Kegelradritzel (Pos. 1) und Welle (Pos. 23) sowie der Lagergehäuse (Pos. 11 und Pos. 22) Passungen aufweisen.
    a) Welche Ringe der Wälzlager müssen Umfangs-, welche Punktlast aufnehmen?
    b) Welche Toleranzfeldlagen zur Aufnahme der Innen- und Außenringe können dem Tabellenbuch entnommen werden, wenn mittlere Belastung angenommen wird?
    c) Welche Passung entsteht zwischen dem Außenring des Schrägkugellagers (ø62 -0,013) und dem Lagergehäuse (ø62 H7)? Die Toleranzfelder sind zeichnerisch darzustellen.
    d) Wie groß sind dabei Höchst- und Mindestübermaß bzw. Höchst- und Mindestspiel?
    e) Welche Passung entsteht zwischen dem Innenring des Schrägkugellagers (ø30 -0,010) und der Welle (ø30 k6)? Die Toleranzfelder sind zeichnerisch darzustellen.
    f) Wie groß sind dabei Höchst- und Mindestübermaß bzw. Höchst- und Mindestspiel?
11. a) Die vorgezeichnete Welle (Pos. 23, **Bild 1**) ist auf beiden Seiten zeichnerisch zu ergänzen. Zur Fertigung notwendige Angaben sind einzutragen (Hinweise beachten).
    b) Im Bereich von Pos. 19/20 ist im Maßstab 2 : 1 ein Schnitt als Teilschnitt zu zeichnen.

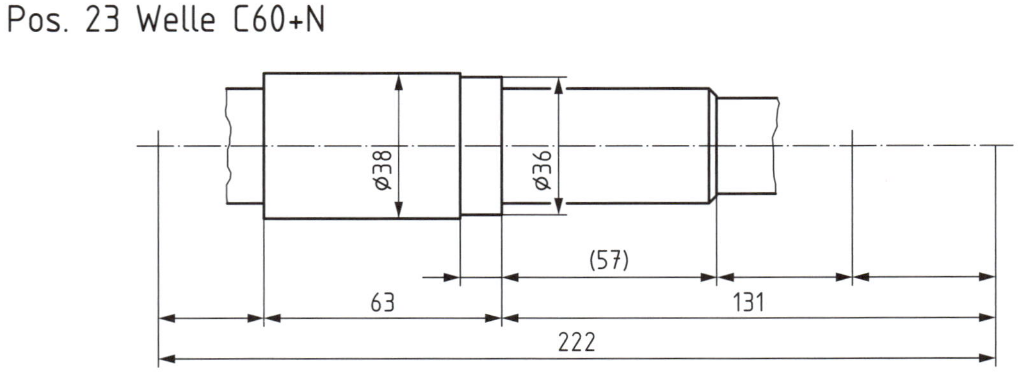

Bild 1

Hinweise zu Aufgabe 11:

- Beidseitig sind Zentrierbohrungen Form B mit d_1 = 4 mm anzubringen, die am Fertigteil verbleiben. Der Texteintrag ist in vereinfachter Form normgerecht vorzunehmen.
- Die Durchmesser für die Wälzlager erhalten einheitlich Toleranzfeldlage k6. Restliche Passdurchmesser: Toleranzklasse h6. Alle Passdurchmesser mit Hüllbedingung.
- Kurzbezeichnung KM5 bei Pos. 20 bedeutet: Feingewinde mit 25 mm Außendurchmesser, Steigung 1,5 mm.
- Gewindefreistich: Form B kurz, α = 60°. Vereinfachte Darstellung mit Texteintrag in der Zeichnung. Für NC-Makroerstellung ist der Gewindefreistich mit Maßeintragung im Maßstab 5 : 1 darzustellen. Der Toleranzfeldeintrag h13 ist in mm vorzunehmen.
- Nut für Pos. 19 (Sicherungsblech MB5): Breite 6 mm, Tiefe vom Außendurchmesser 2,5 mm, am Grund ist ein Radius mit 0,4 mm anzugeben. Das Ende der gefrästen Nut ist rund.
- Die drei Maße der Sicherungsringnut erhalten (abweichend von DIN 471) obere bzw. untere Grenzabmaße von 0,2 mm (firmenspezifisch, Lagermaße siehe Tabellenbuch).
- An den Enden der Durchmesser 30 mm und 20 mm sowie am Gewindeende sind Fasen mit 1 × 45° anzubringen.
- Alle Passdurchmesser erhalten Freistiche der Form E. Sie sind als Texteintrag in die Zeichnung aufzunehmen. Für die NC-Makroprogrammierung ist ein Freistich im Maßstab 10 : 1 mit Maßeintragung als Einzelheit herauszuzeichnen.
- Zur gemeinsamen Achse der Wälzkreisdurchmesser müssen die anderen Passdurchmesser koaxial sein (t = 0,05 mm).
- Oberflächen sind gespant: Stirnseiten ohne *Ra*-Obergrenze, Durchmesser 38 mm und 36 mm sowie Nut für Pos. 19, mit *Ra*-Obergrenze 25 mm. Restflächen mit *Ra*-Obergrenze 3,2 mm.
- Nichttolerierte Maße sind nach ISO 2768, Toleranzklasse mittel auszuführen.

12. a) Mit welchem Werkzeug kann die erforderliche Wellennut für Pos. 19 gefräst werden?

    b) Die normgerechte Bezeichnung für einen Schaftfräser mit Zylinderschaft Form A, einem Schneidendurchmesser *d* von 10 mm in kurzer Ausführung für Werkzeuganwendungsgruppe N und Legierungsgruppe des Schnellarbeitsstahls HSS lautet: **Fräser DIN 844-A 10 K-N-HSS.**
    Wie heißt die normgerechte Bezeichnung für den Schaftfräser, der zur Fertigung von Pos. 23 verwendet wird?

13. Warum sind zwischen dem Getriebegehäuse (Pos. 5) und den Lagergehäusen (Pos. 11 und 22) Distanzbleche (Pos. 21 und 25) angeordnet?

14. Die Arbeitsfolgen sind abhängig von der zu fertigenden Stückzahl und dem zur Verfügung stehenden Maschinenpark. Stichwortartig sind die Arbeitsfolgen aufzuschreiben:

    a) Für die Herstellung von Distanzblechen (Pos. 21) **ohne** Einsatz von NC-Maschinen.

    b) Für die Herstellung von Distanzblechen (Pos. 21), wenn eine Laserschneidmaschine zur Verfügung steht.

15. Wie wird die Dicke (Endzustand) der Distanzbleche (Pos. 21 und 25) festgelegt?

16. Welche besonderen Vorteile hat das zweireihige Schrägkugellager Pos. 12?

17. Den Positionen 12 und 13 sind die Begriffe „Loslager“ bzw. „Festlager“ zuzuordnen.

18. Das Getriebegehäuse (Pos. 5) ist geschweißt:

a) Welche sinnbildliche Angabe müsste in die Zeichnung eingetragen werden, wenn die Naht ringsum verläuft?

b) Wie wird die eingezeichnete Naht benannt?

19. Welche Informationen sind aus der Normbezeichnung DIN 3760-AS 38 x 62 x 8 zu entnehmen?

20. a) Welcher Außendurchmesser (einschließlich Toleranzklasse) ist in die Zeichnung der Buchse (Pos. 16) einzutragen?

b) Welcher Innendurchmesser ist in die Zeichnung der Buchse (Pos. 16) einzutragen, wenn die Toleranzklasse H7 vorgeschrieben wird?

c) Welche Oberflächenangabe muss in die Zeichnung der Buchse (Pos. 16) am Außendurchmesser eingetragen werden, wenn DIN 3760 Folgendes vorschreibt:

Fertigungsverfahren: Schleifen mit Zusatzangabe drallfrei

Rauheitskenngröße: *Rz*-Wert mit Obergrenze 5 µm und Untergrenze 1 µm.

21. Die Einzelteile 06, 07, 08, 09 und 10 des Getriebegehäuses (Pos. 5) sollen autogen brenngeschnitten werden.

a) Zu skizzieren sind die Einzelteile 06 bis 10. Die Bohrungsdurchmesser der vier Seitenteile (2 x Pos. 08 und 2 x Pos. 09) werden mit 6 mm Bearbeitungszugabe ausgebrannt. Die Maße zum Brennschneiden der Teile sind der Stückliste zu entnehmen und in die Skizzen einzutragen.

b) Nach den Skizzenmaßen ist das Gesamtgewicht der Teile 06 bis 10 zu berechnen.

Sachwortverzeichnis

G

H

I

K

L

M

N

Übersicht der Normen

Verzeichnis von Normen, die im Buch angesprochen werden, und von Normteilen, die in technischen Zeichnungen häufig vorkommen.

DIN Normen			
Norm	**Ausgabe-Datum**	**Inhalt**	**Bemerkung**
DIN 76-1	2016-08	Gewindeausläufe, Gewindefreistiche	
DIN 2769	2021-12	Geometrische Produktspezifikation, Allgemeintoleranzen	

DIN ISO Normen			
Norm	**Ausgabe-Datum**	**Inhalt**	**Bemerkung**
DIN ISO 2162	1994-08	Technische Zeichnungen, Darstellung von Federn	
DIN ISO 2203	1976-06	Technische Zeichnungen, Darstellung von Zahnrädern	
DIN ISO 2768-1	1991-06	Allgemeintoleranzen für Längen- und Winkelmaße (Werte identisch mit ISO 2768:1989)	
DIN ISO 2768-2	1991-04	Allgemeintoleranzen für Form und Lage (Werte identisch mit ISO 2768:1989; zurückgezogen)	
DIN ISO 5455	1979-12	Technische Zeichnungen, Maßstäbe	
DIN ISO 5456-2	1998-04	Technische Zeichnungen, Orthogonale Darstellungen	
DIN ISO 5456-3	1998-04	Technische Zeichnungen, Axonometrische Darstellungen	
DIN ISO 6410-1	1993-12	Gewinde und Gewindeteile, Allgemeines	
DIN ISO 6410-2	1993-12	Gewinde und Gewindeteile, Gewindeeinsätze	
DIN ISO 6410-3	1993-12	Gewinde und Gewindeteile, Vereinfachte Darstellung	
DIN ISO 6411	1997-11	Vereinfachte Darstellung von Zentrierbohrungen	
DIN ISO 8826-1	1990-12	Technische Zeichnungen, Wälzlagerdarstellung	
DIN ISO 9222-1	1990-12	Technische Zeichnungen, Darstellung von Dichtungen	
DIN ISO 13715	2020-01	Werkstückkanten, Zeichnungsangaben	

DIN EN ISO Normen			
Norm	**Ausgabe-Datum**	**Inhalt**	**Bemerkung**
DIN EN ISO 128-2	2022-02	Technische Zeichnungen, Linienarten	
DIN EN ISO 128-2	2022-02	Hinweis- und Bezugslinien, Anwendungsregeln	
DIN EN ISO 128-2	2022-02	Linien in Zeichnungen der mechanischen Technik	
DIN EN ISO 128-3	2022-02	Technische Zeichnungen, Grundregeln für Ansichten	
DIN EN ISO 128-3	2022-02	Technische Zeichnungen, Schnitte Grundregeln	
DIN EN ISO 128-3	2022-02	Technische Zeichnungen, Schnitte	
DIN EN ISO 128-3	2022-02	Technische Zeichnungen, Schnittflächen	
DIN EN ISO 128-2	2022-02	Linien in CAD-Systemen	
DIN EN ISO 129-1	2022-02	Techn. Produktdokumentation, Angabe von Maßen und Toleranzen	
DIN EN ISO 216	2007-12	Papier-Endformat, Reihe A und B	
DIN EN ISO 286	2019-09	ISO-System für Grenzabmaße und Passungen	
DIN EN ISO 286-1	2019-09	Passungssysteme	
DIN EN ISO 898-1	2013-05	Festigkeitsklassen, Schrauben aus Kohlenstoffstählen	
DIN EN ISO 1101	2017-09	Technische Zeichnungen, Form- und Lagetoleranzen	
DIN EN ISO 1207	2011-10	Zylinderschrauben mit Schlitz	
DIN EN ISO 1302	2002-06	Angabe der Oberflächenbeschaffenheit	
DIN EN ISO 2009	2011-12	Senkschrauben mit Schlitz	
DIN EN ISO 2338	1998-02	Zylinderstifte	
DIN EN ISO 3098-1	2015-06	Technische Zeichnungen, Beschriftung, Grundregeln	
DIN EN ISO 3098-2	2000-11	Technische Zeichnungen, Schriftzeichen	
DIN EN ISO 3506-1	2020-08	Festigkeitsklassen, Schrauben, nichtrostende Stähle	
DIN EN ISO 4014	2011-06	Sechskantschrauben mit Schaft und Regelgewinde	
DIN EN ISO 4017	2015-05	Sechskantschrauben mit Regelgewinde bis zum Kopf	
DIN EN ISO 4026	2004-05	Gewindestift mit Innensechskant und Kegelkuppe	
DIN EN ISO 4027	2004-05	Gewindestift mit Innensechskant und Spitze	
DIN EN ISO 4028	2004-05	Gewindestift mit Innensechskant und Zapfen	
DIN EN ISO 4029	2004-05	Gewindestift mit Innensechskant und Ringschneide	
DIN EN ISO 4032	2013-04	Sechskantmuttern mit Regelgewinde Typ 1	
DIN EN ISO 4033	2013-04	Sechskantmuttern mit Regelgewinde Typ 2	
DIN EN ISO 4035	2013-04	Niedrige Sechskantmuttern mit Regelgewinde	

DIN EN ISO Normen			
Norm	**Ausgabe-Datum**	**Inhalt**	**Bemerkung**
DIN EN ISO 4063	2011-03	Schweißverfahren, Kennzeichnung	
DIN EN ISO 4287	2010-07	Oberflächenprofile und Kenngrößen	
DIN EN ISO 4288	1998-04	Bestimmung von Oberflächenkenngrößen	
DIN EN ISO 4762	2004-06	Zylinderschrauben mit Innensechskant	
DIN EN ISO 5459	2013-05	Bezüge und Bezugssysteme	
DIN EN ISO 7046-1	2011-12	Senkschrauben mit Kreuzschlitz	
DIN EN ISO 7047	2011-12	Linsensenkschrauben mit Kreuzschlitz	
DIN EN ISO 7090	2000-11	Flache Scheiben mit Fase, normale Reihe	
DIN EN ISO 7091	2019-04	Flache Scheiben, normale Reihe	
DIN EN ISO 7092	2019-05	Flache Scheiben, kleine Reihe	
DIN EN ISO 7093	2000-11	Flache Scheiben, große Reihe	
DIN EN ISO 7200	2004-05	Schriftfelder für Zeichnungen	
DIN EN ISO 8015	2011-09	GPS, Grundlagen	
DIN EN ISO 8673	2013-04	Sechskantmuttern mit Feingewinde Typ 1	
DIN EN ISO 8676	2011-07	Sechskantschrauben mit Feingewinde bis zum Kopf	
DIN EN ISO 8734	2019-05	Zylinderstifte, gehärtet	
DIN EN ISO 8752	2009-10	Spannstifte, geschlitzt, schwere Ausführung	
DIN EN ISO 8765	2011-06	Sechskantschrauben mit Schaft und Feingewinde	
DIN EN ISO 10642	2013-04	Senkschrauben mit Innensechskant	
DIN EN ISO 14405-1	2017-07	Lineare Größenmaße	
DIN EN ISO 14405-2	2019-06	Andere als lineare Maße	
DIN EN ISO 14405-3	2017-07	Winkelgrößenmaße	
DIN EN ISO 15787	2018-08	Wärmebehandlungsangaben	
DIN EN ISO 21920-1	2022-04	GPS – Oberflächenbeschaffenheit: Profile	
DIN EN ISO 22081	2022-04	GPS – Geometrische Tolerierung – Allgemeine geometrische und Größenmaßspezifikationen	

Notizen